U0392987

# “生命早期1000天营养改善与应用前沿”编委会

姜毓君 东北农业大学
蒋卓勤 中山大学预防医学研究所
李光辉 首都医科大学附属北京妇产医院
厉梁秋 中国营养保健食品协会
刘　彪 内蒙古乳业技术研究院有限责任公司
刘烈刚 华中科技大学同济医学院
刘晓红 首都医科大学附属北京友谊医院
毛学英 中国农业大学
米　杰 首都儿科研究所
任发政 中国农业大学
任一平 浙江省疾病预防控制中心
邵　兵 北京市疾病预防控制中心
王　晖 中国人口与发展研究中心
王　杰 中国疾病预防控制中心营养与健康所
王　欣 首都医科大学附属北京妇产医院
吴永宁 国家食品安全风险评估中心
严卫星 国家食品安全风险评估中心
杨慧霞 北京大学第一医院
杨晓光 中国疾病预防控制中心营养与健康所
杨振宇 中国疾病预防控制中心营养与健康所
荫士安 中国疾病预防控制中心营养与健康所
曾　果 四川大学华西公共卫生学院
张　峰 首都医科大学附属北京儿童医院
张玉梅 北京大学

中国营养保健食品协会推荐用书

生命早期1000天
营养改善与应用前沿

*Frontiers in Nutrition Improvement and Application During the First 1000 Days of Life*

# 母乳成分特征

## Composition Characteristics of Human Milk

荫士安
杨振宇
主编

化学工业出版社
·北京·

## 内容简介

本书是目前可利用的较全面的中国母乳特征性成分中文出版物。作者在完成科技部高技术研究发展计划（863 计划）课题“促进生长发育的营养强化食品的研究与开发”（课题编号 2010AA023004）和国家科技支撑计划课题“中国母乳成分研究应用和产品安全性控制研究及产业化示范”（课题编号 2013BAD18B03）的基础上，同时参考了近半个世纪国内外已公开发表的母乳特征性成分数据，系统分析了我国母乳中的特征性成分，包括人体必需的营养成分、某些具有生物活性功效的成分以及污染成分，这些成分具有的功能或危害、存在形式、含量以及影响因素等，获得的研究数据可为制（修）订我国婴幼儿营养素需要量、膳食营养素推荐摄入量或适宜摄入量、污染物限量，某些特殊成分的可能特殊医学应用前景以及婴幼儿配方食品标准的修订提供科学依据，有助于创制适合我国婴幼儿生长发育特点的配方产品，提高我国婴幼儿配方食品的品质。

本书适用于关注或需要母乳特征性成分数据方面的学者、婴幼儿配方食品研发技术人员、营养师和相关法规制定者，可作为工具书参考使用。

图书在版编目（CIP）数据

母乳成分特征 / 荫士安，杨振宇主编．—北京：化学工业出版社，2023.12
（生命早期 1000 天营养改善与应用前沿）
ISBN 978-7-122-44200-0

Ⅰ.①母… Ⅱ.①荫… ②杨… Ⅲ.①母乳-营养成分-研究 Ⅳ.①Q592.6

中国国家版本馆 CIP 数据核字（2023）第 181436 号

责任编辑：李 丽 刘 军　　文字编辑：向 东
责任校对：边 涛　　装帧设计：王晓宇

出版发行：化学工业出版社（北京市东城区青年湖南街 13 号 邮政编码 100011）
印 装：中煤（北京）印务有限公司
710mm×1000mm 1/16 印张 $28^1/_4$ 字数 549 千字
2024 年 6 月北京第 1 版第 1 次印刷

购书咨询：010-64518888　　售后服务：010-64518899
网 址：http：//www.cip.com.cn
凡购买本书，如有缺损质量问题，本社销售中心负责调换。

定 价：188.00 元　　

# 《母乳成分特征》编写人员名单

主编

荫士安　杨振宇

副主编

王　杰　董彩霞　刘　彪　李　静　郭慧媛

编写人员（按姓氏汉语拼音排序）

毕　烨　陈　波　邓泽元　董彩霞　段一凡　高慧宇
郭慧媛　洪新宇　姜　珊　李　静　李依彤　刘　彪
柳　桢　冯　罡　庞学红　任向楠　任一平　石　英
石羽杰　苏红文　孙忠清　万　荣　王　杰　王雯丹
吴立芳　吴永宁　许丽丽　杨国光　杨振宇　叶文慧
荫士安　张环美　赵显峰　赵　耀　赵云峰

# 序一

生命早期1000天是人类一生健康的关键期。良好的营养支持是胚胎及婴幼儿生长发育的基础。对生命早期1000天的营养投资被公认为全球健康发展的最佳投资之一，有助于全面提升人口素质，促进国家可持续发展。在我国《国民营养计划（2017—2030年）》中，将“生命早期1000天营养健康行动”列在“开展重大行动”的第一条，充分体现了党中央、国务院对提升全民健康的高度重视。

随着我国优生优育政策的推进，社会各界及广大消费者对生命早期健康的认识发生了质的变化。然而，目前我国尚缺乏系统论述母乳特征性成分及其营养特点的系列丛书。2019年8月，在科学家、企业家等的倡导下，启动“生命早期1000天营养改善与应用前沿”丛书编写工作。此丛书包括《孕妇和乳母营养》《婴幼儿精准喂养》《母乳成分特征》《母乳成分分析方法》《婴幼儿膳食营养素参考摄入量》《生命早期1000天与未来健康》《婴幼儿配方食品品质创新与实践》《特殊医学状况婴幼儿配方食品》《婴幼儿配方食品喂养效果评估》共九个分册。丛书以生命体生长发育为核心，结合临床医学、预防医学、生物学及食品科学等学科的理论与实践，聚焦学科关键点、热点与难点问题，以全新的视角阐释遗传-膳食营养-行为-环境-文化的复杂交互作用及与慢性病发生、发展的关系，在此基础上提出零岁开始精准营养和零岁预防（简称“双零”）策略。

该丛书是一部全面系统论述生命早期营养与健康及婴幼儿配方食品创新的著作，涉及许多原创性新理论、新技术与新方法，对推动生命早期1000天适宜营养的重要性认知具有重要意义。该丛书编委包括国内相关领域的学术带头人及产业界的研发人员，历时五年精心编撰，由国家出版基金资助、化学工业出版社出版发行。该丛书是母婴健康专业人员、企业产品研发人员、政策制定者与广大父母的参考书。值此丛书付梓面世之际，欣然为序。

任发政

2024 年 6 月 30 日

# 序二

儿童是人类的未来，也是人类社会可持续发展的基础。在世界卫生组织、联合国儿童基金会、欧盟等组织的联合倡议下，生命早期1000天营养主题作为影响人类未来的重要主题，成为2010年联合国千年发展目标首脑会议的重要内容，以推动儿童早期营养改善行动在全球范围的实施和推广。“生命早期1000天”被世界卫生组织定义为个人生长发育的“机遇窗口期”，大量的科研和实践证明，重视儿童早期发展、增进儿童早期营养状况的改善，有助于全面提升儿童期及成年的体能、智能，降低成年期营养相关慢性病的发病率，是人力资本提升的重要突破口。我国慢性非传染性疾病导致的死亡人数占总死亡人数的88%，党中央、国务院高度重视我国人口素质和全民健康素养的提升，将慢性病综合防控战略纳入《“健康中国2030”规划纲要》。

“生命早期1000天营养改善与应用前沿”丛书结合全球人类学、遗传学、营养与食品学、现代分析化学、临床医学和预防医学的理论、技术与相关实践，聚焦学科关键点、难点以及热点问题，系统地阐述了人体健康与疾病的发育起源以及生命早期1000天营养改善发挥的重要作用。作为我国首部全面系统探讨生命早期营养与健康、婴幼儿精准喂养、母乳成分特征和婴幼儿配方食品品质创新以及特殊医学状况婴幼儿配方食品等方面的论著，突出了产、学、研相结合的特点。本丛书所述领域内相关的国内外最新研究成果、全国性调查数据及许多原创性新理论、新技术与新方法均得以体现，具有权威性和先进性，极具学术价值和社会价值。以陈君石院士、孙宝国院士、陈坚院士、张福锁院士、刘仲华院士为顾问，以任发政院士为编委会主任、荫士安教授为副主任的专家团队花费了大量精力和心血著成此丛书，将为创新性的慢性病预防理论提供基础依据，对全面提升我国人口素质，推动 21 世纪中国人口核心战略做出贡献，进而服务于“一带一路”共建国家和其他发展中国家，也将为修订国际食品法典相关标准提供中国建议。

中国营养保健食品协会会长

边振甲

2023 年 10 月 1 日

# 前言

本书系统综述了近半个世纪以来我国以及国外已公开发表的母乳特征性成分方面的相关研究。尽管有些内容可能会含有执笔者的个人意见，但是每个章节都力争反映现代分析方法获得的最可靠的可利用数据。任何关注或需要母乳特征性成分数据方面的学者，包括涉及母乳和哺乳的营养学家、妇幼营养和儿童保健人员、乳品科学家、食品安全专家以及婴幼儿配方食品配方设计和产品品质提升研发人员等都可能通过本书获得需要的内容。

基于进化、营养学和经济学的观点，母乳是婴儿最理想的食品。世界卫生组织推荐婴儿出生后最初 6 个月应纯母乳喂养，6 个月后开始添加辅食并继续母乳喂养到 2 岁或更久。这一推荐也得到包括我国在内世界多数国家的认可。大多数母乳特征性成分随哺乳进程有显著差异，而且个体的变异程度也相当大。母乳中特征性营养成分的含量、存在形式与牛乳中显著不同，例如，蛋白质的类型和不同蛋白质组分及存在形式与相对比例以及质量和数量、非蛋白氮的种类；脂肪酸（尤其是长链多不饱和脂肪酸）的种类及影响其吸收的因素；牛乳中乳糖含量比母乳要低得多，而且低聚糖组分也显著低于母乳，人初乳中含有的低聚糖量超过目前已知的其他所有动物初乳中低聚糖量；母乳与牛乳和婴儿配方乳粉相比，重要的差别还在于母乳中维生素和矿物质在人体内的高吸收利用率，母乳中存在几十种细胞因子、良好的微生态环境（丰富的细菌菌群）和丰富的活细胞，除了对婴幼儿的生长发育发挥重要作用，还有助于启动新生儿免疫系统以及促进身体功能发育完善。

我国自从实行婴幼儿配方食品的配方注册管理以来，婴儿配方食品（乳粉）的组方以母乳作为“金标准”，配方的设计是在对母乳成分了解的基础上，尽可能地模仿母乳中含有的成分生产婴儿配方食品（乳粉），然而至今我们对母乳成分的了解还十分有限，还不可能模仿出与母乳完全相同的婴儿配方食品（乳粉）。婴儿配方食品（乳粉）与母乳相比，成分仍然存在相当大的差异，包括低分子量蛋白组分、脂肪酸的类型与比例、低聚糖含量与组分、多种激素和类激素成分以及多种酶类、免疫活性成分、诸多细胞因子、抗菌和杀菌成分以及丰富的微生物等。本书汇总了目前了解到的母乳中特征性成分的功能及作用、含量及其影响因素，尤其是重点突出了我国这方面的研究成果和科研进展。

在本书编写过程中，尽管全体参编人员尽可能地整理自己多年从事相关工作积累的数据，收集国内外最新的研究成果和公开发表的论文论著进行汇总，但是难免存在某些疏漏和表达不妥之处，敬请同行专家和使用本书的读者将意见反馈给作者，以不断改进。

最后，非常感谢书中每位作者对本书所做出的贡献。本书是获得2022年度国家出版基金的“生命早期1000天营养改善与应用前沿”丛书的组成部分，在此感谢国家出版基金的支持，同时感谢中国营养保健食品协会对本书出版给予的支持。

编 者

2023年5月31日于北京

# 目录

**第 1 章　中国母乳特征性营养成分研究概况　001**

1.1　中国母乳成分相关研究历程　002

1.1.1　中国母乳营养成分的区域性研究　003

1.1.2　中国母乳营养成分其他相关研究　003

1.1.3　母乳中脂肪和脂肪酸含量的研究　004

1.1.4　母乳中抗氧化和抗感染因子的研究　004

1.2　乳母膳食、乳汁营养及婴儿生长的早期研究　005

1.2.1　乳母膳食与乳汁营养状况　005

1.2.2　乳母营养状况、乳成分、泌乳量与婴儿生长发育　006

1.2.3　母乳中氨基酸、无机盐和维生素含量　006

1.3　近年开展的相关研究　007

1.3.1　国家支持项目研究　007

1.3.2　婴幼儿配方食品生产企业项目研究　007

1.3.3　产学研联合项目研究　007

1.3.4　分析方法学研究　008

1.4　母乳成分研究展望　008

1.4.1　组学研究　008

1.4.2　生物活性成分研究　009

1.4.3　生长因子研究　009

1.4.4　母乳低聚糖研究　009

1.4.5　母乳微生态环境研究　010

1.4.6　母乳样品储存时间和条件研究　010

1.4.7 母乳营养素适宜摄入量的研究 010
1.4.8 母乳中环境污染物 011
参考文献 011

**第 2 章 乳母营养状况对母乳成分和喂养婴儿的影响 015**

2.1 生命最初 1000 天 016
2.1.1 孕前期（孕前 6 ~ 3 个月） 016
2.1.2 孕期（9 ~ 0 个月） 017
2.1.3 哺乳期（0 ~ 23 个月） 018
2.2 母乳对婴儿肠道微生物群和免疫发育的贡献 019
2.2.1 对母乳喂养儿的贡献 019
2.2.2 乳母肠道和母乳微生物群对婴儿肠道微生态环境的影响 019
2.3 孕期和哺乳期妇女生活方式等对婴儿的影响 020
2.3.1 吸烟 020
2.3.2 饮酒 021
2.3.3 肥胖 021
2.4 环境化学污染物对母乳及婴儿的影响 022
2.5 结论 022
参考文献 023

**第 3 章 中国母乳宏量营养素和能量 027**

3.1 中国母乳成分宏量营养素和能量数据库 028
3.1.1 受试者和样本来源 028
3.1.2 受试者基本情况 028
3.1.3 不同泌乳阶段宏量营养素和能量含量 028
3.2 其他研究报告中母乳宏量营养素和能量含量 031
3.2.1 蛋白质 031
3.2.2 脂肪 031
3.2.3 碳水化合物 032
3.2.4 能量 033

3.2.5 宏量营养素含量的城乡间差异 033
3.3 母乳能量、成分及含量的影响因素 034
3.3.1 母乳中蛋白质的影响因素 034
3.3.2 母乳中脂肪的影响因素 035
3.3.3 母乳中碳水化合物的影响因素 036
3.3.4 母乳中能量的影响因素 037
参考文献 037

**第 4 章 中国母乳蛋白质组分 041**

4.1 中国母乳蛋白质组分的相关研究 042
4.1.1 研究对象基本特征 043
4.1.2 母乳中不同蛋白质组分含量 043
4.1.3 不同泌乳期母乳不同蛋白质组分含量 044
4.1.4 城乡母乳不同蛋白质组分含量 045
4.2 母乳中乳清蛋白和酪蛋白含量研究 045
4.2.1 乳清蛋白 045
4.2.2 酪蛋白 049
4.3 母乳中蛋白质组分及含量变化 051
4.3.1 母乳中蛋白质组分概要 051
4.3.2 α-乳清蛋白含量及变化 051
4.3.3 血清白蛋白含量及变化 052
4.3.4 溶菌酶含量及变化 052
4.3.5 酪蛋白含量及变化 052
4.3.6 城乡差异 052
参考文献 053

**第 5 章 中国母乳氨基酸 057**

5.1 母乳氨基酸基本概念 058
5.1.1 母乳氨基酸的分类 058
5.1.2 母乳氨基酸的功能和营养作用 058
5.1.3 母乳氨基酸的评价模式 058

5.2 母乳氨基酸分析 060
5.2.1 母乳氨基酸的组成、含量和比例 060
5.2.2 母乳氨基酸组成和含量的影响因素 061
5.3 中国母乳氨基酸和婴幼儿配方乳粉的比较 067
5.4 展望 069
5.4.1 方法学研究 069
5.4.2 婴儿体内代谢过程研究 069
5.4.3 乳母膳食的影响研究 069
参考文献 070

**第 6 章 中国母乳脂类 073**

6.1 母乳脂肪酸 074
6.1.1 母乳总脂肪酸和 *sn*-2 位脂肪酸 074
6.1.2 母乳中总脂肪酸和 *sn*-2 位脂肪酸与婴儿配方乳粉的差异 086
6.2 母乳三酰甘油 088
6.2.1 三酰甘油的分子种类 088
6.2.2 不同地区母乳中三酰甘油分子种类的差异 088
6.2.3 不同泌乳阶段三酰甘油分子种类的变化 089
6.2.4 母乳与婴儿配方乳粉中三酰甘油的差异 090
6.3 母乳磷脂 090
6.4 母乳胆固醇和胆固醇酯 090
6.5 母乳乳脂肪球膜 091
6.6 展望 091
参考文献 092

**第 7 章 中国母乳胆固醇 095**

7.1 胆固醇的重要生物学作用 096
7.2 中国母乳胆固醇组成及含量研究 096
7.2.1 中国母乳胆固醇早期研究 096
7.2.2 母乳中胆固醇及胆固醇组成研究 096

7.2.3 母乳与婴儿配方乳粉中胆固醇比较 097
7.2.4 中国代表性母乳样本胆固醇含量研究 097
7.3 母乳胆固醇浓度的影响因素 100
7.3.1 哺乳阶段 101
7.3.2 膳食 102
7.3.3 方法学 102
7.3.4 民族差异 102
7.3.5 相关分析 103
参考文献 103

**第 8 章 中国母乳磷脂 107**

8.1 母乳磷脂存在形式及种类 108
8.1.1 母乳磷脂存在形式 108
8.1.2 母乳磷脂种类 108
8.2 母乳磷脂功能 109
8.2.1 维持乳脂肪球膜膜稳定性 109
8.2.2 影响学习认知能力 109
8.2.3 提供胆碱和多不饱和脂肪酸 109
8.2.4 促进脂肪吸收利用 109
8.2.5 其他作用 110
8.3 母乳磷脂含量与组成研究 110
8.3.1 中国的研究工作 110
8.3.2 国际上的研究工作 115
8.3.3 母乳中磷脂含量的影响因素 115
8.4 婴幼儿配方食品的应用 117
8.4.1 母乳与婴幼儿配方乳粉磷脂组成的比较 117
8.4.2 应用 118
参考文献 118

**第 9 章 中国母乳碳水化合物 121**

9.1 母乳碳水化合物的组成和作用 122

9.1.1 母乳碳水化合物组成 122
9.1.2 母乳碳水化合物作用 122
9.2 母乳碳水化合物的检测及含量 123
9.2.1 乳糖 124
9.2.2 低聚糖 124
9.3 母乳中碳水化合物的影响因素 131
9.3.1 胎儿成熟程度与出生体重 131
9.3.2 不同哺乳期的影响 132
9.3.3 地区差异的影响 132
9.3.4 个体差异与昼夜节律性变化 132
9.3.5 疾病状况的影响 132
9.4 展望 132
9.4.1 母乳碳水化合物含量变化对喂养儿的影响 133
9.4.2 发展灵敏快速微量检测方法 133
9.4.3 母乳低聚糖研究 133
参考文献 134

**第 10 章 中国母乳矿物质 139**

10.1 母乳矿物质的概念 140
10.1.1 母乳矿物质的分类 140
10.1.2 母乳矿物质的功能和营养作用 140
10.2 中国母乳矿物质研究进展 142
10.2.1 母乳矿物质的组成和含量 142
10.2.2 中国母乳成分数据库研究 143
10.2.3 国际母乳矿物质相关研究 147
10.2.4 影响母乳矿物质组成和含量的因素 150
10.3 中国母乳与婴幼儿配方乳粉中矿物质含量的比较 154
10.4 展望 155
10.4.1 方法学研究 155
10.4.2 母乳矿物质与喂养儿营养和健康的关系 155
10.4.3 母乳矿物质生物学意义的解读 156

10.4.4　母乳矿物质含量的影响因素　156
参考文献　156

**第 11 章　中国母乳脂溶性维生素　161**

11.1　中国代表性母乳成分数据库研究　162
11.1.1　样本基本特征　162
11.1.2　维生素 A（视黄醇）含量　162
11.1.3　维生素 E（α- 生育酚）含量　162
11.2　其他母乳脂溶性维生素含量的相关研究　164
11.2.1　维生素 A　164
11.2.2　类胡萝卜素　167
11.2.3　维生素 D　169
11.2.4　维生素 E　171
11.2.5　维生素 K　176
11.3　展望　178
参考文献　180

**第 12 章　中国母乳水溶性维生素　187**

12.1　中国母乳水溶性维生素的相关研究　188
12.1.1　样本基本特征　188
12.1.2　B 族维生素含量　188
12.1.3　不同哺乳期母乳中 B 族维生素含量　192
12.1.4　与已发表结果的比较　192
12.2　母乳水溶性维生素的其他相关研究　195
12.2.1　国内开展的相关研究　196
12.2.2　国际上开展的相关工作　196
12.3　母乳中水溶性维生素影响因素　199
12.3.1　哺乳阶段　199
12.3.2　昼夜节律变化　200
12.3.3　乳母营养状况与膳食摄入量　200
12.3.4　早产　201

12.3.5 其他因素 202
12.4 展望 202
12.4.1 方法学研究 202
12.4.2 存在形式 202
12.4.3 母乳水溶性维生素对特殊医学状况婴儿的影响 203
参考文献 203

**第 13 章 中国母乳乳铁蛋白 209**

13.1 乳铁蛋白一般特征 210
13.2 乳缺蛋白功能 210
13.2.1 抗菌作用 211
13.2.2 抗病毒作用 213
13.2.3 抗寄生虫作用 214
13.2.4 刺激健康菌群生长定植 215
13.2.5 促进细胞增殖 215
13.2.6 抗炎活性 215
13.2.7 促进早期的神经系统和认知发育 216
13.3 母乳中乳铁蛋白含量 216
13.3.1 中国代表性母乳样本中乳铁蛋白含量 216
13.3.2 国际相关研究中乳铁蛋白含量 218
13.4 中国母乳乳铁蛋白影响因素 219
13.4.1 哺乳阶段 219
13.4.2 孕产妇膳食与营养状况 220
13.4.3 婴儿出生状况 220
13.4.4 地区差异 221
13.4.5 其他影响因素 221
13.5 展望 221
参考文献 222

**第 14 章 中国母乳骨桥蛋白 229**

14.1 骨桥蛋白的一般特性 230

14.2 骨桥蛋白的功能 230
14.2.1 参与乳腺的发育和分化 231
14.2.2 与乳铁蛋白等协同参与免疫功能发育 231
14.2.3 其他功能 232
14.3 中国开展的相关研究工作 232
14.3.1 母乳骨桥蛋白的含量 232
14.3.2 不同地区母乳中骨桥蛋白的含量 233
14.3.3 母乳骨桥蛋白影响因素分析 233
14.4 国际上开展的相关研究 233
14.5 骨桥蛋白在婴儿配方食品中的应用效果 234
14.5.1 动物实验 234
14.5.2 喂养试验 235
14.6 展望 235
14.6.1 方法学研究 235
14.6.2 影响因素研究 235
14.6.3 骨桥蛋白与其他营养成分的相互作用研究 236
14.6.4 骨桥蛋白在婴幼儿配方食品中的应用研究 236
参考文献 236

**第 15 章 母乳中其他生物活性成分研究 239**

15.1 母乳中其他生物活性成分的作用 240
15.1.1 生物活性成分的抗感染作用 241
15.1.2 免疫活性成分帮助婴儿抵抗疾病 241
15.1.3 活性细胞因子的作用 242
15.1.4 参与机体的主动免疫，调节被动免疫 242
15.2 免疫球蛋白 242
15.2.1 功能 243
15.2.2 含量及影响因素 244
15.3 核苷酸和核苷 244
15.3.1 母乳中可检出的核苷和核苷酸 245
15.3.2 功能 245

15.3.3 含量 247
15.3.4 影响因素 249
15.4 唾液酸 250
15.4.1 一般特征 250
15.4.2 功能 251
15.4.3 含量及影响因素 252
15.5 乳脂肪球膜 253
15.5.1 乳脂肪球及膜结构 254
15.5.2 功能 254
15.5.3 主要成分 256
15.6 细胞因子 257
15.6.1 分类 257
15.6.2 功能 258
15.6.3 在新生儿和婴儿免疫功能中的作用 262
15.6.4 含量及影响因素 264
15.7 小分子核糖核酸 267
15.7.1 功能作用 268
15.7.2 种类 269
15.7.3 含量 272
15.7.4 影响因素 273
参考文献 274

**第 16 章 激素及类激素成分 289**

16.1 种类 290
16.1.1 生长发育相关激素 290
16.1.2 雌激素 292
16.1.3 其他激素 292
16.2 功能 292
16.2.1 生长发育相关激素 292
16.2.2 雌激素 294
16.2.3 糖皮质激素 295

16.2.4 甲状腺激素 295
16.3 含量 295
16.3.1 生长发育相关激素 295
16.3.2 雌激素 297
16.3.3 其他激素 298
16.4 影响因素 299
16.4.1 生长发育相关激素 299
16.4.2 雌激素 301
16.4.3 其他激素 301
参考文献 302

**第 17 章 细胞成分 307**

17.1 种类及影响因素 308
17.1.1 丰富的微生物菌群 308
17.1.2 乳房 / 乳腺细胞 308
17.1.3 影响因素 309
17.2 免疫细胞及影响因素 309
17.2.1 哺乳阶段的变化 309
17.2.2 乳母感染对乳汁细胞成分的影响 310
17.3 非免疫细胞和干 / 祖人乳细胞及影响因素 310
17.3.1 腔细胞和肌上皮细胞 310
17.3.2 干细胞 / 祖细胞 311
17.3.3 间充质干细胞 / 多能干细胞 311
17.3.4 影响因素 312
17.4 益生菌 312
17.4.1 母乳中最常见的细菌 312
17.4.2 母乳中存在的益生菌 312
17.5 母乳细胞成分的作用 313
17.5.1 白细胞 313
17.5.2 干细胞 314
17.5.3 miRNA 314

17.5.4 益生菌 314
17.5.5 传染性颗粒的致病性 315
参考文献 315

**第 18 章 母乳中的抗菌和杀菌成分 319**

18.1 蛋白质 320
18.1.1 酪蛋白 320
18.1.2 乳铁蛋白 320
18.1.3 乳过氧化物酶 321
18.1.4 溶菌酶 321
18.1.5 免疫球蛋白 321
18.2 抗菌肽 321
18.2.1 已识别的母乳中抗菌肽 322
18.2.2 防御素 322
18.2.3 组织蛋白酶抑制素 324
18.3 杀菌细胞 326
18.4 其他成分 326
参考文献 326

**第 19 章 母乳中微生物 329**

19.1 母乳中存在的细菌种类 330
19.1.1 母乳中存在细菌的发现过程 330
19.1.2 细菌数量和种类 330
19.1.3 文献系统综述 331
19.2 影响母乳中细菌菌群组成的因素 334
19.2.1 分娩方式 334
19.2.2 喂养方式和不同泌乳期 334
19.2.3 母乳低聚糖含量 334
19.2.4 乳母肥胖 335
19.2.5 生活环境 335
19.2.6 其他影响因素 335

19.3 母乳中微生物对婴儿及乳母的影响 335
19.3.1 抑菌作用 335
19.3.2 益生作用 336
19.3.3 抗感染作用 336
19.3.4 母乳喂养对哺乳妇女健康状况的影响 336
参考文献 337

**第 20 章 母乳挥发性组分 341**

20.1 定义和种类 342
20.2 国内外母乳中挥发性组分研究概况 342
20.2.1 母乳与婴幼儿配方乳粉的比较 342
20.2.2 人乳与牛乳的比较 342
20.2.3 中国母乳研究 343
20.2.4 挥发性组分差别 343
20.2.5 研究母乳中挥发性组分的目的和意义 343
20.3 母乳挥发性组分研究方法 344
20.3.1 挥发性组分提取、分离技术 344
20.3.2 气相色谱 - 质谱联用技术定性定量 345
20.4 母乳挥发性组分的具体研究 346
20.4.1 母乳中挥发性组分分析 346
20.4.2 不同地区、不同阶段的差异 351
20.5 展望 354
20.5.1 提取测定方法学 355
20.5.2 泌乳阶段的变化 355
20.5.3 乳母膳食的影响 355
20.5.4 代表性母乳成分的研究 355
参考文献 355

**第 21 章 母乳中反式脂肪酸 359**

21.1 母乳反式脂肪酸定义、分类及来源 360
21.1.1 母乳反式脂肪酸定义 360

21.1.2 母乳反式脂肪酸分类 360
21.1.3 母乳反式脂肪酸来源 360
21.2 反式脂肪酸的危害 361
21.2.1 对母乳必需脂肪酸（EFA）的影响 361
21.2.2 影响宫内生长发育 362
21.2.3 影响婴儿生长发育 363
21.2.4 其他危害 363
21.3 母乳中反式脂肪酸含量 364
21.3.1 中国关于母乳中反式脂肪酸含量的研究 364
21.3.2 国外反式脂肪酸相关研究 365
21.4 展望 365
参考文献 366

**第22章 母乳样品的采集和贮存 369**

22.1 获得代表性母乳样品的方法 370
22.1.1 获得代表性母乳样品时需要考虑的问题 370
22.1.2 母乳样品的采集方法 371
22.2 贮存期间母乳成分变化的来源 373
22.2.1 乳汁结构 373
22.2.2 检测方式 373
22.2.3 冷冻和解冻过程 374
22.3 乳样贮存的建议 376
22.3.1 贮存容器的选择 377
22.3.2 保存温度的选择 377
22.3.3 其他贮存注意事项 377
22.3.4 乳样的处理 377
22.3.5 总结 378
参考文献 378

**第23章 母乳中环境污染物 381**

23.1 持久性有机污染物 383

23.1.1 持久性有机氯化合物污染物 383
23.1.2 溴系阻燃剂 385
23.1.3 高氯酸盐 387
23.1.4 其他持久性有机污染物 388
23.2 重金属污染物 388
23.2.1 铅 388
23.2.2 镉 390
23.2.3 汞 392
23.2.4 其他重金属 393
23.3 霉菌毒素污染物 394
23.3.1 黄曲霉毒素 394
23.3.2 赭曲霉毒素 A 396
23.3.3 其他霉菌毒素 397
23.4 其他环境污染物 397
23.4.1 尼古丁、酒精和咖啡因 398
23.4.2 药物 399
23.4.3 硝酸盐、亚硝酸盐和亚硝胺 401
参考文献 401

**附录 411**

# 第 1 章

# 中国母乳特征性营养成分研究概况

母乳中含有数不清的免疫活性成分，如不同的蛋白质组分、母乳低聚糖、核苷和核苷酸、其他细胞成分等，这些对改善新生儿的免疫力和降低感染性疾病风险发挥重要作用，而母乳成分的个体差异又产生了额外的复杂性，这可归因于胎儿的成熟程度、哺乳阶段、乳房的成熟程度、母乳喂养的程度 / 频率、母乳喂养儿的健康状况以及其他诸多因素等。因此全面研究了解我国城乡不同地区母乳成分，将有助于估计婴儿的营养素需要量，制定适宜摄入量，也为修订我国婴儿配方食品标准提供基础依据，同时还可针对乳母营养中存在的突出问题，制定相应干预措施。然而很遗憾的是，至今我国仍没有全国的代表性母乳成分数据。

## 1.1 中国母乳成分相关研究历程

通过文献检索，我国母乳成分的研究最早开始于 20 世纪 80 年代，也是 20 世纪我国经历了母乳成分研究发表论文最多的 10 年，其中对北京市城乡乳母营养状况、乳成分、乳量及这些因素与婴儿生长发育关系的研究可以认为是 20 世纪的代表性研究，尤其是纵向调查中追踪 6 个月的婴儿摄乳量测定，即使是现在也难以开展和坚持[1]。其间我国陆续报道了母乳成分的相关研究，包括母乳营养成分的区域性研究，母乳中脂肪和脂肪酸含量、母乳中抗氧化和抗感染因子、乳母泌乳量与婴儿摄乳量的长时间追踪研究，乳母营养状况及强化对乳汁质量的影响研究等，然而大多数的研究数据为局部性小样本数据。中国母乳成分研究的历程，如表 1-1 所示。

**表 1-1 中国母乳成分研究历程概括**

| 时间 | 开展的研究 | 代表性研究 |
| --- | --- | --- |
| 1980 年之前 | 没有检索到 | 无 |
| 1980～2000 年 | 1. 特点：局部地区小样本、单一或少数指标测定，检测技术和仪器设备落后<br>2. 研究内容①：北京市城乡母乳营养状况研究，是当时较大样本的研究，研究周期长，人力和经费投入较多；上海地区母乳中无机盐和维生素含量测定；天津乳母营养状况及强化食品对乳汁质量的影响；广东地区母乳氨基酸含量测定等<br>3. 经费：经费少，来源有限 | 1. 北京市城乡乳母的营养状况、乳成分、乳量及婴儿生长发育关系的研究<br>2. 上海市母乳中几种无机盐和维生素含量测定<br>3. 广东地区母乳氨基酸含量测定<br>4. 天津乳母营养状况和强化食品对乳汁质量的影响 |
| 2001～2010 年 | 1. 特点：母乳成分研究开始受到广泛关注，通过产学研联合的方式开展大项目、多方位的研究，是我国母乳成分研究的准备阶段<br>2. 研究内容：中国母乳成分数据库研究列入国家“863 计划”课题，项目开始启动；2003 年伊利集团乳业公司母乳成分数据库研究立项并启动<br>3. 经费：经费来源和支持力度增加，包括政府资金、企业资助、企业立项自研等多渠道 | 1. 促进生长发育的营养强化食品的研究与开发<br>2. 中国母乳成分研究应用和产品安全性控制研究及产业化示范 |
| 2011 年至今 | 1. 特点：我国实行婴幼儿配方乳粉的配方注册管理推动了婴幼儿配方乳粉生产企业重视母乳成分研究，越来越多的企业开始投入大量资金进行相关研究，大学、研究所、医疗机构和企业相互助力，经费支持和研究内容多样化，研究的深度和广度得到全面提高，国际文献中来自国内研究的占比显著增加，使我国母乳成分研究进入新征程、开创新局面 | 1. 中国母乳成分数据库研究<br>2. 伊利母乳成分数据库与婴幼儿配方乳粉品质创新研究<br>3. 北京大学、雀巢研发中心和雀巢营养科学院联合完成的母乳“明”研究 |

续表

| 时间 | 开展的研究 | 代表性研究 |
| --- | --- | --- |
| 2011 年至今 | 2. 研究内容：三位一体的系统性研究，即乳母 - 母乳 - 婴儿；组学技术和母乳组学研究，包括代谢组学、宏量营养素组学和微生物组学（微生态环境）等；成分研究由宏量到微量，如蛋白质及其组分、脂质和结构脂肪、碳水化合物和母乳低聚糖（寡糖），由单一成分到结构 / 复合物（如糖蛋白、脂蛋白、脂多糖等的结构与功能）；母乳中生物活性成分及其医学领域的重点应用；环境污染物的影响等<br>3. 经费：经费支持力度持续增加，婴幼儿配方乳粉生产企业加大投资力度，用于支持产品品质提升 | 4. 蒙牛、三元食品、贝因美、飞鹤等的母乳成分研究 |

①这些研究均发表在 1990 年之前，之后 10 年间发表论文甚少。

### 1.1.1　中国母乳营养成分的区域性研究

根据目前已发表的文献分析，报告的研究数据基本上来自小样本或区域性调查，例如《北京市城乡乳母的营养状况、乳成分、乳量及婴儿生长发育关系的研究》，分别以北京市城区的宣武区（80 例乳母）、近郊区的西红门（58 例乳母）和远郊区的大皮营（64 例乳母）为调查点，其中共调查了 202 名乳母的营养状况、乳成分、泌乳量以及与 0 ～ 6 月龄婴儿生长发育的关系[1-6]。该项研究对乳汁的测定包括能量（计算值）、总蛋白质（没有测定免疫球蛋白等生物活性成分）和 18 种氨基酸、脂肪（总脂肪、胆固醇、14 种脂肪酸，没有测定二十二碳六烯酸）、乳糖、矿物质（灰分、钙、磷、镁、锌、铜、铁）；维生素（维生素 A、维生素 $B_1$、维生素 $B_2$、烟酸、维生素 C）的测定。追踪了 6 个月内乳母营养素摄入量和泌乳量，实际测量的城区、近郊和远郊区乳母产后 6 个月每天的泌乳量（g，平均值 ± 标准差）分别为 689±149，784±156 和 778±163[7]；三个地区的乳母泌乳量、乳中蛋白质和乳糖含量没有明显地区差异，但是城区母乳的脂肪含量显著高于远郊区的，三个地区的脂肪含量（g/100g，平均值 ± 标准差）分别为 3.8±0.1，3.3±0.2 和 3.1±0.2。该项研究是迄今为止我国关于母乳营养成分的较完整和系统的工作。钱继红等[8] 也分析了上海地区三区一县 120 例母乳中三大营养素含量。

### 1.1.2　中国母乳营养成分其他相关研究

周韫珍等[9] 分析了湖北省武汉市和天门县 240 例乳母（哺乳 8 个月以内）的膳食与哺乳情况（采空一侧乳房的乳汁），测定的乳样数量为城市 113 份和农村 109 份，分析了蛋白质、脂肪和乳糖含量。何志谦和林静本[10] 测定了广州 30 例市区乳母和 12 名乡镇乳母（哺乳 2 ～ 3 个月）的乳汁中氨基酸含量（包括 18 种氨基酸），证明初乳比成熟乳的氨基酸含量高 1.9 倍。之后叶水珍[11]、刘家浩等[12]、张兰威等[13]、翁梅倩等[14]也先后研究了杭州、南京、哈尔滨和上海的小样本母乳中多种氨基酸含量。张建洲和李凤翔[15a]采用中子活化分析法测定母乳中14种常量和微量元素含量，主要介绍了方法学，缺乏对母乳状况的具体描述，而且仅有3个母乳样品。1982年，赵文鼎和庞文贞[15b]分析了天津市33例和农村40例乳母产后2～6个月的乳汁中蛋白质、脂肪、乳糖、能量、钙和锌含量，同时也测定了脂肪酸和氨基酸的含量。江蕙芸等[16]分析了南宁市120名产后6个月内的乳母乳汁中蛋白质、脂肪、碳水化合物、维生素A和几种微量元素的含量。唐向辉等[17]比较了30例正常产妇初乳和成熟乳汁中的碘含量，观察到初乳中碘含量显著高于成熟乳。朱长林等[18]比较了不同泌乳阶段母乳中α-生育酚的含量，以初乳中含量为最高。

李同等[19]测定了北京城区31例初乳和43例成熟乳中维生素A含量，结果显示除了初乳中维生素A含量较高外，成熟乳中维生素A含量较低。霍建勋等[20]测定了包头市193份不同泌乳期母乳和87份乳母血浆中铜、铁、锌的含量，结果显示初乳含有丰富的微量元素。庞文贞等[21]研究了强化食品对乳母的乳汁中主要成分的影响。10例产后4.5～8个月乳母每日补充一袋强化食品持续35d，评价了补充前后乳汁成分的变化。强化食品的主要原料为大豆粉、鸡蛋和砂糖，同时补充了磷酸氢钙、维生素D、维生素$B_2$和抗坏血酸。

### 1.1.3 母乳中脂肪和脂肪酸含量的研究

金桂贞等[5]分析了1983～1984年北京城乡207份乳汁中脂肪含量，城区、近郊区和远郊区平均值分别为3.78g/100g、3.31g/100g和3.08g/100g；221份乳汁中脂肪酸主要为油酸（29%～37%）、棕榈酸（17%～25%）和亚油酸（12%～25%），远郊区母乳中的必需脂肪酸（essential fatty acid，EFA）含量较高。戚秋芬等[22]选择中上生活水平、身体健康、住院顺产分娩、产后饮食变动不大、无特殊偏食习惯、授母乳的产妇24人，年龄22～37岁，平均27岁，怀孕38～41周（平均39周）城市居民，分别收集了产后1～5d的初乳、6～14d的过渡乳和15～21d的成熟乳，在不同泌乳期采集依次喂奶前、中、后段的乳汁，测定了不同泌乳期乳汁中的脂肪酸含量。张伟利等[23,24]分别在上海新华医院、上海第一妇婴保健院和上海市崇明县以及浙江舟山妇婴保健院测定了109例足月分娩健康产妇分娩后1～3个月内的初乳、成熟母乳中的亚油酸、α-亚麻酸、花生四烯酸和二十二碳六烯酸的含量。该项研究的调查点均属于沿海地区，而且仅分析了几种脂肪酸的含量。庄满利和黄烈平[25]测定了舟山地区母乳中DHA和AA的含量。

### 1.1.4 母乳中抗氧化和抗感染因子的研究

母乳中含有大量的抗感染因子，特别是初乳中的含量最高。吴建民等[26]采集武汉地区 301 份健康产妇的乳汁（分娩后第一天到产后第 6 个月），分析了 7 种抗感染因子，包括 sIgA、IgM、IgG、补体 C3、补体 C4、乳铁蛋白和溶菌酶；获得的数据表明母乳中含有 sIgA、IgM、IgG 三种主要的免疫球蛋白，其中以 sIgA 的含量最高，占初乳中免疫球蛋白总量的 89.8%；母乳中也含有补体 C3、补体 C4、乳铁蛋白和溶菌酶，产后第一天的含量最高，随泌乳量的增加和哺乳期延长含量迅速下降。许乐维和钱倩 [27] 采用火箭电泳法和酶联免疫吸附法（enzyme linked immunosorbent assay，ELISA）分别测定了母乳喂养和其他不同喂养方式新生儿粪便中的乳铁蛋白含量，证明母乳中高浓度乳铁蛋白对母乳喂养儿肠道乳铁蛋白含量有明确影响。郭锡熔等 [28] 随机测定了南京医学院第二附属医院健康产妇 300 例，分别于产后 3 ～ 4d 和 42 ～ 45d 采集初乳和成熟乳，测定了抗氧化活性与抗氧化剂超氧化物歧化酶（superoxide dismutase，SOD）的活性以及维生素 E、维生素 C 的含量，结果提示母乳作为新生儿的重要营养物质来源的同时，还为婴儿提供丰富的抗氧化物质，对于改善婴儿的抗氧化状态具有非常重要的意义。郭锡熔和陈荣华 [29] 测定了 30 例产后 3 ～ 4d 初乳和 42 ～ 45d 成熟乳的抗氧化活性，包括维生素 C、维生素 E 含量和超氧化物歧化酶活性，证明母乳的抗氧化效能显著高于市售牛奶。

上述母乳中营养成分的研究关注的是宏量营养素、常见的矿物元素和少数几种维生素等，然而很少有研究涉及母乳中维生素 D 和维生素 K 及其组分的含量，因为受方法学制约，灵敏度低且需要用大量母乳样品；即使是宏量营养素也缺少对这些营养素不同组分的研究，关于母乳中生物活性成分的研究开展得更少；至于母乳中营养成分的组学（如代谢组学、微生物组学等）研究将是今后需要开展研究的重点。

## 1.2 乳母膳食、乳汁营养及婴儿生长的早期研究

由于母乳中宏量营养素含量的测定方法开发应用得相对较早，一般实验室条件下相对比较容易测定蛋白质和总脂肪以及灰分含量，然后采用减差法估计碳水化合物含量，在此基础上就可计算出总能量，以及采用原子吸收方法可以同时测定多种矿物质含量，因此我国于 20 世纪末在这方面开展了较多研究工作。

### 1.2.1 乳母膳食与乳汁营养状况

早在 20 世纪 80 年代，赵文鼎和庞文贞 [15b] 研究了天津市 33 例城市乳母和 40 例农村乳母的营养状况对乳汁成分的影响。膳食调查结果表明，城市与农村乳母的大多数营养素摄入量（除维生素 $B_1$ 和铁外）均低于我国当时的膳食营养素推荐供给量；城市乳母乳汁中蛋白质、脂肪、锌含量均显著高于农村的，而乳糖含量则显

著低于农村的；城乡乳母乳汁中蛋氨酸、赖氨酸和苯丙氨酸含量均低于国外营养状况良好乳母乳汁的含量；逐步回归法分析数据显示，乳母的膳食动物性蛋白质摄入量与乳汁锌含量呈显著正相关。

周韫珍等[9]分析了湖北省武汉市和天门县哺乳 8 个月内乳母的膳食与哺乳情况，观察到城乡乳母的膳食虽有一定差异，但是对乳汁的质量影响并不明显；城市乳母的泌乳量和乳糖含量高于农村，3 个月前婴儿的体重城乡差异不明显，但是 4 个月以后农村婴儿的生长速度明显低于城市婴儿。

### 1.2.2 乳母营养状况、乳成分、泌乳量与婴儿生长发育

北京市城乡 189 名乳母的营养状况、乳成分、泌乳量以及婴儿生长发育关系的研究中[1,4-7]，观察到北京市城区、近郊区和远郊区乳母的能量和蛋白质摄入量整体上是适宜的，泌乳量、乳中蛋白质和乳糖含量没有明显城乡差别[1]，但是城区 2 ～ 5 月龄婴儿的蛋白质摄入量低于郊区[4]；乳脂含量与胆固醇含量呈显著正相关，乳母的膳食脂肪摄入量与乳脂含量也呈显著正相关[5]；婴儿自出生 3 个月后，每日从母乳中获得的必需氨基酸，除了组氨酸与色氨酸外，其余的均达不到我国暂用的推荐婴儿氨基酸需要量[6]；与当时的膳食营养素推荐供给量相比，婴儿平均每日从母乳所获得的营养素，除了维生素 $B_2$ 和维生素 C 外，其余的均显不足，尤以维生素 $B_1$、烟酸、铁和锌严重不足[7]。根据刘冬生等[2]对北京市城乡 50 名产后 6 个月乳母营养素摄入量与乳汁分泌量以及乳成分的跟踪观察，产后 1 个月内乳母的营养素摄入量除了钙以外均超过我国居民膳食营养素供给量，但是到第 3 个月和第 6 个月时均显著下降，以钙、维生素 A 和维生素 $B_2$ 的降低尤为明显；到第 6 个月时母乳的分泌量也显著降低，城区的下降更为明显，城乡婴儿母乳摄入量分别为（547±204）g/d（142 ～ 1089g/d）和（758±209）g/d（337 ～ 1151g/d）；城区母乳中能量、蛋白质、脂肪和乳糖的含量均高于农村的，这应该与城乡乳母的膳食质量差异有关。在上述相同的研究中，付爱忠等[3]观察到农村婴儿的母乳摄入量显著高于城区，但是从第 3 ～ 6 个月开始婴儿的能量和蛋白质摄入量远低于我国当时的膳食营养素推荐供给量。

### 1.2.3 母乳中氨基酸、无机盐和维生素含量

来自其他地区的研究，王德恺等[30]报告了 8 例上海市母乳中几种无机盐（铁、铜、锌、钾、钠、钙、镁）和维生素（维生素 A、维生素 $B_1$、维生素 $B_2$）含量，何志谦和林静本[10]评价了广东地区 42 名健康乳母的膳食构成并测定了乳汁氨基酸含量。北京市城乡乳母项目中，测定和评价了母乳中多种矿物质（钙、磷、镁、锌、铜和铁）和维生素（维生素 A、维生素 $B_1$、维生素 $B_2$、烟酸和维生素 C）的含量[7]。

## 1.3 近年开展的相关研究

近年国内已有多项母乳成分相关的研究，既有研究单位主导的国家科技支撑项目，也有国内婴幼儿配方食品生产企业立项的课题，以国家研究所为主导、医疗机构和企业参与，充分发挥了产学研联合互补的优势，推动了我国母乳成分研究、婴幼儿配方食品标准修订和婴幼儿配方食品品质提升。

### 1.3.1 国家支持项目研究

由中国疾病预防控制中心营养与健康所承担，并与全国十几家单位共同合作完成的“中国母乳成分数据库研究”是国家高技术研究发展计划（863 计划）“促进生长发育的营养强化食品的研究与开发”课题的子项目，该项目获得了国家项目支持，同时也获得了国内外婴幼儿配方食品相关企业的仪器设备、技术、材料和经费的帮助[31]。

### 1.3.2 婴幼儿配方食品生产企业项目研究

除了上述科技部 863 计划课题之外，我国其他研究机构特别是乳制品行业内的企业，近年来也投入了大量资源建设了不同的中国母乳成分数据库。例如，伊利公司从 2003 年开启了中国企业研究母乳的历程，经过长期的积累和发展，目前采集了 12 个典型省、自治区、直辖市共 43 个市 / 县 6700 份母乳样品，包含初乳、过渡乳和成熟乳，建成了包含 155 项指标、1700 余种成分的近千万份母乳数据所组成的母乳成分数据库，涵盖了母乳中不同蛋白质、脂肪、碳水化合物、矿物质、维生素、核酸等主要成分的含量及其变化规律。同时，对乳脂球膜、母乳低聚糖（human milk oligosaccharides，HMO）、蛋白组学等母乳成分前沿领域开展了研究，发表了多篇论文[32-35]，并形成了以 α- 乳清蛋白 +β- 酪蛋白专利蛋白组合及核苷酸专利组合为代表的自主研究成果。

### 1.3.3 产学研联合项目研究

近几年来，还有多项母乳成分相关的研究，例如由北京大学、雀巢研发中心和雀巢营养科学院联合完成的母乳“明”研究，采集了 3 个城市（北京、广州、苏州）健康乳母产后 0 ～ 8 个月的乳汁，分析了母乳中宏量营养素（蛋白质与氨基酸、脂肪与脂肪酸、乳糖与低聚糖），以及多种微量营养素和生物活性成分等。还有多家国内婴幼儿配方乳粉生产公司开始进行母乳成分的研究，像蒙牛、三元食品、贝因美、飞鹤等多家婴幼儿配方乳粉生产企业，也从不同地方收集母乳样品从几百份到数千份不等，分析/研究的成分更多与其开发婴幼儿配方乳粉产品或品质提升有关。然而，这样的研究数据能否发布以及即使发布后相互之间数据能否进行比较还存在较多疑问。

### 1.3.4 分析方法学研究

采用以往传统分析方法测定母乳成分需要耗费大量的母乳样品，通常单一指标的测定需要母乳量少则几毫升，多则数十毫升，使一些常规母乳成分（如B族维生素、维生素D和维生素K、多种矿物质等）的检测难以开展。因此亟待建立微量高通量快速母乳成分检测方法，表1-2中列出已发表的母乳成分微量高通量检测方法。

**表1-2** 文献已发表的母乳成分的微量高通量检测方法

| 营养成分 | 测定方法 | 样品量 | 测定种类 |
|---|---|---|---|
| 宏量营养素等 | 母乳成分测定仪<br>可移动用于现场 | 约2.5mL | 蛋白质、脂肪、碳水化合物、计算的总能量、固形物等[36,37] |
| B族维生素 | 超高效液相色谱串联质谱法（UPLC-MS/MS） | 50μL | 维生素$B_1$、维生素$B_2$、FAD（黄素腺嘌呤二核苷酸）、吡哆醛、吡哆胺、烟酰胺、烟酸、泛酸、生物素等[38,39] |
| 矿物质 | 微波消解电感耦合等离子体质谱法（ICP-MS） | 2.0mL | 24种不同浓度的矿物质[40] |
| 蛋白质组分 | 超高效液相色谱串联三重四极杆质谱法（UPLC-Q-TOF-MS） | 20μL 1∶100母乳稀释液 | α-乳清蛋白、血清白蛋白、溶菌酶、$\alpha_{s1}$-酪蛋白、β-酪蛋白和κ-酪蛋白[41,42] |
| 微量组分 | 超高效液相色谱串联质谱联用法（UPLC-MS/MS） | 0.1g | 胆碱、L-肉碱、乙酰基-L-肉碱和牛磺酸[43] |
| 水解氨基酸 | 液相色谱法与氨基酸分析仪法 | 20mg | 17种氨基酸 |

## 1.4 母乳成分研究展望

母乳中除了含有为婴儿提供生长发育所需要的能量、蛋白质、脂肪和乳糖等宏量营养素以及维生素和矿物质等多种微量营养素，还含有很多痕量的生物活性物质，近些年来，越来越多的研究关注母乳中存在的这些微量营养成分和生物活性物质可能具有的生理功能或生物学功效。

### 1.4.1 组学研究

以往很多母乳成分相关的研究通常测定一种或几种营养成分，获得的结果难以解释母体（乳母）、母乳和喂养婴儿之间的关系。母乳组学的研究使之成为可能，已经成为今后研究的方向。例如，通过宏量营养素代谢组学（蛋白质组学、脂质组学和糖组学等）研究，可以揭示母乳宏量营养成分及其组分的代谢途径，以及对喂养儿的影响及其作用机制；微生物组学研究将揭示母乳微生态环境（共生菌、益生菌等）对新生儿和婴儿肠道免疫启动和肠道功能以及免疫系统建立的影响。

### 1.4.2 生物活性成分研究

母乳中含有很多种复杂的生物活性 / 免疫活性成分，尤其是产后最初几天的初乳，为新生儿提供特异和非特异性防御细菌和病毒等致病性微生物感染的功能。这些成分包括具有免疫活性的免疫细胞（如大量吞噬细胞、T 淋巴细胞和 B 淋巴细胞等），免疫球蛋白（如 IgA），抗体（特别是分泌型 IgA 抗体），抗炎症细胞因子（如 IL-10 和 sCD14），乳铁蛋白，多种酶（如溶菌酶、乳酸过氧化酶）等，近年来关注的促炎性细胞因子，如 IL-6、IL-8 和 TNF，免疫调节促炎性细胞因子 IL-10，参与新生儿免疫发育的 EGF 和 TGF-β1、TGF-β2，小分子核糖核酸（microRNA）。生物活性化合物还包括 IL-1、IL-3、IL-4、IL-5、IL-12、IFN-γ 和 TNF 受体Ⅰ。这些均与母乳喂养婴儿抵抗感染性疾病 / 过敏性疾病的能力有关，也与免疫系统发育成熟有关，还涉及母体到婴儿的可遗传物质和信息的传递。因此需要系统研究这些成分在整个哺乳期间的变化规律和对婴儿机体免疫系统功能的影响，以及作为生物标志物用于疾病的诊断、治疗和预后的开发潜力[44,45]等。

母乳中含有的某些生物活性成分的作用已经超出传统的营养学范畴，现代生物工程技术（如基因工程）的介入，使某些成分用于健康产品的开发和处理特殊医学状况成为可能。例如母乳中的抗菌、抑菌成分（如溶菌酶），转人乳铁蛋白基因牛乳以及人乳 α- 乳清蛋白等研发工作展现出良好的应用前景。

### 1.4.3 生长因子研究

母乳中含有激素、多种酶类、多种生长因子和神经内分泌肽，如 EGF、IGF-1 和 TGF-β1 等，这些成分与婴儿取得最佳的生长发育速度有关，而且母乳具有的促进婴儿生长发育作用被认为与其所含有的上述成分有关。随着检测设备与技术和分析方法学的进步，已经可以检测母乳中存在的这些痕量成分，因此有必要系统研究母乳中这些生长发育相关因子对婴儿正常生长发育的相互影响，确定其不同生长发育阶段这些成分的变异范围。

### 1.4.4 母乳低聚糖研究

母乳中含有 10 ～ 20g/L 低聚糖（聚合度 DP ≥ 3），母乳中含量最丰富的固体成分前三位为乳糖、脂类、低聚糖[46]。低聚糖结构复杂，据文献报道约有200种。低聚糖能抵抗婴儿的胃消化，大多数低聚糖都能达到肠道，发挥益生元的作用，通过刺激益生菌的生长和作为受体类似物抑制多种致病菌和毒素与上皮细胞的结合，维持健康的肠道生态系统功能。然而我们对于低聚糖的结构和功能仍缺乏全面的了解。目前允许添加到婴幼儿配方食品中的几种低聚糖均与母乳中存在的不同，因此如何开发出母乳低聚糖并可安全应用于婴幼儿配方食品也是今后研究的重点。

### 1.4.5 母乳微生态环境研究

母乳喂养除了为喂养儿提供能量和营养成分以及多种生物活性成分，母乳中还含有丰富的微生物，是母乳喂养儿体内微生物的重要来源。母乳中存在的这些微生物对于喂养儿肠道免疫功能的开启和发育成熟、肠道微生态环境的建立等都是非常重要的。因此需要深入研究母乳中微生物的来源、种类和数量以及对喂养儿近期健康状况的影响（如过敏和食物不耐受）和远期健康效应（如疾病易感性和成年时期营养相关慢性病发生发展轨迹）[47,48]。

### 1.4.6 母乳样品储存时间和条件研究

由于母乳中存在多种微量成分、免疫活性物质、生长因子、抗氧化活性成分等，这些成分的含量通常很低且多受储存条件和保存时间的影响，而关于这方面的研究开展得甚少。因此为了保证数据的可靠性和可比性，需要研究储存乳样材料、温度和持续时间对这些成分的影响，冷藏（4℃）和冷冻（−20℃和 −80℃）以及液氮储存人初乳对生物活性因子稳定性的影响等[49]。

### 1.4.7 母乳营养素适宜摄入量的研究

对于母乳喂养婴儿的大多数营养素适宜摄入量，通常是通过测定代表性正常母乳中这些营养素的含量乘以婴儿摄乳量进行估计的。国外已经开始了很多这方面的研究，而我国可利用的资料仍十分有限。

#### 1.4.7.1 缺少系统性研究

20世纪80年代我国也有一些地区开展了母乳营养成分研究，但是均局限在区域性小样本调查，由于当时经费有限和分析手段落后，所分析的营养成分有限，缺少不同经济发展地区、不同民族、不同生活水平方面的数据比较。经过了四十多年的改革开放，居民的膳食模式发生了明显变化，因此有必要进一步研究改革开放以来母乳营养状况对乳汁营养成分的影响，以及这些成分对母乳喂养儿生长发育和认知功能的近期影响与远期健康效应。

#### 1.4.7.2 母乳成分方法学的研究更少

由于获得母乳样品困难，大多数成分的测定需要采用微量分析方法。国内外关于母乳营养成分的分析测试手段得到了全面更新，有关母乳中多不饱和脂肪酸（如DHA与AA，EFA与长链多不饱和脂肪酸的关系等）、核苷酸、α-乳清蛋白、牛磺酸、肉碱、生长因子等与婴儿生长发育和智力开发的关系已引起广泛关注[50]，需要加大母乳成分方法学研究，尤其维生素D和维生素K的存在形式和含量，以及生物活性成分和污染物等微量高通量检测方法学的研究。

### 1.4.8 母乳中环境污染物

随着我国经济快速发展及伴随城市化和工业化进程的加速，局部地区不容忽视的环境污染也一定会通过乳汁影响到新生儿和婴儿，包括持久性有机污染物、有毒重金属、药物等通过母乳转移到婴儿。然而，有关这些污染物或有毒物质通过什么样的机制进入乳腺或乳汁以及是否对乳腺组织本身造成损伤和对婴儿的影响研究甚少。需要评估通过乳汁途径婴儿的污染物暴露量以及存在的健康风险，探讨降低婴儿暴露于这些有毒有害污染物的有效方法等。

（荫士安，董彩霞，冯罡）

**参考文献**


[1] 王文广, 殷太安, 李丽祥, 等. 北京市城乡乳母的营养状况、乳成分、乳量及婴儿生长发育关系的研究Ⅰ. 乳母营养状况、乳量及乳中营养素含量的调查. 营养学报, 1987, 9(4): 338-341.

[2] 刘冬生，付爱忠，靳雅笙，等. 产后6个月乳母营养摄入与哺乳的跟踪观察. 营养学报，1988, 10(4):297-303.

[3] 付爱忠，刘冬生，靳雅笙，等. 0-6个月婴儿的母乳、热能和蛋白质摄入量及体格生长的跟踪观察. 营养学报, 1989, 11(1):1-12.

[4] 常莹，王文广，白继国，等. 北京市城乡乳母的营养状况、乳成分、乳量及婴儿生长发育关系的研究Ⅱ.1-6月龄母乳喂养儿摄入的乳量、能量和蛋白质及其生长发育. 营养学报, 1988, 10(1):8-14.

[5] 金桂贞，王春荣，龚俊贤，等. 北京市城乡乳母的营养状况、乳成分、乳量及婴儿生长发育关系的研究Ⅲ. 母乳的脂质分析. 营养学报, 1988, 10(2):134-143.

[6] 赵熙和，徐志云，王燕芳，等. 北京市城乡乳母的营养状况、乳成分、乳量及婴儿生长发育关系的研究Ⅳ.1-6月龄中蛋白质及氨基酸含量. 营养学报, 1989, 11(3):227-232.

[7] 殷泰安, 刘冬生, 李丽祥, 等. 北京市城乡乳母营养状况、乳成分、乳量及婴儿生长发育关系的研究Ⅴ. 母乳中维生素及无机元素的含量. 营养学报, 1989, 11(3): 233-239.

[8] 钱继红，吴圣楣，张伟利. 上海地区母乳中三大营养素含量分析. 实用儿科临床杂志, 2002, 17(3):243-244.

[9] 周韫珍，苏宜香，林敏，等. 乳母营养与乳汁成分分析. 营养学报, 1987, 9(3):227-233.

[10] 何志谦，林静本 . 广东地区母乳的氨基酸含量 . 营养学报 , 1988, 10(2):145-149.
[11] 叶水珍 . 三十例初乳（母乳）中的氨基酸分析 . 氨基酸杂志 , 1991(1):42-45,41.
[12] 刘家浩，李玉珍，叶永军，等 . 人乳游离氨基酸的含量及动态变化 . 营养学报 , 1992, 14(2):171-175.
[13] 张兰威，郭明若，张莹，等 . 人乳蛋白质与氨基酸含量及其变化规律 . 东北农业大学学报 , 1997, 28(4):389-395.
[14] 翁梅倩，田小琳，吴圣楣，等 . 足月儿和早产儿母乳中游离和构成蛋白质的氨基酸含量动态变化 . 上海医学 , 1999, 22(4):217-222.
[15] a. 张建洲，李凤翔 . 仪器中子活化分析法测定人乳、牛奶和奶粉中的十四种常量和微量元素 . 营养学报 , 1988, 10(2):180-183; b. 赵文鼎，庞文贞 . 乳母营养对乳汁质量的影响 . 营养学报，1984,6(1):47-57.
[16] 江蕙芸，陈红惠，王艳华 . 南宁市乳母乳汁中营养素含量分析 . 广西医科大学学报 , 2005, 22(5):690-692.
[17] 唐向辉，和协超，张衍丽，等 . 正常产妇成熟乳碘和初乳碘含量的比较 . 营养学报 , 1999, 21(3):333-335.
[18] 朱长林，佟晓波，张小华，等 . 不同阶段母乳中 α- 生育酚浓度的研究 . 中国实用儿科杂志 , 2002, 17(10):624-625.
[19] 李同，王万梅，郭雪香，等 . 北京市婴幼儿血清维生素 A 及母乳与鲜牛奶维生素 A 含量的调查 . 卫生研究 , 1990, 19(2):34-36.
[20] 霍建勋，杨翠英，刘素英，等 . 不同泌乳期母乳中铜铁锌含量变化与乳母血浆微量元素含量的关系 . 卫生研究 , 1991, 20(2):41-43.
[21] 庞文贞，嵇兆武，车淑萍，等 . 强化食品对乳汁主要成分的影响 . 营养学报 , 1983, 5(1):11-17.
[22] 戚秋芬，吴圣楣，张利伟 . 母乳中脂肪酸含量的动态变化 . 营养学报 , 1997, 19(3):325-332.
[23] 张利伟，吴圣楣，钱继红，等 . 母乳中二十二碳六烯酸及花生四烯酸含量的观察 . 中华围产医学杂志 , 2002, 5(1):52-55.
[24] 戚秋芬 , 吴圣楣 , 张利伟 . 早产儿和足月儿母乳中脂肪酸组成比较研究 . 中华儿科杂志 , 1997, 35(11): 580-583.
[25] 庄满利，黄烈平 . 舟山地区母乳中 DHA 及 AA 含量分析 . 中国儿童保健杂志 , 2006, 14(5):514-515.
[26] 吴建民，管慧英，代勤韵 . 0-6 月母乳中的抗感染因子 . 营养学报 , 1987, 9(1):14-19.
[27] 许乐维，钱倩 . 母乳与新生儿粪便中乳铁蛋白含量测定及相关关系的探讨 . 营养学报 , 1989, 11(3):256-261.
[28] 郭锡熔，陈荣华，邓静云，等 . 母乳抗氧化活性与抗氧化剂 SOD、VE、VC 的测定及其意义的探讨 . 中华儿童保健杂志 , 1994, 2(1):13-15.
[29] 郭锡熔，陈荣华 . 牛乳与母乳抗氧化效能的比较 . 营养学报 , 1998, 20(2):215-217.
[30] 王德恺，汪振林，刘广青，等 . 上海市母乳中几种无机盐和维生素含量测定 . 营养学报 , 1986, 8(1):81-84.
[31] Yin S A, Yang Z Y. An on-line database for human milk composition in China. Asia Pac J Clin Nutr, 2016, 25(4): 818-825.
[32] Elwakiel M, Boeren S, Hageman J A, et al. Variability of serum proteins in Chinese and Dutch human milk during lactation. Nutrients, 2019, 11(3). 499.
[33] Yang M, Cong M, Peng X, et al. Quantitative proteomic analysis of milk fat globule membrane (MFGM) proteins in human and bovine colostrum and mature milk samples through iTRAQ labeling. Food Funct, 2016, 7(5): 2438-2450.
[34] Deng L, Zou Q, Liu B, et al. Fatty acid positional distribution in colostrum and mature milk of women living in Inner Mongolia, North Jiangsu and Guangxi of China. Food Funct, 2018, 9(8): 4234-4245.

[35] Elwakiel M, Hageman J A, Wang W, et al. Human milk oligosaccharides in colostrum and mature milk of Chinese mothers: Lewis positive secretor subgroups. J Agric Food Chem, 2018, 66(27): 7036-7043.
[36] Zhu M, Yang Z, Ren Y, et al. Comparison of macronutrient contents in human milk measured using mid-infrared human milk analyser in a field study vs. chemical reference methods. Matern Child Nutr, 2017, 13(1):10.
[37] 毕烨 , 洪新宇 , 董彩霞 , 等 . 中国城乡乳母不同泌乳阶段乳汁中宏量营养素含量的研究 . 营养学报 , 2021, 43(4): 322-327.
[38] Hampel D, York E R, Allen L H. Ultra-performance liquid chromatography tandem mass-spectrometry (UPLC-MS/MS) for the rapid, simultaneous analysis of thiamin, riboflavin, flavin adenine dinucleotide, nicotinamide and pyridoxal in human milk. J Chromatogr B Analyt Technol Biomed Life Sci, 2012, 903:7-13.
[39] Ren X N, Yin S A, Yang Z Y, et al. Application of UPLC-MS/MS method for analyzing B-vitamins in human milk. Biomed Environ Sci, 2015, 28(10): 738-750.
[40] 孙忠清 , 岳兵 , 杨振宇 , 等 . 微波消解 - 电感耦合等离子体质谱法测定人中 24 种矿物质含量 . 卫生研究 , 2013, 42(3): 504-509.
[41] 陈启, 赖世云, 张京顺, 等. 利用超高效液相色谱串联三重四极杆质谱定量检测人乳中的 α-乳白蛋白. 食品安全质量检测学报 , 2014, 5(7): 2095-2100.
[42] 王杰 , 许丽丽 , 任一平 , 等 . 中国城乡乳母不同哺乳阶段母乳蛋白质组分含量的研究 . 营养学报 , 2021, 43(4): 328-333.
[43] 黄焘 , 陶保华 , 陈启 , 等 . 超高效液相色谱 - 串联质谱法同时测定人乳中的胆碱、L- 肉碱、乙酰基 -L-肉碱和牛磺酸 . 食品安全质量检测学报 , 2014, 5(7): 2059-2065.
[44] Pico C, Serra F, Rodriguez A M, et al. Biomarkers of nutrition and health: New tools for new approaches. Nutrients, 2019, 11(5):1092.
[45] Wang J F, Yu M L, Yu G, et al. Serum miR-146a and miR-223 as potential new biomarkers for sepsis. Biochem Biophys Res Commun, 2010, 394(1): 184-188.
[46] Newburg D S, Neubauer S H. Handbook of milk composition. San Diego: Academic Press, 1995.
[47] Fernández L, Langa S, Martín V, et al. The human milk microbiota: Origin and potential roles in health and disease. Pharmacol Res, 2013, 69(1): 1-10.
[48] 荫士安 . 母乳与新生儿早期免疫的启动与建立 . 中华新生儿科杂志 , 2017, 32(5): 321-324.
[49] Ramirez-Santana C, Pérez-Cano F J, Audí C, et al. Effects of cooling and freezing storage on the stability of bioactive factors in human colostrum. J Dairy Sci, 2012, 95(5): 2319-2325.
[50] 孙晓勉，王维清，刘黎明，等 . 乳母乳汁生长因子变化 . 中国临床营养杂志 , 2006, 14(6):382-384.

# 母乳成分特征

Composition Characteristics of Human Milk

# 第2章

# 乳母营养状况对母乳成分和喂养婴儿的影响

世界卫生组织 (WHO) 建议，出生后 6 个月内应纯母乳喂养婴儿，即使从 6 月龄开始添加辅食，也应继续母乳喂养到 2 岁或更长时间。母乳除了可以满足婴幼儿生长发育的营养需求，而且还是 18 月龄内母乳喂养儿的营养、微量营养素和其他重要生物活性成分的重要来源[1,2]；母乳不仅为婴儿提供营养，而且还通过提供多种生物活性成分降低婴儿患多种疾病（如腹泻和肺炎等）的风险，降低成年时期发生肥胖、2 型糖尿病和心血管疾病等非传染性疾病的风险[3,4]。然而关于母乳研究的重点不能简单地放在母乳本身营养成分方面，而应将“乳母 - 母乳 - 婴儿”放在一起进行研究（甚至还应包括孕期以及孕前期的营养与健康状况），因为每个部分发生变化都会不同程度地反映孕产妇的营养与健康状况，影响母乳成分以及婴儿生长发育轨迹和疾病易感性[5]。

## 2.1 生命最初 1000 天

为了保证顺利度过生命最初重要的 1000 天（即整个孕期和 2 年哺乳期，甚至还应延长包括孕前期 6 ～ 3 个月），应将母体营养状况、母乳分泌量和质量以及喂养儿的健康状况，作为相互联系且相互影响的整体进行研究和营养改善[6,7]。Beluska-Turkan 等[8]在关于生命最初 1000 天的营养问题和补充干预方面，提出以下营养素在生命最初 1000 天发挥重要作用，即类胡萝卜素（叶黄素 + 玉米黄质）、胆碱、叶酸、碘、铁、*n*-3 脂肪酸和维生素 D。生命最初 1000 天的发育阶段，如图 2-1 所示；营养需要特点见表 2-1。

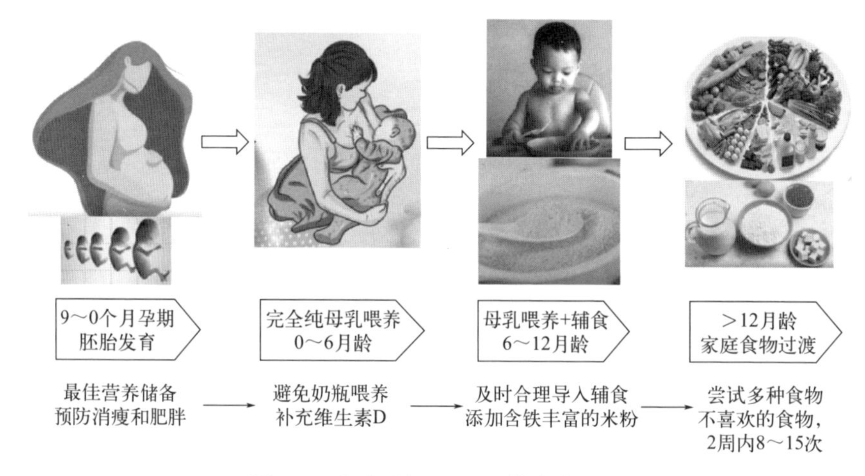


**图** 2-1　生命最初 1000 天的发育阶段

### 2.1.1　孕前期（孕前 6 ～ 3 个月）

通常生命 1000 天的营养改善指从受孕（怀孕）时开始，现在越来越多的研究认为还需要提前到从孕前 6 个月到 3 个月（准备怀孕阶段）。孕前和孕期的平衡膳食和合理营养有助于发育中的胎儿获得充足营养（还有助于增加孕期受孕成功率），获得最佳生长发育，同时还有助于保证母体和胎儿体内拥有充足的营养储备。需要关注叶酸、碘和铁的营养改善状况，因为叶酸缺乏会影响孕早期胎儿的神经系统发育，增加神经管畸形发生风险，发生缺铁与缺铁性贫血会影响受孕率和妊娠成功率，而碘缺乏则严重影响孕早期胎儿脑发育，增加发生先天性痴呆（侏儒症）风险。

**表** 2-1　孕妇乳母的营养需要特点——生命最初 1000 天

| 时间 | 营养关注点 | 易发生的营养问题 |
|---|---|---|
| 围孕期 | 叶酸、碘和铁缺乏 | 缺铁和缺铁性贫血，孕早期缺乏叶酸、碘和铁均可能导致妊娠失败（流产、早产等） |

续表

| 时间 | 营养关注点 | 易发生的营养问题 |
| --- | --- | --- |
| 围孕期 | 消瘦或肥胖 | 降低受孕率 |
| 孕期 | 能量需要量 | 超重和肥胖增加自然流产、妊娠糖尿病、先兆子痫发生风险，增加婴儿期和成年期罹患2型糖尿病风险 |
| | 低体重、限制能量 | 增加早产儿、低出生体重儿发生率和围生期死亡率 |
| | 蛋白质 | 摄入不足影响新生儿的体重和身长；摄入过多对胎儿发育产生不利影响 |
| | 脂类 | 长链多不饱和脂肪酸（如ARA和DHA）缺乏可能影响胎儿脑和视觉功能发育 |
| | 叶酸、维生素C、维生素A、维生素D、铁、碘 | 缺铁会发生缺铁性贫血和影响胎儿体内铁储备，多种微量营养素缺乏影响胎儿发育（尤其是神经系统），增加发生早产、流产和低出生体重及先兆子痫、产后出血和妊娠并发症的风险 |
| 哺乳期 | 能量需要量<br>长链多不饱和脂肪酸<br>优质蛋白<br>铁<br>维生素D和钙 | 孕期过多的脂肪储备导致超重和肥胖<br>母乳中含量以及对喂养儿的不利影响<br>乳汁蛋白质合成问题<br>缺铁和缺铁性贫血<br>体内钙质流失 |

## 2.1.2 孕期（9～0个月）

### 2.1.2.1 要重点关注的营养问题

获取充足营养和预防营养缺乏，尤其是预防微量营养素缺乏，是保证胎儿健康成长和避免不良出生结局的重要前提条件[9]。对于孕妇要考虑的营养相关问题是应保持良好的膳食习惯和合理的营养补充、适宜体重，以及怀孕期间的营养状况改善，有助于预防妊娠并发症，降低不良妊娠结局[10]。提供优质蛋白、长链多不饱和脂肪酸（如ARA和DHA）、叶酸、铁、锌等，这些营养成分对胚胎的大脑发育非常重要。孕期妇女需要重点关注的营养问题包括：

① 保持能量平衡。随胎儿生长发育，相应增加总能量摄入，控制体重在理想范围之内，避免消瘦和肥胖；过度营养和超重肥胖与自然流产、妊娠糖尿病、先兆子痫的风险增加有关，还可能与婴儿在成年期发生2型糖尿病和肥胖有关[11,12]。

② 蛋白质在胎儿生长中发挥重要作用。怀孕期间蛋白质摄入量低会影响新生儿的体重和身长的增长，而蛋白质摄入量过高可能与胎儿发育呈负相关[13]。应提供优质蛋白，用于血容量的增加、子宫肌肉和胎儿及其附属组织的增长。

③ 脂质是能量的主要来源之一。在怀孕和哺乳期间，最佳的脂质摄入量可能对胎儿和母乳喂养婴儿的神经和视网膜发育很重要[14]，可能还与早产和产后抑郁症风险

降低有关[15-18]。发挥作用的是脂质的质量，而不是总量，例如富含 *n*-3 脂肪酸的鱼类食品和 DHA 补充剂等是较好选择。

④ 及时补充铁剂，纠正缺铁和缺铁性贫血。由于孕中后期血容量增长较多，机体合成血红蛋白对铁的需要量增加明显，补充铁剂可预防缺铁性贫血。

⑤ 提供优质钙和补充适量维生素 D。钙和维生素 D 是骨骼和牙齿发育的重要成分。

⑥ 补充适量维生素 C 和叶酸。维生素 C 参与伤口愈合、骨骼和牙齿发育；叶酸参与血液生成，强有力的证据支持母体补充叶酸可预防胎儿神经管畸形 / 缺陷。

#### 2.1.2.2 微量营养素

在怀孕期间，微量营养素的供给不仅对机体最佳生理功能的维持很重要，而且还是母体和胎儿营养储备的需要。因此，及时合理进行补充也是很重要的[19]。

（1）叶酸　在我国和世界很多地区进行的大量流行病学调查和人群干预试验结果均证明，给育龄妇女补充叶酸（400μg/d），可显著降低胎儿神经管畸形发生率和其他不良妊娠结局[20,21]。近年的趋势是采用多种 B 族维生素（叶酸 + 维生素 $B_1$、维生素 $B_2$、维生素 $B_6$、维生素 $B_{12}$ 等）联合补充获得更好的结果；并且叶酸的补充应从准备怀孕时开始，持续整个孕期和哺乳期。

（2）铁　孕妇对于铁的需要量，随胎儿生长和在胎儿组织储存需要而逐渐增加。因此，孕妇面临更高的缺铁风险，缺乏的后果除了发生缺铁性贫血，还与胎儿生长发育不良、早产、低出生体重和产妇产后出血等风险增加有关[22,23]。然而，过量的铁补充可能与母体发生氧化应激、脂质过氧化、葡萄糖代谢受损和妊娠期高血压有关[24]。

（3）维生素 D 和钙　怀孕期间摄入足够的钙有助于胎儿的生长发育，尤其是骨骼和牙齿；而且母体维生素 D 水平不足的发生率很高，因此建议在怀孕和哺乳期间应补充适量维生素 D 和钙剂[25]，有助于降低孕妇先兆子痫、婴儿早产和低出生体重的发生风险。孕妇维生素 D 缺乏或低下还与婴儿低出生体重、先天性佝偻病（孕期严重维生素 D 缺乏）、骨骼发育改变、呼吸道感染和儿童期过敏性疾病有关[26,27]。

### 2.1.3 哺乳期（0 ~ 23 个月）

乳母的营养状况和膳食质量影响乳汁中营养素含量，例如长链多不饱和脂肪酸、维生素 A、维生素 D、大多数 B 族维生素、维生素 C、钙和硒等，使喂养儿发生低血清视黄醇、佝偻病、脚气病、维生素 C 缺乏症、神经异常、生长发育迟缓等营养不良的风险增加。因此乳母需要随喂养儿生长发育，相应增加总能量和优质蛋白的摄入量，增加长链多不饱和脂肪酸、铁、维生素 D 和钙的摄入量，整个哺乳期应继续补充叶酸；通过母乳喂养和规律的身体活动消耗孕期储备的过多脂肪，预防超重和肥胖。

母体（孕妇和乳母）膳食中的植物化学物质（如类黄酮和类胡萝卜素以及体内的次生代谢物）影响胎儿的发育结局。可以通过摄入水果和蔬菜获取植物化学物质，其中很多还具有抗氧化和抗炎的作用，可以降低某些慢性病（冠心病、癌症、糖尿病和神经退行性疾病）发生的风险 [28]。因此，在怀孕和哺乳期间保证摄入充足的水果和蔬菜，有助于维持母体血清和母乳中类黄酮和类胡萝卜素的最佳浓度以及提高可能产生的健康效应 [29]。

## 2.2 母乳对婴儿肠道微生物群和免疫发育的贡献

### 2.2.1 对母乳喂养儿的贡献

母乳富含多种微生物，持续向母乳喂养儿肠道供应共生菌、互利和 / 或潜在的益生菌 [30,31]，而且是母乳喂养婴儿肠道细菌的主要来源 [32]。通过母乳喂养，可使婴儿不断获得微生物，按照一个婴儿每天约摄入 800mL 母乳计算，每天会摄入 $1\times10^5$ ～ $1\times10^7$ 个细菌 [33]。母乳喂养婴儿肠道菌群的细菌组成与他们各自母亲的乳汁中发现的细菌组成密切相关 [34]。

母乳中微生物群落（来自于乳母的肠道和 / 或乳腺）与人体宿主构成一个复杂的生态系统，而该生态系统的动态稳定性直接影响人体的健康状况与疾病的易感性；母乳中存在的细菌可能在新生儿免疫系统发育成熟的启动和编程、使新生儿适应宫外环境中发挥关键作用 [30,31,35]。通过调节婴儿的肠道菌群、抑制肠道内致病菌的定植与生长，发挥免疫调节功能，还能降低婴儿患腹泻和呼吸道感染性疾病的风险，而且还可能降低成年期发生肥胖、糖尿病或乳腺癌的风险 [36,37]。

### 2.2.2 乳母肠道和母乳微生物群对婴儿肠道微生态环境的影响

乳母肠道和母乳微生物群对婴儿肠道微生态环境的调节作用，如图 2-2 所示。孕期和哺乳期母体肠道微生物群通过某种途径迁移到乳腺 [38]，进而随乳汁分泌和哺乳进入喂养儿体内，因此所有可能改变母体皮肤、口腔、阴道和肠道微生物群的因素，包括遗传、分娩方式和胎龄、抗生素或其他药物的使用、乳母的膳食习惯和营养与健康状况（包括孕期和哺乳期益生菌制剂的使用）都可能影响母乳微生物群，并可能对母乳喂养儿的健康状况产生近期影响和远期健康结局的影响。

例如，健康和肥胖个体的肠道微生物群组分不同，异常的微生物群可以从肥胖母亲垂直传播给她的婴儿，微生物群的母婴传播也被认为是肥胖传播的潜在因素之一 [39]。有一项荟萃分析表明，纯母乳喂养，尤其是出生后纯母乳喂养超过 2 个月，与更稳定的肠道细菌分类组成和降低与腹泻相关的微生物失调有关[40]。还需要指出，除了母乳微生物群，母乳富含的寡糖和其他成分（如免疫球蛋白A）都有助于婴儿肠道微生物群的组成多样性[41]。

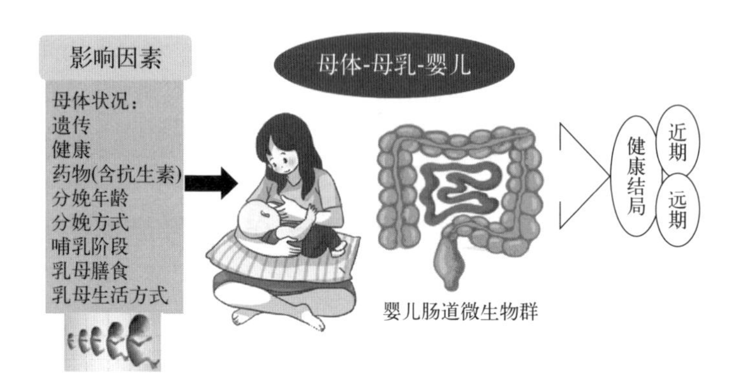


**图** 2-2　乳母肠道和母乳微生物群对婴儿肠道微生态环境的调节作用

改编自 E.Verduci 等[7]

## 2.3　孕期和哺乳期妇女生活方式等对婴儿的影响

孕妇除了超重和肥胖影响胚胎发育、增加妊娠并发症和不良妊娠结局，孕妇和乳母的吸烟和饮酒行为，还会影响乳汁分泌量和乳汁成分，两者还可能对婴儿的健康状况产生潜在的长期不良影响。

### 2.3.1　吸烟

据报道，母亲怀孕和哺乳期间吸烟可能与婴儿出生时和生命后期的负面健康结局有关[42]，如与婴儿低出生体重、早产[43]以及意外死亡的风险增加有关[44]，对胎儿大脑发育产生负面影响[42]，还可能与婴儿以后发生超重、肥胖和代谢疾病的风险增加有关[45,46]。已有研究证明哺乳期的妇女吸烟（smoking cigarette）和/或被动吸烟可降低其泌乳量、缩短母乳喂养持续时间和降低喂哺婴儿的体重，吸烟与母乳脂肪和能量含量呈显著的负相关（$P = 0.026$ 和 $P = 0.007$）[47,48]。烟草中有数百种化合物，尼古丁及其代谢产物最常作为烟草暴露的标识物。母体血液中的尼古丁到达母乳中的速度很快，母乳中尼古丁浓度（2.0～62.0μg/L）与乳母血清中尼古丁浓度（1.0～28.0μg/L）呈正相关（$r$=0.70），母乳中尼古丁浓度是相同乳母血浆中尼古丁浓度的1.5～3倍，乳汁/血清中尼古丁浓度比值为2.92±1.09；血浆和乳汁中的尼古丁半衰期相似（60～90min）[49,50]。

乳汁中尼古丁的浓度与乳母吸烟量或吸入尼古丁的量有关，即吸烟愈多，母乳中所含尼古丁和可替宁的浓度愈高，母乳中含有较高的尼古丁可导致母乳喂养儿发生呕吐、腹泻、心率加快、烦躁不安等。

### 2.3.2 饮酒

乳母饮酒（alcohol drinking）时分泌乳汁中酒精浓度与母体血液中酒精浓度相似，对哺乳的影响既存在直接的影响也存在间接作用。哺乳期间饮酒可直接抑制射乳反射导致乳汁产量暂时性降低，也可能损害婴儿的免疫功能[51,52]；乳母饮酒还可导致母乳喂养儿感知到酒精（alcohol）的味道和摄入酒精[53]。已证明，即使是乳母短期摄入酒精也会影响到乳汁的味道、婴儿的喂养和睡眠行为；当酒精摄入量超过 1g/kg（以体重计）时，显著降低射乳反射[54]。乳母短期饮酒可显著且均匀地增加其乳汁气味的感知度，饮酒后 30min ～ 1h 这种气味的强度增加达到峰值，随后开始降低，这种气味的改变与乳汁中酒精浓度的变化相平行[55]。

哺乳期间饮酒导致母乳中残留的酒精阻碍喂养儿的生长发育，酒精也会直接影响到婴儿的饮食和睡眠方式（睡眠障碍）[52]，甚至抑制乳汁分泌导致母乳量下降[56]。鉴于妇女哺乳期间饮酒，酒精会通过乳汁进入婴儿体内，对婴儿产生不良影响，在哺乳期间最好不要饮酒。如果哺乳期间乳母喝了含有酒精的饮料（如啤酒或一杯葡萄酒），至少需要等 2 ～ 3h 后再喂奶；如果喝的酒较多，则需要等更长的时间才能哺乳，甚至可长达 24h。

### 2.3.3 肥胖

怀孕期间超重、肥胖与发生自然流产、妊娠糖尿病和先兆子痫以及分娩巨大儿的风险增加有关[4,11,12]，而且超重或肥胖母亲的孩子出生体重高于胎龄、第一年体重增加迅速，成年后发生肥胖的风险显著增加[57]；随机双盲试验结果也证明肥胖母亲的母乳喂养婴儿比正常体重母乳喂养的婴儿生长更快，尤其是生后最初 6 个月[58]。

在 De Luca 等[59]的横断面观察研究中，比较了肥胖与正常体重乳母的乳汁成分，观察到肥胖母亲的母乳中瘦素含量较高，而蛋白质、脂质和碳水化合物的组成和量方面没有显著差异，而瘦素含量与哺乳期 12 月龄婴儿的体重增加和肥胖增加程度呈正相关；母乳瘦素与婴儿血清瘦素之间以及婴儿血清瘦素与婴儿体脂指数（BMI）和体重之间存在相关性[60]。

Samuel 等[61]的队列研究观察到，母乳低聚糖（HMO）成分因怀孕前 BMI、分娩方式和产次等不同因素而异，特别是孕前 BMI 会影响母体 HMO 的糖基化，并可能导致肥胖母亲的孩子发生肥胖的风险增加。

因此，应特别关注孕期和哺乳期生活方式的干预，例如提供与膳食和身体活动相关的教育和行为咨询等，并针对可能存在的营养问题（缺乏与过剩）和某些微量营养素（如维生素 D、铁和叶酸）不足及时进行干预。

## 2.4 环境化学污染物对母乳及婴儿的影响

近 40 年来，随着城市化和工业化进程加速以及生产规模不断扩大，生活垃圾和工业废弃物焚烧过程中释放的二噁英类污染物以及持久性有机污染物（persistent organic pollutants，POPs）、农药、重金属、霉菌毒素等环境污染物长期在母乳中蓄积，环境污染问题也越来越严重。母乳受到环境化学污染物的污染程度，以及对母乳喂养儿营养与健康状况的近期和远期影响也是研究的热点 [62]。

环境中的污染物可通过母乳传递给下一代，即母乳可以提供乳母和母乳喂养婴儿暴露环境中化学污染物的信息 [63-65]。由此也提出需要对我们的生存环境进行综合治理，消除和减少环境污染物，有助于降低母乳中环境污染物的水平，减轻对母乳喂养儿的伤害。

近年来开展的母乳中环境污染物成分的长期监测结果可判定婴儿的暴露程度。母乳作为婴儿最好的营养成分来源，在提供给婴儿生长发育所必需的能量和各种营养素的同时，如果母亲暴露于有害的环境污染物（如通过食物、饮水、空气、土壤等）中，接触或服用某些药物（如抗生素），吸烟与被动吸烟，母乳也就成为一些污染物（如 POPs、霉菌毒素、有毒重金属、药物等）从母体到婴儿的转移介质，影响婴儿的生长发育和健康状况，对婴儿的不良影响表现尤为突出 [62,66]，例如即使母乳中存在低水平 POPs 就可能与甲状腺素含量的降低有关 [67]。因此需要特别关注母乳中的环境污染物，评估健康风险 [68]，降低婴儿的暴露风险。

## 2.5 结论

母乳代表了一个复杂而动态的系统，泌乳量和母乳成分受乳母的营养与健康状况影响，而且与喂养儿之间也有互动，因此“乳母 - 母乳 - 婴儿”三个部分彼此紧密相连，每一个变化都可能影响婴儿发育或母体健康轨迹 [5]。在进行母乳成分研究时，需要将这三者作为整体进行研究，评价乳母的营养与健康状况对乳汁成分的影响，以及母乳喂养效果（近期影响和远期健康效应等），进一步研究这三者之间的关联机制以及影响因素，旨在促进婴儿健康成长、发育潜能全面发挥以及形成有效的保证母体健康的预防和治疗策略。

最后，还要充分认识到母乳喂养并不仅仅是解决喂养儿吃的问题，而且是早期母（体）婴（儿）交流和信号传递的重要途径，这是人工喂养方式不能替代的！因此关注生命最初 1000 天的营养改善，将是改善后代健康的重要预防策略，生命最初 1000 天也是改善后代健康的重要机遇窗口期。

（董彩霞，郭慧媛，石英，荫士安）

## 参考文献


[1] Cai X, Duan Y, Li Y, et al. Lactoferrin level in breast milk: a study of 248 samples from eight regions in China. Food Funct, 2018, 9(8): 4216-4222.

[2] Yang M T, Lan Q Y, Liang X, et al. Lactational changes of phospholipids content and composition in Chinese breast milk. Nutrients, 2022, 14(8): 1539.

[3] Agosti M, Tandoi F, Morlacchi L, et al. Nutritional and metabolic programming during the first thousand days of life. Pediatr Med Chir, 2017, 39(2): 157.

[4] Agostoni C, Baselli L, Mazzoni M B. Early nutrition patterns and diseases of adulthood: a plausible link? Eur J Intern Med, 2013, 24(1): 5-10.

[5] Bode L, Raman A S, Murch S H, et al. Understanding the mother-breastmilk-infant "triad". Science, 2020, 367(6482): 1070-1072.

[6] Allen L H, Hampel D, Shahab-Ferdows S, et al. The mothers, infants, and lactation quality (MILQ) study: a multi-center collaboration. Curr Dev Nutr, 2021, 5(10): nzab116.

[7] Verduci E, Gianni M L, Vizzari G, et al. The triad mother-breast milk-infant as predictor of future health: a narrative review. Nutrients, 2021, 13(2):486.

[8] Beluska-Turkan K, Korczak R, Hartell B, et al. Nutritional gaps and supplementation in the first 1000 days. Nutrients, 2019, 11(12):2891.

[9] Likhar A, Patil M S. Importance of maternal nutrition in the first 1,000 days of life and its effects on child development: a narrative review. Cureus, 2022, 14(10): e30083.

[10] Marshall N E, Abrams B, Barbour L A, et al. The importance of nutrition in pregnancy and lactation: lifelong consequences. Am J Obstet Gynecol, 2022, 226(5): 607-632.

[11] Catalano P, deMouzon S H. Maternal obesity and metabolic risk to the offspring: why lifestyle interventions may have not achieved the desired outcomes. Int J Obes (Lond), 2015, 39(4): 642-649.

[12] Bruce K D. Maternal and in utero determinants of type 2 diabetes risk in the young. Curr Diab Rep, 2014, 14(1): 446.

[13] Kramer M S, Kakuma R. Energy and protein intake in pregnancy. Cochrane Database Syst Rev, 2003(4): CD000032.

[14] Koletzko B. Human milk lipids. Ann Nutr Metab, 2016, 69 (Suppl 2):28-40.

[15] Innis S M, Friesen R W. Essential n-3 fatty acids in pregnant women and early visual acuity maturation in term infants. Am J Clin Nutr, 2008, 87(3): 548-557.

[16] Mennitti L V, Oliveira J L, Morais C A, et al. Type of fatty acids in maternal diets during pregnancy and/or lactation and metabolic consequences of the offspring. J Nutr Biochem, 2015, 26(2): 99-111.

[17] Lauritzen L, Carlson S E. Maternal fatty acid status during pregnancy and lactation and relation to newborn and infant status. Matern Child Nutr, 2011, 7 (Suppl 2): S41-S58.

[18] Sallis H, Steer C, Paternoster L, et al. Perinatal depression and omega-3 fatty acids: a Mendelian randomisation study. J Affect Disord, 2014, 166(100): 124-131.

[19] Allen L H. Anemia and iron deficiency: effects on pregnancy outcome. Am J Clin Nutr, 2000, 71(Suppl 5): S1280-S1284.

[20] Guerra-Shinohara E M, Paiva A A, Rondo P H, et al. Relationship between total homocysteine and folate levels in pregnant women and their newborn babies according to maternal serum levels of vitamin $B_{12}$. BJOG, 2002, 109(7): 784-791.

[21] Obeid R, Herrmann W. Homocysteine, folic acid and vitamin $B_{12}$ in relation to pre- and postnatal health aspects. Clin Chem Lab Med, 2005, 43(10): 1052-1057.

[22] Alwan N A, Hamamy H. Maternal iron status in pregnancy and long-term health outcomes in the offspring. J Pediatr Genet, 2015, 4(2): 111-123.

[23] Khambalia A Z, Collins C E, Roberts C L, et al. Iron deficiency in early pregnancy using serum ferritin and soluble transferrin receptor concentrations are associated with pregnancy and birth outcomes. Eur J Clin Nutr, 2016, 70(3): 358-363.

[24] Mahdavi R, Nikniaz L, Gayemmagami S J. Association between zinc, copper, and iron concentrations in breast milk and growth of healthy infants in Tabriz, Iran. Biol Trace Elem Res, 2010, 135(1-3): 174-181.

[25] De-Regil L M, Palacios C, Ansary A, et al. Vitamin D supplementation for women during pregnancy. Cochrane Database Syst Rev, 2012, 2(2): CD008873.

[26] Wagner C L, Hulsey T C, Fanning D, et al. High-dose vitamin $D_3$ supplementation in a cohort of breastfeeding mothers and their infants: a 6-month follow-up pilot study. Breastfeed Med, 2006, 1(2): 59-70.

[27] Marangoni F, Cetin I, Verduci E, et al. Maternal diet and nutrient requirements in pregnancy and breastfeeding. An Italian Consensus Document. Nutrients, 2016, 8(10): 629.

[28] Vishwanathan R, Kuchan M J, Sen S, et al. Lutein and preterm infants with decreased concentrations of brain carotenoids. J Pediatr Gastroenterol Nutr, 2014, 59(5): 659-665.

[29] Zielinska M A, Hamulka J, Grabowicz-Chadrzyńska I, et al. Association between breastmilk LC PUFA, carotenoids and psychomotor development of exclusively breastfed infants. Int J Environ Res Public Health, 2019, 16(7): 1144.

[30] Donnet-Hughes A, Perez P F, Doré J, et al. Potential role of the intestinal microbiota of the mother in neonatal immune education. Proc Nutr Soc, 2010, 69(3): 407-415.

[31] Jimenez E, Fernandez L, Maldonado A, et al. Oral administration of *Lactobacillus* strains isolated from breast milk as an alternative for the treatment of infectious mastitis during lactation. Appl Environ Microbiol, 2008, 74(15): 4650-4655.

[32] Ruiz L, García-Carral C, Rodriguez J M. Unfolding the human milk microbiome landscape in the omics era. Front Microbiol, 2019, 10: 1378.

[33] Heikkila M P, Saris P E. Inhibition of Staphylococcus aureus by the commensal bacteria of human milk. J Appl Microbiol, 2003, 95(3): 471-478.

[34] Favier C F, Vaughan E E, De Vos W M, et al. Molecular monitoring of succession of bacterial communities in human neonates. Appl Environ Microbiol, 2002, 68(1): 219-226.

[35] 荫士安 . 母乳与新生儿早期免疫的启动与建立 . 中华新生儿科杂志 , 2017, 32(5): 321-324.

[36] Owen C G, Whincup P H, Kaye S J, et al. Does initial breastfeeding lead to lower blood cholesterol in adult life? A quantitative review of the evidence. Am J Clin Nutr, 2008, 88(2): 305-314.

[37] Owen C G, Martin R M, Whincup P H, et al. Does breastfeeding influence risk of type 2 diabetes in later life? A quantitative analysis of published evidence. Am J Clin Nutr, 2006, 84(5): 1043-1054.

[38] Gomez-Gallego C, Garcia-Mantrana I, Salminen S, et al. The human milk microbiome and factors

influencing its composition and activity. Semin Fetal Neonatal Med, 2016, 21(6): 400-405.
[39] Leghi G E, Netting M J, Middleton P F, et al. The impact of maternal obesity on human milk macronutrient composition: a systematic review and meta-analysis. Nutrients, 2020, 12(4): 934.
[40] Jennewein M F, Abu-Raya B, Jiang Y, et al. Transfer of maternal immunity and programming of the newborn immune system. Semin Immunopathol, 2017, 39(6): 605-613.
[41] Fitzstevens J L, Smith K C, Hagadorn J I, et al. Systematic review of the human milk microbiota. Nutr Clin Pract, 2017, 32(3): 354-364.
[42] Ekblad M, Korkeila J, Lehtonen L. Smoking during pregnancy affects foetal brain development. Acta Paediatr, 2015, 104(1): 12-18.
[43] Blatt K, Moore E, Chen A, et al. Association of reported trimester-specific smoking cessation with fetal growth restriction. Obstet Gynecol, 2015, 125(6): 1452-1459.
[44] Anderson T M, Lavista Ferres J M, Ren S Y, et al. Maternal smoking before and during pregnancy and the risk of sudden unexpected infant death. Pediatrics, 2019, 143(4): e20183325.
[45] Oken E, Levitan E B, Gillman M W. Maternal smoking during pregnancy and child overweight: systematic review and meta-analysis. Int J Obes (Lond), 2008, 32(2): 201-210.
[46] Bruin J E, Gerstein H C, Holloway A C. Long-term consequences of fetal and neonatal nicotine exposure: a critical review. Toxicol Sci, 2010, 116(2): 364-374.
[47] Burianova I, Bronsky J, Pavlikova M, et al. Maternal body mass index, parity and smoking are associated with human milk macronutrient content after preterm delivery. Early Hum Dev, 2019, 137:104832.
[48] Napierala M, Mazela J, Merritt T A, et al. Tobacco smoking and breastfeeding: effect on the lactation process, breast milk composition and infant development. A critical review. Environ Res, 2016, 151:321-338.
[49] Schulte-Hobein B, Schwartz-Bickenbach D, Abt S, et al. Cigarette smoke exposure and development of infants throughout the first year of life: influence of passive smoking and nursing on cotinine levels in breast milk and infant's urine. Acta Paediatr, 1992, 81(6-7): 550-557.
[50] Luck W, Nau H. Nicotine and cotinine concentrations in serum and milk of nursing smokers. Br J Clin Pharmacol, 1984, 18(1): 9-15.
[51] Haastrup M B, Pottegard A, Damkier P. Alcohol and breastfeeding. Basic Clin Pharmacol Toxicol, 2014, 114(2): 168-173.
[52] Brown R A, Dakkak H, Seabrook J A. Is Breast Best? Examining the effects of alcohol and cannabis use during lactation. J Neonatal Perinatal Med, 2018, 11(4): 345-356.
[53] Mennella J A. Infants'suckling responses to the flavor of alcohol in mothers'milk. Alcohol Clin Exp Res, 1997, 21(4): 581-585.
[54] Cobo E. Effect of different doses of ethanol on the milk-ejecting reflex in lactating women. Am J Obstet Gynecol, 1973, 115(6): 817-821.
[55] Mennella J A, Beauchamp G K. The transfer of alcohol to human milk: effects on flavor and the infant's behavior. N Engl J Med, 1991, 325(14): 981-985.
[56] Little R E, Northstone K, Golding J, et al. Alcohol, breastfeeding, and development at 18 months. Pediatrics, 2002, 109(5): E72-72.
[57] Williams C B, Mackenzie K C, Gahagan S. The effect of maternal obesity on the offspring. Clin Obstet Gynecol, 2014, 57(3): 508-515.
[58] Ellsworth L, Perng W, Harman E, et al. Impact of maternal overweight and obesity on milk composition and infant growth. Matern Child Nutr, 2020, 16(3): e12979.

[59] De Luca A, Frasquet-Darrieux M, Gaud M A, et al. Higher leptin but not human milk macronutrient concentration distinguishes normal-weight from obese mothers at 1-month postpartum. PLoS One, 2016, 11(12): e0168568.
[60] Mazzocchi A, Gianní M L, Morniroli D, et al. Hormones in breast milk and effect on infants'growth: a systematic review. Nutrients, 2019, 11(8): 1845.
[61] Samuel T M, Binia A, de Castro C A, et al. Impact of maternal characteristics on human milk oligosaccharide composition over the first 4 months of lactation in a cohort of healthy European mothers. Sci Rep, 2019, 9(1): 11767.
[62] van den Berg M, Kypke K, Kotz A, et al. WHO/UNEP global surveys of PCDDs, PCDFs, PCBs and DDTs in human milk and benefit-risk evaluation of breastfeeding. Arch Toxicol, 2017, 91(1): 83-96.
[63] LaKind J S, Brent R L, Dourson M L, et al. Human milk biomonitoring data: interpretation and risk assessment issues. J Toxicol Environ Health A, 2005, 68(20): 1713-1769.
[64] Wang R Y, Bates M N, Goldstein D A, et al. Human milk research for answering questions about human health. J Toxicol Environ Health A, 2005, 68(20): 1771-1801.
[65] Koizumi N, Murata K, Hayashi C, et al. High cadmium accumulation among humans and primates: comparison across various mammalian species—a study from Japan. Biol Trace Elem Res, 2008, 121(3): 205-214.
[66] McManaman J L, Neville M C. Mammary physiology and milk secretion. Adv Drug Deliv Rev, 2003, 55(5): 629-641.
[67] Li Z M, Albrecht M, Fromme H, et al. Persistent organic pollutants in human breast milk and associations with maternal thyroid hormone homeostasis. Environ Sci Technol, 2020, 54(2): 1111-1119.
[68] Berlin C M, Jr, Kacew S, Lawrence R, et al. Criteria for chemical selection for programs on human milk surveillance and research for environmental chemicals. J Toxicol Environ Health A, 2002, 65(22): 1839-1851.

# 第3章

# 中国母乳宏量营养素和能量

母乳被认为是婴儿无可比拟的天然最佳食品，婴儿经母乳获得大多数营养素的量通常用于估计婴儿推荐摄入量或适宜摄入量。自20世纪80年代，我国研究并报道母乳中能量和宏量营养素的含量已过去约40年[1]，随着居民膳食结构的变迁，乳汁营养素含量可能会发生变化。例如，母乳中蛋白质含量与产后时间密切相关，不同国家母乳蛋白质含量存在差异；母乳中脂肪易受膳食摄入影响等。通过分析我国不同地理区域代表性母乳样本初乳、过渡乳、早期成熟乳和晚期成熟乳中宏量营养素（蛋白质、脂肪、碳水化合物）和能量含量，全面更新我国母乳成分中蛋白质、脂肪、碳水化合物和能量的数据，为修订我国婴儿营养素推荐摄入量或适宜摄乳量和婴幼儿配方食品标准提供科学依据。

## 3.1 中国母乳成分宏量营养素和能量数据库

### 3.1.1 受试者和样本来源

我国代表性母乳成分研究为横断面调查，按照不同地理区域和特征性区划，选取了华北、东北、华东、华南、西南、西北六个代表性地区的县（区）作为调查点。共收集健康乳母的初乳、过渡乳、早期成熟乳和晚期成熟乳样本6481个[2]，现场采用MIRIS母乳成分分析仪测定母乳样本3398个（宏量营养素和能量）。由于部分现场条件限制，无法开展现场测定，根据以往研究结果，−80℃冷冻30d内的母乳样品，采用MIRIS分析仪测得宏量营养素含量与新鲜母乳无差异[3]，因此采取现场混匀后冷冻于−20℃冰箱，通过冷链运输至中国疾病预防控制中心营养与健康所，保存于−80℃冰箱直至实验室测量。

### 3.1.2 受试者基本情况

该研究中3779名乳母年龄平均为27.02岁，农村乳母平均年龄（25.03岁）低于城市乳母（28.19岁）（$P<0.001$）。乳母孕前BMI为（20.88±2.77）$kg/m^2$，无城乡差异。被调查对象汉族比例为74.7%，农村少数民族所占比例59.7%高于城市4.4%（表3-1）。

**表**3-1 不同哺乳阶段乳母的基本特征

| 指标 | 初乳 | 过渡乳 | 早期成熟乳 | 晚期成熟乳 | 合计 |
|---|---|---|---|---|---|
| 年龄/岁 | 26.42±4.03 | 27.11±4.14 | 27.22±4.18 | 27.45±4.32 | 27.02±4.17 |
| 孕期BMI/($kg/m^2$) | 20.61±2.53 | 20.80±2.72 | 20.99±2.89 | 21.15±2.88 | 20.88±2.77 |
| 民族总样本数（汉族占比） | 710（72.7%） | 591（73.1%） | 1164(76.9%) | 387(74.6%) | 74.7% |
| 婴儿样本数（男性占比） | 532(54.5%) | 414(51.2%) | 782(53.1%) | 317(61.1%) | 53.7% |
| 产后天数/d | 4.0(3.0～5.0) | 11.0<br>(9.0～13.0) | 45.0<br>(22.0～101.0) | 245.0<br>(196.0～281.0) | 15.0<br>(7.0～95.0) |

注：年龄和孕期BMI以$\bar{x}$±SD(标准偏差)表示，分娩后天数以$P_{50}(P_{25}～P_{75})$表示。引自毕烨等[4]，中国营养学报，2021。

### 3.1.3 不同泌乳阶段宏量营养素和能量含量

收集到的初乳、过渡乳和早期、晚期成熟乳中宏量营养素含量分析结果见表3-2。

**表 3-2　我国乳母不同哺乳阶段和地区的乳汁中宏量营养素含量**

单位：g/100mL

| 成分 | 初乳 | | 过渡乳 | | 早期成熟乳 | | 晚期成熟乳 | |
|---|---|---|---|---|---|---|---|---|
| | 平均值 ±SD | $P_{50}(P_{25} \sim P_{75})$ | 平均值 ±SD | $P_{50}(P_{25} \sim P_{75})$ | 平均值 ±SD | $P_{50}(P_{25} \sim P_{75})$ | 平均值 ±SD | $P_{50}(P_{25} \sim P_{75})$ |
| 合计 | | | | | | | | |
| 蛋白质 | 1.96±0.57 | 1.80(1.65 ～ 2.03)$^{a}$ | 1.60±0.28 | 1.57(1.49 ～ 1.72)$^{b}$ | 1.34±0.31 | 1.34(1.11 ～ 1.49)$^{c}$ | 1.13±0.22 | 1.11(1.03 ～ 1.26)$^{d}$ |
| 脂肪 | 2.18±1.06 | 2.04(1.39 ～ 2.77)$^{a}$ | 3.23±1.16 | 3.14(2.40 ～ 3.96)$^{b}$ | 3.14±1.35 | 3.05(2.22 ～ 3.96)$^{b}$ | 3.07±1.54 | 2.95(1.94 ～ 4.06)$^{b}$ |
| 碳水化合物 | 5.94±0.85 | 6.10(5.60 ～ 6.50)$^{a}$ | 6.30±0.61 | 6.40(6.10 ～ 6.70)$^{b}$ | 6.58±0.59 | 6.60(6.30 ～ 6.90)$^{c}$ | 6.61±0.55 | 6.60(6.30 ～ 6.90)$^{c}$ |
| 能量 /(kcal/100mL) | 52.27±10.33 | 51.47(44.98 ～ 58.32)$^{a}$ | 61.84±10.75 | 61.11(54.50 ～ 68.73)$^{b}$ | 60.98±12.33 | 59.97(52.33 ～ 68.57)$^{bc}$ | 59.48±13.73 | 58.22(49.61 ～ 68.12)$^{c}$ |
| 城市 | | | | | | | | |
| 蛋白质 | 1.90±0.43 | 1.80(1.65 ～ 2.03)$^{a}$ | 1.63±0.26 | 1.57(1.49 ～ 1.72)$^{b}$ | 1.37±.0.28 | 1.34(1.18 ～ 1.49)$^{c}$ | 1.16±0.20 | 1.18(1.03 ～ 1.26)$^{d}$ |
| 脂肪 | 2.17±1.01 | 2.13(1.39 ～ 2.77)$^{a}$ | 3.16±1.18 | 3.05(2.31 ～ 3.87)$^{b}$ | 3.21±1.29 | 3.14(2.31 ～ 4.10)$^{b}$ | 3.17±1.54 | 3.05(2.04 ～ 4.15)$^{b}$ |
| 碳水化合物 | 5.86±0.90 | 6.05(5.40 ～ 6.50)$^{a}$ | 6.25±0.58 | 6.30(6.00 ～ 6.60)$^{b}$ | 6.56±0.54 | 6.60(6.30 ～ 6.80)$^{c}$ | 6.54±0.47 | 6.60(6.30 ～ 6.80)$^{c}$ |
| 能量 /(kcal/100mL) | 51.65±10.39 | 51.19(44.46 ～ 57.45)$^{a}$ | 61.09±11.07 | 60.34(53.57 ～ 68.11)$^{b}$ | 61.62±12.25 | 60.61(53.01 ～ 69.61)$^{b}$ | 60.28±13.87 | 59.85(50.23 ～ 68.79)$^{b}$ |
| 农村 | | | | | | | | |
| 蛋白质 | 2.04±.072 | 1.88(1.65 ～ 2.11)$^{a}$ | 1.57±0.30 | 1.57(1.42 ～ 1.72)$^{b*}$ | 1.27±0.35 | 1.18(1.03 ～ 1.42)$^{c*}$ | 1.09±0.23 | 1.03(0.95 ～ 1.18)$^{d*}$ |
| 脂肪 | 2.19±1.12 | 2.04(1.39 ～ 2.86)$^{a}$ | 3.34±1.13 | 3.23(2.59 ～ 4.15)$^{b*}$ | 3.03±1.43 | 2.86(2.04 ～ 3.87)$^{c*}$ | 2.90±1.53 | 2.68(1.85 ～ 3.96)$^{c*}$ |
| 碳水化合物 | 6.07±0.75 | 6.20(5.80 ～ 6.50)$^{a*}$ | 6.39±0.62 | 6.50(6.10 ～ 6.80)$^{b*}$ | 6.63±0.65 | 6.70(6.30 ～ 7.00)$^{c*}$ | 6.72±0.65 | 6.75(6.40 ～ 7.10)$^{c*}$ |
| 能量 /(kcal/100mL) | 53.15±10.19 | 51.98(46.27 ～ 59.34)$^{a*}$ | 63.08±10.10 | 62.73(56.85 ～ 69.41)$^{b*}$ | 59.80±12.39 | 58.21(51.14 ～ 66.41)$^{c*}$ | 58.17±13.44 | 56.00(48.48 ～ 67.32)$^{c}$ |

注：1．数据以 $\bar{x}$±SD 和 $P_{50}(P_{25} \sim P_{75})$ 表示；同一行不同的上标字母表示差异显著 ($P<0.05$)；星号 * 表示同一列城乡间差异显著 ($P<0.05$)；引自毕烨等[4]，中国营养学报，2021。

2．1cal=4.18J。

#### 3.1.3.1 蛋白质

蛋白质含量 $P_{50}$（$P_{25}$ ～ $P_{75}$）初乳为 1.80（1.65 ～ 2.03）g/100mL，过渡乳为 1.57（1.49 ～ 1.72）g/100mL，早期成熟乳为 1.34（1.11 ～ 1.49）g/100mL，晚期成熟乳为 1.11（1.03 ～ 1.26）g/100mL。不同泌乳阶段蛋白质含量差异显著，两两比较 $P$ 值均小于 0.001。

#### 3.1.3.2 脂肪

初乳中脂肪含量最低，$P_{50}$（$P_{25}$ ～ $P_{75}$）为 2.04（1.39 ～ 2.77）g/100mL，低于过渡乳 3.14（2.40 ～ 3.96）g/100mL，早期成熟乳为 3.05（2.22 ～ 3.96）g/100mL，晚期成熟乳为 2.95（1.94 ～ 4.06）g/100mL（$P$ 值均小于 0.001）。过渡乳脂肪含量与早期成熟乳脂肪含量（$P$=0.227）无显著差异，高于晚期成熟乳（$P$=0.028）。早期成熟乳与晚期成熟乳脂肪含量无显著差异（$P$=0.462）。

#### 3.1.3.3 碳水化合物

初乳碳水化合物含量最低，$P_{50}$（$P_{25}$ ～ $P_{75}$）为 6.10（5.60 ～ 6.50）g/100mL，过渡乳为 6.40（6.10 ～ 6.70）g/100mL，早期成熟乳为 6.60（6.30 ～ 6.90）g/100mL，晚期成熟乳为 6.60（6.30 ～ 6.90）g/100mL（初乳、过渡乳与其他各阶段两两比较均 $P$<0.001，早期成熟乳与晚期成熟乳 $P$=0.814）。

#### 3.1.3.4 能量

初乳能量最低，$P_{50}$（$P_{25}$ ～ $P_{75}$）为 51.47（44.98 ～ 58.32）kcal/100mL，与其他三个泌乳阶段能量相比较 $P$ 均小于 0.001；过渡乳能量为 61.11（54.50 ～ 68.73）kcal/100mL，早期成熟乳为 59.97（52.33 ～ 68.57）kcal/100mL，过渡乳和早期成熟乳能量无显著差异（$P$=0.068），晚期成熟乳阶段能量为 58.22（49.61 ～ 68.12）kcal/100mL，低于过渡乳能量，差异有统计学意义（$P$<0.001）。

#### 3.1.3.5 城乡比较

城市母亲乳汁蛋白质含量在过渡乳、早期成熟乳、晚期成熟乳阶段均高于农村母亲（过渡乳阶段城乡比较 $P$=0.004，早期成熟乳、晚期成熟乳 $P$ 值均小于 0.001）。过渡乳阶段城市母亲乳汁脂肪含量低于农村母亲（$P$=0.020），但在早期成熟乳和晚期成熟乳阶段城市母亲乳汁脂肪含量高于农村母亲（早期成熟乳阶段城乡比较 $P$=0.002，晚期成熟乳阶段城乡比较 $P$=0.039）。城市母亲乳汁中碳水化合物含量在四个泌乳阶段均低于农村母亲（初乳阶段城乡比较 $P$=0.001，过渡乳、早期成熟乳、晚期成熟乳 $P$ 值均小于 0.001）。初乳和过渡乳阶段农村母亲乳汁能量较高（初乳阶段城乡比较 $P$=0.044，过渡乳阶段城乡比较 $P$=0.006），但在早期成熟乳阶段城市母亲乳汁能量较高（$P$=0.001）。

## 3.2 其他研究报告中母乳宏量营养素和能量含量

### 3.2.1 蛋白质

多数研究显示初乳蛋白质含量在 1.80 ～ 2.50g/100mL 之间，产后日龄越小，初乳蛋白质含量相对越高 [5-8]，随后呈现逐渐降低的趋势，到成熟乳阶段（15d 之后）蛋白质含量下降速度减缓并含量逐渐稳定。除印度一项研究报告 3 ～ 10d 蛋白质含量为 2.31g/100mL 外，其余研究过渡乳蛋白质含量在 1.16 ～ 1.74g/100mL 之间 [5-9]。早期成熟乳蛋白质含量在 0.80 ～ 1.30g/100mL[1,6,7,10]，晚期成熟乳蛋白质含量在 0.80 ～ 1.19g/100mL 之间 [8,10]。我国代表性母乳样本中初乳蛋白质水平略高于发展中国家系统综述初乳蛋白质水平（1.80g/100mL）[7]，过渡乳和早期成熟乳水平与发达国家母乳蛋白质水平系统综述的 1.70g/100mL 和 1.30g/100mL 相近 [6]。不同研究报道的不同哺乳期母乳中蛋白质含量，结果见表 3-3。

**表 3-3 母乳中蛋白质含量**

| 项目 | 初乳 | | 过渡乳 | | 成熟乳 | | 时间 | 文献来源 |
|---|---|---|---|---|---|---|---|---|
| | 含量 /(g/L) | 时间 /d | 含量 /(g/L) | 时间 /d | 含量 /( g/L) | 时间 /d | | |
| MA① | 28±11 | 1 ～ 3 | 19±4 | 7 ～ 14 | 16±4 | 21 ～ 28 | 2014 | Gidrewicz 等 [7] |
| MA① | 21±5 | 4 ～ 7 | —② | | 14±3 | 35 ～ 42 | 2014 | Gidrewicz等 [7] |
| 德国 | 22±2 | 1 ～ 7 | 19±3 | 7 ～ 14 | 17 ～ 15 | 15 ～ 35 | 2011③ | Bauer 等 [11] |
| 西班牙 | 18.1±3 | 1 ～ 5 | 15.9±3 | 6 ～ 15 | 16.6±3 | ≥ 15 | 2008 | Sánchez López 等 [12] |
| 中国 | 29.2±8.5 | <7 | —② | | 14.0 ～ 12.5 | 30 ～ 60 | 1992 年开始 | 张兰威和周晓红 [13] |
| 美国 | 27.0±3.1 | 1 ～ 3 | 16.8±1.7 | 7 ～ 12 | 10.6±1.5 | 22 ～ 166 | 1987 | Lonnerdal 等 [14] |
| 泰国 | 15.6 | 0 ～ 7 | 11.3 | 8 ～ 14 | 9.9 ～ 9.4 | 15 ～ 28 | 1981 | Chavalittamrong 等 [15] |

①荟萃分析，包括 41 个试验（26 个早产儿研究，843 例乳母；30 个足月儿研究，2299 例乳母）。
②没有数据。
③发表时间。

### 3.2.2 脂肪

母乳中脂肪含量范围 3% ～ 5%，其中 98% 以上以三酰甘油（triacylglycerol，TAG）形式存在，其中脂肪酸占 90%，还有 0.8% 的磷脂（phospholipids，PL）、

0.5% 的胆固醇（cholesterol）以及种类繁多的其他脂类（表 3-4）[16]。采用 MIRIS 母乳成分分析仪测定的结果代表总脂肪含量。一项印度的母乳中脂肪含量（3～10d 母乳脂肪含量为 4.49g/100mL）的结果明显高于其他研究外，报道的初乳中脂肪含量为 2.06～2.9g/100mL，过渡乳脂肪含量为 2.74～3.49g/100mL，早期成熟乳脂肪含量为 2.5～4.62g/100mL[1,6-9]，晚期成熟乳脂肪含量为 3.2～4.18g/100mL[8,10]。中国代表性母乳样本初乳中脂肪水平与发达国家和发展中国家系统综述脂肪水平 2.2g/100mL 相近，过渡乳脂肪水平略高于发达国家和发展中国家系统综述脂肪水平 3.0g/100mL；早期成熟乳远低于发达国家系统综述脂肪水平 3.8g/100mL[6]，略低于发展中国家系统综述脂肪水平 3.3g/100mL[7]，同 Yang 等 [8] 报告的“明”研究的产后 2～4 月龄相近。晚期成熟乳接近低限。

**表 3-4　母乳中脂肪组成及含量①**

| 成分 | 占脂类百分数 /% | 备注 |
|---|---|---|
| 甘油酯 | 3.0～4.5g/dL | |
| 甘油三酯 | 98.7 | 乳脂肪球内部的主要成分 |
| 甘油二酯 | 0.01 | |
| 单甘酯 | 0 | |
| 游离脂肪酸 | 0.08 | |
| 胆固醇 | 10～15mg/dL | MFGM（乳脂肪球膜）的主要成分 |
| 磷脂类 | 15～25mg/dL | |
| 鞘磷脂 | 37 | |
| 卵磷脂 | 28 | |
| 磷脂酰丝氨酸 | 9 | |
| 磷脂酰肌醇 | 6 | |
| 磷脂酰乙醇胺 | 19 | |

①成熟乳。

## 3.2.3　碳水化合物

关于母乳中总碳水化合物测定的方法学研究很少，以往报告的大多数母乳中总碳水化合物含量通常采用减差法估算 [17-19]。目前很多商品化母乳成分分析仪提供的碳水化合物含量数据是计算的；钱继红等 [17] 计算上海地区乳母的过渡乳总碳水化合物浓度为（77.70±9.48）g/kg，Maas 等 [18] 和江蕙芸等 [19] 计算的过渡乳和成熟乳的总碳水化合物含量分别为（71.71±5.45）g/kg 和（77.15±6.33）g/kg。母乳中乳糖等含量见表 3-5。

中国代表性样本中初乳的碳水化合物含量为 4.59～7.5g/100mL[6]，过渡乳碳水化合物含量为5.9～7.41g/100mL，早期成熟乳含量为5.56～7.8g/100mL[1,6,8,10,20]，晚期成熟乳为6.6～7.5g/100mL[8,10]。该项研究结果显示，初乳和过渡乳碳水化合物水平分别高于发达国家系统综述初乳和过渡乳碳水化合物水平5.6g/100mL和5.9g/100mL；早期成熟乳和晚期成熟乳碳水化合物水平相似，与发达国家综述的碳水化合物水平为6.7g/100mL接近[6]。国内部分研究如苏州大学的研究显示晚期成熟乳碳水化合物水平与之相近。母乳碳水化合物含量随着产后时间增长而增加，这与以往研究结果相似[8]，早期成熟乳和晚期成熟乳中碳水化合物含量较稳定。

**表**3-5　母乳中乳糖、葡萄糖和果糖含量变化①

| 碳水化合物 | 1个月 | 6个月 | 平均含量 |
|---|---|---|---|
| 乳糖/(g/dL) | 7.8±0.8 | 7.5±0.7 | 7.6±0.6 |
| 葡萄糖/(μg/mL) | 263.6±87.5 | 246.8±76.8 | 255.2±75.3 |
| 果糖/(μg/mL) | 7.2±0.8 | 7.5±0.7 | 7.6±0.6 |

①改编自Goran等[21]，2017。结果系平均值±标准差。

## 3.2.4　能量

目前报告的母乳中碳水化合物含量主要是基于减差法估计的，包括使用母乳成分分析仪测定的结果。综合多数研究结果显示初乳能量为51～60kcal/100mL，过渡乳能量为56～67kcal/100mL，早期成熟乳能量为58～72kcal/mL[1,7,8,20]，晚期成熟乳能量为58.8～60.38kcal/100mL[8]。

## 3.2.5　宏量营养素含量的城乡间差异

中国代表性样本分析结果显示，过渡乳、早期成熟乳、晚期成熟乳中蛋白质含量有城乡差异。初乳脂肪含量无城乡差异，农村母亲过渡乳脂肪含量高于城市，但早期成熟乳和晚期成熟乳脂肪含量城市高于农村。四个泌乳阶段母乳中碳水化合物含量和能量均存在城乡差异。有研究结果显示母乳中蛋白质含量变异性与乳母年龄有关，城乡乳母年龄差异可能是造成不同泌乳期蛋白质含量差异的原因之一[22]；乳母膳食差异也是影响母乳成分的重要因素，有研究者认为，当乳母营养不均衡或者缺乏某种营养素时，母乳中的营养成分会有所改变，营养摄入较均衡的母亲母乳中蛋白质和脂肪含量高于营养摄入不均衡的母亲，但碳水化合物含量低于营养摄入不均衡的母亲[7]。根据段一凡等[23]的调查，我国城市乳母产后一个月大豆和坚果类、奶类食用率均远高于农村乳母。2013年中国居民营养与健康报告中指出，城乡乳母蛋白质、碳水化合物、脂肪摄入量均存在差异[24]，城乡膳食结构的差异可能是造成母乳中宏量营养素城乡差异的原因之一。

# 3.3 母乳能量、成分及含量的影响因素

## 3.3.1 母乳中蛋白质的影响因素

在整个哺乳期间，母乳中蛋白质含量及其组分构成变化较大，受诸多因素的影响。目前已知的因素包括哺乳阶段、昼夜节律变化、乳母的膳食蛋白质摄入量（数量与质量）、胎儿的成熟程度以及分娩方式等。这些因素可能是造成不同研究中蛋白质含量差异的原因。

### 3.3.1.1 哺乳阶段

产后最初 1 个月，母乳蛋白质含量迅速下降，之后的降低速度逐渐延缓[25]；乳清蛋白与酪蛋白的比值也逐渐下降；整个哺乳期间不同的 β- 酪蛋白和 κ- 酪蛋白亚基的相对比例也不同[26]。哺乳初期酪蛋白和乳清蛋白含量的变化非常明显，乳清蛋白的浓度非常高，而产后最初几天母乳中基本上检测不出酪蛋白[26,27]，之后随着乳腺酪蛋白合成增加使乳汁中酪蛋白含量逐渐升高，而总乳清蛋白水平则相应降低，部分原因是产乳总量增加。因为整个哺乳期脂肪含量变化不大，母乳中黏蛋白的水平可能较稳定。

### 3.3.1.2 昼夜节律变化

已有的研究观察到在 24h 母乳喂养期间，乳汁成分存在明显的昼夜节律性变化，如 Sánchez López 等[12]评价了西班牙乳母产后 2 个月内不同哺乳阶段的乳汁中氮和蛋白质含量的昼夜节律性变化，初乳和过渡乳的氮和蛋白质含量昼夜节律变化不明显，而夜间（20:00 ～ 8:00）成熟乳中氮和蛋白质含量显著高于白天（8:00 ～ 20:00）。然而 Khan 等[28]的研究结果则是 24h 内的母乳蛋白质含量没有显示明显的差异。

### 3.3.1.3 乳母膳食蛋白质摄入量

关于乳母膳食蛋白质摄入量或乳母本身的身体成分是否影响其所分泌乳汁中的蛋白质浓度，目前仍缺乏令人信服的证据，即使是那些营养不良的乳母也是这样。然而，对于使用总氮作为 TAA（总氨基酸）含量的标识性指标或通过短期人体代谢研究，有关获得研究结果的解释仍受到人们的质疑。

在营养状况良好的瑞典妇女的研究中，Forsum 和 Lönnerdal[29]证明，增加乳母蛋白质摄入量由占总能量的 8% 增加到 20%，可增加成熟乳汁中总氮、蛋白质和非蛋白氮（NPN）含量以及 24h 乳蛋白产量。然而，来自印度、巴基斯坦和危地马拉等发展中国家的研究结果显示，在那些食物供给受限的地区，母乳中蛋白质含

量降低，游离氨基酸和总氨基酸组成发生改变。在美国，一项限制蛋白质摄入量7～10d的研究中，与给予高蛋白质膳食（1.5g/kg体重）组相比，限制膳食蛋白质摄入量组（1.0g/kg体重）的乳母乳汁中蛋白氮、蛋白结合氨基酸和乳铁蛋白的含量并没有受到明显影响[30]。意大利的研究结果表明，当乳母的蛋白质需要量得到满足，即摄入量和需要量没有显著差异时，母乳的氮组分没有显著差异[31]。

#### 3.3.1.4 胎儿的成熟程度

已经有多项研究提示，分娩初期，特别是最初2周，早产儿的母乳中总蛋白质水平和个别蛋白质水平都显著升高[11,32-34]，初乳中蛋白质比足月母乳高35%（0.7g/dL），之后这样的差异显著降低[7]。因此，给早产儿喂予母乳而不是婴儿配方食品（奶粉），可以为早产儿在胃肠道成熟、神经系统发育结局、宿主免疫防御系统和营养状态方面提供诸多明显的益处；尤其是母乳中存在的蛋白质可以对喂养儿产生有益的作用，特别是提供免疫保护和帮助生长发育的生长因子。并且临床研究发现，总蛋白质含量、蛋白质与能量比和提供给每个婴儿像乳铁蛋白这样个别蛋白质的量，每个都对婴儿生长发育有影响。在Zachariassen等[35]的研究中，观察到母乳蛋白质含量似与分娩新生儿的成熟程度有关，孕周小于28周的母亲乳汁中蛋白质含量趋于高于孕周28～32周的母亲乳汁蛋白质含量，产后2周的蛋白质含量分别为（1.84±0.47）g/dL和（1.75±0.34）g/dL。

#### 3.3.1.5 其他因素

与剖宫产的乳母相比，自然分娩新生儿的母亲乳汁中含有较高的蛋白质，分别为［中位数（范围）］30g/L(5～63g/L)和24g/L (3～64g/L)，$P$=0.036，分娩过程中的疼痛和子宫收缩诱导的激素活性可以解释母乳蛋白质成分的改变，使之促进新生儿生理功能达到最佳的发育状态[36]。

### 3.3.2 母乳中脂肪的影响因素

母乳中的脂肪和脂肪酸来自如下三个途径：①孕期摄取过多能量时，合成并储存在体内的；②孕期和哺乳期能量摄入不足，动员母体内内源储存的脂肪和/或脂肪酸；③日常膳食影响，如一餐中富含某种特定脂肪或脂肪酸可显著影响1～3d内的乳汁脂肪酸谱，最大的影响出现在摄取的最初24h内[37-40]。因此，影响上述三个途径的因素，将会影响母乳的脂肪和脂肪酸含量。

脂肪是母乳中变异最大的一种宏量营养素。WHO报告显示不同国家同一产后时间，母乳中脂肪含量存在较大差异[10]，一天的早晚也不相同[41]，母乳脂肪含量受乳母膳食影响[42]，低碳水化合物高脂肪膳食的乳母分泌的乳汁脂肪含量高于高碳水化合物低脂肪膳食的乳母[43]；而且采样方法（前段乳、中段乳与后段乳差异显著，后段乳高于前段）、母乳样本的储存条件（容器、温度与时间），婴儿出生胎龄（早产的母乳中脂肪含量显著高于足月儿的母乳）等因素[7]均会影响母乳中脂肪含量；同时还受昼夜节律变化、乳母感染、代谢紊乱（通常降低）、用药、乳母月经周期或妊娠周期、胎次、季节（与膳食有关）、乳母年龄等因素影响[11,40,44-46]。

总之，母乳中脂类种类繁多、结构复杂。除了提供能量外，对脂类的其他功能有待深入研究。母乳中脂肪酸含量受膳食的影响较为明显。母乳中含量最为丰富的脂肪酸包括 C18:1(*n*-9)、C18:2(*n*-6) 和 C16:0。C20:4(*n*-6) 和 C22:6(*n*-3) 为母乳中常见的 LCPUFA（长链多不饱和脂肪酸）。母乳中富含磷脂，包括鞘磷脂、磷脂酰胆碱和磷脂酰乙醇胺。母乳中还含有丰富的胆固醇，该成分对婴儿大脑，进而整个神经系统发育的影响开始受到广泛关注，然而相关的研究相当有限。

### 3.3.3 母乳中碳水化合物的影响因素

由于母乳中主要碳水化合物是乳糖，其浓度代表了婴儿较高的营养需要量与乳汁中碳水化合物浓度受渗透压制约之间的一种平衡。因此在研究影响母乳碳水化合物浓度的因素方面，大多数研究还是关注对母乳乳糖含量的影响。

尽管乳母之间的乳糖浓度存在差异，但是母体肥胖不显著影响母乳中乳糖浓度，据估计整个哺乳期乳糖的浓度约为 60 ～ 78g/L[47]。由于乳糖的合成导致水被吸收到乳汁中，因此乳糖的合成速率是乳汁产量的主要控制因素，在确定的哺乳期，较高的乳糖浓度与较高的 24h 泌乳量、较高的母乳喂养频率有关[28,48-50]。也有若干调查结果显示，母乳中碳水化合物含量随地域、哺乳阶段、婴儿状况的不同有明显差异[17,25,47,51,52]。

#### 3.3.3.1 胎儿成熟程度与出生体重

早产儿和足月婴儿的母乳中所含碳水化合物和乳糖含量有差异，也有的研究发现足月儿母乳中乳糖含量高于早产儿[53]，而总碳水化合物含量显著低于早产儿的（62g/L±9g/L 与 75g/L±5g/L）[11,53]。不同出生体重婴儿的母乳中乳糖含量不同。侯艳梅等[52]对比了正常婴儿和巨大婴儿的母乳营养成分，发现正常婴儿组的母乳中乳糖含量显著低于巨大婴儿组（$P<0.01$）。

#### 3.3.3.2 不同哺乳期的影响

不同哺乳期母乳中乳糖含量不同。哺乳期从开始到 6 个月，乳糖含量逐渐升高，约到 6 个月时达到最大值，随后乳糖含量逐渐降低[19,51,54]。

#### 3.3.3.3 地区差异

对比文献中各地区母乳碳水化合物成分，发现不同地区母乳碳水化合物含量有一定差异，这可能和乳母的生活习惯、经济以及文化状况有关，而膳食对母乳中碳水化合物含量影响相对较小。钱继红等[17]曾分析比较了上海地区母乳中的三大营养素含量，发现市区的母乳中碳水化合物含量略低于郊区，差异无显著意义（$P>0.05$）；上海市不同的三个区母乳碳水化合物含量比较接近，无显著差异（$P>0.05$）。

#### 3.3.3.4 个体差异与昼夜节律性变化

母乳中葡萄糖的浓度很低，而且个体间变异很大，有些研究发现存在昼夜节律差异[55]，而有些则报道无这样的差异[56]。在喂奶过程中，葡萄糖的浓度逐渐降低，这与乳汁中水相逐渐减少和脂类的增加是一致的。

#### 3.3.3.5 疾病状况

患有胰岛素依赖型糖尿病乳母的乳汁中葡萄糖浓度通常高于未患病乳母的乳汁[57]，如果糖尿病能得到有效控制则多数情况下没有差异。也有研究发现乳腺炎可导致母乳葡萄糖含量显著降低[58]。

### 3.3.4 母乳中能量的影响因素

目前文献报道的母乳中能量是计算值，即基于实测的蛋白质、脂肪含量和减差法计算的碳水化合物含量乘以能量系数得到。母乳中这三种营养素的含量变化大直接影响计算的总能量值，因此影响母乳中宏量营养素含量的因素（如上分别叙述）将会影响母乳能量值。

（毕烨，洪新宇，董彩霞，杨振宇，荫士安）

**参考文献**


[1] 王文广，殷太安，李丽祥，等. 北京市城乡乳母的营养状况、乳成分、乳量及婴儿生长发育关系的研究Ⅰ. 乳母营养状况、乳量及乳中营养素含量的调查. 营养学报, 1987, 9(4): 338-341.

[2] Yin S A, Yang Z Y. An on-line database for human milk composition in China. Asia Pac J Clin Nutr, 2016, 25(4): 818-825.

[3] Garcia-Lara N R, Escuder-Vieco D, Garcia-Algar O, et al. Effect of freezing time on macronutrients and energy content of breastmilk. Breastfeed Med, 2012, 7(4): 295-301.

[4] 毕烨，洪新宇，董彩霞，等. 中国城乡乳母不同泌乳阶段乳汁中宏量营养素含量的研究. 营养学报, 2021, 43(4): 322-327.

[5] World Health Organization. The quantity and quality of breast milk. Geneva World Health Organization, 1985:12-13.

[6] Hester S N, Hustead D S, Mackey A D, et al. Is the macronutrient intake of formula-fed infants greater than breast-fed infants in early infancy? J Nutr Metab, 2012, 2012:891201.

[7] Gidrewicz D A, Fenton T R. A systematic review and meta-analysis of the nutrient content of preterm and term breast milk. BMC Pediatr, 2014, 14:216.

[8] Yang T, Zhang Y, Ning Y, et al. Breast milk macronutrient composition and the associated factors in urban Chinese mothers. Chin Med J (Engl), 2014, 127(9): 1721-1725.
[9] Fischer Fumeaux C J, Garcia-Rodenas C L, de Castro C A, et al. Longitudinal analysis of macronutrient composition in preterm and term human milk: a prospective cohort study. Nutrients, 2019, 11: 1525.
[10] World Health Organization. The quantity and quality of breast milk: report on the WHO Collaborative Study of Breastfeeding. In Geneva: WHO Library, 1985.
[11] Bauer J, Gerss J. Longitudinal analysis of macronutrients and minerals in human milk produced by mothers of preterm infants. Clin Nutr, 2011, 30(2): 215-220.
[12] Sánchez López C L, Hernandez A, Rodriguez A B, et al. Nitrogen and protein content analysis of human milk, diurnality *vs* nocturnality. Nutr Hosp, 2011, 26(3): 511-514.
[13] 张兰威，周晓红．人乳早期乳汁中蛋白质，氨基酸组成与牛乳的对比分析．中国乳品工业，1997, 25(3):39-41.
[14] Lonnerdal B, Woodhouse L R, Glazier C. Compartmentalization and quantitation of protein in human milk. J Nutr, 1987, 117(8): 1385-1395.
[15] Chavalittamrong B, Suanpan S, Boonvisut S, et al. Protein and amino acids of breast milk from Thai mothers. Am J Clin Nutr, 1981, 34(6): 1126-1130.
[16] Hamosh M, Bitman J, Wood L, et al. Lipids in milk and the first steps in their digestion. Pediatrics, 1985, 75(1 Pt 2): 146-150.
[17] 钱继红，吴圣楣，张伟利．上海地区母乳中三大营养素含量分析．实用儿科临床杂志，2002, 17(3):243-244.
[18] Maas Y G, Gerritsen J, Hart A A, et al. Development of macronutrient composition of very preterm human milk. Br J Nutr, 1998, 80(1): 35-40.
[19] 江蕙芸，陈红惠，王艳华．南宁市母乳乳汁中营养素含量分析．广西医科大学学报，2005, 22(5):690-692.
[20] 魏九玲，任向楠，王鑫，等．中国六地区人乳宏量营养素成分研究．营养学报，2020, 42(1): 58-59.
[21] Goran M I, Martin A A, Alderete T L, et al. Fructose in breast milk is positively associated with infant body composition at 6 months of age. Nutrients, 2017, 9(2): 146.
[22] Lonnerdal B, Erdmann P, Thakkar S K, et al. Longitudinal evolution of true protein, amino acids and bioactive proteins in breast milk: a developmental perspective. J Nutr Biochem, 2017, 41:1-11.
[23] 段一凡，姜珊，王杰，等．2013 年中国乳母产后 1 个月的膳食状况．中华预防医学杂志，2016, 50(12): 1043-1049.
[24] 王杰．中国居民营养与健康状况监测报告（2010—2013）之十：中国孕妇乳母营养与健康状况．北京：人民卫生出版社，2020.
[25] Lönnerdal B, Forsum E, Hambraeus L. A longitudinal study of the protein, nitrogen, and lactose contents of human milk from Swedish well-nourished mothers. Am J Clin Nutr, 1976, 29(10): 1127-1133.
[26] Kunz C, Lönnerdal B. Re-evaluation of the whey protein/casein ratio of human milk. Acta Paediatr, 1992, 81(2): 107-112.
[27] Kunz C, Lönnerdal B. Human-milk proteins: analysis of casein and casein subunits by anion-exchange chromatography, gel electrophoresis, and specific staining methods. Am J Clin Nutr, 1990, 51(1): 37-46.
[28] Khan S, Hepworth A R, Prime D K, et al. Variation in fat, lactose, and protein composition in breast milk over 24 hours: associations with infant feeding patterns. J Hum Lact, 2013, 29(1): 81-89.
[29] Forsum E, Lönnerdal B. Effect of protein intake on protein and nitrogen composition of breast milk. Am J Clin Nutr, 1980, 33(8): 1809-1813.

[30] Motil K J, Thotathuchery M, Bahar A, et al. Marginal dietary protein restriction reduced nonprotein nitrogen, but not protein nitrogen, components of human milk. J Am Coll Nutr, 1995, 14(2): 184-191.

[31] Boniglia C, Carratu B, Chiarotti F, et al. Influence of maternal protein intake on nitrogen fractions of human milk. Int J Vitam Nutr Res, 2003, 73(6): 447-452.

[32] Hsu Y C, Chen C H, Lin M C, et al. Changes in preterm breast milk nutrient content in the first month. Pediatr Neonatol, 2014, 55(6): 449-454.

[33] 何必子，孙秀静，全美盈，等 . 早产母乳营养成分的分析 . 中国当代儿科杂志 , 2014, 16(7):679-683.

[34] Broadhurst M, Beddis K, Black J, et al. Effect of gestation length on the levels of five innate defence proteins in human milk. Early Hum Dev, 2015, 91(1): 7-11.

[35] Zachariassen G, Fenger-Gron J, Hviid M V, et al. The content of macronutrients in milk from mothers of very preterm infants is highly variable. Dan Med J, 2013, 60(6): A4631.

[36] Dizdar E A, Sari F N, Degirmencioglu H, et al. Effect of mode of delivery on macronutrient content of breast milk. J Matern Fetal Neonatal Med, 2014, 27(11): 1099-1102.

[37] Sauerwald T U, Demmelmair H, Koletzko B. Polyunsaturated fatty acid supply with human milk. Lipids, 2001, 36(9): 991-996.

[38] Jensen R G. Lipids in human milk. Lipids, 1999, 34(12): 1243-1271.

[39] Jensen R G. The lipids in human milk. Prog Lipid Res, 1996, 35(1): 53-92.

[40] Jagodic M, Potocnik D, Tratnik J, et al. Selected elements and fatty acid composition in human milk as indicators of seafood dietary babits. Environ Res, 2020, 180:108820.

[41] Kent J C, Mitoulas L R, Cregan M D, et al. Volume and frequency of breastfeedings and fat content of breast milk throughout the day. Pediatrics, 2006, 117(3): e387-e395.

[42] Chang Y C, Chen C H, Lin M C. The macronutrients in human milk change after storage in various containers. Pediatr Neonatol, 2012, 53(3): 205-209.

[43] Mohammad M A, Sunehag A L, Haymond M W. Effect of dietary macronutrient composition under moderate hypocaloric intake on maternal adaptation during lactation. Am J Clin Nutr, 2009, 89(6): 1821-1827.

[44] Antonakou A, Skenderi K P, Chiou A, et al. Breast milk fat concentration and fatty acid pattern during the first six months in exclusively breastfeeding Greek women. Eur J Nutr, 2013, 52(3): 963-973.

[45] Lauritzen L, Jorgensen M H, Hansen H S, et al. Fluctuations in human milk long-chain PUFA levels in relation to dietary fish intake. Lipids, 2002, 37(3): 237-244.

[46] Peng Y, Zhou T, Wang Q, et al. Fatty acid composition of diet, cord blood and breast milk in Chinese mothers with different dietary habits. Prostaglandins Leukot Essent Fatty Acids, 2009, 81(5-6): 325-330.

[47] Mitoulas L R, Kent J C, Cox D B, et al. Variation in fat, lactose and protein in human milk over 24 h and throughout the first year of lactation. Br J Nutr, 2002, 88(1): 29-37.

[48] Gridneva Z, Rea A, Hepworth A R, et al. Relationships between breastfeeding patterns and maternal and infant body composition over the first 12 months of lactation. Nutrients, 2018, 10(1): 45.

[49] Arthur P G, Smith M, Hartmann P E. Milk lactose, citrate, and glucose as markers of lactogenesis in normal and diabetic women. J Pediatr Gastroenterol Nutr, 1989, 9(4): 488-496.

[50] Nommsen L A, Lovelady C A, Heinig M J, et al. Determinants of energy, protein, lipid, and lactose concentrations in human milk during the first 12 mo of lactation: the DARLING Study. Am J Clin Nutr, 1991, 53(2): 457-465.

[51] Lauber E, Reinhardt M. Studies on the quality of breast milk during 23 months of lactation in a rural community of the Ivory Coast. Am J Clin Nutr, 1979, 32(5): 1159-1173.

[52] 侯艳梅，于珊，郑晓霞 . 济南市 240 例乳母乳汁成分分析 . 中国妇幼保健杂志 , 2008, 23(2);241-243.
[53] Nakhla T, Fu D, Zopf D, et al. Neutral oligosaccharide content of preterm human milk. Br J Nutr, 1999, 82(5): 361-367.
[54] Lönnerdal B, Forsum E, Gebre-Medhin M, et al. Breast milk composition in Ethiopian and Swedish mothers. Ⅱ . Lactose, nitrogen, and protein contents. Am J Clin Nutr, 1976, 29(10): 1134-1141.
[55] Arthur P G, Kent J C, Hartmann P E. Metabolites of lactose synthesis in milk from women during established lactation. J Pediatr Gastroenterol Nutr, 1991, 13(3): 260-266.
[56] Viverge D, Grimmonprez L, Cassanas G, et al. Diurnal variations and within the feed in lactose and oligosaccharides of human milk. Ann Nutr Metab, 1986, 30(3): 196-209.
[57] Jovanovic-Peterson L, Fuhrmann K, Hedden K, et al. Maternal milk and plasma glucose and insulin levels: studies in normal and diabetic subjects. J Am Coll Nutr, 1989, 8(2): 125-131.
[58] Conner A E. Elevated levels of sodium and chloride in milk from mastitic breast. Pediatrics, 1979, 63(6): 910-911.

# 第 4 章

# 中国母乳蛋白质组分

母乳蛋白质是婴儿生长发育所必需的营养成分，检测方法和设备的进步使母乳中不同蛋白质组分的分析成为可能[1,2]，这将有助于更好地了解母乳中各蛋白质组分的含量并研究其功能作用[3]。已知母乳蛋白质组分主要包括乳清蛋白和酪蛋白，其中乳清蛋白主要包括 α- 乳清蛋白、乳铁蛋白、乳球蛋白、骨桥蛋白、血清白蛋白和溶菌酶等，酪蛋白包括 α- 酪蛋白、β- 酪蛋白和 κ- 酪蛋白，及其他的蛋白质组分（如乳脂肪球膜蛋白和乳肽）。乳铁蛋白和溶菌酶有助于婴儿抗感染、提高免疫力、促进肠道益生菌定植，是婴儿期抵抗疾病的重要功能性成分[4]。母乳中生物活性蛋白质组分，如表 4-1 所示。

**表 4-1　母乳中生物活性蛋白质组分**

| 种类 | 分子质量 /kDa | 存在部位或归属 | 婴儿肠道消化能力 | 功能或可能的生物学作用 |
|---|---|---|---|---|
| 乳清蛋白 | | | | |
| α- 乳清蛋白 | 14.1 | 乳清 | 部分消化 | 抗菌、免疫调节、矿物质（如锌、铁）吸收等 |
| 乳铁蛋白 | 约 80 | 乳清 | 有限，粪便中发现完整蛋白质 | 抗菌、抗病毒、抗寄生虫、刺激肠道健康菌群生长、神经和认知发育 |
| 血清白蛋白 | 67 | 乳清 | 容易消化 | 不清楚 |
| sIgA① | 60 | 乳清 | 有限，粪便中发现完整蛋白质 | 抗菌、抗病毒、抑菌作用，调节免疫，预防特应性皮炎 |
| IgM | 74 | 乳清 | 容易消化 | 免疫调理，抗感染 |
| IgG | 50 | 乳清 | 容易消化 | 免疫调理，抗感染 |
| 溶菌酶 | 14.4 | 乳清 | 有限，粪便中发现完整蛋白质 | 先天免疫系统组成部分，调节免疫反应和炎症，抗菌 |
| 骨桥蛋白 | 44 ～ 75 | 乳清 | 部分消化 | 乳腺发育和分化，与乳铁蛋白发挥协同作用参与免疫功能发育 |
| 胆盐刺激脂酶 | 90 | 乳清 | 有限，粪便中发现完整蛋白质 | 脂质消化和吸收 |
| 结合咕啉 | 102 | 乳清 | 有限，粪便中发现完整蛋白质 | 促进维生素 $B_{12}$ 吸收 |
| 酪蛋白 | | | | |
| β- 酪蛋白 | 24 | 酪蛋白 | 部分消化 | 促进钙、锌、铁等矿物质吸收，降解产物是生物活性肽的来源 |
| κ- 酪蛋白 | 37 | 酪蛋白 | 部分消化 | 降解产物抗菌 |
| 其他蛋白 | | | | |
| MFGMP② | N/A | 黏蛋白 | N/A | 抗菌、抗病毒、抑菌，调节免疫和促进肠道发育成熟，与认知功能有关 |
| 乳肽 | N/A | 乳蛋白降解产物 | 大部分可进入小肠 | 促进小肠发育、矿物质吸收、调节免疫、杀菌、阿片类激动剂 |

①分泌型免疫球蛋白 A。

②乳脂肪球膜蛋白，由不同的蛋白质组成，包括黏蛋白 1、乳黏素、嗜酪蛋白和乳铁蛋白等。

注：N/A，无可利用数据。

# 4.1　中国母乳蛋白质组分的相关研究

基于我国代表性母乳成分研究采取的母乳样本[5]，分析我国 11 个地区产后 0 ～ 330d 母乳中不同蛋白质组分含量和变化趋势，为评估我国婴儿蛋白质需要量和制定推荐摄入量或适宜摄入量[6]以及婴儿配方食品、特殊医学用途配方食品标准的制（修）订工作提供科学依据。

### 4.1.1 研究对象基本特征

母乳蛋白质组分样本来自827位乳母，其中初乳、过渡乳、早期成熟乳和晚期成熟乳分别占25.03%、27.57%、33.86%和13.54%。城市乳母占50.06%，汉族占66.26%。乳母的年龄为（26.58±4.16）岁，BMI为（22.99±3.49）$kg/m^2$，乳母低体重、超重和肥胖率分别为5.95%、26.49%和7.29%。农村和城市乳母的低体重率差异无统计学意义（$P>0.05$），农村乳母的超重率（21.55%）低于城市乳母（31.16%，$P<0.01$），农村乳母的肥胖率（5.33%）低于城市乳母（9.18%，$P<0.05$）。乳母在怀孕前均没有患内分泌疾病，乳母在孕期的妊娠期高血压和糖尿病的患病率分别为2.42%和3.15%。儿童出生体重为（3.3±0.45）kg，男孩占51.57%，早产儿占5.21%，儿童的身高别体重（WHZ）为−0.19±1.53。

### 4.1.2 母乳中不同蛋白质组分含量

产后0～330d，母乳中α-乳清蛋白、血清白蛋白、溶菌酶、β-酪蛋白、$\alpha_{s1}$-酪蛋白和κ-酪蛋白的平均值±标准差（g/L）分别为2.48±0.65、0.24±0.11、0.07±0.07、3.40±1.07、1.29±0.68和0.62±0.60；母乳中α-乳清蛋白、血清白蛋白、溶菌酶、β-酪蛋白、$\alpha_{s1}$-酪蛋白和κ-酪蛋白含量（g/L）中位数（$P_{25}$，$P_{75}$）分别为2.43（1.99，2.92）、0.21（0.18，0.26）、0.04（0.02，0.09）、3.41（2.81，3.98）、1.18（0.77，1.68）和0.50（0.35，0.70）。母乳中不同蛋白质组分含量均值详见表4-2，中位数详见表4-3。

**表**4-2 中国城乡不同哺乳阶段母乳中蛋白质组分含量（平均值 ± 标准差）

单位：g/L

| 蛋白质 | | 合计 | 初乳 | 过渡乳 | 早期成熟乳 | 晚期成熟乳 |
|---|---|---|---|---|---|---|
| 合计 | α-乳清蛋白 | 2.48±0.65 | 2.70±0.56 | 2.78±0.57 | 2.31±0.63 | 1.89±0.46 |
| | 血清白蛋白 | 0.24±0.11 | 0.26±0.16 | 0.24±0.07 | 0.23±0.09 | 0.21±0.05 |
| | 溶菌酶 | 0.07±0.07 | 0.05±0.03 | 0.04±0.04 | 0.07±0.06 | 0.17±0.10 |
| | β-酪蛋白 | 3.40±1.07 | 3.12±1.32 | 3.80±1.11 | 3.42±0.80 | 3.08±0.71 |
| | $\alpha_{s1}$-酪蛋白 | 1.29±0.68 | 1.66±0.90 | 1.54±0.58 | 1.02±0.37 | 0.80±0.27 |
| | κ-酪蛋白 | 0.62±0.60 | 1.03±1.02 | 0.63±0.31 | 0.43±0.18 | 0.35±0.09 |
| 城市 | α-乳清蛋白 | 2.60±0.69 | 2.78±0.59 | 2.93±0.55 | 2.42±0.70 | 1.87±0.55 |
| | 血清白蛋白 | 0.24±0.10 | 0.27±0.16 | 0.24±0.08 | 0.23±0.07 | 0.22±0.06 |
| | 溶菌酶 | 0.06±0.06 | 0.05±0.03 | 0.04±0.04 | 0.07±0.05 | 0.17±0.08 |
| | β-酪蛋白 | 3.53±1.12 | 3.19±1.27 | 4.05±1.17 | 3.56±0.85 | 2.99±0.74 |
| | $\alpha_{s1}$-酪蛋白 | 1.30±0.66 | 1.61±0.83 | 1.57±0.56 | 1.01±0.36 | 0.76±0.26 |
| | κ-酪蛋白 | 0.70±0.70 | 1.13±1.13 | 0.72±0.39 | 0.46±0.18 | 0.34±0.11 |

续表

| 蛋白质 | | 合计 | 初乳 | 过渡乳 | 早期成熟乳 | 晚期成熟乳 |
|---|---|---|---|---|---|---|
| 农村 | α- 乳清蛋白 | 2.36±0.59 | 2.61±0.51 | 2.64±0.56 | 2.20±0.54 | 1.90±0.40 |
| | 血清白蛋白 | 0.23±0.11 | 0.26±0.16 | 0.24±0.07 | 0.22±0.11 | 0.20±0.05 |
| | 溶菌酶 | 0.07±0.08 | 0.04±0.04 | 0.05±0.05 | 0.07±0.06 | 0.17±0.11 |
| | β- 酪蛋白 | 3.28±1.00 | 3.04±1.39 | 3.56±0.99 | 3.27±0.73 | 3.13±0.69 |
| | $\alpha_{s1}$- 酪蛋白 | 1.28±0.69 | 1.71±0.99 | 1.50±0.59 | 1.03±0.38 | 0.82±0.28 |
| | κ- 酪蛋白 | 0.55±0.47 | 0.90±0.86 | 0.54±0.16 | 0.41±0.17 | 0.35±0.08 |

注：引自王杰等[7]，营养学报，2021。

**表 4-3** 中国不同城乡不同哺乳阶段母乳中蛋白质组分含量［$P_{50}$（$P_{25}$,$P_{75}$）］

单位：g/L

| 蛋白质 | | 合计 | 初乳 | 过渡乳 | 早期成熟乳 | 晚期成熟乳 |
|---|---|---|---|---|---|---|
| 合计 | α- 乳清蛋白 | 2.43(1.99,2.92) | 2.68(2.29,3.06) | 2.76(2.38,3.17) | 2.21(1.86,2.65) | 1.88(1.58,2.11) |
| | 血清白蛋白 | 0.21(0.18,0.26) | 0.22(0.17,0.28) | 0.22(0.19,0.27) | 0.22(0.18,0.25) | 0.20(0.18,0.24) |
| | 溶菌酶 | 0.04(0.02,0.09) | 0.04(0.02,0.06) | 0.03(0.02,0.04) | 0.05(0.03,0.09) | 0.15(0.11,0.22) |
| | β- 酪蛋白 | 3.41(2.81,3.98) | 3.34(2.24,3.98) | 3.81(3.21,4.56) | 3.35(2.93,3.83) | 3.01(2.65,3.46) |
| | $\alpha_{s1}$- 酪蛋白 | 1.18(0.77,1.68) | 1.65(1.05,2.22) | 1.57(1.16,1.85) | 0.96(0.76,1.23) | 0.74(0.64,0.86) |
| | κ- 酪蛋白 | 0.50(0.35,0.70) | 0.77(0.57,1.02) | 0.59(0.48,0.72) | 0.39(0.32,0.50) | 0.33(0.28,0.39) |
| 城市 | α- 乳清蛋白 | 2.57(2.08,3.06)** | 2.75(2.33,3.18)* | 2.86(2.57,3.36)** | 2.30(1.91,2.87)* | 1.87(1.43,2.13) |
| | 血清白蛋白 | 0.22(0.18,0.27)** | 0.22(0.17,0.29) | 0.22(0.19,0.27) | 0.23(0.19,0.26)** | 0.21(0.18,0.24) |
| | 溶菌酶 | 0.04(0.03,0.07) | 0.04(0.03,0.06) | 0.03(0.02,0.04) | 0.05(0.03,0.09) | 0.16(0.10,0.22) |
| | β- 酪蛋白 | 3.35(2.88,4.24)** | 3.40(2.31,4.15) | 4.12(3.46,4.81)** | 3.48(3.08,3.98)** | 2.80(2.56,3.42) |
| | $\alpha_{s1}$- 酪蛋白 | 1.22(0.79,1.75) | 1.67(1.13,2.18) | 1.61(1.27,1.92) | 0.95(0.76,1.21) | 0.69(0.62,0.85) |
| | κ- 酪蛋白 | 0.54(0.38,0.77)** | 0.81(0.59,1.17)* | 0.64(0.51,0.77)** | 0.43(0.33,0.54)** | 0.33(0.28,0.38) |
| 农村 | α- 乳清蛋白 | 2.28(1.93,2.76) | 2.55(2.25,2.88) | 2.54(2.21,3.02) | 2.12(1.81,2.54) | 1.89(1.64,2.11) |
| | 血清白蛋白 | 0.21(0.18,0.25) | 0.21(0.18,0.27) | 0.21(0.19,0.27) | 0.20(0.17,0.24) | 0.20(0.17,0.23) |
| | 溶菌酶 | 0.04(0.02,0.10) | 0.03(0.02,0.05) | 0.03(0.02,0.05) | 0.05(0.03,0.09) | 0.15(0.11,0.22) |
| | β- 酪蛋白 | 3.27(2.72,3.81) | 3.24(1.94,3.88) | 3.60(2.89,4.03) | 3.16(2.81,3.69) | 3.07(2.78,3.49) |
| | $\alpha_{s1}$- 酪蛋白 | 1.14(0.77,1.63) | 1.65(0.94,2.26) | 1.49(1.08,1.83) | 0.96(0.76,1.31) | 0.74(0.66,0.94) |
| | κ- 酪蛋白 | 0.45(0.34,0.63) | 0.74(0.55,0.89) | 0.55(0.42,0.64) | 0.35(0.30,0.46) | 0.35(0.29,0.40) |

注：上标星号表示城乡比较结果，* 表示 $P<0.05$，** 表示 $P<0.01$；引自王杰等[7]，营养学报，2021。

### 4.1.3 不同泌乳期母乳不同蛋白质组分含量

不同泌乳期的母乳不同蛋白质组分含量存在组间差异。α- 乳清蛋白含量在初乳（2.68g/L）和过渡乳（2.76g/L）中最高、早期成熟乳（2.21g/L）和晚期成熟乳（1.88g/L）依次降低（$P<0.01$）。血清白蛋白的含量晚期成熟乳（0.20g/L）低于过渡乳（0.22g/L，$P<0.05$）。溶菌酶含量以晚期成熟乳最高（0.15g/L），过渡乳最低（0.03g/L，$P<0.01$）。β- 酪蛋白以过渡乳最高（3.81g/L），晚期成熟乳最低（3.01g/L，$P<0.01$）。$\alpha_{s1}$- 酪蛋白

含量在初乳（1.65g/L）和过渡乳中（1.57g/L）较高，早期成熟乳（0.96g/L）和晚期成熟乳（0.74g/L）显著降低（$P$<0.01）。κ- 酪蛋白的含量则随泌乳期延长而下降（$P$<0.01）。不同泌乳期母乳蛋白质组分含量中位数和四分位数详见表 4-3。

### 4.1.4 城乡母乳不同蛋白质组分含量

母乳不同蛋白质组分含量存在城乡差异。总体上城市母乳中 α- 乳清蛋白（2.57g/L）、血清白蛋白（0.22g/L）、β- 酪蛋白（3.35g/L）和 κ- 酪蛋白（0.54g/L）含量高于农村母乳（2.28g/L、0.21g/L、3.27g/L、0.45g/L，$P$<0.01）。初乳中，α- 乳清蛋白和 κ- 酪蛋白含量城市高于农村（$P$<0.05）；过渡乳中，α- 乳清蛋白、β- 酪蛋白和 κ- 酪蛋白含量城市高于农村（$P$<0.01）；早期成熟乳中，α- 乳清蛋白含量城市高于农村（$P$<0.05），血清白蛋白、β- 酪蛋白和 κ- 酪蛋白含量城市高于农村（$P$<0.01）；晚期成熟乳中，城市和农村的母乳蛋白质组分含量无显著差异（$P$>0.05）。城市和农村母乳不同蛋白质组分含量详见表 4-2 和表 4-3。

## 4.2 母乳中乳清蛋白和酪蛋白含量研究

### 4.2.1 乳清蛋白

人乳清中的蛋白质，即经过酪蛋白沉淀后残留的可溶性蛋白质，是多样化的。人乳白蛋白（lactalbumin），也称为乳清蛋白，主要有 α- 乳清蛋白、乳球蛋白（β- 乳球蛋白、免疫球蛋白、乳铁蛋白）、OPO（1,3- 二油酰基 -2- 棕榈酰甘油）、血清白蛋白等。哺乳最初一年人乳中总蛋白质和主要乳清蛋白的含量见表 4-4。人乳中含量最多的乳清蛋白是 α- 乳清蛋白、乳铁蛋白、sIgA，其次是溶菌酶和骨桥蛋白[8,9]。通常随着泌乳期延长，母乳中这些蛋白质浓度迅速降低，例外的是溶菌酶的水平一直相对较稳定[9]。

**表 4-4** 哺乳最初一年人乳中总蛋白质和主要乳清蛋白含量① 单位: g/L

| 蛋白质 | 初乳（0 ～ 5d） | 过渡乳（6 ～ 15d） | 早期成熟乳（16 ～ 30d） | 晚期成熟乳（31 ～ 360d） |
|---|---|---|---|---|
| 总蛋白质 | 20.6 | 15.7 | 14.8 | 11.1 |
| α- 乳清蛋白 | 4.45±0.41 | 4.3±0.41 | 3.52±0.27 | 2.85±0.24 |
| 乳铁蛋白 | 6.15±0.89 | 3.65±1.19 | 2.46±0.27 | 1.76±0.28 |
| 溶菌酶 | 0.32±0.01 | 0.30±0.01 | 0.28±0.11 | 0.38±0.15 |
| sIgA | 5.45±1.7 | 1.5±0.22 | 1.10±0.32 | 1.14±0.21 |
| 骨桥蛋白 | 0.180±0.10 | | | 0.138±0.09 |

①数据系平均值 ±SD。

注：引自 Donovan[10,11]，2019。

人乳乳清蛋白组学分析识别了115种独特蛋白质，其中与免疫反应有关的蛋白质占35%[12]，其他的关键功能包括参与细胞通信（17%）、新陈代谢/能量产生（16%）以及一般运输（12%）。与乳清蛋白相比，MFGM的蛋白组学分析识别了191种蛋白质，参与的功能多样，包括新陈代谢/能量产生（21%）、细胞通信（19%）和一般运输（16%）功能，以及较小程度的免疫应答（20%）[12,13]。

#### 4.2.1.1 α-乳清蛋白

所有调查的动物乳汁中均普遍含有α-乳清蛋白。人乳α-乳清蛋白含量占人乳含量的0.25%左右，约占总蛋白质含量的22%，占总乳清蛋白的36%[14]。2004年，Jackson等[15]用高效液相色谱（high performance liquid chromatography，HPLC）法检测了全球9个国家人乳α-乳清蛋白的含量，并分析了变化趋势。来自澳大利亚、加拿大、智利、中国、日本、墨西哥、菲律宾、英国和美国的成熟人乳样品总共444份，α-乳清蛋白含量（平均值±SD）为2.44g/L±0.64g/L，美国乳母含量最高（3.23g/L±1.00g/L），墨西哥乳母含量最低（2.05g/L±0.51g/L）；α-乳清蛋白的浓度和哺乳持续时间呈负相关。2014年，陈启等[16]采用超高效液相色谱串联三重四极杆质谱（UPLC-MS），测定了149例母乳中α-乳清蛋白含量，产后1周、2周和6周的母乳含量分别为3.59g/L、3.4g/L和2.8g/L，大部分样品的含量集中分布在3.0～4.5g/L的范围内，整个哺乳期α-乳清蛋白含量呈现逐渐降低趋势。

#### 4.2.1.2 乳铁蛋白

1939年首次发现牛乳中存在乳铁蛋白，1960年分别从人乳和牛乳中分离出乳铁蛋白[17,18]，人乳和牛乳中的乳铁蛋白具有很强的序列同源性（77%），并且具有相同的抗菌肽[19]。乳铁蛋白（lactoferrin）或乳运铁蛋白（lactotransferrin，Lf）是一种来自转铁蛋白家族的糖蛋白，与母乳喂养儿的许多潜在重要健康益处有关[20]。每个乳铁蛋白分子的主体结构是由约含有700个氨基酸残基构成的多肽链[21]，分子质量约为80kDa，并由上皮细胞在许多外分泌物中表达和分泌，包括唾液、眼泪和乳汁[12,22]。乳铁蛋白含量及其影响因素参见本书第13章。

#### 4.2.1.3 免疫球蛋白

不同作者报告的初乳、过渡乳和成熟乳中免疫球蛋白IgA（sIgA）、IgM和IgG的含量汇总于表4-5。

#### 4.2.1.4 溶菌酶

母乳中溶菌酶的含量约是400mg/L，是其他哺乳动物（如牛和山羊）乳汁含量的1500～3000倍，而且这也是人乳和牛乳的最大差别之一，即使随泌乳期的延长，人乳中的含量也高于牛奶数倍[29]；而且与其他哺乳动物相比，人乳溶菌酶的活性最高，比鸡蛋溶菌酶活性高 2 ~ 3 倍[30]。人乳中的溶菌酶含量也呈动态变化，分娩后头 2d 的初乳中溶菌酶的含量最高 [(0.944±0.335) g/L]，是正常成人血清中溶菌酶含量的 19 ~ 11 倍；半个月时降至最低点[31,32]，成熟乳（一个月后）中溶菌酶的浓度又逐渐升高[25]，见表 4-6。

**表 4-5　人乳中免疫球蛋白含量**

| 指标 | 初乳 | | 过渡乳 | | 成熟乳 | | 时间 | 文献来源 |
|---|---|---|---|---|---|---|---|---|
| | 含量 /（g/L） | 时间 /d | 含量 /（g/L） | 时间 /d | 含量 /（g/L） | 时间 /d | | |
| IgA | 22.7±5.4 | 1 | 0.69±0.15 | 7 | 0.42±0.09 | 20 | 2011 ~ 2014 | 王炜等[23] |
| | 3.9±1.6 | 3 | | | 0.29±0.08 | 30 | | |
| | 1.4±0.2 | 5 | | | 0.13±0.02 | 180 | | |
| | 13.4±5.9 | 1 | 2.3±2.0 | 7 | 4.0±2.3 | 21 | 2007 | Ovono Abessolo 等[24] |
| | 31.6±7.6 | 1 | 0.6±0.2 | 7 ~ 14 | 0.2±0.1 | 30 ~ 60 | 1982 ~ 1985 | 管慧英等[25] |
| | 39.6±17.8 | 1 | 0.92±0.75 | 7 | 0.27±0.23 | 30 | 1983 ~ 1984 | 代琴韵等[26] |
| | 18.8±14.8 | 2 | 0.50±0.50 | 15 | 0.17±0.07 | 60 | | |
| | 7.2±11.4 | 3 | | | 0.23±0.13 | 90 | | |
| | 2.18±2.99 | 4 | | | 0.21±0.08 | 120 | | |
| sIgA | 28.4±9.6 | 1 | 0.88±0.16 | 10 | 0.88±0.16 | 15 | 2005 | Araujo 等[27] |
| | 4.37±4.06 | 2 ~ 3 | 0.62±0.38 | 8 ~ 14 | 0.73±0.72 | 15 ~ 28 | 1986 | 窦桂林等[28] |
| | 1.91±2.67 | 4 ~ 7 | | | 0.52±0.57 | 29 ~ 56 | | |
| IgG | 0.59±0.24 | 1 | 0.05±0.02 | 7 | 0.05±0.01 | 20 | 2011 ~ 2014 | 王炜等[23] |
| | 0.09±0.03 | 3 | | | 0.04±0.04 | 30 | | |
| | 0.06±0.01 | 5 | | | 0.03±0.01 | 180 | | |
| | 2.0±1.0 | 1 | 1.4±0.6 | 7 | 0.7±0.3 | 21 | 2007 | Ovono Abessolo 等[24] |
| | 0.89±0.38 | 1 | 0.07±0.02 | 7 | 0.06±0.02 | 30 | 1983 ~ 1984 | 代琴韵等[26] |
| | 0.45±0.28 | 2 | 0.08±0.03 | 15 | 0.06±0.02 | 60 | | |
| | 0.18±0.17 | 3 | | | 0.06±0.03 | 90 | | |
| | 0.09±0.04 | 4 | | | 0.06±0.02 | 120 | | |
| | 0.12±0.13 | 2 ~ 3 | 0.03±0.03 | 8 ~ 14 | 0.06±0.04 | 15 ~ 28 | 1986 | 窦桂林等[28] |
| | 0.04±0.05 | 4 ~ 7 | | | 0.02±0.02 | 29 ~ 56 | | |
| | 0.7±0.3 | 1 | 0.06±0.02 | 7 ~ 14 | 0.08±0.02 | 30 ~ 60 | 1982 ~ 1985 | 管慧英等[25] |
| IgM | 2.19±1.18 | 1 | 0.13±0.03 | 7 | 0.03±0.02 | 20 | 2011 ~ 2014 | 王炜等[23] |

续表

| 指标 | 初乳 | | 过渡乳 | | 成熟乳 | | 时间 | 文献来源 |
|---|---|---|---|---|---|---|---|---|
| | 含量 /（g/L） | 时间 /d | 含量 /（g/L） | 时间 /d | 含量 /（g/L） | 时间 /d | | |
| IgM | 0.92±0.21 | 3 | | | 0.02±0.01 | 30 | | |
| | 0.38±0.06 | 5 | | | 0.01±0.01 | 180 | | |
| | 1.0±1.6 | 1 | 1.3±0.8 | 7 | 1.5±1.7 | 21 | 2007 | Ovono Abessolo 等 [24] |
| | 0.94±1.28 | 2～3 | 0.15±0.12 | 8～14 | 0.13±0.11 | 15～28 | 1986 | 窦桂林等 [28] |
| | 0.59±1.05 | 4～7 | | | 0.04±0.04 | 29～56 | | |
| | 2.74±2.2 | 1 | 0.09±0.04 | 7 | 0.02±0.04 | 30 | 1983～1984 | 代琴韵 [26] |
| | 1.29±1.26 | 2 | 0.05±0.05 | 15 | <0.01±0.02 | 60 | | |
| | 0.51±0.79 | 3 | | | 0.01±0.03 | 90 | | |

**表 4-6　人乳中溶菌酶的含量**

| 文献来源 | 初乳 | | 过渡乳 | | 成熟乳 | | 时间 |
|---|---|---|---|---|---|---|---|
| | 含量 /（g/L） | 时间 /d | 含量 /（g/L） | 时间 /d | 含量 /（g/L） | 时间 /d | |
| Montagne 等 [33] | 0.36±0.27 | 1～5 | 0.30±0.19 | 6～14 | 0.30±0.12 | 15～28 | 2001① |
| | | | | | 0.30±0.14 | 29～42 | |
| | | | | | 0.35±0.07 | 43～56 | |
| | | | | | 0.83±0.24 | 57～84 | |
| 王毓华等 [34] | 0.14±0.04 | 4② | 0.08±0.03 | 15② | 0.08±0.03 | 30② | 1995～1996 |
| | 0.28±0.02 | 4③ | 0.16±0.04 | 15③ | 0.19±0.02 | 30③ | |
| 管慧英等 [25] | 0.94±0.34 | 1 | 0.16±0.03 | 6 | 0.14±0.05 | 30～60 | 1985 |
| | 0.56±0.20 | 2 | 0.13±0.02 | 7 | 0.20±0.07 | 60～90 | |
| | 0.23±0.06 | 3 | 0.12±0.03 | 15 | 0.30±0.09 | 90～120 | |
| 窦桂林等 [28] | 0.14±1.11 | 2～3 | 0.04±0.04 | 8～14 | 0.06±0.04 | 15～28 | 1986① |
| | 0.07±0.06 | 4～7 | — | | 0.08±0.05 | 29～56 | |

①发表时间。

②没有发生持续性腹泻的对照组。

③发生持续性腹泻组。

### 4.2.1.5　骨桥蛋白

人乳中的骨桥蛋白（OPN）是一种可以与钙结合的活性分泌型磷酸化糖蛋白（phosphoglycoprotein），由 298 个氨基酸组成 [35]，而牛乳 OPN 则是由 262 个氨基酸组成。人乳 OPN 中含有高达 34 种磷酸丝氨酸和 2 种磷酸苏氨酸 [36]。已证明人乳和牛乳 OPN 在 37℃的 pH 3.0 新生儿胃液中可以抵抗蛋白酶水解 1h，提示 OPN 可耐受新生儿胃液的体外消化，推测这样可以保证母乳来源的 OPN 抵达下消化道发挥其生物活性[37]。国内外关于母乳中OPN含量的研究参见本书第14章。

#### 4.2.1.6 其他乳清蛋白组分

其他乳清蛋白组分包括血清白蛋白、胆盐刺激脂酶、营养素结合蛋白、激素结合蛋白以及乳脂肪球膜蛋白等，目前关于母乳中这些蛋白含量的研究较少。

（1）血清白蛋白　人乳中可以检测出血清白蛋白（serum albumin），含量为0.2～0.6g/L，显著低于乳母的血清浓度（30～50g/L）；这种蛋白质可能与许多配体结合，如脂肪酸、微量元素、激素和药物等。

（2）胆盐刺激脂酶　母乳喂养婴儿的脂类消化吸收非常高效，这部分可能与人乳中存在高浓度的脂肪酶有关，人乳中胆盐刺激脂酶（bile salt-stimulated lipase）分子质量90kDa，这种酶有助于可吸收性单酸甘油酯的形成以及长链多不饱和脂肪酸的利用。

（3）营养素结合蛋白　营养素结合蛋白（nutrient-binding protein）包括叶酸结合蛋白（folate-binding protein，FBP）、维生素$B_{12}$结合蛋白（vitamin $B_{12}$-binding protein）[也称为结合咕啉（haptocorrin）]、维生素D结合蛋白（vitamin D-binding protein）。FBP是人乳中存在的可特异性结合叶酸盐的蛋白，乳清形式分子质量25～27kDa，可促进肠道摄取叶酸；维生素$B_{12}$结合蛋白是人乳中存在的特异性结合蛋白质，分子质量102kDa，可促进新生儿肠道维生素$B_{12}$（钴胺素）的吸收；维生素D结合蛋白由一个多肽链组成，分子质量59kDa，可以识别维生素$D_2$和维生素$D_3$以及其羟基类似物。

（4）激素结合蛋白　激素结合蛋白（hormone-binding protein）包括甲状腺素结合蛋白 (thyroxine-binding protein) 和皮质类固醇结合蛋白 (corticosteroid-binding protein)。人乳中甲状腺素结合蛋白的浓度约为0.3mg/L，这个蛋白作用可能与甲状腺素的转运有关；皮质类固醇结合蛋白分子质量约为93kDa，初乳中浓度高于成熟乳，在调节乳腺中游离和结合型孕激素和皮质醇中发挥作用。

（5）乳脂肪球膜蛋白　乳脂肪球膜蛋白是人乳中含量较少的一类残留在脂类中的蛋白质，约占乳汁总蛋白质含量的1%～4%。

### 4.2.2 酪蛋白

19世纪90年代，人们根据等电点不同的原理，从人乳粗蛋白中分离出了酪蛋白（caseins）和乳清蛋白（占人成熟乳总蛋白的比例分别约为30%和70%），进一步将酪蛋白亚基分成α-酪蛋白、β-酪蛋白和κ-酪蛋白。虽然也有人提出还有γ-酪蛋白，但是这个组分后来被认为不是真正的酪蛋白亚基，可能是β-酪蛋白降解产生的片段[38]。大多数动物的乳汁中都含有酪蛋白作为主要蛋白质类别，然而人乳则不是这种情况。人的初乳和“早产”的乳汁中不含有或含有非常少的酪蛋白；

随哺乳时间的延长，酪蛋白将构成较大部分的人乳蛋白[39]。人乳仅含有β-酪蛋白和κ-酪蛋白，$\alpha_{s1}$-酪蛋白和乳球蛋白的含量很低，而牛乳含有α-酪蛋白的两种不同形式$\alpha_{s1}$和$\alpha_{s2}$，$\alpha_{s1}$-酪蛋白是牛乳酪蛋白的主要成分。哺乳最初一年人乳中总酪蛋白及其亚单位含量见表4-7。

**表4-7** 哺乳最初一年人乳中总酪蛋白及其亚单位含量① 单位：g/L

| 蛋白质 | 初期（0～10d） | 过渡（11～30d） | 成熟（31～365d） |
|---|---|---|---|
| 总酪蛋白 | 2.49±0.41 | 2.59±0.59 | 1.92±0.72 |
| α-酪蛋白 | 0.34±0.09 | 0.33±0.07 | 0.33±0.18 |
| β-酪蛋白 | 1.29±0.28 | 1.46±0.46 | 1.03±0.53 |
| κ-酪蛋白 | 0.86±0.09 | 0.80±0.10 | 0.55±0.05 |

①数据系平均值±SD。

注：引自Donovan[10,40]，2019。

### 4.2.2.1 β-酪蛋白

β-酪蛋白（β-casein）是母乳中重要的蛋白质组成成分，占母乳总蛋白质的27%，占母乳总酪蛋白的68%[14]。β-酪蛋白在婴儿出生第一年的母乳中含量的变化范围是0.04～4.42g/L，平均值为1.25g/L，中位数为1.09g/L，约占总酪蛋白含量的50%～85%，随泌乳期的延长呈下降趋势[40]。

### 4.2.2.2 κ-酪蛋白

κ-酪蛋白（κ-casein）是人乳中一种糖基化蛋白质，含量很低，而且对水解敏感。人乳κ-酪蛋白分子质量约37kDa，其中19kDa是碳水化合物，经典的氨基酸序列分析显示含有158个氨基酸残基。由于人乳κ-酪蛋白高度糖基化，与其他动物乳汁的κ-酪蛋白相比，人乳的κ-酪蛋白具有其独特性。已经证实人乳酪蛋白比牛乳酪蛋白含有更高的碳水化合物，例如人乳κ-酪蛋白含有40%～60%的碳水化合物，而牛乳κ-酪蛋白仅含有10%的碳水化合物，人乳酪蛋白除了含有唾液酸外，已糖（hexose）和已糖胺（hexosamine）的含量也特别高。虽然人乳κ-酪蛋白含有的碳水化合物的种类少，即半乳糖、*N*-乙酰半乳糖胺、*N*-乙酰葡糖胺、神经氨酸和岩藻糖，然而多个糖基化位点和聚糖的复杂分支结构为κ-酪蛋白的结构变异提供了许多的可能性。

1990年，美国学者Kunz等[41]用液相色谱法分离研究了人乳酪蛋白，发现随哺乳期延长出现的酪蛋白含量增加是源于κ-酪蛋白的增加，哺乳期酪蛋白亚基磷酸化、糖基化的不同表明β-酪蛋白和κ-酪蛋白的合成和翻译后修饰受不同的机制调节。人乳中酪蛋白首先由类溶血纤维酶作用于氨基末端的赖氨酸残基，将其水解为寡肽，然后被肽段内切酶和外切酶进一步水解为短肽，这些短肽有特异的生物学功能，如产生一些阿片样物质参与调节内分泌、神经活动等[42]。

## 4.3 母乳中蛋白质组分及含量变化

人乳中的蛋白质含量丰富且种类多样，已知母乳中含有2000多种成分，其中1000多种是蛋白质、肽和游离氨基酸（free amino acids，FAA），而且许多微量蛋白质组分还是具有重要生物活性的蛋白质，是由乳腺上皮细胞合成并分泌的营养成分。这些生物活性蛋白质提供多样化的功能，包括酶活性、增加营养素吸收利用、刺激生长、免疫调节和防御致病菌（抗菌作用）等[43]，有助于新生儿的早期发育[44]。由于遗传变异和翻译后修饰以及多种多样的因素对乳蛋白的影响，使人乳中的蛋白质组成更为复杂和多样化。

### 4.3.1 母乳中蛋白质组分概要

已知人乳中主要的蛋白质有乳清蛋白，包括α-乳清蛋白（α-lactoglobulin）、β-乳球蛋白（β-lactoglobulin）（免疫球蛋白）、血清白蛋白（serum albumin）、乳铁蛋白（lactoferrin）、骨桥蛋白（osteopontin）等，占总蛋白质的70%；酪蛋白，包括β-酪蛋白（β-casein）和κ-酪蛋白（κ-casein），占总蛋白质的30%。例如，Beck等[45]通过比较人乳和猕猴乳中的蛋白组，分别识别了1606种和518种蛋白质，在所分析检测到的蛋白同源物中识别出88种差异丰富的蛋白质；相对于猕猴，人乳中93%的蛋白质丰度增加，包括乳铁蛋白、高分子免疫球蛋白受体、α-1抗胰凝乳蛋白酶、维生素D结合蛋白和结合咕啉，而且母乳中更丰富的蛋白质与胃肠道、免疫系统和大脑的发育有关。

人乳蛋白质也可以分成黏蛋白（mucins）、酪蛋白（caseins）和乳清蛋白（whey protein）三类。酪蛋白是牛乳的主要蛋白质，而人乳的蛋白质主要是乳清蛋白；黏蛋白，也被称为乳脂肪球膜（milk fat globule membrane，MFGM）蛋白，在乳汁中包裹着脂质球，该种蛋白质占人乳蛋白质总量的百分比很小[11]，而且也很少受到关注。人乳中还含有多种多功能性多肽，如乳铁蛋白降解或衍生的多肽和κ-酪蛋白短链多肽等[46]。

### 4.3.2 α-乳清蛋白含量及变化

α-乳清蛋白的含量随泌乳时间的延长而下降[47]。例如，我国母乳成分分析结果得到初乳、过渡乳、早期成熟乳和晚期成熟乳中α-乳清蛋白含量中位数分别为2.68g/L、2.76g/L、2.21g/L、1.88g/L，除了初乳外，随哺乳期呈现下降趋势。该结果与2004年采用HPLC法分析的452例来自9个国家成熟乳中α-乳清蛋白平均水平[（2.44±0.64）g/L]相近[15]，低于2019年来自中国6个城市96个母乳样本的平均水平（2.98 ～ 3.57g/L），以及“明”研究报道的来自中国 3 个城市产后 12d ～ 4 个月的母乳中 α- 乳清蛋白含量（3.16 ～ 2.53g/L）[47]。

### 4.3.3 血清白蛋白含量及变化

我国母乳成分数据库分析结果显示，虽然母乳中血清白蛋白的水平有随泌乳时间延长而降低的趋势，但是与其他的蛋白质组分相比，血清白蛋白的变化幅度最小，早期成熟乳血清白蛋白含量的平均值和中位数分别为（0.23±0.09）g/L 和 0.22g/L，略低于日本报道的产后 20 ～ 97d 15 个母乳样本的平均含量 [(0.30±0.09)g/L][48]，是“明”研究报道的血清白蛋白中位数（0.44g/L）的 1/2[47]。

### 4.3.4 溶菌酶含量及变化

溶菌酶是人乳中一种重要的非特异性免疫蛋白，可调节针对细菌感染的免疫反应，人乳溶菌酶有助于婴儿双歧杆菌定植 [49]。有报道，母乳中溶菌酶含量随泌乳时间延长呈升高趋势 [33]，可能对婴儿抵抗疾病和促进肠道微生态的成熟有重要意义 [30,50]。我国母乳成分数据库分析结果显示，利用质谱技术分析产后 330d 内母乳溶菌酶含量为 0.02 ～ 0.16g/L。法国一项研究利用微粒增强免疫比浊法（microparticle-enhanced nephelometric immunoassays）检测到溶菌酶在初乳、过渡乳、15 ～ 28d 成熟乳、29 ～ 56d 成熟乳、57 ～ 84d 成熟乳中的含量（g/L）分别为 0.37、0.27、0.24、0.33 和 0.89 [33]，均高于上述结果，可能与研究人群及检测方法的不同有关。

### 4.3.5 酪蛋白含量及变化

母乳中 β- 酪蛋白、$\alpha_{s1}$- 酪蛋白和 κ- 酪蛋白含量随泌乳时间延长而下降 [47]。例如，我国母乳成分数据库的结果显示，早期成熟乳中 β- 酪蛋白含量的平均值和中位数分别为 3.42g/L 和 3.35g/L，与另一项中国报道的平均含量（3.38 ～ 4.52g/L）接近，低于美国报道的平均含量（5.37g/L）[51]，但高于法国报道的平均含量（2.70g/L）[52]。

上述我国的研究中母乳 κ- 酪蛋白平均含量为 0.43g/L，低于法国报道的平均含量 0.90g/L[52]；κ- 酪蛋白与 β- 酪蛋白的平均含量比值也存在较大差异，中国的数据初乳、过渡乳和早期成熟乳中比值分别为 0.40、0.19 和 0.13，而法国的研究中该比值分别为 0.61、0.32 和 0.30。目前缺乏关于母乳中 $\alpha_{s1}$- 酪蛋白含量的相关报道。

### 4.3.6 城乡差异

我国母乳成分数据库通过分析比较城乡母乳中蛋白质组分含量，总体上城市母乳中α-乳清蛋白、血清白蛋白、β-酪蛋白和κ-酪蛋白含量均高于农村，这种差异体现在初乳、过渡乳和早期成熟乳。以往报道的母乳蛋白质组分研究多在城区，鲜有研究比较城市与农村母乳蛋白质组分的差异。根据我国乳母营养与健康状况调查报告，乳母膳食蛋白质摄入量城市略高于农村（59.6g/d和51.6g/d），但在蛋白质膳食来源（质量）方面的差异较大，城市乳母膳食蛋白质主要来源于动物性食物（39.2%）、谷类（36.3%）、大豆（5.2%）和其他食物（19.2%），而农村乳母膳食蛋白质主要来源于谷类（43.9%）、动物性食物（32.6%）、大豆（5.0%）和其他食物（18.5%），城市乳母高比例的优质蛋白食物摄入对乳汁中较高的蛋白质组分含量有积极意义[53]。关于母乳蛋白质组分含量的城乡差异及原因尚需深入研究。

（王杰，许丽丽，任一平，杨国光，杨振宇，荫士安）

## 参考文献

[1] Chen Q, Zhang J, Ke X, et al. Simultaneous quantification of alpha-lactalbumin and beta-casein in human milk using ultra-performance liquid chromatography with tandem mass spectrometry based on their signature peptides and winged isotope internal standards. Biochim Biophys Acta, 2016, 1864(9): 1122-1127.

[2] Ren Q, Zhou Y, Zhang W, et al. Longitudinal changes in the bioactive proteins in human milk of the Chinese population: a systematic review. Food Sci Nutr, 2021, 9(1): 25-35.

[3] Cooper C A, Maga E A, Murray J D. Production of human lactoferrin and lysozyme in the milk of transgenic dairy animals: past, present, and future. Transgenic Res, 2015, 24(4): 605-614.

[4] 荫士安. 人乳成分——存在形式、含量、功能、检测方法. 2版. 北京: 化学工业出版社, 2022.

[5] Yin S A, Yang Z Y. An on-line database for human milk composition in China. Asia Pac J Clin Nutr, 2016, 25(4): 818-825.

[6] 中国营养学会. 中国居民膳食营养素参考摄入量（2013版）. 北京: 科学出版社, 2014.

[7] 王杰, 许丽丽, 任一平, 等. 中国城乡乳母不同哺乳阶段母乳蛋白质组分含量的研究. 营养学报, 2021, 43(4): 328-333.

[8] Haschke F, Haiden N, Thakkar S K. Nutritive and bioactive proteins in breastmilk. Ann Nutr Metab, 2016, 69(Suppl 2):S17-S26.

[9] Lonnerdal B. Bioactive proteins in human milk: health, nutrition, and implications for infant formulas. J Pediatr, 2016, 173(1): S4-S9.

[10] Donovan S M. Human milk proteins: composition and physiological significance. Nestle Nutr Inst Workshop Ser, 2019, 90:93-101.

[11] Lonnerdal B, Erdmann P, Thakkar S K, et al. Longitudinal evolution of true protein, amino acids and bioactive proteins in breast milk: a developmental perspective. J Nutr Biochem, 2017, 41:1-11.

[12] Liao Y, Alvarado R, Phinney B, et al. Proteomic characterization of human milk whey proteins during a twelve-month lactation period. J Proteome Res, 2011, 10:1746-1754.

[13] Liao Y, Alvarado R, Phinney B, et al. Proteomic characterization of human milk fat globule membrane proteins during a 12 month lactation period. J Proteome Res, 2011, 10(8): 3530-3541.

[14] Layman D K, Lonnerdal B, Fernstrom J D. Applications for alpha-lactalbumin in human nutrition. Nutr Rev, 2018, 76(6): 444-460.

[15] Jackson J G, Janszen D B, Lonnerdal B, et al. A multinational study of alpha-lactalbumin concentrations in

human milk. J Nutr Biochem, 2004, 15(9): 517-521.

[16] 陈启，赖世云，张京顺，等．利用超高效液相色谱串联三重四极杆质谱定量检测人乳中的 α- 乳白蛋白．食品安全质量检验学报 , 2014, 5(7):2095-2100.

[17] Blanc B, Isliker H. Isolation and characterization of the red siderophilic protein from maternal milk: lactotransferrin. Bull Soc Chim Biol (Paris), 1961, 43:929-943.

[18] Montreuil J, Tonnelat J, Mullet S. Preparation and properties of lactosiderophilin (lactotransferrin) of human milk. Biochim Biophys Acta, 1960, 45:413-421.

[19] Manzoni P, Rinaldi M, Cattani S, et al. Bovine lactoferrin supplementation for prevention of late-onset sepsis in very low-birth-weight neonates: a randomized trial. JAMA, 2009, 302(13): 1421-1428.

[20] Kanwar J R, Roy K, Patel Y, et al. Multifunctional iron bound lactoferrin and nanomedicinal approaches to enhance its bioactive functions. Molecules, 2015, 20(6): 9703-9731.

[21] Kanyshkova T G, Buneva V N, Nevinsky G A. Lactoferrin and its biological functions. Biochemistry (Mosc), 2001, 66(1): 1-7.

[22] Rosa L, Cutone A, Lepanto M S, et al. Lactoferrin: a natural glycoprotein involved in iron and inflammatory homeostasis. Int J Mol Sci, 2017, 18(9): 1985.

[23] 王炜，孙丹丹，王倩，等．母婴血清和母乳中免疫球蛋白含量的检测与临床检验学研究．中国医药指南 , 2015, 13(32): 118-119.

[24] Ovono Abessolo F, Essomo Owono Megne-Mbo M, Ategbo S, et al. Profile of immunoglobulins A, G, and M during breast milk maturation in a tropical area (Gabon). Sante, 2011, 21(1): 15-19.

[25] 管慧英 , 代琴韻 , 吴建民 , 等 . 母乳中抗感染因子和微量元素的研究 . 新生儿科杂志 , 1986, 1(6): 250-252.

[26] 代琴韵，管惠英，吴建民．50 例母乳及产妇血清免疫功能动态观察．同济医科大学学报 , 1985, 14(5):349-352.

[27] Araujo E D, Goncalves A K, Cornetta Mda C, et al. Evaluation of the secretory immunoglobulin A levels in the colostrum and milk of mothers of term and pre-term newborns. Braz J Infect Dis, 2005, 9(5): 357-362.

[28] 窦桂林，陈明钰，代文庆，等．不同泌乳期人乳中乳铁蛋白、溶菌酶、C3 及免疫球蛋白的动态观察．上海免疫学杂志 , 1986, 6(2):98-100.

[29] Hamosh M. Bioactive factors in human milk. Pediatr Clin North Am, 2001, 48(1): 69-86.

[30] Yang B, Wang J, Tang B, et al. Characterization of bioactive recombinant human lysozyme expressed in milk of cloned transgenic cattle. PLoS One, 2011, 6(3): e17593.

[31] Chandan R C, Shahani K M, Holly R G. Lysozyme content of human milk. Nature, 1964, 204:76-77.

[32] 杨花梅 , 王周 . 母乳中溶菌酶含量的初步测定 . 中国妇幼保健 , 2011, 26(22): 3481-3483.

[33] Montagne P, Cuilliere M L, Mole C, et al. Changes in lactoferrin and lysozyme levels in human milk during the first twelve weeks of lactation. Adv Exp Med Biol, 2001, 501:241-247.

[34] 王毓华，朱珊，何燕，等 . 母乳溶菌酶含量与婴儿生理性腹泻 . 中国微生态学杂志 , 1997, 9(5): 32-35.

[35] Sodek J, Ganss B, McKee M D. Osteopontin. Crit Rev Oral Biol Med, 2000, 11(3): 279-303.

[36] Christensen B, Nielsen M S, Haselmann K F, et al. Posttranslationally modified residues of native human osteopontin are located in clusters. Identification of thirty-six phosphorylation and five O-glycosylation sites and their biological implications. Biochem J, 2005, 390:285-292.

[37] Chatterton D E W, Rasmussen J T, Heegaard C W, et al. In vitro digestion of novel milk protein ingredients for use in infant formulas: research on biological functions. Trends Food Sci Technol, 2004, 15:373-383.

[38] Lonnerdal B, Atkinson S. Nitrogeneous components A. Human milk proteins//Jensen RG. Handbood of milk compostion. London: Academic Press Inc, 1995:351-368.

[39] Kunz C, Lonnerdal B. Re-evaluation of the whey protein/casein ratio of human milk. Acta Paediatr, 1992, 81(2): 107-112.
[40] Liao Y, Weber D, Xu W, et al. Absolute quantification of human milk caseins and the whey/casein ratio during the first year of lactation. J Proteome Res, 2017, 16(11): 4113-4121.
[41] Kunz C, Lonnerdal B. Casein and casein subunits in preterm milk, colostrum, and mature human milk. J Pediatr Gastroenterol Nutr, 1990, 10(4): 454-461.
[42] Ferranti P, Traisci M V, Picariello G, et al. Casein proteolysis in human milk: tracing the pattern of casein breakdown and the formation of potential bioactive peptides. J Dairy Res, 2004, 71(1): 74-87.
[43] Lonnerdal B. Bioactive proteins in breast milk. J Paediatr Child Health, 2013, 49(Suppl 1):1-7.
[44] Liao Y, Alvarado R, Phinney B, et al. Proteomic characterization of human milk whey proteins during a twelve-month lactation period. J Proteome Res, 2011, 10(4): 1746-1754.
[45] Beck K L, Weber D, Phinney BS, et al. Comparative proteomics of human and macaque milk reveals species-specific nutrition during postnatal development. J Proteome Res, 2015, 14(5): 2143-2157.
[46] Mandal S M, Bharti R, Porto W F, et al. Identification of multifunctional peptides from human milk. Peptides, 2014, 56:84-93.
[47] Affolter M, Garcia-Rodenas C L, Vinyes-Pares G, et al. Temporal changes of protein composition in breast milk of Chinese urban mothers and impact of caesarean section delivery. Nutrients, 2016, 8(8): 504.
[48] Nagasawa T, Kiyosawa I, Takase M. Lactoferrin and serum albumin of human casein in colostrum and milk. J Dairy Sci, 1974, 57(10): 1159-1163.
[49] Minami J, Odamaki T, Hashikura N, et al. Lysozyme in breast milk is a selection factor for bifidobacterial colonisation in the infant intestine. Benef Microbes, 2016, 7(1): 53-60.
[50] Maga E A, Shoemaker C F, Rowe J D, et al. Production and processing of milk from transgenic goats expressing human lysozyme in the mammary gland. J Dairy Sci, 2006, 89(2): 518-524.
[51] Kroening T A, Baxter J H, Anderson S A, et al. Concentrations and anti-Haemophilus influenzae activities of beta-casein phosphoforms in human milk. J Pediatr Gastroenterol Nutr, 1999, 28(5): 486-491.
[52] Cuilliere M L, Tregoat V, Bene M C, et al. Changes in the kappa-casein and beta-casein concentrations in human milk during lactation. J Clin Lab Anal, 1999, 13(5): 213-218.
[53] 赵丽云，丁刚强，赵文华. 2015—2017年中国居民营养与健康状况监测报告. 北京：人民卫生出版社，2022.

# 母乳成分特征

Composition Characteristics of Human Milk

# 第 5 章

# 中国母乳氨基酸

母乳中含有适合婴儿生长发育所需要的全部营养物质，世界卫生组织建议出生后前 6 个月内进行纯母乳喂养。母乳作为极好的蛋白质来源，可以提供婴儿所需要的各种氨基酸。氨基酸是生物有机体的重要组成部分，在人体的各种生命活动和生化反应中发挥至关重要的作用。其中必需氨基酸具有促进婴儿组织蛋白合成、参与其他氨基酸代谢、促进婴儿早期肠道成熟等重要的作用[1]。目前关于母乳氨基酸的研究引起了越来越多国内外学者的关注。

目前，由于乳母自身和社会等各种因素的影响，许多新生的婴儿无法母乳哺育，全球 0 ~ 6 月龄婴儿纯母乳喂养率只有 37%；我国 0 ~ 6 月龄婴儿母乳喂养率只占 20.8%，城市母乳喂养率更低，仅为 17%[2]，因此婴幼儿配方奶粉成为许多家庭的选择。而多数婴幼儿配方奶粉中使用的是牛乳蛋白，牛乳蛋白吸收率和利用率均低于人乳，所以常通过提高蛋白质的含量以满足婴儿蛋白质的摄入量，这也是导致婴儿肥胖的因素之一，增加了生命后期的健康风险[3,4]。目前对 6 月龄以下婴儿必需氨基酸的推荐摄入量是基于人母乳平均摄入量计算而得的[5]，但这些推荐摄入量仅考虑了不同哺乳阶段母乳中蛋白质摄入量的变化，而没有考虑不同泌乳阶段乳清蛋白、酪蛋白以及氨基酸构成的变化[6]。基于母乳中的氨基酸对婴儿生命早期生长发育的重要意义，研究中国母乳氨基酸的组成、含量和比例及其影响因素不仅能更好地了解婴儿喂养的营养状况，还能为婴幼儿配方奶粉更适宜的氨基酸摄入量标准的制定提供一定的参考依据。

## 5.1 母乳氨基酸基本概念

### 5.1.1 母乳氨基酸的分类

母乳氨基酸可以分为必需氨基酸、非必需氨基酸和条件必需氨基酸。必需氨基酸是指人体自身不能合成或者合成速度不能满足人体需要，必须从外界食物获取的氨基酸。人体内的必需氨基酸共有 8 种，包括赖氨酸、色氨酸、苯丙氨酸、甲硫氨酸、苏氨酸、异亮氨酸、亮氨酸和缬氨酸。对婴儿来说，组氨酸也是必需氨基酸；而对于早产儿来说，精氨酸、胱氨酸、酪氨酸和牛磺酸也被认为是必需氨基酸。

非必需氨基酸是指人体自身能够合成并且合成的速度能够满足人体需要，不一定非要从食物中获得的氨基酸，包括丙氨酸、精氨酸、天冬氨酸、胱氨酸、脯氨酸、酪氨酸等。

条件必需氨基酸是指人体内能以必需氨基酸为前体合成的氨基酸，如酪氨酸和半胱氨酸，酪氨酸可由苯丙氨酸合成，半胱氨酸可由甲硫氨酸合成，当膳食蛋白质中含有足够的酪氨酸和半胱氨酸，机体就无需利用苯丙氨酸和甲硫氨酸来合成这两种氨基酸，故酪氨酸和半胱氨酸称为条件必需氨基酸。

### 5.1.2 母乳氨基酸的功能和营养作用

氨基酸是构成蛋白质的基本单位，是生物有机体的重要组成部分，在生命现象中起着至关重要的作用。氨基酸在人体的代谢系统中发挥极其重要的作用，氨基酸通过合成蛋白质，进而合成激素、抗体、酶等生命活动必需的物质；氨基酸可以转化为碳水化合物和脂肪；氨基酸氧化成二氧化碳、水和尿素，并且产生能量。母乳中的氨基酸能直接给婴儿提供营养物质，能够促进婴儿的生长发育、提高婴儿的免疫力，还具有促进婴儿早期肠道成熟等十分重要的作用[7]。而且母乳中必需氨基酸构成比例非常合理，具有更适合婴儿生长代谢的氨基酸构成，是婴儿体内合成各种蛋白质及其生物活性物质的重要基础，因此也被认为是营养价值最高的蛋白质来源[8]。

### 5.1.3 母乳氨基酸的评价模式

食物蛋白质经过胃肠中的蛋白酶水解成氨基酸才能被吸收和利用，不同来源的膳食蛋白质所含有的氨基酸组成、含量和比例不同，膳食蛋白质中不同氨基酸的比例越接近人体蛋白质的组成，就越容易被机体消化吸收，以满足机体的蛋白质合成。这种必需氨基酸之间相互搭配的比例关系就叫必需氨基酸模式。联合国粮农组织（FAO）/世界卫生组织（WHO）联合专家委员会分别于 1973 年和 1985 年提出了不同年龄人群每日必需氨基酸需要量及氨基酸模式。人体必需氨基酸平均需要量如表 5-1 所示，其中包括了 0 ～ 3 岁的婴幼儿、10 ～ 12 岁儿童、成年男子、成年女子和成人根据体重计算的每日必需氨基酸需要量，其中组氨酸是婴幼儿独有的必需氨基酸。

食物蛋白质中氨基酸模式与人体蛋白质模式越接近，其营养价值也就越高。氨基酸评分、氨基酸比值系数和氨基酸比值系数分适用于评价蛋白质的营养价值。氨基酸评分（amino acid score，AAS）的评分方法是将被测食物蛋白质的必需氨基酸组成与人体氨基酸需要模式进行比较，其中相对不足的氨基酸就叫作限制氨基酸。氨基酸比值系数（ratio coefficient，RC）和氨基酸比值系数分（score of RC，SRC）是基于氨基酸平衡理论设计的评价蛋白质营养价值的指标[9]，SRC 表示蛋白质的相对营养价值，样品的氨基酸组成与理想氨基酸模式越接近，分值越接近 100，其营养价值就越高。

各评价指标的计算公式如下：

$$\text{AAS}（\%）=\frac{aa}{AA} \tag{5-1}$$

式中　aa——1g被测蛋白质中限制氨基酸的质量，mg；

AA——人体必需氨基酸模式中该氨基酸的质量，mg。

$$\text{RC}=\frac{\text{AAS}}{\text{AAS的平均值}} \tag{5-2}$$

式中　AAS——氨基酸评分。

$$\text{SRC}=100-\text{CV}\times 100 \tag{5-3}$$

式中　CV——氨基酸比值系数的变异系数，CV=标准差/均数。

**表 5-1　人体必需氨基酸平均需要量**　　单位：mg/(kg · d)

| 氨基酸 | 婴幼儿（0 ～ 3 岁） | 儿童（10 ～ 12 岁） | 成年男子 | 成年女子 | 成人（FAO/WHO） |
|---|---|---|---|---|---|
| 组氨酸 | 25 | — | — | — | — |
| 异亮氨酸 | 111(5.8) | 28(7.0) | 10(3.3) | 10(3.3) | 10(2.9) |
| 亮氨酸 | 153(8.1) | 49(12.3) | 11(3.7) | 13(4.3) | 14(4.0) |
| 赖氨酸 | 96(5.1) | 59(14.8) | 9(3.0) | 10(3.3) | 12(3.4) |
| 蛋氨酸 + 胱氨酸 | 50(2.6) | 27(6.8) | 14(4.7) | 13(4.3) | 13(3.7) |
| 苯丙氨酸 + 酪氨酸 | 90(4.7) | 27(6.8) | 14(4.7) | 13(4.3) | 14(4.0) |
| 苏氨酸 | 66(3.5) | 34(8.5) | 6(2.0) | 7(2.3) | 7(2.0) |
| 色氨酸 | 19(1.0) | 4(1.0) | 3(1.0) | 3(1.0) | 3.5(1.0) |
| 缬氨酸 | 95(5.0) | 33(8.3) | 14(4.7) | 11(3.7) | 10(2.9) |
| 总计（除去组氨酸） | 680 | 261 | 81 | 80 | 83.5 |

注：括号中数值是以色氨酸设为 1，其他必需氨基酸与色氨酸的比值。

## 5.2 母乳氨基酸分析

### 5.2.1 母乳氨基酸的组成、含量和比例

母乳中的氨基酸存在形式分为与蛋白质结合的氨基酸和游离氨基酸，目前文献报道的母乳氨基酸含量分为总氨基酸（total amino acid，TAA）和游离氨基酸（free amino acid，FAA）含量，其中游离氨基酸含量极少，仅占总氨基酸的 2%[10]。

#### 5.2.1.1 母乳中总氨基酸的含量和比例

母乳中氨基酸的平均含量是 1.54g/dL，其中必需氨基酸（EAA）的含量为 0.54g/dL，非必需氨基酸（NEAA）的含量为 1.01g/dL，EAA 和 NEAA 之比为 1∶2[11]。EAA 和 NEAA 分别占总氨基酸的 45.2%、54.8% 左右，并且在整个哺乳期阶段都很稳定 [12]。

在必需氨基酸中，亮氨酸含量最高，约 108.1 ～ 153.7mg/100g；而蛋氨酸含量最低，每 100g 含量为 9.2 ～ 21.8mg。在非必需氨基酸中，谷氨酸含量最高（182.8 ～ 248.1mg/100g），胱氨酸含量最低（9.9 ～ 25.4mg/100g）。这与丁明等 [13] 和 Clara 等 [14] 的研究结果一致，母乳蛋白质中含量最丰富的氨基酸是谷氨酸，含量最低的是蛋氨酸。随着泌乳阶段的延长，各氨基酸占总氨基酸的比例都无明显差异。

#### 5.2.1.2 母乳中游离氨基酸的含量和比例

Clara 等 [14] 用邻苯二甲醛 / 氟甲基氯甲酸酯 (OPA/FMOC) 衍生化方法分析了 FAA 和 TAA 的含量，结果表明在所有哺乳期内 FAA 对 TAA 含量的贡献小于 3%。这与之前 Carratù 等 [15] 的研究结果相同。在游离氨基酸中，含量最高的氨基酸是 Glx（谷氨酸 + 谷氨酰胺），约占总 FAA 质量的 70%。游离 Glx 占总 Glx 的比例在哺乳初期（第 5 ～ 11 天）小于 5%，在哺乳后期占母乳中总 Glx 的 10%，说明游离 Glx 随着泌乳期的延长浓度上升。可能的原因是 Glx 在乳腺代谢和婴儿营养中起着非常重要的作用，来自管腔的谷氨酸和谷氨酰胺都是肠细胞的主要能量来源 [16-18]，此外，Ventura 等 [19] 最近的研究结果也表明谷氨酸在哺乳期婴儿的饱腹感状态中起作用。其他的非必需氨基酸如丙氨酸、胱氨酸、甘氨酸和丝氨酸的变化和 Glx 类似。而必需氨基酸与之相反，在初乳中含量最高，随着泌乳阶段的延长含量逐渐降低。唯一例外的是苏氨酸，其含量基本保持稳定。

目前 FAA 对婴儿的生理重要性尚不清楚。Carratù 等 [15] 和 Zhang 等 [11] 认为 FAA 相比于与蛋白质结合的氨基酸吸收速度快，在体内循环的速度加快从而会更快到达外周的器官。Ferreira 等 [20] 认为母乳中的 FAA 在早期新生儿和婴儿的发育中可能发挥重要的作用，但其生物学意义仍然有待深入研究。

## 5.2.2 母乳氨基酸组成和含量的影响因素

目前已有文献报道的影响母乳氨基酸组成和含量的因素主要有泌乳期（初乳、过渡乳、早期成熟乳、晚期成熟乳）、地区（国家差异、地区差异、城乡差异、饮食差异）和其他因素（分娩方式、分娩季节、分娩时间和产次）。

### 5.2.2.1 泌乳期

研究表明母乳中氨基酸的含量主要受泌乳时间的影响。母乳中不同泌乳阶段氨基酸含量如表 5-2 所示，不同检测方式测得母乳中的氨基酸含量随哺乳时间的延长均有下降的趋势，初乳和过渡乳中总氨基酸的含量和部分游离氨基酸的含量均显著高于早期和晚期成熟乳。

**表 5-2** 不同泌乳阶段氨基酸的含量变化[12,24,25] 单位：mg/100mL

| 氨基酸 | 初乳 | | 过渡乳 | | 早期成熟乳 | | 晚期成熟乳 |
|---|---|---|---|---|---|---|---|
| | 高效液相色谱法 | 氨基酸自动分析法 | 高效液相色谱法 | 氨基酸自动分析法 | 高效液相色谱法 | 氨基酸自动分析法 | 氨基酸自动分析法 |
| 苏氨酸（Thr） | 72.27±31.06 | 125.1±64.5 | 70.32±28.87 | 77.37±19.9 | 67.03±31.18 | 55.8±12.68 | 39.16±1.46 |
| 缬氨酸（Val） | 91.68±30.65 | 126.2±60.0 | 91.12±21.67 | 85.1±18.7 | 86.96±23.61 | 63.33±13.72 | 49.58±1.21 |
| 蛋氨酸（Met） | 65.28±34.16 | 24.52±1.14 | 66.15±30.66 | 18.26±1.08 | 62.67±29.89 | 15.45±0.57 | 11.14±0.76 |
| 异亮氨酸（Ile） | 75.54±25.81 | 96.3±22.5 | 78.51±22.87 | 78.5±12.79 | 76.26±24.83 | 61.6±13.3 | 43.80±1.31 |
| 亮氨酸（Leu） | 125.1±35.56 | 212.9±71.5 | 128.69±23 | 154.6±28.8 | 122.09±21.82 | 118.14±24.96 | 80.56±2.01 |
| 色氨酸（Trp） | 55.24±20.07 | 45.61±3.96 | 54.67±15.67 | 30.03±0.73 | 51.37±18.99 | 22.46±0.78 | 17.06±0.71 |
| 苯丙氨酸（Phe） | 90.57±54.78 | 94.4±38.0 | 92.38±50.08 | 62.5±14.14 | 88.08±52.07 | 45.13±10.8 | 32.72±1.21 |
| 赖氨酸（Lys） | 87.41±33.64 | 148.6±47.6 | 88.82±30.3 | 109.7±20.59 | 83.87±31.67 | 82.88±18.16 | 63.56±0.83 |
| 组氨酸（His） | 53.26±34.24 | 53.8±17.4 | 52.82±33.05 | 39.1±7.59 | 51.46±36.05 | 29.43±7.28 | 27.43±0.52 |
| 必需氨基酸（EAA） | 658.26±183.67 | — | 668.82±134.72 | — | 638.43±163.12 | — | 353.88±7.95 |
| 天冬氨酸（Asp） | 107.32±41.41 | 209.8±74.5 | 106.91±30.28 | 150.28±31.82 | 99.3±26.32 | 108.6±26.2 | 72.79±1.78 |
| 谷氨酸（Glu） | 187.77±73.14 | 342.16±97.03 | 191.85±61.83 | 259.8.5±43.47 | 183.2±54.9 | 208.9±35.7 | 132.42±4.05 |

续表

| 氨基酸 | 初乳 | | 过渡乳 | | 早期成熟乳 | | 晚期成熟乳 |
|---|---|---|---|---|---|---|---|
| | 高效液相色谱法 | 氨基酸自动分析法 | 高效液相色谱法 | 氨基酸自动分析法 | 高效液相色谱法 | 氨基酸自动分析法 | 氨基酸自动分析法 |
| 丝氨酸（Ser） | 46.76±12.37 | 132.4±66.24 | 44.83±8.35 | 80.9±21.6 | 43.01±9.38 | 56.9±13.4 | 40.25±1.50 |
| 甘氨酸（Gly） | 44.27±18.11 | 70.6±38.1 | 42.39±16.79 | 40.87±12.17 | 40.22±19.12 | 28.49±7.28 | 19.69±1.06 |
| 丙氨酸（Ala） | 61.54±16.37 | 95.8±41.5 | 62.08±12.96 | 61.25±14.98 | 58.42±13.57 | 43.8±10.5 | 32.80±1.30 |
| 精氨酸（Arg） | 88.07±46.51 | 109.7±50.0 | 84.88±45.84 | 64.6±19.14 | 80.05±49.19 | 42.9±11.9 | 36.02±1.42 |
| 脯氨酸（Pro） | 129.17±33.92 | 175.4±50.2 | 134.05±24.9 | 134.78±24.02 | 128.24±22.96 | 106.18±20.8 | 62.64±1.25 |
| 酪氨酸（Tyr） | 55.24±20.07 | 91.0±33.9 | 54.67±15.67 | 62.4±13.1 | 51.37±18.99 | 46.1±10.6 | 36.17±0.89 |
| 总氨基酸（TAA） | 1400.02 | — | 1411.05 | — | 1341.68 | — | 788.66±18.96 |

注：由于有的文献中氨基酸质量浓度单位为mg/100g，本章中依据100mL母乳质量为104g进行统一换算。

泌乳早期母乳中氨基酸含量受泌乳时间的影响较大，而泌乳中后期含量基本趋于稳定[11,14,21]。Zhang等[11]采用Meta法研究了来自13个国家的26项关于氨基酸随泌乳时间变化的趋势，结果显示所有TAA在哺乳的前2个月下降，然后保持稳定。相反，FAA中谷氨酸和谷氨酰胺含量增加，3～6个月达到峰值，然后下降。李娜等[12]用全自动氨基酸分析仪和高效液相色谱测定来自中国6个城市不同泌乳阶段母乳中总氨基酸的含量，结果显示初乳中必需氨基酸含量和非必需氨基酸含量均最高，且随着泌乳阶段的延长氨基酸含量都下降，最后趋于稳定。其中17种氨基酸的含量在初乳阶段差异最大，差异显著的氨基酸为苏氨酸、甘氨酸和色氨酸。逄金柱等[6]的研究表明随着泌乳期的延长，总氨基酸的含量、总必需氨基酸和总非必需氨基酸的含量均下降58%。母乳氨基酸含量的变化与母乳中蛋白质的含量变化一致，即在哺乳早期较高，在过渡期急剧下降，成熟乳中蛋白质含量趋于稳定[22]。有研究认为母乳中氨基酸的含量变化与婴儿生长所需要的氨基酸相匹配，母乳氨基酸含量的变化符合婴儿生长发育的需求[23]。

Wei等[24]用高效液相色谱法测定了中国6个城市不同泌乳阶段母乳氨基酸的组成和含量，结果显示不同哺乳期母乳中多种氨基酸含量基本一致，但随着哺乳期的延长，9种氨基酸（Asp、Thr、Ser、Gly、Ala、Val、Tyr、His和Arg）含量呈下降趋势，而Glu、Cys、Met、Ile、Leu、Phe、Lys、Trp和EAA在过渡乳中均高于初乳和成熟乳，但变化不显著。段一凡等[25]用氨基酸自动分析仪和高效液相色谱串联质谱测定了17种母乳氨基酸的含量和牛磺酸的含量，他们在前人的研究基础上进一步分析了早期和晚期成熟乳中氨基酸的含量，结果表明 17 种氨基酸的含量都随泌乳阶段的延长而显著下降，成熟乳中苏氨酸、精氨酸、甘氨酸和丝氨酸的含量相对稳定，而其他 13 种氨基酸的含量均表现为早期成熟乳显著高于晚期成熟乳。此外，初乳和过渡乳中牛磺酸含量基本持平，成熟乳中含量显著下降，但在早期和晚期成熟乳中相对稳定。

母乳氨基酸中各氨基酸的绝对含量随着泌乳阶段的延长而明显下降，但各氨基酸在总氨基酸中的构成比例有不同的变化趋势。不同泌乳阶段各氨基酸占总氨基酸的比例如表 5-3 所示，其中除了半胱氨酸和谷氨酸外，每种氨基酸占总氨基酸的比例在哺乳期 30 ～ 180d 之间都保持一致。逄金柱等 [6] 的研究结果显示含硫氨基酸和甘氨酸在总氨基酸中的比例随着泌乳阶段的延长基本保持稳定，但酪氨酸在总氨基酸中的比例随着泌乳阶段的延长逐渐升高。这种不同的变化趋势可能与母乳中的蛋白质种类有关。乳清蛋白富含含硫氨基酸和甘氨酸，酪蛋白富含谷氨酸和谷氨酰胺。研究发现乳清蛋白与酪蛋白的比例随泌乳阶段逐渐降低，从初乳的 90∶10 到成熟乳中的 55∶45，甚至到后期乳中的 50∶50[26]，这说明母乳中蛋白质含量与氨基酸构成是保持一致的 [27]。

**表 5-3** 不同泌乳阶段各氨基酸占总氨基酸的比例 [21,28] 单位：%

| 氨基酸 | 1 ～ 30d | 30 ～ 60d | 61 ～ 91d | 92 ～ 121d | 122 ～ 151d | 152 ～ 188d |
|---|---|---|---|---|---|---|
| 半胱氨酸（Cys） | 2.22 | 2.2±0.30 | 2.1±0.28 | 2.1±0.22 | 2.0±0.25 | 2.1±0.22 |
| 组氨酸（His） | 2.58 | 2.5±0.17 | 2.5±0.13 | 2.5±0.12 | 2.5±0.08 | 2.4±0.10 |
| 异亮氨酸（Ile） | 5.18 | 5.6±0.34 | 5.7±0.30 | 5.7±0.17 | 5.6±0.22 | 5.6±0.22 |
| 亮氨酸（Leu） | 10.27 | 10.2±0.35 | 10.2±0.32 | 10.2±0.28 | 10.2±0.33 | 10.2±0.23 |
| 赖氨酸（Lys） | 6.78 | 6.8±0.3 | 6.8±0.31 | 6.8±0.31 | 6.7±0.28 | 6.8±0.28 |
| 蛋氨酸（Met） | 1.42 | 1.7±0.16 | 1.6±0.18 | 1.5±0.24 | 1.6±0.11 | 1.6±0.15 |
| 苯丙氨酸（Phe） | 4.04 | 4.0±0.22 | 3.9±0.21 | 3.9±0.16 | 3.9±0.12 | 3.9±0.16 |
| 苏氨酸（Thr） | 5.16 | 4.7±0.23 | 4.7±0.21 | 4.6±0.12 | 4.6±0.12 | 4.6±0.20 |
| 色氨酸（Trp） | 1.85 | 2.0±0.24 | 2.0±0.22 | 1.9±0.17 | 1.9±0.15 | 1.9±0.18 |
| 酪氨酸（Tyr） | 4.23 | 4.6±0.25 | 4.6±0.22 | 4.5±0.17 | 4.5±0.17 | 4.4±0.25 |
| 缬氨酸（Val） | 5.5 | 5.8±0.17 | 5.7±0.16 | 5.7±0.14 | 5.7±0.19 | 5.7±0.14 |
| 丙氨酸（Ala） | 4.15 | 3.9±0.26 | 3.8±0.25 | 3.8±0.13 | 3.8±0.15 | 3.8±0.17 |
| 精氨酸（Arg） | 4.56 | 4.1±0.51 | 4.0±0.52 | 3.9±0.28 | 4.0±0.31 | 4.1±0.48 |
| 天冬氨酸（Asp） | 9.61 | 8.6±0.45 | 8.5±0.38 | 8.4±0.31 | 8.5±0.32 | 8.5±0.32 |
| 谷氨酸（Glu） | 15.97 | 17.0±1.22 | 17.9±1.17 | 18.3±0.92 | 18.4±0.92 | 18.1±1.08 |
| 甘氨酸（Gly） | 2.87 | 2.5±0.29 | 2.4±0.32 | 2.4±0.20 | 2.4±0.14 | 2.3±0.25 |
| 脯氨酸（Pro） | 8.27 | 9.1±0.65 | 9.1±0.66 | 9.2±0.40 | 9.1±0.46 | 9.2±0.46 |
| 丝氨酸（Ser） | 5.35 | 4.8±0.40 | 4.7±0.29 | 4.7±0.23 | 4.7±0.16 | 4.6±0.25 |

### 5.2.2.2 地区（国家/城市/农村）

不同国家成熟乳中氨基酸平均含量见表5-4，其中各国母乳成熟乳氨基酸浓度基本相似。Feng等[21]研究了来自澳大利亚、加拿大、智利、中国、日本、墨西哥、菲律宾、英国和美国共九国的母乳氨基酸样本，结果显示除智利外各国的蛋白质和氨基酸浓度相似，因此不同地区的母乳蛋白质含量和氨基酸组成具有高度的一致性。但该研究分析的母乳样本只包括一个月以后的成熟乳而未涵盖初乳和过渡乳，没有考虑泌乳期对母乳氨基酸含量的影响。Wei等[24]研究了中国7个城市母乳氨基酸的含量，结果发现中国母乳总必需氨基酸的含量高于欧洲儿科胃肠病学、肝病学和营养学学会（ESPGHAN）推荐的含量，Phe、Val和His略高于ESPGHAN的推荐量，而Leu和Cys远低于ESPGHAN的推荐量，其余氨基酸的含量与世界其他地区的研究结果相当。此外，中国母乳中Met的含量相对较高，尤其体现在Cys含量较低的母乳中。可能的原因Cys是早产儿的必需氨基酸，足月婴儿的条件必需氨基酸。由于新生儿特别是早产儿肝脏中胱硫苷酶活性低，Met向Cys的转化有限，导致新生儿期内源性Cys合成紊乱。这也可能是为了满足婴儿对Met的需求，也是为了弥补Cys的不足。

**表5-4** 不同国家母乳成熟乳氨基酸平均含量[21]　　单位：mg/dL

| 氨基酸 | 澳大利亚 | 加拿大 | 英国 | 美国 | 日本 | 中国 |
|---|---|---|---|---|---|---|
| 苏氨酸（Thr） | 45±6.6 | 47±4.6 | 48±7.2 | 47±9.5 | 49±7.7 | 47±7.7 |
| 缬氨酸（Val） | 55±7.7 | 58±5.8 | 59±8.6 | 59±11 | 62±10 | 60±9.1 |
| 蛋氨酸（Met） | 16±2.4 | 16±2.1 | 16±3.0 | 17±3.3 | 17±3.6 | 16±4.0 |
| 异亮氨酸（Ile） | 56±7.5 | 57±5.3 | 59±9.0 | 59±12.2 | 61±10.8 | 59±10.0 |
| 亮氨酸（Leu） | 100±13.9 | 104±10.0 | 104±16.3 | 107±21.2 | 110±19.2 | 107±17.3 |
| 色氨酸（Trp） | 19±3.2 | 20±2.2 | 23±3.3 | 21±3.4 | 20±3.3 | 19±3.4 |
| 苯丙氨酸（Phe） | 38±6.3 | 40±4.5 | 40±6.3 | 40±8.3 | 42±7.8 | 40±7.1 |
| 赖氨酸（Lys） | 67±10.8 | 69±7.4 | 72±11.4 | 72±15.3 | 74±11.8 | 69±10.9 |
| 组氨酸（His） | 24±3.4 | 25±2.5 | 25±4.1 | 24±6.0 | 27±4.6 | 26±4.4 |
| 必需氨基酸（EAA） | — | — | — | — | — | — |
| 天冬氨酸（Asp） | 83±13.9 | 87±9.7 | 89±13.8 | 90±18.8 | 92±14.4 | 87±14.2 |
| 谷氨酸（Glu） | 178±23.7 | 186±15.1 | 186±22.3 | 191±31.6 | 192±25.1 | 183±23.3 |
| 丝氨酸（Ser） | 46±7.4 | 47±5.2 | 48±7.7 | 47±10.8 | 51±9.4 | 48±7.8 |
| 甘氨酸（Gly） | 23±4.4 | 24±3.3 | 25±4.2 | 23±5.2 | 25±4.8 | 24±4.0 |
| 丙氨酸（Ala） | 37±6.2 | 39±4.6 | 40±6.2 | 40±7.4 | 40±6.5 | 39±6.3 |
| 半胱氨酸（Cys） | 21±4.3 | 21±3.2 | 23±3.2 | 22±4.7 | 21±4.0 | 21±5.0 |
| 精氨酸（Arg） | 39±7.8 | 40±5.4 | 39±7.6 | 41±10 | 42±7.5 | 41±8.1 |
| 脯氨酸（Pro） | 88±11.2 | 92±9.3 | 92±15.0 | 95±18.1 | 98±16.9 | 96±16.2 |
| 酪氨酸（Tyr） | 44±6.5 | 46±4.8 | 46±7.7 | 47±9.7 | 48±9.0 | 47±8.2 |

Clara 等[14] 研究了 450 份来自北京、苏州和广州不同泌乳阶段的氨基酸含量与构成，发现中国母乳中的 AA 组成及含量与其他国家的结果一致，这是一种进化保守特征，在很大程度上不受地理、民族或饮食因素的影响。然而，也有部分研究报道了地域对母乳氨基酸的含量会有一定影响[29,30]，中国不同城市母乳成熟乳含量的对比如表 5-5 所示，其中总氨基酸含量最高的是上海和北京，最低的是广州和成都。必需氨基酸含量最高的是上海和深圳，最低的是成都。Wei 等[24] 研究了中国 7 个城市母乳氨基酸的含量，结果表明上海母乳中的总氨基酸和必需氨基酸含量最高，成都母乳中总氨基酸和必需氨基酸的含量最低。北方三个城市哈尔滨、呼和浩特和北京母乳的天冬氨酸（Asp）、谷氨酸（Glu）和半胱氨酸（Cys）水平显著高于其他城市。逄金柱等[6] 的研究比较了我国南北母乳蛋白质和氨基酸的地域差异，从泌乳 6 个月开始南北两个城市的差异单体氨基酸数量开始增多，而 6 月龄前主要是深圳地区的苯丙氨酸含量显著高于北京地区。任乐乐等[31] 横向比较地域因素对母乳中氨基酸模式的影响，结果显示地域因素对于初乳没有显著性影响，而过渡乳中北方城市丝氨酸和甘氨酸含量显著高于南方城市，早期成熟乳中具有显著差异的氨基酸数量达到了 9 种，晚期成熟乳差异氨基酸数量为 6 种，且均表现为北方氨基酸含量显著高于南方。

**表 5-5　中国不同城市母乳成熟乳含量的对比**[6,24]　　单位：mg/dL

| 氨基酸 | 北京 | 上海 | 广州 | 深圳 | 哈尔滨 | 成都 |
|---|---|---|---|---|---|---|
| 苏氨酸（Thr） | 52.42±10.62 | 96.36±12.44 | 52.09±29.28 | 60.8±9.8 | 53.64±19.35 | 47.25±26.13 |
| 缬氨酸（Val） | 79.88±20.09 | 112.89±5.56 | 43.79±18.12 | 69.9±9.8 | 102.08±39.96 | 47.42±12.76 |
| 蛋氨酸（Met） | ND | ND | ND | 22.1±6.5 | ND | ND |
| 异亮氨酸（Ile） | 72.58±11.22b | 117.82±6.87 | 46.49±28.90 | 64.0±10.7 | 131.68±39.96 | 60.71±22.51 |
| 亮氨酸（Leu） | 72.58±11.22b | 147.52±9.40 | 90.91±28.90 | 138.8±23.3 | 131.68±39.99 | 119.92±46.72 |
| 色氨酸（Trp） | ND | ND | ND | 19.9±4.8 | ND | ND |
| 苯丙氨酸（Phe） | 56.58±11.46b | 177.13±15.16 | 146.90±41.36 | 53.5±8.9 | 57.56±18.76 | 47.58±21.08 |
| 赖氨酸（Lys） | 87.29±17.60b | 177.13±15.16 | 146.90±41.36 | 93.1±15.1 | 91.08±28.33 | 75.75±30.48 |
| 组氨酸（His） | 27.88±5.28b | 107.24±6.92 | 42.96±17.4 | 33.7±5.3 | 29.32±9.03 | 25.46±10.63 |

续表

| 氨基酸 | 北京 | 上海 | 广州 | 深圳 | 哈尔滨 | 成都 |
|---|---|---|---|---|---|---|
| 必需氨基酸（EAA） | 564.00±29.87 | 943.99±45.90 | 567.43±45.90 | 685.7 | 574.76±36.12 | 496.58±21.67 |
| 天冬氨酸（Asp） | 123.50±27.43b | 96.36±12.44 | 52.09±29.28 | 122.0±19.5 | 119.52±38.85 | 109.92±48.19 |
| 谷氨酸（Glu） | 230.13±43.14b | 167.56±11.90 | 82.50±50.41 | 224.3±35.0 | 229.40±66.42 | 210.08±70.25 |
| 丝氨酸（Ser） | 43.13±12.36b | 60.05±7.89 | 32.03±18.31 | 61.4±11.6 | 43.52±22.13 | 40.08±31.64 |
| 甘氨酸（Gly） | 30.83±8.20b | 71.16±8.74 | 24.81±14.32 | 31.3±5.3 | 31.20±10.59 | 29.54±14.63 |
| 丙氨酸（Ala） | 50.46±12.59b | 68.23±5.63 | 81.64±19.74 | 50.1±9.8 | 49.36±16.02 | 72.50±25.49 |
| 精氨酸（Arg） | 42.67±11.88b | 159.39±6.95 | 84.68±22.48 | ND | 49.96±18.03 | 43.13±24.49 |
| 脯氨酸（Pro） | 129.38±22.65b | 130.36±11.15 | 176.61±39.12 | 118.5±22.8 | 116.08±35.31 | 105.63±39.98 |
| 酪氨酸（Tyr） | 50.54±11.92b | 78.50±18.98 | 22.64±8.81 | 55.5±13.3 | 46.96±18.03 | 42.25±23.97 |
| 总氨基酸（TAA） | 1403.42 | 1787.9 | 1138.25 | 1348.5 | 1287.8 | 1145.13 |

段一凡等[25]对城乡母乳氨基酸含量进行比较，早期成熟乳中，6种必需氨基酸（除异亮氨酸外）含量均表现为城市高于农村，但在计算氨基酸模式后发现城乡氨基酸的组成无显著差异，且我国乳母早期成熟乳中氨基酸的组成模式与WHO报告的数据基本一致。

地区对母乳氨基酸含量的影响是否与乳母膳食有关的研究未能得出一致的结论。乳母膳食中的部分重要微量营养素的摄入已被证明会影响母乳中的相应营养素的浓度[32]，而母乳中的蛋白质含量不受乳母膳食的影响[32,33]。Yang等[34]研究了中国城市乳母常量营养素构成及其影响因素，结果发现泌乳期对于母乳的营养成分影响最显著，母乳成分与母体因素的相关性普遍较弱，并且母体长期的营养状况可能比短期的膳食波动更容易影响母乳成分。丁明等[13]通过比较母乳和乳母膳食的氨基酸模式，发现二者的氨基酸模式相关性高达0.989，这说明乳母膳食氨基酸组成和母乳相似，但对乳母膳食和母乳氨基酸含量无显著相关性。因此，地区对母乳氨基酸含量的影响是否与乳母膳食有关尚待进一步研究。

#### 5.2.2.3 分娩季节 / 分娩时间 / 分娩方式 / 产次

目前关于分娩季节、分娩方式和产次对母乳氨基酸含量及组成影响的研究比较少。但已经有研究表明季节对牛羊乳的产量和营养成分都有显著的影响。Peana 等 [35] 发现冬季和春季对放牧奶羊产奶量有显著影响，热应激造成了冬季和春季产奶量的减少。任乐乐等 [31] 探讨了不同泌乳阶段中母乳氨基酸模式的季节性变化，结果表明季节因素对各泌乳阶段必需氨基酸含量均无显著影响。

Sundekilde 等 [36] 发现早产儿母乳在产后 5 ～ 7 周内的变化类似于足月儿母乳，不依赖于早产的妊娠时间。Zhang 等 [11] 系统分析了来自 19 个国家母乳各泌乳时期氨基酸浓度，从而确定胎龄、地理位置和哺乳期对总氨基酸和游离氨基酸浓度的影响。翁梅倩等 [37] 发现早产儿母乳中氨基酸谱变化与足月儿母乳有所不同，但更符合早产儿的需求。任乐乐等 [31] 通过独立样本 $t$ 检验发现除早期成熟乳足月产缬氨酸含量显著高于早产缬氨酸含量，足月与早产对其他泌乳时期中氨基酸模式均没有显著影响。

由于产次、孕妇年龄和分娩方式等因素是相互影响的，如二胎或三胎母亲通常年龄较大且通常需要剖宫产等，分析产次和分娩方式需要结合年龄进行多因素分析。詹翠金 [38] 报道了阴道分娩与较高的初乳蛋白含量有关，分娩疼痛和子宫收缩引起的激素活性可能会改变母乳蛋白质组成，以促进新生儿的最佳发育。任乐乐等 [31] 通过独立样本 $t$ 检验探讨了分娩方式对氨基酸模式的影响，结果发现初乳阶段正常分娩的母乳甘氨酸和精氨酸的含量显著高于剖宫产母乳氨基酸的含量，而对于过渡乳和早期成熟乳各氨基酸的含量没有产生显著影响，在晚期成熟乳阶段剖宫产乳母的乳汁蛋氨酸的含量会显著高于正常分娩的乳母。

## 5.3 中国母乳氨基酸和婴幼儿配方乳粉的比较

母乳中蛋白质和氨基酸的构成模式最适合婴儿生长发育的需要，多数婴幼儿配方乳粉是参考母乳的组成成分和模式对牛乳或者羊乳的成分进行调整，配制成适合婴儿消化吸收特点同时又能满足婴儿生长发育所需的乳制品。由于牛乳或羊乳与人乳在营养组成上的巨大差异，导致婴幼儿配方乳粉的营养组成无法完全复制母乳。目前婴幼儿配方乳粉满足婴儿必需氨基酸的需求时，往往蛋白质的含量高于母乳蛋白质的含量；而蛋白质含量与母乳相近时，部分必需氨基酸如色氨酸、半胱氨酸等的含量则不能满足要求 [6]。尽管很多婴幼儿配方乳粉尝试模拟母乳的成分和功能，但目前配方乳粉中营养素的生物利用度与母乳仍有较大差异，因此婴幼儿配方乳粉喂养的婴儿与纯母乳喂养的婴儿相比，其发育和长期健康之间的差异仍然很大 [39]。

北美国家的一段婴儿配方乳粉的月龄范围为 0 ～ 12 个月婴儿，我国市售的婴幼儿配方乳粉主要分为三个阶段，分别为 0 ～ 6 个月、6 ～ 12 个月以及 12 ～ 36

个月，每个阶段都有相对固定的营养素组成和含量[28]。由于母乳中的氨基酸含量随着泌乳期的延长变化显著，这也提示我们婴幼儿配方乳粉是否应进一步细化分段以更加适应相应月龄婴儿的营养需求。因此，通过比较不同泌乳阶段婴幼儿配方乳粉和中国母乳氨基酸含量与比例的差异，能够为开发营养精准、符合中国婴幼儿生长发育要求的婴幼儿营养产品提供有力的科学依据。

母乳与Ⅰ段婴儿配方乳粉中必需氨基酸组成模式对比见表5-6。从表中可以看出母乳1～180d总必需氨基酸含量与FAO/WHO推荐的理想蛋白模式最接近，为457mg/g。婴幼儿配方乳粉中品牌A和B必需氨基酸总量虽然较高，分别为620mg/g和582mg/g，但各种氨基酸含量与理想蛋白模式仍存在差异。由此也证明，母乳是婴幼儿的最佳营养来源。

**表5-6** 母乳与乳粉样品中必需氨基酸组成模式对比[28,40]　　单位：mg/g

| 氨基酸指标 | FAO/WHO | GB 10765—2021 | 母乳 | | | 品牌A | 品牌B | 品牌C | 品牌D | 品牌E |
|---|---|---|---|---|---|---|---|---|---|---|
| | | | 1～60d | 61～180d | 1～180d | | | | | |
| 苏氨酸（Thr） | 44 | 43 | 45 | 39 | 46 | 68 | 56 | 53 | 56 | 53 |
| 缬氨酸（Val） | 55 | 50 | 50 | 47 | 52 | 67 | 77 | 46 | 76 | 62 |
| 蛋氨酸（Met）+半胱氨酸（Cys） | 33 | 35 | 31 | 35 | 33 | 42 | 41 | 18 | 36 | 20 |
| 异亮氨酸（Ile） | 55 | 51 | 47 | 42 | 48 | 65 | 56 | 43 | 47 | 50 |
| 亮氨酸（Leu） | 96 | 94 | 93 | 87 | 97 | 130 | 118 | 87 | 102 | 92 |
| 色氨酸（Trp） | 17 | 18 | 17 | 16 | 17 | 13 | 13 | 21 | 12 | 18 |
| 苯丙氨酸（Phe）+酪氨酸（Tyr） | 94 | 87 | 73 | 68 | 76 | 106 | 102 | 86 | 91 | 70 |
| 赖氨酸（Lys） | 69 | 63 | 61 | 60 | 64 | 102 | 94 | 82 | 82 | 72 |
| 组氨酸（His） | 21 | 23 | 24 | 22 | 24 | 27 | 25 | 18 | 24 | 22 |
| 总必需氨基酸（TAA） | 484 | 464 | 441 | 416 | 457 | 620 | 582 | 454 | 526 | 459 |

注：品牌A、B和C是牛乳，品牌D和E是羊乳。

Almeida等[41]对巴西市售婴幼儿配方乳粉必需氨基酸进行定量分析，发现苏氨酸、亮氨酸和苯丙氨酸是婴幼儿配方乳粉中最丰富的氨基酸。张雪等[40]报道了9种婴幼儿配方乳粉中氨基酸的含量，含量最高的是谷氨酸，含量最低的是色氨酸，这与李菁等[42]的研究结果一致。各个品牌婴幼儿配方乳粉EAA/TAA的比值和EAA/NEAA的比值分别在41%和71%以上，均高于FAO/WHO的理想蛋白质标准。

任琦琦等[28]从蛋白质含量和氨基酸组成方面评估我国市售Ⅰ段婴儿配方乳粉的营养状况，结果发现Ⅰ段婴儿配方乳粉与产后1～180d母乳的蛋白质和氨基酸含量平均值接近，但是高于产后61～180d母乳的蛋白质和氨基酸含量，且Ⅰ段婴儿配方乳粉的必需氨基酸占氨基酸总量的45%，与我国母乳比例接近。Chih-Kuang等[43]比较了早产儿和足月儿母乳与几种婴儿配方乳粉中的FAA浓度，结果表明母乳中总FAA的平均浓度显著高于婴儿配方乳粉。

## 5.4 展望

目前关于母乳氨基酸的研究还面临许多挑战，包括母乳中氨基酸的定量方法学研究、它们在体内的代谢过程，以及特定的功能特性和生物学意义与相关的影响因素等。

### 5.4.1 方法学研究

关于母乳氨基酸的定量研究方法，尽管目前这方面的研究已有很多报道，但是少量特殊的氨基酸的测定暂无公认可靠的方法，包括样本的测试方法和条件，且目前使用不同的方法测定的结果间也有很大的差异，因而也导致对结果解释的不同。

由于获取母乳样本的取样困难，需要进一步提高母乳氨基酸研究方法的检测最低限度，提高灵敏度和准确度，以降低取样难度和节省母乳用量。

### 5.4.2 婴儿体内代谢过程研究

母乳中不同的氨基酸及不同比例将会影响喂养儿体内氨基酸利用率、蛋白质合成、新陈代谢以及生长发育，然而关于这方面的研究甚少，还需要重视和开展这方面的研究。

### 5.4.3 乳母膳食的影响研究

乳母膳食对乳汁中氨基酸含量的影响还没有得出一致性结论，尚需要设计良好的调查评价乳母膳食因素是否影响母乳中的氨基酸含量、比例，以及与喂养婴儿生长发育的关系。

通过开展上述的研究，将有助于我们更好地探索母乳中氨基酸的组成、含量和比例等对婴幼儿生长发育及健康的影响，提高母乳喂养率，同时也有助于优化婴幼儿配方乳粉的配方和品质提升，促进婴幼儿健康成长。

（李静，任向楠，邓泽元，杨振宇，荫士安）

## 参考文献

[1] López-Álvarez M J. Proteins in human milk. Breastfeeding review : professional publication of the Nursing Mothers' Association of Australia, 2007, 15(1):5-16.

[2] 黄蓉，侯燕文，刘宏，等．早期母婴皮肤接触 1 小时对初产妇产后 6 个月母乳喂养的影响．中华护理杂志，2015, 50(12): 1420-1424.

[3] Park M H, Falconer C, Viner R M, et al. The impact of childhood obesity on morbidity and mortality in adulthood: a systematic review. Obes Rev, 2012, 13(11) :985-1000.

[4] Lemaire M, Huërou-Luron I L, Blat S. Effects of infant formula composition on long-term metabolic health. J Dev Orig Health Dis, 2018, 9(6): 573-589.

[5] Protein and amino acid requirements in human nutrition. World Health Organization technical report series, 2007:935.

[6] 逄金柱，刘正冬，贾妮，等．我国南北城市 0 ～ 12 月不同泌乳阶段母乳蛋白质和氨基酸构成的纵向研究．食品科学，2019, 40(5): 167-174.

[7] Vlaardingerbroe H, van den Akker C H P, de Groof F, et al. Amino acids for the neonate: search for the ideal dietary composition. NeoReviews, 2011, 12(9):e506-e516.

[8] 穆闯录．不同泌乳阶段牛羊乳及母乳中蛋白质和总氨基酸分析及评价 [D]. 咸阳：西北农林科技大学，2017.

[9] 朱圣陶，吴坤．蛋白质营养价值评价——氨基酸比值系数法．营养学报，1988, 10(2): 187-190.

[10] Fusch G, Rochow N, Choi A, et al. Rapid measurement of macronutrients in breast milk: how reliable are infrared milk analyzers? Clinical Nutrition, 2015, 34(3).

[11] Zhang Z, Adelman A S, Rai D, et al. Amino acid profiles in term and preterm human milk through lactation: a systematic review. Nutrients, 2013, 5(12): 4800-4821.

[12] 李娜，田芳，钱昌丽，等．中国不同哺乳阶段母乳中氨基酸含量研究．营养学报，2020, 42(5): 435-441.

[13] 丁明，李伟，张玉梅，等．中国北方地区妇女饮食与母乳中氨基酸组成的相关性分析．营养与慢性病——中国营养学会第七届理事会青年工作委员会第一次学术交流会议．张家界：2010.

[14] Clara L, Garcia-Rodenas M A, Vinyes-Pares G, et al. Amino acid composition of breast milk from urban Chinese mothers. Nutrients, 2016,8(10):606.

[15] Carratù B, Boniglia C, Scalise F, et al. Nitrogenous components of human milk: non-protein nitrogen, true protein and free amino acids. Food Chemistry, 2003, 81(3):357-362.

[16] van der Hulst, van Kreel B K, von Meyenfeldt M F, et al. Glutamine and the preservation of gut integrity. The Lancet, 1993, 341(8857):1363-1365.

[17] Roig C J, Meetze W H, Auestad N, et al. Enteral glutamine supplementation for the very low birthweight infant: plasma amino acid concentrations. J Nutr, 1996, 126(4 Suppl): S1115-S1120.

[18] Burrin D G, Stoll B. Key nutrients and growth factors for the neonatal gastrointestinal tract. Clin Perinatol, 2002, 29(1):65-96.

[19] Ventura A K, Beauchamp G K, Mennella J A. Infant regulation of intake: the effect of free glutamate content in infant formulas. Am J Clin Nutr, 2012, 95(4): 875-881.

[20] Ferreira I M P L V O. Quantification of non-protein nitrogen components of infant formulae and follow-up milks: comparison with cows'and human milk. Br J Nutr, 2003, 90(1): 127-133.

[21] Feng P, Gao M, Burgher A, et al. A nine-country study of the protein content and amino acid composition of mature human milk. Food Nutr Res, 2016, 60:31042.

[22] Lönnerdal B. Nutritional and physiologic significance of human milk proteins. Am J Clin Nutr, 2003, 77(6): 1537s-1543s.

[23] Christophe D. Protein requirements during the first year of life. Am J Clin Nutr, 2003, 77(6): 1544s-1549s.

[24] Wei M, Deng Z, Liu B, et al. Investigation of amino acids and minerals in Chinese breast milk. J Sci Food Agric, 2020, 100(10): 3920-3931.

[25] 段一凡，任一平，喻颖杰，等. 中国城乡不同泌乳阶段母乳中氨基酸构成与含量的研究. 营养学报，2021, 43(4): 334-341.

[26] Kunz C, Lönnerdal B. Re-evaluation of the whey protein/casein ratio of human milk. Acta Paediatri, 1992, 81(2):107-112.

[27] Heine W E, Klein P D, Reeds P J. The importance of α-lactalbumin in infant nutrition. J Nutr, 1991, 121(3):277-283.

[28] 任琦琦，蒋士龙，鄂志强，等. 中国市售婴儿奶粉氨基酸与中国母乳成分动态变化差异研究. 中国乳品工业，2020, 48(5): 20-24, 64.

[29] 何志谦，林敬本. 广东地区母乳的氨基酸含量. 营养学报，1988,10(2): 145-149.

[30] 赵熙和，徐志云，王燕芳，等. 北京市城乡乳母营养状况、乳成分、乳量、及婴儿生长发育关系的研究Ⅳ. 母乳中蛋白质及氨基酸含量. 营养学报，1989, 11(3): 227-232.

[31] 任乐乐，逄金柱，米丽娟，等. 中国母亲母乳氨基酸模式的构建. 食品科学，2022, 43(23):1-16.

[32] Lönnerdal B. Effects of maternal dietary intake on human milk composition. J Nutr, 1986, 116(4):499-513.

[33] Nommsen L A, Lovelady C A, Heinig M J, et al. Determinants of energy, protein, lipid, and lactose concentration in human-milk during the 1st mo of lactation–the darling study. Am J Clin Nutr, 1991, 53(2): 457-465.

[34] Yang T, Zhang Y, Ning Y, et al. Breast milk macronutrient composition and the associated factors in urban Chinese mothers. Chin Med J (Engl), 2014, 127(9):1721-1725.

[35] Peana I, Francesconi A H D, Dimauro C, et al. Effect of winter and spring meteorological conditions on milk production of grazing dairy sheep in the Mediterranean environment. Small Ruminant Research, 2017, 153;194-208.

[36] Sundekilde U K, Downey E, O'Mahony J A, et al. The effect of gestational and lactational age on the human milk metabolome. Nutrients, 2016, 19;8(5):304.

[37] 翁梅倩，田小琳，吴圣楣，等. 足月儿和早产儿母乳中游离和构成蛋白质的氨基酸含量动态比较. 上海医学，1999, 22(4): 217-222.

[38] 詹翠金. 全方位护理对剖宫产产妇母乳喂养的影响. 中国当代医药，2011, 18(14): 132-133.

[39] Oropeza-Ceja L G, Rosado J L, Ronquillo D, et al. Lower protein intake supports normal growth of full-term infants fed formula: a randomized controlled trial. Nutrients, 2018, 10(7):886.

[40] 张雪，葛武鹏，郗梦露，等. 不同基料的婴幼儿配方奶粉蛋白质营养评价. 食品工业科技，2019, 40(13): 257-263.

[41] Almeida C C, Baiao D D S, Leandro K C, et al. Protein quality in infant formulas marketed in Brazil: assessments on biodigestibility, essential amino acid content and proteins of biological importance. Nutrients, 2021, 13(11):3933.

[42] 李菁，舒森，陈文彬. 用氨基酸自动分析仪测定婴幼儿配方奶粉中的 16 种氨基酸. 食品工业科技，2012, 33(4): 64-69.

[43] Chih-Kuang C, Shuan-Pei L, Hung-Chang L, et al. Free amino acids in full-term and pre-term human milk and infant formula. Journal of pediatric gastroenterology and nutrition, 2005, 40(4):496-500.

# 母乳成分特征

Composition Characteristics of Human Milk

# 第6章

# 中国母乳脂类

母乳是婴幼儿生长发育中最理想的天然食品，其中脂质是母乳中最重要的营养物质之一，也是新生儿膳食脂肪的唯一来源[1]。母乳中脂质以脂肪球的形式被乳脂肪球膜包裹着，其含量为3% ~ 5%，其中含98%以上的三酰甘油（triacylglycerol，TAG）、约0.8%磷脂（phospholipids，PL）、0.5%胆固醇（cholesterol，C），极性脂质（如甘油磷脂和鞘脂）的含量很低（占乳脂0.5% ~ 1%）[2]。由于种类和化学结构的差异，这些脂质的生物学作用也有所不同。

母乳脂质中最主要的成分是三酰甘油，其结构由一分子甘油和三分子脂肪酸组成，不同的脂肪酸排列构成各种功能的三酰甘油。根据饱和度的不同脂肪酸可分为饱和脂肪酸、单不饱和脂肪酸和多不饱和脂肪酸。饱和脂肪酸如棕榈酸、月桂酸、硬脂酸等。其中棕榈酸可以促进婴幼儿对能量和钙的吸收，调节肠道菌群等；月桂酸可干扰病毒生长和增殖，但过量会危害婴幼儿的健康；硬脂酸可以降低胆固醇的吸收以及血清和肝脏中胆固醇的含量[3]。不饱和脂肪酸倾向于降低总胆固醇和低密度脂蛋白（LDL）胆固醇，单不饱和脂肪酸在降低心血管疾病患病率方面起着十分重要的作用[4]；多不饱和脂肪酸与人体的免疫系统、心脑血管疾病、肿瘤等都密切相关[5]。

磷脂约占婴儿大脑总干物的1/4，在婴幼儿大脑生长发育过程中起着关键作用。磷脂是细胞膜和脑髓鞘的重要组成物质，有保持细胞膜完整性及保障神经信号传递等功能，且有助于脂肪酸的乳化、消化、吸收、转运和利用[6]。

胆固醇又称胆甾醇，是一种环戊烷多氢菲的衍生物，是动物组织中类固醇激素、胆汁酸、脂蛋白、激素、维生素D等重要调节剂的前体物质[7]。母乳中含有较高含量的胆固醇，能改善胆固醇化合物在婴幼儿机体内的代谢，降低婴幼儿成年后血液的胆固醇浓度，预防高胆固醇引起的心脑血管等疾病[8]。胆固醇在婴幼儿的生长发育中起着十分重要的作用[9]。

乳脂肪球膜既是乳中脂肪和乳清的隔离屏障，防止了人乳脂肪球中脂肪的絮凝与融合，又阻止了乳中脂肪与酶的接触；还是一层稳定的具有生物活性的膜[10]。它含有的功能成分包括乳铁蛋白、脂肪球膜蛋白、免疫球蛋白G(IgG)、神经节苷脂、乳磷脂、唾液酸等；它独特的结构也使其具有一些特殊的功能，如可以预防一些疾病，包括心血管疾病、骨代谢受损和皮肤的大肠杆菌感染，以及如认知能力下降和肌肉丧失等年龄相关疾病[11]。

# 6.1 母乳脂肪酸

## 6.1.1 母乳总脂肪酸和 s*n*-2 位脂肪酸

### 6.1.1.1 总脂肪酸和 s*n*-2 位脂肪酸的组成和含量

母乳中脂肪酸（FA）的种类极其丰富，不同的测定方法测得的脂肪酸种类差异较大。Koletzko 等[12]采用改良毛细管气相色谱法测得母乳中有 42 种脂肪酸，包括 13 种饱和脂肪酸、11 种单不饱和脂肪酸和 18 种多不饱和脂肪酸。其中油酸含量最高，达到 34.31%，其次是亚油酸（10.76%）和棕榈酸（21.83%），三种脂肪酸占母乳总脂肪酸的 70% 左右。

苏宜香等[13]通过对中外健康母亲、足月儿成熟乳大样本数据（1151 例中国成熟乳数据）的系统统计分析得到母乳中总脂肪酸、饱和脂肪酸、多不饱和脂肪酸（包括 *n*-6 亚油酸、*n*-6 花生四烯酸、*n*-3 亚麻酸、DHA）、类脂等含量及范围分布（见表 6-1）。饱和脂肪酸含量建议值为总脂肪酸的 36.0%，建议范围为总脂肪酸的 33.5% ～ 39.0%，这符合 0 ～ 3 月龄婴儿出生后体脂，特别是脏器周围脂肪快速增加对饱和脂肪酸的需要。目前已知，过多的 *n*-6 亚油酸摄入会抑制 *n*-3 长链多不饱和脂肪酸的合成，并可能影响儿童的免疫稳态，鉴于此，PUFA 建议值为总脂肪酸的 22.0%，建议范围为 18.5% ～ 26.0%；*n*-6 亚油酸建议值为总脂肪酸的 17.5%，建议范围为 14.0% ～ 21.0%；高油酸及低芥酸含量是母乳单不饱和脂肪酸构成特点，但鉴于芥酸对健康的潜在影响，限定芥酸含量小于总脂肪酸的 1%。

**表 6-1** 母乳脂类含量及范围分析结果[13]

| 脂类 | | 平均值 | 范围 |
|---|---|---|---|
| 总脂肪酸① | | 3.62g/100mL | 3.07 ～ 4.17g/100mL |
| 脂肪酸② | 饱和脂肪酸 | 36.4% | 33.6% ～ 39.2% |
| | 肉豆蔻酸 | <10% | |
| | 多不饱和脂肪酸 | 22.4% | 18.6% ～ 26.1% |
| | *n*-6 亚油酸 | 17.6% | 14.3% ～ 21.0% |
| | *n*-6 花生四烯酸 | 0.56% | 0.46% ～ 0.67% |
| | *n*-3 亚麻酸 | 1.76% | 1.11% ～ 2.42% |
| | DHA | 0.40% | 0.25% ～ 0.55% |
| | 单不饱和脂肪酸 | | |
| | 油酸 | 32.2% | 29.4% ～ 35.0% |
| | 芥酸 | <1% | |
| | 反式脂肪酸（TFA） | <2% | |
| 类脂① | 磷脂 | 27mg/100mL | 21 ～ 33mg/100mL |
| | 胆固醇 | 14mg/100mL | 11 ～ 17mg/100mL |

续表

| 脂类 | 平均值 | 范围 |
| --- | --- | --- |
| 三酰甘油 | 主要三酰甘油类型为OPO和OPL，其中，三酰甘油中*sn*-2位上棕榈酸占总棕榈酸含量>70%，棕榈酸和硬脂酸组成的饱和脂肪酸三酰甘油含量低于5% | |

①总脂肪酸的修约间隔为0.01，类脂的修约间隔为1。

②脂肪酸的数值代表其占总脂肪酸的质量分数（%），其中*n*-3亚麻酸、*n*-6花生四烯酸、DHA修约间隔为0.01，其他脂肪酸修约间隔为0.1。

母乳中的脂肪酸具有位置特异性。研究发现，饱和脂肪酸多位于*sn*-2位，大部分母乳中*sn*-2位脂肪酸C16:0约占母乳总C16:0的70%，不饱和脂肪酸多位于*sn*-1位和*sn*-3位。母乳中70%的棕榈酸、油酸、亚油酸会选择性地结合三酰甘油*sn*-2位的羟基，其余脂肪酸则优先分布在*sn*-1位和*sn*-3位。研究发现，分布在*sn*-2位上棕榈酸的吸收率要比分布在*sn*-1位和*sn*-3位上的棕榈酸吸收率高[3]。Haddad等[14]研究了意大利母乳中脂肪酸的位置分布，发现短链脂肪酸倾向于在*sn*-2,3位，而长链脂肪酸则更多地在*sn*-1,3位。Deng等[15]研究发现，大多数总饱和脂肪酸（C16:0、C15:0、C14:0）、顺式C16:1和几种LCPUFA（C22:5*n*-3和C20:4*n*-6）主要在*sn*-2位置酰化；顺式C17:1和C22:6*n*-3在TAG的三个位置均匀分布；而TFA、CLA（共轭亚油酸）、顺式C18:1、C18:2*n*-6、C18:3*n*-3和C20:5*n*-3主要位于母乳中TAG的*sn*-1,3位。母乳中的*sn*-2脂肪酸与婴儿肠道微生物群之间存在显著关联，C10:0、C14:0、C16:0、C18:0、C20:4*n*-6和C22:5*n*-3与类杆菌、肠杆菌科、维氏菌、链球菌和梭状芽孢杆菌之间存在关联，这些微生物参与了短链脂肪酸（SCFA）的产生和其他功能，并在母乳喂养开始后13～15d显著增加[16]。

#### 6.1.1.2 不同地区的水平及分布差异

不同地区母乳中脂肪酸的组成和含量存在较大差异。Li等[17]对不同地区的母乳脂肪酸成分进行了测定分析（见表6-2）。母乳中的总饱和脂肪酸（SFA）占总脂肪酸的35%～42%，其中棕榈酸（C16:0）占总脂肪酸的一半以上，其次是硬脂酸（C18:0）约占总脂肪酸的6%，中链脂肪酸（MCFA；C8:0～14:0）之和约占12%。与其他三个城市相比，南昌和哈尔滨母乳中的SFA含量存在显著差异，主要原因是C16:0、C14:0和C12:0的水平较低。母乳中还含有少量的支链脂肪酸（BCFA），通常来源于反刍动物的奶和肉。呼和浩特、上海和广州的母乳脂肪酸中发现了较高水平的BCFA。广州的长链SFA（C20:0）水平也较高，这反映了当地含有蜡酯形式的FA的水果和蔬菜的消费量较高。母乳中的顺式单不饱和脂肪酸（MUFA）占总脂质的31%～38%，主要异构体是油酸（9*c*-18:1），约占顺式MUFA总量的85%。同时在所有母乳样品中都发现少量芥酸（13*c*-22:1），其主要来源于菜籽油，上海和南昌的母乳中芥酸的含量存在区域差异，南昌最高（0.22%）、上海最低（0.08%）。在所有母乳样品中都存在少量的反式MUFA，含量在0.15%～1.32%

**表 6-2　中国不同地区母乳脂肪酸占总脂肪酸百分数** [17]

单位：%

| 脂肪酸 | 广州 | | 上海 | | 南昌 | | 哈尔滨 | | 呼和浩特 | | SEM | 城市 | 时间 | 母亲 | 城市 × 时间 |
|---|---|---|---|---|---|---|---|---|---|---|---|---|---|---|---|
| | T | M | T | M | T | M | T | M | T | M | | | | | |
| C8:0 | 0.16 | 0.13 | 0.15 | 0.16 | 0.17 | 0.25 | 0.13 | 0.64 | 0.13 | 0.11 | 0.03 | *** | *** | ** | *** |
| C10:0 | 1.43 | 1.33 | 1.47 | 1.51 | 1.13 | 1.6 | 1.36 | 0.79 | 1.11 | 1.04 | 0.17 | ** | NS | ** | ** |
| C12: 0 | 5.69 | 5.02 | 6.54 | 6.21 | 4.22 | 5.49 | 5.25 | 4.89 | 5.35 | 4.6 | 0.6 | *** | NS | * | NS |
| C14:0 | 5.19 | 4.63 | 6.41 | 5.74 | 3.76 | 4.67 | 4.53 | 4.27 | 5.62 | 4.6 | 0.6 | *** | NS | * | NS |
| C15:0(*iso*) | 0.02 | 0.04 | 0.02 | 0.02 | 0.03 | 0.02 | 0.01 | 0.02 | 0.02 | 0.02 | 0.01 | * | NS | NS | NS |
| C15:0(*anti*) | 0.01 | 0.02 | 0.02 | 0.02 | 0.01 | 0.01 | 0.02 | 0.02 | 0.03 | 0.03 | 0.01 | * | NS | NS | NS |
| C15:0 | 0.17 | 0.17 | 0.15 | 0.15 | 0.08 | 0.11 | 0.11 | 0.12 | 0.15 | 0.14 | 0.01 | *** | NS | NS | NS |
| C16:0(*iso*) | 0.03 | 0.04 | 0.02 | 0.03 | 0.00 | 0.01 | 0.04 | 0.03 | 0.04 | 0.04 | 0.01 | *** | NS | NS | NS |
| C16:0 | 22.34 | 22.09 | 20.34 | 20.56 | 19.73 | 19.09 | 20.18 | 20.37 | 21.87 | 22.22 | 0.79 | *** | NS | ** | NS |
| C17:0(*iso*) | 0.09 | 0.09 | 0.05 | 0.05 | 0.06 | 0.04 | 0.04 | 0.04 | 0.07 | 0.07 | 0.01 | *** | NS | NS | NS |
| C17:0 | 0.25 | 0.28 | 0.25 | 0.25 | 0.22 | 0.21 | 0.23 | 0.25 | 0.25 | 0.24 | 0.02 | *** | NS | NS | NS |
| C18:0 | 6.41 | 6.52 | 5.67 | 5.99 | 5.42 | 5.51 | 5.72 | 6.61 | 6.15 | 6.79 | 0.32 | *** | NS | * | *** |
| C20:0 | 0.24 | 0.25 | 0.18 | 0.19 | 0.17 | 0.18 | 0.16 | 0.09 | 0.18 | 0.18 | 0.01 | *** | NS | NS | ** |
| C22:0 | 0.12 | 0.13 | 0.09 | 0.08 | 0.08 | 0.08 | 0.06 | 0.06 | 0.05 | 0.05 | 0.01 | *** | NS | NS | NS |
| C23:0 | 0.02 | 0.05 | 0.03 | 0.03 | 0.05 | 0.23 | 0.02 | 0.02 | 0.01 | 0.01 | 0.01 | *** | NS | NS | *** |
| C24:0 | 0.08 | 0.06 | 0.09 | 0.05 | 0.05 | 0.05 | 0.03 | 0.03 | 0.02 | 0.01 | 0.02 | ** | NS | NS | NS |
| ∑ SFA | 42.25 | 40.85 | 41.48 | 41.04 | 35.18 | 37.55 | 37.89 | 38.25 | 41.05 | 40.15 | 1.03 | *** | NS | NS | NS |
| ∑ BCFA | 0.15 | 0.19 | 0.11 | 0.12 | 0.1 | 0.08 | 0.11 | 0.11 | 0.16 | 0.16 | 0.02 | *** | NS | NS | NS |
| ∑ MCFA | 12.47 | 11.11 | 14.57 | 13.62 | 9.28 | 12.01 | 11.27 | 10.59 | 12.21 | 10.35 | 0.74 | *** | NS | ** | *** |
| 9*c*-14:1 | 0.05 | 0.05 | 0.06 | 0.06 | 0.08 | 0.05 | 0.05 | 0.05 | 0.06 | 0.06 | 0.01 | NS | NS | NS | NS |

续表

| 脂肪酸 | 广州 | | 上海 | | 南昌 | | 哈尔滨 | | 呼和浩特 | | SEM | 城市 | 时间 | 母亲 | 城市 × 时间 |
|---|---|---|---|---|---|---|---|---|---|---|---|---|---|---|---|
| | T | M | T | M | T | M | T | M | T | M | | | | | |
| 9*t*-16:1 | 0.04 | 0.04 | 0.03 | 0.01 | 0.03 | 0.02 | 0.01 | 0.03 | 0.02 | 0.02 | 0.01 | ** | NS | NS | ** |
| 7*c*-16:1 | 0.38 | 0.36 | 0.44 | 0.41 | 0.48 | 0.44 | 0.38 | 0.23 | 0.38 | 0.35 | 0.02 | *** | *** | ** | ** |
| 9*c*-16:1 | 2.2 | 2.26 | 1.78 | 1.79 | 1.65 | 1.56 | 2 | 0.97 | 1.91 | 2.06 | 0.14 | *** | ** | *** | *** |
| 9*c*-17:1 | 0. 13 | 0.14 | 0.12 | 0.12 | 0.1 | 0.09 | 0.11 | 0.11 | 0.12 | 0.13 | 0.01 | *** | NS | NS | NS |
| 9*t*-18:1 | 0.44 | 0.45 | 0.45 | 0.45 | 0.48 | 0.46 | 0.04 | 0.05 | 0.14 | 0.13 | 0.05 | *** | NS | ** | NS |
| 10*t*-18:1 | 0.34 | 0.35 | 0.36 | 0.33 | 0.33 | 0.3 | 0.02 | 0.03 | 0.09 | 0.09 | 0.04 | *** | NS | *** | NS |
| 11*t*-18:1 | 0.26 | 0.31 | 0.26 | 0.22 | 0.24 | 0.21 | 0.06 | 0.06 | 0.14 | 0.15 | 0.04 | *** | NS | NS | NS |
| 12*t*/6-8*c*-18:1 | 0.17 | 0.17 | 0.17 | 0.16 | 0.14 | 0.13 | 0.02 | 0.03 | 0.06 | 0.06 | 0.02 | *** | NS | *** | NS |
| 9*c*/10*c*-18:1 | 29.09 | 29.67 | 25.93 | 26.03 | 32.72 | 30.61 | 27.06 | 27.33 | 28.97 | 29.59 | 0.98 | *** | NS | * | NS |
| 11*c*-18:1 | 2.12 | 2.09 | 2.03 | 1.93 | 2.22 | 2.05 | 1.9 | 1.86 | 1.97 | 1.96 | 0.08 | *** | NS | ** | NS |
| 12*c*-18:1 | 0.12 | 0.13 | 0.14 | 0.14 | 0.14 | 0.13 | 0.03 | 0.04 | 0.04 | 0.04 | 0.01 | *** | NS | *** | NS |
| 13*c*-18:1 | 0.09 | 0.09 | 0.1 | 0.09 | 0.1 | 1 | 0.04 | 0.04 | 0.05 | 0.45 | 0.01 | *** | NS | NS | NS |
| 14*c*-18:1 | 0.05 | 0.06 | 0.04 | 0.04 | 0.05 | 0.05 | 0.01 | 0.01 | 0.01 | 0.01 | 0.01 | *** | NS | * | NS |
| 15*c*-18:1 | 0.06 | 0.06 | 0.05 | 0.05 | 0.05 | 0.05 | 0.01 | 0.05 | 0.01 | 0.01 | 0.01 | *** | ** | ** | *** |
| 13*c*-22:1 | 0.12 | 0.12 | 0.09 | 0.08 | 0.23 | 0.22 | 0.1 | 0.09 | 0.14 | 0.13 | 0.02 | *** | NS | * | NS |
| 15*c*-24:1 | 0.06 | 0.06 | 0.08 | 0.05 | 0.12 | 0.11 | 0.06 | 0.04 | 0.21 | 0.19 | 0.02 | *** | NS | NS | NS |
| ∑ *cis*- MUFA | 34.35 | 34.97 | 30.77 | 30.71 | 37.71 | 36.14 | 31.65 | 30.73 | 33.73 | 34.85 | 1.06 | *** | NS | * | NS |
| ∑ *trans*- MUFA | 1.25 | 1.32 | 1.27 | 1.17 | 1.22 | 1.12 | 0.15 | 0.2 | 0.45 | 0.45 | 0.15 | *** | NS | *** | NS |
| ∑ *trans*-C18:1 | 1.21 | 1.28 | 1.24 | 1.16 | 1.19 | 1.1 | 0.14 | 0.17 | 0.43 | 0.43 | 0.15 | *** | NS | *** | NS |
| ∑ *cis*-C18:1 | 31.53 | 32.1 | 28.29 | 28.28 | 35.26 | 32.99 | 29.06 | 29.28 | 31.05 | 31.66 | 1.03 | *** | NS | * | NS |

续表

| 脂肪酸 | 广州 | | 上海 | | 南昌 | | 哈尔滨 | | 呼和浩特 | | SEM | 城市 | 时间 | 母亲 | 城市 × 时间 |
|---|---|---|---|---|---|---|---|---|---|---|---|---|---|---|---|
| | T | M | T | M | T | M | T | M | T | M | | | | | |
| C18:2*n*-6 | 15.71 | 16.58 | 19.15 | 19.82 | 17.05 | 17.58 | 23.27 | 23.7 | 16.37 | 16.79 | 1.03 | *** | NS | ** | NS |
| C18:3*n*-6 | 0.01 | 0.01 | 0.01 | 0.02 | 0.01 | 0.04 | 0.13 | 0.16 | 0.11 | 0.13 | 0.01 | *** | ** | NS | NS |
| C20:2*n*-6 | 0.54 | 0.49 | 0.57 | 0.48 | 0.53 | 0.51 | 0.53 | 0.42 | 0.52 | 0.49 | 0.04 | NS | ** | NS | NS |
| C20:3*n*-6 | 0.35 | 0.32 | 0.38 | 0.4 | 0.4 | 0.41 | 0.42 | 0.45 | 0.42 | 0.41 | 0.04 | ** | NS | NS | NS |
| C20:4*n*-6 | 0.55 | 0.54 | 0.61 | 0.56 | 0.68 | 0.63 | 0.76 | 0.73 | 0.61 | 0.54 | 0.05 | *** | NS | ** | NS |
| C22:2*n*-6 | 0.09 | 0.06 | 0.1 | 0.07 | 0.09 | 0.06 | 0.09 | 0.07 | 0.10 | 0.08 | 0.01 | NS | *** | NS | NS |
| C22:4*n*-6 | 0.01 | 0.07 | 0.15 | 0.13 | 0.17 | 0.17 | 0.17 | 0.16 | 0.18 | 0.14 | 0.02 | *** | NS | NS | *** |
| C22:5*n*-6 | 0.16 | 0. 11 | 0.07 | 0.07 | 0.1 | 0.08 | 0.13 | 0.12 | 0.13 | 0.11 | 0.01 | *** | ** | * | * |
| C18:3*n*-3 | 0.9 | 0.94 | 1.43 | 1.48 | 1.25 | 1.38 | 2.17 | 2.18 | 2.22 | 2.68 | 0.21 | *** | NS | ** | NS |
| C18:4*n*-3 | 0 | 0.01 | 0.01 | 0.02 | 0.02 | 0.02 | 0.03 | 0.04 | 0.02 | 0.03 | 0.01 | *** | NS | * | NS |
| C20:3*n*-3 | 0.09 | 0.08 | 0.01 | 0.01 | 0.08 | 0.12 | 0.1 | 0.09 | 0 | 0 | 0.02 | *** | NS | NS | NS |
| C20:4*n*-3 | 0.08 | 0.08 | 0.08 | 0.08 | 0.07 | 0.07 | 0.1 | 0.11 | 0.12 | 0.13 | 0.02 | *** | NS | ** | NS |
| C20:5*n*-3 | 0.04 | 0.09 | 0.1 | 0.06 | 0.04 | 0.04 | 0.58 | 0.06 | 0.04 | 0.03 | 0.02 | NS | NS | NS | * |
| C22:5*n*-3 | 0.17 | 0. 16 | 0.14 | 0.14 | 0.13 | 0.11 | 0.16 | 0.16 | 0.16 | 0.15 | 0.01 | *** | NS | *** | NS |
| C22:6*n*-3 | 0.41 | 0.39 | 0.47 | 0.42 | 0.39 | 0.35 | 0.53 | 0.51 | 0.4 | 0.29 | 0.04 | *** | * | *** | NS |
| 9*c*/11*t*- 18:2 | 0.08 | 0.09 | 0.11 | 0.11 | 0.09 | 0.07 | 0.08 | 0.09 | 0.09 | 0.1 | 0.01 | *** | NS | NS | NS |
| 9*t*/11*c*- 18:2 | 0.04 | 0.03 | 0.06 | 0.05 | 0.04 | 0.04 | 0 | 0.01 | 0.01 | 0.01 | 0.01 | *** | NS | NS | NS |
| 11*t*/13*c*- 18:2 | 0.03 | 0.03 | 0.04 | 0.04 | 0.03 | 0.06 | 0.01 | 0.01 | 0.01 | 0.01 | 0.01 | *** | NS | NS | ** |
| ∑ *tt*-CLA | 0.07 | 0.07 | 0.04 | 0.05 | 0.09 | 0.11 | 0.02 | 0.02 | 0.01 | 0.01 | 0.01 | *** | NS | NS | NS |
| ∑ CLA | 0.22 | 0.22 | 0.25 | 0.25 | 0.25 | 0.28 | 0.11 | 0.13 | 0.12 | 0.13 | 0.02 | *** | NS | NS | NS |

续表

| 脂肪酸 | 广州 | | 上海 | | 南昌 | | 哈尔滨 | | 呼和浩特 | | SEM | 城市 | 时间 | 母亲 | 城市 × 时间 |
|---|---|---|---|---|---|---|---|---|---|---|---|---|---|---|---|
| | T | M | T | M | T | M | T | M | T | M | | | | | |
| 9*c*/12*t*- 18:2 | 0.15 | 0.15 | 0.1 | 0.1 | 0.21 | 0.19 | 0.04 | 0.03 | 0.06 | 0.06 | 0.02 | *** | NS | ** | NS |
| 9*t*/12*c*- 18:2 | 0.14 | 0.14 | 0.26 | 0.27 | 0.19 | 0.2 | 0.04 | 0.2 | 0.05 | 0.05 | 0.03 | *** | ** | ** | * |
| ∑ *trans*-DUFA | 0.29 | 0.29 | 0.36 | 0.37 | 0.4 | 0.39 | 0.08 | 0.23 | 0.11 | 0.11 | 0.04 | *** | NS | *** | NS |
| *cct*- 18:3 | 0.06 | 0.07 | 0.1 | 0.13 | 0.07 | 0.11 | 0.06 | 0.06 | 0.06 | 0.05 | 0.02 | *** | NS | NS | NS |
| *ctc*- 18:3 | 0.07 | 0.07 | 0.12 | 0.13 | 0.03 | 0.12 | 0.03 | 0.03 | 0 | 0 | 0.02 | *** | * | NS | *** |
| *tcc*- 18:3 | 0.03 | 0.04 | 0.05 | 0.04 | 0.03 | 0.03 | 0.06 | 0.05 | 0.04 | 0.04 | 0.01 | NS | NS | NS | NS |
| ∑ *trans*-TUFA | 0.16 | 0.18 | 0.27 | 0.3 | 0.13 | 0.26 | 0.15 | 0.14 | 0.1 | 0.09 | 0.05 | *** | NS | * | NS |
| ∑ PUFA | 19.78 | 21.27 | 24.57 | 24.68 | 21.79 | 22.5 | 29.51 | 29.46 | 21.73 | 22.71 | 1.15 | *** | NS | * | NS |
| ∑ *n*-6 PUFA | 17.42 | 18.18 | 21.04 | 21.55 | 19.03 | 19.48 | 25.5 | 25.81 | 18.44 | 18.69 | 1.05 | *** | NS | ** | NS |
| ∑ *n*-3 PUFA | 1.69 | 1.75 | 2.24 | 2.21 | 1.98 | 2.09 | 3.67 | 3.15 | 2.96 | 3.31 | 0.22 | *** | NS | *** | NS |
| ∑ *n*-6 HUFA | 1.7 | 2.24 | 1.88 | 1.71 | 1.97 | 1.86 | 2.1 | 1.95 | 1.96 | 1.77 | 0.12 | *** | * | * | NS |
| ∑ *n*-3 HUFA | 0.79 | 0.8 | 0.8 | 0.71 | 0.71 | 0.69 | 1.47 | 0.93 | 0.72 | 0.6 | 0.07 | *** | NS | *** | NS |
| *n*-6/*n*-3PUFA | 10.31 | 10.76 | 9.39 | 9.75 | 9.61 | 9.32 | 6.95 | 8.19 | 6.23 | 5.65 | 0.78 | *** | NS | *** | NS |
| *n*-6/*n*-3HUFA | 2.15 | 2.8 | 2.35 | 2.41 | 2.77 | 2.7 | 1.43 | 2.1 | 2.72 | 2.95 | 0.19 | *** | NS | *** | NS |

注：1.SEM—标准误差平均值；BCFA—支链脂肪酸；CLA—共轭亚油酸；DUFA—二不饱和脂肪酸；HUFA—高不饱和脂肪酸；MCFA—中链脂肪酸酯；MUFA—单不饱和脂肪酸；PUFA—多不饱和脂肪酸；SFA—饱和脂肪酸；TFA—反式脂肪酸；TUFA—三不饱和脂肪酸。

2. 城市、时间、母亲以及城市和时间交互作用的显著差异为：NS（$P>0.05$）；*（$P<0.05$）、**（$P<0.01$）；***（$P<0.001$）。

3.T—过渡乳；M—成熟乳。

之间。在南部和中部地区，反式-18:1 异构体占反式 MUFA 总量的 96% 以上，而在北部城市则略低（85% ～ 96%），且呼和浩特和哈尔滨这两个北方城市的总反式-18:1 明显低于其他城市。这可能与炒菜在中国南部和中部地区很受欢迎，而炒菜时的油温为 240 ～ 280℃，在超过 200℃的温度下加热富含 PUFA 的植物油，会导致 C18:2*n*-6 和 C18:3*n*-3 的几何异构化，分别形成反式 DUFA 和反式 TUFA，而北方城市通常不使用炒锅烹饪。母乳中总 *n*-6 PUFA 的相对浓度范围从占总 FA 约 17.42%（广州）到约 25.81%（哈尔滨）。另外，母乳中总 *n*-3 PUFA 的相对浓度约在 1.69%（广州）～ 3.67%（哈尔滨）之间。母乳中 C18:2*n*-6 和 C18:3*n*-3 的浓度较高，通常与乳母膳食中水果、蔬菜和植物油（如向日葵油、大豆油和菜籽油）的摄入量有关，北方城市鸡和家禽的高消费量也导致了 C18:3*n*-3 的高水平。总的来说，母乳中的大部分 FA 存在显著的地区差异，这与乳母膳食显著相关。

Yuhas 等 [18] 对中国以及其他几个国家母乳脂肪酸组成进行了对比（表 6-3），发现中国产妇母乳的总 SFA 成分水平明显低于发达国家，这可能与西方国家的高脂饮食有关。所有国家的母乳中月桂酸的平均含量为 4.24% ～ 6.15%（菲律宾除外，其平均含量为 13.82%），这可能与菲律宾的样本来自经济地位低下的妇女有关。乳汁中月桂酸和肉豆蔻酸含量较高，表明乳母饮食中碳水化合物含量相对较高，脂肪含量相对较低。单不饱和脂肪酸中油酸（C18:1*n*-9）是所有国家母乳样品中主要单不饱和脂肪酸，除智利（26.19%）和菲律宾（21.85%）外，大多数国家的油酸水平都在 30% 以上；除中国外，所有国家的芥酸（C22:1*n*-9）水平均低于 0.2%，中国的平均水平为 1.21%，这些数据与中国菜籽油消费量一致。LA 水平从菲律宾的 7.90% 到智利的 17.75% 不等，所有样本的平均水平为 12.93%；所有国家的 AA 水平相对稳定，所有样本的平均水平为 0.41%；大多数国家的 ALA 水平保持不变，约为 FA 的 1%。

Deng 等 [15] 研究了中国广西、南京、内蒙古三个不同地区 *sn*-2 位脂肪酸的组成，其中广西母乳 *sn*-2 位置的 SFA 平均水平最高（71.06%），江苏北部最低（65.741%）。C16:0 和 C14:0 是主要的 SFA，分别占 SFA 的 78.478% ～ 86.223% 和 7.794% ～ 12.905%；广西母乳 *sn*-2 位置的顺式 MUFA 平均含量最高（17.391%），内蒙古的最低（15.200%）。TAG *sn*-2 位置的 9*t*-16:1 在这三个城市中占反式 MUFA 的 30.348% ～ 41.383%。CLA 的含量为 0.054% ～ 0.115%，内蒙古母乳中初乳和成熟乳的 CLA 平均值最高（0.091%），而广西地区最低（0.056%）。内蒙古的 C22:5*n*-3 含量最高（0.245%），其次是南京（0.241%）和广西（0.184%）。总的来说，不同地区 *sn*-2 位脂肪酸的含量有一定的差异，这可能与当地的饮食习惯有关。

#### 6.1.1.3 不同泌乳阶段

何光华 [19] 等通过对沪浙地区健康母亲不同泌乳期的母乳中脂肪酸进行分析，得出如下结论：随着泌乳期的延长，母乳脂肪中的中链饱和脂肪酸（MCSFA）、C12:0 和 C14:0 含量逐渐升高，多不饱和脂肪酸（PUFA）、C18:2*n*-6（LA）和

表 6-3　不同国家脂肪酸占总脂肪酸的百分数 [18]

单位：%

| 脂肪酸 | 中国 $n$=50 | 澳大利亚 $n$=48 | 加拿大 $n$=48 | 智利 $n$=50 | 日本 $n$=51 | 墨西哥 $n$=46 | 菲律宾 $n$=54 | 英国 $n$=44 | 美国 $n$=49 |
|---|---|---|---|---|---|---|---|---|---|
| C8:0 | 0.17±0.0 | 0.20±0.01 | 0.17±0.0 | 0.20±0.0 | 0.22±0.01 | 0.19±0.01 | 0.28±0.01 | 0.20±0.01 | 0.16±0.01 |
| C10:0 | 1.67±0.06 | 1.62±0.04 | 1.66±0.05 | 1.87±0.06 | 2.00±0.05 | 1.46±0.04 | 2.35±0.06 | 1.84±0.05 | 1.50±0.05 |
| C12:0 | 4.24±0.26 | 5.49±0.22 | 5.25±0.23 | 6.15±0.34 | 5.86±0.24 | 4.97±0.23 | 13.82±0.47 | 4.99±0.24 | 4.40±0.22 |
| C13:0 | 0.01±0.00 | 0.03±0.00 | 0.04±0.00 | 0.04±0.00 | 0.03±0.00 | 0.33±0.01 | 0.03±0.00 | 0.05±0.00 | 0.02±0.00 |
| C14:0 | 3.61±0.23 | 6.28±0.23 | 5.84±0.27 | 6.80±0.34 | 6.11±0.25 | 0.03±0.00 | 12.12±0.39 | 5.87±0.23 | 4.91±0.23 |
| C15:0 | 0.12±0.01 | 0.39±0.01 | 0.33±0.01 | 0.30±0.01 | 0.29±0.01 | 5.57±0.24 | 0.21±0.01 | 0.36±0.02 | 0.29±0.01 |
| C16:0 | 18.62±0.26 | 22.26±0.31 | 18.67±0.32 | 18.79±0.30 | 20.20±0.25 | 0.32±0.01 | 23.02±0.28 | 22.59±0.31 | 19.26±0.29 |
| C17:0 | 0.22±0.01 | 0.41±0.01 | 0.32±0.01 | 0.35±0.01 | 0.32±0.01 | 19.91±0.25 | 0.24±0.01 | 0.29±0.01 | 0.32±0.01 |
| C18:0 | 6.13±0.14 | 6.77±0.20 | 5.83±0.12 | 5.77±0.16 | 6.14±0.16 | 6.07±0.15 | 4.75±0.13 | 6.25±0.15 | 6.21±0.18 |
| C20:0 | 0.20±0.01 | 0.20±0.01 | 0.20±0.01 | 0.21±0.01 | 0.20±0.01 | 0.18±0.00 | 0.13±0.00 | 0.20±0.01 | 0.19±0.01 |
| C22:0 | 0.09±0.01 | 0.08±0.00 | 0.10±0.00 | 0.09±0.00 | 0.09±0.00 | 0.08±0.00 | 0.06±0.00 | 0.08±0.00 | 0.09±0.01 |
| C24:0 | 0.05±0.00 | 0.06±0.00 | 0.06±0.00 | 0.08±0.01 | 0.05±0.00 | 0.05±0.00 | 0.05±0.00 | 0.06±0.00 | 0.06±0.00 |
| C14:1*n*-5 | 0.06±0.00 | 0.31±0.01 | 0.25±0.01 | 0.18±0.01 | 0.20±0.01 | 0.20±0.01 | 0.50±0.02 | 0.28±0.02 | 0.22±0.01 |
| C16:1*n*-9 | 0.49±0.01 | 0.42±0.01 | 0.23±0.03 | 0.40±0.03 | 0.36±0.02 | 0.35±0.03 | 0.08±0.02 | 0.44±0.01 | 0.44±0.01 |
| C16:1*n*-7 | 1.88±0.05 | 2.97±0.11 | 2.79±0.12 | 2.70±0.10 | 2.56±0.08 | 2.64±0.09 | 4.59±0.15 | 2.85±0.12 | 2.64±0.11 |
| C16:1*n*-5 | 0.03±0.00 | 0.12±0.00 | 0.10±0.00 | 0.11±0.00 | 0.09±0.00 | 0.09±0.00 | 0.20±0.01 | 0.11±0.00 | 0.10±0.00 |
| C16:1*n*-3 | 0.05±0.00 | 0.19±0.01 | 0.12±0.00 | 0.06±0.00 | 0.12±0.00 | 0.13±0.00 | 0.06±0.00 | 0.14±0.01 | 0.11±0.00 |
| C17:1*n*-7 | 0.17±0.00 | 0.34±0.01 | 0.28±0.01 | 0.27±0.01 | 0.25±0.01 | 0.24±0.01 | 0.23±0.01 | 0.27±0.01 | 0.26±0.01 |

续表

| 脂肪酸 | 中国 $n$=50 | 澳大利亚 $n$=48 | 加拿大 $n$=48 | 智利 $n$=50 | 日本 $n$=51 | 墨西哥 $n$=46 | 菲律宾 $n$=54 | 英国 $n$=44 | 美国 $n$=49 |
|---|---|---|---|---|---|---|---|---|---|
| C18:1*n*-9 | 36.49±0.45 | 32.23±0.44 | 35.18±0.50 | 26.19±0.46 | 31.43±0.40 | 30.79±0.44 | 21.85±0.51 | 33.28±0.40 | 32.77±0.48 |
| C18:1*n*-7 | 2.13±0.04 | 2.37±0.04 | 2.85±0.05 | 2.67±0.06 | 2.32±0.04 | 2.72±0.05 | 2.25±0.07 | 2.50±0.05 | 2.88±0.09 |
| C18:1*n*-5 | 0.08±0.00 | 0.35±0.02 | 0.26±0.01 | 0.21±0.01 | 0.18±0.01 | 0.23±0.01 | 0.14±0.01 | 0.18±0.01 | 0.30±0.01 |
| C20:1*n*-11 | 0.06±0.00 | 0.23±0.01 | 0.20±0.01 | 0.23±0.01 | 0.27±0.04 | 0.22±0.01 | 0.08±0.01 | 0.19±0.01 | 0.21±0.01 |
| C20:1*n*-9 | 1.25±0.06 | 0.38±0.01 | 0.52±0.01 | 0.55±0.03 | 0.52±0.02 | 0.42±0.01 | 0.28±0.01 | 0.44±0.01 | 0.39±0.01 |
| C22:1*n*-9 | 1.21±0.14 | 0.08±0.00 | 0.11±0.00 | 0.14±0.01 | 0.13±0.01 | 0.08±0.00 | 0.07±0.00 | 0.10±0.00 | 0.08±0.00 |
| C14:2*n*-6 | 0.04±0.00 | 0.15±0.01 | 0.10±0.01 | 0.10±0.01 | 0.10±0.00 | 0.11±0.01 | 0.04±0.00 | 0.13±0.01 | 0.09±0.00 |
| C16:2*n*-6 | 0.10±0.00 | 0.29±0.01 | 0.22±0.01 | 0.24±0.01 | 0.20±0.01 | 0.23±0.01 | 0.09±0.00 | 0.22±0.01 | 0.20±0.01 |
| C18:2*n*-6 | 14.88±0.42 | 10.66±0.34 | 11.48±0.42 | 17.75±0.58 | 12.66±0.25 | 16.05±0.51 | 7.90±0.24 | 10.45±0.41 | 14.78±0.39 |
| *cis,trans*- C18:2*n*-6 | 0.09±0.00 | 0.09±0.00 | 0.25±0.01 | 0.16±0.01 | 0.12±0.01 | 0.20±0.01 | 0.06±0.00 | 0.09±0.00 | 0.35±0.02 |
| CLA *c*9,*t*11 | 0.07±0.01 | 0.28±0.01 | 0.21±0.01 | 0.22±0.01 | 0.13±0.00 | 0.20±0.01 | 0.08±0.00 | 0.26±0.01 | 0.24±0.01 |
| CLA *t*10,*c*12 | ND | 0.06±0.00 | 0.05±0.00 | 0.05±0.00 | 0.03±0.00 | 0.04±0.00 | 0.03±0.00 | 0.04±0.01 | 0.06±0.00 |
| C18:3*n*-6 | 0.15±0.01 | 0.17±0.01 | 0.16±0.01 | 0.15±0.01 | 0.13±0.00 | 0.15±0.00 | 0.10±0.00 | 0.17±0.00 | 0.17±0.01 |
| C20:2*n*-6 | 0.39±0.01 | 0.20±0.01 | 0.21±0.01 | 0.54±0.03 | 0.25±0.01 | 0.34±0.01 | 0.23±0.01 | 0.22±0.01 | 0.27±0.01 |
| C20:3*n*-6 | 0.28±0.01 | 0.31±0.01 | 0.27±0.01 | 0.44±0.02 | 0.25±0.01 | 0.33±0.01 | 0.31±0.01 | 0.33±0.01 | 0.35±0.02 |
| C20:4*n*-6 | 0.49±0.02 | 0.38±0.01 | 0.37±0.01 | 0.42±0.02 | 0.40±0.01 | 0.42±0.01 | 0.39±0.01 | 0.36±0.01 | 0.45±0.02 |
| C22:2*n*-6 | 0.06±0.00 | 0.02±0.00 | 0.02±0.00 | 0.08±0.01 | 0.02±0.00 | 0.03±0.00 | 0.05±0.00 | 0.04±0.00 | 0.06±0.00 |
| C22:4*n*-6 | 0.11±0.00 | 0.09±0.00 | 0.04±0.01 | 0.04±0.01 | 0.08±0.00 | 0.11±0.00 | 0.11±0.00 | 0.08±0.00 | 0.11±0.00 |

续表

| 脂肪酸 | 中国 $n$=50 | 澳大利亚 $n$=48 | 加拿大 $n$=48 | 智利 $n$=50 | 日本 $n$=51 | 墨西哥 $n$=46 | 菲律宾 $n$=54 | 英国 $n$=44 | 美国 $n$=49 |
|---|---|---|---|---|---|---|---|---|---|
| C22:5$n$-6 | 0.06±0.00 | 0.04±0.00 | 0.04±0.00 | 0.09±0.01 | 0.05±0.00 | 0.05±0.00 | 0.08±0.00 | 0.03±0.00 | 0.06±0.00 |
| 总 C20 + C22 $n$-6 系列 | 1.40±0.03 | 1.03±0.03 | 0.94±0.02 | 1.61±0.08 | 1.05±0.03 | 1.28±0.03 | 1.17±0.02 | 1.07±0.03 | 1.29±0.04 |
| C18:3$n$-3 | 2.02±0.06 | 0.90±0.04 | 1.22±0.05 | 1.14±0.07 | 1.33±0.05 | 1.05±0.06 | 0.43±0.02 | 1.22±0.06 | 1.05±0.05 |
| C18:4$n$-3 | 0.05±0.00 | 0.01±0.00 | 0.02±0.00 | 0.01±0.00 | 0.06±0.02 | 0.04±0.01 | 0.03±0.00 | 0.03±0.01 | 0.01±0.00 |
| C20:3$n$-3 | 0.13±0.00 | 0.04±0.00 | 0.04±0.00 | 0.07±0.00 | 0.05±0.00 | 0.04±0.00 | 0.04±0.00 | 0.05±0.00 | 0.04±0.00 |
| C20:4$n$-3 | 0.10±0.00 | 0.08±0.00 | 0.08±0.00 | 0.09±0.00 | 0.12±0.01 | 0.07±0.00 | 0.09±0.01 | 0.11±0.00 | 0.08±0.01 |
| C20:5$n$-3 | 0.07±0.00 | 0.10±0.01 | 0.08±0.00 | 0.09±0.01 | 0.26±0.02 | 0.07±0.01 | 0.15±0.01 | 0.11±0.01 | 0.07±0.00 |
| C22:5$n$-3 | 0.18±0.00 | 0.18±0.01 | 0.16±0.00 | 0.22±0.01 | 0.29±0.02 | 0.16±0.01 | 0.23±0.01 | 0.18±0.01 | 0.14±0.01 |
| C22:6$n$-3 | 0.35±0.02 | 0.23±0.03 | 0.17±0.01 | 0.43±0.03 | 0.99±0.08 | 0.26±0.03 | 0.74±0.05 | 0.24±0.01 | 0.17±0.02 |
| 总 C20 + C22 $n$-3 系列 | 0.83±0.02 | 0.63±0.05 | 0.54±0.02 | 0.90±0.05 | 1.72±0.13 | 0.59±0.05 | 1.26±0.08 | 0.69±0.02 | 0.49±0.03 |
| LN isomers | 0.23±0.02 | 0.11±0.01 | 0.27±0.02 | 0.19±0.02 | 0.26±0.01 | 0.21±0.01 | 0.02±0.01 | 0.16±0.01 | 0.19±0.01 |
| LA：ALA | 7.62±0.24 | 12.85±0.61 | 9.89±0.47 | 17.85±0.94 | 9.94±0.27 | 16.91±0.85 | 19.51±0.51 | 8.95±0.37 | 15.44±0.67 |
| AA：DHA | 1.48±0.05 | 2.11±0.11 | 2.35±0.10 | 1.04±0.04 | 0.51±0.03 | 2.01±0.10 | 0.62±0.03 | 1.62±0.07 | 3.16±0.13 |
| EPA：DHA | 0.22±0.01 | 0.51±0.03 | 0.52±0.03 | 0.21±0.01 | 0.26±0.01 | 0.29±0.01 | 0.20±0.01 | 0.47±0.02 | 0.45±0.02 |

注：CLA—共轭亚油酸；LA—亚油酸；ALA—$\alpha$- 亚麻酸；AA—花生四烯酸；DHA—二十二碳六烯酸；EPA—二十碳五烯酸；LN isomers—亚麻酸异构体。

C18:3*n*-3（ALA）含量先升高后下降，C20:4*n*-6（ARA）和 C22:6*n*-3（DHA）含量先显著下降而后趋于稳定，而饱和脂肪酸（SFA）、C16:0 和 C18:0 含量几乎没有变化，该变化趋势与国内外其他母乳研究结果基本相似。结果见表 6-4。

**表 6-4** 不同泌乳期母乳总脂肪酸组成比较[19]　　单位：%

| 脂肪酸 | 0 ~ 1 个月 (*n*=45) | 1 ~ 3 个月 (*n*=75) | 3 ~ 6 个月 (*n*=64) | 6 ~ 12 个月 (*n*=46) | *P* 值 |
|---|---|---|---|---|---|
| C8:0 | 0.13±0.08 | 0.17±0.09 | 0.17±0.07 | 0.14±0.07 | 0.170 |
| C10:0 | 0.78±0.32 | 1.07±0.30 | 1.08±0.28 | 1.11±0.26 | 0.008 |
| C12:0 | 2.68±0.65 | 2.86±0.631 | 3.25±0.66 | 3.41±0.82 | 0.015 |
| C14:0 | 3.86±1.12 | 5.01±1.02 | 5.42±LIO | 5.79±1.29 | 0.013 |
| C15:0 | 0.10±0.04 | 0.08±0.04 | 0.08±0.03 | 0.08±0.03 | 0.118 |
| C16:0 | 20.51±2.37 | 20.51±2.69 | 19.41±2.21 | 19.56±2.28 | 0.129 |
| C16:0*n*-7 | 1.22±0.29 | 1.29±0.37 | 1.05±0.28 | 1.19±0.37 | 0.031 |
| C17:0 | 0.31±0.07 | 0.28±0.07 | 0.29±0.05 | 0.30±0.08 | 0.268 |
| C17:0*n*-7 | 0.09±0.02 | 0.08±0.03 | 0.08±0.02 | 0.08±0.03 | 0.317 |
| C18:0 | 5.32±1.10 | 5.66±0.98 | 5.61±0.87 | 5.69±1.24 | 0.225 |
| C18:1*t* | 0.13±0.06 | 0.11±0.06 | 0.13±0.07 | 0.14±0.07 | 0.351 |
| C18:1*n*-9 | 38.93±4.22 | 34.80±3.781 | 34.04±3.95 | 34.29±4.07 | 0.020 |
| C18:2*n*-6(LA) | 19.59±3.56 | 22.51±3.58 | 23.83±3.99 | 23.26±3.74 | 0.000 |
| C20:0 | 0.26±0.07 | 0.26±0.06 | 0.28±0.08 | 0.28±0.11 | 0.376 |
| C18:3*n*-6 | 0.23±0.10 | 0.30±0.10 | 0.32±0.10 | 0.28±0.11 | 0.000 |
| C20:1*n*-9 | 0.65±0.25 | 0.47±0.13 | 0.49±0.15 | 0.42±0.12 | 0.010 |
| C18:3*n*-3(ALA) | 1.29±0.29 | 1.60±0.44 | 1.74±0.38 | 1.23±0.29 | 0.000 |
| C20:2*n*-6 | 0.54±0.26 | 0.34±0.07 | 0.32±0.06 | 0.34±0.06 | 0.000 |
| C20:0 | 0.36±0.11 | 0.33±0.12 | 0.35±0.13 | 0.37±0.14 | 0.353 |
| C20:3*n*-6 | 0.33±0.14 | 0.24±0.07 | 0.23±0.09 | 0.24±0.06 | 0.000 |
| C22:1*n*-9 | 0.20±0.12 | 0.13±0.07 | 0.12±0.08 | 0.09±0.05 | 0.000 |
| C20:3*n*-3 | 0.07±0.04 | 0.05±0.02 | 0.04±0.03 | 0.04±0.02 | 0.018 |
| C20:4*n*-6(ARA) | 0.80±0.20 | 0.61±0.15 | 0.58±0.16 | 0.54±0.17 | 0.026 |
| C22:2*n*-6 | 0.16±0.07 | 0.11±0.04 | 0.10±0.04 | 0.09±0.03 | 0.000 |
| C24:0 | 0.11±0.06 | 0.06±0.03 | 0.07±0.04 | 0.07±0.04 | 0.000 |
| C22:6*n*-3(DHA) | 0.62±0.19 | 0.46±0.18 | 0.41±0.14 | 0.38±0.14 | 0.007 |
| MCSFA | 7.45±1.80 | 9.11±1.82 | 9.91±1.86 | 10.45±2.21 | 0.000 |
| SFA | 34.42±3.17 | 36.28±3.57 | 36.00±3.16 | 36.79±3.76 | 0.084 |
| MUFA | 41.22±4.31 | 36.88±3.81 | 35.91±4.02 | 36.21±4.05 | 0.023 |
| PUFA | 23.63±3.56 | 26.22±3.83 | 27.56±4.09 | 26.39±3.71 | 0.012 |
| *n*-6 PUFA | 21.64±3.44 | 24.12±3.64 | 25.37±4.07 | 24.75±3.74 | 0.009 |
| *n*-3 PUFA | 1.98±0.33 | 2.10±0.44 | 2.19±0.41 | 1.65±0.34 | 0.016 |
| *n*-6/*n*-3 | 11.11±2.19 | 11.86±2.67 | 12.06±3.17 | 15.78±4.99 | 0.000 |
| LA/ALA | 15.76±4.06 | 14.92±4.31 | 14.42±4.16 | 20.38±7.83 | 0.000 |
| ARA/DHA | 1.37±0.43 | 1.48±0.52 | 1.50±0.43 | 1.49±0.45 | 0.094 |

注：LA—亚油酸；ALA—*α*- 亚麻酸；ARA—花生四烯酸；DHA—二十二碳六烯酸；MCSFA—中链饱和脂肪酸；SFA—饱和脂肪酸；MUFA—单不饱和脂肪酸；PUFA—多不饱和脂肪酸。

母乳脂肪酸中，大部分饱和脂肪酸（包括中链饱和脂肪酸）主要结合在三酰甘油 sn-2 位上，不饱和脂肪酸（ARA 和 DHA 除外）主要分布在三酰甘油 sn-1,3 位上，且分布比例相对稳定，几乎不随泌乳期而变化；除了 C12:0 和 ALA 随着泌乳期的增加而增加以外，大部分主要脂肪酸（包括 MCSFA、SFA、MUFA、PUFA、C16:0、C18:1n-9、LA、ARA 和 DHA）在母乳三酰甘油结构中的位置分布相对稳定，其结合在 sn-2 位上的占比随泌乳期的延长几乎没有变化，这与夏袁等 [20] 和 Deng 等 [15] 的研究结果一致（表 6-5）。

**表 6-5　不同泌乳期母乳三酰甘油 sn-2 位脂肪酸组成比较** [19]　　单位：%

| 脂肪酸 | 0 ～ 1 个月 (n=45) | 1 ～ 3 个月 (n=75) | 3 ～ 6 个月 (n=64) | 6 ～ 12 个月 (n=46) | P 值 |
|---|---|---|---|---|---|
| C8:0 | 0.19±0.08 | 0.22±0.11 | 0.20±0.09 | 0.33±0.15 | 0.000 |
| C10:0 | 0.98±0.35 | 1.19±0.36 | 1.16±0.36 | 1.3O±O.31 | 0.019 |
| C12:0 | 4.11±1.45 | 5.57±1.58 | 5.98±1.36 | 6.58±1.60 | 0.000 |
| C14:0 | 4.85±1.29 | 5.55±1.36 | 5.95±1.29 | 6.30±1.58 | 0.000 |
| C15:0 | 0.25±0.10 | 0.27±0.09 | 0.26±0.09 | 0.21±0.11 | 0.109 |
| C16:0 | 45.10±4.19 | 43.86±4.99 | 44.03±3.50 | 42.65±3.81 | 0.106 |
| C16:0n-7 | 1.37±0.41 | 1.43±0.38 | 1.31±0.36 | 1.22±0.35 | 0.081 |
| C17:0 | 0.42±0.16 | 0.47±0.15 | 0.46±0.14 | 0.45±0.21 | 0.098 |
| C17:0n-7 | 0.22±0.12 | 0.21±0.12 | 0.18±0.11 | 0.12±0.11 | 0.005 |
| C18:0 | 7.46±1.76 | 6.95±1.74 | 6.73±1.32 | 6.73±1.19 | 0.075 |
| C18:1t | 0.11±0.11 | 0.10±0.09 | 0.08±0.10 | 0.09±0.09 | 0.524 |
| C18:1n-9 | 21.56±3.40 | 21.40±4.02 | 20.78±3.17 | 21.08±3.72 | 0.621 |
| C18:2n-6(LA) | 6.58±1.62 | 7.12±1.53 | 7.62±1.58 | 8.09±1.42 | 0.000 |
| C20:0 | 0.42±0.16 | 0.42±0.13 | 0.39±0.13 | 0.40±0.11 | 0.553 |
| C18:3n-6 | 0.13±0.11 | 0.11±0.11 | 0.12±0.11 | 0.17±0.11 | 0.202 |
| C20:1n-9 | 0.32±0.14 | 0.33±0.14 | 0.30±0.16 | 0.22±0.10 | 0.034 |
| C18:3n-3(ALA) | 0.59±0.19 | 0.43±0.19 | 0.42±0.16 | 0.36±0.15 | 0.000 |
| C20:2n-6 | 0.22±0.09 | 0.18±0.08 | 0.17±0.07 | 0.17±0.08 | 0.107 |
| C20:0 | 0.88±0.26 | 0.77±0.29 | 0.74±0.24 | 0.76±0.27 | 0.092 |
| C20:3n-6 | 0.22±0.12 | 0.22±0.11 | 0.19±0.09 | 0.13±0.11 | 0.000 |
| C22:1n-9 | 0.21±0.14 | 0.20±0.13 | 0.15±0.11 | 0.11±0.08 | 0.000 |
| C20:3n-3 | 0.13±0.07 | 0.11±0.05 | 0.08±0.05 | 0.05±0.04 | 0.000 |
| C20:4n-6(ARA) | 1.26±0.36 | 0.99±0.26 | 0.88±0.27 | 0.85±0.28 | 0.000 |
| C22:2n-6 | 0.37±0.14 | 0.26±0.12 | 0.24±0.09 | 0.19±0.09 | 0.000 |
| C24:0 | 0.36±0.17 | 0.29±0.16 | 0.28±0.16 | 0.19±0.08 | 0.000 |

续表

| 脂肪酸 | 0～1个月 ($n$=45) | 1～3个月 ($n$=75) | 3～6个月 ($n$=64) | 6～12个月 ($n$=46) | $P$值 |
| --- | --- | --- | --- | --- | --- |
| C22:6$n$-3(DHA) | 1.07±0.33 | 0.78±0.31 | 0.70±0.21 | 0.66±0.24 | 0.000 |
| MCSFA | 10.13±2.38 | 12.49±2.88 | 13.24±2.55 | 14.47±3.09 | 0.000 |
| SFA | 64.99±4.06 | 65.51±4.41 | 66.10±4.02 | 65.86±3.93 | 0.803 |
| MUFA | 23.78±3.43 | 23.67±3.99 | 22.80±3.19 | 22.85±3.69 | 0.237 |
| PUFA | 10.56±1.86 | 10.19±1.73 | 10.41±1.72 | 10.65±1.69 | 0.388 |
| $n$-6 PUFA | 8.77±1.77 | 8.88±1.54 | 9.21±1.63 | 9.58±1.54 | 0.071 |
| $n$-3 PUFA | 1.79±0.41 | 1.31±0.35 | 1.20±0.25 | 1.07±0.28 | 0.000 |
| $n$-6/$n$-3 | 5.13±1.42 | 7.09±1.67 | 7.95±1.89 | 9.61±3.34 | 0.000 |
| LA/ALA | 12.02±3.89 | 19.19±7.68 | 20.55±9.17 | 25.91±9.77 | 0.000 |
| ARA/DHA | 1.29±0.54 | 1.44±0.61 | 1.36±0.50 | 1.38±0.45 | 0.124 |

## 6.1.2 母乳中总脂肪酸和 *sn*-2 位脂肪酸与婴儿配方乳粉的差异

母乳总脂肪酸中，比例最高的是油酸，其次是棕榈酸和亚油酸；接近70%的SFA酯化在母乳甘油酯的*sn*-2位上，这有利于婴儿对脂肪和钙的吸收，其中含量最高的是棕榈酸，母乳中一半以上的棕榈酸（51.69%±0.97%）酯化在*sn*-2位上[21]。目前市售婴儿配方乳粉的总脂肪酸中油酸比例最高为34.42%～52.86%，棕榈酸和亚油酸分别为8.16%～23.92%和15.69%～22.81%；各品牌产品中*sn*-2位脂肪酸组成占总脂肪酸比例差异较大，油酸为10.27%～18.81%，亚油酸为8.09%～9.72%，棕榈酸为0.70%～11.09%[21,22]。

从表6-6和表6-7中可以看出目前市售的各种品牌婴幼儿配方乳粉中脂肪酸结构组成存在一定的差异。普遍来看，不同品牌产品中SFA含量和PUFA含量之间差异较大，其中亚油酸是PUFA中含量最高的多不饱和脂肪酸。从脂肪酸组成来看，乳粉中油酸含量都显著高于母乳中的含量，乳粉中亚油酸的含量与母乳接近。除个别样品外，婴幼儿配方乳粉中的SFA含量普遍低于母乳中的含量，而MUFA含量明显高于母乳中的含量，婴儿配方乳粉中的PUFA含量与母乳中的含量基本接近。从婴幼儿配方乳粉中*sn*-2位脂肪酸的组成来看，母乳中三酰甘油*sn*-2位组成占总脂肪酸的含量最高的是棕榈酸18.651%，其次是油酸和亚油酸，分别为3.863%和3.646%。婴幼儿配方乳粉除个别样品外，比例最高的是油酸10.364%～18.806%，其次是亚油酸8.091%～9.716%，比例最低的是棕榈酸0.696%～9.812%，母乳中棕榈酸的比例显著高于目前市场上的婴幼儿配方乳粉。婴幼儿配方乳粉中油酸和亚油酸的比例显著高于母乳中的含量，同时越来越多的临床研究数据表明，*sn*-2位置的高含量棕榈酸对缩短婴幼儿哭闹时间、促进FA吸收、减少粪便中不溶性钙、改善肠道健康和维持骨骼健康具有显著作用[23]。Sun 等[24]的研究同样发现市售婴幼儿配方乳粉脂肪酸组成与母乳脂质不仅存在差异，而且微量脂肪酸差异性更大。这表明，目前市售的婴儿配方乳粉脂肪酸结构及 *sn*-2 位脂肪酸分布特点与母乳还有一定的差距。另外，刘彪等[22]发现，目前市售婴儿配方乳粉的反式脂肪酸含量均低于母乳中的含量，不存在 TFA 的安全性问题。

**表 6-6** 母乳及婴儿配方乳粉中总脂肪酸结构[21,22] 单位：%

| 样品 | SFA | MUFA | PUFA | 棕榈酸（C16:0） | 油酸（C18:1） | 亚油酸（C18:2*n*-6） |
| --- | --- | --- | --- | --- | --- | --- |
| 母乳 | 34.60±2.46 | 37.90±2.10 | 27.50±0.39 | 19.13±1.03 | 34.60±1.76 | 26.28±0.05 |
| 乳粉样品 1 | 22.158±0.266 | 53.672±0.147 | 24.077±0.126 | 12.551±0.059 | 51.170±0.231 | 21.564±0.116 |
| 乳粉样品 2 | 21.597±0.126 | 55.254±0.090 | 23.052±0.202 | 12.333±0.057 | 52.863±0.235 | 20.51±0.189 |
| 乳粉样品 3 | 31.045±0.899 | 43.474±0.551 | 25.275±0.363 | 23.918±0.138 | 41.768±0.501 | 22.647±0.331 |
| 乳粉样品 4 | 21.285±0.145 | 53.429±0.124 | 25.163±0.002 | 11.901±0.021 | 50.908±0.033 | 22.486±0.025 |
| 乳粉样品 5 | 36.343±0.318 | 40.103±0.364 | 23.372±0.060 | 22.629±0.001 | 38.734±0.341 | 22.811±0.064 |
| 乳粉样品 6 | 40.864±0.266 | 39.026±0.223 | 19.975±0.068 | 21.592±0.007 | 37.656±0.210 | 18.976±0.068 |
| 乳粉样品 7 | 25.754±0.207 | 53.084±0.110 | 21.092±0.089 | 8.347±0.019 | 52.216±0.119 | 18.088±0.035 |
| 乳粉样品 8 | 29.083±0.347 | 45.417±0.276 | 25.362±0.068 | 8.163±0.047 | 44.119±0.271 | 22.114±0.045 |
| 乳粉样品 9 | 43.33±2.48 | 34.69±2.14 | 21.99±1.23 | 21.80±1.29 | 33.56±1.48 | 19.19±0.24 |
| 乳粉样品 10 | 40.04±2.58 | 40.07±2.31 | 19.89±2.34 | 22.77±1.34 | 37.63±2.18 | 17.80±2.67 |
| 乳粉样品 11 | 44.29±2.67 | 38.94±2.68 | 16.77±1.46 | 27.16±1.06 | 35.56±2.86 | 15.69±1.22 |
| 乳粉样品 12 | 38.41±1.24 | 41.95±0.45 | 19.64±1.36 | 23.08±1.04 | 40.01±2.12 | 18.40±1.76 |

**表 6-7** 母乳及婴儿配方乳粉中 *sn*-2 位脂肪酸占总脂肪酸的比例[22] 单位：%

| 样品 | C16:0 | C18:1 | C18:2*n*-6 |
| --- | --- | --- | --- |
| 母乳 | 18.651±1.74 | 3.863±0.763 | 3.646±1.091 |
| 乳粉样品 1 | 3.223±0.065 | 17.497±0.055 | 8.640±0.148 |
| 乳粉样品 2 | 3.630±0.424 | 17.780±0.003 | 8.091±0.203 |
| 乳粉样品 3 | 11.086±0.381 | 10.274±0.416 | 8.693±0.11 |
| 乳粉样品 4 | 3.024±0.024 | 17.452±0.197 | 8.959±0.000 |
| 乳粉样品 5 | 9.812±0.000 | 10.364±0.113 | 8.930±0.073 |
| 乳粉样品 6 | 2.454±0.234 | 15.449±0.771 | 8.498±0.341 |
| 乳粉样品 7 | 0.696±0.088 | 18.806±0.674 | 8.559±0.010 |
| 乳粉样品 8 | 0.819±0.389 | 16.566±0.073 | 9.716±0.115 |

粘靖祺等[25]对国内 10 个婴幼儿乳粉品牌的脂肪酸进行了分析测定，发现二十碳四烯酸（ARA）含量为 0.2% ～ 0.8%，二十二碳六烯酸（DHA）含量

为 0.2% ～ 0.42%；而母乳中 ARA 的含量为 0.54% ～ 0.76%，DHA 的含量为 0.30% ～ 0.54%。说明目前婴幼儿配方乳粉中长链多不饱和脂肪酸的含量显著低于母乳，但这些长链多不饱和脂肪酸对于婴幼儿生长发育有着十分重要的作用，因此婴幼儿配方乳粉在这方面还没有达到“母乳化”的标准，未来应着重于这方面的研究。

## 6.2 母乳三酰甘油

### 6.2.1 三酰甘油的分子种类

母乳中含有 3% ～ 5% 的脂质，其中 98% 由三酰甘油（TAG）组成[26]。目前已经在人乳中发现超过 400 种三酰甘油及 200 种脂肪酸[27]。根据甘油骨架上连接的脂肪酸碳链长度的不同，三酰甘油主要可分为 MCT（甘油骨架上连接的 3 个脂肪酸均为中链脂肪酸）、MLCT（甘油碳骨架上连接一个或者两个中链脂肪酸，而其他为长链脂肪酸的一类三酰甘油）和 LCT（长链三酰甘油，甘油骨架上连接的 3 个脂肪酸均为长链脂肪酸），根据 MLCT 分子中的中链脂肪酸的个数，可将 MLCT 分为单长链三酰甘油（MML）和单中链三酰甘油（MLL）两类[28]。但目前的研究结果显示，母乳脂肪中约有一半种类的三酰甘油分子中含有的中链脂肪酸是 MLCT 结构，几乎不含 MCT[29]。

许多已发表的文献表明，母乳中主要的 TAG 种类是 1,3- 二油酰基 -2- 棕榈酰甘油（OPO）、1- 油酰基 -2- 棕榈酰 -3- 亚油酸甘油（OPL）和 1,3- 二亚油酸 -2- 棕榈酰基甘油（LPL），除了含量较高的这三种三酰甘油，还有 1,2- 二棕榈酸 -3- 油酸甘油酯（PPO）、1- 棕榈酸 -2- 硬脂酸 -3- 油酸甘油酯（PSO）、1- 棕榈酸 -2,3- 二亚油酸甘油酯（PLL）、1,2- 二油酸 -3- 亚油酸甘油酯（OOL）、1- 油酸 -2,3- 二亚油酸甘油酯（OLL）、1- 月桂酸 -2- 棕榈酸 -3- 油酸甘油酯（LaPO）等[30]。不同结构的 TAG 具有不同的代谢途径，脂肪酸在 TAG 中的分布会显著影响长链饱和脂肪酸的吸收和利用，这些脂肪酸在 *sn*-1/*sn*-3 位置的吸收速率远低于 *sn*-2 位置[31]。但在人肝细胞——$LO_2$ 细胞的脂质代谢中，有研究发现在 *sn*-1 位置带有 PA 的结构化 TAG（POO）诱导 $LO_2$ 细胞中脂质积聚的作用比在 *sn*-2 位置带有 PA（OPO、OPL 和 LPL）的结构化 TAG 更强[31]。

### 6.2.2 不同地区母乳中三酰甘油分子种类的差异

受饮食习惯和哺乳期等因素的影响，不同国家、不同地区和不同民族的母乳三酰甘油组成有一定的差异，同时也存在个体差异，但总体来说，UPU（1,3- 二不饱和脂肪酸 -2- 棕榈酸三酰甘油）含量较高是普遍的规律，其中 OPO、OPL 和 LPL

含量见表 6-8。并且，不同国家、地区的母乳中 UPU 的种类和比例有特定的范围，这是母乳三酰甘油的重要特点 [32]。

**表 6-8** 不同国家和不同地区母乳中 OPO、OPL、LPL 的含量 [33-36]

| 国家 / 地区 | 检测方法 | 泌乳期 | OPO 含量 /% | OPL 含量 /% | LPL 含量 /% | 参考文献 |
|---|---|---|---|---|---|---|
| 中国无锡 | UPSFC-Q-TOF-MS | 初乳 | 10.31 | 15.77 | 5.06 | [36] |
| 中国无锡 | UPSFC-Q-TOF-MS | 过渡乳 | 11.14 | 16.17 | 5.58 | [36] |
| 中国无锡 | UPSFC-Q-TOF-MS | 成熟乳 | 9.33 | 10.79 | 6.46 | [36] |
| 中国湖北 | SFC/Q-TOF-MS | 成熟乳 | 3.18 | 5.84 | 4.08 | [35] |
| 中国四川 | SFC/Q-TOF-MS | 成熟乳 | 5.13 | 7.63 | 4.25 | [35] |
| 中国北京 | SFC/Q-TOF-MS | 成熟乳 | 6.12 | 9.27 | 5.09 | [35] |
| 西班牙 | HPLC-ELSD | — | 20.21 ～ 20.30 | 9.88 ～ 10.10 | — | [33] |
| 芬兰 | HPLC/ESI-MS | — | 9.4 | 5.4 | — | [34] |
| 中国 | HPLC/ESI-MS | — | 7.1 | 10.3 | — | [34] |

中国母乳中主要的 TAG 种类是 OPO、OPL 和 LPL。通过比较不同国家、不同地区以及不同泌乳期母乳中 OPO、OPL 和 LPL 的含量（不区分异构体）发现，中国母乳中 OPL 的含量高于 OPO 的含量，这与其他国家的结果恰恰相反。外国母乳中 OPL/LPL/OPO 的比值约为 0.5∶0.2∶1，中国母乳中 OPL/LPL/OPO 的比值分别约为 1.5∶0.5∶1 和 1.2∶1.2∶1。从这些母乳数据来看，与国外母乳相比，中国母乳中 OPL 和 LPL 结构的 TAG 水平较高。这可能与西方乳母日常摄入奶酪、黄油及橄榄油等低碳水、高脂肪的食物，而中国普遍食用富含亚油酸的植物油（如大豆油、葵花籽油等）有关 [37]。

## 6.2.3 不同泌乳阶段三酰甘油分子种类的变化

Zhang 等 [36] 对无锡地区不同泌乳期母乳中三酰甘油进行了研究分析，发现母乳中最丰富的两种 TAG 是 OPL（13.73%±4.81%）和 OPO（10.13%±2.52%），还有三种含量超过 5% 的 TAG（LPL、OOL 和 OLL），以及 24 种含量超过 1% 的 TAG。OPO 和 OPL 的含量从初乳到过渡乳增加，从过渡乳到成熟乳减少，长链 TAG（如 LPL、OOL 和 OLL）的含量随着泌乳期的增长而增加。但是无论是在过渡乳还是成熟乳中，OPL 含量皆高于 OPO 含量，且过渡乳中 OPL 含量高于成熟乳中 OPL 含量。

Pons 等 [38] 的研究表明，1- 亚油酸 -2,3- 二油酸甘油酯（LOO）、1- 棕榈酸 -2- 油酸 -3- 亚油酸甘油酯（POL）、1- 棕榈酸 -2,3- 二油酸甘油酯（POO）和 1- 硬脂酸 -2,3- 二油酸甘油酯（SOO）在初乳中的含量分别为 6.31%±0.33%、20.11%±0.92%、29.07%±1.50%、1.31%±0.08%，均显著高于过渡乳中的含量（$P<0.05$）；三亚油

酸甘油酯（LLL）、1- 亚麻酸 -2- 亚油酸 -3- 油酸甘油酯（LnLO）、1,2- 二亚油酸 -3- 油酸甘油酯（LLO）、1- 亚麻酸 -2,3- 二油酸甘油酯（LnOO）、1- 亚麻酸 -2- 油酸 -3- 棕榈酸甘油酯（LnOP）和 1- 硬脂酸 -2,3- 二亚油酸甘油酯（SLL）在成熟乳中的含量分别为 0.73%±0.08%、0.46%±0.05%、2.20%±0.23%、1.28%±0.07%、2.97%±0.18%、2.30%±0.09%，均显著高于初乳中的含量（$P<0.05$）。总的来说，随着泌乳期的增长，不同三酰甘油的含量变化不同。

### 6.2.4 母乳与婴儿配方乳粉中三酰甘油的差异

林爽等 [21] 测定了 4 种不同脂肪来源的婴幼儿配方乳粉与母乳在三酰甘油上的组成差异，发现母乳中含量最丰富的为 OPL 和 OPO，而 4 种不同脂肪来源的婴幼儿配方乳粉中都含有较高含量的三油酸甘油酯（OOO）、三亚油酸甘油酯（LLL）、1- 油酸 -2,3- 二亚油酸甘油酯（OLL）和 1,2- 二棕榈酸 -3- 油酸甘油酯（PPO），明显高于它们在母乳中的含量，这些三酰甘油主要由油酸和亚油酸组成，说明婴幼儿配方乳粉中油酸和亚油酸的存在形式与母乳有很大的不同。目前，大部分婴幼儿配方乳粉都会补充添加一定量的结构脂质，但仍与母乳存在较大的差距。同时，在 OPL 和 LPL 含量方面，4 种婴儿配方乳粉都远没有达到母乳的水平。

Zhang 等 [39] 通过模拟不同比例（OPL/LPL/OPO）的母乳在婴幼儿胃肠道消化，发现 OPO 消化速度比 OPL 快，而 M3(OPL/LPL/OPO 为 0.5∶0.2∶1) 消化速度比 M1（OPL/LPL/OPO 为 1.5∶0.5∶1）快。在胃消化方面，OPO 组的消化率最高，其次是 LPL 和 OPL，而对于混合结构脂质，M3 组的消化程度最高。目前，OPO 主要用于婴幼儿配方乳粉，因此考虑 OPO 和 OPL 在配方乳粉中的比例将是未来的研究重点。

## 6.3 母乳磷脂

磷脂是母乳中重要的脂类成分，其含量与存在形式对喂养儿的神经系统发育以及以后的学习认知功能发挥重要作用，参见本书第 8 章。

## 6.4 母乳胆固醇和胆固醇酯

研究发现母乳中含有丰富的胆固醇（9 ～ 15mg/100g）[40]，该研究也是目前我国母乳胆固醇含量的较大样本研究，而且迄今国际上对不同泌乳期母乳胆固醇和胆固醇酯的定性定量分析研究相当有限。商品化婴幼儿配方食品，基于现行的婴幼儿配方食品国际或国家标准，还难以单独添加胆固醇成分，产品中含有的胆固醇是由其生产原料牛乳粉带入，其产品中含量显著低于母乳。关于母乳中胆固醇和胆固醇酯的研究，参见本书第 7 章。

## 6.5 母乳乳脂肪球膜

乳脂肪球膜（milk fat globule membrane，MFGM）是由蛋白质、糖类和脂质组成的复杂三层结构，厚度约为 10 ～ 20nm，乳脂肪球膜重量约占乳脂肪球总重量的 2% ～ 6%，主要由许多生物活性分子组成，如极性磷脂（约占 MFGM 的 20% 以上）、糖蛋白（占 MFGM 的 20% ～ 60%，如嗜乳脂蛋白和跨膜蛋白）、胆固醇、酶（如黄嘌呤氧化酶和 $\gamma$- 谷酰基转肽酶）以及其他微量活性物质组成 [41]。蛋白质和极性脂质合计占 MFGM 干重的 90% 以上。MFGM 蛋白占总乳蛋白的 1% ～ 2%，MFGM 蛋白占 MFGM 质量的 25% ～ 70%；MFGM 磷脂占母乳总磷脂的 60% ～ 70%[10,42]，包括卵磷脂（约 35%）、神经鞘磷脂（约 25%）、磷脂酰乙醇胺（约 30%）、磷脂酰丝氨酸（约 3%）、磷脂酰肌醇（约 5%）和中性鞘糖脂，还有微量的乳糖酰基鞘氨醇、神经节苷脂等 [43]。

乳脂肪球膜作为母乳中最重要的成分之一，逐渐得到重视并开始在婴幼儿配方乳粉中得到应用。大量的临床数据研究已表明，适当摄入 MFGM 强化奶可以有效增强婴幼儿黏膜免疫系统的功能，进而有效地提高人体对于致病菌的耐受性，降低肠道感染风险，减少婴幼儿感染性疾病的患病率 [11]。但是受母乳乳脂肪球膜研究样本量的限制，目前乳脂肪球膜在婴幼儿配方乳粉中的使用量仍存在不确定性。

## 6.6 展望

中国母乳脂质的研究仍还有很长的路要走，包括脂质内各组分功能的开发利用、提取和分离方法的研究、母乳脂质成分的影响因素以及最适中国婴幼儿生长发育的婴幼儿配方乳粉的持续改进等。

① 目前母乳脂质的提取方法在不断进步，提取率也得到了很大的提高，但仍有很大的进步空间。对于母乳脂质各组分及含量的分析测定方法，不同研究中使用的方法不同，所得到的研究结果也有很大的差异，导致所得出的结论不同，未来需要确定出母乳中各脂质组分统一可靠的分析测定方法。

② 通过对中外母乳脂质成分的对比分析，中国母乳与国外母乳在脂质成分上存在较大的差异，未来我们需要继续开展这方面的研究，生产出适合中国婴幼儿的婴幼儿配方乳粉。

③ 母乳脂质成分与乳母的种族、地区、泌乳期、身体健康状况、膳食习惯、生活行为习惯、分娩方式以及遗传表型等密切相关，其对于婴幼儿生长发育的确切影响仍需要进行深入研究。

④ 目前我国对于母乳磷脂、胆固醇和胆固醇酯、乳脂肪球膜等的定量分析研究较少，还有待于深入研究，为婴幼儿配方乳粉配方优选和产品品质提升提供参考。

未来我们还需要针对上述问题开展深入研究，丰富中国母乳脂质体系，同时也为打造适合中国人的婴幼儿配方乳粉提供有利参考，为中国婴幼儿的成长发育添一份力。

（李静，邓泽元，杨振宇，荫士安）

## 参考文献


[1] 沙丽君 , 李晓南 . 人乳成分与儿童生长发育 . 中国实用儿科杂志 , 2019, 34(10): 838-841.

[2] Jensen R G. Lipids in human milk. Lipids, 1999, 34(12): 1243-1271.

[3] 程立坤 , 陈浩 , 王国泽 . 母乳中脂肪酸组成研究进展 . 现代食品 , 2020, 23: 4-11.

[4] 王娜 . 单不饱和脂肪酸对心血管疾病的作用机制 . 中国实用医药 , 2010, 5(23): 256-257.

[5] 顾艳艳 . 不同 *n*-6/*n*-3 多不饱和脂肪酸构成对乳腺癌细胞的影响及膜相关机制研究 [D]. 重庆 : 第三军医大学 , 2008.

[6] 解庆刚 , 李雪 , 许英伟 , 等 . 磷脂促进婴儿大脑发育研究进展 . 中国乳品工业 , 2018, 46(1): 33-36.

[7] 卓成飞 , 胡盛本 , 邓泽元 , 等 . 液态乳中胆固醇、7- 脱氢胆固醇及 25- 羟基胆固醇的同步测定方法 . 中国食品学报 , 2019, 19(4): 226-234.

[8] 曹宇彤 . 不同泌乳期中国汉族人乳类固醇组学分析 [D]. 哈尔滨 : 东北农业大学 , 2016.

[9] Koletzko B. Human milk lipids. Annals of nutrition & metabolism, 2016, 69 (Suppl 2):28-40.

[10] 杨洁 , 齐策 , 韦伟 , 等 . 人乳脂肪球的研究进展 . 中国油脂 , 2018, 43(5): 33-38.

[11] 揭良 , 苏米亚 . 乳脂肪球膜与婴幼儿健康研究进展 . 食品工业 , 2021, 42(10): 227-230.

[12] Koletzko B, Mrotzek M, Bremer H J. Fatty acid composition of mature human milk in Germany. Am J Clin Nutr, 1988, 47(6): 954-959.

[13] 苏宜香 , 王瑛瑶 , 张喆庆 , 等 . 母乳脂类成分研究和婴儿食品脂类含量与范围专家意见 . 营养学报 , 2021, 43(4): 319-321.

[14] Haddad I, Mozzon M, Frega N G. Trends in fatty acids positional distribution in human colostrum, transitional, and mature milk. European Food Research & Technology, 2012, 235(2)325-332.

[15] Deng L, Zou Q, Liu B, et al. Fatty acid positional distribution in colostrum and mature milk of women living in Inner Mongolia, North Jiangsu and Guangxi of China. Food & function, 2018, 9(8):4234-4245.

[16] Jiang T, Liu B, Li J, et al. Association between *sn*-2 fatty acid profiles of breast milk and development of the infant intestinal microbiome. Food & function, 2018, 9(2):1028-1037.

[17] Li J, Fan Y, Zhang Z, et al. Evaluating the trans fatty acid, CLA, PUFA and erucic acid diversity in human milk from five regions in China. Lipids, 2009, 44(3):257-271.

[18] Yuhas R, Pramuk K, Lien E L. Human milk fatty acid composition from nine countries varies most in DHA. Lipids, 2006, 41(9):851-858.

[19] 何光华 , 李归浦 , 周兵 , 等 . 沪浙地区不同泌乳期母乳脂肪酸组成及分布研究 . 中国食品学报 , 2019, 19(4): 249-257.

[20] 夏袁，项静英，曹晓辉，等．无锡地区人乳脂肪脂肪酸组成及 sn-2 位脂肪酸分布．中国油脂，2015, 40(11): 44-47.
[21] 林爽，李晓东，刘璐，等．不同脂肪来源婴儿配方乳粉与母乳脂质组成的差异分析．食品科学，2022, 43(10): 263-270.
[22] 刘彪，叶文慧，郭顺堂．母乳及市售婴儿配方奶粉中脂肪酸结构分析．中国食品学报，2018, 18(10): 246-251.
[23] Ni M, Wang Y, Wu R, et al. Total and *sn*-2 fatty acid profile in human colostrum and mature breast milk of women living in inland and coastal areas of China. Ann Nutr Metab, 2021, 77(1): 29-37.
[24] Sun C, Wei W, Su H, et al. Evaluation of *sn*-2 fatty acid composition in commercial infant formulas on the Chinese market: a comparative study based on fat source and stage. Food Chem, 2018, 242:29-36.
[25] 粘靖祺，王青云，宫春颖，等．应用于婴幼儿配方奶粉中油脂的对比分析．中国奶牛，2020, 8: 48-51.
[26] Zou X Q, Huang J H, Jin Q Z, et al. Lipase-catalyzed preparation of human milk fat substitutes from palm stearin in a solvent-free system. Journal of agricultural and food chemistry, 2011, 59(11): 6055-6063.
[27] Wei W, Jin Q, Wang X. Human milk fat substitutes: past achievements and current trends. Progress in Lipid Research, 2019, 74:69-86.
[28] 袁婷兰，韦伟，叶兴旺，等．母乳中长链甘油三酯研究进展．食品与生物技术学报，2022, 41(6): 41-50.
[29] Yuan T, Zhang H, Wang X, et al. Triacylglycerol containing medium-chain fatty acids (MCFA-TAG): the gap between human milk and infant formulas. International Dairy Journal, 2019, 99(C).
[30] 袁婷兰．母乳脂的中长链甘油三酯组成及其代谢特征 [D]. 无锡：江南大学，2021.
[31] Wu Y, Zhang N, Deng Z Y, et al. Effects of the major structured triacylglycerols in human milk on lipid metabolism of hepatocyte cells in vitro. J Agric Food Chem, 2021, 69(32): 9147-9156.
[32] 张星河，韦伟，李菊芳，等．母乳中 1,3- 二不饱和脂肪酸 -2- 棕榈酸甘油三酯的组成及其功能特性研究进展．中国油脂，2022, 47(9): 114-121.
[33] Ten-Doménech I, Beltrán-Iturat E, Herrero-Martínez J M, et al. Triacylglycerol analysis in human milk and other mammalian species: small-scale sample preparation, characterization, and statistical classification using HPLC-ELSD profiles. J Agric Food Chem, 2015, 63(24):5761-5770.
[34] Kallio H, Nylund M, Boström P, et al. Triacylglycerol regioisomers in human milk resolved with an algorithmic novel electrospray ionization tandem mass spectrometry method. Food Chemistry, 2017, 233:351-360.
[35] Tu A, Ma Q, Bai H, et al. A comparative study of triacylglycerol composition in Chinese human milk within different lactation stages and imported infant formula by SFC coupled with Q-TOF-MS. Food Chemistry, 2017, 221:555-567.
[36] Zhang X, Wei W, Tao G, et al. Identification and quantification of triacylglycerols using ultraperformance supercritical fluid chromatography and quadrupole time-of-flight mass spectrometry: comparison of human milk, infant formula, other mammalian milk, and plant oil. J Agric Food Chem, 2021, 69(32):8991-9003.
[37] 余晓雯，刘茜，刘妍，等．母乳中 1- 油酰基 -2- 棕榈酰基 -3- 亚油酰基甘油三酯的研究进展．中国油脂，2022, 47(5): 16-22,34.
[38] Pons S M, Bargalló A C, Folgoso C C, et al. Triacylglycerol composition in colostrum, transitional and mature human milk. Eur J Clin Nutr, 2000, 54(12):878-882.
[39] Zhang N, Zeng J P, Wu Y P, et al. Human milk *sn*-2 palmitate triglyceride rich in linoleic acid had lower digestibility but higher absorptivity compared with the *sn*-2 palmitate triglyceride rich in oleic acid in vitro. J Agric Food Chem, 2020, 69(32): 9137-9146.

[40] 杨振宇 , 姜珊 , 段一凡 , 等 . 中国母乳中胆固醇水平及其影响因素 . 中国营养学会第十三届全国营养科学大会暨全球华人营养科学家大会 . 北京 : 2017.

[41] Lopez C. Milk fat globules enveloped by their biological membrane: unique colloidal assemblies with a specific composition and structure. Current Opinion in Colloid & Interface Science, 2011, 16(5):391-404.

[42] Tuyen T, Martin P, Nidhi B, et al. Effect of milk fat globule size on the physical functionality of dairy products//Hartel R W. Springer Briefs in Food, Health, and Nutrition. Cham, Switzerland: Springer Internation Publishing, 2017.

[43] Deeth H C. The role of phospholipids in the stability of milk fat globules. Australian Journal of Dairy Technology, 1997, 52(1): 44-46.

# 第7章

# 中国母乳胆固醇

母乳富含胆固醇（90 ~ 150mg/L），也是母乳中主要的甾醇（固醇），成熟乳中胆固醇的含量相对稳定，是纯母乳喂养婴儿唯一外源性胆固醇的来源。胆固醇被认为是母乳中重要的功能性营养素之一，对喂养儿生长发育、神经系统发育和功能发挥、激素和维生素的合成都是不可缺少的[1-3]。然而国内外相关的研究十分有限，制约了胆固醇在婴幼儿配方食品中的应用。

## 7.1 胆固醇的重要生物学作用

胆固醇是细胞膜的一种结构成分，在形成新的组织和器官，尤其是大脑方面发挥着关键作用。在生命早期大脑发育过程中，大量胆固醇被掺入神经系统髓鞘，并作为胆汁酸、脂蛋白、维生素 D、激素和氧甾醇的生物合成底物[4]。机体自身虽然可合成内源性胆固醇，最近的研究证据显示，外源性胆固醇对脑发育同样重要。膳食胆固醇调节内源性胆固醇合成和代谢，摄入的膳食胆固醇通过调节内源性胆固醇合成酶（如 3- 羟基 -3- 甲基 - 戊二酰辅酶 A 还原酶）的分泌参与胆固醇的合成，与胆固醇从头的生物合成能力呈负相关[5,6]。动物实验结果显示，给予大鼠喂饲含胆固醇的饲料可显著增加其大脑胆固醇含量[7]。越来越多的证据表明，母乳胆固醇水平将会对喂养儿的以及成年时的胆固醇代谢和血脂状况产生短期和长期的影响[8,9]。

与婴儿配方奶粉喂养的婴儿相比，生命早期母乳喂养婴儿有较高的血浆胆固醇和低密度脂蛋白胆固醇 (LDL-C)[10,11]，而在生命后期的血浆胆固醇含量则较低[8,12-14]。婴儿期的高血浆胆固醇可能有助于神经系统发育和早期学习认知能力发育[15]。动物模型（小鼠、大鼠和仔猪）的研究结果均表明，膳食胆固醇通过增加髓鞘形成[16]、脑重量和大脑胆固醇含量促进生命早期的大脑发育[4]。

## 7.2 中国母乳胆固醇组成及含量研究

### 7.2.1 中国母乳胆固醇早期研究

迄今，我国关于母乳中胆固醇含量及其存在形式的研究甚少。20 世纪 80 年代初，我国曾报道过母乳中胆固醇含量。1988 年报告了北京市城乡 194 例乳母的乳汁中胆固醇含量，初乳中含量最高（23.4mg/100g，最高值达到 37.2mg/100g），之后逐渐下降，到产后第 3 个月之后稳定在 10mg/100g 左右（最低值为 2.6mg/100g），母乳胆固醇含量与乳汁中脂肪含量呈显著正相关（$P<0.01$），同时存在明显的地区差异；根据母乳中胆固醇含量和 24h 婴儿母乳摄入量计算，城区、近郊区和远郊区婴儿全天经母乳摄入胆固醇的量平均分别为 70.3mg、81.5mg、84.6mg，调查点之间平均值最大相差约为 14mg[17]。

### 7.2.2 母乳中胆固醇及胆固醇组成研究

母乳脂肪中胆固醇和胆固醇酯含量分别占总脂肪的 0.34% 和 0.02%。母乳中部分胆固醇与饱和脂肪酸（如棕榈酸）、单不饱和脂肪酸（如油酸）、亚油酸和多不饱和脂肪酸（如亚麻酸）结合形成胆固醇酯[18]，例如在上述母乳胆固醇及胆固醇酯的研究中，除了检测到母乳中含有丰富的胆固醇，还检出 13 种胆固醇酯，包括丁酸胆固醇酯（C4:0）、硬脂酸胆固醇酯（C18:0）、花生酸胆固醇酯（C20:0）、二十二酸胆固醇酯（C22:0）、*α*- 亚麻酸胆固醇酯（C18:3）、二十四碳烯酸胆固醇酯（C24:1）、二十碳烯酸胆固醇酯（C20:1）、十七酸胆固醇酯（C17:0）、二十四酸胆固醇酯（C24:0）、二十二碳烯酸胆固醇酯（C22:1）、花生四烯酸胆固醇酯（C20:4）、棕榈酸胆固醇酯（C16:0）、油酸胆固醇酯（C18:1）；初乳中胆固醇含量最高（平均含量 176.33mg/L），之后逐渐降低（过渡乳和成熟乳分别为 115.44mg/L 和 67.12mg/L），初乳中 13 种胆固醇酯均可检出，过渡乳含有 11 种，成熟乳中仅有 7 种。母乳中胆固醇酯的含量甚微，部分样品甚至低于目前的检出限，且个体间的差异较大[18]。

## 7.2.3 母乳与婴儿配方乳粉中胆固醇比较

母乳中胆固醇的含量明显高于婴儿配方食品（乳粉）（90 ～ 150mg/L 与 0 ～ 4mg/L），母乳喂养婴儿的血清胆固醇浓度也高于混合喂养和人工喂养的婴儿[3,19,20]，母乳是母乳喂养儿的胆固醇丰富来源。母乳中胆固醇可能与膳食 TG 相互作用进而影响血脂谱和血中脂肪酸的水平。目前市售的婴儿配方乳粉的胆固醇含量非常低[3]，尤其是那些模拟母乳脂肪酸组成的配方，采用去除牛乳脂肪并用植物油代替的产品[21,22]。已证明，牛乳脂肪球膜 (MFGM) 对婴儿生长发育有有益影响[21,23]，所以越来越多的婴儿配方食品开始添加 MFGM[24]。例如，刘宁等[25]针对这一现象，公开了一种促进婴幼儿大脑神经和胃肠组织发育的婴幼儿配方乳粉，即每 100g 婴幼儿配方乳粉中含有 11 ～ 35mg 的胆固醇和 10 ～ 11μg 的表皮生长因子（EGF）。由于胆固醇是 MFGM 的成分之一（MFGM 中约含 7.6mg/g，Arla 食品配料公司，丹麦），某些婴儿配方乳粉可能含有比普通配方乳粉更高浓度的牛乳胆固醇。然而，这种牛乳来源和形式的胆固醇对人工喂养儿可能带来的益处和健康风险还有待深入研究。

## 7.2.4 中国代表性母乳样本胆固醇含量研究

在 2011 ～ 2013 年开始的中国母乳成分数据库研究中[26]，横断面调查采取的母乳样本涵盖 11 个省 / 自治区 / 直辖市，研究地点包括北部、南部、西部和东部，内陆地区和沿海地区。该项研究中分析了 799 例母乳胆固醇含量[27]。

### 7.2.4.1 母乳胆固醇浓度

初乳、过渡乳和成熟乳平均胆固醇浓度分别为 200mg/L、171mg/L 和 126mg/L。

如图 7-1(a) 所示，泌乳三个阶段的胆固醇浓度彼此显著不同（初乳与过渡乳、初乳与成熟乳、过渡乳与成熟乳，所有 $P<0.001$）。从初乳到第一个月，胆固醇浓度随哺乳时间推移逐渐下降，并在第一个月后达到平台期［图 7-1（b）］。

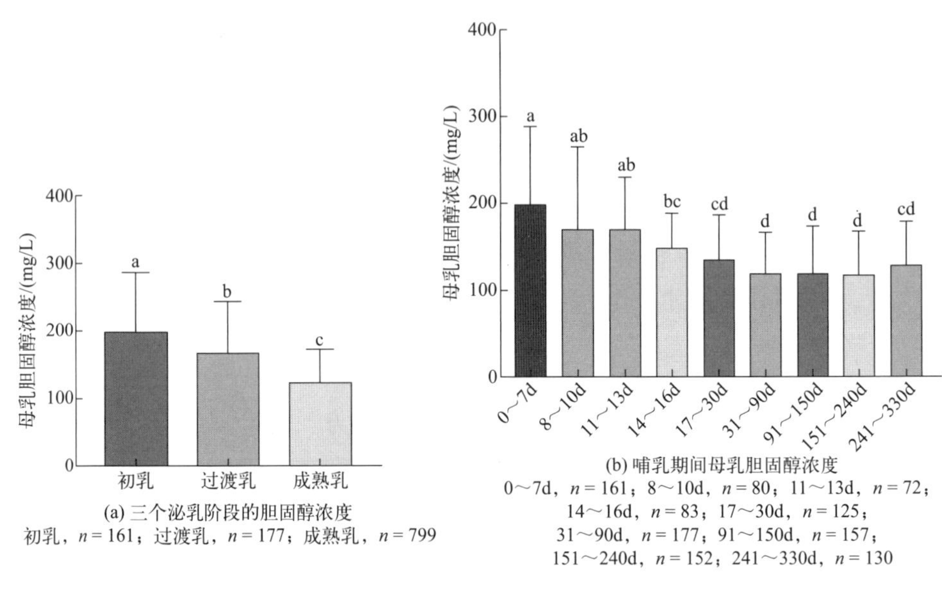


**图** 7-1 中国乳母不同泌乳阶段乳汁中胆固醇浓度的变化

没有相同字母的条形柱图有显著差异（$P<0.05$）

控制泌乳阶段和民族后，母乳胆固醇浓度与当时调查时采集的母乳总量呈负相关（$P<0.001$）。母乳量每增加 10g，胆固醇浓度降低 1.98mg/L。母乳胆固醇浓度与如下指标无显著相关，如孕前 BMI ($P=0.82$)、家庭收入 ($P=0.59$)、怀孕次数 ($P=0.57$)、妊娠时间 ($P=0.74$)、食用肉或内脏 ($P=0.39$)、乳制品消费频次 ($P=0.97$)、鸡蛋消费量 ($P=0.52$) 或坚果消费量 ($P=0.10$)。调整哺乳期和民族后，母亲职业 ($P=0.44$)、分娩方式 ($P=0.18$)、体力活动总时间 ($P=0.22$) 和睡眠总时间 ($P=0.45$) 也与母乳胆固醇水平无关，而且早产或婴儿性别也与母乳胆固醇水平无关（分别为 $P=0.63$ 和 $P=0.24$）。

### 7.2.4.2 母体血脂浓度及血脂浓度与母乳胆固醇浓度的关系

母体血浆 TC、HDL-C、LDL-C 和 TG 含量如图 7-2(a) 所示。血浆 TC ($P=0.02$) 和 LDL-C ($P=0.03$) 与成熟乳的浓度显著相关。产后 30 ～ 330d 乳母血浆 TC 每增加 100mg/L，LDL-C 每增加 100mg/L，母乳胆固醇浓度增加 1.01 倍［图 7-2（b）、（c）］。对于早期成熟乳（产后 30 ～ 180d，$\beta=0.001$，$P=0.06$）和晚期成熟乳（产后 180 ～ 330d，$\beta=0.002$，$P=0.06$），母乳胆固醇和血浆 TC 之间的相关性处于显著性边缘。然而，母体血浆 HDL-C ($P=0.68$) 和 TG ($P=0.42$) 与母乳胆固醇浓度无关。

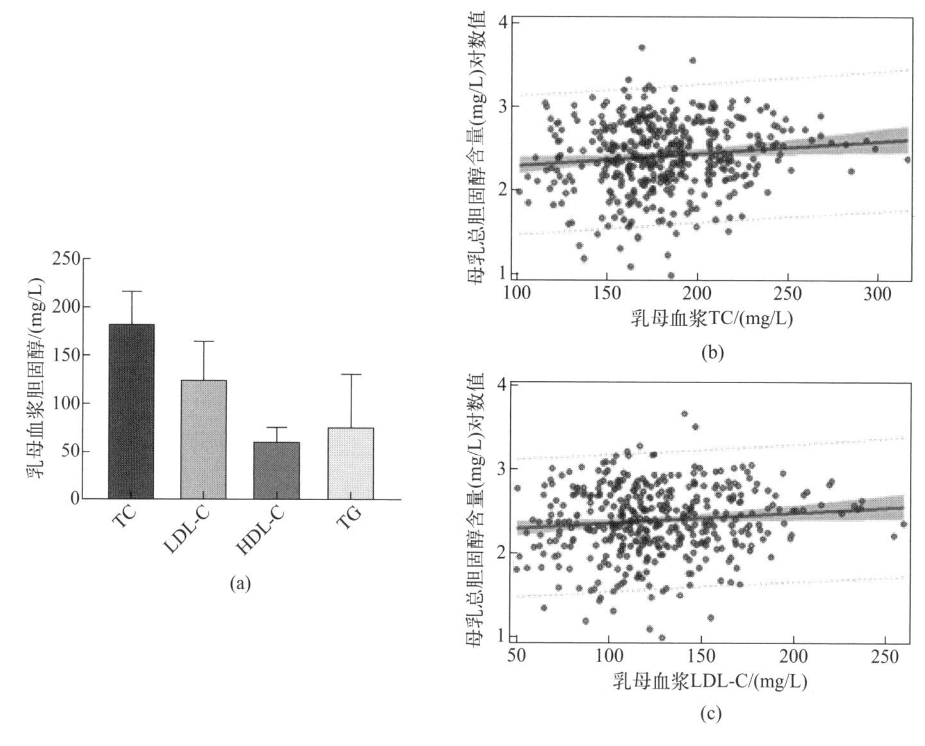


**图** 7-2　母体血浆脂质浓度和与乳汁胆固醇浓度的关系

数据以平均值 ±SE 表示，$n$=402

从不同民族［图 7-3（a）、（b）］和地理区域［图 7-3（c）、（d）］采集的血浆样品，测量了母体血浆 TC、LDL-C、HDL-C 和 TG 的浓度。由于没有采集新疆受试者的血样，故没有维吾尔族乳母的血样测定数据。不同民族和地理区域乳母血浆中 TC 和 LDL-C 的浓度不同（图 7-3）。母体血浆 TC ($P$<0.01)、LDL-C ($P$<0.01) 和 HDL-C ($P$<0.01)，但不是 TG ($P$=0.66)，与民族相关。同样，母体血浆脂质浓度 TC($P$<0.01)、LDL-C ($P$<0.01) 和 HDL-C ($P$=0.02)，但不是 TG ($P$=0.12)，也与地理区域相关。

### 7.2.4.3　我国不同民族和区域的母乳胆固醇浓度

如图 7-4 所示，藏族乳母的乳汁中胆固醇浓度最高。控制泌乳阶段、全母乳采集量和民族后，藏族母亲的乳汁中胆固醇浓度显著高于回族母亲（164mg/L 与 131mg/L，$P$= 0.027）；其他人群的母乳胆固醇浓度则没有显著差异，例如汉族与回族（145mg/L 与 129mg/L，$P$= 0.55）和藏族与壮族（164mg/L 与 137mg/L，$P$= 0.29）。藏族和回族母亲的乳汁胆固醇差异不是由母体血脂差异引起，因为她们之间没有发现母体脂质浓度的差异（TC ：藏族与回族为 139.8mg/L 与 149.1mg/L，$P$>0.99; LDL-C ：藏族与回族为 89.1mg/L 与 95.8mg/L，$P$>0.99; HDL-C ：藏族与回族为 50.8mg/L 与 55.9mg/L，$P>0.99$；TG：藏族与回族为 57.1mg/L 与 74.6mg /L，$P>0.99$）。此外，地理区域与母乳胆固醇浓度没有显著相关性（$P=0.33$）。

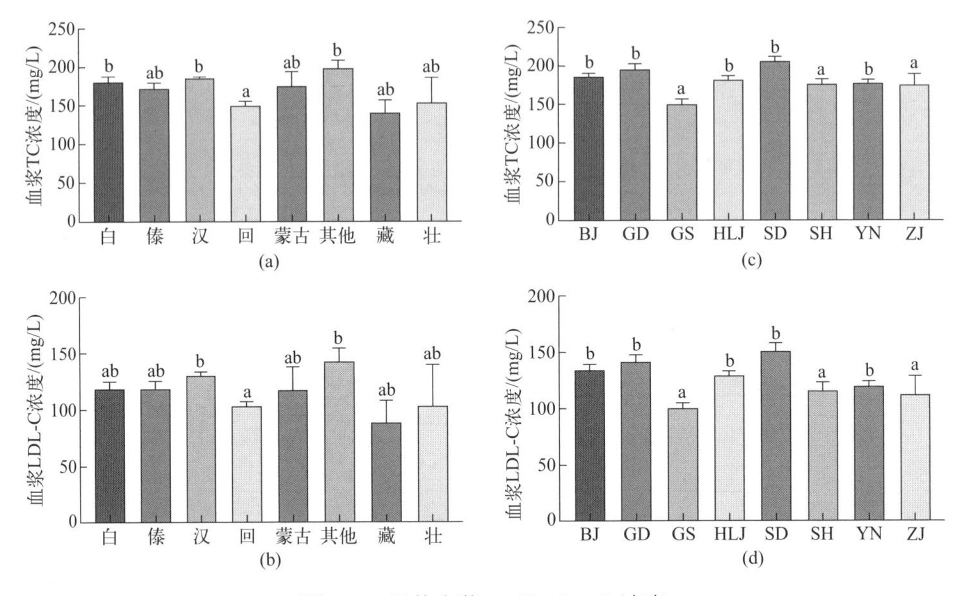


**图** 7-3　母体血浆 TC 和 LDL-C 浓度

（a），（c）母体血浆 TC 浓度；（b），（d）母体血浆 LDL-C 浓度。数据以平均值 ±SE 表示，$n=402$。没有相同字母的条形标识差异显著（$P<0.05$）。* 仅以字母表示甘肃与其他地区的显著性差异。BJ—北京，GD—广东，GS—甘肃，HLJ—黑龙江，SD—山东，SH—上海，YN—云南，ZJ—浙江

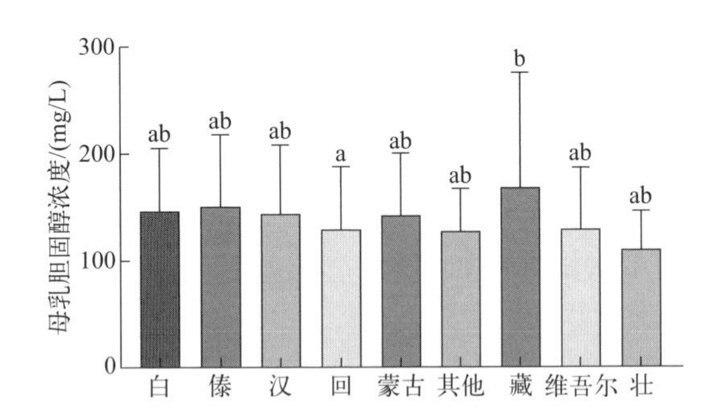


**图** 7-4　中国不同民族乳母乳汁中胆固醇浓度

数据以平均值 ±SE 表示，$n=1137$。没有相同字母的条形表示差异显著（$P<0.05$）

# 7.3　母乳胆固醇浓度的影响因素

报告的母乳胆固醇浓度的差异可能是由膳食[28]、民族[29]或地区[30,31]差异和 / 或分析方法等所导致。澳大利亚、欧洲和美国的成熟母乳胆固醇浓度范围为

101 ～ 233mg/L[30-36]。上述代表性中国母乳样本中胆固醇含量的研究结果显示了哺乳阶段的显著差异，以及地域和民族的显著影响。

## 7.3.1 哺乳阶段

### 7.3.1.1 变化趋势

在整个哺乳期，母乳胆固醇浓度呈现动态变化。中国乳母的初乳、过渡乳和成熟乳中胆固醇平均浓度分别为 200mg/L、171mg/L 和 126mg/L。产后第一个月胆固醇浓度显著下降，之后达到平台期，之前报告的结果也显示相似趋势[33,36]。大多数研究发现，母乳胆固醇浓度从初乳到成熟乳逐渐降低。例如，一项研究结果显示，从初乳到成熟乳（6 个月），母乳胆固醇浓度下降约 50%[31]。张淑红等[18]关于母乳中胆固醇和胆固醇酯定性定量分析结果显示，除胆固醇外，初乳、过渡乳和成熟乳中分别存在 13 种、11 种和 7 种微量胆固醇酯，在整个泌乳期中二十四酸胆固醇酯（C24:0）和棕榈酸胆固醇酯（C16:0）含量最高，随着泌乳期的延长，母乳中胆固醇含量从 176.33mg/L 逐渐降低到 72.12mg/L。然而，也有一项研究则观察到，母乳的胆固醇水平从 2 个月（88 份母乳样本）到 6 个月（22 个母乳样本）还略有升高[37]。中国代表性母乳样本的研究结果表明，哺乳期的第一个月内，母乳胆固醇浓度显著下降，成熟乳中胆固醇约为初乳的 60%；第一个月后，母乳胆固醇水平趋于稳定［图 7-2（a）］。乳脂通过其独特的机制被包装和分泌。乳脂肪球的 MFGM 是由三层磷脂和胆固醇层组成，其中掺入了蛋白质和糖蛋白，其内还包围着甘油三酯滴[21]。随泌乳阶段从初乳进展到成熟乳，脂肪球体内甘油三酯含量增加[38]、球直径增大（从初乳的 3.8μm 到成熟乳的 5.1μm）[39]，并且脂肪球的数量减少[40]。因此，随泌乳期的推进，总脂肪球的总表面积减少并伴随母乳胆固醇水平的降低。上述研究结果反映了母乳胆固醇含量变化的这种趋势［图 7-2（b）和（c）］。内源性胆固醇合成受膳食胆固醇摄入量的调节[3,41,42]，因此母乳喂养儿体内胆固醇从头合成率随乳汁胆固醇含量的降低而增加（4 ～ 11 个月）[43]。总之，母乳中胆固醇在哺乳期间呈现动态变化[36,44]，从初乳到过渡乳再到成熟乳，母乳胆固醇含量显著降低，并且哺乳 1 个月后胆固醇浓度相对稳定[34,45]，膳食（母乳）胆固醇对婴儿胆固醇的摄入量和内源性产生的影响在整个哺乳期是不同的。

### 7.3.1.2 存在形式及意义

母乳中的胆固醇酯含量甚微，部分母乳样品中甚至未检测到胆固醇酯，不同个体间胆固醇酯的含量差异较大。初乳中胆固醇酯平均含量可达 0.59mg/L，过渡乳中胆固醇酯平均含量为 0.51mg/L，成熟乳中胆固醇酯平均含量仅为 0.16mg/L。由胆固醇酯在不同泌乳期的平均含量可初步判断，初乳中胆固醇酯含量最高，从初乳到成熟乳，胆固醇酯含量逐渐降低[18]，这与Alma等[46]的研究结果也是一致的。由此可见母乳中的脂肪酸大多以游离形式或甘油三酯形式存在，仅少量脂肪酸与胆固醇结合而成胆固醇酯。初乳中胆固醇含量最高，可能是刚出生的婴儿需要较高的胆固醇水平以加快器官和系统的形成，尤其是神经系统和视觉发育。

### 7.3.2 膳食

关于乳母膳食对母乳中胆固醇含量的影响还很少受到关注，相关的研究相对较少。脂类与碳水化合物的比例和膳食脂肪量的膳食差异会改变乳脂成分[28]。在一项使用兔子的研究中，饲料脂肪和胆固醇引起的严重母体高胆固醇血症，导致乳汁胆固醇浓度增加，从而使幼子胆固醇摄入量增加[47]。然而，在一项人群研究中，未发现膳食脂肪和胆固醇摄入量以及血浆胆固醇水平与母乳胆固醇浓度相关[32]；中国的研究也得出相似的结果，例如，与生活在中国其他地区的人群相比，由于传统膳食，藏族人可能黄油的消费量更高，如藏糌粑和酥油 / 奶茶[48]；尽管有报道称，哺乳期妇女摄入乳脂增加会改变期乳汁中脂肪和脂肪酸的分布[49,50]，但调查结果没有发现母乳胆固醇水平与乳制品或肉类消费之间存在关联（均 $P>0.9$）。

### 7.3.3 方法学

曾有报道，母乳胆固醇浓度的差异相当大。德国、西班牙、英国和美国的研究结果表明，初乳胆固醇浓度范围为138～313mg/L[31,51]。澳大利亚、德国、意大利、波兰、西班牙和美国成熟母乳胆固醇浓度范围为101～233mg/L[30-36]；近年Kim等[52]报道了4个亚洲国家母乳胆固醇和链甾醇（desmosterol）含量，中国和韩国的母乳中胆固醇含量变异最小（90.2～91.6mg/L），越南和巴基斯坦平均含量分别为113.8mg/L和175.7mg/L，巴基斯坦母乳中含量的变异最大（48～612mg/L）。中国母乳胆固醇含量的研究中，平均初乳和成熟乳胆固醇浓度也在上述范围，但更接近这些范围的下限。在这些研究中，胆固醇浓度变化很大，下限和上限之间存在2～3倍差异[31]。差异可能是与这些研究中使用的分析技术不同有关[31,33,36]。酶促分光光度法和比色法测定的特异性不如色谱法，通常比色谱法得出胆固醇的浓度更高[31,33]；另有一项研究表明，HPLC法测定结果比那些酶促分光光度法低20%[31]。

### 7.3.4 民族差异

与回族母亲的乳汁相比，藏族乳母的乳汁中含有较高的胆固醇，即使她们生活在同一地理区域。由于在藏族和回族乳母中未观察到母体血脂浓度的差异，并且谷类食物摄入频率与母乳胆固醇无统计学关联，但不排除部分高胆固醇食物与母乳胆固醇浓度之间的相关。未来需要进一步探索乳母膳食胆固醇摄入量与母乳胆固醇之间的关系。与回族乳母相比，藏族乳母可能有更高的内源性胆固醇生物合成和更多的胆固醇储存，而且与其他民族的乳汁相比，藏族乳母的乳汁含有更高浓度的脂肪[29]。藏族人在氧气分压低且紫外线辐射高的青藏高原生活了数千年，为了适应这些极端的生活条件，藏族人进化出了其独特的基因多态性[53]。与其他人群相比，藏族母亲的乳汁中含有较高浓度的脂肪[29]，藏族人可能具有参与胆固醇从头生物合成酶的独特基因变体，这可能导致更高的母乳胆固醇含量。同样与其他人群乳母的乳汁相比，藏族母亲的乳汁中乳铁蛋白浓度最低[54]。母乳胆固醇浓度的变化可能对婴儿发育产生不同影响。上述结果提示，民族可能是影响母乳胆固醇浓度的一个因素。因此，后续还需要研究这些中国不同人群中母乳胆固醇浓度对喂养儿发育的短期和长期影响。

## 7.3.5 相关分析

母乳胆固醇主要来自母体血清，并且来源于母体预先的储备，包括母体膳食、肝脏或乳腺上皮细胞从头合成[55]。一些研究表明，母体血浆胆固醇水平与正常受试者母乳胆固醇水平无关[32,56]。然而，中国代表性母乳样本中胆固醇的研究结果表明，乳母血浆中 TC 和 LDL-C 水平与母乳胆固醇水平呈显著正相关；有项研究发现，高胆固醇血症乳母的乳汁含有较高的胆固醇[30]，还有项研究观察到乳母体重与乳汁胆固醇水平呈负相关[34]，不同的结果可能是由于母体血浆胆固醇含量的微小变化、分析方法的差异和样本量小（*n*=10 ～ 14）等缘故[32,56]。

上述中国的母乳研究样本数大于 400 个（*n*=402），提供了评估不同血浆胆固醇和母乳胆固醇关系的契机。由于与肉、内脏、乳制品和鸡蛋的膳食消费之间没有发现相关性，可能有助于分析胆固醇的不同储存和内源性胆固醇生物合成，以及中国乳母的血浆 TC 和 LDL-C 水平与母乳胆固醇之间的相关性。乳母血清胆固醇浓度与母乳胆固醇浓度呈正相关。母乳胆固醇浓度的差异可能会影响喂养儿的发育，尤其是脂质代谢和认知发育。因此，需要进一步研究母乳中胆固醇水平对婴儿发育的影响。

（杨振宇，段一凡，王杰，姜珊，毕烨，张环美，荫士安）

### 参考文献

[1] Dietschy J M, Turley S D. Thematic review series: brain lipids. Cholesterol metabolism in the central nervous system during early development and in the mature animal. J Lipid Res, 2004, 45(8): 1375-1397.

[2] Ontsouka E C, Albrecht C. Cholesterol transport and regulation in the mammary gland. J Mammary Gland Biol Neoplasia, 2014, 19(1): 43-58.

[3] Koletzko B. Human milk lipids. Ann Nutr Metab, 2016, 69 (Suppl 2): S28-S40.

[4] Cerqueira N M, Oliveira E F, Gesto D S, et al. Cholesterol biosynthesis: a mechanistic overview. Biochemistry, 2016, 55(39): 5483-5506.

[5] Dimova L G, Lohuis M A M, Bloks V W, et al. Milk cholesterol concentration in mice is not affected by high cholesterol diet- or genetically-induced hypercholesterolaemia. Sci Rep, 2018, 8(1): 8824.

[6] Berger S, Raman G, Vishwanathan R, et al. Dietary cholesterol and cardiovascular disease: a systematic review and meta-analysis. Am J Clin Nutr, 2015, 102(2): 276-294.

[7] Scholtz S A, Gottipati B S, Gajewski B J, et al. Dietary sialic acid and cholesterol influence cortical composition in developing rats. J Nutr, 2013, 143(2): 132-135.

[8] Owen C G, Whincup P H, Kaye S J, et al. Does initial breastfeeding lead to lower blood cholesterol in adult life? A quantitative review of the evidence. Am J Clin Nutr, 2008, 88(2): 305-314.

[9] Owen C G, Whincup P H, Odoki K, et al. Infant feeding and blood cholesterol: a study in adolescents and a systematic review. Pediatrics, 2002, 110(3): 597-608.

[10] Friedman G, Goldberg S J. Concurrent and subsequent serum cholesterol of breast- and formula-fed infants. Am J Clin Nutr, 1975, 28(1): 42-45.

[11] Shamir R, Nganga A, Berkowitz D, et al. Serum levels of bile salt-stimulated lipase and breast feeding. J Pediatr Endocrinol Metab, 2003, 16(9): 1289-1294.

[12] Singhal A, Cole T J, Fewtrell M, et al. Breastmilk feeding and lipoprotein profile in adolescents born preterm: follow-up of a prospective randomised study. Lancet, 2004, 363(9421): 1571-1578.

[13] Hui L L, Kwok M K, Nelson E A S, et al. Breastfeeding in infancy and lipid profile in adolescence. Pediatrics, 2019, 143(5): e20183075.

[14] Plancoulaine S, Charles M A, Lafay L, et al. Infant-feeding patterns are related to blood cholesterol concentration in prepubertal children aged 5-11 y: the Fleurbaix-Laventie Ville Sante study. Eur J Clin Nutr, 2000, 54(2): 114-119.

[15] Elias P K, Elias M F, D'Agostino R B, et al. Serum cholesterol and cognitive performance in the Framingham Heart Study. Psychosom Med, 2005, 67(1): 24-30.

[16] Haque Z U, Mozaffar Z. Importance of dietary cholesterol for the maturation of mouse brain myelin. Biosci Biotechnol Biochem, 1992, 56(8): 1351-1354.

[17] 金桂贞，王春荣，龚俊贤，等 . 北京市城乡乳母的营养状况、乳成分和婴儿摄入母乳量及生长发育得关系 . Ⅲ . 母乳脂质的分析 . 营养学报 , 1988, 10(2):134-143.

[18] 张淑红 , 王龙琼 , 丁德胜 . 母乳中胆固醇及胆固醇酯分布规律研究 . 食品与发酵工业 , 2023,49(2):218-225.

[19] Harit D, Faridi M M, Aggarwal A, et al. Lipid profile of term infants on exclusive breastfeeding and mixed feeding: a comparative study. Eur J Clin Nutr, 2008, 62(2): 203-209.

[20] 腾飞 , 杨林 , 马莺 . 乳甘油三酯的组成结构及其消化吸收和代谢特性 . 食品安全质量检测学报 , 2019, 10(5): 1109-1119.

[21] Timby N, Domellof M, Lonnerdal B, et al. Supplementation of infant formula with bovine milk fat globule membranes. Adv Nutr, 2017, 8(2): 351-355.

[22] Zou L, Pande G, Akoh C C. Infant formula fat analogs and human milk fat: new focus on infant developmental needs. Annu Rev Food Sci Technol, 2016, 7:139-165.

[23] Li F, Wu S S, Berseth C L, et al. Improved neurodevelopmental outcomes associated with bovine milk fat globule membrane and lactoferrin in infant formula: a randomized, controlled trial. J Pediatr, 2019, 215(24-31):e8.

[24] Brink L R, Herren A W, McMillen S, et al. Omics analysis reveals variations among commercial sources of bovine milk fat globule membrane. J Dairy Sci, 2020, 103(4): 3002-3016.

[25] 刘宁 , 任皓威 , 曹宇彤 . 一种促进婴儿大脑神经和胃肠组织发育的婴儿配方奶粉 : CN105076418A.

2015-11-25.
[26] Yin S A, Yang Z Y. An on-line database for human milk composition in China. Asia Pac J Clin Nutr, 2016, 25(4): 818-825.
[27] Yang Z, Jiang R, Li H, et al. Human milk cholesterol is associated with lactation stage and maternal plasma cholesterol in Chinese populations. Pediatr Res, 2022, 91(4): 970-976.
[28] Neville M C, Picciano M F. Regulation of milk lipid secretion and composition. Annu Rev Nutr, 1997, 17:159-183.
[29] Quinn E A, Diki Bista K, Childs G. Milk at altitude: human milk macronutrient composition in a high-altitude adapted population of Tibetans. Am J Phys Anthropol, 2016, 159(2): 233-243.
[30] Mellies M J, Burton K, Larsen R, et al. Cholesterol, phytosterols, and polyunsaturated/saturated fatty acid ratios during the first 12 months of lactation. Am J Clin Nutr, 1979, 32(12): 2383-2389.
[31] Hamdan I J A, Sanchez-Siles L M, Matencio E, et al. Sterols in human milk during lactation: bioaccessibility and estimated intakes. Food Funct, 2018, 9(12): 6566-6576.
[32] Potter J M, Nestel P J. The effects of dietary fatty acids and cholesterol on the milk lipids of lactating women and the plasma cholesterol of breast-fed infants. Am J Clin Nutr, 1976, 29(1): 54-60.
[33] Clark R M, Fey M B, Jensen R G, et al. Desmosterol in human milk. Lipids, 1983, 18(3): 264-266.
[34] Kamelska A M, Pietrzak-Fiecko R, Bryl K. Variation of the cholesterol content in breast milk during 10 days collection at early stages of lactation. Acta Biochim Pol, 2012, 59(2): 243-247.
[35] Alvarez-Sala A, Garcia-Llatas G, Barbera R, et al. Determination of cholesterol in human milk: an alternative to chromatographic methods. Nutr Hosp, 2015, 32(4): 1535-1540.
[36] Picciano M F, Guthrie H A, Sheehe D M. The cholesterol content of human milk. A variable constituent among women and within the same woman. Clin Pediatr (Phila), 1978, 17(4): 359-362.
[37] Kallio M J, Siimes M A, Perheentupa J, et al. Cholesterol and its precursors in human milk during prolonged exclusive breast-feeding. Am J Clin Nutr, 1989, 50(4): 782-785.
[38] Bitman J, Wood L, Hamosh M, et al. Comparison of the lipid composition of breast milk from mothers of term and preterm infants. Am J Clin Nutr, 1983, 38(2): 300-312.
[39] Wei W, Yang J, Yang D, et al. Phospholipid composition and fat globule structure I: comparison of human milk fat from different gestational ages, lactation stages, and infant formulas. J Agric Food Chem, 2019, 67(50): 13922-13928.
[40] Michalski M C, Briard V, Michel F, et al. Size distribution of fat globules in human colostrum, breast milk, and infant formula. J Dairy Sci, 2005, 88(6): 1927-1940.
[41] Jones P J, Pappu A S, Hatcher L, et al. Dietary cholesterol feeding suppresses human cholesterol synthesis measured by deuterium incorporation and urinary mevalonic acid levels. Arterioscler Thromb Vasc Biol, 1996, 16(10): 1222-1228.
[42] Wong W W, Hachey D L, Insull W, et al. Effect of dietary cholesterol on cholesterol synthesis in breast-fed and formula-fed infants. J Lipid Res, 1993, 34(8): 1403-1411.
[43] Bayley T M, Alasmi M, Thorkelson T, et al. Longer term effects of early dietary cholesterol level on synthesis and circulating cholesterol concentrations in human infants. Metabolism, 2002, 51(1): 25-33.
[44] Hamosh M, Bitman J, Wood L, et al. Lipids in milk and the first steps in their digestion. Pediatrics, 1985, 75(1 Pt 2): 146-150.
[45] Beggio M, Cruz-Hernandez C, Golay P A, et al. Quantification of total cholesterol in human milk by gas chromatography. J Sep Sci, 2018, 41(8): 1805-1811.

[46] Uillaseñor A, Garcia-Perez I, Garcia A, et al. Breast milk metabolome Characterization in a single-phase extraction, multiplatform analytical approach. Anal Chem, 2014, 86(16): 8245-8252.
[47] Whatley B J, Green J B, Green M H. Effect of dietary fat and cholesterol on milk composition, milk intake and cholesterol metabolism in the rabbit. J Nutr, 1981, 111(3): 432-441.
[48] Peng W, Liu Y, Liu Y, et al. Major dietary patterns and their relationship to obesity among urbanized adult Tibetan pastoralists. Asia Pac J Clin Nutr, 2019, 28(3): 507-519.
[49] Mohammad M A, Sunehag A L, Haymond M W. Effect of dietary macronutrient composition under moderate hypocaloric intake on maternal adaptation during lactation. Am J Clin Nutr, 2009, 89(6): 1821-1827.
[50] Yahvah K M, Brooker S L, Williams J E, et al. Elevated dairy fat intake in lactating women alters milk lipid and fatty acids without detectible changes in expression of genes related to lipid uptake or synthesis. Nutr Res, 2015, 35(3): 221-228.
[51] Hibberd C M, Brooke O G, Carter N D, et al. Variation in the composition of breast milk during the first 5 weeks of lactation: implications for the feeding of preterm infants. Arch Dis Child, 1982, 57(9): 658-662.
[52] Kim J, Nguyen M T T, Kim Y, et al. Dynamic stability of cholesterol and desmosterol in human milk from four Asian countries. Food Sci Biotechnol, 2022, 31(12): 1513-1522.
[53] Qi G, Yin S, Zhang G, et al. Genetic and epigenetic polymorphisms of eNOS and CYP2D6 in mainland Chinese Tibetan, Mongolian, Uygur, and Han populations. Pharmacogenomics J, 2020, 20(1): 114-125.
[54] Yang Z, Jiang R, Chen Q, et al. Concentration of lactoferrin in human milk and its variation during lactation in different Chinese populations. Nutrients, 2018, 10(9): 1235.
[55] Long C A, Patton S, McCarthy R D. Origins of the cholesterol in milk. Lipids, 1980, 15(10): 853-857.
[56] Mellies M J, Ishikawa T T, Gartside P, et al. Effects of varying maternal dietary cholesterol and phytosterol in lactating women and their infants. Am J Clin Nutr, 1978, 31(8): 1347-1354.

# 第 8 章

# 中国母乳磷脂

母乳中脂肪平均含量范围 3.5 ~ 4.5g/L，其中甘油三酯占 98%，磷脂（phospholipids, PL）占母乳总脂肪的 0.2% ~ 2.0%；人乳中磷脂虽然含量很低，但是对母乳喂养儿的生长发育具有重要作用。人乳中主要的极性脂是甘油磷脂（glycerophospholipid）和鞘磷脂（Sphingomyelin），还发现了少量的其他脂质，包括胆固醇（cholesterol）、神经节苷脂（ganglioside）、神经酰胺（ceramide）等。最近，乳磷脂因其功能作用、对脂质吸收的影响 [1,2] 以及它们在婴儿大脑最佳发育中的作用受到越来越多的关注 [3-5]。

# 8.1 母乳磷脂存在形式及种类

## 8.1.1 母乳磷脂存在形式

母乳中存在的主要磷脂可分成五种，包括磷脂酰乙醇胺（phosphatidyl ethanolamine，PE）、磷脂酰胆碱（phosphatidyl choline，PC）、鞘磷脂（sphingomyelin，SM）、磷脂酰肌醇（phosphatidyl inositol，PI）和磷脂酰丝氨酸（phosphatidyl serine，PS），前三种占母乳中磷脂的62%～80%[6,7]。由于鞘磷脂含有与磷脂酰胆碱相同的头部基团，通常被分类并报告为磷脂[8]。

磷脂是一类重要的两亲性分子，即具有亲脂酰基链和亲水性头[9]。母乳中的磷脂主要分布在乳脂肪球膜上，可分为甘油磷脂和鞘磷脂。甘油磷脂为甘油骨架的 *sn*-1、*sn*-2 位置上连接两个脂肪酸，*sn*-3 上为带不同基团的磷酸盐，如 PE、PC、PI 和 PS；而 SM 是含有鞘氨醇或二氢鞘氨醇的磷脂，其不含有甘油，是一分子脂肪酸以酰胺键与鞘氨醇的氨基相连而成。

## 8.1.2 母乳磷脂种类

乳磷脂约占母乳脂类的0.5%～1%，按其组成结构分为两类：磷酸甘油酯和神经鞘磷脂，前者以甘油为基础，后者以神经鞘氨醇为基础。张雪等[10]对世界各地母乳脂中各类磷脂占总磷脂的比例进行了总结，发现 SM 含量最高（29.0%～45.5%），其次是 PC（19.0%～38.12%）和 PE（10.1%～36.1%），PS（3.7%～18.4%）和 PI（0.94%～11.7%）占比相对较少。梁雪等[11]采用高效液相色谱 - 蒸发光散射法（HPLC-ELSD）发现成熟乳中 PE 含量最高，其次为 SM、PC、PI 和 PS。Giuffrida 等[12]报道中显示成熟乳中 PC 含量最高，达到了 34%，其次是 SM 和 PE。虽然磷脂的构成比在几项研究中不尽一致，但均表明母乳中磷脂主要由 PE、PI、PS、PC 和 SM 这 5 种不同种类的磷脂组成。

何扬波[13]采用超高效液相色谱串联质谱（UPLC-Triple-TOF-MS/MS）分析了哈尔滨、齐齐哈尔和吉林三个地区的母乳磷脂含量，在母乳中检出磷脂共计 62 种。其中，包括 19 种 PC、25 种 PE、4 种 PS、5 种 PI。PC、PE、SM、PS 和 PI 在总磷脂中的相对含量分别为 38.12%、26.97%、29.54%、4.43% 和 0.94%。磷脂在婴幼儿大脑发育过程中发挥重要作用，这是因为大脑内的信息传导依靠的是一种被称为“乙肽胆碱”的成分，而磷脂中含量最高的 PC 恰巧可以提高该组分的浓度[14]。

## 8.2 母乳磷脂功能

母乳中的磷脂具有促进脂肪消化产物在消化道内的吸收和转运，维持细胞膜流动性和稳定性，参与机体免疫调节和神经信号传导等重要功能。

### 8.2.1 维持乳脂肪球膜膜稳定性

磷脂在乳脂肪球膜的生理功能发挥和维持膜稳定性中发挥重要作用。例如，鞘磷脂与胆固醇一起形成的“脂筏”（lipid raft）可增加乳脂肪球膜的刚性；由于甘油磷脂具有较高的不饱和度，可提高乳脂肪球膜的流动性等[15]。

PL 富含多不饱和脂肪酸，对维持膜的流动性非常重要；PL 也是神经细胞膜的重要成分，在保持细胞膜完整性、细胞信号传导和婴儿智力发育方面发挥重要作用[16,17]。

### 8.2.2 影响学习认知能力

已有研究结果显示，通过给予人工喂养婴儿补充含乳脂肪球膜的婴儿配方食品喂养，可显著提高其 12 月龄时的认知能力[16]。新生仔猪模型试验结果显示，早期补充磷脂和神经节苷脂可以改善动物的认知发育，表现为降低 T 型迷宫试验任务中的错误次数和缩短响应时间；与对照组相比，干预组还表现出脑重量增加、多个脑区体积增大、灰质和白质区域增多[18]。

### 8.2.3 提供胆碱和多不饱和脂肪酸

母乳中磷脂（如 PC）是新生儿胆碱和多种不饱和脂肪酸的重要来源。胆碱又是神经递质乙酰胆碱的前体，通过调节信号转导发挥作用，而且作为甲基供体是大脑发育的必需物质[17]；PC、PE 和 SM 是母乳中发现的三个主要磷脂类别，除了提供胆碱，还提供长链多不饱和脂肪酸，包括花生四烯酸、二十碳五烯酸和二十二碳六烯酸，这些生物活性成分对于婴幼儿大脑、视觉和学习认知能力发育至关重要[6,17]。

### 8.2.4 促进脂肪吸收利用

由于母乳的磷脂主要分布在乳脂肪球膜上（占磷脂总量的 60% ～ 70%），与膜特异蛋白质一起构成乳脂肪球膜，对于维持乳脂肪球膜结构的稳定是必需的，能结合各种脂肪酶，有利于脂肪的吸收利用[19-21]。

### 8.2.5 其他作用

磷脂酰丝氨酸是中枢神经系统发育的重要成分，磷脂酰乙醇胺和磷脂酰肌醇具有降低胆固醇的作用[22]。鞘磷脂有助于肠道发育成熟，并且其消化分解产物被认为是具有生物活性的化合物，对细胞调节发挥重要作用。磷脂类化合物在维持细胞膜结构稳定性、调节生长因子受体的行为，以及在某些微生物、微生物毒素和病毒的结合位点中发挥生物学作用[23]。

## 8.3 母乳磷脂含量与组成研究

### 8.3.1 中国的研究工作

#### 8.3.1.1 足月婴儿

尽管不同作者报告的我国不同地区母乳中磷脂及其组分的含量差异较大，但整体上母乳中总磷脂水平随哺乳期延长，呈下降趋势，如表 8-1 所示。母乳中的主要磷脂成分是 PE、SM 和 PC；根据表 8-1 中数据计算，PE、SM 和 PC 合计占总磷脂的比例约 80%（76.8% ～ 90.1%），郑州的数据三者占比较低（50.1%）除外，不能排除该调查的样本量少导致抽样和测定误差[24]。有分析结果显示，成熟乳（40 ～ 400d）的磷脂及其组分含量相对较稳定[25]。

大多数研究结果显示，母乳含有相对比较高的 PE 和 PC，有助于保证生命早期大脑发育所需要多不饱和脂肪酸的供应，而且这两种成分也是细胞膜的主要磷脂[28]，有助于维持膜良好流动性和稳定性[29]。母乳维持较高浓度的 PE 和 PC 可用于膜材料和满足出生后器官和机体快速生长发育需求。

#### 8.3.1.2 磷脂组分分析及区域差异

（1）组分分析　目前大多数已发表的母乳磷脂研究，多限于 5 种成分（也有的研究仅测定 3 种成分），总磷脂含量也是上述成分的相加。基于何杨波等[30]和雷守成等[31]关于母乳中磷脂组成成分的研究，分别检出各种磷脂和鞘磷脂 60 种和 38 种，其中 PC、PE、SM、PS、PI 占总磷脂的比例分别为 38.12%、26.97%、29.54%、4.43% 和 0.94%[30]。

（2）不同地区母乳磷脂的差异　梁雪等[11]分析了中国 6 个城市成熟乳磷脂中的 5 种主要磷脂含量，发现不同地区成熟乳中总磷脂含量存在差异，广州和兰州地区的含量高于其他地区（$P<0.001$）；5 种不同的磷脂含量在 6 个城市也存在

表 8-1　我国不同作者报告的母乳磷脂及其组分含量

单位：mg/L

| 作者 | 地点 | 哺乳期 | 样本数 | PE | SM | PC | PI | PS | 总磷脂 |
| --- | --- | --- | --- | --- | --- | --- | --- | --- | --- |
| 梁雪等[11] | 6 个城市① | 成熟乳 | 646 | 52.3 | 45.4 | 38.7 | 17.6 | 15.8 | 169.9 |
| Yang 等[25] | 6 个城市① | 初乳③ | 259 | 61.8±1.8 | 46.3±1.3 | 52.3±1.2 | 21.9±0.5 | 26.6±0.7 | 209.0±5.0 |
| | | 过渡乳③ | 254 | 61.5±1.8 | 43.3±1.3 | 44.8±1.2 | 19.1±0.5 | 17.5±0.7 | 186.2±5.1 |
| | | 成熟乳③ | 630 | 56.3±1.1 | 47.4±0.8 | 41.4±0.8 | 18.5±0.3 | 18.9±0.4 | 182.5±3.2 |
| | | 初乳④ | 259 | 61.2±1.8 | 46.5±1.3 | 52.1±1.2 | 21.7±0.5 | 26.6±0.7 | 208.2±5.0 |
| | | 过渡乳④ | 254 | 60.8±1.8 | 43.5±1.3 | 44.7±1.2 | 19.0±0.5 | 17.4±0.7 | 185.4±5.0 |
| | | 成熟乳④ | 630 | 56.4±1.1 | 47.4±0.8 | 41.5±0.8 | 18.5±0.3 | 18.9±0.4 | 182.6±3.2 |
| Li 等[24] | 郑州 | 成熟乳 | 15 | 47.3±2.9 | 39.1±7.2 | 35.2±2.5 | 46.7±3.2 | 74.3±2.1 | 242.6⑤ |
| Giuffrida 等[26] | 3 个城市② | 初乳 | 113 | 85±52 | 91±40 | 120±58 | 18±7 | 15±16 | 330±132 |
| | | 过渡乳 | 81 | 82±53 | 73±41 | 101±55 | 18±10 | 11±8 | 285±144 |
| | | 成熟乳 | 345 | 64±34 | 72±40 | 82±50 | 15±7 | 10±10 | 242±114 |
| 高润颖等[27] | 上海 | 初乳 | 70 | 46.6±22.1 | 102.0±40.5 | 233.4±168.3 | —⑥ | —⑥ | 382.0±205.9 |
| | | 过渡乳 | 96 | 48.1±21.6 | 104.1±29.2 | 197.9±61.7 | —⑥ | —⑥ | 350.1±97.4 |
| | | 成熟乳 | 82 | 36.9±22.9 | 89.8±33.7 | 155.3±71.4 | —⑥ | —⑥ | 281.9±118.5 |

①包括广州、天津、长春、兰州、上海、成都，梁雪等的结果系中位数。

②3 个城市包括北京、广州和苏州，结果系平均值 ± 标注差。

③调整了社会人口学和体格指标因素。

④调整了区域因素。

⑤T-PL 系基于前面 5 个数据的计算值。

⑥“—”代表未检测。

注：数据以平均值 ± 标准差表示。

差异。兰州和成都的PE含量均明显高于天津和长春两地（$P<0.001$）；兰州和成都地区的PI含量均高于上海地区（$P<0.001$）；广州和兰州地区的PC含量均高于其他地区（$P<0.001$）；广州地区的SM含量高于天津、长春、上海和成都四地区（$P<0.001$）。在6个城市中，PE均是成熟乳中最主要的磷脂成分，约占总磷脂含量的27%～32%左右，其次是SM（25%～28%）和PC（22%～24%），PI和PS的构成比最低，分别为9%～11%、8%～14%。说明中国成熟乳中磷脂的含量在不同地区间存在显著差异，但是各地区磷脂的构成比差异不大。这可能与广州和兰州地区产妇在月子期间会摄入较多含高磷脂的食物（例如蛋黄、牛乳、肉和鱼等）有关。高润颖等[32]的研究中显示，乳母牛羊肉和蛋类的日均摄入量与母乳磷脂构成相关。与其他国家相比，阿联酋母乳中SM的含量（82.9%～91.2%）高于其他国家，而马来西亚母乳中PS的含量显著高于其他国家。我国母乳中含量最高的磷脂为SM、PC和PE，这一结果与其他国家的母乳磷脂研究结果一致[33-35]。

母乳中磷脂含量与母亲的饮食密切相关，这也是不同地区磷脂含量差异的主要原因。Zhang等[36]通过分析母乳中磷脂脂肪酸与母亲饮食的关系，发现饱和脂肪酸（saturated fatty acid，SFA）含量与蛋白质和海鲜食品摄入量呈正相关，与蔬菜摄入量呈负相关。就顺式单不饱和脂肪酸（mono-unsaturated fatty acid，MUFA）而言，其水平与蛋白质、脂肪、谷物和豆制品呈正相关，与蔬菜摄入量呈负相关。特别是$n$-6多不饱和脂肪酸（polyunsaturated fatty acid，PUFA）与豆制品摄入量呈正相关，而与蛋白质、脂肪、蔬菜、水果和鸡蛋摄入量呈负相关。因此，可根据母亲饮食对母乳磷脂不同成分的影响，对乳母的饮食进行科学的指导。不同地区母乳中磷脂含量汇总于表8-2。

**表8-2　不同地区母乳中磷脂含量**[11,33-35]　　单位：mg/L

| 地域 | 泌乳期 | SM | PC | PE | PI | PS | 总磷脂 |
|---|---|---|---|---|---|---|---|
| 广州 | 成熟乳 | 49.46 | 43.85 | 57.62 | 16.91 | 26.43 | 198.09 |
| 天津 | 成熟乳 | 44.22 | 33.64 | 44.74 | 17.34 | 15.53 | 154.29 |
| 长春 | 成熟乳 | 40.99 | 37.1 | 49.56 | 16.77 | 14.11 | 161.76 |
| 兰州 | 成熟乳 | 51.15 | 45.25 | 64.69 | 18.94 | 17.26 | 197.01 |
| 上海 | 成熟乳 | 42.62 | 34.74 | 39.19 | 16.34 | 13.80 | 145.92 |
| 成都 | 成熟乳 | 45.39 | 39.39 | 62.34 | 19.09 | 14.57 | 181.48 |
| 法国 | — | 78.3 | 60.3 | 41.5 | 11.1 | 22.1 | 250.3 |
| 马来西亚 | 初乳 | 38.3 | 69 | 85.7 | 15.3 | 119.1 | 330.9 |
|  | 过渡乳 | 23.3 | 50 | 81.3 | 11.2 | 98.1 | 266.4 |
|  | 成熟乳 | 65.4 | 26.1 | 46 | 7.4 | 17.4 | 170 |
| 阿联酋 | 过渡乳 | 91.2 | 66.4 | 66.3 | 11.2 | 28.5 | 269 |
|  | 成熟乳 | 82.9 | 30.2 | 80 | 6.5 | 16.1 | 219.6 |

### 8.3.1.3 不同泌乳阶段中国母乳磷脂的差异

我国母乳中初乳、过渡乳、成熟乳中总磷脂的平均含量分别为195.4～350.7mg/L、187.5～350.9mg/L、170.4～246.0mg/L，且含量最高的磷脂为SM(45.4～103.7mg/L)、PC（38.7～203.2mg/L）和PE（31.8～95.0mg/L）[37]。夏袁[38]测定了我国无锡地区不同泌乳期母乳磷脂含量，结果显示初乳和过渡乳中PC含量明显高于成熟乳，成熟乳中PS和PE含量显著高于初乳和过渡乳，PI和SM在三个泌乳期含量并无显著变化。何扬波[13]报告的不同泌乳阶段母乳磷脂占总磷脂的相对含量，如表8-3所示。

**表**8-3 不同泌乳阶段母乳磷脂占总磷脂的相对含量[13] 单位：%

| 磷脂 | 初乳 | 过渡乳 | 成熟乳 |
|---|---|---|---|
| PC 30:0 | 1.44±0.98 | 0.68±0.40 | 0.69±0.39 |
| PC 32:0 | 7.17±0.92 | 6.23±1.16 | 5.00±1.45 |
| PC 32:1 | 0.48±0.15 | 0.50±0.12 | 0.39±0.15 |
| PC 32:3 | 0.51±0.27 | 0.32±0.18 | 0.32±0.16 |
| PC 34:0 | 4.31±1.61 | 4.38±0.37 | 3.03±0.63 |
| PC 34:1 | 5.70±1.01 | 5.04±0.73 | 3.82±1.34 |
| PC 34:2 | 4.75±0.06 | 4.44±0.59 | 3.99±0.83 |
| PC 34:3 | 2.38±0.65 | 2.43±0.37 | 2.10±0.57 |
| PC 35:1 | 0.33±0.12 | 0.30±0.08 | 0.28±0.08 |
| PC 35:4 | 0.56±0.14 | 0.93±0.33 | 0.81±0.22 |
| PC 36:1 | 1.77±0.08 | 1.28±0.13 | 0.98±0.21 |
| PC 36:2 | 8.11±2.37 | 10.80±1.07 | 11.30±1.76 |
| PC 38:4 | 0.34±0.09 | 0.57±0.27 | 0.45±0.09 |
| LPC 16:0 | 0.95±0.81 | 0.81±0.22 | 0.86±0.35 |
| LPC 18:0 | 1.26±0.62 | 1.43±1.18 | 0.97±0.39 |
| LPC 18:2 | 0.09±0.08 | 0.31±0.18 | 0.38±0.26 |
| PC O-34:1 | 0.37±0.22 | 0.31±0.11 | 0.39±0.13 |
| PC O-34:3 | 0.42±0.19 | 0.53±0.16 | 0.61±0.16 |
| PC O-36:4 | 0.19±0.11 | 0.26±0.03 | 0.29±0.03 |
| PE 34:0 | 0.24±0.04 | 0.25±0.06 | 0.24±0.07 |
| PE 34:2 | 0.54±0.09 | 0.64±0.10 | 0.60±0.12 |
| PE 36:1 | 2.61±0.41 | 2.11±0.13 | 2.28±0.32 |
| PE 36:2 | 4.63±0.01 | 5.55±0.87 | 6.81±1.73 |
| PE 36:3 | 0.50±0.09 | 0.81±0.28 | 0.97±0.36 |
| PE 36:4 | 0.34±0.10 | 0.46±0.07 | 0.43±0.06 |

续表

| 磷脂 | 初乳 | 过渡乳 | 成熟乳 |
| --- | --- | --- | --- |
| PE 36:5 | 0.23±0.01 | 0.29±0.05 | 0.30±0.06 |
| PE 38:1 | 0.33±0.12 | 0.30±0.0 8 | 0.28±0.08 |
| PE 38:2 | 0.36±0.14 | 0.32±0.08 | 0.30±0.08 |
| PE 38:4 | 0.56±0.14 | 0.93±0.33 | 0.81±0.22 |
| PE 38:5 | 1.66±0.57 | 2.45±0.39 | 2.79±0.53 |
| PE 40:5 | 0.16±0.01 | 0.30±0.15 | 0.19±0.06 |
| LPE 18:0 | 2.77±0.69 | 2.02±0.83 | 1.38±0.62 |
| LPE 18:1 | 0.95±0.81 | 0.81±0.22 | 0.86±0.35 |
| LPE 18:2 | 0.02±0.01 | 0.11±0.06 | 0.19±0.15 |
| LPE 20:1 | 0.14±0.02 | 0.20±0.03 | 0.21±0.13 |
| PE O-34:2 | 1.24±0.47 | 0.73±0.10 | 0.64±0.12 |
| PE O-34:3 | 0.96±0.16 | 1.17±0.18 | 1.27±0.21 |
| PE O-36:2 | 0.71±0.23 | 0.55±0.08 | 0.53±0.11 |
| PE O-36:3 | 1.16±0.60 | 1.15±0.28 | 1.35±0.16 |
| PE O-36:4 | 0.45±0.11 | 0.53±0.18 | 0.62±0.17 |
| PE O-36:5 | 2.84±1.31 | 3.18±0.77 | 3.20±0.93 |
| PE O-37:3 | 0.11±0.01 | 0.16±0.03 | 0.20±0.06 |
| PE O-38:5 | 1.00±0.35 | 1.06±0. 59 | 1.04±0.27 |
| PE O-40:5 | 0.21±0.12 | 0.15±0.05 | 0.17±0.07 |
| PS 36:2 | 2.23±0.27 | 2.27±0.32 | 2.70±0.34 |
| PS 38:4 | 0.66±0.08 | 0.46±0.07 | 0.43±0.11 |
| PS 38:5 | 1.12±0.14 | 1.36±0.26 | 1.65±0.20 |
| PS 40:5 | 0.13±0.03 | 0.25±0.10 | 0.16±0.07 |
| PI 34:1 | 0.05±0.01 | 0.04±0.01 | 0.08±0.02 |
| PI 36:1 | 0.03±0.01 | 0.03±0.01 | 0.13±0.05 |
| PI 36:2 | 0.09±0.05 | 0.10±0.04 | 0.33±0.14 |
| PI 38:3 | 0.06±0.04 | 0.04±0.02 | 0.06±0.02 |
| PI 38:4 | 0.09±0.07 | 0.07±0.02 | 0.14±0.09 |
| SM 32:1;2 | 0.68±0.27 | 0.62±0.27 | 0.74±0.20 |
| SM 34:1;2 | 6.26±0.14 | 5.01±0.47 | 5.06±0.76 |
| SM 36:1;2 | 4.73±1.64 | 5.15±0.96 | 5.53±1.56 |
| SM 38:1;2 | 4.14±2.44 | 3.19±0.43 | 4.33±1.16 |
| SM 38:2;2 | 0.39±0.05 | 0.32±0.08 | 0.32±0.08 |
| SM 40:1;2 | 4.18±1.17 | 4.81±0.89 | 5.56±1.25 |
| SM 40:2;2 | 0.91±0.18 | 0.69±0.13 | 0.72±0.16 |
| SM 42:1;2 | 3.19±0.62 | 3.48±0.37 | 3.83±0.89 |
| SM 42:2;2 | 5.17±0.41 | 4.34±1.46 | 3.93±0.83 |

注：表中数据经分布检验后发现，其偏度值为 0.40 ～ 0.70 之间，峰度值为 0.05 ～ 0.10 之间，接近于正态分布（偏度 =0，峰度 =0），认为该组数据近似于正态分布。

何扬波[13]通过分析哈尔滨、齐齐哈尔和吉林三个地区不同泌乳阶段母乳的磷脂含量（表 8-3），发现除了 PC 占总磷脂的百分比会随着泌乳期的变化从初乳期的 41.16% 降低到成熟期的 36.64% 以外，其他的磷脂都随着泌乳期的变化而稳步升高。PE 从 24.73% 升至 27.65%；SM 从 26.95% 升高至 30.02%；PS 从 4.13% 升至 4.93%；PI 从 0.32% 升高至 0.75%。在 19 种 PC 中，共有包括 PC 30:0、PC 32:0 等在内的 11 种 PC 在初乳期、过渡期和成熟期中的相对含量变化差异显著。除了 PC 35:4、PC 36:2、LPC 18:2、PC O-34:3、PC O-36:4 这 5 种 PC 随泌乳期的增长相对含量升高外，其余 PC 的相对含量均呈降低趋势。对 PE 而言，PE 36:2、PE 36:3、PE 38:4、PE 38:5、PE 40:5、LPE 18:0、LPE 18:2、PE O-34:2、PE O-37:3 这 9 种磷脂酰乙醇胺随着泌乳期的增长其相对含量也呈现出具有统计学意义的差异，而绝大多数则不显著。PE 36:2、PE 36:3、PE 38:5、LPE 18:2、PE O-34:2 占总磷脂的百分比随着泌乳期的增长呈现出逐渐升高的趋势，而 LPE 18:0 和 PE O-34:2 的相对含量则随着泌乳期的增长而降低。

## 8.3.2 国际上的研究工作

不同国家的母乳中磷脂含量以及主要的磷脂组分含量见表 8-4。总的趋势是成熟乳中总磷脂含量低于初乳和过渡乳[26,34,39,40]。Sala-Vila 等[39]报道了西班牙不同哺乳期母乳中磷脂含量（产后 1 ～ 5d，6 ～ 15d 和 15 ～ 30d），磷脂酰丝氨酸和磷脂酰乙醇胺显示增加趋势，而磷脂酰胆碱则呈降低趋势，其他形式则变化不明显。需要指出的是，该项研究的采样方式仅取哺乳开始的前段乳汁。

## 8.3.3 母乳中磷脂含量的影响因素

### 8.3.3.1 泌乳阶段

多项研究结果显示，总磷脂以初乳中含量最高，之后随泌乳期的延长呈逐渐降低趋势，其中以 PC 含量的降低尤为明显，其他胆碱组分哺乳期的变化趋势也是降低的，成熟乳（约 400d）中母乳胆碱及其组分相对较稳定[25,31,41]，提示鼓励 6 月龄之后继续母乳喂养到 2 岁或更长时间，可使婴幼儿继续通过母乳获得有助于神经系统发育的磷脂和胆碱以及长链多不饱和脂肪酸。

### 8.3.3.2 方法学

不同研究采用的方法学、现场母乳样品的采集和处理（储存管的质量）、样品转运与储藏（冷冻温度和冻融次数）、样品前处理和分析手段以及使用的标准品不同等诸多因素，使得目标物的分离程度、测试的信号强度、定量标准等方面

**表 8-4　不同国家母乳中磷脂的含量比较**

单位：mg/L

| 磷脂 | 美国[48] | 新加坡[49] | 马来西亚[34] | | | 阿联酋[40] | | 中国[26] | | | 西班牙①[39] | | |
|---|---|---|---|---|---|---|---|---|---|---|---|---|---|
| | | | 初乳 | 过渡乳 | 成熟乳 | 过渡乳 | 成熟乳 | 初乳 | 过渡乳 | 成熟乳 | 初乳 | 过渡乳 | 成熟乳 |
| SM | 38.5 | 35.7 | 12 | 9 | 38 | 34 | 38 | 28 | 26 | 30 | 40.5±3.6 | 39.2±3.6 | 41.0±3.4 |
| PC | 26.4 | 25.2 | 21 | 19 | 15 | 25 | 14 | 36 | 35 | 34 | 38.4±3.1 | 37.7±4.9 | 31.3±4.5 |
| PS | 8.8 | 5.9 | 36 | 37 | 10 | 11 | 7 | 5 | 4 | 4 | 7.9±1.1 | 8.2±1.0 | 10.4±1.3 |
| PE | 19.8 | 28.6 | 26 | 31 | 27 | 25 | 36 | 26 | 29 | 26 | 5.9±0.6 | 8.6±1.2 | 12.8±1.2 |
| PI | 6.5 | 4.6 | 5 | 4 | 4 | 4 | 3 | 5 | 6 | 6 | 6.0±0.6 | 5.2±0.5 | 5.9±0.5 |

①结果系平均值 ±SD。

注：SM—鞘磷脂；PC—磷脂酰胆碱；PS—磷脂酰丝氨酸；PE—磷脂酰乙醇胺，PI—磷脂酰肌醇。

存在差异，不同程度造成分析结果的偏差，使不同研究获得的结果之间难以进行比较 [11,24,26,27]。

#### 8.3.3.3 膳食

已有报道，不同膳食模式影响母乳中磷脂组分的含量。例如，回归分析结果显示，母乳中 PE 含量与乳母坚果类食物的摄入量呈正相关（$\beta$=0.202，$P$=0.002）[27]。随着我国年轻居民膳食模式西式变迁明显，将会不同程度影响母乳中磷脂及其组分含量，因此需要及时更新我国的母乳成分数据库。

有研究比较了不同地区母乳中磷脂及其组分含量，尽管不同地区间可能存在明显差异 [11]，然而其主要原因与哺乳期间的膳食有关，例如蛋黄、牛羊肉和鱼类食物摄入量影响母乳中磷脂及其组分含量 [31,42]；哺乳期间服用胆碱补充剂可增加母乳中胆碱、甜菜碱和磷脂酰胆碱的水平 [43]。

## 8.4 婴幼儿配方食品的应用

### 8.4.1 母乳与婴幼儿配方乳粉磷脂组成的比较

我们对于母乳中磷脂的模拟还处于起步阶段，目前主要集中于对母乳磷脂总量的模拟，未实现磷脂的精细化模拟。因此，对母乳磷脂的精细化模拟对于未来婴幼儿配方乳粉的品质提升研究具有重要意义。

Cheong 等 [44] 对母乳和婴幼儿配方乳粉的磷脂对比分析后发现，成熟母乳脂质中总磷脂浓度为 228.60μg/mL，而不同婴幼儿配方乳粉的总磷脂浓度差异显著。4 种婴幼儿配方乳粉中的磷脂浓度分别为 942.75μg/mL、2274.33μg/mL、150.48μg/mL 和 958.18μg/mL。成熟母乳脂肪中发现的 10 种最丰富的磷脂分别为 SM（18:1/22:0）、PC（18:0/18:2、18:1/18:1、18:2/18:0） 和 PE（18:0/10:2、18:1/10:1、18:2/28:0），浓度分别为 30.64 ～ 57.33μg/mL、23.42 ～ 24.38μg/mL 和 10.24 ～ 10.86μg/mL。同时还发现成熟母乳脂肪球（4.24μm）明显大于婴幼儿配方乳粉脂肪球（IF1:0.354μm；IF2:0.404μm；IF3:0.430μm 和 IF4:0.355μm）。这些结构差异可能是导致婴幼儿脂肪消化率和生物利用率不同的原因。

Fong 等 [45] 研究了 7 种普通婴幼儿配方乳粉中磷脂含量，发现普通婴幼儿配方乳粉磷脂含量为 296.4 ～ 395.2mg/L，而 1 种添加了初乳粉的配方中磷脂含量可达到 789.1mg/L，明显高于普通配方。说明添加 MFGM 蛋白是目前可应用于婴幼儿配方乳粉，提高婴幼儿配方乳粉各磷脂含量的最佳方式。说明初乳粉中磷脂含量明显高于普通婴幼儿配方乳粉，通过添加初乳粉可提高婴幼儿配方乳粉中各磷脂含量。然而，我国目前婴幼儿配方乳粉中还不能直接添加牛初乳粉！

## 8.4.2 应用

已有研究结果显示，磷脂谱（不同组分）及其含量在不同动物的种属（如人、牛、山羊、牦牛和驴）间存在明显差异[46]；母乳与婴儿配方食品（乳粉）的磷脂组成存在显著差异，例如，母乳中最丰富的磷脂是SM，而婴儿配方食品中则较低，通常婴儿配方食品富含PC（强制性食品安全标准要求进行的强化），而且成分复杂[37,41]。不同的磷脂组分在体内发挥的生物学作用不同，例如，PC是乙酰胆碱的前体，与记忆和运动功能有关，SM通过其代谢物神经酰胺和鞘氨醇参与体内细胞生长、分化、凋亡等生理活动，也是神经髓鞘的基本成分[29,47]。与其他动物相比，人乳中含有更高的鞘磷脂和更多的不饱和脂肪酰基，因此不同来源的磷脂（如牛或山羊来源）是否与人乳中的磷脂具有同样生物学作用，仍有待研究解决，为后续更好地构建婴儿配方乳粉和产品品质提升提供科学依据。

（李静，董彩霞，杨振宇，郭慧媛，荫士安）

### 参考文献

[1] Bourlieu C, Menard O, De La Chevasnerie A, et al. The structure of infant formulas impacts their lipolysis, proteolysis and disintegration during in vitro gastric digestion. Food Chem, 2015, 182:224-235.

[2] Lecomte M, Bourlieu C, Meugnier E, et al. Milk polar lipids affect in vitro digestive lipolysis and postprandial lipid metabolism in mice. J Nutr, 2015, 145(8): 1770-1777.

[3] Timby N, Domellof M, Lonnerdal B, et al. Supplementation of infant formula with bovine milk fat globule membranes. Adv Nutr, 2017, 8(2): 351-355.

[4] Mudd A T, Dilger R N. Early-life nutrition and neurodevelopment: use of the piglet as a translational model. Adv Nutr, 2017, 8(1): 92-104.

[5] Grip T, Dyrlund T S, Ahonen L, et al. Serum, plasma and erythrocyte membrane lipidomes in infants fed formula supplemented with bovine milk fat globule membranes. Pediatr Res, 2018, 84(5): 726-732.

[6] Cilla A, Diego Quintaes K, Barbera R, et al. Phospholipids in human milk and infant formulas: benefits and needs for correct infant nutrition. Crit Rev Food Sci Nutr, 2016, 56(11): 1880-1892.

[7] Verardo V, Gomez-Caravaca A M, Arráez-Román, et al. Recent advances in phospholipids from colostrum, milk and dairy by-products. Int J Mol Sci, 2017, 18(1): 173.

[8] Liu Z, Rochfort S, Cocks B. Milk lipidomics: What we know and what we don’t. Prog Lipid Res, 2018, 71:70-85.

[9] Donato P, Cacciola F, Cichello F, et al. Determination of phospholipids in milk samples by means of hydrophilic interaction liquid chromatography coupled to evaporative light scattering and mass spectrometry detection. J Chromatogr A, 2011, 1218(37): 6476-6482.

[10] 张雪，杨洁，韦伟，等．乳脂肪球膜的组成、营养及制备研究进展．食品科学，2019, 40(1): 292-302.

[11] 梁雪，毛颖异，刘钊燕，等．中国六城市成熟母乳中磷脂含量研究．营养学报，2021, 43(4): 352-357.

[12] Giuffrida F, Cruz-Hernandez C, Bertschy E, et al. Temporal changes of human breast milk lipids of Chinese mothers. Nutrients, 2016, 8(11): 715.

[13] 何扬波．不同泌乳期中国汉族人乳磷脂组学及脂肪酸分析 [D]. 哈尔滨：东北农业大学，2016.

[14] 殷涌光，陈玉江，刘瑜，等．磷脂功能性质及其生产应用的研究进展．食品与机械，2009, 25(3): 120-124.

[15] Wang L, Shimizu Y, Kaneko S, et al. Comparison of the fatty acid composition of total lipids and phospholipids in breast milk from Japanese women. Pediatr Int, 2000, 42(1): 14-20.
[16] Timby N, Domellof E, Hernell O, et al. Neurodevelopment, nutrition, and growth until 12 mo of age in infants fed a low-energy, low-protein formula supplemented with bovine milk fat globule membranes: a randomized controlled trial. Am J Clin Nutr, 2014, 99(4): 860-868.
[17] Zeisel S H. The fetal origins of memory: the role of dietary choline in optimal brain development. J Pediatr, 2006, 149(5 Suppl): S131-S136.
[18] Liu H, Radlowski E C, Conrad M S, et al. Early supplementation of phospholipids and gangliosides affects brain and cognitive development in neonatal piglets. J Nutr, 2014, 144(12): 1903-1909.
[19] Koletzko B, Rodriguez-Palmero M, Demmelmair H, et al. Physiological aspects of human milk lipids. Early Hum Dev, 2001, 65(Suppl):S3-S18.
[20] Oosting A, Kegler D, Wopereis H J, et al. Size and phospholipid coating of lipid droplets in the diet of young mice modify body fat accumulation in adulthood. Pediatr Res, 2012, 72(4): 362-369.
[21] Oosting A, van Vlies N, Kegler D, et al. Effect of dietary lipid structure in early postnatal life on mouse adipose tissue development and function in adulthood. Br J Nutr, 2014, 111(2): 215-226.
[22] Shirouchi B, Nagao K, Furuya K, et al. Effect of dietary phosphatidylinositol on cholesterol metabolism in Zucker (fa/fa) rats. J Oleo Sci, 2009, 58(3): 111-115.
[23] Vesper H, Schmelz E M, Nikolova-Karakashian M N, et al. Sphingolipids in food and the emerging importance of sphingolipids to nutrition. J Nutr, 1999, 129(7): 1239-1250.
[24] Li S, Chen Y, Han B, et al. Composition and variability of phospholipids in Chinese human milk samples. Int Dairy J, 2020, 110. Doi:10.1016/j.idairyj.2020.104782.
[25] Yang M T, Lan Q Y, Liang X, et al. Lactational changes of phospholipids content and composition in Chinese breast milk. Nutrients, 2022, 14(8): 1539.
[26] Giuffrida F, Cruz-Hernandez C, Bertschy E, et al. Temporal changes of human breast milk lipids of Chinese mothers. Nutrients, 2016, 8(11): 715.
[27] 高润颖 , 吴轲 , 祝捷，等 . 不同泌乳期人乳磷脂成分的研究 . 上海交通大学学报 , 2017, 37(8): 1151-1155.
[28] Vance J E. Phospholipid synthesis and transport in mammalian cells. Traffic, 2015, 16(1): 1-18.
[29] Lopez C, Ménard O. Human milk fat globules: polar lipid composition and in situ structural investigations revealing the heterogeneous distribution of proteins and the lateral segregation of sphingomyelin in the biological membrane. Colloids Surf B Biointerfaces, 2011, 83(1): 29-41.
[30] 何杨波 , 龙明秀 , 刘宁 , 等 . UPLC-Triple-TOF-MS/MS 法分析中国东北地区人乳磷脂的组成 . 现代食品科技 , 2017, 33(7): 270-279.
[31] 雷守成 , 田金凤 , 孙卓然 , 等 . 呼和浩特市母乳中磷脂含量及影响因素分析研究 . 中国乳品工业 , 2020, 48(12): 24-27.
[32] 高润颖 . 母乳脂肪酸和磷脂成分测定及影响因素分析研究 [D]. 上海 : 上海交通大学 , 2017.
[33] Garcia C, Lutz N W, Confort-Gouny S, et al. Phospholipid fingerprints of milk from different mammalians determined by $^{31}$P NMR: Towards specific interest in human health. Food Chem, 2012, 135(3):1777-1783.
[34] Ma L, MacGibbon A K H, jan Mohamed H J B, et al. Determination of phospholipid concentrations in breast milk and serum using a high performance liquid chromatography-mass spectrometry-multiple reaction monitoring method. International Dairy Journal, 2017, 71:50-59.
[35] McJarrow P, Radwan H, Ma L, et al. Human milk oligosaccharide, phospholipid, and ganglioside concentrations in breast milk from United Arab Emirates mothers: results from the MISC cohort. Nutrients,

2019, 11(10): 2400.
[36] Zhang N, Zhuo C-F, Liu B, et al. Temporal changes of phospholipids fatty acids and cholesterol in breast milk and relationship with diet. European Journal of Lipid Science and Technology, 2020, 122(3).
[37] 贾宏信，苏米亚，陈文亮，等．母乳磷脂与婴幼儿配方乳粉开发研究进展．乳业科学与技术，2022, 45(2): 35-41.
[38] 夏袁．人乳脂化学组成及其影响因素的研究 [D]. 无锡：江南大学，2015.
[39] Sala-Vila A, Castellote A I, Rodriguez-Palmero M, et al. Lipid composition in human breast milk from Granada (Spain): changes during lactation. Nutrition, 2005, 21(4): 467-473.
[40] McJarrow P, Radwan H, Ma L, et al. Human milk oligosaccharide, phospholipid, and ganglioside concentrations in breast milk from United Arab Emirates mothers: results from the MISC cohort. Nutrients, 2019, 11(10) :2400.
[41] Wei W, Yang J, Yang D, et al. Phospholipid composition and fat globule structure Ⅰ: comparison of human milk fat from different gestational ages, lactation stages, and infant formulas. J Agric Food Chem, 2019, 67(50): 13922-13928.
[42] Zheng L, Fleith M, Giuffrida F, et al. Dietary polar lipids and cognitive development: a narrative review. Adv Nutr, 2019, 10(6): 1163-1176.
[43] Fischer L M, da Costa K A, Galanko J, et al. Choline intake and genetic polymorphisms influence choline metabolite concentrations in human breast milk and plasma. Am J Clin Nutr, 2010, 92(2): 336-346.
[44] Cheong L Z, Jiang C, He X, et al. Lipid profiling, particle size determination and in-vitro simulated gastrointestinal lipolysis of mature human milk and infant formula. J Agric Food Chem, 2018, 66(45):12042-12050.
[45] Fong B, Ma L, Norris C. Analysis of phospholipids in infant formulas using high performance liquid chromatography-tandem mass spectrometry. J Agric Food Chem, 2013, 61(4):858-865.
[46] Wei W, Li D, Jiang C, et al. Phospholipid composition and fat globule structure Ⅱ: comparison of mammalian milk from five different species. Food Chem, 2022, 388:132939.
[47] Shoji H, Shimizu T, Kaneko N, et al. Comparison of the phospholipid classes in human milk in Japanese mothers of term and preterm infants. Acta Paediatr, 2006, 95(8): 996-1000.
[48] Bitman J, Wood D L, Mehta N R, et al. Comparison of the phospholipid composition of breast milk from mothers of term and preterm infants during lactation. Am J Clin Nutr, 1984, 40(5): 1103-1119.
[49] Giuffrida F, Cruz-Hernandez C, Fluck B, et al. Quantification of phospholipids classes in human milk. Lipids, 2013, 48(10): 1051-1058.

# 第9章

# 中国母乳碳水化合物

母乳中的重要碳水化合物是乳糖，由于母乳中其他的碳水化合物是以糖复合物（如低聚糖、糖脂、糖蛋白、黏蛋白等）的形式存在，含量低且难以分离和定量，一直被忽略。近二十年，随着分析方法学与检测设备的发展，已经能够准确分离和定量测定母乳中大部分糖复合物，这些糖复合物（尤其是低聚糖类）的生物学功能已经引起人们广泛关注，是当今国际营养学研究的热点。已有诸多研究结果提示，低聚糖类在促进婴儿生长发育、增强免疫力、调节肠道菌群方面有重要意义。

# 9.1 母乳碳水化合物的组成和作用

## 9.1.1 母乳碳水化合物组成

母乳中碳水化合物的含量约为7%，其中90%为乳糖，还含有少量单糖（如葡萄糖、半乳糖）、人乳寡糖或母乳低聚糖（human milk oligosaccharides，HMO），以及核糖、糖脂、糖蛋白等。目前母乳中已鉴定出近200种独特的母乳低聚糖结构，含2～22种单糖不等[1]，除极个别低聚糖外，目前得到的母乳低聚糖的还原端都含有一个乳糖基[2,3]。

## 9.1.2 母乳碳水化合物作用

### 9.1.2.1 总碳水化合物

婴儿生长速度与摄入母乳量有关[4]，在3个月和6个月时，母乳喂养儿的乳糖/碳水化合物摄入量低于婴儿配方食品喂养的婴儿，并且与体重和无脂肪体质（FFM）呈正相关，与脂肪体质无显著相关[5]。相反，曾有人报告乳糖浓度与12个月时的婴儿肥胖（infant adiposity）呈正相关[6]，而与6个月时婴儿的体成分无正相关[7]。另外有调查结果显示，母乳中葡萄糖浓度与母乳喂养儿的相对体重以及脂肪量和瘦体重呈正相关[8]。目前该领域的研究非常有限，需要识别母乳中碳水化合物及其浓度和摄入量可能通过什么机制影响婴儿的体成分发育，以便将来进行有针对性的干预，以降低生命后期发生超重和肥胖的风险。

### 9.1.2.2 乳糖

乳糖（lactose）是母乳的主要碳水化合物，被认为是母乳中宏量营养素的最主要成分，是人们研究最早的乳成分，也是影响母乳渗透压的主要成分。因此，乳糖合成速度是人乳腺产生乳量的主要决定因素。乳糖除能供给能量外，还可以调节肠道益生菌菌群；乳糖在小肠中被乳酸杆菌等有益菌利用，生成乳酸，可抑制肠道腐败菌的生长；乳糖参与新生儿先天性免疫调节和保护肠道免受致病菌感染[9]。肠道内的乳糖还有利于钙、铁、锌的吸收，同时能促进婴儿的大脑发育。

### 9.1.2.3 其他单糖

由于母乳中的碳水化合物90%以上是乳糖，单糖（monosaccharides）的浓度很低，很少受到人们的关注。母乳中含有少量葡萄糖（glucose）和半乳糖（galactose），这两种单糖是体内生物合成乳糖的前体原料。乳汁中葡萄糖占碳水化合物的比例很小，其水平与婴儿脂肪量、体重和瘦体重呈正相关[10]。成熟乳的葡萄糖含量为 1.5mmol/L±0.4mmol/L，两次采样乳房分泌的乳汁中葡萄糖含量没有显著差异[11,12]。有关母乳中半乳糖浓度的测量数据非常有限，分娩 7 ～ 12d 的混合母乳样品中半乳糖浓度为 15mmol/L±2mmol/L（2.7g/L）[12]，并且加热到 86℃也不受影响[13]，患乳腺炎乳母的乳汁中半乳糖浓度可能升高[14]。

### 9.1.2.4 低聚糖类

低聚糖（oligosaccharides）是母乳中的一类重要的碳水化合物，一般含量范围在 5 ～ 15g/L，组成母乳中低聚糖的五种单体是 D- 葡萄糖、D- 半乳糖、*N*- 乙酰葡萄糖胺、L- 岩藻糖和 *N*- 乙酰神经氨酸（唾液酸）。这些单体按不同比例结合形成的低聚糖多达 1000 多种。酸性低聚糖包括唾液酸和硫酸盐结构的低聚糖，约占母乳中低聚糖的 30%；中性低聚糖是含有岩藻糖的低聚糖，约占母乳中低聚糖的 70%[2,3,15-17]。低聚糖具有调节肠道菌群，有利于益生菌生长与定植，防御呼吸系统和泌尿系统感染，刺激产生抗体，提高机体免疫力以及促进婴儿大脑发育等功能。

（1）调节肠道微生态　人体肠道内没有水解母乳中低聚糖的酶系统，低聚糖在大肠内作为有益菌双歧杆菌分解的底物；低聚糖和糖复合物能保持婴幼儿肠道内低 pH 值，有利于双歧杆菌和乳酸杆菌生长，抑制肠道致病菌过度繁殖，改善肠道对营养物质的消化和吸收能力，维持肠道的正常微生态，有效阻止病原体和肠黏膜的接触，从而保护婴幼儿免受肠道致病菌的危害[2,18,19]。

（2）防御感染　一些母乳低聚糖由于含有和肠道表皮细胞表面受体糖蛋白和糖脂类似的结构，通过竞争性抑制，直接结合于病原微生物和毒素表面，阻止其与肠道上皮细胞结合；还有一些则结合到消化道黏膜上皮细胞的受体上，防止发生感染；母乳低聚糖对呼吸系统、消化系统和尿路系统感染也有一定的防御作用[19-22]。

（3）调节免疫系统　低聚糖抗原决定簇在免疫系统的信号传递和免疫功能的协调方面发挥重要作用。Hanson[23] 认为，HMO 能间接影响人体非特异性免疫反应，其抗原决定簇在免疫系统信息传递和免疫协调方面有着不可取代的作用。肠道是人体最大的免疫器官，拥有人体 70% 的免疫细胞，双歧杆菌能刺激肠道产生免疫物质和抗体，增强细胞活性，从而提高机体对病原菌和肿瘤的免疫力[21]。

（4）促进大脑发育　低聚糖水解后所得的单糖中 *N*- 乙酰神经氨酸是大脑神经及糖蛋白的基本组成单元[24]；母乳中部分 HMO 末端黏附高浓度的唾液酸。唾液酸参与人脑组织中神经节苷脂和糖蛋白的构成，与神经突触和神经传导关系密切，因此母乳喂养有助于增强神经突触发生和促进婴儿神经系统发育[20,25]。

## 9.2 母乳碳水化合物的检测及含量

目前所指母乳中碳水化合物含量主要是总碳水化合物、乳糖和低聚糖类三大部分。目前已很少有人研究母乳中总碳水化合物含量的测定方法，过去总碳水化合物含量通常采用减差法估算[26-28]，钱继红等[26]计算上海地区的过渡乳总碳水化合物浓度为77.70g/kg±9.48g/kg，Maas等[27]和江蕙芸等[28]计算的过渡乳和成熟乳的总碳水化合物含量分别为71.71g/kg±5.45g/kg和77.15g/kg±6.33g/kg，目前使用较多的母乳成分快速分析仪得出的碳水化合物含量也是基于减差法估算的。

## 9.2.1 乳糖

由于使用母乳成分快速分析仪得出的碳水化合物（乳糖）含量与经典化学分析法测定的乳糖含量相近[29]，母乳成分快速分析仪法已成为近年发展的快速分析方法。化学法、色谱法等不同方法获得的不同泌乳期母乳中乳糖含量结果的比较见表9-1。估计整个哺乳期乳糖的浓度变化范围为60～78g/L[4]。

**表9-1　母乳中乳糖含量及检测方法**　　单位：g/L

| 作者 | 测定方法 | 初乳 | 过渡乳 | 成熟乳 |
|---|---|---|---|---|
| Lauber[24], Mitoulas[4], Nommsen[30] | 化学法 | — | — | 70.68±4.47 |
| Lönnerdal等[31]，张兰威等[32] | 自动分析仪 | 68.42±2.66 | 71.30±2.39 | 76.60±3.73 |
| Maas等[27] | 酶法 | — | 55.42±6.33 | 59.11±4.56 |
| Gopal等[33] | HPLC法 | 55 | — | 68 |
| Thurl等[34] | 比色法 | — | 56.90 | — |
| 范丽等[35] | 酶法和HPLC法 | — | 66.47±3.91 | — |
| 侯艳梅[36] | 乳成分分析仪 | — | 52.95±3.28 | — |
| 蔡明明[37] | 离子色谱法 | — | — | 66.1(54.0～73.7) |

注："—"代表没有数据。

## 9.2.2 低聚糖

### 9.2.2.1 高效液相色谱法

低聚糖（oligosaccharides）是由3～9个单糖通过糖苷键构成的聚合物。通常采用HPLC、高效阴离子交换色谱-脉冲电化学检测（HPAEC-PED）法以及气相色谱法等方法测定母乳中低聚糖含量。高效液相色谱（HPLC）法测定糖含量快速准确、可靠、操作方便，且色谱柱易于回收、可反复使用，是目前较常用的方法。HPLC法可以分离出多种低聚糖，Sumiyoshi等[19]采用反向HPLC法分离并测定了母乳中几种重要低聚糖，认为差异主要来自种族差异。表9-2列出了采用反向

HPLC 法测定母乳中低聚糖含量结果。

**表 9-2　母乳中低聚糖含量（反向 HPLC 法）**　　单位：g/L

| 项目 | 初乳 | 过渡乳 | 成熟乳 | 作者 |
|---|---|---|---|---|
| 低聚糖 | 2.68 | 3.43 | 2.21 | Sumiyoshi 等 [19] |
| | — | 7.2±0.62 | — | Chaturvedi 等 [38] |
| 3- 岩藻糖基乳糖（3FL） | 0.23±0.07 | 0.28±0.06 | 0.44±0.11 | Sumiyoshi 等 [19] |
| | — | 0.86±0.10 | — | Chaturvedi 等 [38] |
| 乳糖 -*N*- 四糖（LNT） | 0.35±0.08 | 0.36±0.08 | 0.18±0.04 | Sumiyoshi 等 [19] |
| | — | 0.55±0.08 | — | Chaturvedi 等 [38] |
| 乳糖 -*N*- 新四糖（LNnT） | 0.21±0.04 | 0.21±0.05 | 0.10±0.04 | Sumiyoshi 等 [19] |
| | — | 0.17±0.03 | — | Chaturvedi 等 [38] |
| 乳酰 -*N*- 岩藻五糖Ⅰ（LNFP Ⅰ） | 0.97±0.21 | 1.14±0.32 | 0.52±0.16 | Sumiyoshi 等 [19] |
| | — | 1.14±0.18 | — | Chaturvedi 等 [38] |
| 乳酰 -*N*- 岩藻五糖Ⅲ（LNFP Ⅲ） | 0.05±0.01 | 0.07±0.02 | 0.07±0.02 | Sumiyoshi 等 [19] |
| 乳糖 -*N*- 二岩藻糖基 - 六糖Ⅰ(LNDFH Ⅰ) | 0.15±0.03 | 0.23±0.06 | 0.12±0.03 | Sumiyoshi 等 [19] |
| | — | 0.50±0.06 | — | Chaturvedi 等 [38] |
| 2′- 岩藻糖基乳糖（2′FL） | — | 2.43±0.26 | — | Chaturvedi 等 [38] |
| 乳糖二岩藻四糖（LDFT） | — | 0.43±0.04 | — | Chaturvedi 等 [38] |
| 乳糖 -*N*- 二岩藻糖基 - 六糖Ⅱ(LNDFH Ⅱ) | — | 0.09±0.01 | — | Chaturvedi 等 [38] |

注：“—”代表没有数据。

### 9.2.2.2　高效阴离子交换色谱 – 脉冲电化学检测法

低聚糖检测常用高效阴离子交换色谱 - 脉冲电化学检测（HPAEC-PED）法，它是利用糖类物质在强碱性介质中发生酸性解离的原理，采用高效阴离子交换色谱柱分离糖类，利用糖分子结构中羟基在金电极表面发生氧化还原反应时产生的电流实现检测。脉冲电化学检测主要分为：脉冲安培法和积分脉冲安培法两种检测方式 [35,39]。Thurl 等 [34] 和 Kunz 等 [40] 分别采用 HPAEC 检测了母乳中典型的中性低聚糖和酸性低聚糖含量；Nakhla 等 [41] 采用 HPAEC 检测了母乳中的 10 种中性低聚糖含量；Coppa 等 [42] 采用 HPAEC 检测出了近 20 种低聚糖。HPAEC-PED 操作简单、效率高，可以同时分析多种低聚糖的含量，适用于分离鉴定多种低聚糖。文献报道的采用高效阴离子交换液相色谱法测定母乳中低聚糖含量的结果见表 9-3。

**表 9-3　母乳中低聚糖含量（高效阴离子交换液相色谱法）**　　单位：g/L

| 低聚糖 | 初乳 | 过渡乳 | 成熟乳 | 检测方法 | 作者 |
|---|---|---|---|---|---|
| 中性低聚糖 | — | 8.72±0.59 | — | 高效阴离子交换液相色谱法 | Thurl 等[34]，Kunz 等[40] |
| 酸性低聚糖 | — | 2.24±0.37 | — | 高效阴离子交换液相色谱法 | Thurl 等[34]，Kunz 等[40] |
| 3- 岩藻糖基乳糖（3FL） | 0.29±0.06 | 0.28±0.06 | 0.51±0.54 | 高效阴离子交换色谱 - 脉冲电化学法 | Thurl 等[34]，Coppa 等[42] |
|  | — | 0.07±0.08 | — | 高效阴离子交换液相色谱法 | Kunz 等[40] |
| 乳糖 -*N*- 四糖（LNT） | 0.84±0.29 | 0.73±0. 17 | 1.18±0.46 | 高效阴离子交换色谱 - 脉冲安培法 | Coppa 等[42] |
|  | — | 1.09±0.47 | — | 高效阴离子交换液相色谱法 | Kunz 等[40] |
| 乳糖 -*N*- 新四糖（LNnT） | 2.04±0.55 | 1.83±0.75 | 1.24±0.77 | 高效阴离子交换色谱 - 脉冲安培法 | Coppa 等[42] |
| 乳酰 -*N*- 岩藻五糖Ⅰ（LNFP Ⅰ） | 1.70±0.18 | 1.76±0.22 | 1.23±0.54 | 高效阴离子交换色谱 - 脉冲电化学法 | Thurl 等[34]，Coppa 等[42] |
|  | — | 1.26±1.11 | — | 高效阴离子交换液相色谱法 | Kunz 等[40] |
| 乳酰 -*N*- 岩藻五糖Ⅲ（LNFP Ⅲ） | 0.34 | 0.35 | 0.39 | 高效阴离子交换色谱 - 脉冲电化学法 | Thurl 等[34] |
| 乳糖 -*N*- 二岩藻糖基 - 六糖Ⅰ (LNDFH Ⅰ) | 1.12 | 1.38 | 1.28 | 高效阴离子交换色谱 - 脉冲电化学法 | Thurl 等[34] |
| 2′- 岩藻糖基乳糖（2′FL） | 4.04±1.11 | 3.15±0.88 | 2.61±0.63 | 高效阴离子交换色谱 - 脉冲电化学法 | Thurl 等[34]，Coppa 等[42] |
|  | — | 0.45±0.43 | — | 高效阴离子交换液相色谱法 | Kunz 等[40] |
| 乳糖二岩藻四糖（LDFT） | 0.49 | 0.40 | 0.39 | 高效阴离子交换色谱 - 脉冲电化学法 | Thurl 等[34] |
| 乳酰 -*N*- 岩藻五糖Ⅱ（LNFP Ⅱ） | 0.21±0.22 | 0.33±0.46 | 0.29±0.14 | 高效阴离子交换色谱 - 脉冲电化学法 | Thurl 等[34]，Coppa 等[42] |
| 乳糖 -*N*- 二岩藻糖基 - 六糖Ⅱ (LNDFH Ⅱ) | 0.14±0.08 | 0.21±0.09 | 0.21±0.10 | 高效阴离子交换色谱 - 脉冲电化学法 | Thurl 等[34]，Coppa 等[42] |
| 2′- 岩藻糖基 - 乳糖 -*N*- 六糖 (2′-F-LNH) | 0.21 | 0.29 | 0.18 | 高效阴离子交换色谱 - 脉冲电化学法 | Thurl 等[34] |
| 3′- 岩藻糖基 - 乳糖 -*N*- 六糖 (3′-F-LNH) | 0.07 | 0.20 | 0.17 | 高效阴离子交换色谱 - 脉冲电化学法 | Thurl 等[34] |

续表

| 低聚糖 | 初乳 | 过渡乳 | 成熟乳 | 检测方法 | 作者 |
|---|---|---|---|---|---|
| 2′,3′- 二岩藻糖基 - 乳糖 -*N*- 六糖 (2′,3′-DF-LNH) | 0.35 | 0.41 | 0.30 | 高效阴离子交换色谱 - 脉冲电化学法 | Thurl 等 [34] |
| 3′- 唾液酸化 - 乳糖 (3′-SL) | 0.23±0.06 | 0.23±0.07 | 0.18±0.08 | 高效阴离子交换色谱 - 脉冲电化学法 | Thurl 等 [34], Coppa 等 [42] |
| | — | 0.27±0.08 | — | 高效阴离子交换液相色谱法 | Kunz 等 [40] |
| 6′- 唾液酸化 - 乳糖 (6′-SL) | 0.98±0.15 | 1.30±0.18 | 0.68±0.12 | 高效阴离子交换液相色谱法 | Kunz 等 [40] |
| | — | 0.38±0.05 | — | 高效阴离子交换液相色谱法 | Kunz 等 [40] |
| 唾液酸化 - 乳糖 -*N*- 四糖 a(LSTa) | 0.12±0.06 | 0.09±0.06 | 0.04±0.03 | 高效阴离子交换色谱 - 脉冲电化学法 | Thurl 等 [34], Coppa 等 [42] |
| | — | 0.14±0.05 | — | 高效阴离子交换液相色谱法 | Kunz 等 [40] |
| 唾液酸化 - 乳糖 -*N*- 四糖 b(LSTb) | 0.11±0.09 | 0.10±0.09 | 0.16±0.16 | 高效阴离子交换色谱 - 脉冲电化学法 | Thurl 等 [34], Coppa 等 [42] |
| 唾液酸化 - 乳糖 -*N*- 四糖 c(LSTc) | 0.74±0.30 | 0.44±0.27 | 0.18±0.55 | 高效阴离子交换色谱 - 脉冲电化学法 | Thurl 等 [34], Coppa 等 [42] |
| | — | 0.17±0.11 | — | 高效阴离子交换液相色谱法 | Kunz 等 [40] |
| 二唾液酸 - 乳糖 -*N*- 四糖（DSLNT） | 0.53±0.24 | 0.52±0.40 | 0.49±0.36 | 高效阴离子交换色谱 - 脉冲电化学法 | Thurl 等 [34], Coppa 等 [42] |
| 乳糖 -*N*- 六糖（LNH） | 0.07±0.07 | 0.05±0.01 | 0.11±0.03 | 高效阴离子交换色谱 - 脉冲电化学法 | Coppa 等 [42] |
| 二岩藻糖基 - 乳糖 -*N*- 六糖 (DFLNH) | 2.45±0.72 | 2.40±0.88 | 2.32±0.84 | 高效阴离子交换色谱 - 脉冲电化学法 | Coppa 等 [42] |
| 三岩藻糖基 - 乳糖 -*N*- 六糖 (TFLNH) | 2.73±1.22 | 3.05±1.37 | 2.77±0.95 | 高效阴离子交换色谱 - 脉冲电化学法 | Coppa 等 [42] |
| 乳糖 -*N*- 新六糖 (LNnH) | 0.18±0.11 | 0.10±0.06 | 0.17±0.05 | 高效阴离子交换色谱 - 脉冲电化学法 | Coppa 等 [42] |
| 单岩藻糖基 - 乳糖 -*N*- 六糖 Ⅱ (MFLNH Ⅱ ) | 1.06±0.77 | 0.58±0.54 | 0.33±0.15 | 高效阴离子交换色谱 - 脉冲电化学法 | Coppa 等 [42] |
| 二岩藻糖基乳糖 -*N*- 六糖 b（DFLNHb） | 0.51±0.25 | 0.32±0.20 | 0.63±0.13 | 高效阴离子交换色谱 - 脉冲电化学法 | Coppa 等 [42] |

注：“—”表示没有数据。

与普通的 HPLC 法相比，HPAEC-PED 法利用不同分子量的低聚糖之间羟基解离度的细微差异实现它们的精确分离，具有高效、灵敏、准确、线性范围宽、针对性强、无需衍生化处理、操作方便等优点，避免了糖类因衍生产生异构体，使每种糖能得到单一色谱峰，无溶剂峰拖尾现象，适用于低聚糖的定性和定量分析。

### 9.2.2.3 气相色谱法

该方法主要通过化学修饰（如甲基化、乙酰化、硅烷化等）将寡糖链的单糖组分转化为易挥发的衍生物进行测定，其准确性提高关键在于改进化学修饰及柱后检测法，以提高糖肽链定量裂解的转化率和检测灵敏度 [43]。Purkayastha 等 [44] 采用气相色谱法联合质谱测定了母乳中碳水化合物含量。利用气相色谱法测定糖类，样品需要被衍生化为易挥发、对热较稳定的衍生物，衍生化反应过程中易引起样品损失，产生的异构体也会干扰分析结果，进而影响结果的准确性。

### 9.2.2.4 可检测的低聚糖种类

目前关于 HMO 的分析尚无标准检测方法，各研究报道的 HMO 含量可借鉴参考，但互相之间数据的可比性仍需探讨。表 9-4 总结了不同研究报道的母乳中低聚糖的检测方法和可检测低聚糖的种类。目前发表的可检测 HMO 的种类从几种到 22 种不等。不同作者报道的母乳低聚糖含量见表 9-5。

**表 9-4** 不同研究报道的可检测母乳低聚糖种类

| 样本数 | 地域 | 采乳阶段 | 检测方法 | HMO 种类 | 文献来源 |
|---|---|---|---|---|---|
| 18 | 意大利安科纳 | 产后第 4、10、30、60 和 90 天 | HPLC-PAD（HPAEC） | 10 种岩藻糖基类 HMO、4 种非岩藻糖基化中性 HMO、7 种唾液酸类酸性 HMO | Coppa 等 [42], 1999 |
| 24 | 日本北海道 | 产后第 4、10、30、100 天 | HPLC | 3′-GL,4′-GL, 6′-GL | Sumiyoshi 等 [45], 2004 |
| 13 | 美国麻省 | 产后第 2、3、4 天，第 12、18、21、49、67 天 | 毛细管电泳 CE | 12 种唾液酸化低聚糖 | Bao 等 [46], 2007 |
| 51 | 中国上海 | 产后第 2、4 和 13 周 | 高效液相色谱 | 9 种中性 HMO | 姚文等 [47]，2009 |
| 39 | 意大利 | 产后第 25 ～ 35 天 | HPAEC | 8 种 HMO | Coppa 等 [48], 2011 |
| 12 | 西班牙 | 产后 1 个月 | CE-LIF（毛细管电泳激光诱导荧光） | 9 种 HMO | Olivares 等 [49], 2015 |

续表

| 样本数 | 地域 | 采乳阶段 | 检测方法 | HMO 种类 | 文献来源 |
|---|---|---|---|---|---|
| 450 | 中国北京、苏州、广州 | 产后 5d ～ 8 个月 | 带荧光检测的 UHPLC | 10 种 HMO | Austin 等 [50], 2016 |
| 410 | 埃塞俄比亚、冈比亚、加纳、肯尼亚、秘鲁、西班牙，瑞典、美国 | 产后 2 周～ 5 个月 | HPLC | 19 种 HMO | McGuire 等 [51], 2017 |
| 32 | 西班牙巴伦西亚 | 初乳 (1 ～ 7d)、过渡乳 (8 ～ 15d)、成熟乳 (16 ～ 30d) | HPAEC-PAD | 9 种中性 HMO 和 6 种酸性 HMO | Kunz 等 [52], 2017 |
| 22 | 中国广东江门 | 产后第 3 ～ 343 天 | 高效阴离子交换色谱 - 积分脉冲安培检测法 (HPAEC-IPAD) | 22 种 HMO | 魏远安等 [53]，2017 |
| 102 | 中国江苏南京和黑龙江齐齐哈尔 | 初乳 (0 ～ 7d)、过渡乳 (8 ～ 15d)、成熟乳 (16 ～ 180d) | 超高效液相色谱 - 荧光检测法 | 10 种 HMO | 朱婧等 [54]，2017 |
| 9 | 美国 | 母乳库中任意选取样本 | UHPLC/MRM-MS | 5 种 HMO | Meredith-Dennis 等 [55], 2018 |
| 50 | 新加坡 | 产后第 30、60、120 天 | HPAEC | 5 种 HMO | Sprenger 等 [56], 2017 |
| 10 | 美国加州 | 初乳 ( 第 3 天 )、成熟乳 ( 第 42 天 ) | HPAEC-PAD | 9 种 HMO | Nijman 等 [57], 2018 |
| 61 | 中国北京 | 成熟乳 (2 ～ 6 个月 ) | LC-MS | 12 种 HMO | Zhang 等 [58], 2019 |

**表 9-5　不同作者报道的母乳中低聚糖含量**

| 人乳寡糖 | 含量 /(g/L) | 文献来源 | 人乳寡糖 | 含量 /(g/L) | 文献来源 |
|---|---|---|---|---|---|
| 2′-FL | 2.74 | Thurl 等 [59], 2017 | 6-SL | 0.35 | Thurl 等 [59], 2017 |
| | 0.58 ～ 0.79 | 姚文等 [47]，2009 | | 0.13 ～ 0.56 | McGuire 等 [51], 2017 |
| | 0.70 ～ 3.44 | McGuire 等 [51], 2017 | | 0.56 ～ 0.67 | Kunz 等 [52], 2017 |
| | 0 ～ 3.99 | Kunz 等 [52], 2017 | | 0.028 ～ 0.96 | 魏远安等 [53]，2017 |
| | 0.22 ～ 2.27 | 魏远安等 [53]，2017 | | 0.43μg/g | 朱婧等 [54]，2017 |
| | 2.26μg/g | 朱婧等 [54]，2017 | | 0.12 ～ 0.56 | Sprenger 等 [56], 2017 |
| | 0.011 ～ 2.1 | Sprenger 等 [56], 2017 | | 0.25 ～ 0.34 | Ni jman 等 [57], 2018 |
| | 2.48 ～ 3.75 | Nijman 等 [57], 2018 | | 0.74 | Zhang 等 [58], 2019 |
| | 0.41 | Zhang 等 [58], 2019 | DFL | 0.42 | Thurl 等 [59], 2017 |

续表

| 人乳寡糖 | 含量 /(g/L) | 文献来源 |
| --- | --- | --- |
| 3-FL | 0.44 | Thurl 等[59], 2017 |
| | 0.08 ～ 0.49 | 姚文等[47]，2009 |
| | 0.05 ～ 0.23 | McGuire 等[51], 2017 |
| | 0.078 ～ 1.94 | 魏远安等[53]，2017 |
| | 0.42μg/g | 朱婧等[54]，2017 |
| | 0.59 | Zhang 等[58], 2019 |
| LNnT | 0.74 | Thurl 等[59], 2017 |
| | 0.39 ～ 1.01 | McGuire 等[51], 2017 |
| | 0.17 ～ 0.29 | Kunz 等[52], 2017 |
| | 0.058 ～ 0.75 | 魏远安等[53]，2017 |
| | 0.22μg/g | 朱婧等[54]，2017 |
| | 0.066 ～ 0.26 | Sprenger 等[56], 2017 |
| LNT | 0.79 | Thurl 等[59], 2017 |
| | 0.67 ～ 1.60 | McGuire 等[51], 2017 |
| | 0.76 ～ 2.92 | Kunz 等[52], 2017 |
| | 0.27 ～ 1.58 | 魏远安等[53]，2017 |
| | 0.84μg/g | 朱婧等[54]，2017 |
| | 0.41 ～ 0.47 | Sprenger 等[56], 2017 |
| | 0.48 ～ 0.51 | Nijman 等[57], 2018 |
| 3-SL | 0.16 | Thurl 等[59], 2017 |
| | 0.26 ～ 0.39 | McGuire 等[51], 2017 |
| | 0.18 ～ 0.28 | Kunz 等[52], 2017 |
| | 0.041 ～ 0.71 | 魏远安等[53]，2017 |
| | 0.14μg/g | 朱婧等[54]，2017 |
| | 0.20 ～ 0.26 | Sprenger 等[56], 2017 |
| | 0.11 ～ 0.12 | Nijman 等[57], 2018 |
| | 0.2 | Zhang 等[58], 2019 |
| LNDFH Ⅰ | 0.8 | Thurl 等[59], 2017 |
| | 0.35 ～ 0.40 | 姚文等[47]，2009 |
| | 0.034 ～ 1.79 | 魏远安等[53]，2017 |
| | 1.93 ～ 2.10 | Nijman 等[57], 2018 |
| LNDFH Ⅱ | 0.14 | Thurl 等[59], 2017 |
| | 0.008 ～ 0.02 | 姚文等[47]，2009 |
| DFL | 0.11 ～ 0.30 | McGuire 等[51], 2017 |
| LNFP Ⅰ | 1.31 | Thurl 等[59], 2017 |
| | 0.30 ～ 0.60 | 姚文等[47]，2009 |
| | 0.73 ～ 1.19 | McGuire 等[51], 2017 |
| | 0 ～ 1.30 | Kunz 等[52], 2017 |
| | 0.027 ～ 2.84 | 魏远安等[53]，2017 |
| | 0.81μg/g | 朱婧等[54]，2017 |
| | 0.58 ～ 1.81 | Nijman 等[57], 2018 |
| | 0.16 | Zhang 等[58], 2019 |
| LNFP Ⅱ | 0.28 | Thurl 等[59], 2017 |
| | 0.23 ～ 0.29 | 姚文等[47]，2009 |
| | 0.95 ～ 1.81 | McGuire 等[51], 2017 |
| | 0.0005 ～ 1.26 | Kunz 等[52], 2017 |
| | 0 ～ 0.54 | 魏远安等[53]，2017 |
| LNFP Ⅲ | 0.33 | Thurl 等[59], 2017 |
| | 0.11 ～ 0.24 | 姚文等[47]，2009 |
| | 0.02 ～ 0.23 | McGuire 等[51], 2017 |
| | 0.25 ～ 0.44 | Kunz 等[52], 2017 |
| | 0.22 | Zhang 等[58], 2019 |
| LNFP Ⅳ | 0.01 ～ 0.02 | 姚文等[47]，2009 |
| LNFP Ⅴ | 0.06 | Thurl 等[59], 2017 |
| | 0.01 ～ 0.02 | 姚文等[47]，2009 |
| | 0 ～ 0.20 | 魏远安等[53]，2017 |
| | 0.032μg/g | 朱婧等[54]，2017 |
| LNFP Ⅵ | 0.01 | Thurl 等[59], 2017 |
| DSLNT | 0.54 | Thurl 等[59], 2017 |
| | 0.28 ～ 1.12 | McGuire 等[51], 2017 |
| | 0.33 ～ 0.45 | Kunz 等[52], 2017 |
| | 0.035 ～ 0.36 | 魏远安等[53]，2017 |
| | 4.44 | Zhang 等[58], 2019 |
| LDFT | 0.22 ～ 0.35 | Kunz 等[52], 2017 |

续表

| 人乳寡糖 | 含量 /(g/L) | 文献来源 | 人乳寡糖 | 含量 /(g/L) | 文献来源 |
|---|---|---|---|---|---|
| LNDFH Ⅱ | 0.02 ～ 0.23 | Kunz 等 [52], 2017 | LDFT | 0.037 ～ 0.74 | 魏远安等 [53]，2017 |
| | 0.019 ～ 0.36 | 魏远安等 [53]，2017 | | 0.24 ～ 0.36 | Nijman 等 [57], 2018 |
| | 0.5 | Zhang 等 [58], 2019 | MFLNH Ⅰ | 0.11 | Kunz 等 [52], 2017 |
| LNH | 0.09 | Thurl 等 [59], 2017 | FLNH | 0.01 ～ 0.10 | McGuire 等 [51], 2017 |
| | 0.04 ～ 0.12 | McGuire 等 [51], 2017 | DFLNH | 0.09 ～ 0.39 | McGuire 等 [51], 2017 |
| | 0.08 ～ 0.16 | Nijman 等 [57], 2018 | | 0 ～ 0.21 | 魏远安等 [53]，2017 |
| LNnH | 0.16 | Thurl 等 [59], 2017 | DSLNH | 0.05 ～ 0.23 | McGuire 等 [51], 2017 |
| | 0 ～ 0.18 | 魏远安等 [53]，2017 | LNnO | 0.009 ～ 0.34 | 魏远安等 [53]，2017 |
| LSTa | 0.34 | Thurl 等 [59], 2017 | A-tetra | 0.12 ～ 0.56 | 魏远安等 [53]，2017 |
| | 0.12 ～ 0.26 | Kunz 等 [52], 2017 | LNnDFH | 0.01 ～ 0.12 | 魏远安等 [53]，2017 |
| | 0 ～ 1.37 | 魏远安等 [53]，2017 | LNnFP-V | 0.049μg/g | 朱婧等 [54]，2017 |
| | 0.98 | Zhang 等 [58], 2019 | F-LNH Ⅰ | 0.2 | Thurl 等 [59], 2017 |
| LSTb | 0.14 | Thurl 等 [59], 2017 | F-LNH Ⅱ | 0.27 | Thurl 等 [59], 2017 |
| | 0.04 ～ 0.14 | McGuire 等 [51], 2017 | DF-LNH Ⅰ | 0.31 | Thurl 等 [59], 2017 |
| | 0.03 ～ 0.05 | Kunz 等 [52], 2017 | DF-LNH Ⅱ | 2.31 | Thurl 等 [59], 2017 |
| | 0.01 ～ 0.29 | 魏远安等 [53]，2017 | DF-LNnH | 0.54 | Thurl 等 [59], 2017 |
| | 0.16 | Zhang 等 [58], 2019 | TF-LNH | 2.84 | Thurl 等 [59], 2017 |
| LSTc | 0.65 | Thurl 等 [59], 2017 | F-LSTa | 0.02 | Thurl 等 [59], 2017 |
| | 0.07 ～ 0.25 | McGuire 等 [51], 2017 | F-LSTb | 0.08 | Thurl 等 [59], 2017 |
| | 0.22 ～ 0.39 | Kunz 等 [52], 2017 | FS-LNH | 0.12 | Thurl 等 [59], 2017 |
| | 0.008 ～ 1.18 | 魏远安等 [53]，2017 | FS-LNnH Ⅰ | 0.29 | Thurl 等 [59], 2017 |
| | 0.14 | Zhang 等 [58], 2019 | FDS-LNH Ⅱ | 0.12 | Thurl 等 [59], 2017 |

## 9.3 母乳中碳水化合物的影响因素

母乳中碳水化合物含量可能随地域、哺乳阶段、婴儿状况的不同而有明显差异[4,24,26,36,60]。由于母乳中主要碳水化合物是乳糖，其浓度代表了婴儿较高的营养需要量与乳汁中碳水化合物浓度受渗透压制约之间的一种平衡。因此在研究影响母乳碳水化合物浓度的因素方面，大多数研究还是关注对母乳乳糖含量的影响。

### 9.3.1 胎儿成熟程度与出生体重

早产儿和足月婴儿的母乳所含的碳水化合物和乳糖含量有差异，也有的研究发现足月儿的母乳中乳糖含量高于早产儿[41]，而碳水化合物含量显著低于早产儿的（62g/L±9g/L 与 75g/L±5g/L）[61]。不同出生体重婴儿的母乳中乳糖含量不同。侯艳梅等[36]对比了正常婴儿和巨大婴儿的母乳营养成分，发现正常儿组的母乳中乳糖含量显著低于巨大儿组（$P<0.01$）。

### 9.3.2 不同哺乳期的影响

不同的哺乳期母乳中乳糖的含量不同。哺乳期开始到 6 个月，乳糖含量逐渐升高，约到 6 个月时达到最大值，随后乳糖含量逐渐降低[24,28,31]。

### 9.3.3 地区差异的影响

对比文献中各地区母乳的碳水化合物成分，发现不同地区母乳中碳水化合物含量有一定差异，这可能和妇女的生活习惯、经济、文化状况等有关，而膳食对母乳中碳水化合物含量的影响小于对氨基酸含量的影响。钱继红等[26]曾分析比较了上海地区母乳中的三大营养素含量，发现市区的母乳中碳水化合物含量略低于郊区，差异无显著性意义（$P>0.05$），上海市不同的三个区母乳碳水化合物含量比较接近，无显著差异（$P>0.05$）。

### 9.3.4 个体差异与昼夜节律性变化

母乳中葡萄糖的浓度很低，而且个体间变异很大，有些研究发现有昼夜节律差异[62]，而有些则报道无这样的差异[63]。在喂奶过程中，葡萄糖的浓度逐渐降低，这与乳汁中水相的逐渐减少和脂类的增加是一致的。

### 9.3.5 疾病状况的影响

患有胰岛素依赖型糖尿病乳母的乳汁中葡萄糖浓度通常高于未患这种糖尿病乳母的[64]，如果能得到有效控制则多数情况下没有差异。也有研究发现乳腺炎可引起母乳葡萄糖含量显著降低[14]。

## 9.4 展望

母乳中含有丰富的碳水化合物，对婴儿的生长发育有重要意义。目前的研究仅限于测定了母乳中典型低聚糖的含量（约 20 多种），而母乳中含有多达 1000 种低聚糖，有些低聚糖的分子量很大，其标准样品难于获取，现有的方法还很难对其进行定量。母乳中还存在多种未知的低聚糖，它们可能具有某种特殊的生理功能，尚需要深入研究[65]。

## 9.4.1 母乳碳水化合物含量变化对喂养儿的影响

母乳中碳水化合物含量随不同地区、不同人种有差异，目前的研究还没有系统地对比过不同人种的差异。研究不同地区母乳中碳水化合物含量的差异及其影响因素，将对指导哺乳期妇女膳食、改善婴儿健康状况有一定意义。

## 9.4.2 发展灵敏快速微量检测方法

母乳中碳水化合物的测定方法主要有化学法、HPLC 法、高效阴离子交换色谱法、气相色谱法等，每种方法都有其不同的特点，检测值也因方法不同而有差异。对已发表的文献分析，高效阴离子色谱法的准确度、操作性、灵敏度等方面均优于其他方法，它与质谱联合是低聚糖分析的发展趋势。

## 9.4.3 母乳低聚糖研究

尽管大多数动物实验和临床喂养试验的结果均支持 HMO 对婴幼儿的营养与健康以及免疫功能方面发挥重要作用，然而还需要开展更多的研究，获得更多的科学证据。

### 9.4.3.1 建立和完善检测方法

由于母乳中存在数百种不同结构的母乳低聚糖，目前尚没有一个标准或公认的检测方法用来分析母乳中低聚糖的存在形式和含量，也缺乏相关的标准品和参考基准材料，因此尽快解决分析测定方法仍是研究的重点之一。

### 9.4.3.2 影响因素

已知母乳 HMO 受到乳母路易斯分泌型基因、采样泌乳期等诸多因素的影响，导致测得的母乳低聚糖数据往往也有一定程度的差异，并进一步限制了对母乳中各个低聚糖含量与变化趋势的认知。因此还需要研究和分析有哪些因素将会影响 HMO 组分和含量，母乳中 HMO 组成是否有可能个性化地匹配了母婴二人的基因与环境因素 [66]。

### 9.4.3.3 功效组分

已有些文献数据支持母乳低聚糖具有的各种功能，但受限于人乳寡糖的合成制备技术，目前的功效研究往往用的是从母乳中分离得到的人乳寡糖混合物，对其具体组成成分以及哪些组分发挥功效并不了解。如能在 HMO 合成制备技术上获得突破，会帮助人们更全面认知更多 HMO 的结构与生理功能的关系。

### 9.4.3.4 生物工程菌生产的 HMO

Bode 等[67] 比较了酶法化学合成技术、微生物代谢工程技术和从人乳或牛乳乳清中分离等技术：虽然从人乳中能分离出“真正”人乳寡糖，但是不可能商业化生产；从牛乳乳清中能分离出几种与人乳寡糖相同结构的低聚糖，然而牛乳中低聚糖的量比人乳含量低得多，并非含有人乳中发现的所有乳寡糖；而且牛乳中还含有几种人乳中不含有的低聚糖，故其安全性和人类婴儿的必需性也有待证实。用酶法化学合成能确保产生特定结构的 HMO，然而难以工业化生产。目前用生物工程菌大规模生产某些 HMO 已取得突破，且达到商业化生产，然而一次只能生产有限的人乳寡糖混合物，而且还要用转基因微生物，这些原料的安全性评价和合规性问题有待解决。

### 9.4.3.5 需要更多临床喂养试验数据

目前关于 HMO 的研究，在体外和动物实验方面已获得很多数据积累，但临床试验受原料和法规限制，开展得还很少。在通过相关安全评价基础上，需要设计完善的随机双盲安慰剂对照的临床试验，以证明婴儿配方食品添加 HMO 的必要性。此外，还需要探讨 HMO 作为生物活性成分用于改善人体健康和治疗人类其他免疫性疾病的可行性。

最后，期待未来会有更多、更深入的研究全方位探索 HMO 的结构与生理功能，以揭示母乳中这类特有物质的神秘面纱，解码其在生命早期对于婴幼儿生长发育和健康以及免疫功能的重要意义。

（任向楠，王雯丹，董彩霞，荫士安）

## 参考文献

[1] Ninonuevo M R, Park Y, Yin H, et al. A strategy for annotating the human milk glycome. J Agric Food Chem, 2006, 54(20): 7471-7480.
[2] 吴军林，林炜铁，彭运平，等 . 低聚糖在婴幼儿食品中的应用 . 广州食品工业科技 , 2003, 19(2):66-68.
[3] 孙建华，谢恩萍 . 母乳喂养与新生儿免疫 . 临床儿科杂志 , 2012, 30(3):204-207.
[4] Mitoulas L R, Kent J C, Cox D B, et al. Variation in fat, lactose and protein in human milk over 24 h and throughout the first year of lactation. Br J Nutr, 2002, 88(1): 29-37.
[5] Butte N F, Wong W W, Hopkinson J M, et al. Infant feeding mode affects early growth and body composition. Pediatrics, 2000, 106(6): 1355-1366.
[6] Prentice P, Ong K K, Schoemaker M H, et al. Breast milk nutrient content and infancy growth. Acta Paediatr, 2016, 105(6): 641-647.
[7] Goran M I, Martin A A, Alderete T L, et al. Fructose in breast milk is positively associated with infant body composition at 6 months of age. Nutrients, 2017, 9(2) :146.
[8] Fields D A, Demerath E W. Relationship of insulin, glucose, leptin, IL-6 and TNF-α in human breast milk with infant growth and body composition. Pediatric Obes, 2012, 7(4):304-312.

[9] Cederlund A, Kai-Larsen Y, Printz G, et al. Lactose in human breast milk an inducer of innate immunity with implications for a role in intestinal homeostasis. PLoS One, 2013, 8(1): e53876.
[10] Emmett P M, Rogers I S. Properties of human milk and their relationship with maternal nutrition. Early Hum Dev, 1997, 49 (Suppl):S7-S28.
[11] Arthur P G, Smith M, Hartmann P E. Milk lactose, citrate, and glucose as markers of lactogenesis in normal and diabetic women. J Pediatr Gastroenterol Nutr, 1989, 9(4): 488-496.
[12] Newburg D S, Neubauer S H. Carbohydrates in milk: analysis, quantities, and significance. San Diego, California: Academic Press, 1995.
[13] Legge M, Richards K C. Biochemical alterations in human breast milk after heating. Aust Paediatr J, 1978, 14(2): 87-90.
[14] Conner A E. Elevated levels of sodium and chloride in milk from mastitic breast. Pediatrics, 1979, 63(6): 910-911.
[15] Kuntz S, Kunz C, Rudloff S. Oligosaccharides from human milk induce growth arrest via G2/M by influencing growth-related cell cycle genes in intestinal epithelial cells. Br J Nutr, 2009, 101(9): 1306-1315.
[16] Zivkovic A M, German J B, Lebrilla C B, et al. Human milk glycobiome and its impact on the infant gastrointestinal microbiota. Proc Natl Acad Sci U S A, 2011, 108 (Suppl 1):S4653-S4658.
[17] Locascio R G, Ninonuevo M R, Kronewitter S R, et al. A versatile and scalable strategy for glycoprofiling bifidobacterial consumption of human milk oligosaccharides. Microb Biotechnol, 2009, 2(3): 333-342.
[18] 秦雪梅，刘静，霍贵成 . 低聚糖与水溶性膳食纤维对婴儿肠道菌群益生作用研究 . 食品科技 , 2011, 36(6):96-100.
[19] Sumiyoshi W, Urashima T, Nakamura T, et al. Determination of each neutral oligosaccharide in the milk of Japanese women during the course of lactation. Br J Nutr, 2003, 89(1): 61-69.
[20] 王艳艳，彭咏梅 . 人乳低聚糖研究进展 . 中国实用儿科杂志 , 2009, 24(11):882-884.
[21] 吕玉泉，王鹏 . 人乳低聚糖的生物学功能 . 食品科学 , 2002, 23(9):144-147.
[22] Macfarlane G T, Steed H, Macfarlane S. Bacterial metabolism and health-related effects of galacto-oligosaccharides and other prebiotics. J Appl Microbiol, 2008, 104(2): 305-344.
[23] Hanson L A. Session 1: Feeding and infant development breast-feeding and immune function. Proc Nutr Soc, 2007, 66(3): 384-396.
[24] Lauber E, Reinhardt M. Studies on the quality of breast milk during 23 months of lactation in a rural community of the Ivory Coast. Am J Clin Nutr, 1979, 32(5): 1159-1173.
[25] Wang B, Brand-Miller J. The role and potential of sialic acid in human nutrition. Eur J Clin Nutr, 2003, 57(11): 1351-1369.
[26] 钱继红，吴圣楣，张伟利 . 上海地区母乳中三大营养素含量分析 . 实用儿科临床杂志 , 2002, 17(3):243-244.
[27] Maas Y G, Gerritsen J, Hart A A, et al. Development of macronutrient composition of very preterm human milk. Br J Nutr, 1998, 80(1): 35-40.
[28] 江蕙芸，陈红惠，王艳华 . 南宁市母乳乳汁中营养素含量分析 . 广西医科大学学报 , 2005, 22(5):690-692.
[29] Zhu M, Yang Z, Ren Y, et al. Comparison of macronutrient contents in human milk measured using mid-infrared human milk analyser in a field study vs. chemical reference methods. Matern Child Nutr, 2017, 13(1):e12248.
[30] Nommsen L A, Lovelady C A, Heinig M J, et al. Determinants of energy, protein, lipid, and lactose concentrations in human milk during the first 12 mo of lactation: the DARLING Study. Am J Clin Nutr,

1991, 53(2): 457-465.

[31] Lönnerdal B, Forsum E, Gebre-Medhin M, et al. Breast milk composition in Ethiopian and Swedish mothers. Ⅱ. Lactose, nitrogen, and protein contents. Am J Clin Nutr, 1976, 29(10): 1134-1141.

[32] 张兰威，周晓红，肖玲，等. 人乳营养成分及其变化. 营养学报, 1997, 19(3):366-369.

[33] Gopal P K, Gill H S. Oligosaccharides and glycoconjugates in bovine milk and colostrum. Br J Nutr, 2000, 84 (Suppl 1):S69-S74.

[34] Thurl S, Munzert M, Henker J, et al. Variation of human milk oligosaccharides in relation to milk groups and lactational periods. Br J Nutr, 2010, 104(9): 1261-1271.

[35] 范丽，徐勇，连之娜，等. 高效阴离子交换色谱 - 脉冲安培检测法定量测定低聚木糖样品中的低聚木糖. 色谱, 2011, 29(1):75-78.

[36] 侯艳梅，于珊，郑晓霞. 济南市 240 例乳母乳汁成分分析. 中国妇幼保健杂志, 2008, 23(2):241-243.

[37] 蔡明明，陈启，李爽，等. 离子色谱法测定人乳中乳糖. 食品安全质量学报, 2014, 5(7):2054-2058.

[38] Chaturvedi P, Warren C D, Altaye M, et al. Fucosylated human milk oligosaccharides vary between individuals and over the course of lactation. Glycobiology, 2001, 11(5): 365-372.

[39] 丁永胜，牟世芬. 高效阴离子交换色谱 - 脉冲电化学检测方法和应用. 分析化学, 2005, 33(4):557-561.

[40] Kunz C, Rudloff S, Schad W, et al. Lactose-derived oligosaccharides in the milk of elephants: comparison with human milk. Br J Nutr, 1999, 82(5): 391-399.

[41] Nakhla T, Fu D, Zopf D, et al. Neutral oligosaccharide content of preterm human milk. Br J Nutr, 1999, 82(5): 361-367.

[42] Coppa G V, Pierani P, Zampini L, et al. Oligosaccharides in human milk during different phases of lactation. Acta Paediatr Suppl, 1999, 88(430): 89-94.

[43] 刘庆生，张萍，范志影. 离子色谱法检测糖. 现代科学仪器, 2005,1:75-78.

[44] Purkayastha S, Rao C V, Lamm M E. Structure of the carbohydrate chain of free secretory component from human milk. J Biol Chem, 1979, 254(14): 6583-6587.

[45] Sumiyoshi W, Urashima T, Nakamura T, et al. Galactosyllactoses in the milk of Japanese women: changes in concentration during the course of lactation. Journal of Applied Glycoscience, 2004, 51(4): 341-344.

[46] Bao Y, Zhu L, Newburg D S. Simultaneous quantification of sialyloligosaccharides from human milk by capillary electrophoresis. Anal Biochem, 2007, 370(2): 206-214.

[47] 姚文, 张卓君, 周婷婷, 等. 中国母亲母乳中中性寡糖的浓度变化 .2009,17(3): 251-253.

[48] Coppa G V, Gabrielli O, Zampini L, et al. Oligosaccharides in 4 different milk groups, Bifidobacteria, and Ruminococcus obeum. J Pediatr Gastroenterol Nutr, 2011, 53(1): 80-87.

[49] Olivares M, Albrecht S, De Palma G, et al. Human milk composition differs in healthy mothers and mothers with celiac disease. Eur J Nutr, 2015, 54(1): 119-128.

[50] Austin S, De Castro C A, Benet T, et al. Temporal change of the content of 10 oligosaccharides in the milk of Chinese urban mothers. Nutrients, 2016, 8(6) :346.

[51] McGuire M K, Meehan C L, McGuire M A, et al. What's normal? Oligosaccharide concentrations and profiles in milk produced by healthy women vary geographically. Am J Clin Nutr, 2017, 105(5): 1086-1100.

[52] Kunz C, Meyer C, Collado M C, et al. Influence of gestational age, secretor, and lewis blood group status on the oligosaccharide content of human milk. J Pediatr Gastroenterol Nutr, 2017, 64(5): 789-798.

[53] 魏远安, 郑惠玲, 吴少辉, 等. 中国母乳中低聚糖组分及含量变化——以中国广东江门地区为例. 食品科学, 2017, 38(18): 180-186.

[54] 朱婧, 石羽杰, 吴立芳, 等. 不同阶段母乳中 10 种游离低聚糖的检测及含量分析. 中国食品卫生杂志,

2017, 29(4): 417-422.

[55] Meredith-Dennis L, Xu G, Goonatilleke E, et al. Composition and variation of macronutrients, immune proteins, and human milk oligosaccharides in human milk From nonprofit and commercial milk banks. J Hum Lact, 2018, 34(1): 120-129.

[56] Sprenger N, Lee L Y, De Castro C A, et al. Longitudinal change of selected human milk oligosaccharides and association to infants'growth, an observatory, single center, longitudinal cohort study. PLoS One, 2017, 12(2): e0171814.

[57] Nijman R M, Liu Y, Bunyatratchata A, et al. Characterization and quantification of oligosaccharides in human milk and infant formula. J Agric Food Chem, 2018, 66(26): 6851-6859.

[58] Zhang W, Wang T, Chen X, et al. Absolute quantification of twelve oligosaccharides in human milk using a targeted mass spectrometry-based approach. Carbohydr Polym, 2019, 219:328-333.

[59] Thurl S, Munzert M, Boehm G, et al. Systematic review of the concentrations of oligosaccharides in human milk. Nutr Rev, 2017, 75(11): 920-933.

[60] Lönnerdal B, Forsum E, Hambraeus L. A longitudinal study of the protein, nitrogen, and lactose contents of human milk from Swedish well-nourished mothers. Am J Clin Nutr, 1976, 29(10): 1127-1133.

[61] Bauer J, Gerss J. Longitudinal analysis of macronutrients and minerals in human milk produced by mothers of preterm infants. Clin Nutr, 2011, 30(2): 215-220.

[62] Arthur P G, Kent J C, Hartmann P E. Metabolites of lactose synthesis in milk from women during established lactation. J Pediatr Gastroenterol Nutr, 1991, 13(3): 260-266.

[63] Viverge D, Grimmonprez L, Cassanas G, et al. Diurnal variations and within the feed in lactose and oligosaccharides of human milk. Ann Nutr Metab, 1986, 30(3): 196-209.

[64] Jovanovic-Peterson L, Fuhrmann K, Hedden K, et al. Maternal milk and plasma glucose and insulin levels: studies in normal and diabetic subjects. J Am Coll Nutr, 1989, 8(2): 125-131.

[65] 任向楠，杨晓光，杨振宇，等 . 人乳中低聚糖的含量及其常用分析方法的研究进展 . 中国食品卫生杂志 , 2015, 27(2):200-204.

[66] Triantis V, Bode L, van Neerven R J J. Immunological effects of human milk oligosaccharides. Front Pediatr, 2018, 6:190.

[67] Bode L, Contractor N, Barile D, et al. Overcoming the limited availability of human milk oligosaccharides: challenges and opportunities for research and application. Nutr Rev, 2016, 74(10): 635-644.

# 母乳成分特征

Composition Characteristics of Human Milk

# 第10章

# 中国母乳矿物质

人母乳中所含的微量元素丰富，其中必需微量元素的营养价值高于牛乳[1]。大量的研究结果表明，母乳喂养可以满足6个月内婴儿矿物质的全部需要。母乳中矿物质占比虽然较少，但对婴幼儿的成长有不可替代的作用。矿物质不仅参与人体的多种生物化学反应，而且还对人体的各个系统有不同程度的作用，如铁、锌、钙和硅影响婴儿的体重。对母乳中矿物质的研究在于揭示母乳中存在的各种矿物质及其在婴幼儿生命活动中的重要作用。

矿物质广泛存在于自然界中，在人们的生产生活中起着重要的作用。地球上存在的矿物质种类有一万多种，人体中存在的只有60多种。矿物质的作用贯穿一个人的一生，对不同人群有不同的影响。矿物质缺乏会引起地方性疾病，由于地域饮食导致的疾病是我们常见的。通过全面了解人体中矿物质种类及功能和营养作用，对指导母乳喂养有重要意义。矿物质的研究机理是从营养学方面研究生物体内所有矿物质成分，进而推测其在人体中的组成和含量变化，以揭示矿物质在各个生命活动中发挥的重要作用以及作用机理。

# 10.1 母乳矿物质的概念

矿物质是地壳中的自然元素，也是人体无机物的总称。矿物质是一类需要从外界摄入，不能自身合成的营养素。与其他营养素一样，矿物质是人体生长发育的关键营养成分，与机体的构成、生理功能、健康和疾病都有密切关系。人体内矿物质的来源分为三种：地球中的天然化学元素、用动植物制成的膳食和不溶于水的矿物质补充剂，以及以天然矿物提取精制而成的保健品[2]。

## 10.1.1 母乳矿物质的分类

母乳矿物质的主要来源是膳食，其次是营养强化剂的补充。营养学上依据含量高低的原则将人体必需的矿物元素分成常量元素与微量元素两类。常量元素包括钙、镁、钾、钠、磷、硫、氯等，微量元素有铁、铜、碘、锌、锰、钼、硅、硒等。

## 10.1.2 母乳矿物质的功能和营养作用

矿物质的营养作用多样，对人体的生理及生化机能起着至关重要的作用，不仅与新陈代谢和繁殖机能相关，而且与免疫机能也密切相关。矿物质会影响婴儿的身高和体重，促进大脑发育、维持骨骼健康，同时也可以增强婴儿的免疫力。梁翠群等[3]认为钙、铁、锌、镁和铜对儿童的生长发育有明显的促进作用。同时也有研究表明补充钙、铁和锌有利于治疗厌食症[4]，补充钙、镁和锌有利于治疗轻型胃肠炎伴婴幼儿良性惊厥[5]。

矿物质在体内分布广泛，与人体的十多个系统密切相关，如体内免疫、神经、内分泌、消化、循环、运动、生殖等。因此矿物质的缺乏会影响婴幼儿的健康成长，如微量营养素缺乏会增加感染风险[6]，缺铁、铜、锌、硒会使机体免疫力下降，增加患病的风险[7]，缺铁、锌、铜、钒、铬增加糖尿病的发病风险[8,9]。杨小红等[10]通过实验推断出锌、铁、钙的缺乏是小儿反复呼吸道感染的关键诱因。

### 10.1.2.1 钙

婴幼儿体内 99% 的钙在骨骼结构基质中，还有 1% 以生理活性游离钙的形式存在于细胞液和细胞外液中[11]。钙参与生命进化和生命运动的全过程，具有激活免疫功能、保持神经兴奋、维持细胞生存等作用。骨骼的正常发育需要钙[12]，婴幼儿钙摄入量过低可能导致佝偻病、生长迟缓和甲状旁腺功能亢进[13]。钙摄入过多或过少都会引起骨质疏松。

### 10.1.2.2 锌

锌普遍存在于肌肉、表皮、骨骼等部位中[14]，具有催化、结构维持和调节三种功能。通过这三种功能，锌在人体发育、认知行为、创伤愈合、味觉和免疫调节等方面发挥重要作用[15]。锌缺乏会引起内分泌失调，增加患糖尿病的可能，长期缺锌会造成婴幼儿智力不可逆的损伤。锌缺乏的高危人群中包括婴幼儿，约有40%的儿童处于锌缺乏和锌缺乏的边缘状态。此外锌与视觉功能有密切联系，弱视儿童存在低锌倾向。

### 10.1.2.3 铁

铁是几乎所有生命器官的必需元素，人体内铁元素始终与蛋白质结合在一起，起储存和运输氧气的作用[11]。母乳中的铁主要存在于乳铁蛋白中，虽然含量不高，但是消化率较高[16]。铁元素具有造血、影响脑细胞发育、参与激素合成、维持免疫等功能。婴儿出生后的前6个月，铁的主要来源是婴儿在产前期间积累的身体储备，铁的两种来源（身体储存和母乳）确保婴儿在生命的前6个月满足对铁的需求。随物质生活水平提高，各种营养素缺乏症已明显减少，但缺铁性贫血仍是威胁我国婴幼儿健康的最常见的营养缺乏性疾病，据报道6～36月龄的婴幼儿缺铁性贫血患病率为22.51%，同时反复呼吸道感染会影响缺铁性贫血，易形成恶性循环[17]。婴幼儿缺铁会引起贫血、免疫力下降、厌食、无力、头痛、口腔炎、感冒等。

### 10.1.2.4 硒

母乳中的硒大部分与蛋白质结合，而只有一小部分与乳脂有关[18]。硒是谷胱甘肽过氧化物酶的必要组分[15]。硒代半胱氨酸是人体内重要的氨基酸，且人体含有多种硒蛋白，这些蛋白参与人体的抗氧化功能。适宜的硒摄入对于人体合成硒蛋白非常重要，起到预防心血管疾病的作用。过多地摄入硒会诱导内质网应激，激活线粒体凋亡通路，使DNA双链断裂，阻断细胞周期进程等。婴幼儿缺硒与克山病、大骨节病等地方疾病的易感性增加有关。

### 10.1.2.5 铜

铜广泛分布于生物组织中，大部分以有机复合物形式存在，很多是金属蛋白，以酶的形式发挥功能作用[15]。铜是婴幼儿膳食中的必需痕量元素，是酶系统和非酶系统代谢的必需物质[11]；有助于提高生育能力、免疫力、血红素的合成；维护头发和皮肤的健康；增强人体对铁和酪氨酸、维生素E和维生素C的吸收。铜也是构成细胞色素酶的重要物质，铜蓝蛋白具有保护胎儿生长发育、营养与免疫的作用，对胎儿初期神经系统的发育至关重要。由于婴幼儿神经系统发育不完善，对铜的敏感性较成人更高[5]。婴幼儿铜缺乏会引起发育迟缓、免疫功能低下、智力低下、头发干涩、黄疏脱发、脂溢性皮炎、丘疹等症状。

### 10.1.2.6　其他元素

镁是骨骼、牙齿和酶辅助因子的组成成分，对神经和肌肉活动至关重要，在许多酶促反应中起到重要作用。缺镁膳食会导致婴幼儿生长不良、肌张力下降。磷存在于酪蛋白中，低磷可能是由于酪蛋白含量低造成的[19]。锰是一种过渡元素，参与氨基酸、胆固醇和碳水化合物代谢，维持脑功能，在人体内主要作为锰金属酶或锰激活酶发挥生理作用[15]。钠是人体的必需元素之一，是人体代谢重要的电解质[15]，婴儿摄入过多的钠会引起脑损伤[13]。孕妇体内的高氟状态会影响新生儿的体格发育，同时这种高氟状态也影响新生儿的智力发育[20]。婴幼儿缺氟会引起氟缺陷病、肌肉骨骼系统损伤等疾病。

碘的主要生理功能通过甲状腺激素实现，在促进生长和调节新陈代谢方面有重要作用。孕早期胎儿完全依赖母体甲状腺激素来促进大脑的正常发育，碘对胎儿的大脑和中枢神经系统的发育至关重要，婴幼儿缺碘会导致智力障碍。铬分布在各个器官组织和体液中，具有调节人体内脂肪、糖类、蛋白质及促进蛋白质新陈代谢等功能。婴幼儿适当补充铬有利于视力健康、防止基因突变和预防癌症。

## 10.2　中国母乳矿物质研究进展

随着检测技术的进一步发展，母乳中矿物质的检测限提高，越来越多的痕量和超痕量元素被检测出。母乳中矿物质的含量、存在形式以及影响因素成为研究热点。

### 10.2.1　母乳矿物质的组成和含量

母乳中的主要成分是水，铁、锌、铜、锰和硒等微量元素含量很少，这些元素仅占人体含量的0.01%[21]，但参与人体代谢循环的各个环节，对人体至关重要，在营养学中被认定为不可缺少的一部分[14]。中国母乳中矿物质含量在0.160～0.215g/100g，其中长春市母乳矿物质平均含量为0.16g/100g[22]、深圳市母乳矿物质平均含量为（0.16±0.01）g/100g[37]、济南地区母乳平均含量为（0.17±0.02）g/100g[38]、北京（0.198±0.179）g/100g、佳木斯（0.189±0.169）g/100g、昆山（0.205±0.164）g/100g、成都（0.211±0.175）g/100g、深圳（0.199±0.167）g/100g、西安（0.201±0.181）g/100g、济南（0.204±0.174）g/100g、新密（0.215±0.176）g/100g[23]。部分中国母乳中矿物质的浓度范围见表 10-1。陈宇辉[24]等发现初乳中的钾与锰、钾与镁、钠与硒、钙与铁、镁与铜及锌与硒之间存在显著相关性。同时国外学者研究发现钠与镁、钠与钙呈正相关，钙与镁呈负相关[13]。

**表** 10-1　中国母乳中矿物质的浓度范围

| 矿物质 | | 许晓英等[25](2019) | Wei 等[21](2020) | 钱昌丽等[26](2022) | 李韬等[27](2022) |
|---|---|---|---|---|---|
| 常量元素/(mg/L) | 钙 | 210.0 ～ 313.2 | 144.0 ～ 407.8 | 206.4 ～ 259.3 | 156.8 ～ 417.2 |
| | 磷 | ND | 111.4 ～ 246.0 | 92.8 ～ 150.7 | 89.4 ～ 385.6 |
| | 钾 | 310.1 ～ 675.1 | 297.2 ～ 557.3 | 400.9 ～ 650.6 | 157.6 ～ 1042 |
| | 钠 | 44.2 ～ 432.9 | 107.5 ～ 405.6 | 106.0 ～ 426.1 | 57.8 ～ 325.1 |
| | 镁 | 23.5 ～ 38.9 | 26.4 ～ 43.7 | 23.9 ～ 28.8 | 10.2 ～ 58.4 |
| 微量元素/(μg/L) | 铁 | 7.8 ～ 16.8 | 1.4 ～ 7.2 | 0.2 ～ 0.5 | 0.3 ～ 4.5 |
| | 锌 | 1.0 ～ 4.2 | 2.6 ～ 5.7 | 0.8 ～ 7.0 | 0.4 ～ 2.1 |
| | 铜 | 0.4 ～ 0.5 | 0.3 ～ 0.9 | 0.2 ～ 0.6 | 0.1 ～ 0.4 |
| | 锰 | ND | 12.2 ～ 49.2 | ND | 5.2 ～ 52.2 |
| | 钼 | ND | ND | 2.2 ～ 11.3 | <5.0 ～ 86.7 |
| | 硒 | ND | 6.4 ～ 25.5 | 10.6 ～ 21.6 | 5.2 ～ 34.1 |
| | 铬 | ND | ND | 6.6 ～ 8.9 | ND |

注：ND，未检测到。

## 10.2.2　中国母乳成分数据库研究

### 10.2.2.1　数据来源

数据来源于 2011 ～ 2013 年开展的中国母乳成分数据库研究。该项目为横断面调查[28]，该研究共收集 6481 份母乳样本，其中初乳 1859 份、过渡乳 1235 份、成熟乳 3387 份。采用单纯随机抽样方法随机抽取 20% 乳样检测常量元素。采用微波消解 -ICP-MS 法测定母乳中常量元素含量[29]。

### 10.2.2.2　常量元素含量

母乳中常量元素含量以平均值 ±SD（表 10-2）和 $P_{50}$($P_{25}$，$P_{75}$)（表 10-3）两种方式表示，分别列出了我国城乡乳母不同哺乳阶段母乳中钙、磷、镁、钾、钠的含量和钙磷比。

表 10-2　不同哺乳阶段母乳中常量元素含量（一）　单位：mg/L

| 矿物质 | 初乳 | | 过渡乳 | | 早期成熟乳 | | 晚期成熟乳 | |
|---|---|---|---|---|---|---|---|---|
| | *n* | 均值 ±SD | *n* | 均值 ±SD | *n* | 均值 ±SD | *n* | 均值 ±SD |
| 合计 | | | | | | | | |
| 钙 | 211 | 278.3±63.1 | 271 | 289.3±69.9 | 495 | 270.7±65.9 | 246 | 241.0±58.6 |
| 磷 | 213 | 157.6±50.4 | 340 | 176.7±53.2 | 632 | 144.2±41.6 | 291 | 128.0±31.5 |
| 钙 / 磷 (mg/mg) | 208 | 1.91±0.64 | 269 | 1.69±0.48 | 487 | 1.92±0.53 | 238 | 1.87±0.45 |
| 钙 / 磷 (mol/mol) | 208 | 1.38±0.46 | 269 | 1.22±0.35 | 487 | 1.38±0.38 | 238 | 1.35±0.33 |
| 镁 | 211 | 27.9±5.9 | 324 | 24.8±4.8 | 618 | 25.0±5.3 | 297 | 26.1±5.6 |
| 钾 | 199 | 624.2±116.4 | 292 | 575.7±95.7 | 368 | 490.0±86.8 | 154 | 428.3±65.1 |
| 钠 | 186 | 370.6±204.7 | 320 | 242.2±123.1 | 591 | 128.3±69.2 | 272 | 88.6±44.1 |
| 城市 | | | | | | | | |
| 钙 | 105 | 282.6±62.5 | 113 | 296.6±63.5 | 162 | 292.3±60.5 | 51 | 258.0±56.9 |
| 磷 | 105 | 164.8±48.6 | 119 | 194.5±58.3 | 169 | 157.2±43.4 | 58 | 128.4±36.1 |
| 钙 / 磷 (mg/mg) | 103 | 1.83±0.56 | 112 | 1.58±0.42 | 157 | 1.89±0.47 | 50 | 1.98±0.53 |
| 钙 / 磷 (mol/mol) | 103 | 1.32±0.41 | 112 | 1.14±0.30 | 157 | 1.36±0.34 | 50 | 1.43±0.38 |
| 镁 | 105 | 29.6±6.0 | 111 | 24.5±4.5 | 163 | 25.1±4.9 | 59 | 26.6±5.8 |
| 钾 | 107 | 625.8±110.6 | 112 | 593.4±93.5 | 154 | 502.6±81.6 | 51 | 415.8±68.8 |
| 钠 | 95 | 397.4±213.4 | 115 | 228.4±108.4 | 163 | 148.4±69.3 | 56 | 86.9±43.7 |
| 农村 | | | | | | | | |
| 钙 | 106 | 274.0±63.6 | 158 | 284.1±73.9 | 333 | 260.3±65.9 | 195 | 236.5±58.4 |
| 磷 | 108 | 150.6±51.3 | 221 | 167.1±47.7 | 463 | 139.5±39.9 | 233 | 127.9±30.3 |
| 钙 / 磷 (mg/mg) | 105 | 2.00±0.71 | 157 | 1.76±0.51 | 330 | 1.93±0.55 | 188 | 1.84±0.43 |
| 钙 / 磷 (mol/mol) | 105 | 1.44±0.51 | 157 | 1.27±0.37 | 330 | 1.39±0.40 | 188 | 1.33±0.31 |
| 镁 | 106 | 26.1±5.2 | 213 | 24.9±5.0 | 455 | 25.0±5.5 | 238 | 26.0±5.6 |
| 钾 | 92 | 622.3±123.5 | 180 | 564.7±95.6 | 214 | 480.9±89.5 | 103 | 434.5±62.6 |
| 钠 | 91 | 342.7±192.5 | 205 | 250.0±130.2 | 428 | 120.6±67.7 | 216 | 89.1±44.2 |

表10-3 不同哺乳阶段母乳中常量元素含量（二）

单位：mg/L

| 矿物质 | 初乳 | | 过渡乳 | | 早期成熟乳 | | 晚期成熟乳 | |
|---|---|---|---|---|---|---|---|---|
| | $n$ | $P_{50}(P_{25}, P_{75})$ | $n$ | $P_{50}(P_{25}, P_{75})$ | $n$ | $P_{50}(P_{25}, P_{75})$ | $n$ | $P_{50}(P_{25}, P_{75})$ |
| 合计 | | | | | | | | |
| 钙 | 211 | 279.9(230.3,320.4)$^{a,b}$ | 271 | 291.5(243.3,336.5)$^{a}$ | 495 | 269.5(220.3,315.8)$^{b}$ | 246 | 236.6(195.4,284.1)$^{c}$ |
| 磷 | 213 | 155.7(118.9,196.2)$^{a}$ | 340 | 169.8(139.1,212.2)$^{b}$ | 632 | 140.2(112.5,169.9)$^{c}$ | 291 | 125.3(103.9,150.8)$^{d}$ |
| 钙 / 磷 (mg/mg) | 208 | 1.76(1.45, 2.26)$^{a}$ | 269 | 1.61(1.33, 1.96)$^{b}$ | 487 | 1.82(1.58, 2.13)$^{a}$ | 238 | 1.81(1.56, 2.08)$^{a}$ |
| 钙 / 磷 (mol/mol) | 208 | 1.27(1.04,1.63)$^{a}$ | 269 | 1.16(0.96,1.42)$^{b}$ | 487 | 1.31(1.14,1.54)$^{a}$ | 238 | 1.30(1.13,1.50)$^{a}$ |
| 镁 | 211 | 27.6(24.1,31.8)$^{a}$ | 324 | 24.4(21.3,28.0)$^{b}$ | 618 | 24.8(21.1,28.4)$^{b}$ | 297 | 25.4(22.3,29.6)$^{c}$ |
| 钾 | 199 | 625.5(556.1,711.9)$^{a}$ | 292 | 575.9(510.4,631.7)$^{b}$ | 368 | 479.4(431.7,551.2)$^{c}$ | 154 | 437.7(383.6,472.8)$^{d}$ |
| 钠 | 186 | 304.3(212.2,470.7)$^{a}$ | 320 | 208(152.9,296.8)$^{b}$ | 591 | 108.9(80.5,160.4)$^{c}$ | 272 | 80.5(58.2,104.3)$^{d}$ |
| 城市 | | | | | | | | |
| 钙 | 105 | 284.7(245.4,317.8)$^{a}$ | 113 | 297.3(251.6,335.3)$^{a}$ | 162 | 288.1(255.1,335.3)$^{a,*}$ | 51 | 246.7(212.2,296.6)$^{b,*}$ |
| 磷 | 105 | 165.0(131.8,201.7)$^{a,*}$ | 119 | 192.3(147.9,240.2)$^{b,*}$ | 169 | 153.6(124.6,186.8)$^{a,*}$ | 58 | 132.4(104.1,151.5)$^{c}$ |
| 钙 / 磷 (mg/mg) | 103 | 1.72(1.41,2.20)$^{a}$ | 112 | 1.52(1.29,1.86)$^{b,*}$ | 157 | 1.81(1.59,2.13)$^{a}$ | 50 | 1.94(1.59,2.32)$^{a}$ |
| 钙 / 磷 (mol/mol) | 103 | 1.24(1.02,1.59)$^{a}$ | 112 | 1.09(0.93,1.09)$^{b,*}$ | 157 | 1.30(1.15,1.53)$^{a}$ | 50 | 1.40(1.15,1.67)$^{a}$ |
| 镁 | 105 | 29.7(26.2,33.7)$^{a,*}$ | 111 | 24.0(21.8,27.2)$^{b}$ | 163 | 24.9(21.5,27.8)$^{b}$ | 59 | 25.2(22.1,30.1)$^{b}$ |
| 钾 | 107 | 622.8(556.4,711.9)$^{a}$ | 112 | 601.1(528.4,649.0)$^{a,*}$ | 154 | 492.0(444.2,561.6)$^{b,*}$ | 51 | 427.2(354.5,470.9)$^{c}$ |
| 钠 | 95 | 337.0(219.3,541.4)$^{a}$ | 115 | 203.4(151.3,276.7)$^{b}$ | 163 | 125.2(94.5,190.2)$^{c,*}$ | 56 | 76.9(56.9,103.3)$^{d}$ |
| 农村 | | | | | | | | |
| 钙 | 106 | 279.1(228.3,320.4)$^{a}$ | 158 | 284.8(223.6,340.7)$^{a}$ | 333 | 253.9(210.9,306.5)$^{b}$ | 195 | 233.3(192.0,281.4)$^{c}$ |
| 磷 | 108 | 144.2(112.8,191.8)$^{a}$ | 221 | 164.0(135.6,198)$^{b}$ | 463 | 135.2(109.7,165.4)$^{c}$ | 233 | 123(103.9,150.5)$^{d}$ |
| 钙 / 磷 (mg/mg) | 105 | 1.82(1.49,2.29)$^{a}$ | 157 | 1.70(1.38,2.00)$^{b,c}$ | 330 | 1.83(1.58,2.14)$^{a}$ | 188 | 1.78(1.56,2.06)$^{a,c}$ |
| 钙 / 磷 (mol/mol) | 105 | 1.31(1.08,1.65)$^{a}$ | 157 | 1.23(0.99,1.44)$^{b,c}$ | 330 | 1.32(1.14,1.54)$^{a}$ | 188 | 1.28(1.13,1.49)$^{a,c}$ |
| 镁 | 106 | 25.8(23.3,28.9)$^{a}$ | 213 | 25.1(21.1,28.4)$^{a}$ | 455 | 24.7(20.7,28.5)$^{a}$ | 238 | 25.4(22.4,29.4)$^{a}$ |
| 钾 | 92 | 634.3(555.4,711.9)$^{a}$ | 180 | 552.6(503.1,623.5)$^{b}$ | 214 | 465.9(425.8,545.4)$^{c}$ | 103 | 446.3(394.2,476.4)$^{d}$ |
| 钠 | 91 | 270.6(208.4,425.4)$^{a}$ | 205 | 210.4(154.3,305.3)$^{b}$ | 428 | 102.4(73.1,148.7)$^{c}$ | 216 | 80.8(58.8,104.3)$^{d}$ |

注：a,b,c,d 同一行中不同上标字母表示不同哺乳阶段的含量差异显著，$P<0.05$；同一纵列中标有相同上标星号，表示城乡间差异显著，$P<0.05$。

### 10.2.2.3 微量元素含量

母乳中微量元素含量以平均值 ±SD（表 10-4）和 $P_{50}(P_{25}, P_{75})$（表 10-5）两种方式表示，分别列出了我国城乡乳母不同哺乳阶段母乳中铁、锌、铜、锰、硒、铬和钼的含量。

**表 10-4** 不同哺乳阶段母乳中微量元素含量（一） 单位：μg/kg

| 矿物质 | 初乳 | | 过渡乳 | | 早期成熟乳 | | 晚期成熟乳 | |
|---|---|---|---|---|---|---|---|---|
| | *n* | 均值 ±SD | *n* | 均值 ±SD | *n* | 均值 ±SD | *n* | 均值 ±SD |
| 合计 | | | | | | | | |
| 铁 | 213 | 455.3±184.9 | 317 | 418.4±195.1 | 624 | 279.8±171.3 | 255 | 227.6±142.6 |
| 锌 | 205 | 4885.8±2264.3 | 330 | 3495.5±1338.1 | 643 | 1818.9±1186.0 | 265 | 1056.5±701.2 |
| 铜 | 199 | 466.3±168.6 | 292 | 468.3±140.6 | 508 | 300.2±132.0 | 206 | 190.3±96.7 |
| 锰 | 4 | 7.0±1.1 | 83 | 9.7±4.3 | 96 | 9.1±4.6 | 46 | 8.8±3.8 |
| 硒 | 14 | 9.7±3.6 | 212 | 10.9±4.3 | 510 | 8.8±4.1 | 241 | 7.0±3.3 |
| 铬 | 6 | 23.5±32.4 | 131 | 32.6±14.7 | 239 | 30.3±16.4 | 110 | 30.3±16.4 |
| 钼 | 10 | 4.8±2.6 | 179 | 7.8±4.7 | 262 | 5.5±4.3 | 76 | 4.4±3.2 |
| 城市 | | | | | | | | |
| 铁 | 106 | 447.3±165.5 | 121 | 374.1±158.3 | 173 | 308.3±150.4 | 57 | 240.5±95.8 |
| 锌 | 99 | 4913.8±2142.3 | 118 | 3575.8±1257.6 | 166 | 2268.4±1293.9 | 55 | 1049.1±512.6 |
| 铜 | 107 | 459.8±168.2 | 121 | 508.5±120.9 | 173 | 339.1±134.0 | 56 | 197.9±88.2 |
| 锰 | | | 13 | 11.1±6.5 | 11 | 11.2±5.3 | 3 | 7.4±2.0 |
| 硒 | | | 23 | 11.9±4.2 | 42 | 10.9±4.1 | 16 | 7.5±1.9 |
| 铬 | | | 23 | 38.9±8.4 | 42 | 39.7±4.0 | 16 | 39.4±4.2 |
| 钼 | | | 20 | 6.5±3.0 | 30 | 5.8±3.7 | 4 | 2.7±0.4 |
| 农村 | | | | | | | | |
| 铁 | 107 | 463.2±202.9 | 196 | 445.7±210.5 | 451 | 268.9±177.6 | 198 | 223.9±153.4 |
| 锌 | 106 | 4859.7±2382.5 | 212 | 3450.8±1381.8 | 477 | 1662.5±1105.4 | 210 | 1058.5±743.8 |
| 铜 | 92 | 473.9±169.6 | 171 | 439.9±146.8 | 335 | 280.1±126.5 | 150 | 187.5±99.8 |
| 锰 | 4 | 7.0±1.1 | 70 | 9.4±3.7 | 85 | 8.8±4.4 | 43 | 8.9±3.9 |
| 硒 | 14 | 9.7±3.6 | 189 | 10.8±4.3 | 468 | 8.6±4.1 | 225 | 7.0±3.4 |
| 铬 | 6 | 23.5±32.4 | 108 | 31.3±15.5 | 197 | 28.3±17.3 | 94 | 28.8±17.2 |
| 钼 | 10 | 4.8±2.6 | 159 | 7.9±4.8 | 232 | 5.5±4.4 | 72 | 4.5±3.2 |

**表10-5　不同哺乳阶段母乳中微量元素含量（二）**　　单位：μg/kg

| 矿物质 | 初乳 | 过渡乳 | 早期成熟乳 | 晚期成熟乳 |
|---|---|---|---|---|
| 合计 | | | | |
| 铁 | 437.0(320.6,538.2) [a] | 379.6(279.1,516.4) [a] | 244.6(164.4,356.8) [b] | 201.8(133.8,295.6) [c] |
| 锌 | 4485.2(3333.7,5937.8) [a] | 3576.0(2579.5,4344.8) [b] | 1507.6(902.9,2503.9) [c] | 871.0(587.7,1345.6) [d] |
| 铜 | 485.1(328.3,590.9) [a] | 485.6(383.3,565.3) [a] | 284.4(200.5,392.8) [b] | 167.2(125.3,241.0) [c] |
| 锰 | 7.1(6.3,7.6) | 8.3(6.7,11.0) | 7.5(6.4,10.3) | 7.4(6.0,10.2) |
| 硒 | 8.8(7.6,10.5) | 10.4(7.9,13.1) [a] | 8.2(6.1,10.9) [b] | 6.6(4.9,8.4) [c] |
| 铬 | 10.4(5.3,21.8) | 40.0(17.6,42.9) | 38.5(8.4,42.5) | 38.7(7.5,42.8) |
| 钼 | 4.3(2.7,5.3) | 6.3(4.3,10.0) [a] | 4.0(2.9,6.5) [b] | 3.3(2.6,5.2) [c] |
| 城市 | | | | |
| 铁 | 428.8(320.7,530.0) [a] | 346.1(264.0,444.5) [b,*] | 291.8(200.2,380.3) [c,*] | 233.7(185.4,302.0) [d,*] |
| 锌 | 4537.6(3516.1,5778.8) [a] | 3551.7(2727.3,4344.8) [b] | 2140.9(1167.2,2941.3) [c,*] | 911.5(613.5,1406.4) [d] |
| 铜 | 459.0(321.9,590.9) [a] | 520.5(430.3,595.8) [a,*] | 321.2(232.6,433.9) [b,*] | 171.4(132.3,251.0) [c] |
| 锰 | | 8.4(6.1,16.2) | 10.7(6.8,15.8) | 6.5(5.9,9.7) |
| 硒 | | 12.0(9.2,15.7) [a] | 10.2(7.8,12.5) [a,*] | 7.5(7.0,8.4) [b] |
| 铬 | | 37.4(34.8,43.8) | 40.0(37.0,42.6) [*] | 39.5(36.7,42.6) |
| 钼 | | 5.9(4.7,7.6) [a] | 4.4(3.4,7.0) [a,b] | 2.7(2.4,2.9) [b] |
| 农村 | | | | |
| 铁 | 448.1(314.1,546.7) [a] | 394.2(298.3,569.7) [a,*] | 234.0(145.5,339.5) [b,*] | 188.2(126.4,291.4) [c,*] |
| 锌 | 4408.2(3103.6,6344.9) [a] | 3578.2(2477.3,4341.7) [b] | 1361.2(804.8,2308.0) [c,*] | 854.8(575.0,1332.3) [d] |
| 铜 | 497.6(354.3,591.4) [a] | 450.7(346.7,538.0) [a,*] | 266.9(181.4,359.1) [b,*] | 164.4(121.7,224.8) [c] |
| 锰 | 7.1(6.3,7.6) | 8.3(6.7,10.7) | 7.3(6.3,9.7) | 7.5(6.0,10.3) |
| 硒 | 8.8(7.6,10.5) | 10.3(7.8,13.1) [a] | 8.0(6.0,10.6) [b,*] | 6.6(4.8,8.4) [c] |
| 铬 | 10.4(5.3,21.8) | 40.3(17.0,42.7) | 38.1(6.4,42.3) [b,*] | 38.7(6.6,42.8) |
| 钼 | 4.3(2.7,5.3) | 6.4(4.2,10.2) [a] | 3.9(2.8,6.5) [b] | 3.4(2.6,5.5) [b] |

注：a,b,c,d 同一行中不同上标字母表示不同哺乳阶段的含量差异显著，$P<0.05$；同一纵列中标有相同上标星号，表示城乡间差异显著，$P<0.05$。

## 10.2.3　国际母乳矿物质相关研究

### 10.2.3.1　常量元素

近年来，母乳中矿物质含量及其影响因素是国内外研究的热点课题，常量元素的研究主要集中在镁、磷、钠、钙、钾等。

不同研究报道的母乳中常量元素含量有较大的变异范围。2014 年我国发表的不同泌乳阶段常量元素含量见表 10-6。1998 ～ 1999 年日本测定的不同泌乳阶段常量元素含量见表 10-7。1989 年 WHO 和德国报告的不同研究母乳中常量元素含量中位数范围见表 10-8。在中国母乳成分数据库分析方法学研究中（2010 ～ 2012 年），采用微波消解电感耦合等离子体质谱法（ICP-MS）获得成熟母乳中常量元素含量中位数和范围见表 10-9。

**表 10-6　中国不同泌乳时间乳汁中常量元素含量 [ 均值 ± 标准差（$n$）][30]　单位：mg/kg**

| 元素 | 5 ～ 11d | 12 ～ 30d | 31 ～ 60d | 61 ～ 120d | 121 ～ 240d |
|---|---|---|---|---|---|
| 镁 | 36.1±6.0 (90) | 33.1±5.6 (87) | 32.8±5.1 (89) | 35.8±3.9 (89) | 35.9±6.6 (88) |
| 磷 | 143.8±33.6 (90) | 148.0±25.0 (87) | 136.4±19.3 (89) | 118.0±11.4 (90) | 113.4±19.3 (88) |
| 钠 | 375±254 (90) | 259±262 (87) | 143±68 (89) | 133±69 (90) | 121±93 (88) |
| 钙 | 303.3±52.4 (90) | 293.6±46.7 (87) | 309.6±43.1 (89) | 287.4±40.0 (90) | 267.4±43.8 (88) |
| 钾 | 665.8±111.0 (90) | 601.3±79.6 (87) | 537.6±63.5 (89) | 489.1±61.4 (90) | 459.1±48.3 (88) |

**表 10-7　日本不同泌乳时间乳汁中常量元素含量 [ 均值 ± 标准差 ($n$)][31]　单位：mg/kg**

| 元素 | 1 ～ 5d | 5 ～ 10d | 11 ～ 20d | 21 ～ 89d | 90 ～ 180d | 181 ～ 365d |
|---|---|---|---|---|---|---|
| 镁 | 32±5(21) | 30±9(38) | 29±6(40) | 25±7(550) | 27±11(481) | 33±7(39) |
| 磷 | 159±40(21) | 190±61(38) | 176±30(40) | 156±34(550) | 138±37(481) | 130±25(39) |
| 钠 | 327±170(21) | 241±111(38) | 242±101(39) | 139±72(541) | 107±69(481) | 116±61(39) |
| 钙 | 293±72(21) | 310±97(38) | 304±41(40) | 257±63(550) | 230±74(481) | 260±54(39) |
| 钾 | 723±127(21) | 709±228(38) | 639±104(40) | 466±83(550) | 434±103(478) | 432±70(39) |

**表 10-8　WHO 和德国报告的成熟母乳中常量元素水平比较　单位：mg/kg**

| 元素 | 德国 [32]2011 ① | WHO[33]1989 ① |
|---|---|---|
| 镁 | 31.6±4.9 | 23.5 ～ 37.8 |
| 磷 | 58.8±9.3 | 136 ～ 184 |
| 钠 | — | 71 ～ 190 |
| 钙 | 216.4±32.1 | 221 ～ 303 |
| 钾 | 449.6±74.3 | 326 ～ 554 |

①发表时间。

注：“—”表示没有数据。

**表 10-9　成熟母乳中常量元素含量中位数和范围　单位：mg/kg**

| 元素 | $n$ | $P_{25}$ | $P_{50}$ | $P_{75}$ |
|---|---|---|---|---|
| 镁 | 42 | 24.5 | 27.3 | 29.7 |
| 磷 | 42 | 119.7 | 151.8 | 173.7 |
| 钠 | 42 | 78.9 | 109.2 | 126.8 |
| 钙 | 42 | 214.3 | 253.3 | 286.5 |
| 钾 | 42 | 416.6 | 471.2 | 513.8 |

## 10.2.3.2　微量元素

不同研究报道的母乳中微量元素含量有较大的变异范围。2014 年我国发表的不同泌乳阶段微量元素含量见表 10-10。1998 ～ 1999 年日本测定的不同泌乳阶段微量元素含量见表 10-11。1989 年 WHO 报告的不同研究母乳中微量元素含量范围见表 10-12。在中国母乳成分数据库分析方法学研究中（2010 ～ 2012 年），采用微波消解电感耦合等离子体质谱法（ICP-MS）获得成熟母乳中微量元素含量中位数和范围见表 10-13。已发表的母乳研究中碘含量的差异很大，文献报道的母乳中碘含量范围为 5.4 ～ 2170μg/L。母乳中的碘主要以无机碘和有机碘两种形式存在，无机碘约占母乳中总碘量的 44% ～ 80%，有机碘主要是指甲状腺激素 $T_4$、$T_3$ 结合的碘及其代谢产物 [34]。母乳碘含量在产后 24 周内逐渐降低，但仍能满足婴儿的需要 [35]。

**表 10-10** 中国不同泌乳时间乳汁中微量元素含量 [ 均值 ± 标准差 (*n*)][30]

| 元素 | 5 ～ 11d | 12 ～ 30d | 31 ～ 60d | 61 ～ 120d | 121 ～ 240d |
|---|---|---|---|---|---|
| 铁 /(mg/kg) | 0.90±0.3 (89) | 1.0±0.7 (87) | 1. 0±1.0 (87) | 0.9±0.9 (89) | 1.1±1.1 (86) |
| 锌 /(mg/kg) | 3.9±1.5 (90) | 2.8±1.2 (87) | 2.0±0.7 (89) | 1.5±0.6 (89) | 1.3±0.5 (84) |
| 硒 /(μg/kg) | 21.0±9.1 (89) | 17.8±7.5 (85) | 19.5±8.3 (88) | 15.1±7.5 (77) | 14.3±7.2 (80) |
| 铜 /(mg/kg) | 0.56±0.15 (90) | 0.50±0.16 (87) | 0.35±0.09 (89) | 0.31±0.07 (90) | 0.29±0.16 (85) |
| 碘 /(μg/kg) | 292.4±159.1 (89) | 226.7±122.0 (86) | 230.6±297.5 (86) | 222.0±331.0 (90) | 184.3±95.7 (88) |

**表 10-11** 日本不同泌乳时间乳汁中微量元素含量 [ 均值 ± 标准差 (*n*)][31]

| 元素 | 1 ～ 5d | 5 ～ 10d | 11 ～ 20d | 21 ～ 89d | 90 ～ 180d | 181 ～ 365d |
|---|---|---|---|---|---|---|
| 铁 /(mg/kg) | 110±54(20) | 96±70(38) | 136±83(39) | 180±327(542) | 52±143(476) | 85±66(39) |
| 锌 /(mg/kg) | 475±248(20) | 384±139(38) | 337±89(40) | 177±108(551) | 67±80(476) | 65±43(39) |
| 硒 /(μg/kg) | 2.5±0.7(10) | 2.4±0.6(10) | 2.7±0.8(10) | 1.8±0.4(129) | 1.5±0.6(134) | 1.3±0.4(10) |
| 铜 /(mg/kg) | 37±15(20) | 48±10(38) | 46±10(40) | 34±19(555) | 36±25(476) | 16±5(39) |
| 铬 /(μg/kg) | 1.7±1(20) | 3.5±5.4(38) | 4.5±5.3(40) | 5±3.3(553) | 7.6±5.4(475) | 2.5±1.7(39) |
| 锰 /(μg/kg) | 1.2±0.8(18) | 1.8±5.3(38) | 2.5±6.6(40) | 0.8±2.2(555) | 1.2±1.1(476) | 0.9±1.1(39) |

**表 10-12** WHO 报告的成熟母乳中微量元素范围 [33]

| 元素 | WHO 1989① | 元素 | WHO 1989① |
|---|---|---|---|
| 锌 /（mg/kg） | 0.7 ～ 2.61 | 碘 /（μg/kg） | 15 ～ 64 |
| 铁 /（μg/kg） | 180 ～ 720 | 铅 /（μg/kg） | 2.9 ～ 22.5 |
| 铜 /（μg/kg） | 201 ～ 310 | 汞 /（μg/kg） | 1.43 ～ 2.66 |
| 锰 /（μg/kg） | 4 ～ 39.55 | 镍 /（μg/kg） | 4.9 ～ 16.1 |
| 钼 /（μg/kg） | 0 ～ 16.36 | 硒 /（μg/kg） | 13.9 ～ 33.2 |
| 钴 /（μg/kg） | 0.12 ～ 1.43 | 锡 /（μg/kg） | 1.26 ～ 2.34 |
| 铬 /（μg/kg） | 0.78 ～ 4.35 | 钒 /（μg/kg） | 0.11 ～ 0.69 |

①发表时间。

**表 10-13　成熟母乳中微量元素含量中位数和范围**　　　单位：μg/kg

| 元素 | $n$ | $P_{25}$ | $P_{50}$ | $P_{75}$ | 元素 | $n$ | $P_{25}$ | $P_{50}$ | $P_{75}$ |
|---|---|---|---|---|---|---|---|---|---|
| 铝 | 67 | 108.2 | 153.8 | 222.0 | 砷 | 67 | 1.09 | 1.39 | 1.75 |
| 钒 | 67 | 10.4 | 11.9 | 13.7 | 硒 | 68 | 9.14 | 11.20 | 14.40 |
| 铬 | 67 | 1.69 | 2.54 | 4.64 | 钼 | 66 | 0.68 | 1.53 | 4.79 |
| 锰 | 67 | 4.81 | 6.11 | 11.57 | 锶 | 67 | 63.2 | 77.8 | 109.2 |
| 铁 | 67 | 227.6 | 343.6 | 506.2 | 银 | 67 | 0.07 | 0.11 | 0.27 |
| 钴 | 67 | 0.14 | 0.20 | 0.42 | 镉 | 68 | 0.08 | 0.12 | 0.19 |
| 镍 | 58 | 1.58 | 3.02 | 13.61 | 铯 | 68 | 1.70 | 2.02 | 2.74 |
| 铜 | 67 | 207.1 | 312.3 | 444.5 | 钡 | 67 | 3.0 | 7.6 | 19.2 |
| 锌 | 67 | 1198.6 | 1721.0 | 2905.5 | 铅 | 67 | 4.4 | 16.6 | 91.1 |
| 镓 | 68 | 0.06 | 0.09 | 0.13 | | | | | |

## 10.2.4　影响母乳矿物质组成和含量的因素

母乳中矿物质的含量是动态变化的，其组成和含量会受诸多因素影响。母乳中的矿物质与哺乳时间显著相关，同时也与遗传背景（如维生素 D 受体基因型）、胎儿成熟程度（早产 / 低出生体重）、新生儿性别、母亲体质指数（BMI）、年龄和饮食模式有关，其中钠、钾、钙、镁、铁、硒和碘的浓度与地域和哺乳环境显著相关[36]，而硒、碘、氟受本地地理环境的影响尤为显著。母乳中的大部分矿物质含量随着泌乳期的延长而下降。研究报道母乳矿物质含量与乳母的文化水平有一定的相关性，膳食对母乳中部分矿物质产生影响。我国关于泌乳期、地区及膳食对母乳矿物质的影响研究相对较多。相关研究表明分娩季节、乳母情况、喂养情况及婴儿出生状况对母乳中矿物质水平也存在一定的影响。母乳矿物质的影响因素见表 10-14。

**表 10-14　母乳矿物质的影响因素**[13,36-44]

| 矿物质 | 分娩季节 | 乳母情况 | 喂养情况 | 膳食 | 婴儿出生状况 |
|---|---|---|---|---|---|
| 钙 | 冬季 < 其他三季 | +（与孕期体重增长呈正相关、超重会高） | +(纯母乳喂养 > 部分母乳喂养) | +（定期摄入维生素和矿物质、蔬菜水果） | +(早产 > 足月) |
| 钠 | ND | +（妊娠期体重过度增加，BMI ≥ 25 浓度较高） | 无关 | ND | +(女孩 > 男孩) |
| 镁 | ND | +（与孕期体重增长呈正相关） | ND | +（蔬菜水果） | ND |
| 磷 | ND | ND | ND | ND | +(男孩 > 女孩) |
| 铁 | ND | +（与孕期体重增长呈负相关） | ND | +（定期摄入维生素和矿物质、蔬菜水果） | +(早产 > 足月) |

续表

| 矿物质 | 分娩季节 | 乳母情况 | 喂养情况 | 膳食 | 婴儿出生状况 |
|---|---|---|---|---|---|
| 锌 | ND | +（与孕期体重增长呈正相关、孕前超重会低、年轻母亲锌含量高） | +（纯母乳喂养 > 部分母乳喂养） | +（经常食用摄入维生素或矿物质、蔬菜水果） | +(早产 > 足月) |
| 铜 | ND | +（与孕期体重增长呈负相关） | ND | +（蔬菜水果） | +(早产 > 足月) |
| 钼 | ND | ND | ND | + | +(足月 > 早产) |
| 硒 | ND | ND | ND | + | +(足月 > 早产) |
| 碘 | ND | +（与孕期体重增长呈正相关） | ND | + | +(早产 > 足月) |

注：1.ND，没有数据。

2.+，表示该因素会影响母乳矿物质的含量。

### 10.2.4.1　哺乳阶段

母乳中钠、铁、铜和锌的浓度与哺乳期有显著相关性[13,24]。陈天柱[45]等发现钠、铜、锌含量随泌乳期的延长而显著下降。初乳中铜、锌含量高是由于婴儿在生命最初几日需要更多的这些矿物质来发展免疫系统[46]。施茜[23]通过收集中国 8 个城市的母乳研究泌乳期矿物质含量的变化，结果显示矿物质的含量随泌乳期的延长而降低。Wei 等[21]研究了分娩 1 个月内母乳矿物质组成和浓度的变化，结果显示钙、钾、钠、铁、锌和铜的含量随泌乳期的延长而显著降低，而镁、锰、磷、硒的含量无显著变化。钱昌丽等[26]研究了 400d 内母乳中矿物质的变化，结果显示钾、钠、锌、铁、铜和硒的浓度随泌乳期延长呈下降趋势，其中硒的下降最为显著，钙和磷浓度下降趋势平缓，镁的浓度变化不大。磷和铜的浓度在第一周上升，然后在哺乳期下降；锌和钾、钙、硒、钠的浓度在第一周最高，然后在哺乳期内分别开始呈现迅速下降，到逐渐下降的趋势；镁的浓度在哺乳期内保持稳定[39]。乳汁中碘含量从分娩后一直下降至产后 16 周[47]。然而也有学者发现钙、磷含量在过渡乳中最高[48]，钠的浓度随着泌乳期的延长而增加[36]。国内初乳、过渡乳、成熟乳中矿物质含量的比较见表 10-15。从该表中可以得出矿物质的含量随泌乳期的延长而下降。

**表** 10-15　中国初乳、过渡乳、成熟乳中矿物质的含量　　单位：g/L

| 作者 | 初乳 | 过渡乳 | 成熟乳 |
|---|---|---|---|
| 柏丹丹[49] | 2.27±0.17 | 2.13±0.13 | 1.96±0.35 |
| 施茜[23] | 2.09±1.92 | 2.02±1.40 | 1.88±1.03 |
| 孙芸等[50] | 2.15±0.18 | 2.07±0.11 | 1.88±0.12 |
| 郭倩颖等[51] | 1.96±0.21 | 1.85±0.42 | 1.75±0.31 |

### 10.2.4.2 地区差别（国外/城市/农村）

地域的不同也是影响母乳矿物质含量的重要因素。有学者研究发现欧洲乳母母乳中镁的浓度明显高于毛利人和太平洋岛屿的母亲[40]。Wei 等[21]研究了哈尔滨（HA）、呼和浩特（HT）、北京（BJ）、成都（CD）、广州（GZ）、上海（SH）和南昌（NC）七个地区母乳中钾、铜、铁、锰、镁、钠、磷、硒的含量，结果显示 HA、HT 和 BJ 的钾含量，HT、BJ 和 CD 的铜含量，HT 和 GZ 的铁含量，HA 和 HT 的锰含量，NC 和 SH 的镁含量，HT 和 CD 的钠含量显著高于其他城市，而 GZ 母乳中硒含量显著低于 NC 和 SH，各城市间母乳中钙和锌的含量差异不显著。钱昌丽等[26]研究成都、上海、天津、广州、长春和兰州六个地区母乳中矿物质的含量，发现上海的铜含量、成都的磷和镁含量显著高于其他地区，钠、钾、铁、铬、锰、锌、硒和钼的含量差异在地区间无统计学意义。

母乳中矿物质的含量在城乡间也存在差异性。母乳磷的含量、初乳镁的含量、过渡乳和成熟乳钾的含量、成熟乳中钙的含量、早期成熟乳中钠的含量城市均高于农村，铁的含量和过渡乳的钙磷比城市低于农村[48]。居住在城市的哺乳期妇女母乳中铜浓度 [（0.35±0.13）mg/kg] 显著高于农村 [（0.29±0.14）mg/kg][45]，而陈宇辉等[24]则发现除铁外城乡间母乳矿物质浓度无显著差异。国内外报道的母乳中矿物质水平的比较见表 10-16。

**表 10-16　国内外报道的母乳中矿物质水平比较**

| 矿物质 | | 哈尔滨[15] | 湖南省城乡[45] | 唐山[52] | 上海[38] | 约旦[53] | 瑞典[39] | 拉脱维亚[43] | 西班牙[36] |
|---|---|---|---|---|---|---|---|---|---|
| 含量/(mg/L) | 钙 | 289 | 301.41±135.26 | 284.0±53.3 | 294.27±32.14 | ND | 286±47 | 284.0±70.6 | 295.15 |
| | 磷 | 147 | ND | 152.0±27.4 | 180.56±8.55 | ND | 148±30 | 596.0±82.9 | 126.79 |
| | 钾 | 447.8 | 525.97±162.32 | 156.7±109.4 | 481.53±48.10 | ND | 575±92 | ND | 465.37 |
| | 钠 | 173.0 | 167.89±104.32 | 240.5±204.1 | 175.41±89.10 | ND | 235±237 | ND | 133.53 |
| | 镁 | 35.5 | 34.85±13.86 | 27.5±8.4 | 28.33±5.46 | ND | 32±7 | 59.60±8.29 | 32.96 |
| | 铁 | 2.4 | 1.64±0.85 | 0.97±0.90 | 1.13±0.14 | 3.24±2.49 | 0.44±0.26 | ND | 0.22 |
| | 锌 | 0.115 | 1.31±0.71 | 1.02±1.50 | 2.23±1.03 | 3.73±3.69 | 3.2±1.9 | ND | ND |
| | 铜 | 0.29 | 0.32±0.14 | 0.34±0.37 | 0.91±0.16 | 0.94±1.13 | 0.44±0.15 | ND | ND |
| 含量/(μg/L) | 锰 | 26.79 | ND | 70.7±45.50 | 56.75±21.84 | 80.6±103.3 | ND | ND | ND |
| | 硒 | 12.90 | ND | ND | ND | 23.3±35.7 | 15.0±4.2 | ND | 11.41 |
| | 碘 | 80.10 | ND | ND | 74.06±27.09 | ND | 87±41 | ND | 110.92 |
| | 铬 | ND | ND | ND | ND | 132±92 | ND | ND | ND |

注：ND, 没有数据。

### 10.2.4.3 乳母膳食

关于母乳中矿物质水平与乳母营养状况、膳食摄入量的研究结果不尽相同，通常对常量元素影响相对较小，对多数微量元素的影响较大，乳母膳食会影响母乳中碘、硒、锌、氟等。锰是一种母体饮食依赖性母乳微量营养素 [38]。膳食成分及乳母的膳食与乳汁营养成分密切相关 [54]，大西洋饮食和地中海饮食的饮食模式与母乳中较高的铁和硒浓度之间存在关系 [36]，乳母膳食硒摄入量对其乳汁总硒含量存在显著影响 [55]。乳母膳食对乳汁中钙水平影响较小 [12]，即使乳母服用钙补充剂对其乳汁中钙水平也没有影响 [56]。母乳锌含量与乳母日常膳食蛋白质摄入量有关 [57]，肉类、蔬菜和豆类食品的消费频率以及总锌的摄入量会影响母乳中锌浓度 [58]。富含水果和蔬菜饮食的母乳中检测到较高浓度的镁、钙、铁和锌 [13]。肉类、鱼类和海鲜食品、坚果及种子的食用频率以及总铁摄入量是母乳中铁浓度的重要影响因素 [58]。陈天柱等 [45] 研究“肉和杂粮模式”和“豆蔬果模式”对哺乳期妇女母乳中矿物质含量的影响，发现偏向“肉和杂粮模式”的妇女母乳中铜的含量较高，偏向“豆蔬果模式”的妇女母乳中钠、锌的含量较高，但无统计学差异。研究报道母乳中矿物质水平与膳食掺入杂豆的量呈正相关，与坚果和其他畜肉、零食和乳类及其制品的摄入量呈负相关 [22]。李梦洁等 [59] 发现乳母针对性补充钙、铁、锌、铜和镁后，母乳中微量元素的含量高于营养干预前。

也有研究表明母乳营养成分与乳母近期膳食摄入量无明显相关性 [60]。例如，陈宇辉等 [24] 报道母乳各矿物质含量与乳母膳食矿物质摄入量的相关性均无统计学意义，Motoyama 等 [61] 也认为母乳中的微量元素浓度与母亲的摄入量没有相关性。因此，乳母膳食与母乳矿物质的相关性还有待进一步研究。

### 10.2.4.4 其他

（1）分娩方式 / 乳母状况 / 喂养情况 / 环境　母乳矿物质除受地区及泌乳期的影响外，还有诸多影响因素，如分娩方式、分娩季节、乳母状况、喂养情况和环境。分娩方式对矿物质的浓度影响不显著 [39]。烟草烟雾暴露会增加初乳和成熟乳中镉和铅的浓度 [62]。年轻母亲母乳中锌的水平更高 [44]。母乳中钙的水平与母亲的体重有关，超重母亲母乳中钙的含量高 [13]，体质指数（BMI）$\geqslant 25kg/m^2$ 的乳母母乳中钠的浓度较高 [36]。母亲体脂质量对母乳中锌浓度也有影响 [58]。母乳中的钙和钠浓度与妊娠期高血压病呈显著正相关，吸烟与母乳中钡、铅值呈显著正相关 [41]。母体因素对母乳铁浓度影响较低，矿物质的水平与母亲的社会经济地位、年龄和职业以及家庭成员吸烟之间无显著相关性 [13]。

母乳喂养率在 20 世纪的后半叶出现断层式下降趋势，2021 年中国居民膳食指南科学研究报告指出我国 6 月龄内婴儿纯母乳喂养率不足 30%[63]。母乳钙含量受母乳喂养方式的影响，纯母乳喂养和部分母乳喂养的母乳钙含量分别为（30.51±7.31）

mg/100mL 和 25.41mg/100mL（$P$=0.003）[43]。婴儿对母乳中的钙、磷、镁、碘、硒具有依赖性，哺乳早期对锌有依赖性，这可能是由于婴儿出生时储备有限有关[64]。纯母乳喂养至 6 月龄的婴儿可获得充足的钾、钙、镁[43]。土壤环境会影响母乳中碘和硒的含量。城市居住环境与较高水平的砷呈显著正相关，井水消耗量与母乳中钠、铜、铁、铅和钛的浓度呈正相关[41]。

（2）婴儿出生状况 / 婴儿性别　足月婴儿出生时通常体内有较充足的矿物质储备，这些矿物质的积累发生在怀孕的最后三个月。在同一产后年龄，早产儿和足月儿母乳之间的矿物质浓度有显著差异，在第 39 ～ 48 周锌和铜的浓度足月儿的高于早产儿的，硒浓度在第 39 ～ 44 周也有类似的情况[39]。第二周，早产儿的钠和铜的浓度低于足月儿的，分娩时的胎龄对钠浓度有显著影响[65]。母乳中矿物质的含量与新生儿的性别相关，女孩母亲表现出较高的钠及钙磷比，而男孩母亲表现出较高的磷水平[36]。陈天柱等[45]的研究提示，婴儿性别为男 [(329.51±184.42)mg/kg] 的母乳中钙含量显著高于女孩 [(273.82±40.56)mg/kg]。出生体重与必需元素和有毒元素含量呈负相关，其中早产儿母亲的母乳中镉、铯、钙、汞和钛的浓度高于足月的[41]。同时也有学者研究认为婴儿性别、胎次和出生体重对母乳矿物质的影响不大[43]。母乳中钙水平与乳母维生素 D 受体的基因型有关，bb 型的乳母乳汁中钙水平高于 aa 型和 tt 型[66]。

（3）昼夜节律变化　母乳中铁、钾、磷、锰和镁含量随昼夜节律不断变化。钾和磷浓度晚上最高，下午浓度显著高于早晨；锰浓度下午低于傍晚和夜间；铁浓度早晨低于傍晚和夜间；镁浓度晚上低于其他所有时间组[22]。

## 10.3　中国母乳与婴幼儿配方乳粉中矿物质含量的比较

国内外婴幼儿配方乳粉中矿物质的含量存在差异，进口婴幼儿配方乳粉 1、2、3 段中矿物质（磷、钾、钠、镁、铁、锌、铜、锰与碘）的含量显著高于国产婴幼儿配方乳粉，进口婴幼儿配方乳粉 1 段中的钙含量显著高于国产婴幼儿配方乳粉，2、3 段硒的含量显著高于国产婴幼儿配方乳粉，而进口乳粉 3 段的钙与磷显著低于国内乳粉[67]。国外学者研究了 35 种不同品牌的婴幼儿配方乳粉，发现钙、铁和锌的浓度存在显著差异[68]。婴幼儿配方乳粉中铝、钒和铀的浓度虽然在 ESPGHAN 推荐的范围内，但均高于母乳，这样高的水平对喂养儿的健康风险与益处有待评估[41]。

母乳中矿物质的存在形式与配方乳粉不同。母乳中不同硒形式的浓度遵循谷胱甘肽过氧化物酶（GPx）≈硒蛋白 P（SELENOP）> 硒代胱胺（SeCA）> 其他硒代谢物（SeMB）[69]。乳汁硒主要存在形式为有机硒，无机硒不存在或含量极低。母乳中可能存在的主要硒形态有硒代谷胱甘肽（GSSeSG）、硒代蛋氨酸（SeMet）、硒代半胱氨酸（SeCys）、硒代胱氨酸（$SeCys_2$）、二甲基硒（DMSe）、二甲基二硒

（DMDSe）、Se( Ⅳ ) 和 Se( Ⅵ )[69]。母乳中的大部分硒与蛋白质结合，可能主要以蛋白结合态形式存在，因此蛋白质的消化率决定硒生物利用度。母乳中硒主要以硒代胱氨酸和硒代蛋氨酸的形式存在于母乳中，配方乳粉中硒主要以硒酸钠或亚硒酸钠无机硒的形式存在。母乳中铁是非血红素铁，主要与低分子量肽、脂肪球和乳铁蛋白结合，因此具有较好吸收率 [64]。国外学者研究母乳矿物质形态，发现锌的形态相当丰富，可能有利于其生物利用度，似乎与免疫球蛋白显著关联 [42]。母乳中钙与酪蛋白和柠檬酸盐相连，或以离子钙的形式存在。母乳中 α- 乳清蛋白含有钙的特异性结合位点，β- 酪蛋白形成的多肽小分子则可与钙结合成易吸收的可溶性低分子量络合物，而配方食品中的游离棕榈酸却易与婴幼儿肠道内的钙结合形成不溶性皂化盐，导致钙流失。母乳中镁与低分子量组分（53.6%）和蛋白质（43.8%）结合在一起。大量的锌与柠檬酸盐有关，母乳中的铜结合蛋白包括酪蛋白、血清蛋白和铜蓝蛋白 [70]。母乳中超过 75% 的碘以离子碘化物存在 [18]。虽然配方乳粉中矿物质的含量按比例折算后高于母乳，但母乳中的矿物质更有利于婴幼儿吸收。荫士安等 [2] 也认为母乳更易消化吸收，母乳中矿物质的含量虽然显著低于牛乳，但母乳中适宜的钙磷比利于钙的吸收，钙、铁、锌的生物利用率均显著高于牛乳，其中母乳铁的吸收率高达 50% ～ 70%。

## 10.4 展望

随着现代科技的进步及更多研究人员的努力，母乳中矿物质研究取得了突破性的进展，但还有很多需要改进的地方，包括母乳中矿物质成分的定性和定量研究、作用机理、功能特性以及影响因素等。

### 10.4.1 方法学研究

关于母乳中矿物质含量及存在形式的方法学研究，尽管这方面国内外开展研究已有几十年，对于痕量的元素也可以进行检测，但关于母乳中各矿物质组分的测定方法还尚无统一可靠 / 公认的方法、缺少参考基准材料，不同研究使用不同的测定方法取得的结果也有很大的差异，难以相互之间进行比较。因此关于母乳样品矿物质检测，需要规范样品的采集、存储与转运和冻融预处理过程，以及样品分析的前处理、测定方法和条件等。

### 10.4.2 母乳矿物质与喂养儿营养和健康的关系

母乳中不同矿物质含量及其存在形式在婴幼儿体内代谢途径研究甚少，功能作用研究得也不够全面，这方面的工作还有待开展；还需要研究锰、氟、氯和钼等对婴儿健康的意义，磷、钾、镁和铬对生长发育的影响，母乳中某些元素（如镉、砷、铅、铝等）痕量存在时的健康效应等。

## 10.4.3 母乳矿物质生物学意义的解读

矿物质检测技术的进一步发展可以同时批量测定多种矿物质，这些矿物质对乳母的生物学意义，是否反映乳母的基因表型特点、民族遗传差异，是否预示喂养儿基因表型、肠道健康、免疫力等，都值得深入探索。

## 10.4.4 母乳矿物质含量的影响因素

母乳中不同矿物质水平除与乳母膳食密切相关外，还有很多重要影响因素，包括母体因素、社会环境、分娩方式、分娩季节等，这些因素如何通过影响母乳矿物质进而影响喂养儿生长发育还有待深入研究。

通过开展上述研究，将有助于我们更好地探索母乳中矿物质组成、含量和比例对婴幼儿各个系统的成熟、学习认知功能、生长发育及健康的影响，提高母乳喂养率、增强对 6 月龄后婴儿针对性添加辅食的意识、同时也更有助于优化婴幼儿配方乳粉和特殊医学用途配方食品的组方，为我国婴儿膳食矿物质推荐适宜摄入量提供支持，促进婴幼儿的健康成长。

（李静，庞学红，赵耀，孙忠清，赵云峰，杨振宇，吴永宁，邓泽元，荫士安）

### 参考文献


[1] 廖端平，管惠英，王桂珍，等．母乳中五种必需微量元素含量的动态测定及其与牛乳的比较．中华儿科杂志，1987(5): 278-280,311.

[2] 荫士安．人乳成分：存在形式、含量、功能、检测方法．2 版．北京：化学工业出版社，2022.

[3] 梁翠群，霍洁玲，苏少楚．儿童补充微量元素对生长发育的促进作用．中国城乡企业卫生，2017, 32(2): 92-93.

[4] 杨娜．中西医结合疗法对厌食症患儿微量元素和胃肠功能的影响．深圳中西医结合杂志，2019, 29(20): 42-43.

[5] 张笑笑．轻型胃肠炎伴婴幼儿良性惊厥患儿 11 种矿物质水平的分析 [D]. 沈阳：沈阳医学院，2022.

[6] Maggini S, Pierre A, Calder P C. Immune function and micronutrient requirements change over the life course. Nutrients, 2018, 10(10) :1531.

[7] 章沙沙，刘素纯，刘仲华，等．部分维生素和矿物质调节机体免疫系统的作用机制研究进展．中国食物与营养，2009(7): 50-53.

[8] 高丽辉，李玲．微量元素锌、铬、钒与糖尿病．国外医学（卫生学分册），2007,34(2): 106-110.

[9] 李金娟，杨历新，王叶，等．糖尿病患者微量元素水平的变化及其临床意义．检验医学与临床，2018, 15(22): 3360-3362, 3366.

[10] 杨小红，顾瑞娟．小儿反复呼吸道感染和微量元素缺乏相关性分析．中国处方药，2018, 16(11): 159-160.
[11] 揭良，苏米亚．人乳营养组分及其在婴幼儿发育中的作用研究进展．乳业科学与技术，2021, 44(5): 38-42.
[12] Bae Y J, Kratzsch J. Vitamin D and calcium in the human breast milk. Best Practice & Research Clinical Endocrinology & Metabolism, 2018, 32(1): 39-45.
[13] Javad M T, Vahidinia A, Samiee F, et al. Analysis of aluminum, minerals and trace elements in the milk samples from lactating mothers in Hamadan, Iran. J Trace Elem Med Biol, 2018, 50:8-15.
[14] 中国营养学会．中国居民膳食营养素参考摄入量 (2013 版 ). 北京：科学出版社，2014.
[15] 赵臻，王丹，王青云，等．黑龙江省哈尔滨市母乳中矿物质含量的检测．中国乳业，2020,3(219): 71-73.
[16] 李四化，潘丽娜，蒋怡乐，等．人乳生物化学组成及其特性分析．中国乳业，2019,4(208): 98-103.
[17] 赵学勤．临沂地区多中心健康查体婴幼儿缺铁性贫血的现状及相关分析 [D]. 青岛：青岛大学，2020.
[18] Hampel D, Dror D K, Allen L H. Micronutrients in human milk: analytical methods. Adv Nutr, 2018, 9(Suppl 1):S313-S331.
[19] 刘翠，潘健存，李媛媛，等．人乳营养成分及其生理功能．食品工业科技，2019, 40(1): 286-291.
[20] 赵文君，张秋君．燃煤污染型氟中毒孕妇新生儿体格发育情况调查分析．中国地方病防治杂志，2020, 35(1): 32-33.
[21] Wei M, Deng Z, Liu B, et al. Investigation of amino acids and minerals in Chinese breast milk. Journal of the Science of Food and Agriculture, 2020, 100(10): 3920-3931.
[22] 孙雅琼．长春市 217 例乳母膳食对乳汁成分影响的调查研究 [D]. 吉林：吉林大学，2021.
[23] 施茜．母乳成分含量及其影响因素 [D]. 苏州：苏州大学，2018.
[24] 陈宇辉，陈晓宇，赵玉荣，等．孕产妇初乳及外周血矿物质含量及相关性分析．公共卫生与预防医学，2021, 32(2): 85-88.
[25] 许晓英，杨琳，杨得花，等．兰州城区母乳供能物质与部分矿物质成分研究．中华临床营养杂志，2019, 27(1): 62-64.
[26] 钱昌丽，田芳，陈睿迪，等．中国六地不同泌乳期母乳矿物质含量研究．中华疾病控制杂志，2022, 26(9): 1037-1042+1101.
[27] 李韬，周鸿艳，邝丽红，等．微波消解 - 电感耦合等离子体质谱法同时测定金华市母乳样品中 19 种元素含量．中国卫生检验杂志，2022, 32(15): 1820-1828.
[28] Yin S A, Yang Z Y. An on-line database for human milk composition in China. Asia Pac J Clin Nutr, 2016, 25(4): 818-825.
[29] 孙忠清，岳兵，杨振宇，等 微波消解 - 电感耦合等离子体质谱法测定人乳中 24 种矿物质含量．卫生研究，2013, 42(3): 504-509.
[30] Zhao A, Ning Y, Zhang Y, et al. Mineral compositions in breast milk of healthy Chinese lactating women in urban areas and its associated factors. Chin Med J, 2014, 127(14): 2643-2648.
[31] Yamawaki N, Yamada M, Kan-No T, et al. Macronutrient, mineral and trace element composition of breast milk from Japanese women. J Trace Ele Med Bio, 2005, 19(2-3): 171-181.
[32] Bauer J, Gerss J. Longitudinal analysis of macronutrients and minerals in human milk produced by mothers of preterm infants. Clin Nutr, 2011, 30(2): 215-220.
[33] World Health Organization, IAFA. Minor and trace elements in breast milk. Minor & Trace Elements in Breast Milk. Geneva(WHO, Switzerland) , IAEA(Vienna, Austria).1989: 251-256.
[34] 贝斐，张伟利．母乳碘的研究．中国妇幼健康研究，2006, 17:422-424.
[35] 杜聪，王崇丹，张艺馨，等．天津市乳母及其子代碘营养状况的调查分析．卫生研究，2018,47(4):

543-547.

[36] Sánchez C, Fente C, Barreiro R, et al. Association between breast milk mineral content and maternal adherence to healthy dietary patterns in Spain: a transversal study. Foods, 2020, 9(5) :659.

[37] 邓炳俊，陈文英，史丹红，等．产后哺乳期妇女母乳营养成分分析．中国妇幼卫生杂志,2020,11(05):87-89, 94.

[38] Su M Y, Jia H X, Chen W L, et al. Macronutrient and micronutrient composition of breast milk from women of different ages and dietary habits in Shanghai area. International Dairy Journal, 2018, 85:27-34.

[39] Sabatier M, Garcia-Rodenas C L, De Castro C A, et al. Longitudinal changes of mineral concentrations in preterm and term human milk from lactating Swiss women. Nutrients, 2019, 11(8) :1855.

[40] Butts C A, Hedderley D I, Herath T D, et al. Human milk composition and dietary intakes of breastfeeding women of different ethnicity from the Manawatu-Wanganui region of New Zealand. Nutrients, 2018, 10(9) :1231.

[41] Mandia N, Bermejo-Barrera P, Herbello P, et al. Human milk concentrations of minerals, essential and toxic trace elements and association with selective medical, social, demographic and environmental factors. Nutrients, 2021, 13(6) :1885.

[42] de Oliveira Trinta V, de Carvalho Padilha P, Petronilho S, et al. Total metal content and chemical speciation analysis of iron, copper, zinc and iodine in human breast milk using high-performance liquid chromatography separation and inductively coupled plasma mass spectrometry detection. Food Chem, 2020, 326:126978.

[43] Aumeistere L, Ciprovica I, Zavadska D, et al. Essential elements in mature human milk. 13th Baltic Conference on Food Science and Technology (FOODBALT) /5th North and East European Congress on Food (NEEF). Latvia Univ Life Sci & Technologies, Jelgava, LATVIA: 2019.

[44] Shawahna R. Predictors of breast milk zinc levels among breastfeeding women in palestine: a cross-sectional study. Bio Trace Elem Res, 2022, 200(11): 4632-4640.

[45] 陈天柱，胡余明，张瑾．湖南省城乡哺乳期妇女膳食模式对母乳矿物元素的影响．中国食品卫生杂志．2022: 1-15.

[46] Suarez-Villa M, Carrero G C, Granadillo M V, et al. Niveles de cobre y zinc en diferentes etapas de la leche materna y la influencia del estado nutricional de madres lactantes. Revista chilena de nutrición, 2019, 46(5): 511-517.

[47] 郝云梦．乳汁碘含量对婴儿碘营养状况的影响 [D]. 天津：天津医科大学，2019.

[48] 庞学红，赵耀，孙忠清，等．中国城乡不同泌乳阶段母乳中宏量元素含量的研究．营养学报，2021, 43(4): 342-346.

[49] 柏丹丹．母乳营养成分含量的测定 [D]. 苏州：苏州大学，2013.

[50] 孙芸，韩艳宾，蒋海燕，等．足月儿及早产儿乳母不同泌乳期乳汁成分研究．包头医学院学报，2018, 34(10): 44-46.

[51] 郭倩颖，赵世隆，王勃诗，等．高学历产妇产后不同阶段母乳成分及喂养方式变化的随访．中国生育健康杂志，2017, 28(1): 6-9.

[52] 张志国，孙亚范，田玉新，等．唐山地区母乳中营养成分分析．食品研究与开发，2018, 39(10): 175-179.

[53] Tahboub Y R, Massadeh A M, Al-sheyab N A, et al. Levels of trace elements in human breast milk in Jordan: a comparison with infant formula milk powder. Biological Trace Element Research, 2021, 199(11): 4066-4073.

[54] 杨华，刘黎明．297 例乳母膳食对乳汁成分的影响．中国妇幼健康研究，2017, 28(8): 897-899, 907.

[55] 何梦洁．人乳中硒含量及硒形态研究 [D]. 北京：中国疾病预防控制中心，2017.

[56] Jarjou L M, Prentice A, Sawo Y, et al. Randomized, placebo-controlled, calcium supplementation study in

pregnant Gambian women: effects on breast-milk calcium concentrations and infant birth weight, growth, and bone mineral accretion in the first year of life. Am J Clin Nutr, 2006, 83(3): 657-666.

[57] 张彦芯 . 膳食干预对哺乳期孕妇营养状况的影响研究 . 食品安全导刊 , 2021, 34: 119-121.

[58] Bzikowska-Jura A, Sobieraj P, Michalska-Kacymirow M, et al. Investigation of iron and zinc concentrations in human milk in correlation to maternal factors: an observational pilot study in Poland. Nutrients, 2021, 13(2) :303. doi: 10.3390/nu13020303.

[59] 李梦洁 , 刘文娟 . 个性化营养干预对产妇乳汁中微量元素营养状况的影响 . 妇儿健康导刊 , 2022, 1(8): 86-89.

[60] 闫淑媛 , 匡晓妮 , 钱红艳 , 等 . 母乳成分动态分析及与乳母膳食营养摄入、婴儿生长发育关系研究 . 中国妇幼健康研究 , 2020, 31(11): 1531-1536.

[61] Motoyama K, Isojima T, Sato Y, et al. Trace element levels in mature breast milk of recently lactating Japanese women. Pediatrics International, 2021, 63(8): 910-917.

[62] Szukalska M, Merritt T A, Lorenc W, et al. Toxic metals in human milk in relation to tobacco smoke exposure. Environ Res, 2021, 197 :111090.

[63]《中国居民膳食指南科学研究报告（2021）》正式发布 . 健康中国观察 , 2021(3): 2.

[64] Dror D K, Allen L H. Overview of nutrients in human milk. Adv Nutr, 2018, 9(Suppl 1):S278-S294.

[65] Gates A, Marin T, De Leo G, et al. Nutrient composition of preterm mother’s milk and factors that influence nutrient content. Am J Clin Nutr, 2021, 114(5): 1719-1728.

[66] Kantol M, Vartiainen T. Changes in selenium, zinc, copper and cadmium contents in human milk during the time when selenium has been supplemented to fertilizers in Finland. J Trace Elem Med Biol, 2001, 15(1): 11-17.

[67] 牛仙 , 邓泽元 , 王佳琦 , 等 . 国内外婴儿配方奶粉中营养成分的比较与分析 . 中国乳品工业 , 2021, 49(2): 28-34, 46.

[68] Alfaris N A, Alothman Z A, Aldayel T S, et al. Evaluation and comparison of the nutritional and mineral content of milk formula in the Saudi Arabia market. Front Nutr, 2022, 9 :851229.

[69] Hoova J, Velasco Lopez I, Garcia Soblechero E, et al. Digging deeper into the mother-offspring transfer of selenium through human breast milk. Journal of Food Composition and Analysis, 2021, 99: 103870.

[70] Daniels L, Gibson R S, Diana A, et al. Micronutrient intakes of lactating mothers and their association with breast milk concentrations and micronutrient adequacy of exclusively breastfed Indonesian infants. Am J Clin Nutr, 2019, 110(2): 391-400.

# 母乳成分特征

Composition Characteristics of Human Milk

# 第11章

# 中国母乳脂溶性维生素

脂溶性维生素包括维生素A、维生素D、维生素E及维生素K等。脂溶性维生素的共同特点是化学组成主要由碳、氢、氧构成，溶于脂肪及脂溶剂，而不溶于水，需要随脂肪经淋巴系统被吸收；脂溶性维生素不提供能量，一般不能在体内合成（例外的是维生素D和维生素K），必须由食物提供。通常随哺乳进程乳汁中总脂肪含量逐渐增加，而脂溶性维生素A和类胡萝卜素与α-生育酚迅速下降[1]；而且母乳喂养儿需要常规补充维生素D和维生素K[2-4]。大多数脂溶性维生素若长期大剂量摄入易发生中毒；如果存在脂类吸收不良，容易出现脂溶性维生素缺乏症。

## 11.1 中国代表性母乳成分数据库研究

母乳维生素 A 和维生素 E 含量受多种因素的影响，包括乳母维生素 A 和维生素 E 的营养状况、母婴人群特征及健康状况、泌乳阶段、膳食及膳食补充剂、乳样采集方法及时段、样本分析的前处理和选择的分析方法等[5,6]。至今为止，系统研究我国母乳维生素 A 和维生素 E 含量的报道有限。我国代表性母乳成分数据库研究是在全国多省市健康乳母人群中开展的一项横断面调查，旨在通过分析我国不同泌乳阶段和城乡母乳的维生素 A 和维生素 E 含量，为我国婴儿维生素 A 和维生素 E 膳食推荐摄入量和婴幼儿配方食品标准修订提供数据支持。

### 11.1.1 样本基本特征

该项研究考虑区域分布和民族代表性基础上，从 11 个省、自治区、直辖市抽取 20 个区县调查点的乳母及其婴儿，共采集到 6481 份母乳样品。根据调查点和泌乳期进行分层抽样，按 15% 比例随机抽取母乳，采用改良 HPLC 方法测定维生素 A、维生素 E 的含量。项目详细介绍可参见已发表的方法学论文[7]。

共测定了 924 份母乳样本维生素 A 和维生素 E 含量，剔掉 1 个异常值后，各有 923 份母乳样本纳入数据分析。乳母平均年龄 26.4 岁，平均 BMI 为 22.8kg/m$^2$，婴儿出生体重 3296.6g，婴儿 WHZ 平均值为 −0.04。

### 11.1.2 维生素 A（视黄醇）含量

四个泌乳阶段中全国母乳样本维生素 A 的 $P_{50}$ 分别为 0.61mg/L、0.47mg/L、0.25mg/L 和 0.19mg/L（表 11-1 和表 11-2），两两比较有显著差异，除成熟乳早期和晚期之间含量比较 $P$=0.025 外，其他阶段的两两比较 $P$ 值均 <0.001；从过渡乳到早期成熟乳含量的变化最显著。其中，各阶段城市样本中维生素 A 的 $P_{50}$ 分别为 0.68mg/L、0.49mg/L、0.29mg/L 和 0.23mg/L，农村 $P_{50}$ 分别为 0.57mg/L、0.46mg/L、0.22mg/L 和 0.18mg/L，城乡各阶段除成熟乳早期和晚期之间含量差异不显著外，其他阶段两两比较的 $P$ 值均 <0.05。早期成熟乳维生素 A 含量城市显著高于农村（$P$<0.001），其他阶段城乡差异不显著。

### 11.1.3 维生素 E（α- 生育酚）含量

四个泌乳阶段中全国母乳样本维生素 E 的 $P_{50}$ 含量分别为 6.47mg/L、3.66mg/

L、2.36mg/L 和 2.58mg/L（表 11-1 和表 11-2），初乳、过渡乳和成熟乳阶段含量的差异显著，$P$ 值均 <0.001；从初乳到过渡乳期含量变化最显著。城市样本维生素 E 的 $P_{50}$ 分别为 6.75mg/L、3.60mg/L、2.19mg/L 和 2.57mg/L，农村 $P_{50}$ 分别为 6.00mg/L、3.99mg/L、2.45mg/L 和 2.60mg/L，城乡各阶段含量差异除成熟乳早期和晚期不显著外，其他阶段两两差异 $P$ 值均 <0.05。过渡乳维生素 E 含量农村显著高于城市（$P$=0.046），其他阶段城乡差异不显著。

**表 11-1　中国城乡不同哺乳阶段母乳中视黄醇和 α- 生育酚含量（一）**① 单位：mg/L

| 维生素 | 区域 | 初乳 | | 过渡乳 | | 早期成熟乳 | | 晚期成熟乳 | |
|---|---|---|---|---|---|---|---|---|---|
| | | $n$ | $M$±SD | $n$ | $M$±SD | $n$ | $M$±SD | $n$ | $M$±SD |
| 维生素 A | 合计 | 179 | 0.72±0.41 | 169 | 0.52±0.30 | 419 | 0.29±0.21 | 156 | 0.24±0.16 |
| | 城市 | 78 | 0.76±0.41 | 77 | 0.53±0.30 | 181 | 0.32±0.19 | 57 | 0.27±0.17 |
| | 农村 | 101 | 0.68±0.41 | 92 | 0.51±0.31 | 238 | 0.26±0.20 | 99 | 0.23±0.16 |
| 维生素 E | 合计 | 179 | 8.35±6.65 | 170 | 4.72±4.14 | 418 | 2.64±1.87 | 156 | 2.68±1.40 |
| | 城市 | 78 | 8.88±7.04 | 78 | 4.50±5.07 | 180 | 2.52±1.67 | 57 | 2.71±1.43 |
| | 农村 | 101 | 7.95±6.33 | 92 | 4.91±3.15 | 238 | 2.72±2.00 | 99 | 2.66±1.38 |

①结果系以平均值 ± 标准差（$M$±SD）表示。

注：引自张环美等[8]，营养学报，2021。

**表 11-2　中国城乡不同哺乳阶段母乳中视黄醇和 α- 生育酚含量（二）**① 单位：mg/L

| 维生素 | 区域 | 初乳 | | 过渡乳 | | 早期成熟乳 | | 晚期成熟乳 | |
|---|---|---|---|---|---|---|---|---|---|
| | | $n$ | $P_{50}(P_{25}, P_{75})$ | $n$ | $P_{50}(P_{25}, P_{75})$ | $n$ | $P_{50}(P_{25}, P_{75})$ | $n$ | $P_{50}(P_{25}, P_{75})$ |
| 维生素 A | 合计 | 179 | 0.61 (0.41, 0.94)$^{a}$ | 169 | 0.47 (0.29, 0.66)$^{b}$ | 419 | 0.25 (0.16, 0.37)$^{c}$ | 156 | 0.19 (0.14, 0.33)$^{d}$ |
| | 城市 | 78 | 0.68 (0.49, 0.96)$^{a}$ | 77 | 0.49 (0.27, 0.67)$^{b}$ | 181 | 0.29 (0.18, 0.41)$^{c,*}$ | 57 | 0.23 (0.15, 0.39)$^{c}$ |
| | 农村 | 101 | 0.57 (0.37, 0.91)$^{a}$ | 92 | 0.46 (0.27, 0.66)$^{b}$ | 238 | 0.22 (0.14, 0.33)$^{c}$ | 99 | 0.18 (0.13, 0.28)$^{c}$ |
| 维生素 E | 合计 | 179 | 6.47(4.04, 10.50)$^{a}$ | 170 | 3.66 (2.44, 5.71)$^{b}$ | 418 | 2.36 (1.51, 3.26)$^{c}$ | 156 | 2.58 (1.67,3.37)$^{c}$ |
| | 城市 | 78 | 6.75 (3.93, 11.76)$^{a}$ | 78 | 3.60(1.93, 4.94)$^{b,\#}$ | 180 | 2.19(1.35, 3.16)$^{c}$ | 57 | 2.57 (1.73, 3.35)$^{c}$ |
| | 农村 | 101 | 6.00 (4.26,9.64)$^{a}$ | 92 | 3.99(2.72, 5.88)$^{b}$ | 238 | 2.45 (1.57, 3.37)$^{c}$ | 99 | 2.60 (1.67, 3.38)$^{c}$ |

①结果系以中位数 $P_{50}$（$P_{25}$，$P_{75}$）表示。

注：1. 同一行不同上标字母表示通过 Kruskal-Wallis 检验有显著差异，$P$<0.0001；同一列不同上标字母表示通过 DSCF 检验有显著差异 $P$<0.05，* $\chi^2$=15.02, $P$<0.0001; # $\chi^2$=3.99, $P$=0.046。

2. 引自张环美等[8]，营养学报，2021。

# 11.2 其他母乳脂溶性维生素含量的相关研究

## 11.2.1 维生素 A

### 11.2.1.1 含量

不同研究报道的母乳中视黄醇含量汇总于表 11-3。初乳中视黄醇酯的水平较高，可以使母乳喂养的新生儿迅速获得和升高血中维生素 A 水平。正常的乳母和早产儿的乳母在整个哺乳期间，初乳中视黄醇水平最高[9]，随哺乳进程，视黄醇含量迅速下降，产后第一个月降低得非常迅速，到末期成熟乳的含量最低[10-12]。Ribeiro 等[13]分析了 24 例乳母产后 0h、24h 和 24h 之后乳汁中视黄醇水平的变化趋势，分别为 949μg/L±589μg/L、1290μg/L±786μg/L 和 1119μg/L±604μg/L。Canfield 等[14]比较了不同国家的母乳中视黄醇含量，存在约 2 倍差异。在成熟乳阶段，维生素 A 含量相对比较稳定，如 de Pee 等[15]研究了不同哺乳期印度尼西亚乳母的乳汁中维生素 A 浓度，3 ～ 6 个月、7 ～ 9 个月、10 ～ 12 个月和 13 ～ 18 个月的平均含量（μmol/L，±SD）分别为 0.74±0.41、1.03±0.72、0.88±0.67 和 1.05±0.98。通常发展中国家没有补充维生素 A 的乳母乳汁中维生素 A 含量低于发达国家的乳母[15-18]，而且最近有 Meta 分析结果提示，中国与其他国家母乳中维生素 A 含量在 4 个泌乳期（初乳、过渡乳、早期成熟乳、晚期成熟乳）均无显著差异。

**表 11-3　母乳中视黄醇含量（平均值 ±SE）**　　单位：μmol/L

| 文献来源 | 初乳 | | 过渡乳 | | 成熟乳 | | 发表时间 |
|---|---|---|---|---|---|---|---|
| | 含量 | 时间 /d | 含量 | 时间 /d | 含量 | 时间 /d | |
| 方芳等[12] | 4.45±1.75 | 3 ～ 4 | 2.79±1.40 | 7 | 1.75±2.44 | 16 ～ 30 | 2014 |
| | 4.19±2.44 | 5 | | | | | |
| | 3.49±1.40 | 6 | | | | | |
| Webb 等[19] | 4.32±0.30 | 初乳 | —① | | 2.25±0.12 | 90 | 2009 |
| | | | | | 2.24±0.12 | 180 | |
| | | | | | 0.63±0.06 | ≥ 60 | 2013 |
| Macias 等[11] | 3.56±1.95 | —① | 1.15±0.49 | ? | —① | | 2001 |
| Szlagatys-Sidorkiewicz 等[10] | 0.44(0.28 ～ 0.55) | 3 | —① | | 0.30(0.18 ～ 0.47) | 30 ～ 32 | 2012 |
| Muslimatun 等[20] | 2.29(1.80 ～ 2.79)② | 4 ～ 7 | —① | | 1.06(0.89 ～ 1.22)② | 90 | 2001 |
| | 3.37(2.47 ～ 4.26)③ | 4 ～ 7 | —① | | 1.24(1.03 ～ 1.45)③ | 90 | 2001 |

①“—”表示没有数据。

②在妊娠 16 ～ 20 周，每周补充 4800μg RE（同时含有 120mg 硫酸亚铁形式铁和 500μg 叶酸）。

③在妊娠 16 ～ 20 周，每周补充 120mg 硫酸亚铁形式铁和 500μg 叶酸。

### 11.2.1.2 影响因素

有许多因素调节分泌进入乳汁中维生素 A 的量，如不同哺乳阶段、乳母肝脏维生素 A 贮备量[21]、乳母的食物摄入量或营养状态（富含维生素 A 和 / 或类胡萝卜素食物摄入量)[22]、母亲年龄[17]、胎次[16,21,23]和胎儿成熟程度（早产与足月)[1,24]、居住地区和受教育程度等[1,6,17,22,24,25]，以及其他微量营养素与维生素 A 的相互作用可能也会影响乳母的维生素 A 营养状态[6,26-28]。

（1）哺乳阶段　母乳是母乳喂养婴儿维生素 A 的天然来源，母乳中视黄醇水平与哺乳阶段有关，初乳中最高，之后迅速降低，成熟乳（尤其是 4 ～ 12 个月哺乳期间）降低得非常明显[6,10,24]。

（2）乳母膳食与营养状况　母乳中维生素 A 含量直接受乳母维生素 A 营养状况的影响，母乳中维生素 A 含量与乳母膳食摄入量密切相关[29]。Chappell 等[30]注意到营养状况良好的加拿大妇女，乳母的维生素 A 和胡萝卜素摄入量与乳汁的浓度没有相关性；相反 Gebre-Medhin 及其同事[31]曾报告，与来自经济地位较好的埃塞俄比亚妇女和瑞典妇女的乳汁相比，来自经济状况较差的埃塞俄比亚乳母的视黄醇酯浓度要低得多。如果孕妇维生素 A 营养状况差或膳食维生素 A 摄入量低，将不能为胎儿提供适宜的维生素 A，将会导致分娩后其乳汁中含量的降低，而且这种供给不足导致的不良结局通过产后补充也不能得到补偿。已证明乳汁中维生素 A 的水平与乳母膳食维生素 A 摄入量和肝脏贮备量密切相关[32,33]。维生素 A 缺乏，乳母分泌的乳汁中维生素 A 就不足以维持其喂养婴儿迅速生长发育和体内贮备的需要[34]。妊娠末期的维生素 A 摄入量和营养状态影响乳汁中视黄醇浓度[35]。母乳中维生素 A 几乎都存在于脂肪中，于是影响乳汁脂肪浓度的因素也影响乳汁中维生素 A 的浓度；母乳中的维生素 A 含量与乳脂呈正相关，而个体乳脂的浓度在 24h 内的波动很大，与乳母本身的营养状况、进食时间及采样时间间隔有关。其他微量营养素与维生素 A 的相互作用可能也会改变体内的维生素 A 营养状态，如乳汁维生素 A 水平与铁含量（$P<0.001$）和血清视黄醇（$P=0.03$）呈正相关[36]。然而乳汁视黄醇含量与乳母全身炎症指标（如 C 反应蛋白、$\alpha_1$- 酸性糖蛋白）无关[37]。

（3）社会经济状况　家庭收入、母亲受教育水平对母乳维生素 A 水平有影响。有研究提出乳母的社会经济状况影响乳汁中视黄醇浓度[36]，家庭收入高的乳母的初乳、早期成熟乳和晚期成熟乳维生素 A 含量更高；然而也有研究结果显示乳母社会经济状况（如受教育程度、家庭收入等）与乳汁中维生素 A 水平无关[38]。来自巴西的研究结果提示，母乳中维生素 A 的浓度与乳母工作（$P=0.02$）、乳母年龄（$P=0.02$）和口服避孕药（$P=0.01$）呈正相关；而与体脂呈负相关（$P=0.01$）[36]。来自泰国的研究结果显示，乳母年龄、产次和 BIM 与其乳汁视黄醇的浓度无关，而乳汁中视黄醇浓度与乳母的血清水平呈显著相关[24]。

（4）分娩胎次与胎儿成熟程度　经产妇比初产妇有较高的肝脏视黄醇贮备[21]，经产妇的乳汁中视黄醇含量也显著高于初产妇[23]。相似的研究还有，初产妇的初乳中视黄醇浓度显著低于经产妇初乳中的浓度（0.825μmol/L±0.088μmol/L 与 1.169μmol/L±0.124μmol/L，$P<0.001$），一些研究结果显示，分娩足月儿乳母的初乳中视黄醇浓度显著高于分娩早产儿乳母初乳中的浓度，如 Dimenstein 等[39]报告的结果为 1.113μmol/L±0.088μmol/L 与 0.792μmol/L±0.106μmol/L（$P<0.001$），Souza 等[40]报告的相似趋势结果为 1.87μmol/L±0.81μmol/L 与 1.38μmol/L±0.67μmol/L。上述结果显示，胎儿成熟程度可能与母乳中维生素 A 含量相关，然而仍需要开展更多的研究加以证实。

（5）补充效果

① 补充维生素 A 或维生素 A 前体　补充对乳汁含量的影响取决于孕期和哺乳期妇女本身维生素 A 的营养状况或肝脏维生素 A 贮备状况。发展中国家低收入乳母的乳汁维生素 A 浓度低于发达国家的，有研究给发展中国家乳母补充维生素 A 或 β- 胡萝卜素，可显著增加乳汁维生素 A 含量[41]，如产后补充 1 次大剂量维生素 A 棕榈酸酯 200000IU 或 2 次 200000IU（24h 间隔），4 周后乳汁中视黄醇浓度显著升高，而两个补充剂量组之间无显著差异[42]。孟加拉国的一项补充试验证明，给产后 2 个月的乳母每天补充小剂量维生素 A 补充剂（0.25mg 视黄醇醋酸酯），每周 6 天，持续 3 周，可显著升高乳汁视黄醇含量（基线 0.76μmol/L±0.05μmol/L 与干预后 1.04μmol/L±0.07μmol/L）[43]。在另一项产后立即给予一次剂量维生素 A 棕榈酸酯 200000IU 的研究中，24h 内即可显著升高乳汁视黄醇浓度（中位数），如禁食基线水平 468μg/L（297 ～ 1589μg/L），餐后水平 673μg/L（311 ～ 1487μg/L）；补充维生素 A 后，禁食状态乳汁中含量为 895μg/L（329 ～ 2642μg/L），进餐后含量为 1027μg/L（373 ～ 3783μg/L），产后给乳母补充大剂量维生素 A 可显著增加初乳中视黄醇浓度[44]。在 Muslimatun 等[20]研究中，给妊娠 16 ～ 20 周的妇女每周补充 4800μg RE（视黄醇当量）（同时含有 120mg 硫酸亚铁形式铁和 500μg 叶酸），可显著增加初乳中视黄醇含量（表 11-3）。在维生素 A 耗空的母亲，几项临床补充试验发现补充可显著增加乳汁中维生素 A 含量[41,45]，而有些试验则没有观察到这样的影响[46]。

② 食物干预　Khan 等[45]在越南的一项以食物为基础的干预试验结果显示，给产后 5 ～ 14 个月乳母补充富含维生素 A 的食物（提供视黄醇 610μg/d）、水果（黄色或橙色水果，如芒果和木瓜，提供全反式 β- 胡萝卜素 3443μg/d）、蔬菜（叶菜类，提供全方式 β- 胡萝卜素 5037μg/d），每周 6d，持续 10 周，均可显著升高母乳中视黄醇含量，与对照组乳汁视黄醇含量的几何均数（0.63μmol/L，0.59 ～ 0.80μmol/L）相比，补充富含维生素 A 食物组、水果组和蔬菜组含量的几何均数分别为 1.23μmol/L（1.12 ～ 1.35μmol/L）、0.90μmol/L（0.81 ～ 0.99μmol/L）和 0.86μmol/L（0.76 ～ 0.97μmol/L），用富含维生素 A 食物的干预效果最佳。

## 11.2.2 类胡萝卜素

### 11.2.2.1 含量

妊娠期间β-胡萝卜素贮存在乳腺，哺乳的最初几天迅速分泌进入乳汁。初乳呈现明显的黄色被认为是由于乳汁脂肪球富含类胡萝卜素的缘故，产后一周内随泌乳量的增加这种色素的浓度逐渐降低[47]。报告的母乳中维生素A原胡萝卜素的浓度范围相当宽（表11-4），除了说明母乳中含量变异范围大，还反映了抽样误差或母乳样品采集方法以及分析方法的差异等。目前已经发现母乳中类胡萝卜素有β-胡萝卜素、叶黄素、α-胡萝卜素、玉米黄质，番茄红素和隐黄素等，初乳中类胡萝卜素的含量最高[9]，显著高于过渡乳和成熟乳，所有研究结果均显示产后一个月的母乳中类胡萝卜素含量迅速下降（由初乳的4944μmol/L±539μmol/L降低到成熟乳的2079μmol/L±207μmol/L）[48]。Macias和Schweigert[11]在古巴21例母乳样品的总类胡萝卜素含量的分析中也观察到相同趋势，初乳中总类胡萝卜素含量为236.7μg/L±121.9μg/L，而过渡乳中的含量降低到63.2μg/L±23.3μgl/L。

**表11-4** 母乳中主要类胡萝卜素的含量（平均值±SE） 单位：μmol/L

| 文献来源 | 产后天数/d | β-C① | α-C② | Lut+Zea③ | 番茄红素 | 发表时间 |
|---|---|---|---|---|---|---|
| Turner等[43] | ≥60 | 0.031±0.004 | 0.002±0.001 | 0.031±0.005 | —⑤ | 2013 |
| Webb等[19] | 初乳 | 0.223±0.033 | 0.045±0.005 | —⑤ | —⑤ | 2009 |
| | 90 | 0.049±0.009 | 0.010±0.002 | —⑤ | —⑤ | |
| | 180 | 0.046±0.005 | 0.010±0.002 | —⑤ | —⑤ | |
| de Azeredo等[17] | 30～120 | 0.016±0.002 | 0.004±0.000 | 0.025±0.003 | 0.016±0.003 | 2008 |
| Khan等④[45] | 150～425 | 0.028(0.022-0.033) | —⑤ | 0.126(0.108-0.149) | —⑤ | 2007 |
| Meneses等[23] | 30～120 | 0.018±0.002 | —⑤ | 0.006±0.001 | —⑤ | 2005 |
| Liu等[18] | 30～120 | 0.077±0.007 | 0.018±0.002 | 0.021±0.002 | 0.031±0.002 | 1998 |
| Jackson等[50] | ≥42 | 0.049 | 0.011 | 0.091 | 0.065 | 1998 |
| Canfield等[51] | ≥180 | 0.036±0.006 | 0.010±0.002 | 0.020±0.002 | 0.019±0.003 | 1997 |
| Canfield等[52] | >30 | 0.066±0.019 | 0.013±0.004 | 0.022±0.003 | 0.048±0.006 | 1998 |

①β-C，β-胡萝卜素。
②α-C，α-胡萝卜素。
③Lut+Zea，叶黄素+玉米黄质。
④为几何均数（95%CI）。
⑤“—”表示没有数据。

在个体中，成熟乳中的类胡萝卜素的种类与初乳相似，β-胡萝卜素的量占乳汁中总类胡萝卜素的1/4。检测到的乳汁中主要类胡萝卜素有番茄红素、隐黄素和β-胡萝卜素，在不同个体间这些类胡萝卜素与总乳汁类胡萝卜素的比值差异非常显著，可高达20倍；相同个体不同天测定的结果也可相差2～5倍；即使同一个体一天内的差异也可高达4倍，而且与乳汁中脂类浓度的相关性很强[49]。

#### 11.2.2.2 影响因素

母乳中类胡萝卜素含量与乳母的维生素A和/或类胡萝卜素营养状况或膳食摄入量有关，存在明显的地域差异，也受乳母服用含类胡萝卜素营养补充剂的影响。

（1）不同哺乳阶段与胎次　初乳中类胡萝卜素的含量最高，显著高于过渡乳和成熟乳；即使在一次哺乳的前、中、后段乳汁中类胡萝卜素含量也有明显差异，并且各种类胡萝卜素的降低程度并不完全相同[9]。如Jackson等[50]分析了一次哺乳期间前、中、后段乳汁中总类胡萝卜素的含量分别为100～378μmol/L、120～357μmol/L和193～642μmol/L，平均类胡萝卜素的含量差异显著，后段乳汁中含量比前、中段高25%；母乳中主要总胡萝卜素含量存在昼夜节律性变化趋势，白天含量最高（52～419μmol/L），早上和晚上分别为33～493μmol/L和42～438μmol/L；从第6～16周的随访结果显示没有显著差异，6～8周、10～12周和14～16周分别为85～366μmol/L、73～420μmol/L和62～362μmol/L。Patton等[53]观察到经产妇的乳汁中类胡萝卜素浓度高于初产妇（2180μg/L±1940μg/L和1140μg/L±1320μg/L）。

（2）乳母营养状况与膳食摄入量　摄取足量β-胡萝卜素有助于改善和维持适宜的维生素A营养状态和预防维生素A缺乏[54]。然而对于维生素A营养状况良好的乳母，与没有补充的对照组相比，补充大剂量β-胡萝卜素（30mg/d），持续4周，不能显著增加乳汁中视黄醇水平，也不能阻止成熟乳中视黄醇含量下降[48]，一个月后，乳汁类胡萝卜素含量接近稳定状态。

乳汁中类胡萝卜素含量受乳母膳食摄入量的影响，如黄色或橙色水果（芒果和木瓜）可增加乳汁中隐黄素含量，而叶菜类可增加乳汁中叶黄素含量[45]。乳汁中隐黄素含量受乳母橘子类食物摄入量的影响，如孟加拉国的一项补充橘子对乳汁视黄醇和β-胡萝卜素含量影响的试验，给产后2个月的乳母每天补充富含隐黄素的罐装橘子127g，每周6d，持续3周，显著升高乳汁中隐黄素含量（基线0.013μmol/L±0.001μmol/L，干预后0.064μmol/L±0.010μmol/L），视黄醇的含量也有所升高（基线0.69μmol/L±0.07μmol/L，干预后0.76μmol/L±0.05μmol/L），而对其他类胡萝卜素的含量没有影响[43]。给产后4～6周的乳母补充6mg/d或12mg/d叶黄素，持续6周，显著升高乳汁中叶黄素+玉米黄质的浓度，分别相当于没有补充对照组的140%和250%，$P<0.001$，而对乳脂中其他类胡萝卜素含量没有影响[55]。

（3）地域差异　有报道母乳中类胡萝卜素含量存在明显地域差异，这可能与不同地区乳母的膳食构成有关。母乳中胡萝卜素的模式在每个国家都有其独特性，不同国家间的母乳中含量可能显著不同，最大差别可高达9倍（β-隐黄素），差异最小的是α-胡萝卜素和番茄红素（约3倍）。造成这样大的差异反映了乳母膳食中类胡萝卜素来源食物供应的差异[14]。

（4）营养干预　Webb 等[19]的干预试验结果表明，从孕中期（12 ～ 27 周）每天口服补充维生素 A 和 β- 胡萝卜素（1500μg 视黄醇活性当量和 30mg β- 胡萝卜素）持续到分娩，可显著增加初乳中视黄醇、β- 胡萝卜素和 α- 胡萝卜素的含量，而且这样的补充效果持续整个观察期（12 个月）；给乳母补充 1 次大剂量 β- 胡萝卜素（60mg）显著升高乳汁中 β- 胡萝卜素水平，并持续超过 1 周，而不影响乳汁中视黄醇和其他类胡萝卜素含量[51]。给乳母补充生理剂量的 β- 胡萝卜素对乳汁含量的影响，取决于乳母的整体营养状况和类胡萝卜素摄入量，如果乳母营养不良或边缘性营养不良和 β- 胡萝卜素的营养状况较差时，补充可显著增加乳汁中含量[51,52]。Turner 等[43]在孟加拉国进行的补充 β- 胡萝卜素试验，给产后 2 个月乳母每天补充 β- 胡萝卜素（约 6mg/ 每份），每周 6d，持续 3 周，可升高乳汁视黄醇（基线 0.67μmol/L±0.05μmol/L 与干预后 0.70μmol/L±0.05μmol/L）和 β- 胡萝卜素（基线 0.029μmol/L±0.004μmol/L 与干预后 0.040μmol/L±0.006μmol/L）的含量；而整体营养状况较好时（如在美国的研究），从产后 4 ～ 32d 每天补充 30mg β- 胡萝卜素不能显著升高初乳和过渡乳中视黄醇和 β- 胡萝卜素含量[48]。

## 11.2.3　维生素 D

### 11.2.3.1　含量

竞争性蛋白质结合放射免疫法可用于测定母乳中非结合型 25- 羟基维生素 D(25-OH-D)、24,25- 二羟基维生素 D[24,25-$(OH)_2$-D] 和 1,25- 二羟基维生素 D[1,25-$(OH)_2$-D]，母乳浓度（平均值 ±SE）25-OH-D 为 0.37μg/L±0.03μg/L、24,25-$(OH)_2$-D 为 24.8ng/L±1.9ng/L、1,25-$(OH)_2$-D 为 2.2ng/L±0.1ng/L，乳汁中维生素 D 代谢物浓度与乳母血清 25-OH-D 水平无关[56]，不同研究报道的母乳中维生素 D 及其代谢物含量汇总于表 11-5。

**表 11-5　母乳中维生素 D 及其代谢物含量（平均值 ±SE）**　　单位：μmol/L

| 文献来源 | 产后天数 /d | 维生素 D | | | 25-OH-D | | | 发表时间 |
|---|---|---|---|---|---|---|---|---|
| | | 维生素 $D_3$ | 维生素 $D_2$ | 总计 | 25-OH-$D_3$ | 25-OH-$D_2$ | 总计 | |
| Atkinson 等[62] | 14±1 | 0.16±0.03 | 0.11±0.02 | 0.26±0.05 | 0.21±0.03 | 0.11±0.01 | 0.32±0.03 | 1987 |
| | 31±1 | 0.18±0.08 | 0.10±0.05 | 0.27±0.08 | 0.14±0.03 | 0.17±0.03 | 0.31±0.04 | |
| Takeuchi 等[63] | 7 | 0.30±0.02 | 0.03±0.01 | —③ | 0.63±0.06 | ND | —③ | 1989 |
| Specker 等[64] | ? | 0.70(0.33 ～ 1.47)① | 0.73(0.41 ～ 1.29)① | —③ | 0.25(0.20 ～ 0.32)① | 0.20(0.16 ～ 0.25)① | —③ | 1985 |
| | ? | 0.09(0.06 ～ 0.15)② | 0.14(0.06 ～ 0.34)② | —③ | 0.18(0.15 ～ 0.21)② | 0.16(0.13 ～ 0.21)② | —③ | |

①白人平均值（95%CI）。

②黑人平均值（95%CI）。

③“—”表示没有数据。

注：ND 表示未检出；“？”表示引用文献中没有产后天数数据。

正常情况下，母乳中维生素 D 含量范围 0.5 ～ 1.5μg(20 ～ 60IU)/L。母乳中维生素 D 的活性直接与乳母维生素 D 的营养状态有关，然而已有研究结果提示，单纯依靠母乳喂养作为维生素 D 的唯一来源不能满足婴儿维生素 D 的适宜摄入量 [57]，如果乳母处于缺乏状态，乳汁中维生素 D 含量迅速降低到检测限以下，随着补充和暴露紫外线时间延长可使乳汁维生素 D 含量迅速升高。每天给乳母补充药理剂量维生素 $D_2$（2300μg 或 100000IU）可能导致乳汁维生素 D 浓度达到潜在中毒量（175μg/L 或 >7000IU/L）。母乳中维生素 D 的活性形式占主导的是维生素 D 代谢产物，但是也有维生素 $D_2$（ergocalciferol，麦角钙化醇）和维生素 $D_3$（cholecalciferol，胆钙化醇）。Okano 等 [58] 研究结果提示，人乳中维生素 $D_3$ 含量低于牛乳（0.125μg/L 和 0.420μg/L），而 25-OH-$D_3$ 含量高于牛乳（0.350μg/L 和 0.270μg/L），完全母乳喂养的婴儿发生维生素 D 缺乏风险可能高于婴儿配方食品（乳粉）喂养的婴儿 [59]。尽管母乳不能为母乳喂养儿提供满足推荐摄入量的维生素 D，然而大多数母乳喂养儿不会发生维生素 D 缺乏性佝偻病。在哺乳期间，通过直接给婴儿服用维生素 D 补充剂可满足婴儿维生素 D 需要量，预防维生素 D 缺乏性佝偻病。

vieth Streym 等 [60] 根据母乳中维生素 D 和 25-OH-D 的含量，估计母乳喂养的婴幼儿每日经母乳可摄取维生素 D 和 25-OH-D 的平均值分别为 0.01μg 和 0.34μg，提示婴儿经母乳摄入的维生素 D 与现行的推荐摄入量或适宜摄乳量相距较大 [61]。

### 11.2.3.2 影响因素

母乳中维生素 D 的浓度非常低，其含量受许多因素影响，包括哺乳阶段、胎儿成熟程度（早产与足月产）、种族（皮肤颜色）与服饰、乳母维生素 D 营养状态与膳食维生素 D 摄入量、乳母年龄、季节与紫外线暴露时间等因素均可显著影响乳汁中维生素 D 含量 [65,66]。

（1）不同哺乳阶段　与初乳中含有非常高的维生素 A、类胡萝卜素和维生素 E 不同，乳汁中维生素 D 的含量较低，尤其是初乳中的含量低于成熟乳 [60]，这可能与孕期，尤其是孕晚期母体维生素 D 缺乏有关，孕妇或乳母维生素 D 缺乏预示胎儿和婴儿发生缺乏的风险增加 [67]。

（2）季节与紫外线暴露时间　季节明显影响母乳维生素 D 水平，特别是在阳光暴露时间少的季节（如北方冬季和南方梅雨季节），可导致乳汁维生素 D 含量显著降低。曾有报道，前段乳中维生素 D 含量范围 3.5 ～ 31μg/L，取决于季节。增加乳母暴露阳光的时间可增加乳汁维生素 D 的水平超过通常所报道的水平。母乳中维生素 $D_3$ 浓度与乳母血清浓度呈正相关（$r$=0.87）[68]，然而婴儿的血清中 25-OH-D 水平与母乳中维生素 D 和 25-OH-D 含量无关，推测与日光暴露的贡献相比，来自母乳的维生素 D 对其喂养婴儿的影响可能微不足道 [64]。

（3）补充的影响　给乳母补充维生素 D 25μg/d 仅可使后段母乳中 25-OH-D 水平略微升高，整体上母乳的维生素 D 水平不受影响；然而，当增加上述补充量到

50μg/d，对乳汁中25-OH-D水平有显著影响，使维生素D代谢物从0.157μg/L升高到0.40μg/L（9.4～24IU）。给乳母补充维生素D的影响对后段乳比前段乳明显，而且个体对补充维生素D的反应变异很大，因此在研究乳汁维生素D时需要考虑抽样的方案。理论上，冬天补充50μg/d维生素D可以增加冬季乳汁维生素D水平，其含量相当于9月份没有补充维生素D妇女的水平。但是也有报道补充低剂量维生素D（10μg/d）也可增加乳汁25-OH-D的水平；有的研究补充2400IU/d（60μg）超过2周，也不会显著增加乳汁中维生素D水平。有研究结果提示，乳母维生素D补充、肥胖、季节和地理位置与乳汁维生素D水平有关。给乳母补充大剂量维生素D（6400IU/d，160μg/d）显著增加乳汁的抗佝偻病活性，然而补充400IU/d（10μg/d）增加乳汁抗佝偻病的活性不明显[69]。Oberhelman等[68]给产后1～6个月的乳母分别补充维生素D 5000IU/d持续28d或给予一次大剂量维生素D 150000IU，大剂量组母乳中维生素$D_3$含量迅速升高，显著高于每天补充组，大剂量组的变化趋势由基线<7μg/L，第1天后升高到39.7μg/L±16.2μg/L，第3天为24.6μg/L±8.9μg/L，第7天降到11.2μg/L±4.7μg/L，而第14天之后的含量<7.0μg/L；而每天补充组第1天乳汁的水平仍低于7μg/L，之后略有升高，第3、7、14和28天分别为8.0μg/L±3.7μg/L、7.2μg/L±4.8μg/L、8.6μg/L±5.4μg/L和7.7μg/L±3.7μg/L。

（4）种族　肤色影响其乳汁中维生素D含量，皮肤色素的增加（如黑人）与乳汁中维生素D含量低有关。如在Specker等[64]研究中，黑人乳汁中维生素D及其代谢物的含量均显著低于白人，其中维生素$D_3$为36ng/L与268ng/L、维生素$D_2$为54ng/L与290ng/L和25-OH-$D_3$为87ng/L与124ng/L。

（5）其他影响因素　乳母膳食维生素D摄入量和胎儿成熟程度也与母乳中维生素D水平有关。乳母膳食维生素D摄入量可能是增加哺乳期25-OH-D含量的重要因素。乳母膳食（尤其是维生素D摄入量）影响其乳汁中维生素D的水平[64]。胎儿成熟程度的影响：已有研究结果显示，早产儿的乳母乳汁中维生素$D_3$含量显著低于足月儿乳母的乳汁（0.14μg/L±0.02和0.23μg/L±0.03μg/L，$P<0.05$），相应的乳母血浆维生素$D_3$的水平也有显著差异（0.7μg/L±0.1μg/L和2.7μg/L±0.5μg/L，$P<0.05$）[62]。

## 11.2.4　维生素E

### 11.2.4.1　含量

不同研究报告的母乳中维生素E（α-生育酚）含量汇总于表11-6。初乳中生育酚的浓度最高，随哺乳期的进展维生素E含量逐渐降低，成熟乳时维生素E含量稳定在1～3mg/L，如Macias和Schweigert[11]的古巴母乳中α-生育酚分析结果显示，初乳含量为11.8mg/L±6.3mg/L，而过渡乳降低到2.7mg/L±1.1mg/L。与正常乳母的血浆浓度（5～2mg/L）相比，乳母较高的维生素E摄入量（每天约27mg维生素E）

**表 11-6 母乳中维生素 E（α- 生育酚）含量（平均值 ±SD）**

| 文献来源 | 初乳 | | 过渡乳 | | 成熟乳 | | 发表时间 |
|---|---|---|---|---|---|---|---|
| | 含量 /(mg/L) | 时间 /d | 含量 /(mg/L) | 时间 /d | 含量 /(mg/L) | 时间 /d | |
| 吴轲等 [71] | 9.2(2.2 ～ 32.9) | 1 ～ 5 | 4.3(0.9 ～ 9.7) | 10 ～ 15 | 4.1(1.2 ～ 9.4) | 40 ～ 45 | 2019 |
| Alcd 等 [72] | 17.4±6.4 | <3h | 6.0±2.2 | 7 ～ 15 | 3.4±1.6 | 30 ～ 40 | 2017 |
| Sámano 等 [73] | 4.7(2.7 ～ 6.5) | <48h | 4.5(1.6 ～ 6.8) | 8 | 3.3(0.6 ～ 4.4) | 30 ～ 60 | 2017 |
| Xue 等 [74] | 6.45(3.88 ～ 11.76) | 0 ～ 4 | 3.82(2.36 ～ 5.51) | 5 ～ 11 | 2.39(1.45 ～ 3.96) | 12 ～ 30 | 2017 |
| | | | | | 2.06(1.26 ～ 3.45) | 31 ～ 60 | |
| | | | | | 2.12(1.12 ～ 3.00) | 60 ～ 120 | |
| | | | | | 2.11(1.35 ～ 3.26) | 121 ～ 240 | |
| Melo[75] | 15.09±7.94 | 0 ～ 24h | | | | | 2017 |
| 方芳等 [12] | 13.1±6.2 | 3 ～ 4 | 7.0±3.5 | 7 | 2.9±1.5 | 16 ～ 30 | 2014 |
| | 8.5±4.8 | 5 | | | | | |
| | 7.0±3.5 | 6 | | | | | |
| Martysiak-Zurowska 等 [70] | 9.990±1.510 | 2 | 0.445±0.095 | 14 | 0.292±0.084 | 30 | 2013 |
| Szlagatys-Sidorkiewicz 等 [10] | 8.9(5.2 ～ 12.0) | 3 | — | | 1.1(0.7 ～ 3.9) | 30 ～ 32 | 2012 |
| Antonakou[76] | | | | | 0.193±0.079 | 30 | 2011 |
| | | | | | 0.188±0.097 | 120 | |

续表

| 文献来源 | 初乳 | | 过渡乳 | | 成熟乳 | | 发表时间 |
|---|---|---|---|---|---|---|---|
| | 含量 /(mg/L) | 时间 /d | 含量 /(mg/L) | 时间 /d | 含量 /(mg/L) | 时间 /d | |
| | | | | | 0.197±0.011 | 180 | |
| Dimenstein R[77] | 13.1±3.44 | | | | | | 2010 |
| Sziklai-László 等[78] | — | | 4.14±2.17 | ? | 3.30±1.13 | ? | 2009 |
| | | | | | 0.21±0.07 | 90 | |
| Garcia 等[79] | 12.36±2.02 | 12h | 3.36±0.43 | 10～15 | — | | 2009 |
| Tokuşoğlu 等[80] | | | | | 9.84 | 60～90 | 2008 |
| Schweigert 等[81] | 22.01±13.40 | 3 | — | | 5.70±2.20 | 19 | 2004 |
| Ortega 等[82] | — | | 3.80±1.32① | 13～14 | 2.20±0.72① | 40 | 1999 |
| | — | | 5.01±1.81② | 13～14 | 2.27±0.77② | 40 | |

①为维生素 E 营养状况较差的乳母，膳食摄入量低于推荐摄入量的 75%。

②为维生素 E 营养状况较好的乳母，膳食摄入量大于或等于推荐摄入量的 75%。

注：“—”表示没有数据。“？”表示引用文献中没有产后天数数据。

显著升高血浆α-生育酚当量的含量（38mg/L），而且乳汁含量也显著升高（11mg/L）。根据Martysiak-Zurowska等[70]的研究，不同泌乳阶段，母乳α-生育酚的含量范围为2.07～9.99mg/L，γ-生育酚的含量范围0.22～0.60mg/L。母乳中α-生育酚含量随哺乳时间的延长呈现逐渐降低趋势。

最近吴轲等[71]报告了母乳α-生育酚中天然RRR及合成构型分布，在上海募集健康产妇89例（年龄20～35岁），采集其母乳并测定α-生育酚异构体，以初乳（1～5d）中α-生育酚浓度最高（9.20mg/L），之后显著降低（过渡乳4.30mg/L和成熟乳4.10mg/L，$P<0.001$）。RRR和合成构型α-生育酚的浓度均在初乳期后显著降低（$P<0.001$）；与初乳浓度相比，成熟乳中non-RRR下降25%，RRR构型下降54%；天然RRR构型是α-生育酚的优势构型（约85%），合成构型中RRS比例（5.10%～6.02%）高于其他构型（2.32%～3.58%）；不同哺乳阶段RRR与合成2R构型的平均比值稳定在5.95～7.50，且存在明显个体差异。

### 11.2.4.2 影响因素

人乳中维生素E含量受诸多因素影响，包括哺乳阶段、乳母的年龄和社会经济状况、胎次和新生儿的胎龄、乳母膳食维生素E摄入量和膳食补充剂的使用等。

（1）哺乳阶段　随着哺乳进程，乳汁中生育酚的含量显著降低（成熟乳显著低于初乳）[83]。如Martysiak-Zurowska等[70]研究结果显示，乳汁中α-生育酚含量随哺乳进程呈现显著降低趋势，而且γ-生育酚含量降低的程度更显著；Gossage等[48]观察到产后乳汁α-生育酚浓度迅速降低，由初乳（产后4d）含量为31μmol/L±4.6μmol/L，到成熟乳（产后32d）降低到9.4μmol/L±1.2μmol/L，在不同哺乳阶段，β-生育酚和γ-生育酚的水平没有差异，并且不同哺乳阶段对乳汁γ-生育酚的水平也没有影响。

（2）乳母的年龄和社会经济状况　青少年非常容易出现维生素缺乏，特别是脂溶性维生素，青春期乳母成熟乳汁中维生素E浓度趋势低于成年乳母的乳汁[17]。这可能由于青少年对不良的膳食习惯特别敏感，她们更喜欢消费微量营养素含量低的、能量高的食品。而且，妊娠青少年除了妊娠导致营养素需要量增加，而且本身生长发育对营养素的需要也相对较高。例如，de Azeredo和Trugo[17]的研究结果显示，巴西东南部青春期妇女成熟乳汁中α-生育酚水平还不到成年乳母成熟乳含量的一半，而家庭收入和母亲受教育程度对乳汁α-生育酚的含量没有影响[17,84]。Tokuşoğlu等[80]在土耳其的研究也没有发现母乳中维生素E的含量与不同的收入水平、受教育程度有关，并且与母亲BMI也没有相关性。

（3）胎次和新生儿的胎龄（胎儿成熟度）　有研究提示怀孕次数可能影响乳汁中维生素E的水平，因为以前的哺乳过程和乳汁生产使体内储存发生了高度动员，与初产妇相比较，经产妇的成熟乳汁中含有较高的维生素E。分娩早产儿妇女的初乳中维生素E含量高于足月儿，如早产儿第3天和第36天的母乳中维生素E含量中位数为1.45mg α-TE/dL（范围0.64～6.4mg α-TE/dL）和0.29mg α-TE/dL（范围 0.17 ～ 0.48mg α-TE/dL），足月儿母乳中含量中位数为 1.14mg α-TE/dL（范围 0.63 ～ 4.21mg α-TE/dL）和 0.28mg α-TE/dL（范围 0.19 ～ 0.86mg α-TE/dL）。

（4）乳母膳食维生素 E 摄入量和膳食补充剂的使用　母乳中维生素 E 含量与乳母膳食摄入量密切相关 [29]。在膳食维生素 E 摄入量低于推荐摄入量 75% 的乳母，其过渡乳中维生素 E 含量显著低于膳食摄入量大于或等于推荐摄入量 75% 的乳母（3.80μmol/L±1.32μmol/L 和 5.01μmol/L±1.81μmol/L，$P$<0.05），而相比较的成熟乳中则没有显著差异（2.20μmol/L±0.72μmol/L 和 2.27μmol/L±0.77μmol/L，$P$>0.05）[82]。Szlagatys-Sidorkiewicz 等 [85] 在波兰的研究发现孕妇和乳母补充推荐摄入量的维生素 E 时，母乳中维生素 E 的含量没有显著改变。另一项来自波兰的研究 [70] 也显示膳食摄入和服用维生素 E 补充剂的母亲，母乳中的维生素 E 的含量没有显著的差异。给乳母补充 60mg/d 维生素 E 并不会显著升高初乳维生素 E 水平（1.55mg/L±0.81mg/L 和 1.40mg/L±0.86mg/L，$P$>0.05）[86]，并且发现补充合成形式维生素 E 的效果并不理想；然而补充相对较高剂量的维生素 E 则可增加乳汁中维生素 E 水平，给营养状况良好的乳母补充维生素 E 可以使更多的维生素 E 进入初乳。Melo 等 [75] 在巴西的研究也证实补充 400IU/d 可以显著增加初乳中 α- 生育酚的含量。Garcia 等 [79] 同样在巴西的研究观察到补充维生素 E 24h 后初乳中的 α- 生育酚含量显著增加。Tijerina-Sáenz 等 [87] 在加拿大的研究发现自报服用多种维生素补充剂的受试者，母乳中维生素 E 的含量与是否服用补充剂呈正相关。Antonakou 等 [76] 对于希腊母亲的研究则发现，尽管母亲膳食摄入的维生素 E 低于推荐量，但是母乳中维生素 E 的含量还是能够满足婴儿的需要，并且发现母乳中维生素 E 的含量仅与母亲的总脂肪和膳食中饱和脂肪酸的摄入量相关。

尽管有调查结果显示，母乳维生素 E 含量存在地区差异，这种差异可能主要受区域膳食模式影响。例如，Xue 等 [74] 对不同地区之间母乳中维生素 E 含量的研究结果显示，不同地区母乳中维生素 E 含量差别明显，苏州、广州的产妇母乳中 α- 生育酚的含量 [2.96mg/L (2.08 ～ 4.78mg/L)、2.85mg/L (1.48 ～ 4.79mg/L)] 显著高于北京地区 [2.15mg/L (1.17 ～ 3.33mg/L)]，而北京和苏州的产妇母乳中的 γ- 生育酚 [0.71mg/L (0.48 ～ 1.07mg/L)、0.94mg/L (0.59 ～ 1.48mg/L)] 显著高于广州地区 [0.53mg/L (0.31 ～ 0.88mg/L)]。

（5）其他影响因素　在血清视黄醇≥ 1.05μmol/L 的哺乳期妇女中，其血清视黄醇与初乳中 α- 生育酚浓度呈显著负相关（$r$ = −0.28，$P$=0.008）[88]。母乳中 α- 生育酚还与其含有的乳脂成分及其含量有关，有的研究证明维生素 E 含量仅与成熟乳的胆固醇相关，而与 TG 和磷脂不相关；也有的观察到维生素 E 含量与 TG 和胆固醇相关，而与磷脂不相关。也有少数研究了乳母吸烟对乳汁维生素 E 含量的影响，Orhon 等 [89] 观察到吸烟可降低初乳（产后 7d）中维生素 E 含量，而 Ortega 等 [90] 的结果显示吸烟可降低成熟乳（产后 40d）中维生素 E 含量，对过渡乳（产后 13 ～ 14d）和成熟乳（产后 30 ～ 32d）中维生素 E 含量没有影响 [85]，但是母亲吸烟会损害母乳中抗氧化剂的平衡，从而对婴儿产生有害影响 [91]。还有研究发现孕期的一些高危因素，如孕前超重、肥胖或早产会影响产后母乳中 α- 生育酚的含量，如 Sámano 等[73]对具有这些高危因素孕妇（如孕前超重、肥胖或早产）的研究显示，具有高危因素的孕妇产后母乳中 α- 生育酚的含量显著低于正常孕妇，母乳中 α- 生育酚含量分别为 2.76mg/L（1.03 ～ 4.50mg/L）和 6.73mg/L（4.54 ～ 8.66mg/L）。

## 11.2.5 维生素 K

### 11.2.5.1 含量

典型母乳中维生素 K 含量约 2μg/L（1 ～ 4μg/L），初乳浓度约高出 1 倍（2.2 ～ 20nmol/L，约为 0.99 ～ 9.01μg/L），后段乳浓度约比前段乳高 1μg /L。不同研究报告的母乳中维生素 K 含量汇总于表 11-7。Greer 等[92]报告的不同哺乳阶段母乳中维生素 $K_1$ 含量均低于 2μg/L，产后 1 周、6 周、12 周和 26 周乳汁的维生素 K 含量（μg/L）分别为 0.64±0.43，0.86±0.52，1.14±0.72 和 0.87±0.50；后来的研究结果显示，成熟乳中维生素 K 含量低于过渡乳，分别为产后 2 周（1.18μg/L±0.99μg/L），4 周（0.50±0.70μg/L），6 周（0.16±0.07μg/L），8 周（0.20±0.20μg/L），12 周（0.25μg/L±0.34μg/L）和 26 周（0.24μg/L±0.23μg/L）[93]；而 von Kries 等[94]的早期研究提示初乳中维生素 K 含量显著高于成熟乳（1.8μg/L 和 1.2μg/L，$P<0.001$），以第一天的初乳最高（2.7μg/L）。然而，即使乳母的膳食维生素 K 摄入量相当高或经常服用含维生素 K 补充剂，生后最初几天母乳喂养新生儿获得的这种维生素的量可能仍不足以满足新生儿的需要。母乳中叶绿醌的浓度最高，其次是甲萘醌 -4（MK-4），有痕量甲萘醌 -6 和甲萘醌 -8[95,96]。在日本的一项研究中，Kojima 等[97]将 834 名乳母分为两组，A 组（40 岁以下，不吸烟，不食用维生素补充剂，没有特应性症状，婴儿出生体重 >2.5kg）和所有调查对象组，这两组乳母乳汁中维生素 K（$K_1+K_2$）含量分别为 0.434mg/dL±0.293mg/dL、0.517mg/dL±1.521mg/dL，主要为维生素 $K_1$ 和 MK-4，同时观察到日本东部地区乳母的乳汁中 MK-7 含量明显高于日本西部地区的，这种差异应该与乳母膳食有关。

**表 11-7 母乳中维生素 K 含量** 单位：μg/L

| 文献来源 | 初乳 | | 过渡乳 | | 成熟乳 | | 发表时间 |
|---|---|---|---|---|---|---|---|
| | 含量 | 时间 /d | 含量 | 时间 /d | 含量 | 时间 /d | |
| von Kries 等[94] | 1.8 | 1 ～ 5 | — | | 1.2 | 8 ～ 36 | 1987 |
| Greer 等[92] | 0.64±0.43 | <7 | — | | 0.86±0.52 | 42 | 1991 |
| Greer[93] | — | | 1.18±0.99 | 2 周 | 0.50±0.70 | 28 | 2001 |
| Canfield 等[98] | 3.4±2.6 | 30 ～ 81h | — | | 3.2±2.9 | 30 | 1991 |
| | | | | | 6.4±5.3 | 30 ～ 180 | |
| Fournier 等[99] | 5.2(3.1 ～ 10.8) | 3 | 8.9(6.4 ～ 15.7) | 8 | 9.2(4.8 ～ 12.8) | 21 | 1987 |
| Haroon 等[100] | 2.3(0.7 ～ 4.2) | 1 ～ 5 | — | | 2.5(1.1 ～ 6.5) | 未注明 | 1982 |

注："—"表示没有数据。

通常人母乳中维生素 K 含量仅相当于牛乳的 1/4（15μg/L 与 60μg/L），纯母乳喂养的婴儿仅通过母乳很难满足其维生素 K 需要，例如母乳喂养儿最初 6 个月内血浆维生素 $K_1$ 浓度非常低（平均值低于 0.25μg/L），相比较的用婴儿配方食品喂养婴儿为 4.39 ～ 5.99μg/L[92]。Canfield 等[98] 报告的母乳中维生素 K 含量为 4 ～ 7nmol/L（2 ～ 3μg/L），初乳（产后 30 ～ 81h）、1 个月成熟乳和 1 ～ 6 个月成熟乳中维生素 K 含量分别为 7.52nmol/L±5.90nmol/L（0.75 ～ 20.1nmol/L）、6.98nmol/L±6.36nmol/L（0.58 ～ 24.26nmol/L）和 6.36nmol/L±5.32nmol/L（0.58 ～ 24.26nmol/L），尽管成熟乳有降低趋势，但是差异不显著；而 Fournier 等[99] 的研究结果显示，母乳中维生素 $K_1$ 浓度随哺乳期的延长呈现显著升高趋势。

### 11.2.5.2 影响因素

母乳维生素 K 含量受孕期（尤其是孕末期）和乳母维生素 K 营养状况的影响，此外还受采样方法、哺乳阶段等因素的影响。分娩前和产后给乳母补充大剂量维生素 K 显著增加母乳维生素 K 含量。增加乳母维生素 K 摄入量 [>1μg/（kg・d）]，可使母乳喂养的婴儿获益。

（1）短期大剂量补充　Geer 等[92] 给乳母口服补充 20mg 维生素 $K_1$，12h 可使乳汁维生素 $K_1$ 水平从 1.11μg/L±0.82μg/L 升高到 130μg/L±188μg/L；也有干预试验结果显示，当给低维生素 K 的乳母补充 20mg 维生素 K（phylloquinone，叶绿醌），48h 内至少可使乳汁含量增加一倍，一周后恢复到基础水平[100]。在 von Kries 等[101] 的研究中分别给 4 位乳母补充 0.1mg、0.5mg、1mg、3mg 单一剂量维生素 $K_1$，补充前母乳中维生素 $K_1$ 的基础含量是 2 ～ 3μg/L，补充后 12 ～ 24h 可以达到峰值，补充 3mg 维生素 $K_1$ 的乳母在 18h 后达到峰值含量接近 150μg/L。

（2）长期补充　在妊娠和哺乳期间，给乳母 5mg 维生素 K 补充剂可使乳汁维生素 K 的浓度升高到 80.0μg/L±37.7μg/L，显著改善婴儿维生素 K 营养状况[93]；Thijssen 等[102] 的研究将 31 名乳母分为四组，产后第 4 天每天分别口服补充 0mg、0.8mg、2mg、4mg 维生素 $K_1$ 直到产后第 16 天。在补充后第 8 天补充组乳母乳汁中维生素 $K_1$ 和 MK-4 显著升高，并且乳汁中维生素 $K_1$ 和 MK-4 的浓度可以维持到补充后第 16 天，至补充后第 19 天仅 4mg 剂量组维生素 $K_1$ 和 MK-4 的浓度仍高于对照组，并且发现母乳中维生素 $K_1$ 和 MK-4 的水平呈现显著相关。Bolisetty 等[103] 对 6 名早产乳母的研究中，从产后开始每日补充 2.5mg 维生素 $K_1$ 持续 2 周，每日采集 6 次母乳计算每日母乳中维生素 $K_1$ 平均基础含量为 3μg/L，在补充后第 2 天维生素 $K_1$ 含量升高至 22.6μg/L，第 6 天升高至 64.2μg/L 后浓度保持稳定再没有显著变化。一项单独安慰剂对照试验表明，给哺乳期母亲补充大剂量维生素 K（5mg /d）可提高母乳中的维生素 K 水平，并可使蛋白质羧基化特性相关指标得到改善[3,4]。

## 11.3 展望

（1）维生素A与类胡萝卜素　已知对于纯母乳喂养的婴儿，母乳是其维生素A的唯一营养来源，因此还需要研究如何改善乳母（和孕妇）的维生素A营养状况，以提高母乳中维生素A的水平和改善喂养儿的营养状况。

随着母乳代谢组学研究的深入，需要系统研究母乳中类维生素A含量、分布、影响因素以及与母乳喂养儿生长发育的关系，尽快完善我国母乳中维生素A及类胡萝卜素各组分数据库。

有很多因素影响维生素A原（类胡萝卜素）转换成维生素A的活性当量，而以往研究体系是基于混合膳食，并不一定适合于母乳中存在的维生素A原和母乳喂养的婴幼儿，需要设计周密的研究估计母乳中类胡萝卜素在婴幼儿体内转化成维生素A的效率，以确定母乳中类胡萝卜素组分对维生素A活性当量的贡献，同时还需要探讨类胡萝卜素的其他功能以及对喂养儿的营养作用。

人乳中类胡萝卜素含量的分析仍面临较大的技术挑战，主要问题是种类多、含量低和缺乏相应标准品和参考基准材料，类胡萝卜素的不易溶性和不稳定性以及显著的个体间和个体内的变异等。分析仪器的进步和未知类胡萝卜素代谢物的发现，将会推动方法学的研究。

（2）维生素D　已知人体维生素D的主要来源有两个途径，即户外日光中紫外线（B波段）照射皮肤，使7-脱氢胆固醇转变成维生素$D_3$（主要来源）和膳食（婴幼儿通过母乳，通常很少）和/或维生素D补充剂摄入。然而，目前还很难区分这两个途径来源的维生素D对婴幼儿维生素D营养状况影响程度，进一步影响婴幼儿维生素D需要量的确定。因此还需要研究孕期和哺乳期妇女维生素D的营养状况对乳汁中维生素D水平的影响，包括户外暴露日光时间和膳食和/或膳食补充剂摄入量。

已知膳食来源的维生素$D_2$或$D_3$是没有活性的，需要在肝脏和肾脏经过羟化后到靶器官发挥生物学作用，目前关于母乳中维生素D含量、存在形式以及对喂养儿维生素D营养状况影响的研究较少，还需要全面分析母乳中维生素D的存在形式、影响因素以及与喂养儿维生素D营养状况的关系，以探讨进行针对性的改善措施。

通常母乳中维生素D含量很低，难以满足喂养儿的需要，如何提高母乳中维生素D的含量？通过每天给乳母补充推荐摄入量的维生素D对乳汁中含量的影响甚微。一项随机对照试验结果显示，给乳母补充6400IU/d（160μg/d）可以使其乳汁中维生素D达到适宜量，然而这个剂量超过推荐摄入量10余倍，也超过目前最大可耐受量数倍，长期服用的安全性还有待证实。

母乳中维生素D的存在形式多样，多种代谢形式的含量更低，而且有些半衰期很短，因此需要提高母乳维生素D及其类似物分析方法的检出限量，开发微量、准确、快速的检测方法。

越来越多的科学证据支持，维生素D的作用已经超出了营养学范畴，更像一种激素或类激素成分，因此需要研究婴幼儿早期母乳维生素D营养状况和补充对喂养儿的物质代谢、某些疾病易感性（如过敏、感染性疾病）的影响，深入研究这些影响对于生命最初1000d营养更显得重要。

（3）维生素E　随着我国全面放开二孩、三孩后可能带来的高龄妊娠妇女比例的增加，需要研究这些妇女维生素E的营养状况以及可能对妊娠结局和哺乳期乳汁中维生素E水平的影响，如胚胎生长发育状况、胎儿维生素E储备情况、乳汁维生素E水平变化趋势等。同时由于高龄妇女妊娠比例的增加，妊娠并发症、早产儿和低出生体重儿的发生率呈现升高趋势，需要研究分娩早产儿的乳母乳汁维生素E水平及其对喂养儿营养状态的影响以及该群体的维生素E需要量和推荐摄入量。

已知泌乳期间母乳中维生素E的含量随哺乳期延长下降明显，需要研究这样的下降趋势（尤其是晚期成熟乳）的影响因素以及对母乳喂养儿维生素E需要量的影响，了解乳母维生素E的体内储备、动员和利用能力，以及评估可能对母乳含量的影响，以便及时采取有效的干预措施降低该群体发生营养缺乏的风险。

关于母乳中维生素E的相关研究多是小样本的横断面调查，需要设计较完善代表性好的纵向追踪研究，确定哺乳不同时期母乳中α-生育酚及其组分的浓度以及对喂养儿生长发育和营养状态的影响，为估计婴儿维生素E推荐摄乳量或适宜摄乳量以及修订婴幼儿配方食品标准提供科学依据。

需要设计良好的前瞻性临床试验，评价孕期和哺乳期妇女补充维生素E的适宜量和持续时间以及对胎儿维生素E储存和母乳中维生素E水平的影响，为那些可能存在维生素E摄入不足的孕妇和哺乳期妇女提供营养改善建议。

（4）维生素K　对于纯母乳喂养的婴儿，体内的维生素K来源有两个途径，即母乳来源和其自己肠道微生物合成。目前还不能区分这两个途径来源的维生素K及其对婴幼儿维生素K营养状况的影响程度，也是至今影响这一人群维生素K需要量确定的重要因素。因此还需要研究孕期和哺乳期妇女维生素K的营养状况对乳汁中维生素K水平的影响。

受测定方法限制，目前仍缺少母乳中维生素K含量和存在形式方面的研究，影响因素的研究更少。已知体内维生素K不同的存在形式（如$K_1$和$K_2$）可能发挥的功能作用也不同，有专家建议需要将两者分开制定推荐摄入量。因此需要研究母乳中维生素K的存在形式以及对喂养儿的营养作用和相关功能的影响。

母乳中维生素K检测方法严重制约相关研究的开展（含量低和需要测试样本量大）。因此需要提高母乳中维生素K检测方法的检出限量，开发微量、准确的测定方法。

（张环美，万荣，陈波，王杰，杨振宇，荫士安）

## 参考文献


[1] Campos J M, Paixao J A, Ferraz C. Fat-soluble vitamins in human lactation. Int J Vitam Nutr Res, 2007, 77(5): 303-310.

[2] Munns C F, Shaw N, Kiely M, et al. Global consensus recommendations on prevention and management of nutritional rickets. J Clin Endocrinol Metab, 2016, 101(2): 394-415.

[3] Greer F R, Marshall S P, Foley A L, et al. Improving the vitamin K status of breastfeeding infants with maternal vitamin K supplements. Pediatrics, 1997, 99(1): 88-92.

[4] Van Winckel M, De Bruyne R, Van De Velde S, et al. Vitamin K, an update for the paediatrician. Eur J Pediatr, 2009, 168(2): 127-134.

[5] 吴轲，王蓓，周丽莉，等．母乳 α- 生育酚和宏量营养素水平及影响因素．中国生育保健杂志，2020, 31(5): 414-419.

[6] 侯成，冉霓，衣明纪．母乳中的维生素 A 水平及其影响因素．中华围产医学杂志，2018, 21(11): 783-787.

[7] Yin S A, Yang Z Y. An on-line database for human milk composition in China. Asia Pac J Clin Nutr, 2016, 25(4): 818-825.

[8] 张环美，万荣，陈波，等．中国城乡不同泌乳阶段母乳维生素 A 和维生素 E 含量研究．营养学报，2021, 43(4): 347-357.

[9] Schweigert F J, Bathe K, Chen F, et al. Effect of the stage of lactation in humans on carotenoid levels in milk, blood plasma and plasma lipoprotein fractions. Eur J Nutr, 2004, 43(1): 39-44.

[10] Szlagatys-Sidorkiewicz A, Zagierski M, Jankowska A, et al. Longitudinal study of vitamins A, E and lipid oxidative damage in human milk throughout lactation. Early Hum Dev, 2012, 88(6): 421-424.

[11] Macias C, Schweigert F J. Changes in the concentration of carotenoids, vitamin A, alpha-tocopherol and total lipids in human milk throughout early lactation. Ann Nutr Metab, 2001, 45(2): 82-85.

[12] 方芳，李婷，李艳杰，等．呼和浩特地区母乳中脂溶性 VA、VD、VE 含量．乳业科学与技术，2014, 37(3):5-7.

[13] Ribeiro K D, Araujo K F, Pereira M C, et al. Evaluation of retinol levels in human colostrum in two samples collected at an interval of 24 hours. J Pediatr (Rio J), 2007, 83(4): 377-380.

[14] Canfield L M, Clandinin M T, Davies D P, et al. Multinational study of major breast milk carotenoids of healthy mothers. Eur J Nutr, 2003, 42(3): 133-141.

[15] de Pee S, Yuniar Y, West C E, et al. Evaluation of biochemical indicators of vitamin A status in breast-feeding and non-breast-feeding Indonesian women. Am J Clin Nutr, 1997, 66(1): 160-167.

[16] Liyanage C, Hettiarachchi M, Mangalajeewa P, et al. Adequacy of vitamin A and fat in the breast milk of lactating women in south Sri Lanka. Public Health Nutr, 2008, 11(7): 747-750.

[17] de Azeredo V B, Trugo N M. Retinol, carotenoids, and tocopherols in the milk of lactating adolescents and relationships with plasma concentrations. Nutrition, 2008, 24(2): 133-139.

[18] Liu Y, Xu M J, Canfield L M. Enzymatic hydrolysis, extraction, and quantitation of retinol and major carotenoids in mature human milk. J Nutr Biochem, 1998, 9(3):178-183.

[19] Webb A L, Aboud S, Furtado J, et al. Effect of vitamin supplementation on breast milk concentrations of retinol, carotenoids and tocopherols in HIV-infected Tanzanian women. Eur J Clin Nutr, 2009, 63(3): 332-339.

[20] Muslimatun S, Schmidt M K, West C E, et al. Weekly vitamin A and iron supplementation during pregnancy increases vitamin A concentration of breast milk but not iron status in Indonesian lactating women. J Nutr, 2001, 131(10): 2664-2669.

[21] Fujita M, Shell-Duncan B, Ndemwa P, et al. Vitamin A dynamics in breastmilk and liver stores: a life

history perspective. Am J Hum Biol, 2011, 23(5): 664-673.

[22] Ettyang G A, van Marken Lichtenbelt W D, Esamai F, et al. Assessment of body composition and breast milk volume in lactating mothers in pastoral communities in Pokot, Kenya, using deuterium oxide. Ann Nutr Metab, 2005, 49(2): 110-117.

[23] Meneses F, Trugo N M F. Retinol, β-carotene, and luten+zeaxanthin in the milk of Brazilian nursing women: associations with plasma concentrations and influences of maternal characteristics. Nutr Res, 2005, 25: 443-451.

[24] Panpanich R, Vitsupakorn K, Harper G, et al. Serum and breast-milk vitamin A in women during lactation in rural Chiang Mai, Thailand. Ann Trop Paediatr, 2002, 22(4): 321-324.

[25] Engle-Stone R, Haskell M J, Nankap M, et al. Breast milk retinol and plasma retinol-binding protein concentrations provide similar estimates of vitamin A deficiency prevalence and identify similar risk groups among women in Cameroon but breast milk retinol underestimates the prevalence of deficiency among young children. J Nutr, 2014, 144(2): 209-217.

[26] Oliveira J M, Michelazzo F B, Stefanello J, et al. Influence of iron on vitamin A nutritional status. Nutr Rev, 2008, 66(3): 141-147.

[27] Dijkhuizen M A, Wieringa F T, West C E, et al. Concurrent micronutrient deficiencies in lactating mothers and their infants in Indonesia. Am J Clin Nutr, 2001, 73(4): 786-791.

[28] 邓晶，李廷玉 . 母乳中维生素 A 的研究进展 . 中国儿童保健杂志 , 2019, 27(11): 1204-1207.

[29] Olafsdottir A S, Wagner K H, Thorsdottir I, et al. Fat-soluble vitamins in the maternal diet, influence of cod liver oil supplementation and impact of the maternal diet on human milk composition. Ann Nutr Metab, 2001, 45(6): 265-272.

[30] Chappell J E, Francis T, Clandinin M T. Vitamin A and E content of human milk at early stages of lactation. Early Hum Dev, 1985, 11(2): 157-167.

[31] Gebre-Medhin M, Vahlquist A, Hofvander Y, et al. Breast milk composition in Ethiopian and Swedish mothers. I. Vitamin A and beta-carotene. Am J Clin Nutr, 1976, 29(4): 441-451.

[32] Rice A L, Stoltzfus R J, de Francisco A, et al. Low breast milk vitamin A concentration reflects an increased risk of low liver vitamin A stores in women. Adv Exp Med Biol, 2000, 478:375-376.

[33] Rice A L, Stoltzfus R J, de Francisco A, et al. Evaluation of serum retinol, the modified-relative-dose-response ratio, and breast-milk vitamin A as indicators of response to postpartum maternal vitamin A supplementation. Am J Clin Nutr, 2000, 71(3): 799-806.

[34] Underwood B A. Maternal vitamin A status and its importance in infancy and early childhood. Am J Clin Nutr, 1994, 59(2 Suppl): 517S-522S.

[35] Ortega R M, Andres P, Martinez R M, et al. Vitamin A status during the third trimester of pregnancy in Spanish women: influence on concentrations of vitamin A in breast milk. Am J Clin Nutr, 1997, 66(3): 564-568.

[36] Mello-Neto J, Rondo P H, Oshiiwa M, et al. The influence of maternal factors on the concentration of vitamin A in mature breast milk. Clin Nutr, 2009, 28(2): 178-181.

[37] Dancheck B, Nussenblatt V, Ricks M O, et al. Breast milk retinol concentrations are not associated with systemic inflammation among breast-feeding women in Malawi. J Nutr, 2005, 135(2): 223-226.

[38] Souza G, Saunders C, Dolinsky M, et al. Vitamin A concentration in mature human milk. J Pediatr (Rio J), 2012, 88(6): 496-502.

[39] Dimenstein R, Dantas J C, Medeiros A C, et al. Influence of gestational age and parity on the concentration of retinol in human colostrums. Arch Latinoam Nutr, 2010, 60(3): 235-239.

[40] Souza G, Dolinsky M, Matos A, et al. Vitamin A concentration in human milk and its relationship with liver reserve formation and compliance with the recommended daily intake of vitamin A in pre-term and term infants in exclusive breastfeeding. Arch Gynecol Obstet, 2015, 291(2): 319-325.

[41] Haskell M J, Brown K H. Maternal vitamin A nutriture and the vitamin A content of human milk. J Mammary Gland Biol Neoplasia, 1999, 4(3): 243-257.

[42] Bezerra D S, de Araujo K F, Azevedo G M, et al. A randomized trial evaluating the effect of 2 regimens of maternal vitamin a supplementation on breast milk retinol levels. J Hum Lact, 2010, 26(2): 148-156.

[43] Turner T, Burri B J, Jamil K M, et al. The effects of daily consumption of beta-cryptoxanthin-rich tangerines and beta-carotene-rich sweet potatoes on vitamin A and carotenoid concentrations in plasma and breast milk of Bangladeshi women with low vitamin A status in a randomized controlled trial. Am J Clin Nutr, 2013, 98(5): 1200-1208.

[44] Grilo E C, Lima M S, Cunha L R, et al. Effect of maternal vitamin A supplementation on retinol concentration in colostrum. J Pediatr (Rio J), 2015, 91(1): 81-86.

[45] Khan N C, West C E, de Pee S, et al. The contribution of plant foods to the vitamin A supply of lactating women in Vietnam: a randomized controlled trial. Am J Clin Nutr, 2007, 85(4): 1112-1120.

[46] Villard L, Bates C J. Effect of vitamin A supplementation on plasma and breast milk vitamin A levels in poorly nourished Gambian women. Hum Nutr Clin Nutr, 1987, 41(1): 47-58.

[47] Pappa H M, Mitchell P D, Jiang H, et al. Maintenance of optimal vitamin D status in children and adolescents with inflammatory bowel disease: a randomized clinical trial comparing two regimens. J Clin Endocrinol Metab, 2014, 99(9): 3408-3417.

[48] Gossage C P, Deyhim M, Yamini S, et al. Carotenoid composition of human milk during the first month postpartum and the response to beta-carotene supplementation. Am J Clin Nutr, 2002, 76(1): 193-197.

[49] Giuliano A R, Neilson E M, Yap H H, et al. Quantitation of and inter/intra-individual variability in major carotenoids of mature human milk. J Nutr Biochem, 1994, 5(11):551-556.

[50] Jackson J G, Lien E L, White S J, et al. Major carotenoids in mature human milk: longitudinal and diurnal patterns. J Nutr Biochem, 1998, 9(1):2-7.

[51] Canfield L M, Giuliano A R, Neilson E M, et al. beta-Carotene in breast milk and serum is increased after a single beta-carotene dose. Am J Clin Nutr, 1997, 66(1): 52-61.

[52] Canfield L M, Giuliano A R, Neilson E M, et al. Kinetics of the response of milk and serum beta-carotene to daily beta-carotene supplementation in healthy, lactating women. Am J Clin Nutr, 1998, 67(2): 276-283.

[53] Patton S, Canfield L M, Huston G E, et al. Carotenoids of human colostrum. Lipids, 1990, 25(3): 159-165.

[54] Strobel M, Tinz J, Biesalski H K. The importance of beta-carotene as a source of vitamin A with special regard to pregnant and breastfeeding women. Eur J Nutr, 2007, 46 (Suppl 1):11-20.

[55] Sherry C L, Oliver J S, Renzi L M, et al. Lutein supplementation increases breast milk and plasma lutein concentrations in lactating women and infant plasma concentrations but does not affect other carotenoids. J Nutr, 2014, 144(8): 1256-1263.

[56] Weisman Y, Bawnik J C, Eisenberg Z, et al. Vitamin D metabolites in human milk. J Pediatr, 1982, 100(5): 745-748.

[57] Balasubramanian S, Ganesh R. Vitamin D deficiency in exclusively breast-fed infants. Indian J Med Res, 2008, 127(3): 250-255.

[58] Okano T, Kuroda E, Nakao H, et al. Lack of evidence for existence of vitamin D and 25-hydroxyvitamin D sulfates in human breast and cow's milk. J Nutr Sci Vitaminol (Tokyo), 1986, 32(5): 449-462.

[59] Kovacs C S. Vitamin D in pregnancy and lactation: maternal, fetal, and neonatal outcomes from human and animal studies. Am J Clin Nutr, 2008, 88(2): 520S-528S.

[60] vieth Streym S, Hojskov CS, Moller UK, et al. Vitamin D content in human breast milk: a 9-mo follow-up study. Am J Clin Nutr, 2016, 103(1): 107-114.

[61] 中国营养学会 . 中国居民膳食营养素参考摄入量（2013 版）. 北京 : 人民卫生出版社 , 2014.

[62] Atkinson S A, Reinhardt T A, Hollis B W. Vitamin D activity in maternal plasma and milk in relation to gestational stage at delivery. Nutr Res, 1987, 7(10):1005-1011.

[63] Takeuchi A, Okano T, Tsugawa N, et al. Effects of ergocalciferol supplementation on the concentration of vitamin D and its metabolites in human milk. J Nutr, 1989, 119(11): 1639-1646.

[64] Specker B L, Tsang R C, Hollis B W. Effect of race and diet on human-milk vitamin D and 25-hydroxyvitamin D. Am J Dis Child, 1985, 139(11): 1134-1137.

[65] Kašparová M, Plíšek J, SolichováD, et al. Rapid sample preparation procedure for determination of retinol and alpha-tocopherol in human breast milk. Talanta, 2012, 93:147-152.

[66] Hollis B W, Pittard W B, Reinhardt T A. Relationships among vitamin D, 25-hydroxyvitamin D, and vitamin D-binding protein concentrations in the plasma and milk of human subjects. J Clin Endocrinol Metab, 1986, 62(1): 41-44.

[67] Wagner C L, Taylor S N, Johnson D D, et al. The role of vitamin D in pregnancy and lactation: emerging concepts. Womens Health (Lond Engl), 2012, 8(3): 323-340.

[68] Oberhelman S S, Meekins M E, Fischer P R, et al. Maternal vitamin D supplementation to improve the vitamin D status of breast-fed infants: a randomized controlled trial. Mayo Clin Proc, 2013, 88(12): 1378-1387.

[69] Wagner CL, Hulsey TC, Fanning D, et al. High-dose vitamin $D_3$ supplementation in a cohort of breastfeeding mothers and their infants: a 6-month follow-up pilot study. Breastfeed Med, 2006, 1(2): 59-70.

[70] Martysiak-Zurowska D, Szlagatys-Sidorkiewicz A, Zagierski M. Concentrations of alpha- and gamma-tocopherols in human breast milk during the first months of lactation and in infant formulas. Matern Child Nutr, 2013, 9(4): 473-482.

[71] 吴轲，孙涵潇，毛颖异，等 . 母乳 α- 生育酚中天然 RRR 及合成构型分布 . 营养学报 , 2019, 41(6): 539-543.

[72] Alcd S, Kdds R, Melo Lrm M, et al. Vitamin E in human milk and its relation to the nutritional requirement of the term newborn. Rev Paul Pediatr, 2017, 35(2): 158-164.

[73] Sámano R, Martínez-Rojano H, Hernández RM, et al. Retinol and α-tocopherol in the breast milk of women after a high-risk pregnancy. Nutrients, 2017, 9(1) :14.

[74] Xue Y, Campos-Gimenez E, Redeuil K M, et al. Concentrations of carotenoids and tocopherols in breast milk from urban Chinese mothers and their associations with maternal characteristics: a cross-sectional study. Nutrients, 2017, 9(11) :1229.

[75] Melo L R, Clemente H A, Bezerra D F, et al. Effect of maternal supplementation with vitamin E on the concentration of α-tocopherol in colostrum. J Pediatr (Rio J), 2017, 93(1): 40-46.

[76] Antonakou A, Chiou A, Andrikopoulos N K, et al. Breast milk tocopherol content during the first six months in exclusively breastfeeding Greek women. Eur J Nutr, 2011, 50(3): 195-202.

[77] Dimenstein R, Pires J F, Garcia L R, et al. Levels of alpha-tocopherol in maternal serum and colostrum of adolescents and adults. Rev Bras Ginecol Obstet, 2010, 32(6): 267-272.

[78] Sziklai-László I, Majchrak D, Elmadfa I, et al. Selenium and vitamin E concentrations in human milk and formula milk from Hungary. J Radioanalytical Nucl Chem, 2009, 279:585-590.

[79] Garcia L R S, Ribeiro K D D S, Araújo K F D, et al. Levels of alpha-tocopherol in the serum and breast-milk of child-bearing women attending a public maternity hospital in the city of Natal, in the Brazilian State of Rio Grande do Norte. Rev Bras Saude Matern Infant, 2009, 9(4):423-428.

[80] Tokuşoğlu O, Tansuğ N, Akşit S, et al. Retinol and alpha-tocopherol concentrations in breast milk of Turkish lactating mothers under different socio-economic status. Int J Food Sci Nutr, 2008, 59(2): 166-174.

[81] Schweigert F J, Bathe K, Chen F, et al. Effect of the stage of lactation in humans on carotenoid levels in milk, blood plasma and plasma lipoprotein fractions. Eur J Nutr, 2004, 43(1):39-44.

[82] Ortega R M, López-Sobaler A M, Andrés, P, et al. Maternal vitamin E status during the third trimester of pregnancy in spanish women: influence on breast milk vitamin E concentration. Nutr Res, 1999, 19(1):25-36.

[83] Barbas C, Herrera E. Lipid composition and vitamin E content in human colostrum and mature milk. J Physiol Biochem, 1998, 54(3): 167-173.

[84] Ahmed L, Nazrul Islam S, Khan M N, et al. Antioxidant micronutrient profile (vitamin E, C, A, copper, zinc, iron) of colostrum: association with maternal characteristics. J Trop Pediatr, 2004, 50(6): 357-358.

[85] Szlagatys-Sidorkiewicz A, Zagierski M, Luczak G, et al. Maternal smoking does not influence vitamin A and E concentrations in mature breastmilk. Breastfeed Med, 2012, 7(4):285-289.

[86] Dimenstein R, Lira L, Medeiros A C, et al. Effect of vitamin E supplementation on alpha-tocopherol levels in human colostrum. Rev Panam Salud Publica, 2011, 29(6): 399-403.

[87] Tijerina-Sáenz A, Innis S M, Kitts D D. Antioxidant capacity of human milk and its association with vitamins A and E and fatty acid composition. Acta Paediatr, 2009, 98(11):1793-1798.

[88] de Lira L Q, Lima M S, de Medeiros J M, et al. Correlation of vitamin A nutritional status on alpha-tocopherol in the colostrum of lactating women. Matern Child Nutr, 2013, 9(1): 31-40.

[89] Orhon F S, Ulukol B, Kahya D, et al. The influence of maternal smoking on maternal and newborn oxidant and antioxidant status. Eur J Pediatr, 2009, 168(8): 975-981.

[90] Ortega R M, López-Sobaler A M, Martínez R M, et al. Influence of smoking on vitamin E status during the third trimester of pregnancy and on breast-milk tocopherol concentrations in Spanish women. Am J Clin Nutr, 1998, 68(3): 662-667.

[91] Zagierski M, Szlagatys-Sidorkiewicz A, Jankowska A, et al. Maternal smoking decreases antioxidative status of human breast milk. J Perinatol. 2012, 32(8):593-597.

[92] Greer F R, Marshall S, Cherry J, et al. Vitamin K status of lactating mothers, human milk, and breast-feeding infants. Pediatrics, 1991, 88(4): 751-756.

[93] Greer F R. Are breast-fed infants vitamin K deficient? Adv Exp Med Biol, 2001, 501:391-395.

[94] von Kries R, Shearer M, McCarthy P T, et al. Vitamin $K_1$ content of maternal milk: influence of the stage of lactation, lipid composition, and vitamin $K_1$ supplements given to the mother. Pediatr Res, 1987, 22(5): 513-517.

[95] Thijssen H H, Drittij M J, Vermeer C, et al. Menaquinone-4 in breast milk is derived from dietary phylloquinone. Br J Nutr, 2002, 87(3): 219-226.

[96] Indyk H E, Woollard D C. Vitamin K in milk and infant formulas: determination and distribution of phylloquinone and menaquinone-4. Analyst, 1997, 122(5): 465-469.

[97] Kojima T, Asoh M, Yamawaki N, et al. Vitamin K concentrations in the maternal milk of Japanese women. Acta Paediatr, 2004, 93(4): 457-463.

[98] Canfield L M, Hopkinson J M, Lima A F, et al. Vitamin K in colostrum and mature human milk over the lactation period—a cross-sectional study. Am J Clin Nutr, 1991, 53(3): 730-735.

[99] Fournier B, Sann L, Guillaumont M, et al. Variations of phylloquinone concentration in human milk at various stages of lactation and in cow's milk at various seasons. Am J Clin Nutr, 1987, 45(3): 551-558.
[100] Haroon Y, Shearer M J, Rahim S, et al. The content of phylloquinone (vitamin $K_1$) in human milk, cows' milk and infant formula foods determined by high-performance liquid chromatography. J Nutr, 1982, 112(6):1105-1117.
[101] von Kries R, Shearer M, McCarthy P T, et al. Vitamin K status of lactating mothers, human milk, and breast-feeding. Pediatric research, 1987, 22:513-517.
[102] Thijssen H H W, Drittij M J, Vermeer C, et al. Menaquinone-4 in breast milk is derived from dietary phylloquinone. Br J Nutr, 2002, 87(3):219-226.
[103] Bolisetty S, Gupta J M, Graham G G, et al. Vitamin K in preterm breastmilk with maternal supplementation. Acta Paediatr, 1998, 87(9):960-962.

# 母乳成分特征

Composition Characteristics of Human Milk

# 第 12 章

# 中国母乳水溶性维生素

水溶性维生素包括维生素 $B_1$（硫胺素）、维生素 $B_2$（核黄素）、维生素 $B_6$（吡哆醇、吡多胺、吡哆醛）、维生素 $B_{12}$（钴胺素）、叶酸、维生素 PP（烟酸、尼克酸）、维生素 H（生物素）、胆碱、肉碱、维生素 C 等。以往对于乳母膳食水溶性维生素摄入量（质量）以及对乳汁含量的影响关注很少。由于分析仪器的进步，微量、高通量检测方法的应用，可以同时开展多种水溶性维生素的检测[1-4]。越来越多的证据表明，如果乳母的营养状况差和 / 或摄入量低，最有可能降低乳汁中水溶性维生素分泌量[5]。

## 12.1 中国母乳水溶性维生素的相关研究

在中国母乳成分数据库研究中，从采集的 6481 份母乳样品中随机抽取 1745 份不同哺乳期的母乳样品，采用高通量、快速、准确的超高效液相色谱串联质谱法（UPLC-MS/MS），分析了全国 11 省份、20 个采样点的 1745 份母乳样品中游离形式 B 族维生素的含量。母乳的采集和纳入排除标准详见文献 [6]。

### 12.1.1 样本基本特征

乳母的平均年龄为 26.7 岁 ±4.3 岁，平均 BMI 为（23.8±16.2）$kg/m^2$，乳母的学历为小学、初中、高中和大专以上的占总人数的比例分别为 18.4%、37.4%、16.5% 和 27.6%。农村地区哺乳期妇女的年龄和 BMI 低于城市地区（年龄：25.2 岁比 28.0 岁，BMI：23.0$kg/m^2$ 比 24.6$kg/m^2$），沿海地区的比例高于内陆地区（年龄：28.2 岁比 26.1 岁，BMI：24.2$kg/m^2$ 比 23.7$kg/m^2$）。农村地区的人均教育水平和家庭收入水平明显低于城市地区，沿海地区的教育水平和家庭收入明显高于内陆地区。母乳样本有 486 份初乳，465 份过渡乳，794 份成熟乳，共计 1745 份。

### 12.1.2 B 族维生素含量

表 12-1～表 12-6 列出了农村、城市和全国范围的维生素 $B_1$、维生素 $B_2$、烟酸、维生素 $B_6$、FAD（黄素腺嘌呤二核苷酸）、泛酸含量，初乳、过渡乳、成熟乳中 B 族维生素水平的中位数依次分别为：维生素 $B_1$ 5.0μg/L、6.7μg/L、27.2μg/L，维生素 $B_2$ 29.3μg/L、41.5μg/L、32.2μg/L，烟酸 464.2μg/L、675.1μg/L、635.7μg/L，维生素 $B_6$ 4.7μg/L、18.8μg/L、70.3μg/L，FAD 808.7μg/L、1174.6μg/L、1174.6μg/L，泛酸 1770.9μg/L、2628.3μg/L、2119.4μg/L。农村母乳中维生素 $B_1$（初乳和过渡乳）（$P<0.001$）、维生素 $B_2$（成熟乳）（$P<0.001$）、烟酸（各阶段）（$P<0.001$）和 FAD（成熟乳）（$P<0.05$）低于城市母乳；吡哆醛（各阶段）、泛酸（初乳和过渡乳）显著高于城市母乳。城市母乳和农村母乳的维生素 $B_1$（成熟乳）、维生素 $B_2$（初乳和过渡乳）和 FAD（初乳、过渡乳）含量比较没有显著差异。

**表 12-1　母乳中维生素 $B_1$ 含量**

单位：μg/L

| 项目 | 初乳（$n$=486） | | | 过渡乳（$n$=465） | | | 成熟乳（$n$=794） | | |
|---|---|---|---|---|---|---|---|---|---|
| | $M$±SD | 中位数① | 范围② | $M$±SD | 中位数① | 范围② | $M$±SD | 中位数 | 范围② |
| 城市 | 12.8±33.0 | 6.5*** | 3.8 ~ 10.5 | 13.8±20.7 | 7.7*** | 5.0 ~ 14.2 | 29.8±21.8 | 25.6 | 15.2 ~ 37.6 |
| 农村 | 5.1±7.3 | 3.2*** | 1.2 ~ 5.3 | 9.1±12.8 | 4.8*** | 1.6 ~ 10.7 | 34.6±29.5 | 26.4 | 15.2 ~ 46.6 |
| 全国合计 | 9.7±26.0 | 5.0 | 7.3 ~ 12.0 | 11.8±17.4 | 6.7 | 10.2 ~ 13.4 | 33.6±26.5 | 27.2 | 31.8 ~ 35.5 |

① “***” 代表在 $P$<0.001 水平有差异。

②城市和农村的范围为 $P_{25}$ ~ $P_{75}$，全国合计的范围为 95% CI。

注：引自 Ren 等 [4]，PloS ONE, 2015。

**表 12-2　母乳中维生素 $B_2$ 含量**

单位：μg/L

| 项目 | 初乳（$n$=486） | | | 过渡乳（$n$=465） | | | 成熟乳（$n$=794） | | |
|---|---|---|---|---|---|---|---|---|---|
| | $M$±SD | 中位数 | 范围① | $M$±SD | 中位数 | 范围① | $M$±SD | 中位数② | 范围① |
| 城市 | 38.8±36.9 | 30.3 | 19.4 ~ 47.1 | 62.1±95.5 | 44.0 | 29.4 ~ 66.2 | 57.0±68.0 | 38.1*** | 23.6 ~ 66.8 |
| 农村 | 57.0±104.5 | 25.2 | 11.1 ~ 48.3 | 58.4±63.6 | 37.1 | 20.2 ~ 65.7 | 43.8±51.6 | 28.1*** | 15.7 ~ 52.9 |
| 全国合计 | 46.3±73.2 | 29.3 | 39.7 ~ 52.8 | 60.5±80.3 | 41.5 | 53.2 ~ 67.8 | 49.0±60.2 | 32.2 | 44.8 ~ 53.2 |

①城市和农村的范围为 $P_{25}$ ~ $P_{75}$，全国合计的范围为 95% CI。

② “***” 代表在 $P$<0.001 水平有差异。

注：引自 Ren 等 [4]，PloS ONE, 2015。

**表 12-3 母乳中烟酸①含量**

单位：μg/L

| 项目 | 初乳（$n$=486） | | | 过渡乳（$n$=465） | | | 成熟乳（$n$=794） | | |
|---|---|---|---|---|---|---|---|---|---|
| | $M$±SD | 中位数② | 范围③ | $M$±SD | 中位数② | 范围③ | $M$±SD | 中位数② | 范围③ |
| 城市 | 807.3±675.2 | 593.5*** | 403.6 ～ 968.4 | 1006.1±792.5 | 799.0*** | 467.5 ～ 1314.1 | 999.7±853.5 | 779.3*** | 547.4 ～ 1195.2 |
| 农村 | 386.2±270.7 | 314.0*** | 213.5 ～ 467.4 | 680.4±474.6 | 577.8*** | 360.6 ～ 881.6 | 676.7±504.9 | 540.8*** | 358.8 ～ 835.1 |
| 全国合计 | 634.0±583.9 | 464.2 | 581.9 ～ 686.0 | 893.5±767.9 | 675.1 | 823.5 ～ 963.4 | 803.4±653.0 | 635.7 | 757.9 ～ 848.9 |

①烟酸 = 尼克酰胺 + 尼克酸。

②“***”代表在 $P$<0.001 水平有差异。

③城市和农村的范围为 $P_{25}$ ～ $P_{75}$，全国合计的范围为 95% CI。

注：引自 Ren 等 [4]，PloS ONE, 2015。

**表 12-4 母乳中维生素 $B_6$ ①含量**

单位：μg/L

| 项目 | 初乳（$n$=486） | | | 过渡乳（$n$=465） | | | 成熟乳（$n$=794） | | |
|---|---|---|---|---|---|---|---|---|---|
| | $M$±SD | 中位数② | 范围③ | $M$±SD | 中位数② | 范围③ | $M$±SD | 中位数② | 范围③ |
| 城市 | 6.7±11.1 | 3.5 *** | 1.7 ～ 6.8 | 20.6±26.1 | 13.3 *** | 6.5 ～ 26.5 | 70.6±43.9 | 60.8 *** | 38.8 ～ 93.6 |
| 农村 | 24.5±73.5 | 9.8 *** | 3.3 ～ 25.2 | 34.0±36.8 | 22.1 *** | 10.6 ～ 44.3 | 84.6±56.6 | 73.2 *** | 52.7 ～ 105.4 |
| 全国合计 | 16.3±70.3 | 4.7 | 10.0 ～ 22.6 | 29.9±48.7 | 18.8 | 25.4 ～ 34.3 | 79.5±44.8 | 70.3 | 76.3 ～ 82.6 |

①维生素 $B_6$= 吡哆醛 + 吡哆醇 + 吡哆胺。

②“***”代表在 $P$<0.001 水平有差异。

③城市和农村的范围为 $P_{25}$ ～ $P_{75}$，全国合计的范围为 95% CI。

注：引自 Ren 等 [4]，PloS ONE, 2015。

**表 12-5　母乳中 FAD 含量**

单位：μg/L

| 项目 | 初乳（$n$=486） | | | 过渡乳（$n$=465） | | | 成熟乳（$n$=794） | | |
|---|---|---|---|---|---|---|---|---|---|
| | $M$±SD | 中位数 | 范围① | $M$±SD | 中位数 | 范围① | $M$±SD | 中位数② | 范围① |
| 城市 | 1193.5±1215.9 | 824.1 | 357.5 ～ 1525.8 | 1415.2±1119.0 | 1131.4 | 631.0 ～ 1936.6 | 1357.5±1168.0 | 1080.6* | 594.2 ～ 1708.3 |
| 农村 | 1026.9±969.0 | 742.4 | 319.0 ～ 1489.4 | 1552.6±1357.0 | 1261.9 | 461.2 ～ 2052.8 | 1239.1±1081.0 | 1005.3* | 524.8 ～ 1571.5 |
| 全国合计 | 1125.0±1122.9 | 808.7 | 1024.9 ～ 1225.0 | 1490.0±1256.0 | 1174.6 | 1375.5 ～ 1604.4 | 1272.8±1094.1 | 1023.9 | 1196.6 ～ 1349.1 |

①城市和农村的范围为 $P_{25}$ ～ $P_{75}$，全国合计的范围为 95% CI。

②“*”代表在 $P$<0.05 水平有差异。

注：引自 Ren 等 [4]，PloS ONE, 2015。

**表 12-6　母乳中泛酸含量**

单位：μg/L

| 项目 | 初乳（$n$=486） | | | 过渡乳（$n$=465） | | | 成熟乳（$n$=794） | | |
|---|---|---|---|---|---|---|---|---|---|
| | $M$±SD | 中位数① | 范围② | $M$±SD | 中位数① | 范围② | $M$±SD | 中位数 | 范围② |
| 城市 | 1911.4±1856.1 | 1448.5*** | 638.8 ～ 2538.1 | 2586.6±1439.3 | 2439.6*** | 1496.6 ～ 3437.5 | 2619.1±1576.0 | 2193.2 | 1549.9 ～ 3321.4 |
| 农村 | 2610.6±2180.8 | 2163.6*** | 1113.7 ～ 3446.5 | 3258.6±1727.7 | 2957.2*** | 2028.5 ～ 4054.8 | 2474.7±1372.1 | 2062.5 | 1506.6 ～ 3055.6 |
| 全国合计 | 2199.1±2023.5 | 1770.9 | 2018.8 ～ 2379.5 | 2920.3±1631.1 | 2628.3 | 2771.7 ～ 3069.0 | 2499.0±1434.0 | 2119.4 | 2399.1 ～ 2598.9 |

①“***”代表在 $P$<0.001 水平有差异。

②城市和农村的范围为 $P_{25}$ ～ $P_{75}$，全国合计的范围为 95% CI。

注：引自 Ren 等 [4]，PloS ONE, 2015。

### 12.1.3 不同哺乳期母乳中 B 族维生素含量

表 12-7 展示了不同哺乳期的母乳样品 B 族维生素含量。把 0 ～ 330d 分为 8 个阶段，分别是 0 ～ 3d、4 ～ 7d、8 ～ 10d、11 ～ 14d、15 ～ 30d、31 ～ 90d、91 ～ 180d 及 181 ～ 330d。全国样品随哺乳期增加的变化规律，初乳阶段维生素 $B_1$、维生素 $B_2$、烟酸、维生素 $B_6$、FAD 和泛酸水平是最低的，其中维生素 $B_1$ 和烟酸水平在哺乳期 0 ～ 3d、4 ～ 7d、8 ～ 10d 变化不大（$P>0.05$），维生素 $B_2$ 和维生素 $B_6$ 水平在哺乳期 0 ～ 3d 和 4 ～ 7d 时变化不大（$P>0.05$），而 FAD 和泛酸水平在哺乳期 4 ～ 7d 的水平显著高于 0 ～ 3d（$P<0.05$）。维生素 $B_1$ 和维生素 $B_6$ 水平均随哺乳期的增加而增加，维生素 $B_1$ 水平在哺乳期 181 ～ 330d 时水平是最高的（39.7μg/L），维生素 $B_6$ 水平在哺乳期 91 ～ 330d 达到最高值。维生素 $B_2$、烟酸、FAD 和泛酸水平随哺乳期进展均呈现先升高后降低的变化趋势。维生素 $B_2$ 水平在哺乳期 8 ～ 10d、11 ～ 14d 及 15 ～ 30d 内没有显著差异（$P>0.05$），即维生素 $B_2$ 水平在哺乳期 8 ～ 30d 达到最大值；烟酸水平在哺乳期 11 ～ 14d、15 ～ 30d 及 31 ～ 90d 内没有显著差异（$P>0.05$），即烟酸水平在哺乳期 11 ～ 90d 达到最大值；FAD 水平在哺乳期 4 ～ 7d、8 ～ 10d、11 ～ 14d、15 ～ 30d 没有显著差异（$P>0.05$），即 FAD 水平在 4 ～ 30d 达到最大值；泛酸水平在哺乳期 15 ～ 30d 达到最大值，为 3144.0μg/L。

### 12.1.4 与已发表结果的比较

母乳中 B 族维生素水平呈偏态分布，采用 LN 转化，用转化后的数据进行统计学分析。表 12-8 为上述研究结果与文献报告结果的对比 [7]，都是采用 UPLC-MS/MS 法，我国代表性母乳数据的样本数量远大于目前文献报道的，5 种 B 族维生素水平整体上是可比拟的。中国的结果中维生素 $B_1$ 和维生素 $B_2$ 水平与文献相近，烟酰胺结果与文献中喀麦隆、中国其他研究、印度、马拉维、美国相比，分别是其报告结果的约 3 倍、9 倍、1 倍、4 倍和 1/2；吡哆醛结果与文献报告的喀麦隆、中国的其他研究、印度相比，分别约是其报告值的 1/4、1/6 和 2/3；与马拉维报告的水平相近，而高于美国报告的结果，这些差异可能是由于种族、地域、样本量、采样方式以及样品前处理等因素引起的。

**表 12-7　全国母乳样品不同哺乳期里 B 族维生素水平**　　单位：μg/L

| 哺乳阶段 /d | 0 ～ 3 | 4 ～ 7 | 8 ～ 10 | 11 ～ 14 | 15 ～ 30 | 31 ～ 90 | 91 ～ 180 | 181 ～ 330 |
|---|---|---|---|---|---|---|---|---|
| 平均哺乳天数 /d | 2.6 | 5.2 | 9.0 | 12.5 | 21.0 | 55.6 | 131.6 | 247.6 |
| 样本量 | 211 | 275 | 194 | 222 | 224 | 164 | 223 | 212 |
| 维生素 $B_1$ | $5.3^{e,f}$<br>(3.0 ～ 8.5)<br>12.5±37.6 | $4.8^{f}$<br>(2.1 ～ 8.9)<br>7.5±9.8 | $5.5^{e,f}$<br>(2.4 ～ 10.3)<br>10.8±20.6 | $7.6^{e}$<br>(4.3 ～ 15.0)<br>12.5±15.1 | $13.4^{d}$<br>(6.3 ～ 20.7)<br>15.7±13.5 | $21.8^{c}$<br>(14.2 ～ 32.0)<br>24.8±15.9 | $30.7^{b}$<br>(21.5 ～ 45.0)<br>37.3±25.4 | $39.7^{a}$<br>(28.3 ～ 58.1)<br>47.5±29.6 |
| 维生素 $B_2$ | $27.6^{b}$<br>(15.4 ～ 43.3)<br>45.8±74.0 | $30.3^{b}$<br>(16.2 ～ 47.9)<br>46.6±72.7 | $40.9^{a}$<br>(26.5 ～ 60.2)<br>66.1±110.6 | $40.5^{a}$<br>(26.8 ～ 69.9)<br>55.6±47.0 | $41.5^{a}$<br>(24.8 ～ 71.3)<br>61.7±65.4 | $29.6^{b}$<br>(18.4 ～ 52.3)<br>45.2±61.4 | $30.4^{b}$<br>(17.3 ～ 54.3)<br>45.5±61.2 | $29.3^{b}$<br>(15.7 ～ 55.3)<br>43.7±48.8 |
| 烟酸 | $493.1^{c}$<br>(338.9 ～ 772.8)<br>660.9±605.0 | $431.3^{c}$<br>(264.6 ～ 801.8)<br>613.4±567.5 | $572.5^{b,c}$<br>(354.3 ～ 884.6)<br>753.3±664.7 | $788.9^{a}$<br>(483.4 ～ 1267.1)<br>960.0±699.9 | $822.8^{a}$<br>(551.2 ～ 1254.9)<br>1073.5±920.5 | $668.7^{a,b}$<br>(378.7 ～ 1108.7)<br>872.3±772.4 | $562.6^{b,c}$<br>(365.2 ～ 841.2)<br>698.4±524.0 | $567.1^{b,c}$<br>(375.1 ～ 832.7)<br>651.9±427.9 |
| 维生素 $B_6$ | $3.6^{f}$<br>(1.9 ～ 9.2)<br>12.4±52.8 | $5.5^{f}$<br>(2.6 ～ 15.7)<br>19.3±81.1 | $11.5^{e}$<br>(6.1 ～ 23.7)<br>21.4±31.6 | $23.0^{d}$<br>(11.5 ～ 40.3)<br>30.8±31.6 | $41.5^{c}$<br>(29.1 ～ 63.2)<br>53.2±61.3 | $68.3^{b}$<br>(49.7 ～ 94.6)<br>77.7±43.4 | $83.3^{a}$<br>(58.9 ～ 112.9)<br>90.3±43.2 | $84.8^{a}$<br>(61.4 ～ 118.0)<br>93.4±45.7 |
| FAD | $480.6^{b}$<br>(239.3 ～ 836.4)<br>662.1±653.1 | $1197.2^{a}$<br>(579.8 ～ 1822.3)<br>1480.1±1270.2 | $1186.4^{a}$<br>(591.0 ～ 2073.3)<br>1512.0±1238.0 | $1138.4^{a}$<br>(549.2 ～ 1906.4)<br>1443.2±1223.2 | $1222.5^{a}$<br>(674.6 ～ 2161.6)<br>1654.4±1512.8 | $1014.4^{a}$<br>(552.2 ～ 1508.1)<br>1179.7±951.7 | $892.2^{a}$<br>(473.2 ～ 1405.6)<br>1079.2±884.0 | $1016.8^{a}$<br>(555.4 ～ 1527.0)<br>1162.4±843.3 |
| 泛酸 | $1143.8^{d}$<br>(553.9 ～ 2250.2)<br>1613.3±1625.2 | $2193.9^{b,c}$<br>(1229.8 ～ 3334.3)<br>2648.7±2180.8 | $2676.7^{b}$<br>(1775.6 ～ 3822.1)<br>2912.6±1799.0 | $2603.7^{b}$<br>(1816.6 ～ 3634.9)<br>2852.6±1417.6 | $3144.0^{a}$<br>(2170.7 ～ 4384.1)<br>3453.1±1795.1 | $2125.8^{b,c}$<br>(1506.5 ～ 2984.3)<br>2410.8±1253.7 | $1832.6^{c}$<br>(1374.9 ～ 2419.8)<br>2079.5±1113.3 | $1847.8^{c}$<br>(1386.6 ～ 2630.9)<br>2125.4±1080.8 |

注：1. 数据由中位数及平均值 ± 标准差表示，范围是 $P_{25}$ ～ $P_{75}$。

2. 转化后的 $P_{50}$ 进行方差分析。

3. 不同字母代表有显著性差异，显著性水平为 $P<0.05$。

4. 烟酸 = 尼克酰胺 + 尼克酸。

5. 维生素 $B_6$= 吡哆醛 + 吡哆醇 + 吡哆胺。

6. 引自 Ren 等 [4]，PloS ONE, 2015。

**表 12-8 实验结果与文献中母乳的 B 族维生素水平中位数比较①**

单位：μg/L

| 项目 | 实验结果② | 喀麦隆（非洲中西部）[7] | 实验结果① | 中国其他研究[7] | 实验结果① | 印度[7] | 实验结果① | 马拉维（非洲东南部）[7] | 实验结果 | 美国[7] |
|---|---|---|---|---|---|---|---|---|---|---|
| 哺乳阶段 /d | 91 ～ 330 | 91 ～ 728 | 14 ～ 245 | 14 ～ 245 | 84 ～ 168 | 84 ～ 168 | 14 ～ 168 | 14 ～ 168 | 28 ～ 84 | 28 ～ 84 |
| 样本量 | 435 | 5 | 774 | 5 | 209 | 24 | 643 | 18 | 204 | 28 |
| 维生素 $B_1$ | 35 (3 ～ 260) | 116 (86 ～ 221) | 22 (3 ～ 173) | 31 (15 ～ 127) | 30 (3 ～ 173) | 11 (4 ～ 75) | 20 (3 ～ 173) | 21 (2 ～ 152) | 20 (0 ～ 82) | 37 (5 ～ 66) |
| 维生素 $B_2$ | 30 (7 ～ 712) | 52 (52 ～ 80) | 34 (7 ～ 712) | 80 (30 ～ 223) | 29 (7 ～ 712) | 22 (5 ～ 94) | 36 (7 ～ 712) | 6 (0 ～ 35) | 32 (6 ～ 644) | 86 (32 ～ 845) |
| 烟酰胺 | 555 (203 ～ 4100) | 161 (46 ～ 248) | 621 (107 ～ 7673) | 77 (2 ～ 385) | 530 (210 ～ 3274) | 334 (100 ～ 890) | 658 (212 ～ 7673) | 175 (71 ～ 947) | 617 (103 ～ 4963) | 1177 (266 ～ 3179) |
| 吡哆醛 | 79 (38 ～ 321) | 281 (58 ～ 361) | 58 (1 ～ 791) | 358 (66 ～ 692) | 76 (18 ～ 321) | 129 (65 ～ 406) | 54 (1 ～ 791) | 85 (27 ～ 303) | 60 (3 ～ 269) | 29 (6 ～ 82) |
| FAD | 935 (36 ～ 5391) | 347 (195 ～ 557) | 1025 (77 ～ 8951) | 281 (241 ～ 481) | 882 (104 ～ 5391) | 120 (29 ～ 308) | 1044 (77 ～ 8951) | 142 (54 ～ 289) | 1043 (77 ～ 8503) | 238 (86 ～ 818) |

①文献的分析方法为 UPLC-MS/MS。

②实验结果由中位数表示，范围是 $P_{25}$ ～ $P_{75}$。

## 12.2 母乳水溶性维生素的其他相关研究

由于母乳样本的特殊性，水溶性维生素的存在形式多样、含量低、变异大等特点，国际上关于母乳中水溶性维生素的研究并不是很多。更多的研究关注点在于婴儿配方食品（乳粉）中的含量和检测方法学。母乳中水溶性维生素的测定方法、需要样品量以及含量范围见表 12-9。

**表** 12-9 母乳中水溶性维生素含量测定范围及其他

| 种类 | 分析方法 | 需要样品体积 /mL | 含量范围 /(mg/L) | 参考文献 |
| --- | --- | --- | --- | --- |
| 维生素 $B_1$（硫胺素） | 荧光法 | 3 | 0.012 ～ 47.4 | [8-11] |
| | 微生物法 | 1 | 0.007 ～ 0.36 | [12] |
| | HPLC | 4 | 0.066 ～ 0.134 | [13] |
| | UPLC-MS/MS | 50μL | 0.002 ～ 0.221 | [2] |
| | | | 0.027 | [14] |
| 维生素 $B_2$（核黄素） | 荧光法 | 5 | 0.070 ～ 175 | [8-11] |
| | 微生物法 | 1 | 0.12 ～ 0.73 | [12] |
| | HPLC | 4 | 0.34 ～ 0.397 | [13] |
| | UPLC-MS/MS | 50μL | 0 ～ 0.845 | [2] |
| | | | 0.057 | [14] |
| FAD | HPLC | 4 | 0.668 ～ 0.747 | [13] |
| | UPLC-MS/MS | 50μL | 0.029 ～ 0.818 | [2] |
| 烟酰胺 | 微生物法 | 1 ～ 10 | 0.21 ～ 16.8 | [8-12] |
| | HPLC | 6 | 0.292 ～ 0.53 | [13] |
| | UPLC-MS/MS | 50μL | 0.002 ～ 3.179 | [2] |
| 维生素 C | 2,4- 二硝基苯肼法 | 20 | 13 ～ 73.3 | [9-12] |
| | HPLC | 1 | 6.26 ～ 69 | [10,13,15] |
| | | | 0.11 ～ 64 | [10,11] |
| 维生素 $B_6$ | 微生物法 | 1 | 0.014 ～ 0.18 | [12] |
| | RPLC | —① | 0.46 | [16] |
| | HPLC | 4 | 0.019 ～ 0.119 | [13] |
| | UPLC-MS/MS | 50μL | 0.006 ～ 0.692 | [2] |
| 叶酸 | | | 0.05 ～ 56 | [11] |
| | 微生物法 | 1 | 0.001 ～ 0.098 | [12,17-20] |
| | HPLC | 8 | 0.052 ～ 0.15 | [13,21] |

续表

| 种类 | 分析方法 | 需要样品体积 /mL | 含量范围 /(mg/L) | 参考文献 |
|---|---|---|---|---|
| 维生素 $B_{12}$ | | | 0.00019 ～ 0.002629 | [22] |
| | 微生物法 | 1 | 0.00002 ～ 0.0034 | [12] |
| | TLC | 4 ～ 30 | 0.00033 ～ 0.0032 | [23] |
| | HPLC | 4 | 0.0004 ～ 0.0007 | [13] |
| | 放射分析法 | —① | 0.00024 ～ 0.0033 | [18,19,24,25] |
| | 免疫分析法 | 280μL | 0.000033 ～ 0.00176 | [26,27] |
| 生物素 | 微生物法 | 1 | 0.00002 ～ 0.012 | [12] |
| | HPLC | 4 | 0.0028 ～ 0.0059 | [13] |
| 泛酸 | 微生物法 | 1 | 0.36 ～ 6.4 | [12] |
| | HPLC | 4 | 2.0 ～ 2.9 | [13] |

① 方法中未介绍取样量。

## 12.2.1 国内开展的相关研究

国内也开展了一些有关维生素生理功能方面的研究，然而更多的是针对婴儿配方食品（乳粉）中的水溶性维生素的稳定性及其含量的分析。1986 年，王德恺等[28] 分析了上海市区母乳中维生素 $B_1$ 和维生素 $B_2$ 的含量；1989 年，殷泰安等[8] 分析了北京市城乡乳母乳汁的几种水溶性维生素；2007 年，开赛尔・买买提明・特肯[9] 对比了人和几种动物乳汁的成分；2009 年，王曙阳等[10] 用 HPLC 法对比分析了骆驼、牛、羊、母乳中维生素 C 含量；2010 年，史玉东等[11] 分析了母乳的几种水溶性维生素。2014 年，陶保华等[29] 分析了 100 例成熟母乳样品，维生素 $B_1$、维生素 $B_2$、烟酰胺、泛酸和吡哆醛的含量分别为 36μg/kg、42μg/kg、263μg/kg、2500μg/kg 和 440μg/kg。

## 12.2.2 国际上开展的相关工作

### 12.2.2.1 B 族维生素含量的高通量分析

1983 年，Ford 等[12] 对比了早产儿与足月儿的母乳中 B 族维生素含量；1981 年，Sandberg 等[23] 研究了母乳中维生素 $B_{12}$ 含量；1985 年，Hamaker 等[16] 分析了母乳中维生素 $B_6$ 含量；1997 年，Bohm 等[14] 研究了过渡乳中维生素 $B_1$ 和维生素 $B_2$ 含量；2005 年，Daneel-Otterbech 等[15] 研究了母乳中维生素 C 含量；2005 年，Sakurai 等[13] 研究了 700 份母乳中维生素 $B_1$、维生素 $B_2$、维生素 $B_6$、维生素 C、生物素、叶酸、烟酰胺和泛酸的含量；2013 年，Yagi 等[30] 分析了日本妇女成熟乳中维生素 $B_6$ 的存在形式；2013 年，Greibe 等[22] 分析了母乳中维生素 $B_{12}$ 含量；2014 年，Hampel 等[27] 采用免疫分析法分析了母乳中维生素 $B_{12}$ 含量。

### 12.2.2.2 叶酸和维生素 $B_{12}$

目前通常用于母乳中叶酸含量的测定方法有微生物法和 HPLC 法。微生物学检测法中选择的微生物会直接影响检测结果，通常采用 *S. faecalis* R 和 *L. casei* 两种微生物。由于母乳中活性的叶酸量很少，*S. faecalis* R 活性的结果仅相当于 *L. casei* 检测活性的 1/3，用 *L. casei* 检测能更好反映总叶酸活性的结果[31]，而且 *L. casei* 的微生物检测完全反映了氧化和还原的谷氨酸盐残基[32]。HPLC 法测定混合母乳对照样品批间变异为 1.4%[21]。上述两个方法检测母乳叶酸的浓度范围见表 12-10。

**表** 12-10 不同测定方法获得的母乳中叶酸含量 单位：nmol/L

| 泌乳时段 | 微生物学法① | | 泌乳时段 | 高效液相色谱法[21] | |
|---|---|---|---|---|---|
| | 均值[17] | 范围 | | 均值 | 范围 |
| ≤ 1 个月 | 109 | 102 ～ 109 | 1 个月 | 189 | — |
| 3 个月 | 224 | 154 ～ 224 | 2 个月 | 175 | — |
| 6 个月 | 186 | 144 ～ 187 | 4 个月 | 182 | — |

①三种酶抽提的 *L. casei* 微生物学法[17,20,21,33-35]。

### 12.2.2.3 维生素 C

据 WHO 报告，全球平均母乳维生素 C 含量为 52mg/kg。1989 年殷泰安等[8]报告，北京市城郊乳母乳汁维生素 C 平均含量为 46.8mg/kg±19.1mg/kg。2003 年有人报告非洲母乳维生素 C 平均含量为 33mg/kg（7 ～ 79mg/kg），欧洲母乳维生素 C 平均含量为 62mg/kg（33 ～ 95mg/kg）[36]。孟加拉国乳母的初乳中维生素 C 平均含量为 35.2mg/L±5.6mg/L，成熟乳中维生素 C 平均含量为 30.3mg/L±6.7mg/L，是血清维生素 C 含量的 8 倍[37]。巴格达的研究结果显示，夏天母乳维生素 C 含量（39mg/L±10.5mg/L）显著高于冬天（30.2mg/L±20.1mg/L），说明母乳维生素 C 含量与其膳食维生素 C 摄入量有关[38]。牛乳的维生素 C 含量通常仅相当于人乳含量的 1/4。不同测定方法获得的母乳维生素 C 含量，如表 12-11 所示。

**表** 12-11 不同测定方法获得的母乳维生素 C 含量 单位：mg/kg

| 泌乳时段 | 2,4- 二硝基苯肼比色法[8] | | 2,6- 二氯酚靛酚滴定法[37] | |
|---|---|---|---|---|
| | 均 值 | 范 围 | 均 值 | 范 围 |
| 成熟乳 | 46.8 | 27.7 ～ 65.9 | 33① | 7 ～ 79 |
| | | | 62② | 33 ～ 95 |

①非洲母乳数据。

②欧洲母乳数据。

### 12.2.2.4 胆碱

由于母乳中存在胆碱的多种复合物，主要存在形式游离型、磷酸胆碱和甘油磷酸胆碱，故通常报告的母乳中胆碱含量应是多种胆碱复合物的总和。成熟母乳中总胆碱含量约为155mg/L，而没有添加胆碱的婴儿配方奶中，胆碱含量一般在45～98mg/L，明显低于母乳。Holmes等[39]研究了英美国家7种婴儿配方奶、牛奶及母乳中胆碱含量，发现婴儿配方奶胆碱含量在0.37～0.81mmol /L，牛奶胆碱含量为0.92mmol/L，人初乳（产后6d之内）含量为0.60mmol/L，而成熟乳（产后7～22d）的含量为1.28mmol/L，相比人的成熟乳，婴儿配方奶胆碱含量偏低。母乳胆碱含量的这种变化与足月儿生长发育速度相适应[21]。1986年，Zeisel等[40]测定母乳中游离胆碱含量为75.7～89.7μmol/L，卵磷脂136.2～153.8μmol/L，鞘磷脂169.0～189.4μmol/L，但此时的研究尚未计入母乳中胆碱复合物磷酸胆碱与甘油磷酸胆碱。在1996年，同样是Zeisel的实验室报告了母乳中胆碱复合物总量约1350mmol/L，而牛奶中胆碱含量约为1200mmol/L[41]。

Davenport等[42]研究了给分娩后5周乳母分别补充480mg/d或930mg/d胆碱，持续10周，观察对母乳中胆碱及其代谢物含量的影响，结果汇总于表12-12。该研究结果显示，泌乳诱导乳母体内胆碱代谢发生适应性变化，增加了胆碱供给乳腺上皮，并且额外给乳母补充超过目前推荐量的胆碱，通过增加磷脂酰乙醇胺*N*-甲基转移酶衍生的胆碱代谢产物的供应改善母乳胆碱的供应，提高母乳中的胆碱及其代谢物含量。不同测定方法得出的母乳胆碱含量，如表12-13所示。

**表** 12-12　母乳中胆碱含量及代谢物的含量　　单位：μmol/L

| 指标 | 基线（产后5周） | | | 补充10周 | | |
|---|---|---|---|---|---|---|
| | 480mg/d ($n$=15) | 930mg/d ($n$=13) | 合计 ($n$=28) | 480mg/d ($n$=15) | 930mg/d ($n$=13) | 干预效果 $P$值 |
| 胆碱 | 85±40 | 84±45 | 84±42 | 158±12 | 148±13 | 0.6 |
| GPC | 438±86 | 365±97 | 403±97 | 346±33 | 471±36 | 0.031 |
| PCHo | 551±204 | 441±102 | 550±171 | 285±24 | 392±26 | 0.008 |
| PC | 64±16 | 61±31 | 63±24 | 41±5 | 41±5 | 0.9 |
| SM | 172±38 | 177±51 | 175±44 | 169±13 | 171±14 | 0.9 |
| 总胆碱 | 1310±250 | 1124±219 | 1224±250 | 1000±50 | 1200±60 | 0.041 |
| 甜菜碱 | 4.4±4.5 | 3.1±2.0 | 3.8±3.5 | 5.6±1.4 | 4.0±1.5 | 0.5 |
| TMAD | 1.9±0.9 | 2.5±2.6 | 2.2±1.9 | 1.7±0.2 | 3.4±0.3 | <0.001 |
| 蛋氨酸 | 3.7±1.7 | 4.3±2.2 | 3.9±1.9 | 6.2±0.5 | 6.8±0.6 | 0.5 |
| 半胱氨酸 | 1.0±0.5 | 1.8±1.5 | 1.5±1.0 | 1.0±0.2 | 1.3±0.2 | 0.1 |
| 胱氨酸 | 1.0±0.3 | 1.1±0.5 | 1.0±0.4 | 1.0±0.1 | 1.3±0.1 | 0.008 |
| 丝氨酸 | 1.0±0.9 | 0.9±0.4 | 0.9±0.4 | 1.0±0.1 | 1.1±0.1 | 0.4 |

注：1．GPC，甘油磷酸胆碱（glycerophosphocholine）；PCHo，磷酸胆碱（phosphocholine）；PC，磷脂酰胆碱（phosphoatidylcholine）；SM，鞘磷脂（sphingomyelin）；TMAD，三甲胺氧化物（trimethylamine oxide）。

2．改编自Davenport等，2015；结果系平均值±SD。

表 12-13 不同测定方法得出的母乳胆碱含量 单位：mmol/L

| 泌乳时段 | HPLC 及气相色谱 - 质谱法测定[42] | | HPLC 或电喷雾电离质谱法[43] | |
|---|---|---|---|---|
| | 均值 | 范围 | 均值 | 范围 |
| 成熟乳 | 1254 | 1011 ～ 1497 | 1205① | 1133.5 ～ 1276.5 |
| | | | 1446.3② | 1363.9 ～ 1528.7 |

①未补充胆碱的乳母组（安慰剂组）数据。

②补充了胆碱的乳母组数据。

### 12.2.2.5 肉碱

产后第一周母乳中左旋肉碱的浓度最高（80 ～ 100μmol/L），此后逐渐下降至60μmol/L 左右；在总肉碱含量中，酰基肉碱占 13% ～ 47%，而长链酰基肉碱含量不到 1%[44]。由于分娩后母乳中左旋肉碱含量高于乳母的血液中含量（约 1 倍），说明乳腺分泌大量左旋肉碱到乳汁中[45]。1982 年，Sandor 等[46]报告产后 21d 内母乳中肉碱平均含量为 62.9μmol/L（56.0 ～ 69.8μmol/L），产后 40 ～ 50d 后肉碱含量下降到 35.2μmol/L±1.26μmol/L，肉碱含量不受泌乳量的影响；相比较的鲜牛奶与巴氏灭菌牛奶中肉碱含量分别为 206.2μmol/L（192 ～ 269μmol/L）与 160μmol/L（158 ～ 200μmol/L）。分娩后乳母血清肉碱含量降低，产后第一天为 27.2μmol/L±1.19μmol/L，产后 21d 时恢复到正常水平 38.8μmol/L±2.97μmol/L[47]。1986 年，Cederblad 等[48]报告母乳中肉碱含量差异较大（17 ～ 148μmol/L），而 1991 年 Mitchell 等[49]报告母乳中总肉碱含量为 45μmol/L±3μmol/L。

## 12.3 母乳中水溶性维生素影响因素

由于人体储存水溶性维生素的能力非常有限，需要每天通过母乳或膳食获得，故母乳中水溶性维生素的含量受诸多因素影响，包括哺乳阶段、昼夜节律变化、乳母的营养状况与膳食摄入量以及早产等。

### 12.3.1 哺乳阶段

已知母乳中大多数水溶性维生素的含量与哺乳阶段密切相关[13]。在产后最初几周，维生素 $B_1$、维生素 $B_6$ 和叶酸盐的浓度较低，而维生素 $B_{12}$ 的浓度较高[4,50]；在哺乳最初几个月中，母乳中维生素 $B_1$、烟酸和泛酸浓度升高；而营养状况良好母亲在哺乳期至少最初三个月内，维生素 $B_2$ 浓度相当稳定。由于乳腺缺乏合成水溶性维生素的能力，乳汁中这些营养素的水平取决于母体血中可提供的量，而乳母血中的水平最终来源于其膳食摄入量，已证明给乳母补充维生素可增加乳汁中相应维生素的水平。上述结果显示，与乳母血浆含量相比，乳汁分泌组分与相应血浆维生素组分的明显不同，证明乳腺确实可以主动转运和代谢这些维生素[51]。对于大多数水溶性维生素，与成熟乳汁（>1 个月）相比较，早期乳汁（产后 1 ～ 5d）中的浓度较低，之后稳定升高[52]，而可能例外的是维生素 $B_{12}$。

使用有效方法分析维生素 $B_{12}$ 的系统综述表明，初乳中维生素 $B_{12}$ 的浓度很高，产后几周下降，直到产后约 2 ～ 4 个月才维持稳定[53]。与大多数 B 族维生素不同，初乳中叶酸含量较低，在接下来的几周内升高，2 ～ 3 个月达峰值，接着 3 ～ 6 个月之间下降，之后稳定直至哺乳后期。总胆碱含量在分娩后 7 ～ 22d 也增加，然后成熟母乳中保持不变。维生素 C 的浓度在初乳中最高，随哺乳期延长下降[54]。例如，Ilcol 等[55]报道的土耳其母乳的胆碱水平，成熟乳（12 ～ 180d）中总胆碱、游离胆碱、甘油磷酸胆碱和磷酸胆碱含量（μmol/L）比初乳（0 ～ 2d）中高得多（1476±48、228±10、499±16 和 551±33 与 676±35、132±21、176±13 和 93±26）；而磷脂酰胆碱和鞘磷脂含量（μmol/L）初乳高于成熟乳（146±18 和 129±13 与 104±11 和 94±9）。

乳母营养状况对乳汁中水溶性维生素含量的影响也取决于哺乳阶段。在哺乳初期（<20d），即使给乳母补充 5mg 和 10mg 维生素 $B_6$（分别相当于推荐摄入量的 2.3 倍和 4.7 倍），也不能改变乳汁中低浓度的维生素 $B_6$，但是产后 20 ～ 22d 后，这样的补充可显著增加乳汁中该种维生素的含量。基于这个原因，在设计评价乳母摄入量和其相应乳汁水溶性维生素含量关系的研究时，要控制哺乳阶段可能产生的影响。

### 12.3.2 昼夜节律变化

目前有关母乳中水溶性维生素水平昼夜节律（diurnal variations）变化的研究和相关文献很少，而调控水平的机制研究更少。在进行母乳成分分析时，需要考虑母乳中水溶性维生素组成与含量的昼夜节律性变化，设计大规模纵向研究时，为了获得准确的测量结果可能需要收集每次喂哺的乳样。实用的和理想的方法是获得能够代表 24h 期间母乳喂养为婴儿提供营养素的单一样品，并且使对婴儿喂哺和受试者日常生活的干扰降到最低。例如，Udipi 等[56]的研究中观察到，下午和晚上采集的母乳样品中叶酸含量高于上午（$P<0.05$），随哺乳期的延长（> 8 月）这种差异减小，而且与每天喂哺次数的减少有关。Kirksey 和 West[57] 观察到给予补充剂后母乳中维生素 $B_6$ 水平出现节律变化；Smith 等[58]曾报道，在哺乳的第 6 周和第 12 周，下午和晚上采集到的母乳中游离和总叶酸水平高于早上采集的乳样。Hampel 等[59]曾观察到反映日均浓度的最佳母乳采集时间是下午，但是乳母补充会影响这种自然波动趋势。

### 12.3.3 乳母营养状况与膳食摄入量

乳母硫胺素（维生素 $B_1$）、核黄素（维生素 $B_2$）、烟酸、维生素 $B_6$、维生素

$B_{12}$、叶酸和维生素C的营养状况/膳食摄入量影响分泌乳汁中这些水溶性维生素的含量[4,60-66]。例如，乳母维生素$B_1$缺乏可导致乳汁中该种维生素浓度迅速降到很低的水平，通过补充可使这种状况得到改善[50]。印度的研究结果显示，给予维生素补充剂0.2～20mg/d，持续8个月，乳汁中维生素$B_1$水平从0.11mg/L升高到0.27mg/L;冈比亚的另一项研究结果证明，给乳母补充剂2mg/d，3周内可改善乳母的营养状态，随之1～9d内可改善婴儿的营养状态，乳汁维生素含量增加到0.22mg/L；如果乳母缺乏某种维生素，婴儿较先出现缺乏症状[67]。母乳中维生素$B_1$的浓度和婴儿的状态强烈地取决于乳母的摄入量和营养状态，母亲怀孕期间的缺乏可能进一步增加婴儿缺乏的风险和降低婴儿生长发育速度，而母体补充可迅速改善乳汁和婴儿的营养状态。乳母维生素$B_2$缺乏可很快导致乳汁中该种维生素浓度迅速降低。如1964～1982年在冈比亚和印度进行的5项研究揭示，乳汁浓度为0.16～0.22mg/L[61,64]。在冈比亚，产后给乳母补充2mg/d可增加乳汁浓度到0.22～0.28mg/L，而相比较的对照组为0.12mg/L[64]。给乳母补充维生素$B_6$可迅速升高其乳汁中的含量。如Moser-Veillon和Reynolds[68]在美国的研究，自分娩后开始，每日给乳母补充4.0mg吡哆醇（烟酸吡哆醇）持续9个月，可显著升高乳汁中总维生素$B_6$的水平。新生儿期被认为是易发生维生素$B_{12}$缺乏的特殊时期。怀孕之前和孕期母体的营养状态与脐带血维生素$B_{12}$、总同型半胱氨酸的浓度以及出生时婴儿体内储存状态呈强相关[69-71]。母乳叶酸浓度通常保持相对稳定，而且与乳母膳食叶酸摄入量无关，只有母体发生严重叶酸缺乏时才会影响母乳叶酸含量；母乳维生素$B_{12}$水平与母体血浆或喂养儿血清浓度的相关性很强[72,73]，母体维生素$B_{12}$营养状况处于临界状态时，这种相关性更加明显。母乳中胆碱含量主要受乳母膳食和/或补充剂胆碱摄入量的影响[41]，胆碱含量因摄入量的差别可相差4倍左右。母乳中左旋肉碱分泌量与产妇和乳母的膳食习惯有关，素食者乳汁中的左旋肉碱含量明显低于杂食乳母乳汁中的含量。

乳母血清中维生素C含量与乳汁中维生素C含量呈正相关[37]。母乳中维生素C含量受乳母膳食维生素C摄入量的影响，而且乳汁维生素C水平显示出明显的季节性波动[37]；城市乳母的乳汁中维生素C含量也高于农村乳母[8]。

乳汁中分泌的水溶性维生素的种类与含量存在调节机制。只有当乳母的体内储备耗尽或缺失，给乳母补充可以呈线性关系影响乳汁中水溶性维生素含量。有证据支持乳母耗空过程期间有助于维持乳汁中水溶性维生素分泌模式。在判断为营养充足的乳母，给乳母补充超过生理剂量的补充剂，对乳汁中的含量没有影响（如维生素C、叶酸、维生素$B_2$等）或影响不明显，即使有明显的影响也常常是短暂的。

## 12.3.4 早产

早产儿（premature delivery）和低出生体重儿对一些水溶性维生素的需要量可能高于健康的足月儿[74]，而且母乳中水溶性维生素的含量可能受胎儿成熟程度的影响，因此早产可能影响母乳中多种水溶性维生素的含量。现有的证据表明，与分娩足月婴儿的母亲相比，分娩早产儿妇女的乳汁中抗坏血酸、泛酸和维生素 $B_{12}$ 的含量较高 [12,75,76]，而维生素 $B_1$ 和维生素 $B_6$ 的浓度则较低 [12,75]。对于其他水溶性维生素，哺乳的过早启动不会影响乳汁含量。导致这些差异的机制尚未确定，但是可能反映了乳腺上皮细胞的不完全分化、上皮细胞之间连接处的泄漏、流经乳腺血流量的减少和 / 或早产导致的泌乳量的降低。

### 12.3.5 其他因素

还有许多其他因素可能影响母乳中水溶性维生素含量，包括胎次、吸烟和疾病等。对这些影响因素还没有进行系统研究，而且可利用信息也很有限 [52]。例如，关于这些因素如何影响母乳中维生素 $B_1$ 水平几乎没有任何相关信息；吸烟会降低母乳中维生素 C 含量 [36,77]；母乳中维生素 C 的浓度受到季节性影响，因为该种维生素含量随季节性水果和蔬菜的供应量出现波动 [78]，母乳样品的存放时间与储存环境（冷冻、冷藏温度存放时间）均影响母乳中维生素 C 含量的测定结果；而母乳中胆碱含量与乳母炎症、催乳素（正相关）、皮质醇（负相关）的水平以及单核苷酸多态性有关 [43]。

## 12.4 展望

### 12.4.1 方法学研究

由于母乳样品的难获取、储存条件对水溶性维生素含量的影响以及分析方法的局限性，目前关于母乳中水溶性维生素的研究较少，而且样本量小、数据也比较老、数据代表性差。传统的水溶性维生素含量的常规测定方法耗时长、消耗样品量大、容易造成损失，这给研究带来一定的困难。随着分析仪器灵敏度和分析技术的提高，将会推动研发高效 / 高通量、快速、准确的方法应用于测定母乳中水溶性维生素含量，将对了解母乳中水溶性维生素的水平及其影响因素具有重要意义，可以用于指导乳母膳食，改善婴儿的营养与健康状况 [1,4]。

### 12.4.2 存在形式

母乳中水溶性维生素的存在形式多样，很多成分的含量都很低，而且与母乳中其他成分结合，导致母乳中水溶性维生素的测定方法还有待发展。例如，尽管陆续有报道可以采用超高效液相色谱质谱联用法（UPLC-MS/MS），同时测定多种 B

族维生素，但是测定的主要是母乳中B族维生素的游离形式，关于母乳中B族维生素的结合形式研究很少。究其原因涉及测定结合形式B族维生素需要事先对样品进行酸解、酶解过程，每种B族维生素酶解过程所需要的酶和前处理条件不同，目前条件下还不能同时分析多种B族维生素的结合形式，通常是基于以往文献中报道的母乳中B族维生素存在的形式和比例，用获得的游离形式B族维生素含量估算总的B族维生素水平，后续需要关注母乳中B族维生素结合形式及其含量以及对母乳喂养儿的影响。

### 12.4.3 母乳水溶性维生素对特殊医学状况婴儿的影响

目前非常缺乏早产儿母乳中水溶性维生素含量的数据。这可能源于以下事实，即目前设计的早产儿喂养方案是为了取得生长发育追赶和营养素的储备率，这些都是单独用其母亲乳汁喂养或足月儿母亲的乳汁喂养不能取得的。早产儿的营养管理常常包括给予肠内营养之前的全胃肠外营养，包括了专门为早产儿准备的婴儿配方食品或母乳与营养素强化剂。在这三种情况下，都提供了高水平的水溶性维生素，而来自母乳对这些维生素贡献假设没有临床意义。然而，通过进一步研究可获得水溶性维生素分泌物乳腺调节的有价值机制，目前还没有建立可用于泌乳过早启动的动物模型。

（任向楠，柳桢，吴立芳，杨振宇，荫士安）

### 参考文献

[1] Ren X N, Yin S A, Yang Z Y, et al. Application of UPLC-MS/MS method for analyzing B-vitamins in human milk. Biomed Environ Sci, 2015, 28(10): 738-750.

[2] Albishri H M, Almalawi A M,Wael A, et al. Cyclodextrin-modified micellar UPLC for direct, sensitive and selective determination of water soluble vitamins in milk. J Chromatogr Sci, 2020,58(3):203-210.

[3] Li K. Simultaneous determination of nicotinamide, pyridoxine hydrochloride, thiamine mononitrate and riboflavin in multivitamin with minerals tablets by reversed-phase ion-pair high performance liquid chromatography. Biomed Chromatogr, 2002, 16(8):504-507.

[4] Ren X, Yang Z, Shao B, et al. B-vitamin levels in human milk among different lactation stages and areas in China. PLoS One, 2015, 10(7): e0133285.

[5] Allen L H, Hampel D. Water-soluble vitamins in human milk factors affecting their concentration and their physiological significance. Nestle Nutr Inst Workshop Ser, 2019, 90:69-81.

[6] Yin S A, Yang Z Y. An on-line database for human milk composition in China. Asia Pac J Clin Nutr, 2016, 25(4): 818-825.

[7] Hampel D, York E R, Allen L H. Ultra-performance liquid chromatography tandem mass-spectrometry (UPLC-MS/MS) for the rapid, simultaneous analysis of thiamin, riboflavin, flavin adenine dinucleotide, nicotinamide and pyridoxal in human milk. J Chromatogr B Analyt Technol Biomed Life Sci, 2012, 903:7-13.

[8] 殷泰安，刘冬生，李丽祥，等 . 北京市城乡乳母的营养状况、乳成分、乳量及婴儿生长发育关系的

研究 V . 母乳中维生素及无机元素的含量 . 营养学报 , 1989, 11(3):233-239.

[9] 开赛尔 • 买买提明 • 特肯 . 人和几种动物乳汁的成分比较及作用 . 首都师范大学学报 , 2007, 28(5):52-57.

[10] 王曙阳，梁剑平，魏恒，等 . 骆驼、牛、羊、人乳中维生素 C 含量测定与比较 . 中国兽医医药杂志 , 2009,28(6): 35-37.

[11] 史玉东，康小红，生庆海 . 人常乳的营养成分 . 中国乳业 , 2010, 5:62-64.

[12] Ford J E, Zechalko A, Murphy J, et al. Comparison of the B vitamin composition of milk from mothers of preterm and term babies. Arch Dis Child, 1983, 58(5): 367-372.

[13] Sakurai T, Furukawa M, Asoh M, et al. Fat-soluble and water-soluble vitamin contents of breast milk from Japanese women. J Nutr Sci Vitaminol (Tokyo), 2005, 51(4): 239-247.

[14] Bohm V, Peiker G, Starker A, et al. Vitamin $B_1$, $B_2$, A and E and beta-carotene content in transitional breast milk and comparative studies in maternal and umbilical cord blood. Z Ernahrungswiss, 1997, 36(3): 214-219.

[15] Daneel-Otterbech S, Davidsson L, Hurrell R. Ascorbic acid supplementation and regular consumption of fresh orange juice increase the ascorbic acid content of human milk: studies in European and African lactating women. Am J Clin Nutr, 2005, 81(5): 1088-1093.

[16] Hamaker B, Kirksey A, Ekanayake A, et al. Analysis of B-6 vitamers in human milk by reverse-phase liquid chromatography. Am J Clin Nutr, 1985, 42(4): 650-655.

[17] Tamura T, Picciano M F. Folate and human reproduction. Am J Clin Nutr, 2006, 83(5): 993-1016.

[18] 柳桢，杨振宇，荫士安 . 母乳中叶酸与维生素 $B_{12}$ 研究进展 . 卫生研究 , 2013, 42(2):219-223.

[19] Thomas M R, Sneed S M, Wei C, et al. The effects of vitamin C, vitamin $B_6$, vitamin $B_{12}$, folic acid, riboflavin, and thiamin on the breast milk and maternal status of well-nourished women at 6 months postpartum. Am J Clin Nutr, 1980, 33(10): 2151-2156.

[20] Khambalia A, Latulippe M E, Campos C, et al. Milk folate secretion is not impaired during iron deficiency in humans. J Nutr, 2006, 136(10): 2617-2624.

[21] Houghton L A, Yang J, O'Connor D L. Unmetabolized folic acid and total folate concentrations in breast milk are unaffected by low-dose folate supplements. Am J Clin Nutr, 2009, 89(1): 216-220.

[22] Greibe E, Lildballe D L, Streym S, et al. Cobalamin and haptocorrin in human milk and cobalamin-related variables in mother and child: a 9-mo longitudinal study. Am J Clin Nutr, 2013, 98(2): 389-395.

[23] Sandberg D P, Begley J A, Hall C A. The content, binding, and forms of vitamin $B_{12}$ in milk. Am J Clin Nutr, 1981, 34(9): 1717-1724.

[24] Allen L H. Folate and vitamin $B_{12}$ status in the Americas. Nutr Rev, 2004, 62(6 Pt 2): s29-s33.

[25] Leung S S, Lee R H, Sung R Y, et al. Growth and nutrition of Chinese vegetarian children in Hong Kong. J Paediatr Child Health, 2001, 37(3): 247-253.

[26] Deegan K L, Jones K M, Zuleta C, et al. Breast milk vitamin B-12 concentrations in Guatemalan women are correlated with maternal but not infant vitamin B-12 status at 12 months postpartum. J Nutr, 2012, 142(1): 112-116.

[27] Hampel D, Shahab-Ferdows S, Domek J M, et al. Competitive chemiluminescent enzyme immunoassay for vitamin $B_{12}$ analysis in human milk. Food Chem, 2014, 153:60-65.

[28] 王德恺，汪德林，刘广青，等 . 上海市母乳中几种无机盐和维生素含量测定 . 营养学报 , 1986, 8(1): 81-84.

[29] 陶保华，黄焘，赖世云，等 . 超高压液相色谱 - 串联质谱法同时测定人乳中的维生素 $B_1$、维生素 $B_2$、烟酰胺、泛酸和吡哆醛 . 食品安全质量检测学报 , 2014, 5(7):2087-2094.

[30] Yagi T, Iwamoto S, Mizuseki R, et al. Contents of all forms of vitamin $B_6$, pyridoxine-beta-glucoside

and 4-pyridoxic acid in mature milk of Japanese women according to 4-pyridoxolactone-conversion high performance liquid chromatography. J Nutr Sci Vitaminol (Tokyo), 2013, 59(1): 9-15.

[31] Jathar V S, Kamath S A, Parikh M N, et al. Maternal milk and serum vitamin $B_{12}$, folic acid, and protein levels in Indian subjects. Arch Dis Child, 1970, 45(240): 236-241.

[32] Kim T H, Yang J, Darling P B, et al. A large pool of available folate exists in the large intestine of human infants and piglets. J Nutr, 2004, 134(6): 1389-1394.

[33] Tamura T, Yoshimura Y, Arakawa T. Human milk folate and folate status in lactating mothers and their infants. Am J Clin Nutr, 1980, 33(2): 193-197.

[34] Mackey A D, Picciano M F. Maternal folate status during extended lactation and the effect of supplemental folic acid. Am J Clin Nutr, 1999, 69(2): 285-292.

[35] Villalpando S, Latulippe M E, Rosas G, et al. Milk folate but not milk iron concentrations may be inadequate for some infants in a rural farming community in San Mateo, Capulhuac, Mexico. Am J Clin Nutr, 2003, 78(4): 782-789.

[36] Daneel-Otterbech S. The ascorbic acid content of human milk in relation to iron nutrition[D]. Zurich: Swiss Federal Institute of Technology, 2003: 1-272.

[37] Ahmed L, Islam S, Khan N, et al. Vitamin C content in human milk (colostrum, transitional and mature) and serum of a sample of bangladeshi mothers. Malays J Nutr, 2004, 10(1): 1-4.

[38] Tawfeek H I, Muhyaddin O M, al-Sanwi HI, et al. Effect of maternal dietary vitamin C intake on the level of vitamin C in breastmilk among nursing mothers in Baghdad, Iraq. Food Nutr Bull, 2002, 23(3): 244-247.

[39] Holmes H C, Snodgrass G J, Iles R A. Changes in the choline content of human breast milk in the first 3 weeks after birth. Eur J Pediatr, 2000, 159(3): 198-204.

[40] Zeisel S H, Char D, Sheard N F. Choline, phosphatidylcholine and sphingomyelin in human and bovine milk and infant formulas. J Nutr, 1986, 116(1): 50-58.

[41] Holmes-McNary M Q, Cheng W L, Mar M H, et al. Choline and choline esters in human and rat milk and in infant formulas. Am J Clin Nutr, 1996, 64(4): 572-576.

[42] Davenport C, Yan J, Taesuwan S, et al. Choline intakes exceeding recommendations during human lactation improve breast milk choline content by increasing PEMT pathway metabolites. J Nutr Biochem, 2015, 26(9): 903-911.

[43] Fischer L M, da Costa K A, Galanko J, et al. Choline intake and genetic polymorphisms influence choline metabolite concentrations in human breast milk and plasma. Am J Clin Nutr, 2010, 92(2): 336-346.

[44] Penn D, Dolderer M, Schmidt-Sommerfeld E. Carnitine concentrations in the milk of different species and infant formulas. Biol Neonate, 1987, 52(2): 70-79.

[45] Hromadova M, Parrak V, Huttova M, et al. Carnitine level and several lipid parameters in venous blood of newborns, cord blood and maternal blood and milk. Endocr Regul, 1994, 28(1): 47-52.

[46] Sandor A, Pecsuvac K, Kerner J, et al. On carnitine content of the human breast milk. Pediatr Res, 1982, 16(2): 89-91.

[47] Mitchell M E, Snyder E A. Dietary carnitine effects on carnitine concentrations in urine and milk in lactating women. Am J Clin Nutr, 1991, 54(5):814-820.

[48] Cederblad G, Svenningsen N. Plasma carnitine and breast milk carnitine intake in premature infants. J Pediatr Gastroenterol Nutr, 1986, 5(4): 616-621.

[49] Mitchell M E, Snyder E A. Dietary carnitine effects on carnitine concentrations in urine and milk in lactating women. Am J Clin Nutr, 1991, 54(5): 814-820.

[50] Allen L H. B vitamins in breast milk: relative importance of maternal status and intake, and effects on infant status and function. Adv Nutr, 2012, 3(3): 362-369.

[51] Brown C M, Smith A M, Picciano M F. Forms of human milk folacin and variation patterns. J Pediatr Gastroenterol Nutr, 1986, 5(2): 278-282.

[52] Dror D K, Allen L H. Overview of nutrients in human milk. Adv Nutr, 2018, 9(Suppl 1): S278-S294.

[53] Dror D K, Allen L H. Vitamin B-12 in human milk: a systematic review. Adv Nutr, 2018, 9(suppl 1): s358-s366.

[54] Karra M V, Udipi S A, Kirksey A, et al. Changes in specific nutrients in breast milk during extended lactation. Am J Clin Nutr, 1986, 43(4): 495-503.

[55] Ilcol Y O, Ozbek R, Hamurtekin E, et al. Choline status in newborns, infants, children, breast-feeding women, breast-fed infants and human breast milk. J Nutr Biochem, 2005, 16(8): 489-499.

[56] Udipi S A, Kirksey A, Roepke J L. Diurnal variations in folacin levels of human milk: use of a single sample to represent folacin concentration in milk during a 24-h period. Am J Clin Nutr, 1987, 45(4): 770-779.

[57] Kirksey A, West K D. Relationship between vitamin B-6 intake and the content of the vitamin in human milk. In: Human vitamin B-6 requirements. Washington, DC: National Research Council, National Academy of Sciences, 1978:238-251.

[58] Smith A M, Picciano M F, Deering R H. Folate supplementation during lactation: maternal folate status, human milk folate content, and their relationship to infant folate status. J Pediatr Gastroenterol Nutr, 1983, 2(4): 622-628.

[59] Hampel D, Shahab-Ferdows S, Islam M M, et al. Vitamin concentrations in human milk vary with time within feed, circadian rhythm, and single-dose supplementation. J Nutr, 2017, 147(4): 603-611.

[60] Pratt J P, Hamil B M, Moyer E Z, et al. Metabolism of women during the reproductive cycle. XVIII. The effect of multivitamin supplements on the secretion of B vitamins in human milk. J Nutr, 1951, 44(1): 141-157.

[61] Deodhar A D, Hajalakshmi R, Ramakrishnan C V. Studies on human lactation. III. Effect of dietary vitamin supplementation on vitamin contents of breast milk. Acta Paediatr, 1964, 53(1):42-48.

[62] Johnston L, Vaughan L, Fox H M. Pantothenic acid content of human milk. Am J Clin Nutr, 1981, 34(10): 2205-2209.

[63] Sneed S M, Zane C, Thomas M R. The effects of ascorbic acid, vitamin $B_6$, vitamin $B_{12}$, and folic acid supplementation on the breast milk and maternal nutritional status of low socioeconomic lactating women. Am J Clin Nutr, 1981, 34(7): 1338-1346.

[64] Bates C J, Prentice A M, Watkinson M, et al. Riboflavin requirements of lactating Gambian women: a controlled supplementation trial. Am J Clin Nutr, 1982, 35(4): 701-709.

[65] Whitfield K C, Karakochuk C D, Liu Y, et al. Poor thiamin and riboflavin status is common among women of childbearing age in rural and urban Cambodia. J Nutr, 2015, 145(3): 628-633.

[66] Chang S J, Kirksey A. Pyridoxine supplementation of lactating mothers: relation to maternal nutrition status and vitamin B-6 concentrations in milk. Am J Clin Nutr, 1990, 51(5): 826-831.

[67] Prentice A M, Roberts S B, Prentice A, et al. Dietary supplementation of lactating Gambian women. I. Effect on breast-milk volume and quality. Hum Nutr Clin Nutr, 1983, 37(1): 53-64.

[68] Moser-Veillon P B, Reynolds R D. A longitudinal study of pyridoxine and zinc supplementation of lactating women. Am J Clin Nutr, 1990, 52(1): 135-141.

[69] Molloy A M, Kirke P N, Brody L C, et al. Effects of folate and vitamin $B_{12}$ deficiencies during pregnancy

on fetal, infant, and child development. Food Nutr Bull, 2008, 29(Suppl 2):S101-S111.

[70] Murphy M M, Scott J M, Arija V, et al. Maternal homocysteine before conception and throughout pregnancy predicts fetal homocysteine and birth weight. Clin Chem, 2004, 50(8): 1406-1412.

[71] Casterline J E, Allen L H, Ruel M T. Vitamin B-12 deficiency is very prevalent in lactating Guatemalan women and their infants at three months postpartum. J Nutr, 1997, 127(10): 1966-1972.

[72] Chebaya P, Karakochuk C D, March K M, et al. Correlations between maternal, breast milk, and infant vitamin $B_{12}$ concentrations among mother-infant dyads in Vancouver, Canada and Prey Veng, Cambodia: an exploratory analysis. Nutrients, 2017, 9(3) :270.

[73] Williams A M, Stewart C P, Shahab-Ferdows S, et al. Infant serum and maternal milk vitamin B-12 are positively correlated in Kenyan infant-mother dyads at 1-6 months postpartum, irrespective of infant feeding practice. J Nutr, 2018, 148(1): 86-93.

[74] Orzalesi M. Vitamins and the premature. Biol Neonate, 1987, 52(Suppl 1): S97-S112.

[75] Udipi S A, Kirksey A, West K, et al. Vitamin $B_6$, vitamin C and folacin levels in milk from mothers of term and preterm infants during the neonatal period. Am J Clin Nutr, 1985, 42(3): 522-530.

[76] Song W O, Chan G M, Wyse B W, et al. Effect of pantothenic acid status on the content of the vitamin in human milk. Am J Clin Nutr, 1984, 40(2): 317-324.

[77] Ortega R M, Lopez-Sobaler A M, Quintas M E, et al. The influence of smoking on vitamin C status during the third trimester of pregnancy and on vitamin C levels in maternal milk. J Am Coll Nutr, 1998, 17(4): 379-384.

[78] Bates C J, Prentice A M, Prentice A, et al. Seasonal variations in ascorbic acid status and breast milk ascorbic acid levels in rural Gambian women in relation to dietary intake. Trans R Soc Trop Med Hyg, 1982, 76(3): 341-347.

# 母乳成分特征

Composition Characteristics of Human Milk

# 第 13 章

# 中国母乳乳铁蛋白

母乳和母乳喂养在保护和预防足月新生儿和早产儿防止感染中发挥着重要作用。这是由于母乳含有多种生物活性蛋白、生长因子、细胞和其他成分，这些成分可有效调节免疫系统的启动和发育成熟，从而保护足月儿和早产儿免受感染[1]。母乳中存在的乳铁蛋白（lactoferrin, LF）及其体内降解产物被认为在直接和间接保护新生儿免受感染的过程中发挥了关键作用，也是目前全球范围内研究较多的母乳蛋白质之一[2]。

## 13.1 乳铁蛋白一般特征

1939 年由 Sørensen 等在牛乳中首次发现乳铁蛋白，1960 年分别从人乳和牛乳中分离出乳铁蛋白[3,4]，人乳和牛乳中的乳铁蛋白具有很强的序列同源性（77%），具有相同的抗菌肽[5]。乳铁蛋白或乳运铁蛋白（lactotransferrin）是一种来自运铁蛋白家族的糖蛋白，与母乳喂养儿的许多潜在重要健康益处有关[6]。每个乳铁蛋白分子的主体结构约含有 700 个氨基酸残基构成的多肽链[7]，分子质量约 80kDa，由上皮细胞在许多外分泌物中表达和分泌，包括唾液、眼泪和乳汁[8,9]；乳铁蛋白有三种不同的形式，包括无铁形式、单铁形式和二铁形式[10]。

乳铁蛋白二级结构以 α- 螺旋和 β- 折叠为主，两者沿蛋白质的氨基酸顺序交替排列，α- 螺旋远多于 β- 折叠。乳铁蛋白多肽链上结合有 2 条糖链，含量约 7%，糖的组成有半乳糖、甘露糖、*N*- 乙酰半乳糖胺和岩藻糖等。乳铁蛋白多肽链的末端折叠成两个球状叶，一端是氨基（amino）末端叶，另一端是乙酰基（acetyl）末端叶，每一叶状结构都含有一个 $Fe^{3+}$ 或 $Fe^{2+}$ 和一个 $HCO_3^-$ 或 $CO_3^{2-}$ 结构部位，每一叶都能高亲和地可逆性与铁结合，但是也能结合其他离子如 $Cu^{2+}$、$Zn^{2+}$、$Mn^{2+}$ 等[11-13]。其中，$Fe^{3+}$ 结构位于一个很深的裂缝中，当铁离子缺乏时，每一片叶片可以曲折，使裂缝打开或关闭，当多肽链同铁离子结合则裂缝处于闭锁状态，使乳铁蛋白的分子结构更趋紧凑。初乳中乳铁蛋白含量最高，提示乳铁蛋白可以保护新生儿的消化系统，防止病原体的致病作用[14]，乳铁蛋白在整个泌乳期都发挥重要的生理功能[15]。

## 13.2 乳缺蛋白功能

在母乳中，乳铁蛋白是乳清中含量最高的蛋白质之一，其浓度在 1 ～ 7mg/L（初乳中）之间[9]。由于母乳中乳铁蛋白的浓度很高和其显现的重要生理功能，特别是在胃肠道中的抗微生物、抗炎和免疫调节功能，自 20 世纪 50 年代人们开始重视和研究其科学意义和应用价值[11]。

乳铁蛋白是一种多效蛋白，参与了机体多种重要生物反应过程，已证明在胃肠道中乳铁蛋白可部分抵抗蛋白酶的水解作用。乳铁蛋白的生物功能范围从抑制广谱微生物，包括细菌、病毒、真菌和寄生虫，到调节细胞的增殖与分化、增强机体免疫能力和抗炎功能[16]，以及促进早期的神经系统和认知发育[17]。

虽然乳铁蛋白具有许多生物学功能，但是抗致病微生物，包括细菌、真菌和病毒的宿主保护作用被认为是最重要的功能。在乳汁成分中，乳铁蛋白被证明是一种具有抗感染活性的重要蛋白质，在保护新生儿和婴儿的胃肠道防御中发挥重要作用[2,18]。乳铁蛋白通过多种直接和间接机制发挥其抗菌活性，例如螯合铁（病原体的底物）

以及抑制病原体的生长、黏附、易位和毒力[12,19]。

## 13.2.1 抗菌作用

乳铁蛋白的抗微生物特性，即抗菌作用（antimicrobial effect），主要与其从生物体液中螯合铁的能力有关，通过破坏微生物的细胞膜发挥抗菌、抗病毒作用，使婴儿的机体得到防御[20,21]。乳铁蛋白*N*端由14～31个氨基酸残基组成的α-螺旋结构域是乳铁蛋白的主要抗菌活性区[22]。诸多动物实验和人体试验均证明口服给予乳铁蛋白和相关化合物对细菌菌落和感染有预防效果。

### 13.2.1.1 动物研究

动物实验和体外试验结果显示，母乳中乳铁蛋白具有广谱抗菌特性，包括大肠杆菌（*Escherichia coli*）、鼠伤寒沙门氏菌（*Salmonella typhimurium*）、志贺痢疾杆菌（*Shigella dysenteriae*）、李斯特菌（*Listeria monocytogenes*）、链球菌属（*Streptococcus* spp.）、霍乱弧菌（*Vibrio cholerae*）、军团菌（*Legionella pheumophila*）、嗜热脂肪芽孢杆菌（*Bacillus stearothermophilus*）、枯草芽孢杆菌（*Bacillus subtilis*）等。

（1）大肠杆菌　大肠杆菌是正常肠道内最常见的需氧革兰氏阴性杆菌，可以引起大部分腹内感染。体外实验结果提示，在抑制大肠杆菌O157:H7生长方面乳铁蛋白和乳链菌素有协同作用[23]；用15个临床分离的大肠杆菌菌株与不同乳铁蛋白结合能力的研究结果显示，生长培养基中乳铁蛋白的浓度是抗菌效果的关键因素[24]。体外和体内实验结果显示，乳铁蛋白可能是一种治疗和预防大肠杆菌或耐药性菌株感染的新型天然蛋白[21]。

（2）志贺菌属　志贺菌属是志贺氏菌痢疾的常见病原，在发展中国家，每年导致数百万儿童死于该种疾病[25]。在一项使用类似于人初乳浓度的乳铁蛋白的体内研究中，证明乳铁蛋白可阻断兔的小肠中志贺菌诱发炎症的进一步发展[26]。采用经典的HeLa细胞侵袭模型、免疫印迹，通过透射电子显微镜、免疫荧光法等方法，证明乳铁蛋白和重组人乳铁蛋白（recombinant human lactoferrin）通过破坏细菌外膜的完整性，降低志贺菌5型M90T的吸附和侵袭[27,28]，因此母乳喂养有助于预防婴儿的志贺菌痢疾。

（3）其他微生物　乳铁蛋白可抑制李斯特菌的生长，而且与乳链菌素一起给予有协同作用[23]。口服乳铁蛋白也能抑制胃幽门螺杆菌感染[29]。小鼠的实验结果显示乳铁蛋白对链球菌、梭状芽孢杆菌、弓形虫引起的口腔系统感染有显著抑制或降低感染率作用。根据Kruzel等[30]进行的体内研究，在给小鼠注射脂多糖前一小时给予人乳铁蛋白可显著增加动物的存活率，使那些事先给予乳铁蛋白处理的动物死亡率从83.3%降低到16.7%。肠组织病理学分析结果显示，事先经乳铁蛋白预处理的动物可显著抵抗脂多糖引起的损害；而没有用乳铁蛋白处理的动物，除了肠黏膜上皮发生细胞空泡化，还观察到肠黏膜严重萎缩和水肿。然而，乳铁蛋白不会抑制肠内双歧杆菌的活性，而且口服给予乳铁蛋白还可以增加肠道双歧杆菌的数量[31]。

#### 13.2.1.2 人体临床研究

已经在婴儿和成人中完成了多项乳铁蛋白抗菌随机对照临床试验（RCTs）。给婴儿补充含牛乳铁蛋白（1mg/mL）的婴儿配方食品，可增加粪便菌群中双歧杆菌数量和血清铁蛋白水平[32,33]。给予添加了牛乳铁蛋白的婴儿配方食品2周后，低出生体重婴儿粪便菌群中双歧杆菌的比值增加，而肠杆菌、链球菌和梭状芽孢杆菌的比值降低，提示给予牛乳铁蛋白有助于婴儿肠道双歧杆菌优势菌群的建立。在一项因腹泻住院5～35月龄秘鲁婴幼儿的研究中，给予添加重组人乳铁蛋白（1.0g/L）和溶菌酶（0.2g/L）的口服补液，可缩短急性腹泻患儿的腹泻持续时间[34]。在Pammi等[35]的综述中，基于中等至低质量的证据，存在或不存在益生菌的情况下，口服乳铁蛋白预防剂量可降低早产儿迟发性败血症和坏死性小肠结肠炎Ⅱ级或更高的发生率，且无不良影响，提示膳食中的乳铁蛋白可能具有预防和治疗感染性疾病的功效。

#### 13.2.1.3 作用机制

口服铁乳蛋白通过对病原体的直接作用以及影响胃肠道免疫功能，在肠道内发挥抗菌和抗病毒活性[2,36]。乳铁蛋白的杀菌作用归因于两个不同的保护机制。

（1）竞争性结合细菌生长需要的铁离子　乳铁蛋白对铁的结合能力很强，它能与大部分需氧菌竞争生长所必需的铁，抑制需铁的细菌生长或破坏细菌的细胞膜，包括革兰氏阳性和革兰氏阴性细菌[37]，而发挥抑菌或杀菌作用。乳铁蛋白的抑菌效果取决于其铁饱和度[38]：铁的饱和度越低，螯合铁的能力越大[39]，乳铁蛋白一旦被铁离子饱和，就会失去竞争抑菌作用，这也是目前有种观点认为母乳喂养儿不要过早地给予铁剂补充。例如，阪崎肠杆菌是一种依靠食物传播的病原菌。铁离子不饱和乳铁蛋白可以抑制阪崎肠杆菌的生长，而铁离子饱和的乳铁蛋白却没有这种抑菌功能[40]。说明吸附铁离子的特性是乳铁蛋白抑制微生物生长的关键。母乳中约90%的乳铁蛋白是以不饱和铁离子的形式存在，其饱和范围5%～8%，因此，与牛奶中的乳铁蛋白相比有更大的抑菌作用[21]，牛奶的饱和度范围15%～20%[13]。低于5%铁饱和度的乳铁蛋白被称为脱辅基（脱铁）乳铁蛋白（apo-lactoferrin），具有较高铁饱和的被称为饱和乳铁蛋白（holo-lactoferrin）。母乳中乳铁蛋白主要是以脱辅基乳铁蛋白的形式存在（90%）[41]。

（2）乳铁蛋白直接杀菌作用　乳铁蛋白可直接作用于细菌表面发挥杀菌作用[42]。近期有研究发现乳铁蛋白在预防新生儿感染中发挥重要作用[43]。乳铁蛋白具有其固有的抗菌、抗病毒、抗真菌和抗原虫的活性，可能是不依赖于其铁螯合作用[44]，例如，通过破坏细菌的细胞膜或阻断细胞病毒的相互作用[45]。有研究发现，乳铁蛋白降解生成的乳铁蛋白活性多肽（lactoferricin）也具有抑制细菌、抗病毒等乳铁蛋白所具有的生物学功能[46]。乳铁蛋白分子结构的研究已经证明，乳铁蛋白

的 *N*- 末端直接作用于脂多糖组成部分的阴离子脂质 A，这个成分是构成革兰氏阴性菌细胞壁的组成成分 [30,47]，破坏细菌的细胞膜，影响其渗透性和促进脂多糖（lipopolysaccharides）的释放 [48,49]。这些变化有利于乳过氧化物酶和抵御细菌的其他蛋白质发挥作用。乳铁蛋白与脂多糖的相互作用还具有潜在的其他天然抗菌因子的作用，如像溶菌酶的作用 [42]。乳铁蛋白抗革兰氏阳性菌的作用机理类似于对革兰氏阴性菌所描述的，但是作用于脂磷壁酸，它是革兰氏阳性菌的细胞壁组成成分 [50]。根据 Leitch 和 Willcox[50] 的研究，乳铁蛋白和溶菌酶发挥了抗革兰氏阳性菌的联合效果。杀菌过程需要乳铁蛋白直接作用于革兰氏阴性细菌脂多糖或革兰氏阳性细菌的脂磷壁酸 [49,51,52]。乳铁蛋白还可以抑制 IL-1β、IL-6、TNF-α 等促炎因子 [53-55]，提高机体免疫力，抑制各种病原体所引起的感染。

研究已经证明不仅仅乳铁蛋白的活性形式具有生物活性，乳铁蛋白体内消化降解产物，即衍生自乳铁蛋白 *N*- 末端的一种多肽也具有抗革兰氏阳性和革兰氏阴性致病菌的活性 [56]。

## 13.2.2 抗病毒作用

许多体外研究证明，乳铁蛋白具有抗病毒活性，可防御病毒引起的常见感染，如普通感冒、流感、胃肠炎和疱疹等。乳铁蛋白的主要作用是抑制病毒附着至靶细胞。尽管有的研究结果提示，脱辅基形式的乳铁蛋白更有效，但其作用机制尚不清楚。据推测，大多数酶需要金属离子的参与才能发挥作用，并且与饱和形式的乳铁蛋白相比，脱辅基的乳铁蛋白能更有效地从环境中捕捉金属离子 [57]，由于牛奶中乳铁蛋白更多的是以饱和形式存在，故影响其捕捉金属离子的能力。然而，在大多数的研究中，脱辅基形式和金属饱和形式的乳铁蛋白抗病毒的效果没有观察到显著差异。乳铁蛋白的抗病毒作用机制尚未阐明，一种最被接受的理论是，病毒感染的初期，两种形式的乳铁蛋白通过阻断细胞受体或直接与病毒颗粒结合，可防止病毒进入宿主细胞 [43]，从而避免感染 [57]。

### 13.2.2.1 轮状病毒

婴儿腹泻通常是由细菌、病毒或寄生虫引起的感染，在儿童死亡原因中位列第二 [58]。五岁以下儿童严重腹泻的主要原因是由轮状病毒（rotavirus）感染所引起 [59]，这种感染也是儿童胃肠炎的最常见原因 [60]。乳铁蛋白能有效地抑制轮状病毒引起的感染。

### 13.2.2.2 人免疫缺陷病毒

许多体外研究分析了天然的或改良的牛乳或人乳蛋白对 1 型和 2 型人类免疫缺陷病毒（human immunodeficiency virus，HIV-1 和 HIV-2）的抑制作用。这些蛋白包括乳铁蛋白、α- 乳白蛋白、β- 乳球蛋白 A 和 β- 乳球蛋白 B，只有来自牛乳或人乳、初乳或血清的天然且构象不变的乳铁蛋白可以抑制 HIV-1 诱导的细胞病变效应，而且来自牛乳的乳铁蛋白抑制 HIV-1 传播的效果优于来源于人乳的乳铁蛋白 [61]。乳铁蛋白的作用机制可能在病毒吸附或渗透（或两者）水平发挥作用 [62]。流行病学调查结果显示，与混合喂养的婴儿相比，纯母乳喂养可显著降低 HIV-1 传播风险 [63]。

#### 13.2.2.3 腺病毒

腺病毒（adenovirus）是导致人类呼吸道和胃肠道感染的双链 DNA 无包膜的二十面体病毒。在婴幼儿，腺病毒是一个重要的病原体，部分急性呼吸系统感染是由这些病毒引起的，也可引起流行性结膜炎。体外实验结果表明，乳铁蛋白能够防止病毒复制，尤其是在病毒复制的早期阶段作用更为明显 [60]，乳铁蛋白通过竞争共同的糖胺聚糖受体（glycosaminoglycan receptors）抑制腺病毒感染 [64]。

#### 13.2.2.4 单纯疱疹病毒

单纯疱疹病毒（herpes simplex virus）可引起多种轻度到严重的疾病，包括急性原发性和复发性皮肤黏膜疾病。对于免疫功能低下的个体和新生儿，该种疾病常常导致疼痛，严重时可致死亡。乳铁蛋白在调节口腔以及生殖器黏膜（感染的主要部位）的 1 型单纯疱疹病毒感染中发挥重要作用 [65]，可抵抗临床分离的几种 1 型和 2 型单纯疱疹病毒 [66]。乳铁蛋白抗单纯疱疹病毒的模式被假定为，部分涉及乳铁蛋白与细胞表面糖胺聚糖肝素硫酸盐的相互作用，从而阻断病毒进入细胞 [67]。

#### 13.2.2.5 其他病毒

目前已经证明乳铁蛋白还具有抗其他多种病毒的作用，包括乙型和丙型肝炎病毒（hepatitis virus）[68,69]、人乳头状瘤病毒（human papillomavirus）[70]、甲病毒（alphavirus）[71]、巨细胞病毒（cytomegalovirus）[72] 以及流感病毒、呼吸道合胞病毒和副流感病毒、日本脑炎病毒等。尽管乳铁蛋白不能抑制鼻病毒，而人乳却能够降低某些鼻病毒的生长 [73]。Wakabayashi 等 [74] 综述了乳铁蛋白预防常见病毒感染的作用，提出乳铁蛋白可以通过抑制病毒吸附到细胞、病毒在细胞内的复制以及增强全身免疫力保护宿主防止病毒感染。

### 13.2.3 抗寄生虫作用

乳铁蛋白抗寄生虫病作用（antiparasite effect）机制目前还不清楚。已有的研究结果将乳铁蛋白的作用归于影响原生动物膜的完整性 [75]。体外研究证明，脱辅基乳铁蛋白是较强的抗阿米巴（*Entamoeba histolytica*）活性的乳蛋白，该种蛋白质通过与滋养体细胞膜的结合导致细胞破裂，破坏原虫 [76]。秘鲁的一项 12 ～ 36 月龄婴儿试验结果显示，每天喂 1.0g 牛乳铁蛋白，持续 9 个月，可以减少贾第鞭毛虫（*Giardia lamblia*）的定植和生长[77]。

### 13.2.4 刺激健康菌群生长定植

母乳喂养儿肠道菌群的发育与人工喂养儿完全不同。纯母乳喂养婴儿的肠道菌群中乳酸菌，特别是双歧杆菌（*Lactobacillus bifidus*）占的比例很高，因母乳中含有益生菌和刺激有益菌生长的成分；而喂牛奶或婴儿配方奶粉的婴儿肠道菌群则类似于成人[78]。乳铁蛋白的抗微生物活性对肠道微生物行使有益影响，因为它的抑菌作用不会损害产生乳酸的细菌生长，因为该类细菌对铁的需要量较低[79,80]；许多体外研究已证明乳铁蛋白可促进双歧杆菌的生长[81]。Liepke 等[82]进行的体外研究证明，经胃蛋白酶消化后的母乳中存在肽类，其中两个是来自于乳铁蛋白和分泌型 IgA。这些肽类促双歧杆菌生长的效果优于众所周知的双歧因子 *N*- 乙酰基葡糖胺。

### 13.2.5 促进细胞增殖

婴儿胃肠道上皮细胞的成熟，有助于抵御外来致病性微生物，降低感染发生率。Hagiwara 等[83]的实验证明，乳铁蛋白可以促进消化道细胞的增殖和肠道发育成熟，防止肠道细菌迁移进入新生儿的循环系统，保护肠道和其他组织防止抗氧化应激；乳铁蛋白与上皮生长因子对细胞增殖发挥协同作用。上皮生长因子是在人初乳（200μg/L）和成熟乳（30 ～ 50μg/L）中发现的一种多肽；而牛奶中该种成分的含量要低得多[84]。根据 Playford 等[85]的研究，母乳中的生长因子刺激婴儿肠细胞的增殖与分化，而 Corps 等[86]的研究证明，存在的（纯化）生长因子本身不能解释其促有丝分裂的作用。推断母乳中存在的生长因子与其他化合物一起比纯化的因子具有更大的促有丝分裂活性，指出了该生长因子和其他乳中化合物的协同作用，如乳铁蛋白。

动物实验结果显示，给予乳铁蛋白可以促进实验动物小肠细胞的繁殖并影响滤泡细胞的发育。目前认为乳铁蛋白促进有丝分裂的活性是其促进哺乳期婴儿小肠黏膜快速发育的原因之一[87]。

### 13.2.6 抗炎活性

乳铁蛋白是炎症和免疫反应的关键调节剂[88]。乳铁蛋白具有很大的穿透白细胞和阻断 NF-κB 转录的能力，反过来可诱导促炎性细胞因子白细胞介素 1β（IL-1β）、肿瘤坏死因子 α（TNF-α）、白细胞介素 6（IL-6）和白细胞介素 8（IL-8）的释放[89]。乳铁蛋白是降低分子氧化应激和控制过度炎症反应的免疫系统动态平衡的一部分。当产生的潜在破坏性氧反应性产物超过机体天然抗氧化剂防御能力时，氧化应激的发展将会导致细胞损伤甚至凋亡[90]。

Haversen 等[91]的体内实验证实了乳铁蛋白的抗炎活性（anti-inflammatory activity）。对于硫酸葡聚糖诱导的结肠炎和用人乳铁蛋白治疗的实验室小鼠，显示粪便潜血减少以及直肠黏膜损伤较小，血浆 IL-1β 水平降低和产生 TNF-α 细胞的量较少[91]。

最近的研究表明，在人乳铁蛋白存在的情况下，脂多糖对核因子 Kappa B（NF-κB）的活化作用影响不明显。NF-κB 在免疫系统调节和炎症反应中起重要作用。在相同实验中，还观察到人乳铁蛋白能诱导 NF-κB 活化的浓度比人乳中发现的浓度低得多，提示在母乳喂养婴儿的肠道，可能人乳铁蛋白作为工具样受体 4（TLR4）的触发器。TLR4 可以发现脂多糖，并且对婴幼儿先天免疫系统的活化是非常重要的[92]。

### 13.2.7 促进早期的神经系统和认知发育

Chen 等[17]用仔猪模型研究了乳铁蛋白对认知发育的影响。与喂食未补充乳铁蛋白配方乳粉的仔猪相比，补充牛乳铁蛋白（0.6g/L）的产后 3 ～ 38d 仔猪可改善八臂迷宫（8-arm radial maze）试验的学习和记忆能力；而且摄入的乳铁蛋白与海马中脑源性神经营养因子（brain-derived neurotrophin factor，BDNF）信号通路中涉及的 10 个基因差异表达有关，并且上调了神经唾液酸的表达，该成分是神经可塑性、细胞迁移、祖细胞分化、轴突的生长以及靶向性和环单磷酸腺苷反应元件结合蛋白（cyclic adenosine monophosphate response element-binding protein，CREB）磷酸化增加的标志物；CREB 是 BDNF 信号通路的下游靶标和神经发育与认知功能中的重要蛋白[17]。添加母乳水平的乳铁蛋白显示出有生物活性，而且没有不良反应。

## 13.3 母乳中乳铁蛋白含量

乳铁蛋白广泛分布于体液，特别是在母乳中[2]，而且主要存在于哺乳动物乳清的球蛋白中[14]。其浓度随动物种属而不同，约占普通母乳蛋白质的 10%。与牛奶相比，人类和其他灵长类动物的乳汁中的乳铁蛋白浓度最高[11]。

### 13.3.1 中国代表性母乳样本中乳铁蛋白含量

在 2011 ～ 2013 年开始的中国母乳成分数据库研究中[93]，横断面调查采取的母乳样本涵盖 11 个省、自治区、直辖市，研究地点包括北部、南部、西部和东部，涵盖内陆地区和沿海地区。该项研究中分析了 248 例母乳中乳铁蛋白含量[94]。

#### 13.3.1.1 不同哺乳阶段母乳中乳铁蛋白含量

产后 30d 内母乳中的乳铁蛋白水平持续下降，然后稳定在 1.13g/L 左右，直到 330d（表 13-1）。初乳、过渡乳和成熟乳中乳铁蛋白的平均浓度分别为 3.85g/L、1.58g/L 和 1.36g/L。即使接近 1 岁时，母乳中仍含有较高浓度的乳铁蛋白，显著高于牛乳（0.02 ～ 0.35g/L）及其配方食品中的乳铁蛋白含量，这也为继续母乳喂养婴儿到 2 岁或更长时间提供科学依据。

**表** 13-1　不同哺乳期的母乳中乳铁蛋白含量　　单位：g/L

| 哺乳阶段 /d | 样本数 | 中位数 | $P_{25}$，$P_{75}$ |
|---|---|---|---|
| 1 ～ 7 | 9 | 3.85[a] | 3.13，4.12 |
| 8 ～ 16 | 13 | 1.58[b] | 1.45，1.88 |
| 17 ～ 30 | 57 | 1.36[bc] | 1.04，1.63 |
| 31 ～ 90 | 40 | 1.15[c] | 0.97，1.70 |
| 91 ～ 150 | 44 | 1.12[c] | 0.91，1.27 |
| 151 ～ 240 | 42 | 1.02[c] | 0.87，1.19 |
| 241 ～ 330 | 43 | 1.19[c] | 0.98，1.46 |

注：结果系以中位数和百分位数（$P_{25}$，$P_{75}$）表示；相同纵列上标字母不同表示组间相比差异显著，$P<0.05$；引自 Cai 等 [94]，2018。

然而，与其他研究报告的初乳平均乳铁蛋白浓度（4.91g/L±0.31g/L）相比，该研究中初乳的乳铁蛋白水平比报道的低约 20%；其他作者报告的成熟乳中乳铁蛋白水平为 2.10g/L±0.87g/L，比中国报告的高出两倍 [95]。这样的差异不能排除用于测试的分析方法不同所导致。

### 13.3.1.2　不同地理区域分布的差异

中国 8 个地区的成熟母乳中的乳铁蛋白水平见表 13-2。所有参与者的成熟乳中的乳铁蛋白水平中位数为 1.19g/L。平均而言，甘肃母亲的乳铁蛋白水平（1.32g/L）高于其他地区的母亲。甘肃和浙江的母乳乳铁蛋白水平差异显著（$P<0.05$），而其他 6 个地区的乳铁蛋白水平相似。城市站点和郊区站点的母乳中乳铁蛋白水平约为 1.10g/L，北京和黑龙江两个站点之间没有显著差异。

**表** 13-2　来自不同地区的母乳中乳铁蛋白水平　　单位：g/L

| 地区 | 样本数 | 中位数 | $P_{25}$，$P_{75}$ |
|---|---|---|---|
| 山东 | 16 | 1.20[ab] | 1.09，1.42 |
| 浙江 | 13 | 0.93[b] | 0.80，1.01 |
| 广州 | 16 | 1.02[ab] | 0.79，1.15 |
| 上海 | 17 | 1.17[ab] | 0.87，1.26 |
| 北京 | 32 | 1.19[ab] | 0.89，1.39 |
| 黑龙江 | 32 | 1.12[ab] | 1.02，1.22 |
| 甘肃 | 57 | 1.32[a] | 1.05，1.69 |
| 云南 | 53 | 1.11[ab] | 0.98，1.48 |

注：结果系以中位数和百分位数（$P_{25}$，$P_{75}$）表示，相同纵列上标字母不同表示组间相比差异显著，$P<0.05$；引自 Cai 等 [94]，2018。

### 13.3.1.3 营养状况

根据国家卫生健康委员会对中国成年人的指导，中国女性的营养状况可分为 4 类：消瘦（BMI<18.5kg/m$^2$）、正常体重（BMI：18.5 ～ 23.9kg/m$^2$）、超重（BMI: 24 ～ 27.9kg/m$^2$）和肥胖（BMI ≥ 28.0kg/m$^2$）。不同 BMI 组成熟母乳中乳铁蛋白含量分别为消瘦组 1.11g/L，正常体重组 1.16g/L，超重组 1.20g/L，肥胖组 1.36g/L。不同营养状况的哺乳期妇女之间无显著差异（表 13-3）。

**表** 13-3 基于乳母和新生儿特征的成熟母乳中乳铁蛋白水平

| 因素 | 分组 | *n*( 占比 ) | 中位数（$P_{25}$，$P_{75}$）/（g/L） | *P* 值 |
|---|---|---|---|---|
| 年龄 / 岁 | 20 ～ 25 | 70（31%） | $1.30^{a}$（1.21，1.79） | <0.001 |
| | 25 ～ 30 | 103（46%） | $1.14^{ab}$（1.01，1.42） | |
| | ≥ 30 | 53（23%） | $0.95^{b}$（0.79，1.09） | |
| BMI/（kg/m$^2$） | <18.5 | 23 | 1.11（0.91，1.54） | 0.37 |
| | 18.5 ～ 23.9 | 140 | 1.16（0.96，1.55） | |
| | 24 ～ 27.9 | 52 | 1.20（1.00，1.58） | |
| | >28.0 | 11 | 1.36（1.17，1.63） | |
| 民族 | 汉族 | 153（68%） | $1.15^{b}$（0.95，1.35） | <0.001 |
| | 藏族 | 18（8%） | $1.45^{a}$（1.00，1.65） | |
| | 回族 | 19（8%） | $1.28^{ab}$（1.17，1.56） | |
| | 傣族 | 16（7%） | $1.02^{b}$（0.79，1.48） | |
| | 白族 | 19（8%） | $1.05^{b}$（1.03，1.22） | |
| 婴儿性别 | 男 | 122（54%） | 1.16（0.91，1.44） | 0.95 |
| | 女 | 104（46% | 1.21（0.90，1.57） | |

注：结果系以中位数和百分位数（$P_{25}$，$P_{75}$）表示；相同纵列同一因素的上标字母不同表示组间相比差异显著，$P<0.05$；引自 Cai 等 [94]，2018。

## 13.3.2 国际相关研究中乳铁蛋白含量

乳铁蛋白是人初乳的主要蛋白质之一 [11]，是含量位于第二高的主要蛋白质 [18]，已经引起人们的广泛关注和研究。母乳中乳铁蛋白的浓度变化很大 [46]，以初乳中的浓度最高，产后第一天的初乳含量达 12.3g/L±3.5g/L，然后逐渐下降，平均初乳浓度范围为 5 ～ 8g/L，过渡乳的浓度降低到 2 ～ 4g/L 或更低 [11,96,97]。半个月后降低得更为明显，1 个月后到 2 年的乳汁乳铁蛋白含量相对稳定 [97,98]，如第

50 天为 2.1g/L，第 210 天仍可维持在 1.6g/L 的水平。根据已发表的文献综述，产后 28d 内乳汁中乳铁蛋白平均含量为 4.91g/L±0.31g/L( 平均值 ± 标准误 )，范围 0.34 ～ 17.94g/L，中位数 4.03g/L；成熟乳平均值为 2.10g/L±0.87g/L，范围 0.44 ～ 4.g/L，中位数 1.91g/L[99]。不同研究报告的母乳中乳铁蛋白含量见表 13-4。

**表 13-4　母乳中乳铁蛋白含量**

| 文献来源 | 初乳 | | 过渡乳 | | 成熟乳 | | 时间 |
|---|---|---|---|---|---|---|---|
| | 含量 /（g/L） | 时间 /d | 含量 /（g/L） | 时间 /d | 含量 /（g/L） | 时间 /d | |
| Hirai 等 [97] | 6.7±0.7① | 1 ～ 3 | 3.7±0.1① | 4 ～ 7 | 2.6±0.4① | 20 ～ 60 | 1990 |
| 单炯等 [100] | 2.6±1.1 | 2 ～ 3 | 2.0±1.0 | 6 ～ 7 | 1.4±1.0 | 42 | 2011② |
| Montagne 等 [101] | 5.8 | 1 ～ 5 | 3.1 | 6 ～ 14 | 2.0 | 15 ～ 28 | 2001 |
| | — | | — | | 2.2 | 29 ～ 56 | |
| | — | | — | | 3.3 | 57 ～ 84 | |
| 窦桂林等 [102] | 2.3±1.5 | 2 ～ 3 | 1.75±0.59 | 8 ～ 14 | 1.2±0.6 | 14 ～ 28 | 1986 |
| | 2.2±0.8 | 4 ～ 7 | — | | 0.6±0.4 | 84 ～ 168 | |
| Yang 等 [103]　足月 | 3.16③ | 0 ～ 7 | 1.73③ | 8 ～ 13 | 0.90③ | >30 | 2011 ～ 2013 |
| 早产 | 3.16③ | 0 ～ 7 | 3.29③ | 8 ～ 13 | 1.03③ | >30 | |

①平均值 ±SEM。

②发表时间。

③中位数。

人乳中乳铁蛋白含量显著高于婴儿配方食品中使用的其他动物乳汁，例如人初乳中乳铁蛋白质量浓度为 6 ～ 8g/L，牛初乳为 1g/L；人成熟乳中乳铁蛋白质量浓度为 2 ～ 4g/L，而牛和山羊的成熟乳中乳铁蛋白质量浓度则很低，牛乳中乳铁蛋白质量浓度仅 0.02 ～ 0.35g/L，而且铁饱和度显著大于人乳。

## 13.4　中国母乳乳铁蛋白影响因素

母乳中乳铁蛋白含量受多种因素影响，其中哺乳阶段的影响最为显著，其他影响因素包括孕产妇膳食与营养状况、婴儿出生状况（早产与足月产）、地区差异等。

### 13.4.1　哺乳阶段

初乳、过渡乳和成熟乳中均存在较高浓度的乳铁蛋白，尽管成熟乳中含量低于初乳和过渡乳，但是与其他乳汁和婴儿配方食品相比仍然在相当高的水平 [103]，在保护新生儿和婴儿防止病原体在肠道定植和感染中发挥重要作用 [14]。单炯等 [100] 用

ELISA 法追踪观察了 36 名产妇产后不同哺乳时期的乳汁中乳铁蛋白含量，均显示初乳中乳铁蛋白含量最高，过渡乳和成熟乳依次降低，三组间差异非常显著（$P<0.01$）；在另一项报告中也显示相同的趋势 [104]，从初乳到成熟乳的乳铁蛋白含量迅速下降（分别为 6.0g/L、3.7g/L、1.5g/L），而且在所有哺乳动物的乳汁中乳铁蛋白含量均呈现这种下降趋势，这与我国代表性母乳样本乳铁蛋白含量的结果相一致 [94]，初乳的含量约为成熟乳的三倍，产后第 30 天后，成熟乳中乳铁蛋白水平保持不变。牛乳的乳铁蛋白浓度较低，初乳和成熟乳的含量分别为 0.83g/L 和 0.09g/L[105]。

## 13.4.2 孕产妇膳食与营养状况

通常采用体质指数 (BMI) 评估孕产妇的营养状况。中国代表性的母乳样品研究结果表明，在不同的营养状态下，随着 BMI 增加，母乳中乳铁蛋白水平的均值和均值范围呈增加趋势；对于同龄产妇（18.5 ～ 23.9kg/m$^2$）的正常体重组，BMI 较高（23.2kg/m$^2$±3.1kg/m$^2$）的黑龙江乳母的乳铁蛋白含量（1.12g/L）高于广东妈妈（1.02g/L，BMI 21.9kg/m$^2$±2.7kg/m$^2$），然而，这些差异没有统计学意义（ANOVA，$P>0.05$）。另一项中国三个城市进行的一项研究也表明，母乳成分与母亲营养状况的相关性较弱 [106]。Yang 等 [103] 研究结果提出乳母血清铁蛋白含量与乳汁中乳铁蛋白呈负相关（$\beta=-0.19$mg/100g，$n=206$，$P=0.047$），这可能与乳母的铁营养状态有关；母乳中乳铁蛋白含量还与泌乳量呈负相关，泌乳量每增加 50g，乳铁蛋白含量降低 0.15g/L（$P=0.04$）。

中国不同民族乳母的膳食模式各不相同，例如，汉族人的动物食品中家禽占比较高，而藏族人的牛肉和羊肉及其制品占比较高，不同的膳食模式可能会影响母乳的成分和含量。Kneebone 等 [107] 的研究结果显示，来自三个种族群体的母亲的乳汁由于其不同的饮食习惯而具有不同的脂肪酸组成；Qian 等 [108] 和 Innis 等 [109] 研究结果也提示膳食模式会影响母乳的成分，如脂肪、总蛋白质和矿物质 [110]。然而，在我国代表性母乳成分分析结果中，没有发现母乳中乳铁蛋白水平与各种食物摄入量之间的关联。

## 13.4.3 婴儿出生状况

关于早产儿的乳母乳汁中乳铁蛋白含量的结果并不完全相同，Mehta 和 Petrova[111] 的研究结果显示早产儿乳母乳汁中乳铁蛋白含量低于足月儿乳母乳汁的；Yang 等 [103] 的分析结果显示初乳和成熟乳两者并无显著差异，而且早产儿母乳的过渡乳乳铁蛋白含量还显著高于足月儿母乳的（3.29g/L 与 1.73g/L）（表 13-4）。

### 13.4.4 地区差异

在我国代表性母乳成分分析中，选择了 8 个区域来代表中国的南部、北部、西部和东部，其中 7 个地区的母乳总乳铁蛋白含量均接近 1.1g/L，而甘肃地区的母乳中乳铁蛋白含量比其他地区高 20%。成熟乳的乳铁蛋白水平地区之间没有显著关联。8 个地区乳铁蛋白水平的差异主要受孕产妇年龄和种族的影响。乳母的年龄和营养状况相近，不同地区母乳中乳铁蛋白含量报告无显著差异。种族是甘肃和云南乳铁蛋白水平差异的主要驱动因素。迄今为止，关于中国不同种族母亲的母乳乳铁蛋白水平的研究并不多。考虑到研究的样本量相对较小，需要更多的研究来确认差异并阐明潜在的机制。黑龙江的城市点（1.1g/L）和城郊点（1.14g/L）的结果没有显著差异。然而，北京城区点（1.22g/L）和城郊点（1.00g/L）的结果可见存在差异，还需要进一步调查以了解导致这种差异的根本原因。

### 13.4.5 其他影响因素

#### 13.4.5.1 年龄

通过对我国代表性母乳乳铁蛋白含量一般线性模型分析，成熟乳中乳铁蛋白水平与母亲年龄、民族和地理位置之间的关联（表 13-3）。母亲年龄对成熟乳中的乳铁蛋白水平有显著影响[94]，说明产妇年龄对母乳乳铁蛋白水平有负面影响，20 ～ 25 岁母亲成熟乳中的乳铁蛋白水平中位数为 1.30g/L，显著高于 30 岁及以上母亲的乳铁蛋白水平（0.95g/L）（$P< 0.01$），这样的结果支持 25 岁之前系最佳分娩年龄。也有的研究报告了不同年龄乳母的乳铁蛋白没有显著差异[112,113]。

#### 13.4.5.2 民族

民族与成熟乳中的乳铁蛋白水平有关。例如，藏族母亲的乳铁蛋白含量在 5 个民族中最高（1.45g/L）（表 13-3），汉族母亲的乳铁蛋白水平中位数约为 1.15g/L，傣族和白族母亲的成熟乳中乳铁蛋白的中位浓度分别为 1.02g/L 和 1.05g/L[94]；藏族母亲的成熟乳中乳铁蛋白水平显著更高，而傣族和白族母亲的乳铁蛋白水平最低（$P<0.001$）。

## 13.5 展望

鉴于母乳中乳铁蛋白对婴儿免疫发育和生长的重要性，需要进一步研究探讨乳铁蛋白的生物学意义，并探索中国母亲母乳的独特成分，即相对较低的乳铁蛋白水平的产生原因以及对喂养儿的影响，例如中国母亲母乳中的乳铁蛋白水平相对于其他国家较低，是否提示中国婴儿配方乳粉标准中乳铁蛋白的添加量应基于中国母乳的数据和研究结果制定的问题。

此外，年长母亲（≥ 30 岁）的乳汁样本中的乳铁蛋白含量低于年轻母亲（<25 岁）乳汁样本的，这意味着可能需要为婴儿提供额外的乳铁蛋白，还需要提倡 25 岁以内分娩对母乳喂养儿的益处。还观察到不同种族母亲的乳汁中乳铁蛋白水平的差异。

基于动物实验、临床 RCTs 试验，大多数研究结果支持婴幼儿配方食品中添加牛乳来源乳铁蛋白有助于提高喂养儿抵抗感染疾病的能力，可能具有抗致病微生物（包括细菌、真菌和病毒）的宿主保护和免疫调节的作用，目前大多数国家允许将乳铁蛋白作为营养补充剂添加到商品化婴幼儿配方食品中，但是乳铁蛋白尚还有未开发的潜力或功能需要深入研究，即使是上述功能也需要设计更多良好的随机双盲试验（包括干预 / 补充临床试验的判定终点）进一步证实（包括足月儿与早产儿），乳铁蛋白引起的直接和间接的免疫调节作用程度及其机制仍有待回答，而且需要关注多种母乳营养成分对喂养儿的协同作用，如乳铁蛋白、骨桥蛋白和乳脂肪球膜以及其他生物活性成分在某些有益方面的协同作用，这些有益影响可能在分离成分独立添加到婴儿配方食品中显现不出来[114,115]，通过这些研究尝试解决目前母乳喂养和婴幼儿配方食品喂养之间存在的免疫、健康与感染性疾病易感性和认知能力的差异。

（赵显峰，杨振宇，郭慧媛，荫士安）

## 参考文献


[1] Ballard O, Morrow A L. Human milk composition: nutrients and bioactive factors. Pediatr Clin North Am, 2013, 60(1):49-74.

[2] Lönnerdal B. Nutritional roles of lactoferrin. Curr Opin Clin Nutr Metab Care, 2009, 12(3): 293-297.

[3] Blanc B, Isliker H. Isolation and characterization of the red siderophilic protein from maternal milk: lactotransferrin. Bull Soc Chim Biol (Paris), 1961, 43:929-943.

[4] Montreuil J, Tonnelat J, Mullet S. Preparation and properties of lactosiderophilin (lactotransferrin) of human milk. Biochim Biophys Acta, 1960, 45:413-421.

[5] Manzoni P, Rinaldi M, Cattani S, et al. Bovine lactoferrin supplementation for prevention of late-onset sepsis in very low-birth-weight neonates: a randomized trial. JAMA, 2009, 302(13): 1421-1428.

[6] Kanwar J R, Roy K, Patel Y, et al. Multifunctional iron bound lactoferrin and nanomedicinal approaches to enhance its bioactive functions. Molecules, 2015, 20(6): 9703-9731.

[7] Kanyshkova T G, Buneva V N, Nevinsky G A. Lactoferrin and its biological functions. Biochemistry (Mosc), 2001, 66(1): 1-7.

[8] Rosa L, Cutone A, Lepanto M S, et al. Lactoferrin: a natural glycoprotein involved in iron and inflammatory homeostasis. Int J Mol Sci, 2017, 18(9) :1985.

[9] Liao Y, Alvarado R, Phinney B, et al. Proteomic characterization of human milk whey proteins during a twelve-month lactation period. J Proteome Res, 2011, 10(4):1746-1754.

[10] Makino Y, Nishimura S. High-performance liquid chromatographic separation of human apolactoferrin and

monoferric and diferric lactoferrins. J Chromatogr, 1992, 579(2): 346-349.

[11] Lönnerdal B, Iyer S. Lactoferrin: molecular structure and biological function. Annu Rev Nutr, 1995, 15:93-110.

[12] Ochoa T J, Cleary T G. Effect of lactoferrin on enteric pathogens. Biochimie, 2009, 91(1): 30-34.

[13] Steijns J M, van Hooijdonk A C. Occurrence, structure, biochemical properties and technological characteristics of lactoferrin. Br J Nutr, 2000, 84 (Suppl 1):S11-S17.

[14] Severin S, Wenshui X. Milk biologically active components as nutraceuticals: review. Crit Rev Food Sci Nutr, 2005, 45(7-8): 645-656.

[15] Laffan A M, McKenzie R, Forti J, et al. Lactoferrin for the prevention of post-antibiotic diarrhoea. J Health Popul Nutr, 2011, 29(6): 547-551.

[16] Kanwar J R, Kanwar R K, Sun X, et al. Molecular and biotechnological advances in milk proteins in relation to human health. Curr Protein Pept Sci, 2009, 10(4): 308-338.

[17] Chen Y, Zheng Z, Zhu X, et al. Lactoferrin promotes early neurodevelopment and cognition in postnatal piglets by upregulating the BDNF signaling pathway and polysialylation. Mol Neurobiol, 2015, 52(1): 256-269.

[18] Chierici R, Vigi V. Lactoferrin in infant formulae. Acta Paediatr Suppl, 1994, 402:83-88.

[19] Reznikov E A, Comstock S S, Hoeflinger J L, et al. Dietary bovine lactoferrin reduces staphylococcus aureus in the tissues and modulates the immune response in piglets systemically infected with *S. aureus*. Curr Dev Nutr, 2018, 2(4): nzy001.

[20] Puddu P, Latorre D, Valenti P, et al. Immunoregulatory role of lactoferrin-lipopolysaccharide interactions. Biometals, 2010, 23(3): 387-397.

[21] Yen C C, Shen C J, Hsu W H, et al. Lactoferrin: an iron-binding antimicrobial protein against *Escherichia coli* infection. Biometals, 2011, 24(4): 585-594.

[22] Haversen L, Kondori N, Baltzer L, et al. Structure-microbicidal activity relationship of synthetic fragments derived from the antibacterial alpha-helix of human lactoferrin. Antimicrob Agents Chemother, 2010, 54(1): 418-425.

[23] Murdock C A, Cleveland J, Matthews K R, et al. The synergistic effect of nisin and lactoferrin on the inhibition of *Listeria monocytogenes* and *Escherichia coli* O157:H7. Lett Appl Microbiol, 2007, 44(3): 255-261.

[24] Naidu S S, Svensson U, Kishore A R, et al. Relationship between antibacterial activity and porin binding of lactoferrin in *Escherichia coli* and *Salmonella typhimurium*. Antimicrob Agents Chemother, 1993, 37(2): 240-245.

[25] Sansonetti P J. Molecular basis of invasion of eucaryotic cells by *Shigella*. Antonie Van Leeuwenhoek, 1988, 54(5): 389-393.

[26] Gomez H F, Ochoa T J, Herrera-Insua I, et al. Lactoferrin protects rabbits from *Shigella* flexneri-induced inflammatory enteritis. Infect Immun, 2002, 70(12): 7050-7053.

[27] Gomez H F, Herrera-Insua I, Siddiqui M M, et al. Protective role of human lactoferrin against invasion of *Shigella flexneri* M90T. Adv Exp Med Biol, 2001, 501:457-467.

[28] Willer E da M, Lima R de L, Giugliano L G. *In vitro* adhesion and invasion inhibition of *Shigella dysenteriae*, *Shigella flexneri* and *Shigella sonnei* clinical strains by human milk proteins. BMC Microbiol, 2004, 4 :18.

[29] Wada T, Aiba Y, Shimizu K, et al. The therapeutic effect of bovine lactoferrin in the host infected with *Helicobacter pylori*. Scand J Gastroenterol, 1999, 34(3): 238-243.

[30] Kruzel M L, Harari Y, Chen C Y, et al. Lactoferrin protects gut mucosal integrity during endotoxemia induced by lipopolysaccharide in mice. Inflammation, 2000, 24(1): 33-44.

[31] Hentges D J, Marsh W W, Petschow B W, et al. Influence of infant diets on the ecology of the intestinal tract of human flora-associated mice. J Pediatr Gastroenterol Nutr, 1992, 14(2): 146-152.

[32] Chierici R, Sawatzki G, Tamisari L, et al. Supplementation of an adapted formula with bovine lactoferrin. 2. Effects on serum iron, ferritin and zinc levels. Acta Paediatr, 1992, 81(6-7): 475-479.

[33] Roberts A K, Chierici R, Sawatzki G, et al. Supplementation of an adapted formula with bovine lactoferrin: 1. Effect on the infant faecal flora. Acta Paediatr, 1992, 81(2): 119-124.

[34] Zavaleta N, Figueroa D, Rivera J, et al. Efficacy of rice-based oral rehydration solution containing recombinant human lactoferrin and lysozyme in Peruvian children with acute diarrhea. J Pediatr Gastroenterol Nutr, 2007, 44(2): 258-264.

[35] Pammi M, Abrams S A. Oral lactoferrin for the prevention of sepsis and necrotizing enterocolitis in preterm infants. Cochrane Database Syst Rev, 2015, 2: CD007137.

[36] Donovan S M. The Role of lactoferrin in gastrointestinal and immune development and function: a preclinical perspective. J Pediatr, 2016, 173 (Suppl):S16-S28.

[37] Levy O. Antibiotic proteins of polymorphonuclear leukocytes. Eur J Haematol, 1996, 56(5): 263-277.

[38] Bullen J J, Rogers H J, Leigh L. Iron-binding proteins in milk and resistance to *Escherichia coli* infection in infants. Br Med J, 1972, 1(5792): 69-75.

[39] Conneely O M. Antiinflammatory activities of lactoferrin. J Am Coll Nutr, 2001, 20(Suppl 5): S389-S395.

[40] Wakabayashi H, Yamauchi K, Takase M. Inhibitory effects of bovine lactoferrin and lactoferricin B on *Enterobacter sakazakii*. Biocontrol Sci, 2008, 13(1): 29-32.

[41] Lönnerdal B. Bioactive proteins in human milk: mechanisms of action. J Pediatr, 2010, 156(Suppl 2): S26-S30.

[42] Gonzalez-Chavez S A, Arevalo-Gallegos S, Rascon-Cruz Q. Lactoferrin: structure, function and applications. Int J Antimicrob Agents, 2009, 33(4): e301-308.

[43] Valenti P, Antonini G. Lactoferrin: an important host defence against microbial and viral attack. Cell Mol Life Sci, 2005, 62(22): 2576-2587.

[44] Arnold R R, Cole M F, McGhee J R. A bactericidal effect for human lactoferrin. Science, 1977, 197(4300): 263-265.

[45] Ward P P, Conneely O M. Lactoferrin: role in iron homeostasis and host defense against microbial infection. Biometals, 2004, 17(3): 203-208.

[46] Gifford J L, Hunter H N, Vogel H J. Lactoferricin: a lactoferrin-derived peptide with antimicrobial, antiviral, antitumor and immunological properties. Cell Mol Life Sci, 2005, 62(22): 2588-2598.

[47] Brandenburg K, Jurgens G, Muller M, et al. Biophysical characterization of lipopolysaccharide and lipid A inactivation by lactoferrin. Biol Chem, 2001, 382(8): 1215-1225.

[48] Coughlin R T, Tonsager S, McGroarty E J. Quantitation of metal cations bound to membranes and extracted lipopolysaccharide of *Escherichia coli*. Biochemistry, 1983, 22(8): 2002-2007.

[49] Ellison R T, 3rd, Giehl T J, LaForce F M. Damage of the outer membrane of enteric gram-negative bacteria by lactoferrin and transferrin. Infect Immun, 1988, 56(11): 2774-2781.

[50] Leitch E C, Willcox M D. Elucidation of the antistaphylococcal action of lactoferrin and lysozyme. J Med Microbiol, 1999, 48(9): 867-871.

[51] Ellison R T, LaForce F M, Giehl T J, et al. Lactoferrin and transferrin damage of the gram-negative outer membrane is modulated by $Ca^{2+}$ and $Mg^{2+}$. J Gen Microbiol, 1990, 136(7): 1437-1446.

[52] Visca P, Dalmastri C, Verzili D, et al. Interaction of lactoferrin with *Escherichia coli* cells and correlation with antibacterial activity. Med Microbiol Immunol, 1990, 179(6): 323-333.
[53] Machnicki M, Zimecki M, Zagulski T. Lactoferrin regulates the release of tumour necrosis factor alpha and interleukin 6 *in vivo*. Int J Exp Pathol, 1993, 74(5): 433-439.
[54] Legrand D, Mazurier J. A critical review of the roles of host lactoferrin in immunity. Biometals, 2010, 23(3): 365-376.
[55] Haversen L, Ohlsson B G, Hahn-Zoric M, et al. Lactoferrin down-regulates the LPS-induced cytokine production in monocytic cells via NF-kappa B. Cell Immunol, 2002, 220(2): 83-95.
[56] Newburg D S, Walker W A. Protection of the neonate by the innate immune system of developing gut and of human milk. Pediatr Res, 2007, 61(1): 2-8.
[57] van der Strate B W, Beljaars L, Molema G, et al. Antiviral activities of lactoferrin. Antiviral Res, 2001, 52(3): 225-239.
[58] Diarrhoea: why children are still dying and what can be done. New York: United Nations Children's Fund & World Health Organization, 2009.
[59] Parashar U D, Gibson C J, Bresee J S, et al. Rotavirus and severe childhood diarrhea. Emerg Infect Dis, 2006, 12(2): 304-306.
[60] Arnold D, Di Biase A M, Marchetti M, et al. Antiadenovirus activity of milk proteins: lactoferrin prevents viral infection. Antiviral Res, 2002, 53(2): 153-158.
[61] Groot F, Geijtenbeek T B, Sanders R W, et al. Lactoferrin prevents dendritic cell-mediated human immunodeficiency virus type 1 transmission by blocking the DC-SIGN—gp120 interaction. J Virol, 2005, 79(5): 3009-3015.
[62] Harmsen M C, Swart P J, de Bethune M P, et al. Antiviral effects of plasma and milk proteins: lactoferrin shows potent activity against both human immunodeficiency virus and human cytomegalovirus replication *in vitro*. J Infect Dis, 1995, 172(2): 380-388.
[63] Coutsoudis A, Pillay K, Spooner E, et al. Influence of infant-feeding patterns on early mother-to-child transmission of HIV-1 in Durban, South Africa: a prospective cohort study. South African Vitamin A Study Group. Lancet, 1999, 354(9177): 471-476.
[64] Pietrantoni A, Di Biase A M, Tinari A, et al. Bovine lactoferrin inhibits adenovirus infection by interacting with viral structural polypeptides. Antimicrob Agents Chemother, 2003, 47(8): 2688-2691.
[65] Välimaa H, Tenovuo J, Waris M, et al. Human lactoferrin but not lysozyme neutralizes HSV-1 and inhibits HSV-1 replication and cell-to-cell spread. Virol J, 2009, 6:53.
[66] Andersen J H, Jenssen H, Gutteberg T J. Lactoferrin and lactoferricin inhibit herpes simplex 1 and 2 infection and exhibit synergy when combined with acyclovir. Antiviral Res, 2003, 58(3): 209-215.
[67] Jenssen H, Sandvik K, Andersen J H, et al. Inhibition of HSV cell-to-cell spread by lactoferrin and lactoferricin. Antiviral Res, 2008, 79(3): 192-198.
[68] Ikeda M, Sugiyama K, Tanaka T, et al. Lactoferrin markedly inhibits hepatitis C virus infection in cultured human hepatocytes. Biochem Biophys Res Commun, 1998, 245(2): 549-553.
[69] Yi M, Kaneko S, Yu D Y, et al. Hepatitis C virus envelope proteins bind lactoferrin. J Virol, 1997, 71(8): 5997-6002.
[70] Mistry N, Drobni P, Naslund J, et al. The anti-papillomavirus activity of human and bovine lactoferricin. Antiviral Res, 2007, 75(3): 258-265.
[71] Waarts B L, Aneke O J, Smit J M, et al. Antiviral activity of human lactoferrin: inhibition of alphavirus

interaction with heparan sulfate. Virology, 2005, 333(2): 284-292.
[72] Beljaars L, van der Strate B W, Bakker H I, et al. Inhibition of cytomegalovirus infection by lactoferrin *in vitro* and *in vivo*. Antiviral Res, 2004, 63(3): 197-208.
[73] Clarke N M, May J T. Effect of antimicrobial factors in human milk on rhinoviruses and milk-borne cytomegalovirus *in vitro*. J Med Microbiol, 2000, 49(8): 719-723.
[74] Wakabayashi H, Oda H, Yamauchi K, et al. Lactoferrin for prevention of common viral infections. J Infect Chemother, 2014,20(11):666-671.
[75] Farnaud S, Evans R W. Lactoferrin—a multifunctional protein with antimicrobial properties. Mol Immunol, 2003, 40(7): 395-405.
[76] Leon-Sicairos N, Lopez-Soto F, Reyes-Lopez M, et al. Amoebicidal activity of milk, apo-lactoferrin, sIgA and lysozyme. Clin Med Res, 2006, 4(2): 106-113.
[77] Ochoa T J, Chea-Woo E, Campos M, et al. Impact of lactoferrin supplementation on growth and prevalence of *Giardia* colonization in children. Clin Infect Dis, 2008, 46(12): 1881-1883.
[78] Newburg D S. Innate immunity and human milk. J Nutr, 2005, 135(5): 1308-1312.
[79] Petschow B W, Talbott R D, Batema R P. Ability of lactoferrin to promote the growth of *Bifidobacterium* spp. *in vitro* is independent of receptor binding capacity and iron saturation level. J Med Microbiol, 1999, 48(6): 541-549.
[80] Coppa G V, Zampini L, Galeazzi T, et al. Prebiotics in human milk: a review. Dig Liver Dis, 2006, 38 (Suppl 2):S291-S294.
[81] Oda H, Wakabayashi H, Yamauchi K, et al. Lactoferrin and bifidobacteria. Biometals, 2014, 27(5): 915-922.
[82] Liepke C, Adermann K, Raida M, et al. Human milk provides peptides highly stimulating the growth of bifidobacteria. Eur J Biochem, 2002, 269(2): 712-718.
[83] Hagiwara T, Shinoda I, Fukuwatari Y, et al. Effects of lactoferrin and its peptides on proliferation of rat intestinal epithelial cell line, IEC-18, in the presence of epidermal growth factor. Biosci Biotechnol Biochem, 1995, 59(10): 1875-1881.
[84] Read L C, Francis G L, Wallace J C, et al. Growth factor concentrations and growth-promoting activity in human milk following premature birth. J Dev Physiol, 1985, 7(2): 135-145.
[85] Playford R J, Macdonald C E, Johnson W S. Colostrum and milk-derived peptide growth factors for the treatment of gastrointestinal disorders. Am J Clin Nutr, 2000, 72(1): 5-14.
[86] Corps A N, Blakeley D M, Carr J, et al. Synergistic stimulation of Swiss mouse 3T3 fibroblasts by epidermal growth factor and other factors in human mammary secretions. J Endocrinol, 1987, 112(1): 151-159.
[87] Yeung M Y, Smyth J P. Nutritionally regulated hormonal factors in prolonged postnatal growth retardation and its associated adverse neurodevelopmental outcome in extreme prematurity. Biol Neonate, 2003, 84(1): 1-23.
[88] Ward P P, Paz E, Conneely O M. Multifunctional roles of lactoferrin: a critical overview. Cell Mol Life Sci, 2005, 62(22): 2540-2548.
[89] Hanson L A. Session 1: Feeding and infant development breast-feeding and immune function. Proc Nutr Soc, 2007, 66(3): 384-396.
[90] Actor J K, Hwang S A, Kruzel M L. Lactoferrin as a natural immune modulator. Curr Pharm Des, 2009, 15(17): 1956-1973.
[91] Haversen L A, Baltzer L, Dolphin G, et al. Anti-inflammatory activities of human lactoferrin in acute dextran sulphate-induced colitis in mice. Scand J Immunol, 2003, 57(1): 2-10.

[92] Ando K, Hasegawa K, Shindo K, et al. Human lactoferrin activates NF-kappaB through the Toll-like receptor 4 pathway while it interferes with the lipopolysaccharide-stimulated TLR4 signaling. FEBS J, 2010, 277(9): 2051-2066.

[93] Yin S A, Yang Z Y. An on-line database for human milk composition in China. Asia Pac J Clin Nutr, 2016, 25(4): 818-825.

[94] Cai X, Duan Y, Li Y, et al. Lactoferrin level in breast milk: a study of 248 samples from eight regions in China. Food Funct, 2018, 9(8): 4216-4222.

[95] Levay P F, Viljoen M. Lactoferrin: a general review. Haematologica, 1995, 80(3): 252-267.

[96] Hennart P F, Brasseur D J, Delogne-Desnoeck J B, et al. Lysozyme, lactoferrin, and secretory immunoglobulin A content in breast milk: influence of duration of lactation, nutrition status, prolactin status, and parity of mother. Am J Clin Nutr, 1991, 53(1): 32-39.

[97] Hirai Y, Kawakata N, Satoh K, et al. Concentrations of lactoferrin and iron in human milk at different stages of lactation. J Nutr Sci Vitaminol (Tokyo), 1990, 36(6): 531-544.

[98] Ronayne de Ferrer P A, Baroni A, Sambucetti M E, et al. Lactoferrin levels in term and preterm milk. J Am Coll Nutr, 2000, 19(3): 370-373.

[99] Rai D, Adelman A S, Zhuang W, et al. Longitudinal changes in lactoferrin concentrations in human milk: a global systematic review. Crit Rev Food Sci Nutr, 2014, 54(12): 1539-1547.

[100] 单炯，王晓丽，陈夏芳，等 . 人乳中乳铁蛋白含量的初步检测分析 . 临床儿科杂志 , 2011, 29(6):549-551.

[101] Montagne P, Cuillière M L, MoléC, et al. Changes in lactoferrin and lysozyme levels in human milk during the first twelve weeks of lactation. Adv Exp Med Biol, 2001, 501:241-247.

[102] 窦桂林，陈明钰，代文庆，等 . 不同泌乳期人乳中乳铁蛋白、溶菌酶、C3 及免疫球蛋白的动态观察 . 上海免疫学杂志 , 1986, 6(2):98-100.

[103] Yang Z, Jiang R, Chen Q, et al. Concentration of lactoferrin in human milk and its variation during lactation in different Chinese populations. Nutrients, 2018, 10(9) :1235.

[104] Manzoni P. Clinical studies of lactoferrin in neonates and infants: an update. Breastfeed Med, 2019, 14(Suppl 1): S25-S27.

[105] Sanchez L, Aranda P, Perez M D, et al. Concentration of lactoferrin and transferrin throughout lactation in cow's colostrum and milk. Biol Chem Hoppe Seyler, 1988, 369(9): 1005-1008.

[106] Yang T, Zhang Y, Ning Y, et al. Breast milk macronutrient composition and the associated factors in urban Chinese mothers. Chin Med J (Engl), 2014, 127(9): 1721-1725.

[107] Kneebone G M, Kneebone R, Gibson R A. Fatty acid composition of breast milk from three racial groups from Penang, Malaysia. Am J Clin Nutr, 1985, 41(4): 765-769.

[108] Qian J, Chen T, Lu W, et al. Breast milk macro- and micronutrient composition in lactating mothers from suburban and urban Shanghai. J Paediatr Child Health, 2010, 46(3): 115-120.

[109] Innis S M. Impact of maternal diet on human milk composition and neurological development of infants. Am J Clin Nutr, 2014, 99(Suppl 3): S734-S741.

[110] Lönnerdal B. Effects of maternal dietary intake on human milk composition. J Nutr, 1986, 116(4): 499-513.

[111] Mehta R, Petrova A. Biologically active breast milk proteins in association with very preterm delivery and stage of lactation. J Perinatol, 2011, 31(1): 58-62.

[112] Bachour P, Yafawi R, Jaber F, et al. Effects of smoking, mother's age, body mass index, and parity number on lipid, protein, and secretory immunoglobulin A concentrations of human milk. Breastfeed Med, 2012,

7(3): 179-188.
[113] Lewis-Jones D I, Lewis-Jones M S, Connolly R C, et al. The influence of parity, age and maturity of pregnancy on antimicrobial proteins in human milk. Acta Paediatr Scand, 1985, 74(5): 655-659.
[114] Demmelmair H, Prell C, Timby N, et al. Benefits of lactoferrin, osteopontin and milk fat globule membranes for infants. Nutrients, 2017, 9(8) :817.
[115] Telang S. Lactoferrin: a critical player in neonatal host defense. Nutrients, 2018, 10(9) :1228.

# 第 14 章

# 中国母乳骨桥蛋白

人乳中含有大量的活性蛋白质及其具有活性的降解产物（如乳肽），包括乳铁蛋白（LF）、骨桥蛋白（osteopontin, OPN）、α- 乳清蛋白、免疫球蛋白和其他球状蛋白，这些蛋白质在婴儿生长发育和免疫体系的启动与成熟中发挥重要作用。其中细胞因子 OPN 是一种鲜为人知的生物活性蛋白，OPN 最初在骨骼中被发现，后来的研究发现 OPN 在多种组织和体液中都可表达，而且在乳腺的表达量最高，使乳汁中含有较高浓度的 OPN [1]，乳汁中的 OPN 又被称为乳桥蛋白（lactopontin, LNP）。国家间和个体间母乳中 OPN 含量存在较大差异，OPN 可能在新生儿和婴儿的免疫调节和发育、肠道和神经系统发育中发挥特殊的作用 [2,3]，还可能参与机体的多种重要的生理过程，如抑制异位钙化、骨重塑、肿瘤转移等 [4-7]。本章重点总结了 OPN 一般特性、含量和影响因素以及在婴儿配方食品中的应用等。

## 14.1 骨桥蛋白的一般特性

人乳骨桥蛋白（OPN）由298个氨基酸组成，是一种可与钙结合的活性分泌型磷酸化糖蛋白（phosphoglycoprotein），而牛乳OPN则是由262个氨基酸组成[5]。人乳OPN中含有高达34种磷酸丝氨酸和2种磷酸苏氨酸[8]。已证明人乳和牛乳OPN在37℃的pH 3.0新生儿胃液中可以抵抗蛋白水解1h，提示人乳OPN可耐受新生儿胃液的体外消化，推测这样可以保证母乳来源的OPN抵达下消化道发挥其生物学活性作用[9]。

OPN含有一个保守的Arg-Gly-Asp（RGD）整联蛋白结合序列（隐蔽的整联蛋白基序）和一个CD44结合位点。通过RGD和隐蔽的整联蛋白基序，OPN与整联蛋白（具有多种功能的受体）结合，从而激活细胞信号通路（如PI3K/Akt和MARK信号传导级联）发挥其多种功能[10,11]。

乳铁蛋白（lactoferrin，LF）和OPN由于带的电荷相反（LF是碱性糖蛋白，而OPN是酸性磷酸化糖蛋白），因此彼此之间有很高的亲和力[12]。LF和OPN结合形成复合物被发现已有几十年，然而其潜在的功能仍然有待开发。

体外模拟消化过程的结果显示，与单独使用LF或OPN相比，人乳来源的LF-OPN复合物对消化的稳定性更强，更有效地被人肠道细胞结合和摄取；而且LF-OPN复合物比单个蛋白更能有效促进肠道细胞的增殖和分化，以及抗菌功能和免疫刺激活性的效果。上述结果提示，LF和OPN通过在人乳中形成复合物，可以保护彼此免受胃肠道蛋白水解并增强其各自的生物活性[13]。

已知OPN在许多细胞、组织和器官中均可表达，包括前成骨细胞、成骨细胞、树突状细胞、巨噬细胞和T细胞、肝细胞、骨骼肌、内皮细胞、脑和乳腺[14]。20世纪90年代，先后有多家实验室报道从哺乳动物的骨矿化基质中分离得到了一种新的蛋白质[15-17]，后来统一命名为OPN。OPN分子量约41500，富含天冬氨酸、谷氨酸和丝氨酸，并有多种糖基化修饰[18]。哺乳动物的OPN分子呈酸性，在正常生理条件下带负电。OPN蛋白质结构中的保守序列RGD（精氨酸-甘氨酸-天冬酰胺）是整合素的配体之一，介导细胞与基质之间的相互作用以及细胞内的信号传导[19]。

由于乳汁OPN带许多负电荷的氨基酸和磷酸化修饰，呈现一种非常酸性的高度磷酸化蛋白质[20]。这种内在特性使OPN可以与钙离子结合并形成可溶性复合物，尤其是与酪蛋白一起还可以抑制乳汁中无定形磷酸钙的沉淀[21,22]。使用OPN缺陷小鼠模型的体内实验支持该种蛋白对异位钙化的抑制功能[23]。

## 14.2 骨桥蛋白的功能

母乳中OPN的生物学作用还不十分清楚，推测OPN主要作为一种分泌型的蛋白质，参与一系列的生理和病理生理过程，在婴儿的生长发育过程中发挥多种生理功能，包括参与乳腺发育、神经组织（大脑）发育和免疫功能发育（如肠道免疫功能启动和成熟）与免疫调节（提供重要的免疫信号）等功能；而且母乳和脐带血中高浓度的 OPN 表明 OPN 在泌乳和 / 或婴儿发育以及长期健康结局程序化中的重要性 [1,20,24]。

### 14.2.1　参与乳腺的发育和分化

已有报道 OPN 参与了乳腺的发育和分化 [25]。尽管 OPN 在多个器官中可以表达，但是在怀孕和哺乳期间乳腺上皮细胞能特异性地过度表达该种蛋白，并且在乳汁中大量存在，在小鼠体内干预抑制 OPN 的表达，可使孕鼠表现出缺乏乳腺腺泡的结构、β-酪蛋白合成大幅减少、乳清酸性乳蛋白减少、泌乳不足和 OPN 的表达量降低 [25,26]。

### 14.2.2　与乳铁蛋白等协同参与免疫功能发育

已有研究结果显示，OPN 在免疫应答的发育和维持中发挥关键作用，母乳 OPN 还可能诱导新生儿肠道免疫细胞细胞因子的产生 [1]。因为 OPN 影响免疫细胞（如巨噬细胞、树突状细胞和 T 细胞）的功能 [6]，与乳铁蛋白类似。曾有人提出母乳 OPN 通过诱导 Th1 免疫反应保护婴儿免受感染的假设，OPN 通过诱导巨噬细胞中白介素 -12 的表达激活 Th1（T 辅助细胞 1）免疫 [27]，推测与婴儿免疫系统发育有关，因为 Th1 应答的产生对清除细胞内病原体是必不可少的。OPN 缺陷型小鼠比野生型小鼠对病毒和细菌的感染更易感，此情况与接种麻疹、腮腺炎和风疹疫苗后，母乳喂养婴儿中观察到的诱导 Th1 样反应差异是一致的，而婴儿配方食品喂养的婴儿则没有 [28]。OPN 可诱导 Th1 细胞因子白介素 -12 的表达，并抑制 Th2 细胞因子白介素 -10 的产生。因此 OPN 是调节 Th1/Th2 平衡免疫反应的关键细胞因子，而且 OPN 的磷酸化对诱导白介素 -12 的表达也是必需的。此外，乳 OPN 可以诱导肠单核细胞白介素 -12 的表达。

体外研究发现 OPN 可能通过静电和亲和力与乳蛋白中的乳铁蛋白、乳过氧化物酶和 IgM 相互作用。Azuma 等 [29] 的研究中观察到，纯化的牛乳乳铁蛋白可以与牛乳 OPN 结合。Liu 等 [13] 的研究结果显示，与单用 LF 或 OPN 相比，人乳的乳铁蛋白与骨桥蛋白（LF-OPN）复合物对耐受体外消化的稳定性更强，能被人肠上皮细胞（HIEC）更有效地结合和吸收；而且 LF-OPN 复合物对肠细胞的增殖和分化的促进作用明显强于两个单一蛋白，LF-OPN 复合物对 LF 和 OPN 之间的抗菌功能和免疫刺激活性也有一定影响。基于这些研究结果，推测 LF 和 OPN 可能在乳汁中以复合物的形式存在，相互保护，防止蛋白质被降解，并能增强它们各自的生物活性。在上述研究中，从人乳中分离 OPN 时，很难避免 LF 的干扰，说明在自然状态下二者很可能以复合物的形式存在。

## 14.2.3 其他功能

母乳 OPN 参与喂养儿的大脑发育、行为与学习认知能力等相关的神经组织发育。Jiang 等[30]的基因敲除小鼠实验结果显示，OPN 可以通过促进髓鞘形成在婴儿期的大脑发育中发挥重要作用。OPN 可能将免疫调节蛋白和抗菌蛋白（如乳铁蛋白、乳过氧化物酶和 IgM）转运到其作用部位；并且该种蛋白质的高度阴离子性质可使 OPN 与钙离子形成可溶性复合物，从而抑制乳汁中钙的结晶和沉淀[31]。为了验证 OPN 抑制异位钙化的功能，使用 OPN 缺陷型小鼠的体内模型结果显示，补充外源性 OPN 可降低钙化程度，而且 OPN 可抑制一水草酸钙晶体的生长和聚集，从而有助于预防肾结石的形成[23,32]。

# 14.3 中国开展的相关研究工作

基于中国母乳成分数据库研究（2011 ～ 2013 年）横断面采集的代表性母乳样品（共 6481 份）[33]，随机抽取 459 份，采用超高效液相色谱 - 串联质谱法测定母乳中 OPN 的含量（母乳用量为 30μL）[34]。

## 14.3.1 母乳骨桥蛋白的含量

中国不同地区不同泌乳阶段的母乳中 OPN 含量，如表 14-1 所示。我国不同泌乳阶段的母乳中 OPN 含量没有显著的统计学差异（$P$=0.26），OPN 含量的中位数范围为 38.4 ～ 50.6mg/L，但是个体间的差异大。初乳、过渡乳和成熟乳中 OPN 含量占总蛋白质比例分别为 0.40%、0.42% 和 0.64%，其中成熟乳的占比显著高于初乳和过渡乳（$P$<0.001）。

**表 14-1** 2011 ～ 2013 年中国不同地区不同泌乳阶段的母乳中 OPN 含量① 单位：mg/L

| 地区 | 初乳 | | 过渡乳 | | 成熟乳 | |
|---|---|---|---|---|---|---|
| | $n$ | 含量 | $n$ | 含量 | $n$ | 含量 |
| 北京 | 25 | 34.4 (29.2, 40.5)$^{a}$ | 33 | 40.8 (25.2, 53.5)$^{ab}$ | 28 | 34.3 (27.9, 51.7)$^{a}$ |
| 黑龙江 | 22 | 40.3 (32.0, 71.5)$^{ab}$ | 29 | 38.7 (29.5, 48.2)$^{ab}$ | 31 | 47.0 (32.2, 68.5)$^{a}$ |
| 上海 | 10 | 44.4 (30.4, 47.3)$^{ab}$ | 12 | 44.2 (35.9, 79.4)$^{ab}$ | 9 | 53.6 (29.5, 71.9)$^{a}$ |
| 云南 | 28 | 65.8 (40.1, 133,4)$^{b}$ | 26 | 52.1 (35.1, 83.1)$^{a}$ | 25 | 47.8 (27.7, 56.0)$^{a}$ |
| 甘肃 | 23 | 61.5 (29.4, 105.8)$^{ab}$ | 29 | 36.0 (22.0, 86.6)$^{ab}$ | 28 | 56.6 (37.8, 108.0)$^{a}$ |
| 广州 | 20 | 51.8 (43.0, 79.8)$^{ab}$ | 13 | 46.6 (36.5, 116.4)$^{ab}$ | 20 | 37.5 (21.0, 89.3)$^{a}$ |
| 浙江 | 7 | 28.3 (8.3, 65.0)$^{a}$ | 9 | 41.3 (32.8, 109.4)$^{ab}$ | 7 | 55.9 (22.9, 62.5)$^{a}$ |
| 山东 | 6 | 59.4 (33.8, 125.7)$^{ab}$ | 10 | 29.9 (5.0, 49.1)$^{b}$ | 9 | 50.5 (14.1, 116.0)$^{a}$ |

①改编自周扬等[34]，卫生研究，2022，51（1）：39-44。

注：OPN 的含量表示为中位数（$P_{25}$，$P_{75}$），不同上标字母表示不同地区组间的比较结果，$P$<0.05。

## 14.3.2 不同地区母乳中骨桥蛋白的含量

如表 14-1 所示，初乳和过渡乳中 OPN 含量以云南的最高，且初乳的含量显著高于北京（$P$=0.02）和浙江（$P$=0.01），其他地区的含量相近；过渡乳 OPN 含量云南高于山东（$P$=0.01）；成熟乳中 OPN 的含量则没有显著的地区差异。

## 14.3.3 母乳骨桥蛋白影响因素分析

表 14-1 中的数据显示，母乳中 OPN 含量存在显著差异。尽管地区间的差异不明显，但是存在较大的个体差异，如山东的成熟母乳样本 OPN 的 $P_{25}$ 和 $P_{75}$ 分别为 14.1mg/L 和 116.0mg/L。上述研究结果仅能说明母乳中 OPN 含量的总体变化趋势，由于分地区分析的样本量相对较少，地区间的差异仍有待更多样本的分析。

其他影响因素包括分娩次数，生产次数 2 次及以上母亲的乳汁 OPN 含量中位数（49.0mg/L）显著高于初产母亲的乳汁（42.9mg/L）；乳母睡眠质量也影响母乳 OPN 含量，例如近一周内睡眠质量良好乳母的乳汁 OPN 含量显著高于睡眠质量较差的乳母（中位数分别为 46.5mg/L 和 34.7mg/L）（$P$=0.02）；而乳母年龄、孕前 BMI、孕期增重、分娩方式和母乳采集量与母乳中 OPN 含量无关（$P$>0.05），也没有发现乳母的其他行为习惯对乳汁 OPN 含量的影响，例如过去 24h 户外活动时间、睡眠时间和被动吸烟以及早产等 [34]。

# 14.4 国际上开展的相关研究

Nagatomo 等 [35] 在日本的调查结果显示，初乳（3 ～ 7d，$n$=20）、产后 1 个月（$n$=20）、4 ～ 7 个月（$n$=21）和 11 ～ 14 个月（$n$=16）乳汁中 OPN 含量的中位数分别为 1493.4mg/L、896.3mg/L、550.8mg/L 和 412.7mg/L，3 ～ 7d 的初乳中含有较高的 OPN，然而最初 3d 的初乳（$n$=20）OPN 含量很低（中位数仅为 2.7mg/L），之后 3 ～ 7d 的初乳含量迅速升高，进入过渡乳和成熟乳后的 OPN 含量逐渐降低，但是母乳中仍含有相当于最高峰时 50% 的 OPN，并可维持超过一年 [35]。即使是成熟乳中 OPN 含量也比同期乳母血浆中的含量（中位数 339.0μg/L）高得很多，乳汁中 OPN 含量与血浆含量呈显著正相关（$r$=0.627，$P$=0.047）。Schack 等 [1] 来自丹麦的研究结果显示，29 例过渡乳和成熟乳的 OPN 含量分别为 127.7mg/L±84.8mg/L（产后 6 ～ 15d）和 148.5mg/L±74.5mg/L（产后 17 ～ 58d），占总蛋白质含量的 2.1%。人乳中的 OPN 含量显著高于牛乳（约 18mg/L）[1]。Bruun 等 [36] 在丹麦、日本、韩国和中国的调查结果显示，OPN 浓度的中位数为 99.7mg/L（IQR 67.5 ～ 149.1mg/L）、185.0mg/L（IQR 151.0 ～ 229.5mg/L）、216.2mg/L（IQR 160.6 ～ 268.8mg/L）

和 266.2mg/L（IQR 210.8 ～ 323.9mg/L），分别占到总蛋白质含量的 1.3%、2.4%、1.8% 和 2.7%，不同国家母乳的 OPN 浓度有显著差异，亚洲母乳中的 OPN 含量较高（表 14-2）；然而该项研究不同国家间的比较存在婴儿的年龄差异较大问题，如中国和韩国婴儿约 1 月龄，而日本婴儿超过 2 月龄，丹麦的婴儿则超过 4 月龄。

**表 14-2　四个国家母乳样本中 OPN 的含量**

| 项目 | 中国 | 韩国 | 日本 | 丹麦 |
| --- | --- | --- | --- | --- |
| 样本量 | 76 | 117 | 118 | 318 |
| 婴儿年龄 / 周 | 4.3① | 3.9① | 9.1① | 17.4① |
| OPN 含量 /(mg/L) | 266.2<br>(210.8 ～ 323.9) | 216.2<br>(160.6 ～ 268.8) | 185.0<br>(151.0 ～ 229.5) | 99.7<br>(67.5 ～ 149.1) |
| OPN/ 蛋白质 /% | 2.7①<br>(2.2 ～ 3.6) | 1.8①<br>(1.3 ～ 2.1) | 2.4①<br>(1.8 ～ 2.9) | 1.3①<br>(0.9 ～ 1.7) |

①中位数（$P_{25}$ ～ $P_{75}$）。

# 14.5　骨桥蛋白在婴儿配方食品中的应用效果

尽管 OPN 仅占人乳蛋白总量的 2%，但直到最近才被认为有可能添加到婴儿配方食品中 [1]；与乳铁蛋白类似，牛乳中 OPN 浓度（约 18mg /L）比人乳中的含量要低得多，而且乳基婴儿配方乳粉中 OPN 浓度甚至更低（约 9mg /L）[1]。尽管通过离子交换色谱法可以从牛乳中分离 OPN，但是从数量和质量上还难以应用于临床测试 [37] 和工业化生产需求。

## 14.5.1　动物实验

牛乳来源的 OPN 序列与人乳很相似，但是牛乳中 OPN 的含量却远低于人乳。Donovan 等 [38] 的研究用婴儿期的恒河猴为模型，评估补充 OPN 的效果。经过从出生到 3 月龄的喂养，通过与母乳喂养组进行比较，得到普通婴儿配方食品组和 OPN 强化婴儿配方食品组（OPN 浓度 125mg/L）的肠道组织表达谱，普通婴儿配方食品组与母乳喂养组的差异化表达基因有 1017 个，而 OPN 强化婴儿配方食品组与母乳组的差异仅有 217 个，说明 OPN 强化婴儿配方食品组的喂养效果更接近母乳喂养组。Ren 等 [39] 利用早产小猪模型，评估了富含 OPN 或酪蛋白糖聚肽或牛初乳配方粉对于新生儿坏死性小肠结肠炎（NEC）的预防效果。结果显示，与常规配方相比，富含 OPN 的配方有减少腹泻和促进肠上皮细胞（IEC）增殖的作用。

### 14.5.2 喂养试验

在一项随机对照试验中，对比了母乳喂养，或婴儿配方乳粉喂养 1 ～ 6 月龄婴儿。其中婴儿配方乳粉喂养的婴儿进一步分为接受标准婴儿配方乳粉、含 65mg /L 或 130mg/L 的 OPN 婴儿配方乳粉（双盲）[40]。结果显示，用添加 OPN 婴儿配方乳粉喂养的婴儿血浆中氨基酸和细胞因子的水平更接近母乳喂养婴儿。在婴儿配方乳粉中添加 OPN 可显著降低促炎细胞因子 TNF-α 水平，但显著升高口服耐受性中起关键作用的白介素 -2 水平 [40]，但是不同婴儿组在食欲、生长、体重或身高方面没有显著差异 [40]；而且干预期间接受含 OPN 的婴儿配方乳粉两组发热天数（4.0%±7.8%，5.5%±10.1%）也明显低于接受标准婴儿配方乳粉组（8.2%±11.7%），而与母乳喂养组没有显著差异（3.2%±7.3%）。婴儿配方乳粉中添加 65mg/L OPN 的结果显示有助于改善婴儿的免疫发育，因为显著改变外周血中单核细胞的基因表达 [41,42]；血液检查的结果显示，添加 OPN 的婴儿配方乳粉喂养组在 4 个月时 TNF-α 水平较低，而 IL-2 水平较高。Jiang 等 [3] 的临床研究结果显示：婴儿配方乳粉中添加 OPN 可能通过增加血浆中内源性 OPN 发挥其有益作用。母乳 OPN 浓度的动态变化可能反映了婴儿在不同发育阶段对不同功能所需的不同量的母乳 OPN。

已有越来越多证据显示，OPN 是人乳中的一种重要的生物活性成分，动物模型研究和婴儿临床喂养试验的结果均提示，给人工喂养婴儿补充 OPN 可使这些婴儿在生长发育和免疫功能等方面获益。

## 14.6 展望

OPN 是母乳中乳清蛋白的重要组分之一，越来越多的证据支持 OPN 可能对乳母及其母乳喂养儿具有重要的营养作用，然而，迄今开展的相关研究工作十分有限。随着（定量）蛋白质组学研究日渐成熟和蛋白质分离鉴定技术、仪器和方法的不断改进，将会推动人乳蛋白质组学的研究。

### 14.6.1 方法学研究

母乳中 OPN 含量的测定方法仍制约相关研究的开展，需要加强母乳中 OPN 的鉴定与定量方法学研究（包括标准品制备），尤其需要建立高效分离 LF-OPN 混合物及灵敏快速的微量定量分析方法。

### 14.6.2 影响因素研究

关于影响母乳 OPN 含量因素方面的研究甚少，需要研究有哪些因素可能影响母乳中 OPN 的含量和存在形式（母体和/或喂养儿，如遗传、孕前和/或孕期肥胖、膳食、胎儿成熟度、分娩方式、乳母的心情与睡眠状态等）。

### 14.6.3 骨桥蛋白与其他营养成分的相互作用研究

探索母乳中 OPN 与同时存在的其他营养成分和生物活性成分之间的作用关系（如已知与乳铁蛋白间存在明显协同作用），探索这样的作用对母乳喂养儿免疫功能和生长发育以及肠道微生态环境产生的影响。

### 14.6.4 骨桥蛋白在婴幼儿配方食品中的应用研究

有些初步研究结果显示，与传统婴儿配方食品相比，添加 OPN 的婴儿配方食品有助于改善喂养儿的免疫学指标和某些疾病发生率，效果接近母乳喂养的婴儿，有必要设计更严谨的双盲随机对照临床试验，研究和比较母乳来源或牛乳来源 OPN 的补充效果，评价添加或富含牛乳 OPN 的婴儿配方食品的安全性和有效性。

（石羽杰，刘彪，苏红文，杨振宇，荫士安）

#### 参考文献


[1] Schack L, Lange A, Kelsen J, et al. Considerable variation in the concentration of osteopontin in human milk, bovine milk, and infant formulas. J Dairy Sci, 2009, 92(11): 5378-5385.

[2] Jiang R, Lönnerdal B. Effects of milk osteopontin on intestine, neurodevelopment, and immunity. Nestle Nutr Inst Workshop Ser, 2020, 94:152-157.

[3] Jiang R, Lönnerdal B. Osteopontin in human milk and infant formula affects infant plasma osteopontin concentrations. Pediatr Res, 2019, 85(4): 502-505.

[4] Anborgh P H, Mutrie J C, Tuck A B, et al. Pre- and post-translational regulation of osteopontin in cancer. J Cell Commun Signal, 2011, 5(2): 111-122.

[5] Sodek J, Ganss B, McKee M D. Osteopontin. Crit Rev Oral Biol Med, 2000, 11(3): 279-303.

[6] Wang K X, Denhardt D T. Osteopontin: role in immune regulation and stress responses. Cytokine Growth Factor Rev, 2008, 19(5-6): 333-345.

[7] Standal T, Borset M, Sundan A. Role of osteopontin in adhesion, migration, cell survival and bone remodeling. Exp Oncol, 2004, 26(3): 179-184.

[8] Christensen B, Nielsen M S, Haselmann K F, et al. Posttranslationally modified residues of native human osteopontin are located in clusters. Identification of thirty-six phosphorylation and five O-glycosylation sites and their biological implications. Biochem J, 2005, 390 (Pt 1):285-292.

[9] Chatterton D E W, Rasmussen J T, Heegaard C W, et al. *In vitro* digestion of novel milk protein ingredients for use in infant formulas: research on biological functions. Trends Food Sci Technol, 2004, 15(7-8):373-383.

[10] Sun Y, Liu W Z, Liu T, et al. Signaling pathway of MAPK/ERK in cell proliferation, differentiation, migration, senescence and apoptosis. J Recept Signal Transduct Res, 2015, 35(6):600-604.

[11] Fresno Vara J A, Casado E, de Castro J, et al. PI3K/Akt signalling pathway and cancer. Cancer Treat Rev,

2004, 30(2): 193-204.
[12] Yamniuk A P, Burling H, Vogel H J. Thermodynamic characterization of the interactions between the immunoregulatory proteins osteopontin and lactoferrin. Mol Immunol, 2009, 46(11-12): 2395-2402.
[13] Liu L, Jiang R, Lönnerdal B. Assessment of bioactivities of the human milk lactoferrin-osteopontin complex *in vitro*. J Nutr Biochem, 2019, 69:10-18.
[14] Kahles F, Findeisen H M, Bruemmer D. Osteopontin: a novel regulator at the cross roads of inflammation, obesity and diabetes. Mol Metab, 2014, 3:384-393.
[15] Franzen A, Heinegard D. Isolation and characterization of two sialoproteins present only in bone calcified matrix. Biochem J, 1985, 232(3): 715-724.
[16] Oldberg A, Franzen A, Heinegard D. Cloning and sequence analysis of rat bone sialoprotein (osteopontin) cDNA reveals an Arg-Gly-Asp cell-binding sequence. Proc Natl Acad Sci U S A, 1986, 83(23): 8819-8823.
[17] Fisher L W, Hawkins G R, Tuross N, et al. Purification and partial characterization of small proteoglycans Ⅰ and Ⅱ, bone sialoproteins Ⅰ and Ⅱ, and osteonectin from the mineral compartment of developing human bone. J Biol Chem, 1987, 262(20): 9702-9708.
[18] Butler W T. The nature and significance of osteopontin. Connect Tissue Res, 1989, 23(2-3): 123-136.
[19] Demmelmair H, Prell C, Timby N, et al. Benefits of lactoferrin, osteopontin and milk fat globule membranes for infants. Nutrients, 2017, 9(8). :817. doi: 10.3390/nu9080817.
[20] Jiang R, Lönnerdal B. Biological roles of milk osteopontin. Curr Opin Clin Nutr Metab Care, 2016, 19(3): 214-219.
[21] Kläning E, Christensen B, Sørensen E S, et al. Osteopontin binds multiple calcium ions with high affinity and independently of phosphorylation status. Bone, 2014, 66:90-95.
[22] Holt C, Sørensen E S, Clegg R A. Role of calcium phosphate nanoclusters in the control of calcification. FEBS J, 2009, 276(8): 2308-2323.
[23] Ohri R, Tung E, Rajachar R, et al. Mitigation of ectopic calcification in osteopontin-deficient mice by exogenous osteopontin. Calcif Tissue Int, 2005, 76(4): 307-315.
[24] Joung K E, Christou H, Park K H, et al. Cord blood levels of osteopontin as a phenotype marker of gestational age and neonatal morbidities. Obesity (Silver Spring), 2014, 22(5):1317-1324.
[25] Nemir M, Bhattacharyya D, Li X, et al. Targeted inhibition of osteopontin expression in the mammary gland causes abnormal morphogenesis and lactation deficiency. J Biol Chem, 2000, 275(2): 969-976.
[26] Rittling S R, Novick K E. Osteopontin expression in mammary gland development and tumorigenesis. Cell Growth Differ, 1997, 8(10):1061-1069.
[27] Ashkar S, Weber G F, Panoutsakopoulou V, et al. Eta-1 (osteopontin): an early component of type-1 (cell-mediated) immunity. Science, 2000, 287(5454): 860-864.
[28] Pabst H F, Spady D W, Pilarski L M, et al. Differential modulation of the immune response by breast- or formula-feeding of infants. Acta Paediatr, 1997, 86(12): 1291-1297.
[29] Azuma N, Maeta A, Fukuchi K, et al. A rapid method for purifying osteopontin from bovine milk and interaction between osteopontin and other milk proteins. Int Dairy J, 2006, 16:370-378.
[30] Jiang R, Prell C, Lönnerdal B. Milk osteopontin promotes brain development by up-regulating osteopontin in the brain in early life. FASEB J, 2019, 33(2): 1681-1694.
[31] Gericke A, Qin C, Spevak L, et al. Importance of phosphorylation for osteopontin regulation of biomineralization. Calcif Tissue Int, 2005, 77(1): 45-54.
[32] Asplin J R, Arsenault D, Parks J H, et al. Contribution of human uropontin to inhibition of calcium oxalate

crystallization. Kidney Int, 1998, 53(1): 194-199.

[33] Yin S A, Yang Z Y. An on-line database for human milk composition in China. Asia Pac J Clin Nutr, 2016, 25(4): 818-825.

[34] 周扬 , 陈启 , 江如蓝，等 . 2011—2013 年中国母乳骨桥蛋白含量及影响因素 . 卫生研究 , 2022, 51(1): 39-44.

[35] Nagatomo T, Ohga S, Takada H, et al. Microarray analysis of human milk cells: persistent high expression of osteopontin during the lactation period. Clin Exp Immunol, 2004, 138(1): 47-53.

[36] Bruun S, Jacobsen L N, Ze X, et al. Osteopontin levels in human milk vary across countries and within lactation period: data from a multicenter study. J Pediatr Gastroenterol Nutr, 2018, 67(2): 250-256.

[37] Christensen B, Sorensen E S. Structure, function and nutritional potential of milk osteopontin. Int Dairy J, 2016, 57:1-6.

[38] Donovan S M, Monaco M H, Drnevich J, et al. Bovine osteopontin modifies the intestinal transcriptome of formula-fed infant rhesus monkeys to be more similar to those that were breastfed. J Nutr, 2014, 144(12): 1910-1919.

[39] Ren S, Hui Y, Goericke-Pesch S, et al. Gut and immune effects of bioactive milk factors in preterm pigs exposed to prenatal inflammation. Am J Physiol Gastrointest Liver Physiol, 2019, 317(1): G67-G77.

[40] Lonnerdal B, Kvistgaard A S, Peerson J M, et al. Growth, nutrition, and cytokine response of breast-fed infants and infants fed formula with added bovine osteopontin. J Pediatr Gastroenterol Nutr, 2016, 62(4): 650-657.

[41] West C E, Kvistgaard A S, Peerson J M, et al. Effects of osteopontin-enriched formula on lymphocyte subsets in the first 6 months of life: a randomized controlled trial. Pediatr Res, 2017, 82(1): 63-71.

[42] Donovan S, Monaco M, Drnevich J, et al. Osteopontin supplementation of formula shifts the peripheral blood mononuclear cell transcriptome to be more similar to breastfed infants. J Nutri, 2014, 144(Suppl 38.3):S1910-S1919.

# 第 15 章

# 母乳中其他生物活性成分研究

母乳喂养特别是初乳对增进新生儿和婴儿的营养与健康状况、预防感染性疾病以及降低过敏性疾病风险十分重要，因为人乳中含有很多种微量具有免疫活性的细胞和可溶性免疫活性成分，对母乳喂养儿出生后适应外部环境、启动肠道免疫功能和发育成熟、抵抗疾病以及生长发育潜能发挥和成年时期营养相关慢性病发生发展轨迹产生重要影响，例如，免疫球蛋白、细胞因子、唾液酸、乳肽、小分子核糖核酸、乳脂肪球膜蛋白等成分是近年关注和研究的重点（表 15-1）[1]。

**表 15-1　母乳中宿主防御因子**

| 成分 | 功能 |
| --- | --- |
| 抗菌剂（antimicrobial agents） | |
| 乳铁蛋白（lactoferrin） | 促进肠道益生菌生长，螯合 $Fe^{3+}$（包括 $Fe^{2+}$）抑制致病菌生长 |
| 溶菌酶（lysozyme） | 降解肽聚糖，广谱抗菌，调节免疫反应和炎症 |
| 纤连蛋白（fibronectin） | 调理素；噬菌素 |
| 黏蛋白（mucin） | 抗轮状病毒 |
| 分泌型 IgA（secretory IgA） | 抗菌剂 |
| 补体 C3（complement C3） | 调理素；噬菌素 |
| 抗炎因子（antiinflammatory factors） | |
| α- 生育酚（α-tocopherol），β- 胡萝卜素（β-carotene），抗坏血酸盐（ascorbate）<br>前列腺素 $E_2$（prostaglandin $E_2$），$F_2$-α<br>血小板活化因子（PAF），乙酰水解酶（acetylhydrolase） | 抗氧剂<br>保护细胞<br>降解调节因子的酶 |
| 细胞成分（cell components） | |
| 巨噬细胞（macrophages） | 抗氧化剂，吞噬 |
| T 细胞（T-cells） | 淋巴因子 |
| 免疫调节成分（immuno modulating substances） | |
| 白介素（interleukins） | IL-1β 活化 T 细胞；IL-6 增加 IgA 产量；IL-8 使中性粒细胞集聚感染部位、吞噬、脱颗粒释放溶菌酶杀菌 |
| 肿瘤坏死因子 TNF-α | 诱导 IL-1、IL-6、IL-8、IFN-γ 的产生，促进 IL-2 受体表达 |
| 干扰素（interferons,IFN） | 抗病毒，免疫调节 |
| 集落刺激因子（colony-stimulating factors） | 增加巨噬细胞增殖、分化和存活，使粒细胞发挥有益作用，增加机体抗菌防御功能 |
| 生长因子（growth factors） | 保护新生儿胃肠道，促进其发育成熟 |
| 核苷与核苷酸 | 免疫调节、肠道发育、脂质和糖代谢 |
| 乳脂肪球膜 | 抗菌 / 抑菌、抗病毒，促进肠道发育成熟 |

# 15.1　母乳中其他生物活性成分的作用

母乳中不同的蛋白质、细胞成分和其他多种生物活性成分在新生儿和婴儿的肠道发育、营养与免疫功能以及抗致病微生物中发挥各自作用[2]。因此母乳喂养可降低新生儿肠道、呼吸道感染性疾病的患病率，预防婴儿尿路感染，降低患过敏性疾病的风险。

### 15.1.1 生物活性成分的抗感染作用

新生儿免疫系统的发育成熟程度受到通过胎盘（胎儿期）和母乳转运母体免疫力的影响。过去30多年，对母乳具有保护功能的大量流行病学调查结果证明，支持、鼓励和促进母乳喂养可有效预防婴儿感染，特别是胃肠道和呼吸道的感染[3]以及过敏性疾病发生，因为母乳本身可以预防婴儿感染，对婴儿胃肠道和呼吸道具有保护作用。刚出生的新生儿免疫系统还没有发育成熟，胃还没有清除病原体的能力，而且肠道也缺乏肠道微生物菌落，尤其是缺乏益生菌的定植。人们普遍相信，母乳不仅含有新生儿生长发育需要的营养成分，而且还含有诸多有益于免疫系统发育成熟的免疫活性成分或调节因子和丰富的微生物。

早期临床和实验观察结果证明，母乳喂养婴儿可以降低过敏性疾病和其他自身免疫性疾病或免疫失调的发生率；在母乳喂养婴儿发生活动性感染期间，其母乳中白细胞总数，特别是巨噬细胞数量和TNF-α含量显著增加。这些结果支持母乳喂养为患病婴儿提供的免疫防御的动态学特性[4]。腹泻是婴儿期的常见病，影响婴儿营养状况和威胁婴儿健康。预防婴儿腹泻的公认措施也是采用母乳喂养婴儿[5]。

### 15.1.2 免疫活性成分帮助婴儿抵抗疾病

母乳喂养预防新生儿和婴儿感染性疾病的作用除了与其含有一些生物活性成分具有抗感染的作用有关外，还与母乳中存在丰富的免疫活性细胞、细胞因子和激素及类激素成分密切相关。如母乳中含有的自然杀伤细胞（NK细胞）能溶解病毒感染的细胞和细菌，对新生儿的保护尤为重要。

乳汁中免疫活性成分的种类和含量受诸多因素的影响，包括动物的种属、遗传、环境、哺乳阶段、健康状况、营养状态或膳食摄入量等[6]。就人类的新生儿而言，其细胞免疫系统在出生后顺利适应外界环境，尤其是抵抗细菌和病毒等病原体侵袭方面发挥决定性作用。虽然足月新生儿脐带血的B细胞百分率与成人相同，但是新生儿淋巴细胞尤其是T细胞的功能尚处于不断完善阶段，产生免疫球蛋白的能力低于成人；单核细胞和T、B淋巴细胞还不成熟，T抑制细胞活性增强，辅助性T细胞功能缺乏。所以新生儿更易患扩散性和严重的细胞内病原菌感染。

而新鲜的母乳中含有丰富的免疫活性成分，为母乳喂养婴儿提供针对感染性病原体和环境抗原的特异性和非特异性的防御。至今已经确定了母乳中存在的许多生物活性物质，包括抗菌剂、抗炎因子、细胞成分、免疫调节成分（如细胞因子等）在宿主防御中的作用[7]。

### 15.1.3 活性细胞因子的作用

人乳中的免疫系统不仅仅是由直接作用的抗菌剂和抗炎因子所组成，而且还包括许多免疫调节因子[7]。经母乳转运给婴儿的许多细胞因子，包括生长因子可能增加对婴儿免疫系统发育的主动刺激[8]。基于这些考虑的合理假设是生后最初 1 ～ 2 岁的婴幼儿依赖于来源于母乳的外源性保护。母乳代表了具有免疫功能、营养作用和消化成分的理想食物，有利于婴儿胃肠道黏膜的成熟，是对生后最初 2 年机体感染性疾病防御的最大贡献[9]。母乳提供的保护作用是由于存在多种功能性蛋白质或称为活性细胞因子，包括免疫球蛋白 A、溶菌酶、补体系统、乳铁蛋白、生长因子和诸多其他细胞因子等。然而，研究清楚母乳中这一重要防御系统是很困难的，因为这些成分的生物化学反应过程很复杂，某些生物活性组分的浓度很低，某些成分存在多种不同组成，而且哺乳期间乳汁中这些成分存在动态的定量和定性的变化，以及缺乏定量这些成分的特异性试剂与标准品等，均限制了对这些细胞因子的功能以及作用机制的深入研究。

### 15.1.4 参与机体的主动免疫，调节被动免疫

近期的临床调查和实验观察结果表明，母乳不仅为婴儿提供被动的免疫保护作用，还可以直接调节婴儿免疫系统的发育与成熟。在母乳提供被动保护和主动调节婴儿黏膜发育以及系统免疫应答的能力方面，与其含有的抗菌、抗炎和免疫调节活性物质的复杂混合物紧密相关[7]。

在新生儿和其后的婴儿期，母乳喂养提供的免疫活性成分可以保护其不成熟的免疫系统，例如通过像妊娠期间免疫球蛋白 G（IgG）的胎盘（从母体到胎儿）转运通道和通过母乳摄入的免疫活性成分（如乳铁蛋白、具有免疫功能的细胞成分、溶菌酶、细胞因子等），为其提供防御感染的保护作用；母乳中含有的 TGF-β 对启动新生儿 IgA 的产生发挥重要作用[10]。母乳喂养可以使母体对胎儿的保护作用在出生后得以持续，使调节免疫系统的母体因子持续不断地向新生儿转移，而且母乳对这个时期儿童自身免疫能力的发育完善也是非常重要的[11]。

母乳喂养除了可避免来自其他食物或饮水的污染，还可以为婴儿提供多种抗炎、抗感染和免疫调节因子，可有效降低婴儿腹泻发生率，改善婴儿的营养状况和保护婴儿健康成长[12]。下面重点讨论母乳中免疫球蛋白、核苷酸和核苷、唾液酸、乳脂肪球膜、细胞因子、小分子核糖核酸（miRNA）的抗菌和抑菌成分含量及影响因素。

## 15.2 免疫球蛋白

人乳中免疫球蛋白具有抗体活性，是从母体经母乳转运到新生儿的被动免疫成

分。进入新生儿胃肠道的免疫球蛋白，通过血管系统被吸收或直接在胃肠道中发挥免疫功能，为新生儿提供免疫保护作用[13,14]。母乳中主要的免疫球蛋白类型与血中和细胞间液中的类型完全不同。母乳中的免疫球蛋白主要是 IgA，IgG 则是成人血液和细胞间液中主要的免疫球蛋白之一，母乳中也存在适宜量的 IgM 和 IgG[15]。

### 15.2.1 功能

免疫球蛋白存在于血清、初乳和常乳中，是一类重要的体液免疫分子，具有多种生物学功能，最主要的功能是与侵入人体的细菌、病毒等抗原物质特异性结合而凝集，固定细菌和中和病毒，介导补体活化、免疫调节等免疫反应，预防像轮状病毒、大肠杆菌、沙门菌等的致病作用，在增强机体的免疫力、防止细菌和病毒入侵等方面发挥重要作用。母乳中含有 sIgA、IgM、IgG 三种主要的免疫球蛋白，其中以分泌型免疫球蛋白（secretory immunoglobulin A,sIgA）的含量最高，保护新生儿和预防母体泌乳期的乳腺感染。母乳中免疫球蛋白的特点和功能作用，如表 15-2 所示。

**表 15-2　母乳中免疫球蛋白的特点和功能作用**

| 种类 | 特点 | 作用 |
| --- | --- | --- |
| IgA 与 sIgA | sIgA 是母乳中主要的免疫球蛋白，可抵抗酸、碱和蛋白酶的水解作用，在消化道中保持抗体活性 | 提供主动免疫，保护喂养儿呼吸道、肠道和泌尿生殖道黏膜和预防呼吸道和胃肠道感染性疾病<br>维持长期稳定的肠道内环境<br>预防特应性皮炎，降低新生儿感染和败血症发生率<br>保护乳腺 |
| IgM | 新生儿免疫系统能够产生 IgM，正常情况下初乳样品中 IgM 的浓度较低，仅有 20% 的母乳样品可检测出来；应答反应期较短 | 高效的抗体，具有细胞毒性的抗体，在补体系统参与下促进细胞吞噬作用<br>增强 NK 细胞对靶细胞的杀伤破坏作用，对细菌等颗粒抗原发挥调理作用 |
| IgG | 唯一能够从母体通过胎盘转移到胎儿体内的免疫球蛋白；比其他的免疫球蛋白更容易透过毛细血管壁弥散到组织间隙 | 获得被动免疫，具有抗感染、中和毒素及免疫调节作用，在防止菌血症和败血症方面发挥特别功能 |

当细菌侵袭乳腺组织时，乳腺中的 IgG、IgM 发挥吞噬细菌的作用，IgA 则可凝集细菌，有利于排除细菌、抑制其繁殖，从而起到保护乳腺的作用。母乳中存在的其他免疫因子，包括趋化因子和生长因子［如 IL-6、IL-7、IL-10、表皮生长因子（EGF）、TGF-β］等细胞因子，有助于 IgA 产生细胞的分化，在免疫细胞中发挥关键作用。

母乳中 IgA 和 IgM 均对多种病毒、细菌、原生动物、酵母菌和真菌具有抑菌活性，可抑制病原体的定植和入侵[7,16]。抗原的免疫排斥主要是由 sIgA 与先天防御配合完成，但是 sIgM 与新生儿健康状况密切相关，是使某些革兰氏阴性病原体失活所必需的[17,18]，而且 IgA 似乎在调节对膳食抗原的免疫反应中发挥作用，因为一些研究已经描述了乳汁 IgA 水平与变态反应之间呈负相关[19,20]。

## 15.2.2 含量及影响因素

### 15.2.2.1 含量

不同作者报告的初乳、过渡乳和成熟乳中免疫球蛋白 IgA（sIgA）、IgM 和 IgG 的含量，可参见本书第 4 章中国母乳蛋白质组分 4.2.1.3 免疫球蛋白。

### 15.2.2.2 影响因素

母乳中 Ig 总量及不同类型 Ig 组成比例随时间（哺乳进程）发生变化；而且母乳中 sIgA 的含量受环境、营养状况等诸多因素影响，在不同人群中有较大差异。

（1）乳母营养状况　调查结果显示，乳母营养状况显著影响乳汁中 IgA 和 IgG 的浓度，营养不良可导致初乳中 IgA 和 IgG 浓度显著降低[21]，其中 IgA 平均浓度仅相当于营养状况良好乳母乳汁含量的一半[22]；一项来自北京（2015 ～ 2016 年）的调查结果显示，服用营养素补充剂对母乳中四种免疫球蛋白（sIgA、IgA、IgM 和 IgG）含量没有显著影响[23]，这可能与乳母营养缺乏的程度有关。

（2）哺乳阶段　母乳中免疫球蛋白组分的含量与哺乳阶段有关，产后第一天的母乳中免疫球蛋白的含量最高，第二天次之[24]，之后几天显著下降[25]。总的趋势是初乳中免疫球蛋白的含量最高（IgA 和 IgM 尤为突出），最初的 1 ～ 4 个月哺乳期内 sIgA 的浓度维持稳定，如有研究提示分娩后 1d、2d、3d、4d 的母乳中 sIgA 的浓度（g/L）分别为 0.93±0.07、0.88±0.21、0.88±0.07、0.81±0.08[26]。初乳中总的免疫球蛋白浓度为 13.4g/L±5.9g/L，第 21 天时为 4.0g/L±2.3g/L，跌幅非常显著（$P<0.001$）。初乳中 IgG 抗体为 2.0g/L±1g/L，成熟乳为 0.7g/L±0.3g/L；初乳中 IgM 抗体浓度平均为 1.0g/L±1.6g/L，成熟乳为 1.5g/L±1.7g/L。

（3）胎儿成熟程度　有研究提示早产儿的母乳中 IgA 水平显著低于足月儿的母乳[27]，但是也有研究报道分娩早产儿（<32 周）的乳母初乳中含有较高的 sIgA 和 IgG[27-30]。

（4）分娩方式　一项北京的调查结果显示，分娩后剖宫产组 0 ～ 5d、12 ～ 14d 和 1 月龄母乳中 IgA 和 IgM 含量趋势均高于顺产组，至 4 月龄时，两组母乳中 IgA 和 IgM 含量基本相同[23]。

# 15.3 核苷酸和核苷

核苷酸和核苷是核糖核酸（ribonucleic acid，RNA）和脱氧核糖核酸（deoxyribonucleic，DNA）结构的骨架。母乳中的核酸碱基（nucleobases）、核苷（nucleosides）和核苷酸（nucleotides）都属于非蛋白氮（NPN）部分。母乳中含有多种丰富的核苷和核苷酸，是母乳喂养儿体内合成 RNA 和 DNA 的原料，用于储存和传递遗传信息；这些核苷酸还是合成三磷酸腺苷（ATP) 的原料，在细胞能量代谢中发挥重要作用，ATP 还可将高能磷酸键转移给 UDP、CDP 及 GDP 生成 UTP、CTP 及 GTP，它们在某些合成代谢中是能量的直接来源，有些核苷酸的衍生物还是活化的中间代谢物。生命早期母乳中这些微量成分的特殊生理功能和营养学作用已经引起人们普遍关注。

## 15.3.1 母乳中可检出的核苷和核苷酸

目前母乳中已检出的核苷和核苷酸种类约 14 种，包括核苷（胞苷、腺苷、尿苷、鸟苷、肌苷）、核苷酸（胞苷酸、尿苷酸、腺苷酸、鸟苷酸、肌苷酸）、二磷酸腺苷（胞苷 -5′- 二磷酸、尿苷 -5′- 二磷酸、腺苷 -5′- 二磷酸、鸟苷 -5′- 二磷酸）等 [31,32]。母乳中聚核苷酸的核苷主要成分是胞苷、鸟苷和腺苷 [33]。

母乳中核苷酸总量占非蛋白氮的 2% ～ 5%[34]，其中母乳中游离核苷酸含量占非蛋白氮的 0.4% ～ 0.6%（早期也有报告为 0.1% ～ 1.5%）[32]，母乳中总游离核苷酸浓度为 114 ～ 464μmol/L，总核苷浓度为 0.65 ～ 3.05μmol/L[31]。母乳是喂养儿核苷酸和核苷的重要来源。

## 15.3.2 功能

越来越多的研究结果支持母乳中核苷酸及其代谢产物参与了许多重要生理功能和生物化学反应过程，对婴儿的生长发育发挥重要作用。早在 1963 年 Nagai 等 [35] 就提出膳食核苷酸影响婴儿生长发育。膳食核苷和核苷酸可能成为条件性必需营养素（conditionally essential nutrients）[36]。婴儿期处于迅速生长发育阶段，对于那些需要人工喂养的婴儿，核苷酸摄入量难以满足这些组织生理功能达到最佳状态的需要量 [37,38]，因此核苷酸外源性补充对于维持组织的最佳生理功能是重要的 [37,39,40]。对于早产儿和宫内生长发育迟缓的足月儿（足月小样儿），目前的证据支持给这些婴儿补充核苷酸是有益的，可为新生儿提供充足的嘌呤和嘧啶用于核酸合成，促进婴儿胃肠道和免疫系统的成熟 [41-43]。

### 15.3.2.1 对免疫功能的影响

多项人体临床干预试验结果显示，补充外源性核苷酸对婴幼儿免疫功能可产生良好的效应，如有助于增加免疫球蛋白浓度、提高抗体应答能力，而且在免疫反应方面更接近于母乳喂养的婴儿。

（1）临床喂养效果　早在 1999 年 Navarro 等 [44] 就发现，受试婴儿食用添加核苷酸的早产儿配方乳粉 3 个月后，早产儿的血浆 IgA、IgG 水平高于未添加组。Yau 等 [45] 完成了相似研究。Buck 等 [46] 的研究发现，补充核苷酸婴儿配方食品喂养的婴儿组，其 NK 细胞活力与母乳喂养的婴儿相似，显著高于没有补充核苷酸组的婴儿，表明补充核苷酸可以促进 T 细胞的成熟并影响具有免疫调节作用的 NK 细胞亚群活性。

（2）免疫调节作用　Schaller 等 [37,47] 的研究中观察到，食用添加核苷酸婴儿配方乳粉的婴儿，接受口服脊髓灰质炎病毒疫苗接种后，6 月龄和 12 月龄时产生的脊髓灰质炎病毒Ⅰ型中和抗体（PV-VN1）水平显著高于未添加核苷酸组。Meta 分析结果显示，与母乳或对照配方组相比，补充核苷酸的婴儿接种流感疫苗、白喉类毒素或口服脊髓灰质炎疫苗后出现较好的抗体反应 [39]。核苷酸增强免疫功能的机制可能是通过增强婴儿的抗体反应发挥调节免疫作用 [46,47]。一些动物实验结果显示，外源性核苷酸对细胞免疫的影响可能主要与核苷酸能够促进 T 淋巴细胞的增殖有关 [48]。

### 15.3.2.2　对肠道的影响

研究证明膳食补充核苷酸对婴儿的肠道健康有积极影响，特别是可以改善肠道菌群。Singhal 等 [49] 报告，用补充核苷酸的婴儿配方乳粉喂养婴儿，其粪便菌群组成更接近于母乳喂养的婴儿，提示补充核苷酸可以改善婴儿配方乳粉喂养婴儿肠道微生物菌群组成。Doo 等 [50] 利用 PolyFermS 模型测试了核苷和含有不同核苷酸含量的酵母提取物对婴儿肠道的影响，补充核苷和含有不同核苷酸含量的酵母提取物可以提高短链脂肪酸（主要是乙酸和丁酸）的产量，同时还提示核苷和核苷酸含量对婴儿肠道菌群组成及新陈代谢活动的调节作用有强的剂量效应关系。

### 15.3.2.3　对生长发育的影响

已有多项研究结果显示，补充核苷酸可促进婴儿头围的增长。如 Cosgrove 等 [51] 所报告的，补充核苷酸可使早产儿的身长和头周径等都高于对照组；Singhal 等 [40] 报告，添加核苷酸的婴儿配方乳粉可使喂养婴儿出生后 8 周、16 周、20 周的头周增长优于未补充组。另一项 Meta 分析结果显示，在婴儿配方乳粉中补充核苷酸可使婴儿体重、头围、头围增加率显著高于未补充组 [52]。头围的增加可一定程度地反映婴儿脑体积的增加，可能对婴儿后期认知能力发育具有潜在影响。

### 15.3.2.4　对脂质和糖代谢的影响

腺苷酸是几种重要辅酶的组成成分，如辅酶Ⅰ（烟酰胺腺嘌呤二核苷酸，NAD）、辅酶Ⅱ（磷酸烟酰胺腺嘌呤二核苷酸，NADP）、黄素腺嘌呤二核苷酸（FAD）及辅酶 A（CoA）的组成成分，是脂类、碳水化合物和蛋白质合成中的重要辅酶。NAD 及 FAD 是生物氧化体系，在传递氢原子或电子中发挥重要作用。CoA 作为有些酶的辅酶成分，参与糖的有氧氧化及脂肪酸氧化过程。部分核苷酸及其衍生物也是某些重要辅酶的组成成分，参与人体脂质合成和脂肪酸氧化。例如，食用添加核苷酸配方乳粉的婴儿体内二十二碳六烯酸与花生四烯酸含量高于食用未添加核苷酸婴儿配方乳粉的婴儿[53]。

#### 15.3.2.5 参与其他生理功能

核苷酸参与许多基本的生命过程和生物体内几乎所有的生物化学反应过程，包括生长发育、繁殖和遗传等，许多单核苷酸还具有多种重要生物学功能。核苷酸的可能生物效应还包括增加铁的生物利用率和促进肠道吸收铁，调节血脂、影响脂蛋白和长链多不饱和脂肪酸的代谢（如影响脂肪酸合成过程中脱饱和和碳链延长速度，特别是生命早期长链多不饱和脂肪酸的代谢过程）、影响肠道细胞因子的水平、促进肠道的生长和成熟[54-56]，可能还参与诱导母乳喂养婴儿的催眠作用或睡眠周期的调整等[57]。

### 15.3.3 含量

人乳是 RNA、游离核苷酸和核苷的丰富来源，而牛乳或没有添加核苷酸组分的乳基婴儿配方食品（乳粉）中几乎检不出任何形式核苷，且核苷酸的含量也比人乳要低得多[58,59]。

#### 15.3.3.1 核苷和核苷酸总量

母乳中游离核苷酸和核苷的含量可参见表 15-3 和表 15-4。母乳中总核苷酸质量浓度为 55 ～ 72mg/L。

#### 15.3.3.2 潜在可利用核苷总量（TPAN）

Leach 等[33] 和 Tressler 等[60] 报告的母乳中 TPAN 汇总于表 15-5。初乳中约 17% 的 TPAN 存在于细胞部分，而在其他各哺乳阶段，母乳中 TPAN 至少 91% 存在于非细胞部分[60]。

#### 15.3.3.3 单体核苷酸及组分占比

在 TPAN 中，聚核苷酸（RNA）形式占 48%±8%，单核苷酸形式占 36%±10%，少量以核苷（8%±6%）和核苷酸加合物（9%±4%）的形式存在；在每个组分中均存在尿苷，而且主要是以游离核苷酸（36%±12%）和加合物（27%±12%）的形式存在[33]。母乳中各种核苷酸的比例见表 15-6。

#### 15.3.3.4 其他形式核苷酸

母乳中除了上面提到的多种核苷和单核苷酸，还检测到多种二磷酸核苷酸。Thorell 等[61] 分析了 14 例瑞典乳母产后 3 ～ 24 周的乳汁核苷酸含量，核酸和核酸当量（平均值 ±SE）分别为 23mg/L±19mg/L（8.6 ～ 71mg/L）和 68mg/L±55mg/L（25 ～ 209mg/L）；5′-CMP 和 5′-UMP 水平高于 5′-AMP 和 5′-GMP，而 5′-IMP 未检出；核苷类中仅检出了胞苷和尿苷，而鸟苷水平很低；平均 TPAN 水平为 91μmol/L ；核糖核苷酸和核糖核苷的水平（平均值 ±SE）分别为 84μmol/L±25μmol/L 和 10μmol/L±2μmol/L。母乳中还含有二磷酸核苷酸，如二磷酸尿苷酸（UDP）、二磷酸胞苷酸（CDP）、二磷酸腺苷酸（ADP）和二磷酸鸟苷酸（GDP），含量（平均值 ±SE）分别为 UDP 174μg/dL±12.8μg/dL（痕量～ 586μg/dL）、CDP 474μg/dL±41.5μg/dL（未检出～ 1488μg/dL）、ADP 69μg/dL±17.9μg/dL（未检出～ 487μg/dL）、GDP 96μg/dL±8.9μg/dL（未检出～ 536μg/dL）[32]。

**表** 15-3　母乳中游离核苷酸含量①　　单位：μmol/L

| 发表时间 | 哺乳阶段 | 产后时间 | CMP | UMP | GMP | AMP | 文献来源 |
| --- | --- | --- | --- | --- | --- | --- | --- |
| 1982 | 过渡乳② | 2 周 | 18.38±1.17 | 5.52±1.29 | 3.35±0.47 | 7.03±0.88 | Janas 和 Picciano |
|  | 成熟乳② | 4 周 | 16.40±1.28 | 7.99±1.81 | 4.33±0.49 | 4.92±1.00 |  |
|  | 成熟乳② | 8 周 | 12.93±1.14 | 4.29±0.59 | 3.47±0.43 | 4.44±0.37 |  |
|  | 成熟乳② | 12 周 | 9.93±0.86 | 4.35±0.84 | 4.71±0.50 | 4.12±0.53 |  |
| 1999 | 初乳 | 2 ～ 4d | 23.0(6.0 ～ 76.5) | 6.8(5.5 ～ 11.6) | 1.0(0.0 ～ 2.1) | 1.4(0.0 ～ 5.0) | Duchen 和 Thorell |
| 1999 | 成熟乳 | 3 个月后 | 61.5(35.8 ～ 101.7) | 6.4(3.4 ～ 11.0) | 1.0(0.0 ～ 2.3) | 1.9(0.6 ～ 5.6) |  |
| 1996 | 成熟乳 | 3 ～ 24 周 | 66±19<br>(41 ～ 106) | 11±5.3<br>(4.8 ～ 21) | 1.5±1.6<br>(0 ～ 5.9) | 5.7±4.9<br>(1.7 ～ 19) | Thorell 等 |
| 2011 | 成熟乳 | 1 ～ 9 个月 | 49.10±30.75 | 5.60±5.75 | 0.82±0.75 | 2.96±2.30 | Liao 等 |

①结果系平均值（范围）或平均值 ±SD。

②根据报告的 μg/100mL 换算的参考值，平均值 ±SE。

注：引自荫士安[1]，人乳成分（第二版），2022。

**表** 15-4　母乳中游离核苷含量①　　单位：μmol/L

| 发表时间 | 哺乳阶段 | 产后时间 | 胞苷 | 尿苷 | 肌苷 | 鸟苷 | 腺苷 | 文献来源 |
| --- | --- | --- | --- | --- | --- | --- | --- | --- |
| 1999 | 初乳 | 2 ～ 4d | 8.4(2.3 ～ 18.6) | 8.3(3.5 ～ 16.7) | —② | —② | —② | Duchen 和 Thorell |
| 1999 | 成熟乳 | 3 个月后 | 7.8(5.7 ～ 12.0) | 6.9(4.6 ～ 11.1) | —② | —② | —② |  |
| 1996 | 成熟乳 | 3 ～ 24 周 | 5.4±1.6 | 4.9±1.3 | —② | 0.76±1.3 | —② | Thorell 等 |
| 2011 | 成熟乳 | 1 ～ 9 个月 | 9.25±5.26 | 6.33±3.74 | 0.23±0.23 | 0.36±0.24 | 0.81±0.28 | Liao 等 |

①结果系平均值（范围）或平均值 ±SD。

②“—”表示未报告数值或未检出。

注：引自荫士安[1]，人乳成分（第二版），2022。

**表 15-5　母乳中潜在可利用核苷总量①**　　单位：μmol/L

| 发表时间 | 哺乳阶段 | 产后时间 | 胞苷 | 尿苷 | 鸟苷 | 腺苷 | 文献来源 |
|---|---|---|---|---|---|---|---|
| 1995 | 初乳 | 2d 内 | 71 (33 ～ 84) | 26 (21 ～ 30) | 21 (15 ～ 26) | 21 (13 ～ 26) | Leach 等 |
| | 过渡乳 | 3 ～ 10d | 86 (76 ～ 100) | 32 (23 ～ 37) | 30 (19 ～ 43) | 29 (17 ～ 42) | |
| | 早期成熟乳 | 1 个月 | 102 (79 ～ 146) | 48 (30 ～ 67) | 45 (23 ～ 91) | 46 (21 ～ 97) | |
| | 后期成熟乳 | 3 个月 | 96 (73 ～ 124) | 47 (36 ～ 58) | 28 (20 ～ 40) | 31 (25 ～ 49) | |
| 2003 | 平均值 | 1 ～ 100d | 90.3 | 46.8 | 33.4 | 32.6 | Tressler 等 |
| 2015 | 初乳 | 3 ～ 7d | 106.67 | 54.26 | 21.24 | 21.14 | 步军等 |
| | 成熟乳 | 1 ～ 2 个月 | 98.52 | 38.22 | 13.10 | 24.18 | |

①结果系平均值（范围）或平均值 ±SD。

注：引自荫士安[1]，人乳成分（第二版），2022。

**表 15-6　母乳中各种核苷酸的比例**　　单位：%

| 发表时间 | 哺乳阶段 | 产后时间 | CMP | UMP | GMP | AMP | IMP | 文献来源 |
|---|---|---|---|---|---|---|---|---|
| 1995 | 初乳① | 2d 内 | 51.08 | 18.71 | 15.11 | 15.11 | 0 | Leach 等 |
| | 过渡乳① | 3 ～ 10d | 48.59 | 18.08 | 16.95 | 16.38 | 0 | |
| | 早期成熟乳① | 1 个月 | 42.32 | 19.92 | 18.67 | 19.09 | 0 | |
| | 后期成熟乳① | 3 个月 | 47.52 | 23.27 | 13.86 | 15.35 | 0 | |
| 2003 | 平均值① | 1 ～ 100d | 44.5 | 23.1 | 16.5 | 16.1 | 0 | Tressler 等 |
| 2015 | 初乳① | 3 ～ 7d | 52.47 | 26.69 | 10.45 | 10.40 | 0 | 步军等 |
| | 成熟乳① | 1 ～ 2 个月 | 56.61 | 21.96 | 7.53 | 13.89 | 0 | |
| 2014 | 成熟乳② | 2 ～ 4 个月 | 53.5 | 38.2 | 4.16 | 3.87 | 0.31 | Xiao 等 |
| 2017 | 初乳 | 1 ～ 7d | 60.56 | 16.20 | 14.79 | 8.45 | 0 | 方芳等 |
| | 成熟乳 | 16 ～ 60d | 64.54 | 13.81 | 11.96 | 9.69 | 0 | |

①根据报告的 μmol/L 换算的参考值。

②根据报告的 mg/kg 换算的参考值。

注：引自荫士安[1]，人乳成分（第二版），2022。

## 15.3.4　影响因素

### 15.3.4.1　哺乳阶段的影响

母乳中核苷和核苷酸的含量均与哺乳阶段有关，不同哺乳阶段核苷酸的含量不同[60]，而且不同研究获得结果可能也截然不同。如 Gil 和 Sanchez-Medina[62]，

Thorell 等[61]和 Boza[63]的研究结果显示，初乳中核苷酸含量高于成熟乳；而 Duchen 和 Thorell[64]的数据则是过渡乳中核苷酸含量通常低于成熟乳；初乳中主要核苷酸的含量高于成熟乳[58]。

#### 15.3.4.2 地区差异

Sugawara 等[65]来自日本乳母的研究结果显示，母乳中游离核苷和核苷酸成分不仅与哺乳阶段有关，还存在明显的地域差异和季节差异，冬季母乳中游离核苷酸和核苷的总量高于夏季。

#### 15.3.4.3 膳食影响

由于人类膳食的变化或差异相当大，可能会不同程度影响乳汁中核苷酸和核苷的表达。如在中国以及大多数亚洲国家或地区，产后妇女的日常膳食安排，为了促进乳汁分泌，通常推荐应多食用较多汤汁，如鸡汤、鱼汤、豆腐汤，这些汤汁富含核苷酸和核苷，如嘌呤等，这样独特的产后膳食可能在影响乳汁核苷酸和核苷水平方面发挥重要作用[31]。也有报告素膳乳母的乳汁中总游离核苷酸的含量高于非素膳的乳母（*P*=0.037），而总游离核苷浓度则没有显著统计学差异（*P*=0.076）[31]。

## 15.4 唾液酸

母乳中含有丰富的唾液酸（sialic acid，SA 或 Sia），唾液酸参与突触的形成及神经传递过程，可能是婴儿神经发育必需的营养成分[66-68]，对人类营养与健康具有重要意义。

### 15.4.1 一般特征

人乳寡糖是天然存在于母乳中的一类由 2 ～ 10 个单糖组成的低聚糖，母乳（尤其是初乳）中富含这种寡糖。唾液酸化人乳寡糖（SHMO）的种类约占总人乳寡糖的 30%，含量约占总人乳寡糖的 15%。

#### 15.4.1.1 结构特点

唾液酸是附着在细胞表面和可溶性蛋白上糖链末端的一类含九碳的酸性单糖，是细胞膜上糖蛋白和糖脂的重要组成部分。唾液酸主要以结合糖（通过糖苷键共价连接）出现在人乳寡糖和共轭葡聚糖的末端位置，后者是神经节苷脂、糖脂和糖蛋白的寡糖结构，暴露于细胞表面。唾液酸还以游离形式存在于人体中，包括在母乳中。作为聚糖的末端糖，唾液酸一直被认为在黏液的黏度、蛋白质的水解保护、细胞间的识别、生殖、感染、免疫和认知发育中发挥重要生物学作用[69-72]。

#### 15.4.1.2 存在形式

唾液酸是以九碳糖神经氨酸为基本结构的一族衍生物总称，有 50 余种，除少数以游离状态存在外，绝大部分以结合形式存在于糖蛋白、糖脂分子和一些寡糖中。在人体中，唾液酸主要以 *N* - 乙酰神经氨酸形式存在于大脑中，作为神经节苷脂结构的一个组成部分参与突触形成和神经信号传递[73]。唾液酸可由 *α*-2,3- 和 *α*-2,6- 糖苷键相连，还可能由 *α*-2,8- 糖苷键聚合形成多聚唾液酸（polysialic acid，PolySia）。多聚唾液酸可与中枢神经系统中的神经细胞黏附分子（neural cell adhesion molecule，NCAM）结合，影响细胞的转移，神经元的生长、再生和突触可塑性，从而影响人类的学习记忆能力[74]。

唾液酸在哺乳动物中的两种主要结构为 *N*- 乙酰神经氨酸（Neu5Ac，NANA）和 *N*- 羟乙酰神经氨酸（Neu5Gc，NGNA），而 *N*- 羟乙酰神经氨酸在其他哺乳动物中更为常见，人体正常组织中几乎没有 Neu5Gc，母乳中也仅含有 Neu5Ac，而且脑和母乳中含量最高，即一种人类特异性的母乳单糖。由于婴幼儿配方乳粉多以牛乳为基料，因此婴幼儿配方乳粉中约有 5% 的唾液酸为 Neu5Gc[75]。SA 最常见的形式是 *N*- 乙酰神经氨酸（*N*-acetylneuraminic acid，Neu5Ac）和唾液酸乳糖 [ 主要形式是 6′- 唾液酸乳糖（6′-sialyllactose，6′-SL）和 3′- 唾液酸乳糖（3′-sialyllactose，3′-SL）]。

### 15.4.2 功能

母乳中不易消化的糖类中讨论最广泛的是人乳寡糖（human oligosaccharides，HMO）。存在的不易消化并具有非升血糖特性的人乳寡糖，具有特别重要意义。母乳中这些寡糖的含量很高，也是母乳喂养儿快速成长发育和脆弱婴儿的唯一营养来源。人体内源存在的乳寡糖（HMO）不仅是简单的作为机体的能量来源，还参与许多重要的生物学功能，包括参与细胞的增殖、分化和识别；具有良好的抗病原微生物作用，参与免疫调节；促进大脑发育（学习记忆的形成，提高学习能力）等。

母乳还含有其他重要的不易消化的双糖，如乳酸 -*N*- 二糖和 *N*- 乙酰基 -D- 乳糖胺以及单糖，如 L- 岩藻糖、*N*- 乙酰基 -D- 葡萄糖胺（GlcNAc）和唾液酸（sialic acid，SA）。很多动物实验和临床喂养试验结果均提示，SA 是重要的功能性糖类，唾液酸化人乳寡糖（或唾液酸化人乳糖）单体对于改善婴儿生长发育、促进脑发育、维持脑健康和增强免疫等都至关重要。

#### 15.4.2.1 作用机制

唾液酸化人乳糖（sialylactose，SL）可以通过对病原菌的黏附抑制，发挥对黏附位点置换和竞争等作用，预防感染，维持肠道的正常功能。唾液酸化人乳糖可在肠道内被分解，从而提供神经发育所必需的成分——唾液酸。也有研究结果提示，唾液酸化人乳寡糖（SHMO）可以作为病原体和外源性毒素的特异性识别位点，抑制其向肠道上皮细胞的转移感染。由于人乳寡糖上的唾液酸残基同时具有负电荷和亲水特性，具有协助调节细胞间的识别作用，如唾液酸可以作为凝集素配体参与免疫反应的调控。

#### 15.4.2.2 动物实验

许多动物实验结果显示，在大脑发育的关键时期，通过给予外源性唾液酸干预，可以对大脑发育、学习和记忆能力产生远期的不可逆影响。唾液酸及其衍生物对神经细胞有重要影响，表现在能够促进神经元的生长。当给仔猪静脉注射同位素标记的唾液酸后，可观察到脑中唾液酸含量的升高[76]。Wang等[77]用添加唾液酸（与酪蛋白结合的）的配方乳粉喂养仔猪，其间采用八臂迷宫试验评价仔猪的学习记忆能力，结果显示唾液酸可以显著提高猪仔的学习和记忆能力，同时还影响仔猪大脑中唾液酸的含量。

#### 15.4.2.3 临床试验与横断面调查

临床研究发现，初乳的唾液酸水平与婴儿早期智能发育密切相关，提高乳母唾液酸摄入量有益于婴儿的早期智能发育[67]。与婴儿配方乳粉喂养的婴儿相比，纯母乳喂养的婴儿，其母乳中高水平的唾液酸可增强婴儿肠黏膜表面黏性，对肠黏膜有更强的保护作用[68]。来源于神经节苷脂的唾液酸还是婴儿大脑快速发育所必需的营养成分[66]，而且唾液酸在促进神经元的萌芽和可塑性方面也可能发挥重要作用，是婴儿神经发育所必需的重要营养来源，而不含唾液酸的中性人乳寡糖（NHMO）则无这样的作用；横断面调查结果显示，母乳尤其是初乳SA水平与婴儿早期智能发育密切相关[78]。

### 15.4.3 含量及影响因素

母乳中唾液酸有游离和结合态两种形式，后者通常以低聚糖、糖脂或者糖蛋白的形式存在。母乳中天然存在的人乳寡糖结构复杂、种类繁多，不仅各寡糖组分间的含量差异较大，而且普遍存在异构现象，其分离纯化也非常困难，唾液酸化人乳寡糖的分离及结构解析难度大于中性人乳寡糖。

#### 15.4.3.1 含量

母乳中含有高浓度的唾液酸，范围为0.3～1.5g/L[79]。母乳中的唾液酸主要以结合态的形式存在，以人乳低聚糖为最主要存在形式，占母乳中总唾液酸含量的70%～83%。母乳中最主要的唾液酸化低聚糖为3′-唾液酸乳糖（3′-sialyllactose，3′-SL）和6′-唾液酸乳糖（6′-sialyllactose，6′-SL）。母乳中与糖蛋白和糖脂（以神经节苷脂为主）结合的唾液酸分别占母乳中总唾液酸含量的14%～28%和

0.2% ～ 0.4%[75,79-81]。Röhrig 等[82]汇总了母乳中存在的总的和游离型唾液酸含量，结果见表 15-7。乔阳等[83]应用荧光 - 高效液相色谱法测定了 102 例健康乳母的乳汁中总唾液酸含量，产后第 30 天、第 90 天和第 150 天的乳汁中总唾液酸浓度分别为（714.3±64.4）mg/L、（437.2±42.8）mg/L 和（342.8±47.7）mg/L。

**表** 15-7　母乳中总的和游离型唾液酸含量①

| 哺乳期 | 总 Sia②/(mg/kg) | 游离 NANA/(mg/kg) | 游离 NANA/总 NANA | 总 NGNA/总 Sia | 主要文献来源 |
|---|---|---|---|---|---|
| 初乳 | 1240±229 | 46 | 2% ～ 4% | ND③ | Martin-Sosa 等, 2003; Martin-Sosa 等, 2004; Oriquat 等, 2004; Wang 等, 2001 |
| 过渡乳 | 881±273 | 27 | 3% ～ 4% | ND | |
| 成熟乳 | 505±251 | 22 | 2% ～ 4% | ND | |

①引自荫士安[1]，人乳成分（第二版），2021。

②总 Sia=NANA+NGNA。

③ ND=not detected，未检出。

### 15.4.3.2　影响因素

母乳中总的和游离型唾液酸含量随泌乳期延长呈下降趋势，即初乳中唾液酸含量最高[75,82-84]。在产后第 1 个月和第 3 个月，早产儿母乳中的唾液酸含量比足月儿母乳中含量高 13% ～ 23%，表明唾液酸的含量与孕期长度有关[75]。该结果与 Wang 等[74]用酶试剂盒方法（神经氨酸酶检测试剂盒）检测的中国母乳中唾液酸的含量相一致。该检测结果显示，中国足月儿乳母的初乳、过渡乳和成熟乳中唾液酸的含量分别为 2.16g/L、1.36g/L 和 0.38g/L ；而早产儿乳母的初乳、过渡乳和成熟乳中唾液酸的含量分别为 2.30g/L、1.56g/L 和 0.42g/L ；分娩早产儿的母乳过渡乳和成熟乳中唾液酸含量高于足月儿的，并具有显著统计学差异[74]。

目前，对于唾液酸支持婴儿神经系统发育的作用机制仍然还有许多不明之处。来自动物实验的结果表明，经膳食补充的唾液酸是生物可利用的，唾液酸可以部分透过血脑屏障进入到大脑中，但是其生物利用度和结合的程度取决于所使用的唾液酸形式[82]。关于唾液酸在生命早期的生理功能机制研究以及其营养学的作用，期待通过更多高质量的临床试验获得更多的证据支持。

## 15.5　乳脂肪球膜

母乳中的脂肪主要为甘油三酯（98%），并以脂肪球的形式存在，包裹着脂肪球的三层膜结构，由此被称为乳脂肪球膜（milk fat globule membrane，MFGM）或人乳脂肪球膜（human milk fat globule membrane，HMFGM），包含复杂的蛋白混合物、酶、中性脂和极性脂等，其中神经鞘磷脂占 MFGM 总极性脂的 1/3[85]。MFGM

或 HMFGM 作为乳蛋白的一个特异性亚类在婴幼儿营养中的作用一直是研究的热点之一[86]。

## 15.5.1 乳脂肪球及膜结构

乳脂肪球膜的主要作用是防止乳中脂肪球的聚集，使之在乳汁中呈乳化分散状[87]。人乳脂肪球膜是稳定的具有生物活性的膜[88]。乳脂肪球膜是主要由脂质和蛋白质组成，起源于乳腺上皮细胞的三层膜结构。母乳中的主要脂类甘油三酯在乳腺上皮细胞的粗面内质网合成，并以胞内脂滴形式积累在细胞质中。由于甘油三酯为非极性脂质，这些胞内脂滴首先被由磷脂、鞘糖脂等极性脂质和蛋白质所组成的单层生物膜覆盖。随着脂滴体积不断增大，它们彼此融合形成不同大小的细胞质脂滴，并被运输到细胞顶端，由乳腺上皮细胞分泌。在分泌过程中，包被单层膜的细胞质脂滴包裹着细胞质双层膜，从细胞中萌发出来，形成一共被三层膜有序包裹的脂肪球（milk fat globule，MFG），均匀分散在乳汁中。成熟人乳脂肪球平均直径 4 ～ 5μm[89]。脂肪球周围膜的组成与乳腺上皮细胞顶端质膜的组成相似，包括内侧单层膜和外侧双层生物膜，这个膜被称为乳脂肪球膜[86]。

乳脂肪球膜的厚度为 10 ～ 20nm[90]，占乳脂球质量的 2% ～ 6%[86]，主要成分为磷脂和膜特异蛋白质（蛋白质与脂质的比例约 60%∶40%；按重量计，蛋白质占 MFGM 的 25% ～ 70%）[91,92]，占脂肪球膜干重的 90% 以上，乳脂肪球膜还含有胆固醇、酶和其他微量成分[86]。

## 15.5.2 功能

近年的研究结果显示，人乳汁中富含的脂肪球膜对生命早期发育可能发挥重要作用。乳脂肪球在组成和大小上的不均一性，说明其在新生儿早期发育中可能发挥多重作用。某些乳脂肪球膜上的蛋白质可以更好地抵抗胃蛋白酶水解。同时，乳脂肪球膜独特的结构，如脂筏域所形成的刚性结构，也能使其生物活性成分免被消化。乳脂肪球膜上主要和次要蛋白质的广泛糖基化也能帮助它抵抗消化，使它们能够结构完整地到达结肠。

### 15.5.2.1 抗菌 / 抑菌作用

Schroten 等[93,94]证明，HMFGM 不仅是作为乳脂肪的容器，而且它还具有保护功能，通过与碳水化合物和细菌凝集素的相互作用，病原微生物被 HMFGM 固定，从而防止病原微生物黏附到黏膜上皮细胞；随后的研究发现，母乳中 sIgA 不仅存在水相中，而且紧密地与 HMFGM 结合作为其组成部分[95]，即使膜分离后仍可检测出来[96]。已证明 HMFGM 中含有几种可抑制多种病原体活性的蛋白质，HMFGM 中的一种乳清蛋白浓缩物有助于防止细菌和病毒引起的腹泻[97]；鞘磷脂，特别是神经节苷脂的体内外试验均证明可以抑制肠毒素活性[98]。一些动物研究和越来越多临床研究结果显示，MFGM 碎片的抗消化作用，脂质核中脂肪酸的独特分布，以及与一些与乳脂肪球膜成分有关的抗菌作用，使乳脂球脂肪和它的组成成分通过多种机制使肠道的核心微生物种群发生了转变[91]。

#### 15.5.2.2　调节免疫和促进肠道发育成熟

尽管关于 MFGM 蛋白质的成分和种类间的复杂性还尚未完全阐明，仍有些研究结果提示，一些与 MFGM 相关的蛋白能调节免疫成分（如 T 细胞）的产生和活性，为 MFG 在免疫系统发育中的作用提供了证据。同时乳脂肪球膜除了作为能量密集的营养来源，也有助于肠道结构及免疫系统的发育，同时可帮助新生儿建立肠道菌群。补充 MFGM 可促进喂养儿的肠道发育，改善肠道完整性和血管张力。

#### 15.5.2.3　与学习认知功能的关系

在生命早期，MFGM 通过参与大脑功能相关基因的调节，对学习认知发育产生远期影响。动物实验结果显示，补充 MFGM 可增加大鼠大脑功能相关的 mRNA 表达，包括脑源性神经营养因子（BDNF）和 ST8 -*N*- 乙酰神经氨酸 -2,8- 唾液酸转移酶（ST8Sia Ⅳ）[99]。进一步利用大鼠模型比较了 MFGM 与其单体成分的效果，例如观察到补充牛乳来源 MFGM 与牛乳来源磷脂或唾液酸成分的效果，补充 MFGM 组的大鼠在 T 迷宫行为学测试获得了较高分数，表明 MFGM 与其组成单体相比，对神经发育有更强的支持作用。这一结果可能是通过上调神经发育相关的基因表达实现的[100]。

#### 15.5.2.4　补充 MFGM 临床喂养试验

在已报告的婴幼儿临床喂养试验中，婴儿对富含 MFGM 的婴幼儿配方乳粉一般耐受性良好。在父母报告的呕吐、烦躁、哭泣和结肠炎发病率指标方面，MFGM 补充组与普通婴儿配方组间相比无显著差异。另一项临床研究中，MFGM 补充组与对照组的婴儿在体重增长及对奶粉的耐受性方面无显著性差异，但补充富含蛋白质的 MFGM 的婴儿有更高的湿疹发生率（与对照组及补充富含脂肪的 MFGM 组相比），提示乳脂球膜中蛋白质及脂肪组分的比例可能与过敏风险有关[101]。对 6 ～ 12 月龄的婴儿补充富含 MFGM 的蛋白质，可降低腹泻持续时间和血性腹泻的发生率近 50%[102]。使用富含 MFGM 磷脂的牛奶补充剂，对欧洲 2.5 ～ 6 岁学龄前儿童进行为期 4 个月膳食干预，结果显示 MFGM 磷脂组受试儿童的发热天数减少[103]。在大脑发育发面，补充乳脂肪球膜婴儿配方与普通婴儿配方相比，MFGM 补充组的婴儿有更高的认知评分[104]。这一结果与一项印度尼西亚的临床研究相似，即在婴幼儿配方乳粉中补充含有神经节苷脂的牛乳脂质复合物，可促进 0 ～ 6 个月婴儿的认知功能发育，这可能与增高的血清神经节苷脂浓度有关[105]。

综合以上信息，来自模型研究和临床试验的现有证据表明，MFGM 复合成分或其中特定的单体成分，可能有助于提升婴儿配方乳粉的营养价值，对婴儿的大脑、免疫及肠道发育产生积极影响。这不但与婴儿期的健康状况相关，还可能有助于其免疫系统和认知功能的最佳发育，使婴儿在生命远期获益 [106]。

## 15.5.3 主要成分

MFGM 结构复杂，含有许多细胞成分，还有胆固醇、甘油磷脂、鞘磷脂和蛋白质等 [92]。乳脂肪球膜的数量和组成因脂肪含量及脂肪球大小而有很大差异 [88,107]，目前主要通过测定磷脂浓度及膜蛋白的存在监测其含量 [86,108,109]。

### 15.5.3.1 磷脂种类

乳脂肪球膜的脂质含量仅占乳汁中总脂质的 0.5% ～ 1% [91]，其中大多为磷脂。乳脂肪球膜中主要存在五种极性磷脂，鞘磷脂（sphingomyelin，SM）、磷脂酰胆碱（phosphatidylcholine，PC）、磷脂酰乙醇胺（phosphatidylethanolamine，PE）、磷脂酰肌醇（phosphatidylinositol，PI）和磷脂酰丝氨酸（phosphatidylserine，PS）。乳脂肪球膜中的磷脂占母乳中总磷脂的 60%[110]。研究发现，随着婴儿消化系统的成熟，母乳中磷脂的含量下降，并使母乳中的乳脂肪球周围膜的厚度下降 [111]。人乳汁中的磷脂构成与其他哺乳动物的不同，即存在种属差异 [108]。MFGM 还含有鞘磷脂（sphingomyelin）、神经节苷脂（gangliosides）、唾液酸（sialic acid）和胆固醇等成分，这些成分参与脑髓鞘的发育和大脑功能 [77,112,113]。

### 15.5.3.2 含量

很多仪器分析方法被用于母乳中极性脂类的检测。传统的定量方法可使用高效薄层色谱（HPTLC）和比色法 [111]。高效液相色谱结合蒸发光散射检测器（HPLC-ELSD）的方法，也可用于母乳磷脂含量的定量分析 [114,115]。现在，具有更高选择性和灵敏度的高效液相色谱 - 质谱联用（HPLC-MS）或核磁共振（NMR）的方法已被成功用于母乳中磷脂含量的测定 [116-118]。不同文献报道的母乳磷脂组成存在明显差异 [110]，结果见表 15-8。

**表 15-8　不同作者发表的成熟母乳中磷脂组成**　　单位：%

| 作者 | 鞘磷脂（SM） | 磷脂酰胆碱（PC） | 磷脂酰丝氨酸（PS） | 磷脂酰乙醇胺（PE） | 磷脂酰肌醇（PI） |
|---|---|---|---|---|---|
| Bitman 等，1984 [111] | 38.5±1.4① | 26.4±0.6① | 19.8±1.0① | 8.8±0.4① | 6.5±0.3① |
| Wang 等，2000[119] | 30.6±6.6② | 23.1±4.2② | 36.1±3.9② | 6.7±4.1② | 3.5±1.5② |
| Sala-Vila 等，2005 [120] | 41.03±3.41② | 31.26±4.77② | 12.76±1.18② | 10.35±1.29② | 5.89±0.47② |
| Lopez 和 Ménard, 2011 [89] | 36 ～ 45 | 19 ～ 23 | 10 ～ 15 | 10 ～ 15 | 9 ～ 12 |
| Garcia 等，2012 [116] | 29.7③ | 24.5③ | 18.3③ | 8.1③ | 3.8③ |
| Yao 等，2016 [121] | 29.28±0.14① | 24.39±0.12① | 25.33±0.14① | 13.12±0.03① | 7.85±0.07① |

①平均值 ± 标准误（SE），②平均值 ± 标准差（SD），③中位数，该研究中还包括其他磷脂。

### 15.5.3.3　含量检测 / 测定

乳脂肪球膜中的另一类鞘脂是含有糖基的鞘糖脂，以神经节苷脂为代表。母乳中的神经节苷脂具有高度复杂的极性头，是由除母乳低聚糖之外的一个或多个唾液酸单元组成 [122]。因此过去常用测定脂质结合唾液酸浓度的方法定量测定神经节苷脂。母乳中的神经节苷脂含量随泌乳期变化。有研究显示，母乳中神经节苷脂的浓度与乳母膳食摄入的脂肪含量呈相关性 [117]。McJarrow 等 [123] 使用高效液相色谱 - 质谱联用（HPLC-MS）的方法测定的成熟母乳中神经节苷脂含量约 20mg/L。母乳中神经节苷脂主要为单唾液酸神经节苷脂（GM3）和双唾液酸神经节苷脂（GD3）两种形式，GM3 含量随泌乳期延长而增加，而 GD3 含量随泌乳期延长下降。

### 15.5.3.4　乳脂肪球膜蛋白组学测定

乳脂肪球膜蛋白是母乳中含量较少的一类残留在脂类中的蛋白质（约占乳汁总蛋白质含量的 1% ～ 4%）[124]，作为包裹乳脂肪球（甘油三酯）膜整体组成的一部分 [125]。MFGM 蛋白由不同的蛋白质组成，包括黏蛋白（mucin）、乳黏素（lactadherin）和乳铁蛋白等，其中蛋白质含量约 60%（有 1% ～ 2% 的低分子量蛋白），脂类含量约 30%。Yang 等 [126] 采用 iTRAQ 蛋白质组学方法从 MFGM 中鉴别和定量测定了 520 种蛋白质，后来 Yang 等 [127] 又采用 iTRAQ 蛋白质组学方法分析了人乳及牛乳乳脂肪球膜蛋白，识别出 411 种蛋白质。乳脂肪球膜中有些蛋白质被证明具有生物活性或功能，主要功能为抗菌、抗病毒的作用，参与营养素的吸收，并在新生儿的许多细胞反应过程和防御机制中发挥重要作用 [124,128]。

## 15.6　细胞因子

细胞因子是一类多功能性多肽，通过与特异性细胞受体结合，以自分泌 / 旁分泌方式发挥作用，通过操控机体的网络系统，协调免疫系统的发育和功能，母乳中含有的多种细胞因子，可显著降低母乳喂养新生儿和婴儿的胃肠道和呼吸道感染的发生率。

### 15.6.1　分类

在过去 30 年，已经纯化的细胞因子（cytokines）超过 30 多种（表 15-9），包括趋化因子（chemokines）、集落刺激因子（colony stimulating factors，CSF）、细胞毒性因子（cytotoxic factors）、生长因子（growth factors）、干扰素（interferons，

IFN）、白介素（interleukins，IL）和小分子核糖核酸（microRNA 或 miRNA）等。

机体对外来抗原（细菌、内毒素）免疫应答的成功启动取决于几种细胞类型，包括 T 细胞和巨噬细胞。不同细胞之间的通信是通过可溶性因子介导，即细胞因子。细胞因子可能对宿主产生有益作用或有害作用，这取决于产生的量；微量的细胞因子调节生理功能，但是当细胞因子产生的量异常时（过量或过低），可能在不同疾病的发病机制中发挥某些作用。母乳中已经发现多种不同的细胞因子，包括 IL-1β、IL-2、IL-6、IL-8、IL-10、TNF-α、TNF-β、可溶性 TNF- 受体 1（sTNF-R1）、TGF、生长因子等，而且新名单的增长非常迅速 [129-132]。

**表 15-9　母乳中细胞因子的分类**

| 分类 | 成分 |
|---|---|
| 趋化因子 | MCP-1、MIP-1α、MIP-1β |
| 集落刺激因子 | M-CSF、G-CSF、GM-CSF、EPO |
| 细胞毒性因子 | TNF-α、TNF-β、TNF-γ |
| 生长因子 | TGF-β1、TGF-β2、TGF-β3、PDGF、VEGF、HGF、EGF |
| 干扰素 | IFN-α、IFN-β |
| 白介素 | IL-1α、IL-β、IL-1Ra、IL-2 ～ IL-16 |
| 小分子核糖核酸 | |

注：MCP，monocyte-chemoattractant protein，单核细胞趋化蛋白；MIP，macrophage inflammatory protein，巨噬细胞炎性蛋白；M-CSF，macrophage colony stimulating factor，集落刺激因子；G-CSF，granulocyte colony stimulating factor，粒细胞 - 集落刺激因子；GM-CSF，granulocyte macrophage colony stimulating factor，粒细胞 - 巨噬细胞集落刺激因子；EPO，erythropoietin，促红细胞生成素；TNF，tumor necrosis factor，肿瘤坏死因子；TGF，transforming growth factor，转化生长因子；PDGF，platelet-derived growth factor，血小板衍生生长因子；VEGF，vascular endothelial growth factor，血管内皮生长因子；HGF，hepatic growth factor，肝细胞生长因子；EGF，epidermal growth factor，表皮生长因子；IFN，interferon，干扰素；IL，interleukin，白介素；IL-1Ra，interleukin-1 receptor antagonist，白介素 -1 受体拮抗剂。

## 15.6.2　功能

母乳中某些细胞因子进入到婴儿肠道中段或下段仍具有生物活性。例如，像 IL-1 和 IL-8 这样的细胞因子相对可抵抗某些消化过程，其他的母乳中免疫调节因子是被隔离着的，因此也能够抵抗胃肠道消化酶的消化，并且母乳中含有干扰蛋白水解的抗蛋白酶。因此，新生儿期像细胞因子这类生物活性因子的生物学功能发展迟缓，通过喂予母乳可得到部分代偿。

细胞因子的生物学作用多功能、多样性，每种都显示出了多样的生物活性，而每个活性或功能是由多种细胞因子所介导的，因为细胞因子是相互高度依存的，结果可能是相加、协同、抑制或级联的方式作用于靶细胞。取决于靶细胞的类型和发展状态，单个细胞因子的作用既可能是作为一个正的也可能是负的信号。这些细胞因子以调节因子的方式作用于内分泌、旁分泌或自分泌的不同器官、组织和细胞，显示出系统的或局部的生物学效应。

### 15.6.2.1 趋化因子

趋化因子是一类新的小分子量具有离散性靶细胞选择性的趋化细胞因子，能够活化白细胞，因此作为炎症的有效调节介质发挥作用[133]。趋化因子有两个亚单位，即 CXC 趋化因子（4 个保守的半胱氨酸残基的前两个被 1 个氨基酸分隔）和 CC 趋化因子（4 个保守的半胱氨酸残基的前 2 个相邻）[134]。IL- 8 和生长相关的肽 -α 属于 CXC 家族，而且也是中性粒细胞的主要趋化因子。然而，CC 趋化因子，包括 MCP-1、最有特征的“组胺释放因子”、巨噬细胞炎性蛋白（MIP）-1α 和 RANTES[ 调节活化、正常 T 细胞表达和分泌（regulated on activation，normal T expressed and secreted）] 是单核细胞、嗜碱性粒细胞和嗜酸性粒细胞的趋化因子，而对嗜中性粒细胞几乎没有活性[135]。在母乳中发现了其他的 CXC 趋化因子、生长相关的肽 -α（具有两个 CC 趋化因子的 MCP-1 和 RANTES）[136]。

### 15.6.2.2 细胞集落刺激因子

细胞集落刺激因子（CSF）是母乳中发现的高度特异性蛋白因子，调节造血过程中细胞的增殖与分化。最早是 Sinha 和 Yunis[137] 于 1983 年发现母乳中存在分子量在 250000 ～ 240000 之间的多肽，随后识别了母乳中粒细胞 - 集落刺激因子（G-CSF）、巨噬细胞集落刺激因子（M-CSF）和粒细胞 - 巨噬细胞集落刺激因子（GM-CSF）[138-141]。特别是 M-CSF 浓度比血清中的高 10 ～ 100 倍，并且是在雌性激素调节下由乳腺导管和腺胞的上皮细胞产生的[140]。

细胞集落刺激因子，例如 M-CSF 和 GM-CSF，可能在乳巨噬细胞的增殖、分化和存活中发挥重要作用。与起源于巨噬细胞的 GM-CSF 相比较，起源自巨噬细胞的 M-CSF 相对能够抵抗病毒感染[142]。而且 M-CSF 可诱导巨噬细胞产生 IL-1 受体拮抗剂[143]，也是人们发现的母乳中存在的一种抗炎分子[144]。

### 15.6.2.3 肿瘤坏死因子

肿瘤坏死因子（TNF-α，TNF-β）是存在于母乳大分子组分中的重要免疫调节因子[132]，也是近年来细胞因子研究的热点，它不仅对肿瘤细胞具有细胞毒性和生长抑制作用，还能诱导 IL-1、IL-6、IL-8、IFN-γ 的产生，促进 IL-2 受体（IL-2R）表达。Rudloff 等[145] 应用放射免疫法证实母乳中有足量的具有生物活性的 TNF-α，并发现母乳中的 TNF-γ 的浓度与乳中白细胞的总数相关。

早期人乳汁分泌物中含有高浓度的 TNF-α，分子质量 80 ～ 195kDa[145]。由于在生物体液中 TNF-α 以三聚体形式存在，母乳中细胞因子似乎与其他分子或可溶性受体结合[144]。乳汁中的TNF-α可能是由乳腺的巨噬细胞和乳腺上皮细胞所分泌[145-147]。母乳中的TNF-α通过刺激TNF-β1、TNF-β2的产生和分泌发挥抗病毒和免疫调节作用，帮助循环中的巨噬细胞进入到母乳喂养婴儿的消化道[148]。

### 15.6.2.4 生长因子

生长因子包括转化生长因子TGF-β1、TGF-β2、TGF-β3，血小板衍生生长因子（PDGF），血管内皮生长因子（VEGF），HGF以及EGF等，推测这些生长因子来源于母体乳腺的上皮细胞和基质细胞以及巨噬细胞。母乳中含有多种不同的生长因子，可能参与新生儿和婴儿的许多生物学功能[149]，在乳腺发育和泌乳中发挥重要作用。

由于生长因子对新生儿胃肠道生长、成熟和维持行使生长促进和保护作用，母乳中生长因子的营养学和生理学作用受到极大关注[150-152]。其中，VEGF、HGF和EGF是最重要的。VEGF调节血管生成[153]。HGF刺激上皮细胞和其他不同类型细胞的生长、移动和形态发生[154]，也具有血管生成特性。EGF是由具有3个二硫键的53个氨基酸组成的酸性多肽，被认为是母乳中刺激细胞分裂的主要有丝分裂原，通过结合于EGF受体触发细胞内酪氨酸激酶途径[155]。这些生长因子对新生儿胃肠道的影响可能是协同、互补或代偿作用[156]。

已经证明，TGF-α通过上调前列腺素的产生和协同增强的IL-1β和TNF-α的效果促进炎症[157,158]。TGF-β是众所周知的影响细胞生长和分化的细胞因子，取决于乳腺发育阶段，TGF-β调节乳导管生长和腺泡发育与功能分化[159]，初乳中的TGF-β可以预防纯母乳喂养期间婴儿过敏性疾病的发生[148]；体外试验和动物研究的结果已经证明，TGF-β对启动新生儿IgA的产生发挥了重要作用[10,160,161]。已知TGF-β有三种哺乳动物亚型，即TGF-β1、TGF-β2和TGF-β3[162]，人乳汁中含有TGF-β1和TGF-β2，其中TGF-β2是主要的亚型[136,163]。

### 15.6.2.5 干扰素

干扰素（IFN）为多功能淋巴因子，除具有抗病毒活性外，还有较强烈或独特的免疫调节活性。母乳中没有游离的IFN，但经丝裂原或受某种病毒刺激后，乳中淋巴细胞可产生IFN-γ[164]。不同泌乳期产生IFN的能力有差别，初乳细胞产生IFN的能力较强，成熟乳细胞产生IFN的能力相应下降。在母乳局部、单细胞水平、受刺激的乳淋巴细胞中[138,147,165]，已发现IFN-γ的浓度相当高[146]，但是其生物活性以及与乳汁T细胞特异性亚群的关系仍有待确定。人体其他体液中发现的IFN-α和IFN-β含量低于母乳样品的水平[147]。

McDonald等[166]研究了极低体重儿、足月儿和成人NK细胞活性、NK细胞表型，对IL-2和IFN-γ生成和反应能力，发现极低体重儿NK细胞活性低于足月儿，足月儿NK细胞活性低于成人，新生儿体内NK细胞活性低下与IFN-γ的低值有关。有研究表明，母亲通过母乳喂养可向婴儿传递细胞免疫，推测母乳中免疫活性细胞进入新生儿肠道而被激活，释放 IFN-γ 和其他细胞因子，同时通过影响 B 淋巴细胞和巨噬细胞的分化和激活等，发挥抗感染等各种免疫调节作用，为新生儿提供免疫保护 [146]。

#### 15.6.2.6 白介素

白介素（IL）是由活化的单核细胞、巨噬细胞或淋巴细胞产生的免疫因子，作用于淋巴细胞、巨噬细胞及其他细胞，在机体的免疫识别、应答和调节中，尤其在免疫活性细胞的活化、增殖、成熟、分化及发挥免疫应答与功能等方面发挥重要作用。体外试验证实大肠埃希菌壁上的脂多糖（lipopolysaccharide，LPS）可诱导母乳单个核细胞产生 IL-l、IL-6、IL-8、IL-10、TNF-α 和粒细胞 - 巨噬细胞集落刺激因子；而豆蔻酰佛波醇乙酯（PWA）与伊屋诺霉素（ionomycin）可刺激诱导 IL-2、IL-3、IL-4、IL-10、IFN-γ、TNF-α 的产生，从细胞水平决定母乳中细胞因子的分泌细胞的功能 [146]。

IL-1 被认为是母乳中定量测定的第一个细胞因子 [130]，包括 IL-1α 和 IL-1β。在健康乳母的初乳和早期乳样（7d）中发现的是 IL-1β，而不是 IL-1α。发现初乳的白细胞能自然产生 IL-1，提示母乳中这些细胞已被激活 [130]。IL-6 是存在于母乳中的大分子组分 [132]，乳清中的 IL-6 部分是来自单核细胞 [131]，是在一次母乳的特殊生物测定时被发现的 [131]。在这些研究中，中和抗体与 IL-6 同时添加导致初乳单核细胞刺激的免疫球蛋白 A 的产生受到抑制，表明 IL-6 与乳腺中免疫球蛋白 A 的产生密切相关。随后用免疫测定法证明了母乳中存在 IL-6 [132,146,165]。人乳细胞和乳腺上皮细胞以及脂多糖刺激的乳细胞 [146] 中 IL-6 信使 RNA（mRNA）的证明 [136]，提示乳汁中单核细胞和乳腺可能是这种细胞因子的主要来源。IL-6 与 IL-l、TNF-α 共同参与感染和炎症刺激的免疫系统急性期反应，激活 T 淋巴细胞、B 淋巴细胞和 NK 细胞，诱导免疫球蛋白的合成，因此在促进机体抗细菌感染中也起到核心作用 [167]。母乳中 IL-6 的浓度高于新生儿脐血中浓度，母乳中 IL-6 与乳中 IgA 的产生有关，因而在新生儿单核细胞成熟之前，母乳向新生儿提供了具有生物活性的 IL-6，为新生儿提供了免疫保护 [131,132]。

IL-8 也显示有多形核白细胞（PMN）的趋化活性，使中性粒细胞趋化集聚在感染部位进行吞噬、脱颗粒释放溶菌酶杀菌。最初是 Basolo 等 [147] 测定了小样本母乳中 IL-8 的浓度，随后是 Palkowetz 等 [168]。两组均确定了乳腺上皮细胞 IL-8 的表达和分泌，乳腺细胞似乎也是这种趋化因子的良好生产者 [136,146]。Djeu 等 [169] 通过分析 PMN 抑制白色念珠菌生长的活性，证实了 IL-8 对人 PMN 的作用，IL-8 能有效增强 PMN 介导的抗念珠菌活性，而且 IL-8 对 T 淋巴细胞、嗜碱性粒细胞也有趋化作用，并通过此途径调节免疫和炎症反应 [170]。在免疫反应中，IL-8 通过对淋巴细胞趋化作用而调节淋巴细胞的再循环，影响抗原的甄别和杀伤。就炎症反应而言，IL-8 通过对中性粒细胞的趋化和诱导脱颗粒作用，有助于对病原微生物的杀伤效应发挥。但是母乳中这些细胞所产生的 IL-8 对新生儿的作用仍不十分清楚，推测母乳中这些细胞进入新生儿肠道后，可被肠道中革兰氏阴性菌脂多糖激活，产生 IL-8 而增强新生儿的抗感染能力 [146]。

在泌乳最初 80h 期间收集的乳样中，已证明 IL-10 作为一个关键的免疫调节和抗炎细胞因子的浓度很高 [171]。IL-10 不仅存在于乳汁的水相，而且也存在于脂质层。通过母乳样品抑制血淋巴细胞增殖以及用抗 IL-10 抗体处理显著降低该特性的研究结果，证实了 IL-10 的生物活性特征。在培养的人乳腺上皮细胞中发现了 IL-10 的 mRNA，而不是蛋白质的产物。

#### 15.6.2.7 小分子核糖核酸

小分子核糖核酸（microRNA，也有称为 miRNA）是 1993 年 Lee 等 [172] 在秀丽新小杆线虫中发现的第一个可调控胚胎后期发育的 *lin-4* 基因。microRNA 是约含有 22 个碱基的内源性非编码的小 RNA，通常在 18 ～ 25 个碱基之间。Kosaka 等 [173] 发现并证实母乳中存在 microRNA，泌乳的最初 6 个月内乳汁中与免疫相关的 microRNA 表达量较高 [173,174]，已知的和新的 microRNA 富集在脂肪球中，而且表达量受乳母膳食的影响 [175]。采用人 microRNA 检测芯片，可检测到母乳中 429 个 microRNA，而 microRNA-193b、microRNA-10a、microRNA-28-5p、microRNA-924、microRNA-150、microRNA-518c 和 microRNA-217 是母乳中所特有的 microRNA[176,177]。对于这些 microRNA 的功能以及在母乳中的作用还有待揭示。母乳中某些 microRNA 可能与新生儿及婴儿免疫器官发育及免疫功能的调节有关 [173,177,178]。

### 15.6.3 在新生儿和婴儿免疫功能中的作用

新生儿和婴儿的胃肠道及呼吸道黏膜抵御外来微生物，如病毒或细菌的感染，是由先天的和特异性获得性免疫所介导的，而天然和特异性免疫的效应阶段主要由被称为细胞因子的蛋白质激素所介导 [179]。母乳尤其是初乳中含有大量免疫活性细胞，经抗原或丝裂原刺激产生多种细胞因子，在免疫应答中发挥重要作用，母乳喂养提供的细胞因子能够影响新生儿的抗菌、抗病毒的能力以及加速免疫系统发育成熟。这些细胞因子具有许多共同特性，包括它们的自分泌 / 旁分泌、由多个不同细胞产生以及多效能力（即作用于许多不同类型细胞的能力）。

#### 15.6.3.1 抗菌作用

在防御局部微生物感染中，通过大量趋化因子的作用，使多形核白细胞（PMN）、单核细胞和巨噬细胞移向感染区，在细胞因子的调节下发挥吞噬、杀菌和抗体依赖细胞介导的细胞毒性等活性。IL-1 和 TNF 是很好的趋化和调节因子，它们促进 PMN 黏附血管内皮细胞和游出血管外，刺激 PMN 脱颗粒与氧化代谢，分泌髓过氧化酶，产生毒性氧化产物（超氧阴离子 $O_2^-$ 与 $H_2O_2$），通过加强对病原微生物的消化、吞噬和杀伤，增强机体抵抗感染能力[180]。母乳中巨噬细胞的运动能力远超过外周血白细胞的运动能力，而母乳中巨噬细胞运动能力的增强与 TNF-α 有关。当将外周血单个核细胞与初乳或乳清一起孵育后，外周血单个核细胞的运动能力增强，接近于母乳中巨噬细胞的运动能力，重组人 TNF-α 抗体可显著降低这种增进作用，因此母乳中 TNF-α 被认为可增强外周血单个核细胞的运动能力[181]。也有人认为，新生儿肠道近端缺乏内源性蛋白水解酶，同时母乳中含有丰富的抗蛋白酶、α1-抗糜蛋白酶和 α1- 抗胰蛋白酶，它们均可阻止这些蛋白质在肠道中被水解，故母乳中的 TNF-α 可以进入新生儿肠道并在肠道中保留足够的时间以发挥其抗菌作用[145]。

#### 15.6.3.2 抗病毒感染作用

抗病毒免疫的细胞群包括杀伤性 T 淋巴细胞（CTL）、NK 细胞、细胞毒性 T 细胞（TC）、淋巴因子活化的杀伤细胞（LAK）和巨噬细胞。能使这些效应细胞活化的因子有多种细胞因子，尤其是 IFN 发挥了重要作用。有人认为，母乳中含有的这些细胞进入新生儿肠道后产生的 IFN-γ 可保护肠道抵御病毒侵袭。

TNF 本身也具有抗病毒活性。研究证实，呼吸道合胞病毒（RSV）感染后肺泡巨噬细胞分泌的 TNF-α 可阻止 RSV 感染单核细胞[182]；体外培养乳细胞暴露于 RSV 可导致 IL-1β、IL-6 和 TNF-α 的 mRNA 表达量增加 2 ～ 10 倍[183]。IFN-γ 与 TNF 在抗病毒方面有协同作用，TNF 诱导产生 IFN-γ，IFN-γ 增强 TNF 选择性杀伤病毒感染细胞的作用。故新生儿从母乳中获得一定量的 TNF-α 有助于降低新生儿病毒感染的风险。

#### 15.6.3.3 调节新生儿免疫应答和促进免疫系统功能成熟

体外的试验结果显示，IL-1 可刺激新生儿 T 淋巴细胞发生有丝分裂反应，促进 T 淋巴细胞膜结构改变，使该细胞功能成熟，直接或间接通过 T 细胞分泌 IL-2 等淋巴因子刺激 B 细胞增殖和分泌抗体。动物实验研究证实，母乳可增强鼠脾细胞的增殖及抗体的分泌，推测此作用可能与母乳中巨噬细胞产生的类似 IL-1 的物质有关，提示通过母乳喂养可弥补新生儿 B 细胞功能的不足。

IL-6 可刺激 T、B 淋巴细胞的增殖发育，诱导抗体产生。母乳中 TNF-α 可能通过诱导 IL-1、IL-6 等间接作用，调节免疫细胞的活性，诱导细胞表面Ⅰ类、Ⅱ类抗原的表达，增强 T、B 淋巴细胞对抗原的处理能力；IL-6 和 TNF-α 可影响新生儿的造血功能，IL-6 促进细胞集落的形成、增殖，促进血细胞的分化[184]。TNF-α 促进新生儿上皮细胞形成造血生长因子，发挥调节多种血细胞的效能，母乳中 IL-10 的存在可能在母乳喂养新生儿和婴儿肠道屏障动态平衡以及异常免疫反应的调节中发挥关键作用[185]。但是母乳中 IL-6 和 TNF-α 对新生儿有无这样的促进作用仍有待阐明。

某些细胞因子（如 IL- 6 和 TNF -α）参与了乳腺发育和功能的调节[186]，而其他的细胞因子（IL-1 和 IFN-γ）可能影响乳腺防御因子、sIgA 或其他细胞因子的产生。存在于母乳中的嗜中性粒细胞强力活化剂 CXC 趋化因子[187]，对肠上皮内淋巴细胞有趋化活性[188]，而且在宿主防御细菌感染中发挥重要作用。发现的 CC 趋化因子 RANTES、MIP -1α 和 MIP -1β 是 $CD8^{+}T$ 淋巴细胞释放的主要的人类免疫缺陷病毒抑制因子[189]。

母乳中的趋化分子可能在母体的中性粒细胞、单核细胞和淋巴细胞移动进入乳汁以及随后穿透过新生儿肠壁中发挥重要作用。这样的作用有助于新生儿免疫系统的防御和发育[190]。综上所述，母乳中含有大量的免疫活性细胞，能够产生多种细胞因子，这些因子可能通过多种途径参与母乳喂养儿机体的免疫调节，增强新生儿非特异性免疫力，增强抗感染能力，促进新生儿特异性免疫反应。

### 15.6.3.4 与过敏性的关系

过敏婴儿与非过敏婴儿组相比，分娩后 30d 乳母中 IL-8 的水平有非常显著差异（平均值 ±SE，515.6ng/L±81.4ng/L 与 200.3ng/L±25.0ng/L）[129]。对于那些易于对牛奶过敏的婴儿，母亲初乳中 TGF- β1 可促进 IgG-IgA 抗体产生和抑制 IgE 介导的对牛乳的反应，提示母亲初乳中 TGF-β1 可能在决定易于对牛奶过敏婴儿特异性免疫反应的强度和类型中发挥重要作用[191]，尤其是初乳中存在的 TGF-β 可预防纯母乳喂养期间过敏性疾病的发生，促进人体内特异性 IgA 的产生[148]。

## 15.6.4 含量及影响因素

关于母乳中细胞因子的研究，大多数关注初乳中细胞因子的水平，而对不同哺乳期间细胞因子水平变化及其影响因素的研究甚少。

### 15.6.4.1 含量变化趋势

在不同哺乳期间的所有乳样中均检测到 IL-10、sTNF-R1、IL-6、IL-8、TNF-α 和可溶性 TNF- 受体 1（sTNF-R1）等细胞因子；初乳中这些细胞因子的水平都显著高于过渡乳；成熟乳中 IL-6 和 IL-8 的水平显著降低，而 IL-10 和 TNF-α 显著高于过渡乳；在哺乳的最初 6 个月，IL-6、IL-8、TNF-α 和 sTNF-R1 水平相互间呈正相关[129,131]。除 IL-12 外，初乳中细胞因子 IL-1β、IL-2、IL-4、IL-5、IL-6、IL-8、IL-10、TNF-γ、TNF-α 和 TNF-β 的浓度均较高[192]。文献报告的母乳中细胞因子含量汇总于表 15-10。

**表 15-10　母乳中细胞因子含量**

| 文献来源 | 初乳 | | 过渡乳 | | 成熟乳 | | 时间 |
|---|---|---|---|---|---|---|---|
| | 含量 | 时间 /d | 含量 | 时间 /d | 含量 | 时间 /d | |
| IL-1α/(ng/L) | | | | | | | |
| Zanardo 等 | 38.4±7.4① | 3 | 21.7±12.5① | 10 | | | 2002 |
| IL-1β/(ng/L) | | | | | | | |

续表

| 文献来源 | 初乳 | | 过渡乳 | | 成熟乳 | | 时间 |
|---|---|---|---|---|---|---|---|
| | 含量 | 时间 /d | 含量 | 时间 /d | 含量 | 时间 /d | |
| Erbagci 等 | 5.0 ～ 266.0[②] | <48h | — | | 5.0 | 30 | 2005[③] |
| Hawkes 等 | 17±4[①] | 2 ～ 6 | 23±10[①] | 8 ～ 14 | 10±2[①] | 22 ～ 28 | 1999[③] |
| sIL-2R/(U/mL) | | | | | | | |
| Erbagci 等 | 50.0 ～ 256.0[②] | <48h | — | | 50.0 ～ 50.0[②] | 30 | 2005[③] |
| IL-6/(ng/L) | | | | | | | |
| Meki 等 | 978.8±86.8[①] | 1 ～ 10 | 162.9±29.7[①] | 10 ～ 30 | 86.9±2.5[①] | 30 ～ 180 | 2001 |
| Erbagci 等 | 31.8 ～ 528.0[①] | 1 ～ 10 | — | | 5.0 ～ 9.0[②] | 30 | 2005[③] |
| Hawkes 等 | 51±17[①] | 2 ～ 6 | 75±31[①] | 8 ～ 14 | 13±4[①] | 22 ～ 28 | 1999[③] |
| Young 等 | | | 12.1±25.3[①] | 14 | 3.4±7.4[①] | 120 | 02 ～ 05 |
| IL-8/(ng/L) | | | | | | | |
| Meki 等 | 585.7±30.7[①] | 1 ～ 10 | 308.1±35.5[①] | 10 ～ 30 | 200.3±25.0[①] | 30 ～ 180 | 2001 |
| Erbagci 等 | 1079 ～ 14300[②] | <48h | — | | 65 ～ 236[②] | 30 | 2005[c] |
| Young 等 | | | 111.5±190.8 | 14 | 74.2±112.9 | 120 | 2002 ～ 2005 |
| IL-10/(ng/L) | | | | | | | |
| Meki 等 | 44.0±5.3[①] | 1 ～ 10 | 28.6±1.8[①] | 10 ～ 30 | 35.8±3.0[①] | 30 ～ 180 | 2001 |
| sTNF-R1/(μg/L) | | | | | | | |
| Meki 等 | 17.7±1.6[①] | 1 ～ 10 | 8.1±0.8[①] | 10 ～ 30 | 9.5±1.3[①] | 30 ～ 180 | 2001 |
| TNF-α/(ng/L) | | | | | | | |
| Meki 等 | 402.8±29.6[①] | 1 ～ 10 | 135.5±8.3[①] | 10 ～ 30 | 178.3±14.4[①] | 30 ～ 180 | 2001 |
| Erbagci 等 | 14.0 ～ 253.0[②] | <48h | — | | 4.0 ～ 13.3[②] | 30 | 2005[③] |
| Hawkes 等 | 151±65[①] | 2 ～ 6 | 47±16[①] | 8 ～ 14 | 42±18[①] | 22 ～ 28 | 1999[③] |
| Young 等 | | | 4.3±3.1[①] | 14 | 2.9±2.5[①] | 120 | 2002 ～ 2005 |
| TGF-β1/(ng/L) | | | | | | | |
| Kalliomaki 等 | 67 ～ 186[②] | 开始哺乳 | — | | 17 ～ 114[②] | 90 | |
| Hawkes 等 | 391±54[①] | 2 ～ 6 | 297±18[①] | 8 ～ 14 | 272±20[①] | 22 ～ 28 | 1999[③] |
| TGF-β2/(ng/L) | | | | | | | |
| Kalliomaki 等 | 1376 ～ 5394[②] | 开始哺乳 | — | | 592 ～ 2697[②] | 90 | 1999[③] |
| Hawkes 等 | 3048±339[①] | 2 ～ 6 | 3141±444[①] | 8 ～ 14 | 1902±238[①] | 22 ～ 28 | 1999[③] |
| VEGF/(μg/L) | | | | | | | |
| Ozgurtas 等 | 616 ～ 893[②] | 3 | 352 ～ 508[②] | 7 | 250 ～ 358[②] | 28 | 2010[③] |
| | 778 ～ 944[②④] | 3 | 501 ～ 748[②④] | 7 | 346 ～ 518[②④] | 28 | 2010[③] |
| PDGF/(ng/L) | | | | | | | |
| Ozgurtas 等 | 5.37 ～ 37.4[②] | 3 | 0.0 ～ 38.4[②] | 7 | 0.0 ～ 34.2[②] | 28 | 2010[③] |
| | 0.0 ～ 34.9[②④] | 3 | 0.0 ～ 0.2[②④] | 7 | 0.0 ～ 20.7[②④] | 28 | 2010[③] |

①平均值 ± 标准差。

②最低～最高的范围值。

③发表时间。

④早产儿。

注：1. —为未检测。

2. 引自荫士安[1]，人乳成分（第二版），2022:417。

有些细胞因子，如TGF-β水平存在明显的季节性变化和上下午的明显波动[193]。Chollet-Hinton等[194]观察到乳汁中9种细胞因子的表达随哺乳期的延长显著降低，包括MCP-1、上皮衍生的中性粒细胞活化蛋白-78、HGF、IGF结合蛋白-1、IL-16、IL-8、巨噬细胞集落刺激因子、骨保护素和金属肽-2组织抑制剂。根据已发表的有限文献分析，在不同哺乳阶段分泌的乳汁中所有microRNA的量存在差异，通常初乳中含有较高的浓度。

Munoz等[130]用放射免疫法检测到母乳中存在IL-l，平均水平为1130ng/L±478ng/L。Saito等[131]采用生物活性法检测出母乳中存在IL-6，浓度与母乳中单核细胞的数量呈正相关，而且乳汁中IgA的分泌也与IL-6有一定关系，应用抗IL-6抗体可降低乳中IgA的分泌。Rudloff等[132]应用放射免疫法同样证实母乳中存在IL-6。

在哺乳的最初6个月，IL-6、IL-8、TNF-α和sTNF-R1的水平彼此之间呈正相关。初乳中TNF-α与成熟乳中TNF-α呈负相关。初期母乳（初乳和过渡乳）中VEGF、HGF和EGF的浓度为μg/L水平，比成熟乳、乳母或健康成人血中的浓度要高得多[156,195]。

母乳中大多数细胞因子的水平比较稳定，储存人乳样品的分析结果显示，巴氏灭菌过程也不会破坏细胞因子[196,197]。母乳中的microRNA即使在极酸性条件下（pH=1）也非常稳定，提示这些成分能够耐受新生儿和婴儿的胃肠道环境，能够进入肠道影响免疫系统功能[173]。

### 15.6.4.2 影响因素

母乳中含有诸多细胞因子，其含量受多种复杂因素影响，有许多因素可能会促进或抑制细胞因子的活性或水平，包括前面含量部分所论述的不同哺乳阶段、胎儿成熟程度、乳母的心理状态与运动程度、膳食与饮食习惯、不良生活习惯（如吸烟）以及疾病状况等。

（1）胎儿成熟程度　早产儿，尤其是分娩极低出生体重儿的母乳中很多细胞因子含量与足月儿明显不同[198]。早产婴儿的母乳IL-10和IL-18比足月婴儿的母乳高11倍；而初乳、过渡乳和成熟乳（1个月之内）中IL-1β、IL-2、IL-6、IL-8、IL-10和TNF-α的水平显著低于足月婴儿的母乳[27,199]。在Frost等[200]包括100例配对的前瞻性观察性试验中，观察到分娩早产儿（体重<1500g和胎龄<32周）的乳母乳汁中TGF-β水平于出生后出现短暂性下降，初乳中TGF-β1的水平与出生体重和胎龄呈显著负相关。Dvorak等[201]观察到极度早产儿（23～27周）的母乳中EGF和TGF-α水平显著高于早产儿（32～36周）和足月儿（38～42周），而且这种趋势在哺乳的最初一个月仍持续。然而，早产儿乳母的早期和晚期乳汁中HGF和EGF浓度显著高于足月儿乳母的乳汁含量[201-203]。

（2）乳母心理状态　在Kondo等[193]关于乳母行为和心理社会特征对乳汁TGF-β水平影响的研究中，发现患有抑郁症或自测健康较差的乳母乳汁中TGF-β2水平高于正常对照乳母或自测健康较好的乳母，提示抑郁症，由于心理社会应激的后果，可能是影响乳汁中 TGF-β 水平的重要决定因素。

（3）运动的影响　有研究结果显示，随着代谢当量和能量消耗的增加，母乳中促炎细胞因子显著增加[204]，表明产后初期（4 ～ 6 周）中度到高强度运动与乳汁中促炎细胞因子产生的变化有关，例如能量消耗与细胞因子的相关系数分别为 $r$=0.33，$P$<0.019(IL-17)；$r$=0.34，$P$<0.017(IFN-γ)；$r$=0.43，$P$<0.006(IL-1β)；$r$=0.31，$P$<0.03(IL-2)。

（4）吸烟的影响　吸烟可能对免疫系统产生不利影响，改变重要细胞因子的浓度[192]。例如，吸烟乳母的初乳中 IL-1β 和 IL-8 水平显著降低，成熟乳中 IL-6 也显著降低。Etem Piskin 等[192]的研究结果显示，乳母吸烟对乳汁中 IL-2、IL-4、IL-5、IL-10、IFN-γ、TNF-α 和 TNF-β 没有显著影响；Ermis 等[205]的研究提示吸烟乳母的乳汁中 TNF-α 显著低于正常对照组（$P$=0.002）；在 Szlagatys-Sidorkiewicz 等[206]的研究中，与不吸烟的对照组相比，每天吸烟烟龄大于 5 年乳母的乳汁中 IL-1α 的浓度显著升高，其他细胞因子（IL-1β、IL-6、IL-8、IL-10 和 TNF-α）则无显著差异；而 Zanardo 等[207]则证明吸烟烟龄大于 5 年的乳母乳汁中 IL-1α 浓度显著低于未吸烟的对照组（初乳为 17.2ng/L±4.0ng/L 和 38.4ng/L±7.4ng/L，过渡乳为 14.4ng/L±5.2ng/L 和 21.7ng/L±12.5ng/L）。说明乳母吸烟改变初乳和成熟乳中某些细胞因子的水平，降低母乳喂养对儿童抗感染的保护作用。

（5）疾病状态的影响　与非过敏组的母乳相比，过敏组成熟乳汁中趋化细胞因子（IL-8）水平显著升高，而 IL-10 和 sTNF-R1 水平没有显著差异[129]。对于患母乳性黄疸（breast milk jaundice）的婴儿，其母亲初乳中 IL-1β 和 EGF 浓度显著高于没有黄疸的对照组（102.5pg/L±42.3pg/L 与 37.5pg/L±20.7pg/L，2.32ng/L±0.51ng/L 与 1.29ng/L±0.36ng/L），并且母乳中 IL-1β 和 EGF 的水平与血清总胆红素浓度呈显著正相关[208-210]，而 Apaydin 等[211]观察到 IL-6、IL-8、IL-10 和肿瘤坏死因子 -α 则没有显著差异。子痫前期可能会影响母乳中细胞因子的平衡，如子痫前期组成熟乳中 IL-8 和 TNF-α 为 3223ng/L（73 ～ 14500ng/L）和 17.1ng/L（7.2 ～ 69.0ng/L）的水平高于对照组 106ng/L（65 ～ 236ng/L）和 5.0ng/L（4.0 ～ 13.3ng/L），在高风险新生儿中为宿主防御提供一种免疫信号[212]。Freitas 等[213]的前瞻性观察性研究结果显示，与血压正常的健康对照组相比，孕期被诊断患有先兆子痫（PE）的乳母初乳中 IL-1 和 IL-6 水平升高，IL-12 水平降低，而成熟乳中 IL-6 和 IL-8 水平则低于对照组，提示患有先兆子痫与初乳中炎性细胞因子水平升高和成熟乳水平降低有关。

## 15.7　小分子核糖核酸

1993 年 Lee 等[172]在秀丽新小杆线虫中发现了第一个可调控胚胎后期发育的

基因 *lin-4*；2000 年 Reinhart 等 [214] 又在该线虫中发现了第二个异时性开关基因 *let-7*。以后陆续从线虫、果蝇和人体内找到几十个类似的小分子核糖核酸 (microRNA，miRNA) 基因，并将其命名为 miRNA[215]。miRNA 是一类内源性非编码小分子 RNA，含有 20 ～ 25 个核苷酸，广泛存在于植物、病毒和哺乳动物的各种体液（如血清、尿液、唾液、乳汁及泪液等）中 [216,217]。miRNA 是小的调节性 RNA 分子，可调节特定 mRNA 靶标的活性 [218-220]。母乳富含 miRNA，对喂养儿可能具有特定的重要生理和病理调节作用，被认为是一种新型的免疫调节因子 [173,177,221]，作为母乳中新的成分已引起高度关注。

## 15.7.1 功能作用

### 15.7.1.1 免疫功能发育

新生儿免疫系统发育尚不成熟，易感染病原菌，发生新生儿坏死性小肠结肠炎、新生儿败血症等各种感染性疾病。母乳是多种生物活性物质的混合物，除了含有大量抗菌成分，还含有免疫细胞和免疫调节因子，可促进免疫系统成熟，调节免疫耐受和炎症反应。乳汁是 RNA 和 miRNA 含量丰富的体液，通过母乳传递的 miRNA 在婴儿免疫系统等相关组织器官发育中发挥重要作用 [173,176,222]。

### 15.7.1.2 脂质代谢

乳脂肪是乳汁能量的主要来源，在一定程度上决定了乳汁的质和量。婴幼儿脂肪和脂肪酸摄入量直接影响生长发育状态，不饱和脂肪酸（尤其是长链多不饱和脂肪酸）的摄入量对神经系统发育也非常重要。

### 15.7.1.3 与婴儿疾病的关系

母乳富含的 miRNA 可能参与调控新生儿某些疾病的发生、发展与预后，因此研究母乳中 miRNA 生物学功效及机制应是非常有意义的，miRNA 有望成为新生儿和婴儿某些疾病的治疗靶点或作为生物标志物。

### 15.7.1.4 作为生物标志物

miRNA 不仅存在于实体组织中，也存在于体液中，已经在人体的十几种体液中均可检测出 miRNA[176]，如外周血（血清和血浆）、尿、脑脊液、胸膜液、眼泪、初乳和常乳、精液、羊水、唾液、支气管液、腹膜液，而且不同体液中的 miRNA 组成不同。这些 miRNA 是人体生理或病理状态的真实反应，不同生理或病理状况的个体尿液样本含有其独特的 miRNA 模式 [176]。现在分泌型 miRNA 作为一种多功能的通信工具，被推荐作为疾病的诊断标志物和治疗的干预靶标 [223]。

### 15.7.1.5 从母亲到婴儿的可转移遗传物质

成熟的miRNA可游离于各种体液之间，而这部分miRNA容易被RNA酶降解。目前认为发挥生物学作用的主要是包裹在外泌体、脂肪球等细胞微泡状结构中和存在于细胞中的miRNA，这些miRNA可在不同的细胞间进行转运，实现信息交流[224]。miRNA在细胞之间的这种转移不仅意味着miRNA是细胞内的调节子，更像细胞因子一样，也是细胞间通信的调节子。因此miRNA也被认为是从母亲到婴儿的可转移遗传物质。据估计，母乳喂养的婴儿每天可收到约 $1.3\times10^7$ 拷贝 /（L•d）的miR-181a。尚需要深入研究母乳中这些miRNA充当母婴之间分子交流工具的作用机制以及在遗传信息转移中发挥了哪些重要作用。

## 15.7.2 种类

人母乳中的miRNA是在乳腺中合成，以游离分子形式并包裹在囊泡中存在于乳汁中，如乳外泌体和乳脂肪球[177,225]。Modepalli等[226]通过分析比较母乳中miRNA、乳母和婴儿血中的miRNA，观察到某些母乳中miRNA含量及其母亲血中含量均低于母乳喂养儿的血中含量，推测母乳中的miRNA主要来源于乳腺，而不是母亲血液循环。miRNA被认为是通过母乳喂养被转运到婴儿肠道，这些miRNA成分在婴儿胃肠系统的降解条件下仍能保持完整，被肠上皮细胞吸收后通过血流被转运到各组织和器官，在那里发挥其多种生物学功能[222]。

### 15.7.2.1 miRNA的种类

据报道，母乳中有近1400种不同的成熟miRNA，然而不同研究报道的母乳中最丰富的miRNA及其主要组分含量的差异很大，这可能与所选择的商品测定试剂盒、定量技术等有关，也说明方法学对测定结果可能产生的影响。

（1）母乳中最丰富的miRNA　Kosaka等[173]分析了日本8名4天～11个月乳母的乳样miRNA组分，母乳中最丰富的miRNA分别为miR-92a-3p、miR-155-5p、miR-181a-5p、miR-181b-5p、let-7i-5p、miR-146b-5p、miR-233-3p、miR-17-5p。根据miRNA的微阵列分析，显示母乳中存在miRNA；使用微阵列分析，723种已知的人类miRNA中检测到281种。母乳中富含几种免疫相关的miRNA：miR-155，T细胞和B细胞成熟以及先天免疫应答调节剂；miR-181a和miR-181b，B细胞分化和 $CD4^+$T细胞选择的调节剂；miR-17和miR-92簇：B细胞、T细胞和单核细胞发育的普遍调节物；miR-125b，肿瘤坏死因子 -α的产生、活化和敏感性的负调节剂；miR-146b，先天免疫反应的负调节剂；miR-223，中性粒细胞增殖和活化的调节剂；let-7i，人胆管细胞中Toll样受体4表达的调节剂。相反，未检测到T细胞和B细胞调节性的miR-150，并且有几种组织特异性的miRNA，如miR-122（肝脏），miR-216、miR-217（胰腺）和 miR-142-5p、miR-142-3p（造血细胞）几乎不能检测出；而且来自同一母亲的不同母乳样品中 miRNA 的表达模式没有显著差异。但是，个体之间的差异很大。值得注意的是，在头6个月（婴儿开始接受辅食之前）从母乳中检测到几种与免疫系统相关的 miRNA 均有较高的表达量。

在挪威，Simpson 等 [227] 的 53 例产后 3 个月乳母的乳汁 miRNA 测定结果显示，母乳样品含有相对稳定的高表达 miRNA 核心组，包括 miR-148a-3p、miR-22-3p、miR-30d-5p、let-7b-5p 和 miR-200a-3p，而其他的 miRNA 则变异很大，认为可能受个体特征的影响，如遗传、年龄、产次、膳食或其他环境因素。功能分析结果表明这些 miRNA 富集在广泛的生物学过程和分子功能中。Leiferman 等 [228] 在新鲜母乳中分离出的三个外泌体样品中鉴定了 221 个成熟的 miRNA，样品中常见的 miRNA 是 84 个，10 个最丰富的 miRNA 占总测序读数的 70% 以上，包括 miR-30d-5p、let-7b-5p、let-7a-5p、miR-125a-5p、miR-21-5p、miR-423-5p、let-7g-5p、let-7bf-5p、miR-30a-5p、miR-146b-5p。Zamanillo 等 [229] 报告的西班牙 59 例产后 30d、60d 和 90d 母乳中 miRNA 的种类与上述的差异明显，在研究选择测定的母乳 26 种 miRNA 中，检出了 13 种，且活性范围变化很大，其中 miR-30a、miR-146b、miR let-7b 和 miR-148a 是最丰富的，而 miR-27a 和 miR-27b 的表达量最低；6 种 miRNA（miR-222、miR-103、miR-200b、miR-17、miR let-7c 和 miR-146b）的表达量随哺乳时间的延长降低。

Weber 等 [176] 采用人 miRNA 检测芯片筛选人乳汁中 miRNA，检测到母乳中 429 个 miRNA，其中含量最丰富的 10 种 miRNA 是 miR-335、miR-26a-2、miR-181d、miR-509-5p、miR-524-5p、miR-137、miR-26a-1、miR-595、miR-580 及 miR-130a，而且 miR-139b、miR-10a、miR-28-5p、miR-924、miR-150、miR-518c 及 miR-217 是母乳中特有的 miRNA，并且 miR-518c 特异高表达于胎盘中 [230]，深入研究这些 miRNA 的功能，将有助于揭示它们在母乳中的生物学作用。

（2）不同种属的比较　Na 等 [221] 使用定量 RT-PCR 方法比较了黑山羊乳、人乳和牛乳中 5 个免疫相关 miRNA 的表达水平。黑山羊乳中均检测到 miR-146、miR-155、miR-181a、miR-223 和 miR-150，初乳中表达量显著高于成熟乳（$P<0.01$），除 miR-150 外。所有 5 个 miRNA 在人初乳中均有表达，但模式与黑山羊乳中不同，miR-146 和 miR-155 在人初乳中呈现高表达量（$P<0.01$），而 miR-223 在黑山羊初乳中表达丰富（$P<0.01$）。牛成熟乳中的 5 个 miRNA 表达量显著高于黑山羊乳（$P<0.01$）。这些结果证实乳汁中富含免疫相关的 miRNA，然而表达水平取决于泌乳期和动物的种属。

人乳与牛乳中 miRNA 的种类和含量比较结果显示，与人乳中 miRNA 的种类及含量相比，不同泌乳期的牛乳中含有 245 种 miRNA，3 种与婴儿免疫器官发育和免疫功能调节有关的 miRNA（miR-146a、miR-142-5p、miR-155）的含量与人乳相当，牛乳中缺乏部分人乳中存在的与婴儿免疫器官发育和免疫功能调节有关的

miRNA（miR-181b、miR-17、miR-125b、miR-146b）；而且牛乳中肌肉特异性的miR-1、miR-206和肝脏特异性的miR-122含量低于人乳；人乳中胰腺特异性miR-216和miR-217的含量较高，而牛乳中则缺乏[173,231]。2018年有人报道从哺乳第2月、4月和6月的牛乳和人乳中分别鉴别出146种和129种miRNA[232]。

在婴儿配方食品及含有囊泡的婴儿配方食品中均检不出miRNA，这些囊泡似乎是酪蛋白胶束[228]。目前，人乳和牛乳的外泌体及乳脂肪球中发现最丰富的miRNA是miRNA-148a，其可减弱DNA甲基转移酶1的表达，而该酶在表观遗传的调控中发挥关键作用。乳中另一个重要的miRNA是miRNA-125b（靶向p53）——基因组及转录网络多样化的守护者[222]。

### 15.7.2.2 miRNA的功能分类

在对母乳miRNA功能深入研究过程中，Kosaka等[173]采用miRNA芯片筛选母乳中miRNA，结果检测到母乳中miRNA共281个，发现11个miRNA与婴儿免疫器官发育和免疫功能调节有关。其中miR-181a、miR-181b、miR-155、miR-17、miR-92a、miR-150与T细胞和B细胞介导的细胞免疫应答有关；miRNA-125b、miR-146a、miR-146b与固有免疫反应有关；miR-223与粒细胞分化、非特异性免疫反应有关；let-7i与胆管细胞免疫反应有关。

通过对这些母乳中miRNA作用的靶基因来分析它们与婴儿免疫器官发育和免疫功能调节的关系，其中miR-181a通过调节T细胞受体（T cell receptor，TCR）的强度和阈值，进而影响T细胞对抗原的敏感性。过度表达miR-181a可使成熟T细胞对抗原敏感性增加，弱抗原就能有效诱导TCR信号；而沉默miR-181a则降低TCR信号强度；miR-181a还可调节淋巴细胞的多个磷酸酶，如胞质蛋白酪氨酸磷酸酶（SHP-2）、蛋白酪氨酸磷酸酶非受体22（PTPN22）、双特异性磷酸酶5（DUSP5），增强TCR信号分子ICK和ERK的活性，从而影响T细胞和B细胞的发育[233]。

Zhou等[177]采用测序技术筛选人母乳中miRNA，检测到miRNA共602个，59个miRNA与婴儿免疫器官和免疫功能的调节有关，其中含量最为丰富的10种miRNA是miR-148a-3p、miR-30b-5p、let-7f-1-5p、miR-146b-5p、miR-29a-3p、let-7a-2-5p、miR-141-3p、miR-182-5p、miR-200-3p、miR-378-3p，占602个miRNA总量的62.3%。其中4个含量最丰富的miRNA（miR-30b-5p、miR-146b-5p、miR-29a-3p、miR-182-5p）与婴儿免疫器官发育和免疫功能调节有关。对这些miRNA的靶基因进行分析，发现miR-30b-5p的靶基因为氨基半乳糖转移酶（*N*-acetylgalactosaminyl transferases，GalNAc transferases），与细胞的侵袭和免疫抑制有关[234]。miR-146b-5p的靶基因为核转录因子κB（nuclear transcription factor kappa B，NF-κB），参与固有免疫反应[235]。miR-29-3p的靶基因为干扰素-γ，能抑制细胞内病原体的免疫反应[236]。miR-182-5p可诱导IL-2的生成，参与T细胞介导的细胞免疫应答[237]。

通过生物信息学分析，TNF-α 是 miR-125b 的靶基因，过表达 miR-125b 可降低 TNF-α 转录，下调 TNF-α 诱导的免疫细胞活性[238]。炎性细胞因子肿瘤坏死因子受体相关因子 6（TRAF6）与白细胞介素 1 受体相关激酶 1（IRAK1）为 miR-146a 与 miR-146b 的靶基因，是 Toll 样受体通路的下游基因。miR-146a 与 miR-146b 可抑制 TRAF6 与 IRAK1 的表达，负反馈调控 Toll 样受体参与炎症反应[235]。miR-223 可调控脂多糖（LPS），LPS 诱导脾细胞产生干扰素 -γ 而发挥抗感染效应，敲除 miR-223 的小鼠更容易发生肺损伤和多器官组织损伤[239]。Toll 样受体 4（TLR4）是 let-7i 能调控胆管细胞 TLR4 的表达，参与上皮细胞免疫反应，可拮抗短棒杆菌[240]。

采用芯片和测序技术筛选均发现组织特异性的 miRNA 在母乳中的含量较高[173,177]，如肌肉特异性的 miR-1 和 miR-206、肝脏特异性的 miR-122、胰腺特异性的 miR-216 和 miR-217 等，这些 miRNA 在心脏、肝脏和胰腺的发育中发挥重要作用。然而，母乳中含有的这些 miRNA 是否与婴儿的器官发育和功能保护有关，还有待研究。Zhou 等[177]还发现脂肪组织特异性的 miR-642a 在母乳中含量较高，而 miR-642a 在脂肪生成过程中发挥重要作用[241]，母乳喂养可增加婴儿 miR-642a 的摄入量，有可能对婴儿脂肪的生成、体重的增加有一定的促进作用。

## 15.7.3 含量

母乳 miRNA 富集在乳脂部分，存在于乳脂肪球中[175,242]。Alsaweed 等[243]分别对母乳三部分的 miRNA 进行测序，与脂质层及去脂层相比，细胞层更富含 miRNA，而脂质层又比去脂层丰富。该研究检测到母乳细胞中含有多于 1000 种 miRNA，其中 let-7f-5p、miR-181-5p、miR-148-3p、miR-22-3p、miR-182-5p、miR-375、miR-141-3p、miR-101-3p、miR-30a-5p 等含量较高[243]。该研究同时使用 NanoDrop 和 Bioanalyzer 分析了饮奶前后的母乳细胞中 miRNA 的含量，结果见表 15-11。

**表 15-11 饮奶前后母乳总乳细胞计数和 miRNA 含量（平均值 ± 标准差）**

| 取样时间 | 样本数 | 总乳细胞数 /（个 /mL）（细胞变异 /%） | 总 miRNA 含量 /(ng/$10^6$ 细胞) | miRNA 质量 ($OD_{260}/OD_{280}$)& RIN |
|---|---|---|---|---|
| 全部 | 20 | 1222860±767091(92.7) | 1414±519$^a$ | 2.05±0.05$^a$ |
| | | | 1000±438$^b$ | 8.76±1.22$^b$ |
| 饮奶前 | 10 | 1146364±843594(91.3 | 1391±571$^a$ | 2.04±0.06$^a$ |
| | | | 996±481$^b$ | 8.57±1.69$^b$ |
| 饮奶后 | 10 | 1299356±719432(93.3) | 1438±490$^a$ | 2.05±0.04$^a$ |
| | | | 1004±417$^b$ | 8.77±0.52$^b$ |

注：1．引自 Alsaweed 等[243]，2016。

2．a 为使用方法 1，NanDrop；b 为使用方法 2，Bioanalyzer。

Kosaka 等[173]提取了日本 8 名妇女 4d ～ 11 个月的乳样总 RNA，每个乳样检测到 miRNA 的浓度范围为 9.7 ～ 228.2ng/mL。样品中含有大量的 RNA，但不含或仅含极少量的核糖体 RNA（18S 和 28S），而且母乳中检测到大量小分子 RNA（<300 个核苷酸）。Xi 等 [244] 测定了 33 个配对样品（2 ～ 5d 初乳和约 3 个月成熟乳）中 miRNA 含量，初乳乳清部分总 miRNA 浓度 [（87.78±67.69）ng/μL] 高于成熟乳乳清部分 [（33.15±32.77）ng/μL]（$P$<001）。let-7a、miR-30b 和 miR-378 在初乳 [ 分别为（2.58±0.67）ng/μL、(4.05±0.61)ng/μL 和 (4.64±0.69）ng/μL] 和成熟乳 [ 分别为 (2.39±0.62)ng/μL、(4.92±0.57)ng/μL 和 (3.62±0.77)ng/μL] 中大量表达。let-7a 和 miR-378 的水平随泌乳期延长而下降，与初乳相比成熟乳中 miR-30b 的表达水平则升高。

母乳外泌体含有丰富的 miRNA，各种 miRNA 含量存在差异，而外泌体是直径 30 ～ 100nm 的膜状囊泡结构，存在于体细胞和包括母乳在内的各种体液中 [245,246]。母乳外泌体可保护母乳中的 miRNA 免受 RNA 酶的消化。2012 年一项研究检测到 639 种母乳外泌体 miRNA，其中 miR-148a-3p、miR-30b-5p、miR-146b-5p、let-7f-1-5p&-2-5p、let-7a-2-5p&-3-5p、miR-141-3p、miR-182-5 的含量较高 [177]。

尽管个体间 miRNA 组分及含量的差异很大，但是来自同一位母亲的母乳中 miRNA 表达模式随着产后时间而发生的变化却不大，说明母乳反映了母亲的体质及其生活的环境，例如食物摄入量和气候等 [173]。

## 15.7.4 影响因素

母乳中存在的 miRNA 种类取决于研究选择的测试方法，以及哺乳阶段（初乳、过渡乳、成熟乳）、不同乳成分（乳细胞、乳脂和乳外泌体）等 [177,216,225]，而且也取决于用于乳样 RNA 组分的分离，以及产后时间、个体特征（如遗传、年龄、产次）、乳母民族和膳食或其他环境因素 [173,175-177,227]。Kosaka 等 [173] 的研究结果显示母乳 miRNA 存在明显个体差异，明显受乳母膳食和饮食习惯的影响。相关研究表明母乳 miRNA 含量随泌乳期变化，趋势是初乳中 miRNA 含量较成熟乳丰富，而且与婴儿吸吮程度有关，这可能与婴儿吸吮后乳汁细胞反应性增加有关 [243]。如 Wu 等 [247] 对 14 例初乳（1 ～ 7d）与成熟乳（14d）的分析结果显示，与成熟乳 miRNA 表达组分相比，初乳有 49 种 miRNA 组分的表达水平有显著差异，67 种 miRNA 组分是初乳中特有的表达。

哺乳动物可以从外界食物中获取 miRNA，而且生物体内调节基因表达的结果也支持母乳中 miRNA 的含量和组分受膳食来源的影响 [224,248]。外源性 miRNA 主要来源于摄入的植物成分和动物乳汁。2012 年有研究报道人和其他哺乳动物血浆中可检测到植物来源的 miR-168a ( 一种大米特异性 miRNA)，体外研究发现该 miRNA 可结合低密度脂蛋白结合蛋白 -1 基因，从而增加肝脏低密度脂蛋白的合成 [248]，表明 miRNA 在胃肠道环境中不仅不会被消化，而且可以经肠道吸收至血液循环 [249]。研究发现不同物种之间的 miRNA 可以通过膳食途径相互转化 [224,250]，并验证了牛乳外泌体中富含 miRNA[250]。

由不同作者报告的母乳中最丰富的 miRNA 见表 15-12，不同研究获得的母乳中最丰富 miRNA 种类的差异明显，而且个体之间的变异很大[173,229,244]。母乳中含有细胞和大量脂质成分，以一定转速离心处理可分三层：上层的脂质层（富含脂肪球）、下层的细胞层和中间的去脂层，这三部分中 miRNA 表达存在差异，表现在种类、含量及稳定性方面[251]。

**表 15-12　母乳中存在的 miRNA 种类**

| 作者 | 地域 | 产后时间 | 例数 | 最丰富 miRNA 种类 | 测定方法 |
|---|---|---|---|---|---|
| Leiferman 等 (2019) | 美国 | 2 ～ 10 个月 | 5 | miR-30d-5p, let-7b-5p, let-7a-5p, miR-125a-5p, miR-21-5p, miR-423-5p, let-7g-5p, let-7f-5p, miR-30a-5p, miR-146b-5p | Qaigen 生产的 miRNeasy Micro Kit |
| Alsaweed 等 (2016) | 澳大利亚 | 2 个月 | 16 | miR-30d-5p, miR-22-3p, miR-181a-5p, miR-148a-3p, miR-30a-5p, miR-182-5p, miR-375, miR-141-3p, let-7f-5p, let-7a-5p | Illumina HiSeq 2000 |
| Simpson 等 (2015) | 挪威 | 3 个月 | 54 | miR-148a-3p, miR-22-3p, miR-30d-5p, let-7b-5p, miR-200a-3p, let-7a-5p, let-7f-5p, miR-146b-5p, miR-24-3p, miR-21-5p | Illumina RNA seq, 50bp, single-end reads |
| Munch 等 (2013) | 美国 | 6 ～ 12 周 | 3 | miR-148a-3p, let-7a-5p, miR-200c-3p, miR-146b-5p, let-7f-5p, miR-30d-5p, miR-103a-3p, let-7b-5p, let-7g-5p, miR-21-5p | Illumina RNA seq, 36bp, single-end reads |
| Zhou 等 (2012) | 中国四川 | 60d | 4 | miR-148a-3p, miR-30b-5p, let-7f-5p, miR-146b-5p, miR-29a-3p, let-7a-5p, miR-141-3p, miR-182-5p, miR-200a-3p, miR-378-3p | Illumina RNA seq, 36bp, single-end reads |
| Weber 等 (2010) | 未明确 | 未知 | 5 | miR-335-3p, miR-26a-2-3p, miR-181d-5p, miR-509-5p, miR-524-5p, miR-137, miR-26a-1-3p, miR-595, miR-580-3p, miR-130a-3p | Qaigen 生产的 miScript Assay (incl. 714 miRNA) |
| Kosaka 等 (2010) | 日本 | 4d ～ 11 个月 | 8 | miR-92a-3p, miR-155-5p, miR-181a-5p, miR-181b-5p, let-7i-5p, miR-146b-5p, miR-233-3p, miR-17-5p | MicroRNA microarray (Agilent) |

注：引自荫士安[1]，人乳成分（第二版），2022：384-384。

（叶文慧，赵显峰，刘彪，李依彤，董彩霞，高慧宇，荫士安）

## 参考文献


[1] 荫士安 . 人乳成分——存在形式、含量、功能、检测方法 .2 版 . 北京 : 化学工业出版社 , 2022.

[2] Nanda R D P, Tripathy PK. Breast milk: immunosurveillance in infancy. Asian Pacific Journal of Trapical Disease, 2014, 4(Suppl 2):S505-S512.

[3] Cunningham A S, Jelliffe D B, Jelliffe E F. Breast-feeding and health in the 1980s: a global epidemiologic review. J Pediatr, 1991, 118(5): 659-666.

[4] Riskin A, Almog M, Peri R, et al. Changes in immunomodulatory constituents of human milk in response to

active infection in the nursing infant. Pediatr Res, 2012, 71(2): 220-225.
[5] Diarrhoea: why children are still dying and what can be done. New York: United Nations Children's Fund & World Health Organization, 2009.
[6] Pereira P C. Milk nutritional composition and its role in human health. Nutrition, 2014, 30(6): 619-627.
[7] Goldman A S. The immune system of human milk: antimicrobial, antiinflammatory and immunomodulating properties. Pediatr Infect Dis J, 1993, 12(8): 664-671.
[8] Garofalo R P, Goldman A S. Expression of functional immunomodulatory and anti-inflammatory factors in human milk. Clin Perinatol, 1999, 26(2): 361-377.
[9] Newburg D S. Innate immunity and human milk. J Nutr, 2005, 135(5): 1308-1312.
[10] Ogawa J, Sasahara A, Yoshida T, et al. Role of transforming growth factor-beta in breast milk for initiation of IgA production in newborn infants. Early Hum Dev, 2004, 77(1-2): 67-75.
[11] Chirico G, Marzollo R, Cortinovis S, et al. Antiinfective properties of human milk. J Nutr, 2008, 138(9): S1801-S1806.
[12] Field C J. The immunological components of human milk and their effect on immune development in infants. J Nutr, 2005, 135(1): 1-4.
[13] Wheeler T T, Hodgkinson A J, Prosser C G, et al. Immune components of colostrum and milk—a historical perspective. J Mammary Gland Biol Neoplasia, 2007, 12(4): 237-247.
[14] Brandtzaeg P. The mucosal immune system and its integration with the mammary glands. J Pediatr, 2010, 156(Suppl 2): S8-S15.
[15] Jatsyk G V, Kuvaeva IB, Gribakin SG. Immunological protection of the neonatal gastrointestinal tract: the importance of breast feeding. Acta Paediatr Scand, 1985, 74(2): 246-249.
[16] Mantis N J, Rol N, Corthesy B. Secretory IgA's complex roles in immunity and mucosal homeostasis in the gut. Mucosal Immunol, 2011, 4(6): 603-611.
[17] Lawrence R M, Pane C A. Human breast milk: current concepts of immunology and infectious diseases. Curr Probl Pediatr Adolesc Health Care, 2007, 37(1): 7-36.
[18] Brandtzaeg P, Johansen F E. IgA and intestinal homeostasis. New York: Springer Science + Business Media LLC, 2007.
[19] Jarvinen K M, Laine S T, Jarvenpaa A L, et al. Does low IgA in human milk predispose the infant to development of cow's milk allergy? Pediatr Res, 2000, 48(4): 457-462.
[20] Savilahti E, Siltanen M, Kajosaari M, et al. IgA antibodies, TGF-beta1 and -beta2, and soluble CD14 in the colostrum and development of atopy by age 4. Pediatr Res, 2005, 58(6): 1300-1305.
[21] Miranda R, Saravia N G, Ackerman R, et al. Effect of maternal nutritional status on immunological substances in human colostrum and milk. Am J Clin Nutr, 1983, 37(4): 632-640.
[22] Chang S J. Antimicrobial proteins of maternal and cord sera and human milk in relation to maternal nutritional status. Am J Clin Nutr, 1990, 51(2): 183-187.
[23] 李贞，姜铁民，赵军英，等 . 母乳免疫球蛋白含量与相关影响因素的分析 . 中国食品添加剂 , 2018(8): 207-212.
[24] 王炜，孙丹丹，王倩，等 . 母婴血清和母乳中免疫球蛋白含量的检测与临床检验学研究 . 中国医药指南 , 2015, 13(32): 118-119.
[25] 刘敏，张红 . 母乳中免疫球蛋白的测定及临床意义 . 中国实用妇科与产科杂志 , 2005, 21(6):324.
[26] 王凤英，史常旭 . 早期母乳及婴儿粪便中分泌型免疫球蛋白 A 含量测定 . 中华妇产科杂志 , 1995, 30(10):588-590.

[27] Castellote C, Casillas R, Ramirez-Santana C, et al. Premature delivery influences the immunological composition of colostrum and transitional and mature human milk. J Nutr, 2011, 141(6): 1181-1187.

[28] Araujo E D, Goncalves A K, Cornetta Mda C, et al. Evaluation of the secretory immunoglobulin A levels in the colostrum and milk of mothers of term and pre-term newborns. Braz J Infect Dis, 2005, 9(5): 357-362.

[29] Ballabio C, Bertino E, Coscia A, et al. Immunoglobulin-A profile in breast milk from mothers delivering full term and preterm infants. Int J Immunopathol Pharmacol, 2007, 20(1): 119-128.

[30] Koenig A, de Albuquerque Diniz E M, Barbosa S F, et al. Immunologic factors in human milk: the effects of gestational age and pasteurization. J Hum Lact, 2005, 21(4): 439-443.

[31] Yang L, Guo Z, Yu M, et al. Profile of nucleotides in Chinese mature breast milk from six regions. Nutrients, 2022, 14(7):1418.

[32] Janas L M, Picciano M F. The nucleotide profile of human milk. Pediatr Res, 1982, 16(8): 659-662.

[33] Leach J L, Baxter J H, Molitor B E, et al. Total potentially available nucleosides of human milk by stage of lactation. Am J Clin Nutr, 1995, 61(6): 1224-1230.

[34] Lerner A, Shamir R. Nucleotides in infant nutrition: a must or an option. Isr Med Assoc J, 2000, 2(10): 772-774.

[35] Nagai H, Usui T, Akaishi K, et al. The effect of supplementation of nucleotides to commercial milk on the weight gain of premature and healthy infants. Shonika Kiyo, 1963, 9:169-175.

[36] Hess J R, Greenberg N A. The role of nucleotides in the immune and gastrointestinal systems: potential clinical applications. Nutr Clin Pract, 2012, 27(2): 281-294.

[37] Schaller J P, Buck R H, Rueda R. Ribonucleotides: conditionally essential nutrients shown to enhance immune function and reduce diarrheal disease in infants. Semin Fetal Neonatal Med, 2007, 12(1): 35-44.

[38] Carver J D. Advances in nutritional modifications of infant formulas. Am J Clin Nutr, 2003, 77(6): 1550S-1554S.

[39] Gutiérrez-Castrellón P, Mora-Magaña I, Díaz-García L, et al. Immune response to nucleotide-supplemented infant formulae: systematic review and meta-analysis. Br J Nutr, 2007, 98 (Suppl 1):S64-S67.

[40] Singhal A, Kennedy K, Lanigan J, et al. Dietary nucleotides and early growth in formula-fed infants: a randomized controlled trial. Pediatrics, 2010, 126(4): e946-953.

[41] Yu V Y. Scientific rationale and benefits of nucleotide supplementation of infant formula. J Paediatr Child Health, 2002, 38(6): 543-549.

[42] Grimble G K, Westwood O M. Nucleotides as immunomodulators in clinical nutrition. Curr Opin Clin Nutr Metab Care, 2001, 4(1): 57-64.

[43] Aggett P, Leach J L, Rueda R, et al. Innovation in infant formula development: a reassessment of ribonucleotides in 2002. Nutrition, 2003, 19(4): 375-384.

[44] Navarro J, Maldonado J, Narbona E, et al. Influence of dietary nucleotides on plasma immunoglobulin levels and lymphocyte subsets of preterm infants. Biofactors, 1999, 10(1): 67-76.

[45] Yau K I, Huang C B, Chen W, et al. Effect of nucleotides on diarrhea and immune responses in healthy term infants in Taiwan. J Pediatr Gastroenterol Nutr, 2003, 36(1): 37-43.

[46] Buck R H, Thomas D L, Winship T R, et al. Effect of dietary ribonucleotides on infant immune status. Part 2: Immune cell development. Pediatr Res, 2004, 56(6): 891-900.

[47] Schaller J P, Kuchan M J, Thomas D L, et al. Effect of dietary ribonucleotides on infant immune status. Part 1: Humoral responses. Pediatr Res, 2004, 56(6): 883-890.

[48] 王楠，蔡夏夏，李勇 . 外源核苷酸与免疫功能研究进展 . 食品科学 , 2016, 37(5): 278-281.

[49] Singhal A, Macfarlane G, Macfarlane S, et al. Dietary nucleotides and fecal microbiota in formula-fed infants: a randomized controlled trial. Am J Clin Nutr, 2008, 87(6): 1785-1792.
[50] Doo E H, Chassard C, Schwab C, et al. Effect of dietary nucleosides and yeast extracts on composition and metabolic activity of infant gut microbiota in PolyFermS colonic fermentation models. FEMS Microbiol Ecol, 2017, 93(8):fix088.
[51] Cosgrove M, Davies D P, Jenkins H R. Nucleotide supplementation and the growth of term small for gestational age infants. Arch Dis Child Fetal Neonatal Ed, 1996, 74(2): F122-125.
[52] Wang L, Mu S, Xu X, et al. Effects of dietary nucleotide supplementation on growth in infants: a meta-analysis of randomized controlled trials. Eur J Nutr, 2019, 58(3): 1213-1221.
[53] Wang L, Liu J, Lv H, et al. Effects of nucleotides supplementation of infant formulas on plasma and erythrocyte fatty acid composition: a Meta-analysis. PLoS One, 2015, 10(6): e0127758.
[54] Quan R, Barness L A. Do infants need nucleotide supplemented formula for optimal nutrition? J Pediatr Gastroenterol Nutr, 1990, 11(4): 429-434.
[55] Cosgrove M. Perinatal and infant nutrition. Nucleotides. Nutrition, 1998, 14(10): 748-751.
[56] Gil A. Modulation of the immune response mediated by dietary nucleotides. Eur J Clin Nutr, 2002, 56 (Suppl 3):S1-S4.
[57] Sanchez C L, Cubero J, Sanchez J, et al. The possible role of human milk nucleotides as sleep inducers. Nutr Neurosci, 2009, 12(1): 2-8.
[58] Michaelidou A M. Factors influencing nutritional and health profile of milk and milk products. Small Ruminant Research, 2008, 79:42-50.
[59] Carver J D. Dietary nucleotides: effects on the immune and gastrointestinal systems. Acta Paediatr Suppl, 1999, 88(430): 83-88.
[60] Tressler R L, Ramstack M B, White N R, et al. Determination of total potentially available nucleosides in human milk from Asian women. Nutrition, 2003, 19(1): 16-20.
[61] Thorell L, Sjoberg L B, Hernell O. Nucleotides in human milk: sources and metabolism by the newborn infant. Pediatr Res, 1996, 40(6): 845-852.
[62] Gil A, Sanchez-Medina F. Acid-soluble nucleotides of human milk at different stages of lactation. J Dairy Res, 1982, 49(2): 301-307.
[63] Boza J. Nucleotides in infant nutrition. Monatsschrift Kinderheikunde, 1998, 146:S39-S48.
[64] Duchen K, Thorell L. Nucleotide and polyamine levels in colostrum and mature milk in relation to maternal atopy and atopic development in the children. Acta Paediatr, 1999, 88(12): 1338-1343.
[65] Sugawara M, Sato N, Nakano T, et al. Profile of nucleotides and nucleosides of human milk. J Nutr Sci Vitaminol (Tokyo), 1995, 41(4): 409-418.
[66] Wang B. Sialic acid is an essential nutrient for brain development and cognition. Annu Rev Nutr, 2009, 29:177-222.
[67] 邵志莉，吴尤佳，徐美玉 . 母乳唾液酸与足月婴儿早期智能发育关系的研究 . 南通大学学报（医学版）, 2014, 34(2): 104-107.
[68] Wang B, Miller J, Sun Y, et al. A longitudinal study of salivary sialic acid in preterm infants: comparison of human milk-fed versus formula-fed infants. J Pediatr, 2001, 138(6): 914-916.
[69] Chen X, Varki A. Advances in the biology and chemistry of sialic acids. ACS Chem Biol, 2010, 5(2):163-176.
[70] Cohen M, Varki A. The sialome-far more than the sum of its parts. OMICS, 2010, 14(4):455-464.
[71] Varki A. Sialic acids in human health and disease. Trends Mol Med, 2008, 14(8):351-360.

[72] Varki N, Varki A. Diversity in cell surface sialic acid presentations: implications for biology and disease. Lab Invest, 2007, 87(9):851-857.

[73] Wang B, Brand-Miller J. The role and potential of sialic acid in human nutrition. Eur J Clin Nutr, 2003, 57(11): 1351-1369.

[74] Wang H, Hua C, Ruan L, et al. Sialic acid and iron content in breastmilk of Chinese lactating women. Indian Pediatrics, 2017, 54(12): 1029-1031.

[75] Wang B, Brand-Miller J, Mcveagh P, et al. Concentration and distribution of sialic acid in human milk and infant formulas. Am J Clin Nutr, 2001, 74(4): 510-515.

[76] Wang B, Downing J A, Petoc P, et al. Metabolic fate of intravenously administered *N*-acetylneuraminic acid-6-14C in newborn piglets. Asia Pac J Clin Nutr, 2007, 16(1): 110-115.

[77] Wang B, Yu B, Karim M, et al. Dietary sialic acid supplementation improves learning and memory in piglets. Am J Clin Nutr, 2007, 85(2): 561-569.

[78] 吴尤佳，邵志莉，高薇薇，等．围产期唾液酸营养与足月儿早期智能发育相关性的研究．中华儿科杂志，2014(2): 107-111.

[79] Nakano T, Sugawara M, Kawakami H. Sialic acid in human milk: composition and functions. Acta Paediatr Taiwan, 2001, 42(1): 11-17.

[80] Martín-Sosa S, Martín M, García-Pardo L A, et al. Distribution of sialic acids in the milk of spanish mothers of full term infants during lactation. J Pediatr Gastroenterol Nutr, 2004, 39(5): 499-503.

[81] Brunngraberm E G, Witting L A, Haberland C, et al. Glycoproteins in Tay-sachs disease: isolation and carbohydrate composition of glycopeptides. Brain research, 1972, 38(1): 151-162.

[82] Röhrig C, Choi S, Baldwin N. The nutritional role of free sialic acid, a human milk monosaccharide, and its application as a functional food ingredient. Critical Reviews in Food Science and Nutrition, 2017, 57(5): 1017-1038.

[83] 乔阳，王颖，白曾华，等．不同泌乳期母乳中唾液酸含量的变化．中国生育健康杂志，2013, 24(2): 98-100.

[84] 阮莉莉，华春珍，洪理泉．不同阶段母乳中唾液酸和铁水平分析．营养学报，2015, 37(1): 84-87.

[85] Fong B Y, Norris C S, MacGibbon A K H. Protein and lipid composition of bovine milk-fat-globule membrane. International Dairy Journal, 2006, 17(4): 275-288.

[86] Singh H. The milk fat globule membrane—a biophysical system for food applications. Cur Opin Coloid Interface Sci, 2006, 11(2-3): 154-163.

[87] Keenan T W, Morre D J, Olson D E, et al. Biochemical and morphological comparison of plasma membrane and milk fat globule membrane from bovine mammary gland. J Cell Biol, 1970, 44(1): 80-93.

[88] Keenan T W, Mather I H. Intracellular origin of milk lipid globules and the nature of structure of milk fat globule membrane//Fox P F. Advanced Dairy Chemistry: volume3. London' Chapman & Hall, 1995.

[89] Lopez C, Ménard O. Human milk fat globules: polar lipid composition and in situ structural investigations revealing the heterogeneous distribution of proteins and the lateral segregation of sphingomyelin in the biological membrane. Colloids Surf B Biointerfaces, 2011, 83(1): 29-41.

[90] Caroline V, Pascal B, Sabine D. Milk fat globule membrane and buttermilks: from composition to valorization. Biotechnology, Agronomy, Society and Environment, 2010, 14(3): 485-500.

[91] Lee H, Padhi E, Hasegawa Y. Compositional dynamics of the milk fat globule and its role in infant development. Front Pediatr, 2018, 6:313.

[92] Dewettinck K, Rombaut R, Thienpont N, et al. Nutritional and technological aspects of milk fat globule

membrane material. Int Dairy J, 2008, 18(5):436-457.
[93] Schroten H. The benefits of human milk fat globule against infection. Nutrition, 1998, 14(1): 52-53.
[94] Schroten H, Hanisch F G, Plogmann R, et al. Inhibition of adhesion of S-fimbriated *Escherichia coli* to buccal epithelial cells by human milk fat globule membrane components: a novel aspect of the protective function of mucins in the nonimmunoglobulin fraction. Infect Immun, 1992, 60(7): 2893-2899.
[95] Schroten H, Bosch M, Nobis-Bosch R, et al. Anti-infectious properties of the human milk fat globule membrane. Adv Exp Med Biol, 2001, 501:189-192.
[96] Schroten H, Bosch M, Nobis-Bosch R, et al. Secretory immunoglobulin A is a component of the human milk fat globule membrane. Pediatr Res, 1999, 45(1): 82-86.
[97] Spitsberg V L. Invited review: Bovine milk fat globule membrane as a potential nutraceutical. J Dairy Sci, 2005, 88(7): 2289-2294.
[98] Laegreid A, Otnaess A B, Fuglesang J. Human and bovine milk: comparison of ganglioside composition and enterotoxin-inhibitory activity. Pediatr Res, 1986, 20(5): 416-421.
[99] Brink L R, Lönnerdal B. The role of milk fat globule membranes in behavior and cognitive function using a suckling rat pup supplementation model. J Nutr Biochem, 2018, 58:131-137.
[100] Brink L R, Gueniot J P, Lönnerdal B. Effects of milk fat globule membrane and its various components on neurologic development in a postnatal growth restriction rat model. J Nutr Biochem, 2019, 69:163-171.
[101] Billeaud C, Puccio G, Saliba E, et al. Safety and tolerance evaluation of milk fat globule membrane-enriched infant formulas: a randomized controlled multicenter non-inferiority trial in healthy term infants. Clin Med Insights Pediatr, 2014, 8:51-60.
[102] Zavaleta N, Kvistgaard A S, Graverholt G, et al. Efficacy of an MFGM-enriched complementary food in diarrhea, anemia, and micronutrient status in infants. J Pediatr Gastroenterol Nutr, 2011, 53(5): 561-568.
[103] Veereman-Wauters G, Staelens S, Rombaut R, et al. Milk fat globule membrane (INPULSE) enriched formula milk decreases febrile episodes and may improve behavioral regulation in young children. Nutrition, 2012, 28(7-8): 749-752.
[104] Timby N, Domellof E, Hernell O, et al. Neurodevelopment, nutrition, and growth until 12 mo of age in infants fed a low-energy, low-protein formula supplemented with bovine milk fat globule membranes: a randomized controlled trial. Am J Clin Nutr, 2014, 99(4): 860-868.
[105] Gurnida D A, Rowan A M, Idjradinata P, et al. Association of complex lipids containing gangliosides with cognitive development of 6-month-old infants. Early Hum Dev, 2012, 88(8): 595-601.
[106] Demmelmair H, Prell C, Timby N, et al. Benefits of lactoferrin, osteopontin and milk fat globule membranes for infants. Nutrients, 2017, 9(8) :817.
[107] Keenan T W. Milk lipid globules and their surrounding membrane: a brief history and perspectives for future research. J Mammary Gland Biol Neoplasia, 2001, 6(3):365 -371.
[108] 张波，苏宜香，杨玉凤 . 乳脂球膜与婴幼儿脑发育及健康的研究进展 . 中国儿童保健杂志 , 2016, 24(1): 43-47.
[109] Ortega-Anaya J, Jimenez-Flores R. Symposium review: the relevance of bovine milk phospholipids in human nutrition-evidence of the effect on infant gut and brain development. J Dairy Sci, 2019, 102(3): 2738-2748.
[110] Ingvordsen Lindahl I, Artegoitia V, Downey E O, et al. Quantification of human milk phospholipids: the effect of gestational and lactational age on phospholipid composition. Nutrients, 2019, 11(2): 222.
[111] Bitman J, Wood D L, Mehta N R, et al. Comparison of the phospholipid composition of breast milk from

mothers of term and preterm infants during lactation. Am J Clin Nutr, 1984, 40(5): 1103-1119.
[112] McJarrow P, Schnell N, Jumpsen J, et al. Influence of dietary gangliosides on neonatal brain development. Nutr Rev, 2009, 67(8): 451-463.
[113] Tanaka K, Hosozawa M, Kudo N, et al. The pilot study: sphingomyelin-fortified milk has a positive association with the neurobehavioural development of very low birth weight infants during infancy, randomized control trial. Brain Dev, 2013, 35(1): 45-52.
[114] Sala Vila A, Castellote-Bargallo A I, Rodriguez-Palmero-Seuma M, et al. High-performance liquid chromatography with evaporative light-scattering detection for the determination of phospholipid classes in human milk, infant formulas and phospholipid sources of long-chain polyunsaturated fatty acids. J Chromatogr A, 2003, 1008(1): 73-80.
[115] Ménard O, Ahmad S, Rousseau F, et al. Buffalo vs. cow milk fat globules: size distribution, zeta-potential, compositions in total fatty acids and in polar lipids from the milk fat globule membrane. Food Chemistry, 2010, 120(2): 544-551.
[116] Garcia C, Lutz N W, Counfort-Gouny S, et al. Phospholipid fingerprints of milk from different mammalians determined by $^{31}$P NMR: towards specific interest in human health. Food Chem, 2012, 135(3): 1777-1783.
[117] Ma L, MacGibbon A K H, Jan Mohamed H J B, et al. Determination of ganglioside concentrations in breast milk and serum from Malaysian mothers using a high performance liquid chromatography-mass spectrometry-multiple reaction monitoring method. Int Dairy J, 2015, 49:62-71.
[118] Ma L, MacGibbon A K H, Jan Mohamed H J B, et al. Determination of phospholipid concentrations in breast milk and serum using a high performance liquid chromatography-mass spectrometry - multiple reaction monitoring method. Int Dairy J, 2017, 71:50-59.
[119] Wang L, Shimizu Y, Kaneko S, et al. Comparison of the fatty acid composition of total lipids and phospholipids in breast milk from Japanese women. Pediatr Int, 2000, 42(1): 14-20.
[120] Sala-Vila A, Castellote A I, Rodriguez-Palmero M, et al. Lipid composition in human breast milk from Granada (Spain): changes during lactation. Nutrition, 2005, 21(4): 467-473.
[121] Yao Y, Zhao G, Xiang J, et al. Lipid composition and structural characteristics of bovine, caprine and human milk fat globules. International Dairy Journal, 2016, 56:64-73.
[122] Ma L, Liu X, MacGibbon A K, et al. Lactational changes in concentration and distribution of ganglioside molecular species in human breast milk from Chinese mothers. Lipids, 2015, 50(11): 1145-1154.
[123] McJarrow P, Radwan H, Ma L, et al. Human milk oligosaccharide, phospholipid, and ganglioside concentrations in breast milk from United Arab Emirates mothers: results from the MISC cohort. Nutrients, 2019, 11(10) :2400.
[124] Cavaletto M, Giuffrida M G, Conti A. Milk fat globule membrane components—a proteomic approach. Adv Exp Med Biol, 2008, 606:129-141.
[125] Lönnerdal B, Woodhouse L R, Glazier C. Compartmentalization and quantitation of protein in human milk. The Journal of nutrition, 1987, 117(8):1385-1395.
[126] Yang Y, Zheng N, Zhao X, et al. Proteomic characterization and comparison of mammalian milk fat globule proteomes by iTRAQ analysis. J Proteomics, 2015, 116:34-43.
[127] Yang M, Cong M, Peng X, et al. Quantitative proteomic analysis of milk fat globule membrane (MFGM) proteins in human and bovine colostrum and mature milk samples through iTRAQ labeling. Food Funct, 2016, 7(5): 2438-2450.

[128] Cavaletto M, Giuffrida M G, Conti A. The proteomic approach to analysis of human milk fat globule membrane. Clin Chim Acta, 2004, 347(1-2):41-48.

[129] Meki A M A, Saleem T H, Al-Ghazali M H, et al. Interleukins -6, -8 and -10 and tumor necrosis factor-alpha and its soluble receptor Ⅰ in human milk at different periods of lactation. Nutr Res, 2003, 23(7):845-855.

[130] Munoz C, Endres S, van der Meer J, et al. Interleukin-1 beta in human colostrum. Res Immunol, 1990, 141(6): 505-513.

[131] Saito S, Maruyama M, Kato Y, et al. Detection of IL-6 in human milk and its involvement in IgA production. J Reprod Immunol, 1991, 20(3): 267-276.

[132] Rudloff H E, Schmalstieg F C Jr, Palkowetz K H, et al. Interleukin-6 in human milk. J Reprod Immunol, 1993, 23(1): 13-20.

[133] Oppenheim J J, Zachariae C O, Mukaida N, et al. Properties of the novel proinflammatory supergene “intercrine” cytokine family. Annu Rev Immunol, 1991, 9:617-648.

[134] Baggiolini M, Loetscher P, Moser B. Interleukin-8 and the chemokine family. Int J Immunopharmacol, 1995, 17(2): 103-108.

[135] Baggiolini M, Dewald B, Moser B. Interleukin-8 and related chemotactic cytokines—CXC and CC chemokines. Adv Immunol, 1994, 55:97-179.

[136] Srivastava M D, Srivastava A, Brouhard B, et al. Cytokines in human milk. Res Commun Mol Pathol Pharmacol, 1996, 93(3): 263-287.

[137] Sinha S K, Yunis A A. Isolation of colony stimulating factor from human milk. Biochem Biophys Res Commun, 1983, 114(2): 797-803.

[138] Eglinton B A, Roberton D M, Cummins A G. Phenotype of T cells, their soluble receptor levels, and cytokine profile of human breast milk. Immunol Cell Biol, 1994, 72(4): 306-313.

[139] Gilmore W S, McKelvey-Martin V J, Rutherford S, et al. Human milk contains granulocyte colony stimulating factor. Eur J Clin Nutr, 1994, 48(3): 222-224.

[140] Hara T, Irie K, Saito S, et al. Identification of macrophage colony-stimulating factor in human milk and mammary gland epithelial cells. Pediatr Res, 1995, 37(4 Pt 1): 437-443.

[141] Gasparoni A, Chirico G, De Amici M, et al. Granulocyte-marophage colony-stimulating factor in human milk. Eur J Pediatr, 1996, 155(1): 69.

[142] Falk L A, Vogel S N. Differential production of IFN-alpha/beta by CSF-1- and GM-CSF-derived macrophages. J Leukoc Biol, 1990, 48(1): 43-49.

[143] Arend W P, Joslin F G, Massoni R J. Effects of immune complexes on production by human monocytes of interleukin 1 or an interleukin 1 inhibitor. J Immunol, 1985, 134(6): 3868-3875.

[144] Buescher E S, Malinowska I. Soluble receptors and cytokine antagonists in human milk. Pediatr Res, 1996, 40(6): 839-844.

[145] Rudloff H E, Schmalstieg F C Jr, Mushtaha A A, et al. Tumor necrosis factor-alpha in human milk. Pediatr Res, 1992, 31(1): 29-33.

[146] Skansen-Saphir U, Lindfors A, Andersson U. Cytokine production in mononuclear cells of human milk studied at the single-cell level. Pediatr Res, 1993, 34(2): 213-216.

[147] Basolo F, Conaldi P G, Fiore L, et al. Normal breast epithelial cells produce interleukins 6 and 8 together with tumor-necrosis factor: defective IL6 expression in mammary carcinoma. Int J Cancer, 1993, 55(6): 926-930.

[148] Kalliomäki M, Ouwehand A, Arvilommi H, et al. Transforming growth factor-beta in breast milk: a

potential regulator of atopic disease at an early age. J Allergy Clin Immunol, 1999, 104(6): 1251-1257.
[149] Lönnerdal B. Nutritional and physiologic significance of human milk proteins. Am J Clin Nutr, 2003, 77(6): 1537S-1543S.
[150] Minekawa R, Takeda T, Sakata M, et al. Human breast milk suppresses the transcriptional regulation of IL-1beta-induced NF-kappaB signaling in human intestinal cells. Am J Physiol Cell Physiol, 2004, 287(5): C1404-1411.
[151] Takeda T, Sakata M, Minekawa R, et al. Human milk induces fetal small intestinal cell proliferation - involvement of a different tyrosine kinase signaling pathway from epidermal growth factor receptor. J Endocrinol, 2004, 181(3): 449-457.
[152] Hirai C, Ichiba H, Saito M, et al. Trophic effect of multiple growth factors in amniotic fluid or human milk on cultured human fetal small intestinal cells. J Pediatr Gastroenterol Nutr, 2002, 34(5): 524-528.
[153] Zachary I. VEGF signalling: integration and multi-tasking in endothelial cell biology. Biochem Soc Trans, 2003, 31(Pt 6): 1171-1177.
[154] Funakoshi H, Nakamura T. Hepatocyte growth factor: from diagnosis to clinical applications. Clin Chim Acta, 2003, 327(1-2): 1-23.
[155] Jost M, Kari C, Rodeck U. The EGF receptor—an essential regulator of multiple epidermal functions. Eur J Dermatol, 2000, 10(7): 505-510.
[156] Kobata R, Tsukahara H, Ohshima Y, et al. High levels of growth factors in human breast milk. Early Hum Dev, 2008, 84(1): 67-69.
[157] Subauste M C, Proud D. Effects of tumor necrosis factor-alpha, epidermal growth factor and transforming growth factor-alpha on interleukin-8 production by, and human rhinovirus replication in, bronchial epithelial cells. Int Immunopharmacol, 2001, 1(7): 1229-1234.
[158] Bry K. Epidermal growth factor and transforming growth factor-alpha enhance the interleukin-1- and tumor necrosis factor-stimulated prostaglandin E2 production and the interleukin-1 specific binding on amnion cells. Prostaglandins Leukot Essent Fatty Acids, 1993, 49(6): 923-928.
[159] Daniel C W, Robinson S, Silberstein G B. The transforming growth factors beta in development and functional differentiation of the mouse mammary gland. Adv Exp Med Biol, 2001, 501:61-70.
[160] Stavnezer J. Regulation of antibody production and class switching by TGF-beta. J Immunol, 1995, 155(4): 1647-1651.
[161] Petitprez K, Khalife J, Cetre C, et al. Cytokine mRNA expression in lymphoid organs associated with the expression of IgA response in the rat. Scand J Immunol, 1999, 49(1): 14-20.
[162] McCartney-Francis N L, Frazier-Jessen M, Wahl S M. TGF-beta: a balancing act. Int Rev Immunol, 1998, 16(5-6): 553-580.
[163] Saito S, Yoshida M, Ichijo M, et al. Transforming growth factor-beta (TGF-beta) in human milk. Clin Exp Immunol, 1993, 94(1): 220-224.
[164] Bertotto A, Gerli R, Fabietti G, et al. Human breast milk T lymphocytes display the phenotype and functional characteristics of memory T cells. Eur J Immunol, 1990, 20(8): 1877-1880.
[165] Bocci V, von Bremen K, Corradeschi F, et al. Presence of interferon-gamma and interleukin-6 in colostrum of normal women. Lymphokine Cytokine Res, 1993, 12(1): 21-24.
[166] McDonald T, Sneed J, Valenski W R, et al. Natural killer cell activity in very low birth weight infants. Pediatr Res, 1992, 31(4 Pt 1): 376-380.
[167] Hirano T, Akira S, Taga T, et al. Biological and clinical aspects of interleukin 6. Immunol Today, 1990,

11(12): 443-449.
[168] Palkowetz K H, Royer C L, Garofalo R, et al. Production of interleukin-6 and interleukin-8 by human mammary gland epithelial cells. J Reprod Immunol, 1994, 26(1): 57-64.
[169] Djeu J Y, Matsushima K, Oppenheim J J, et al. Functional activation of human neutrophils by recombinant monocyte-derived neutrophil chemotactic factor/IL-8. J Immunol, 1990, 144(6): 2205-2210.
[170] Mukaida N, Harada A, Yasumoto K, et al. Properties of pro-inflammatory cell type-specific leukocyte chemotactic cytokines, interleukin 8 (IL-8) and monocyte chemotactic and activating factor (MCAF). Microbiol Immunol, 1992, 36(8): 773-789.
[171] Garofalo R, Chheda S, Mei F, et al. Interleukin-10 in human milk. Pediatr Res, 1995, 37(4 Pt 1): 444-449.
[172] Lee R C, Feinbaum R L, Ambros V. The C. elegans heterochronic gene lin-4 encodes small RNAs with antisense complementarity to lin-14. Cell, 1993, 75(5): 843-854.
[173] Kosaka N, Izumi H, Sekine K, et al. microRNA as a new immune-regulatory agent in breast milk. Silence, 2010, 1(1): 7.
[174] Gigli I, Maizon D O. microRNAs and the mammary gland: a new understanding of gene expression. Genet Mol Biol, 2013, 36(4): 465-474.
[175] Munch E M, Harris R A, Mohammad M, et al. Transcriptome profiling of microRNA by Next-Gen deep sequencing reveals known and novel miRNA species in the lipid fraction of human breast milk. PLoS One, 2013, 8(2): e50564.
[176] Weber J A, Baxter D H, Zhang S, et al. The microRNA spectrum in 12 body fluids. Clin Chem, 2010, 56(11): 1733-1741.
[177] Zhou Q, Li M, Wang X, et al. Immune-related microRNAs are abundant in breast milk exosomes. Int J Biol Sci, 2012, 8(1): 118-123.
[178] Gu Y, Li M, Wang T, et al. Lactation-related microRNA expression profiles of porcine breast milk exosomes. PLoS One, 2012, 7(8): e43691.
[179] Arai K I, Lee F, Miyajima A, et al. Cytokines: coordinators of immune and inflammatory responses. Annu Rev Biochem, 1990, 59:783-836.
[180] Salyer J L, Bohnsack J F, Knape W A, et al. Mechanisms of tumor necrosis factor-alpha alteration of PMN adhesion and migration. Am J Pathol, 1990, 136(4): 831-841.
[181] Mushtaha A A, Schmalstieg F C, Hughes T K Jr, et al. Chemokinetic agents for monocytes in human milk: possible role of tumor necrosis factor-alpha. Pediatr Res, 1989, 25(6): 629-633.
[182] Franke G, Freihorst J, Steinmuller C, et al. Interaction of alveolar macrophages and respiratory syncytial virus. J Immunol Methods, 1994, 174(1-2): 173-184.
[183] Sone S, Tsutsumi H, Takeuchi R, et al. Enhanced cytokine production by milk macrophages following infection with respiratory syncytial virus. J Leukoc Biol, 1997, 61(5): 630-636.
[184] Gardner J D, Liechty K W, Christensen R D. Effects of interleukin-6 on fetal hematopoietic progenitors. Blood, 1990, 75(11): 2150-2155.
[185] Berg D J, Davidson N, Kuhn R, et al. Enterocolitis and colon cancer in interleukin-10—deficient mice are associated with aberrant cytokine production and $CD4^+$ TH1-like responses. J Clin Invest, 1996, 98(4): 1010-1020.
[186] Basolo F, Fiore L, Fontanini G, et al. Expression of and response to interleukin 6 (IL6) in human mammary tumors. Cancer Res, 1996, 56(13): 3118-3122.
[187] Keeney S E, Schmalstieg F C, Palkowetz K H, et al. Activated neutrophils and neutrophil activators in

human milk: increased expression of CD11b and decreased expression of L-selectin. J Leukoc Biol, 1993, 54(2): 97-104.

[188] Ebert E C. Human intestinal intraepithelial lymphocytes have potent chemotactic activity. Gastroenterology, 1995, 109(4): 1154-1159.

[189] Cocchi F, DeVico A L, Garzino-Demo A, et al. Identification of RANTES, MIP-1 alpha, and MIP-1 beta as the major HIV-suppressive factors produced by $CD8^{+}$ T cells. Science, 1995, 270(5243): 1811-1815.

[190] Michie C A, Tantscher E, Schall T, et al. Physiological secretion of chemokines in human breast milk. Eur Cytokine Netw, 1998, 9(2): 123-129.

[191] Saarinen K M, Vaarala O, Klemetti P, et al. Transforming growth factor-beta1 in mothers'colostrum and immune responses to cows' milk proteins in infants with cows'milk allergy. J Allergy Clin Immunol, 1999, 104(5): 1093-1098.

[192] Etem Piskin I, Nur Karavar H, Arasli M, et al. Effect of maternal smoking on colostrum and breast milk cytokines. Eur Cytokine Netw, 2012, 23(4): 187-190.

[193] Kondo N, Suda Y, Nakao A, et al. Maternal psychosocial factors determining the concentrations of transforming growth factor-beta in breast milk. Pediatr Allergy Immunol, 2011, 22(8): 853-861.

[194] Chollet-Hinton L S, Stuebe A M, Casbas-Hernandez P, et al. Temporal trends in the inflammatory cytokine profile of human breastmilk. Breastfeed Med, 2014,10: 530-537.

[195] Ozgurtas T, Aydin I, Turan O, et al. Vascular endothelial growth factor, basic fibroblast growth factor, insulin-like growth factor- Ⅰ and platelet-derived growth factor levels in human milk of mothers with term and preterm neonates. Cytokine, 2010, 50(2): 192-194.

[196] Groer M, Duffy A, Morse S, et al. Cytokines, chemokines, and growth factors in banked human donor milk for preterm infants. J Hum Lact, 2014, 30(3): 317-323.

[197] Reeves A A, Johnson M C, Vasquez M M, et al. TGF-beta2, a protective intestinal cytokine, is abundant in maternal human milk and human-derived fortifiers but not in donor human milk. Breastfeed Med, 2013, 8(6): 496-502.

[198] Zambruni M, Villalobos A, Somasunderam A, et al. Maternal and pregnancy-related factors affecting human milk cytokines among Peruvian mothers bearing low-birth-weight neonates. J Reprod Immunol, 2017, 120:20-26.

[199] Ustundag B, Yilmaz E, Dogan Y, et al. Levels of cytokines (IL-1beta, IL-2, IL-6, IL-8, TNF-alpha) and trace elements (Zn, Cu) in breast milk from mothers of preterm and term infants. Mediators Inflamm, 2005, 2005(6): 331-336.

[200] Frost B L, Jilling T, Lapin B, et al. Maternal breast milk transforming growth factor-beta and feeding intolerance in preterm infants. Pediatr Res, 2014, 76(4): 386-393.

[201] Dvorak B, Fituch C C, Williams C S, et al. Increased epidermal growth factor levels in human milk of mothers with extremely premature infants. Pediatr Res, 2003, 54(1): 15-19.

[202] Xiao X, Xiong A, Chen X, et al. Epidermal growth factor concentrations in human milk, cow's milk and cow's milk-based infant formulas. Chin Med J (Engl), 2002, 115(3): 451-454.

[203] Itoh H, Itakura A, Kurauchi O, et al. Hepatocyte growth factor in human breast milk acts as a trophic factor. Horm Metab Res, 2002, 34(1): 16-20.

[204] Groer M W, Shelton M M. Exercise is associated with elevated proinflammatory cytokines in human milk. J Obstet Gynecol Neonatal Nurs, 2009, 38(1): 35-41.

[205] Ermis B, Yildirim A, Tastekin A, et al. Influence of smoking on human milk tumor necrosis factor-alpha,

interleukin-1beta, and soluble vascular cell adhesion molecule-1 levels at postpartum seventh day. Pediatr Int, 2009, 51(6): 821-824.

[206] Szlagatys-Sidorkiewicz A, Wos E, Aleksandrowicz E, et al. Cytokine profile of mature milk from smoking and nonsmoking mothers. J Pediatr Gastroenterol Nutr, 2013, 56(4): 382-384.

[207] Zanardo V, Nicolussi S, Cavallin S, et al. Effect of maternal smoking on breast milk interleukin-1alpha, beta-endorphin, and leptin concentrations and leptin concentrations. Environ Health Perspect, 2005, 113(10): 1410-1413.

[208] Mohamed N G, Abdel Hakeem G L, Ali M S, et al. Interleukin 1beta level in human colostrum in relation to neonatal hyperbilirubinemia. Egypt J Immunol, 2012, 19(2): 1-7.

[209] Zanardo V, Golin R, Amato M, et al. Cytokines in human colostrum and neonatal jaundice. Pediatr Res, 2007, 62(2): 191-194.

[210] Kumral A, Ozkan H, Duman N, et al. Breast milk jaundice correlates with high levels of epidermal growth factor. Pediatr Res, 2009, 66(2): 218-221.

[211] Apaydin K, Ermis B, Arasli M, et al. Cytokines in human milk and late-onset breast milk jaundice. Pediatr Int, 2012, 54(6): 801-805.

[212] Erbagci A B, Cekmen M B, Balat O, et al. Persistency of high proinflammatory cytokine levels from colostrum to mature milk in preeclampsia. Clin Biochem, 2005, 38(8): 712-716.

[213] Freitas N A, Santiago L T C, Kurokawa C S, et al. Effect of preeclampsia on human milk cytokine levels. J Matern Fetal Neonatal Med, 2019, 32(13): 2209-2213.

[214] Reinhart B J, Slack F J, Basson M, et al. The 21-nucleotide let-7 RNA regulates developmental timing in Caenorhabditis elegans. Nature, 2000, 403(6772): 901-906.

[215] Ruvkun G. Molecular biology. Glimpses of a tiny RNA world. Science, 2001, 294(5543): 797-799.

[216] Alsaweed M, Hartmann P E, Geddes D T, et al. MicroRNAs in breastmilk and the lactating breast: potential immunoprotectors and developmental regulators for the infant and the mother. Int J Environ Res Public Health, 2015, 12(11): 13981-14020.

[217] Djuranovic S, Nahvi A, Green R. miRNA-mediated gene silencing by translational repression followed by mRNA deadenylation and decay. Science, 2012, 336(6078): 237-240.

[218] Kim V N, Han J, Siomi M C. Biogenesis of small RNAs in animals. Nat Rev Mol Cell Biol, 2009, 10(2): 126-139.

[219] Xiao C, Rajewsky K. MicroRNA control in the immune system: basic principles. Cell, 2009, 136(1): 26-36.

[220] Tili E, Michaille J J, Calin G A. Expression and function of micro-RNAs in immune cells during normal or disease state. Int J Med Sci, 2008, 5(2): 73-79.

[221] Na R S, E G X, Sun W, et al. Expressional analysis of immune-related miRNAs in breast milk. Genet Mol Res, 2015, 14(3): 11371-11376.

[222] Melnik B C, Schmitz G. MicroRNAs: Milk's epigenetic regulators. Best Pract Res Clin Endocrinol Metab, 2017, 31(4): 427-442.

[223] Iguchi H, Kosaka N, Ochiya T. Secretory microRNAs as a versatile communication tool. Commun Integr Biol, 2010, 3(5): 478-481.

[224] Baier S R, Nguyen C, Xie F, et al. MicroRNAs are absorbed in biologically meaningful amounts from nutritionally relevant doses of cow milk and affect gene expression in peripheral blood mononuclear cells, HEK-293 kidney cell cultures, and mouse livers. J Nutr, 2014, 144(10): 1495-1500.

[225] Alsaweed M, Lai C T, Hartmann P E, et al. Human milk miRNAs primarily originate from the mammary

gland resulting in unique miRNA profiles of fractionated milk. Sci Rep, 2016, 6:20680.
[226] Modepalli V, Kumar A, Hinds L A, et al. Differential temporal expression of milk miRNA during the lactation cycle of the marsupial tammar wallaby (*Macropus eugenii*). BMC Genomics, 2014, 15(1):1012.
[227] Simpson M R, Brede G, Johansen J, et al. Human breast milk miRNA, maternal probiotic supplementation and atopic dermatitis in offspring. PLoS One, 2015, 10(12): e0143496.
[228] Leiferman A, Shu J, Upadhyaya B, et al. Storage of extracellular vesicles in human milk, and microRNA profiles in human milk exosomes and infant formulas. J Pediatr Gastroenterol Nutr, 2019, 69(2): 235-238.
[229] Zamanillo R, Sánchez J, Serra F, et al. Breast milk supply of microRNA associated with leptin and adiponectin is affected by maternal overweight/obesity and influences infancy BMI. Nutrients, 2019, 11(11):2589.
[230] Liang Y, Ridzon D, Wong L, et al. Characterization of microRNA expression profiles in normal human tissues. BMC Genomics, 2007, 8:166.
[231] Chen X, Gao C, Li H, et al. Identification and characterization of microRNAs in raw milk during different periods of lactation, commercial fluid, and powdered milk products. Cell Res, 2010, 20(10): 1128-1137.
[232] Chokeshaiusaha K, Sananmuang T, Puthier D, et al. An innovative approach to predict immune-associated genes mutually targeted by cow and human milk microRNAs expression profiles. Vet World, 2018, 11(9): 1203-1209.
[233] Li Q J, Chau J, Ebert P J, et al. miR-181a is an intrinsic modulator of T cell sensitivity and selection. Cell, 2007, 129(1): 147-161.
[234] Gaziel-Sovran A, Segura M F, Di Micco R, et al. miR-30b/30d regulation of GalNAc transferases enhances invasion and immunosuppression during metastasis. Cancer Cell, 2011, 20(1): 104-118.
[235] Taganov K D, Boldin M P, Chang K J, et al. NF-kappa B-dependent induction of microRNA miR-146, an inhibitor targeted to signaling proteins of innate immune responses. Proc Natl Acad Sci USA, 2006, 103(33): 12481-12486.
[236] Ma F, Xu S, Liu X, et al. The microRNA miR-29 controls innate and adaptive immune responses to intracellular bacterial infection by targeting interferon-gamma. Nat Immunol, 2011, 12(9): 861-869.
[237] Stittrich A B, Haftmann C, Sgouroudis E, et al. The microRNA miR-182 is induced by IL-2 and promotes clonal expansion of activated helper T lymphocytes. Nat Immunol, 2010, 11(11): 1057-1062.
[238] Tili E, Michaille J J, Cimino A, et al. Modulation of miR-155 and miR-125b levels following lipopolysaccharide/TNF-alpha stimulation and their possible roles in regulating the response to endotoxin shock. J Immunol, 2007, 179(8): 5082-5089.
[239] Dai R, Phillips R A, Zhang Y, et al. Suppression of LPS-induced Interferon-gamma and nitric oxide in splenic lymphocytes by select estrogen-regulated microRNAs: a novel mechanism of immune modulation. Blood, 2008, 112(12): 4591-4597.
[240] Chen X M, Splinter P L, O'Hara S P, et al. A cellular micro-RNA, let-7i, regulates Toll-like receptor 4 expression and contributes to cholangiocyte immune responses against Cryptosporidium parvum infection. J Biol Chem, 2007, 282(39): 28929-28938.
[241] Zaragosi L E, Wdziekonski B, Brigand K L, et al. Small RNA sequencing reveals miR-642a-3p as a novel adipocyte-specific microRNA and miR-30 as a key regulator of human adipogenesis. Genome Biol, 2011, 12(7): R64.
[242] Alsaweed M, Hepworth A R, Lefevre C, et al. Human milk microRNA and total RNA differ depending on milk fractionation. J Cell Biochem, 2015, 116(10): 2397-2407.

[243] Alsaweed M, Lai C T, Hartmann P E, et al. Human milk cells contain numerous miRNAs that may change with milk removal and regulate multiple physiological processes. Int J Mol Sci, 2016, 17(6):956.

[244] Xi Y, Jiang X, Li R, et al. The levels of human milk microRNAs and their association with maternal weight characteristics. Eur J Clin Nutr, 2016, 70(4): 445-449.

[245] Mathivanan S, Ji H, Simpson R J. Exosomes: extracellular organelles important in intercellular communication. J Proteomics, 2010, 73(10): 1907-1920.

[246] Thery C, Ostrowski M, Segura E. Membrane vesicles as conveyors of immune responses. Nat Rev Immunol, 2009, 9(8): 581-593.

[247] Wu F, Zhi X, Xu R, et al. Exploration of microRNA profiles in human colostrum. Ann Transl Med, 2020, 8(18): 1170.

[248] Zhang L, Hou D, Chen X, et al. Exogenous plant MIR168a specifically targets mammalian LDLRAP1: evidence of cross-kingdom regulation by microRNA. Cell Res, 2012, 22(1): 107-126.

[249] Title A C, Denzler R, Stoffel M. Uptake and function studies of maternal milk-derived microRNAs. J Biol Chem, 2015, 290(39): 23680-23691.

[250] Wolf T, Baier S R, Zempleni J. The intestinal transport of bovine milk exosomes is mediated by endocytosis in human colon carcinoma Caco-2 cells and rat small intestinal IEC-6 cells. J Nutr, 2015, 145(10): 2201-2206.

[251] Floris I, Billard H, Boquien C Y, et al. MiRNA analysis by quantitative PCR in preterm human breast milk reveals daily fluctuations of hsa-miR-16-5p. PLoS One, 2015, 10(10): e0140488.

# 母乳成分特征

Composition Characteristics of Human Milk

# 第 16 章

# 激素及类激素成分

20 世纪 30 年代，Yaida 和 Heim 就提出了母乳中存在激素和激素样物质，这些成分是婴儿配方食品（乳粉）中不存在的，而且目前添加这类成分是违法的。已证明母乳中含有的这些微量成分可能对新生儿和婴幼儿的早期生长发育、信息传递以及免疫功能的建立与成熟发挥重要作用[1-3]。由于母乳中这些成分的种类复杂且含量很低，目前开展的研究甚少。

# 16.1 种类

近年来随着激素检测方法学的进展和仪器检测灵敏度的提高，母乳中可检出很多种激素或类激素成分，包括：①生长相关激素，如胰岛素样生长因子 -1（IGF-1）、脂肪因子（瘦素和脂联素）、生长激素释放肽、抵抗素、肥胖抑制素、表皮生长因子、脑肠肽和甲状腺素等；② 性激素，如黄体激素、雌激素、孕酮和睾酮等；③其他激素，包括皮质醇以及一些具有生物活性的肽类激素，如促红细胞生成素、多种生长因子、胃肠道调节多肽等[4-6]。Savino 等[7]汇总的母乳中存在的激素见表 16-1。

**表** 16-1　母乳中存在的激素

| 激素 | 发现时间 | 受体 | 肠中受体检测 | 主要功能 | 母乳中发现时间 | 母乳含量检测方法 |
|---|---|---|---|---|---|---|
| 瘦素 | 1994 | Ob 受体 | 人体 | 厌食作用 | 1997 | RIA、ELISA |
| 脂联素 | 1995 | Adipo-$R_1$<br>Adipo-$R_2$ | 人体 | 改善胰岛素敏感性，增加脂肪酸代谢，抗炎和抗动脉粥样硬化特性 | 2006 | RIA、ELISA |
| 生长素释放肽 | 1999 | 生长激素促分泌素受体 -1a | 人体 | 产氧作用；刺激 GH 分泌；刺激酸性胃分泌物和胃动力 | 2006 | RIA |
| IGF-1 | 1950 | IR、IGF-1R、IGF-2R<br>IGF-HR<br>胰岛素受体相关的受体 IR-IGF-1R 混合受体 | 人体 | 生长激素作用的主要介质；从婴儿后期开始调节分娩后生长作用 | 1984 | RIA |
| 抵抗素 | 2001 | 未知 | 未知 | 调节胰岛素敏感性 | 2008 | ELISA |
| 肥胖抑制素 | 2005 | GPR39 | 小鼠 | 厌食作用 | 2008 | RIA |

注：引自荫士安[8]，人乳成分（第二版），2022。

## 16.1.1　生长发育相关激素

母乳中含有一般食物中没有的多种生长发育相关的激素类成分，包括胰岛素样生长因子[9]、脂肪因子（瘦素[10]和脂联素[11]）、表皮生长因子[12]等，另外还发现母乳中存在其他一些与肥胖和生长发育相关的激素类成分，包括胃饥饿素[13]、抵抗素[14]、肥胖抑制素[15]等。由于这些物质在母乳中的含量低和受诸多因素影响，目前开展的研究相对还较少。

### 16.1.1.1　脂联素

脂联素（adiponectin）于 1995 年被发现，是脂肪细胞分泌的具有生物活性的一类蛋白质因子，可归为“脂肪细胞因子”或“脂肪因子”。脂联素含有 244 个氨基酸，分子质量为 30kDa[16]。最初发现脂联素存在于人体皮下脂肪组织、血浆和鼠科动物的脂肪细胞中，2006 年 Martin 首次发现人乳中也含有脂联素[11]。脂联素可能不是通过简单的扩散方式由血清直接转运到乳汁，而是由乳腺上皮细胞转运来自母乳血液中的脂联素进入乳汁或直接由乳腺上皮细胞合成脂联素分泌到乳汁中[17]。

#### 16.1.1.2 胰岛素样生长因子 -1

胰岛素样生长因子 -1（insulin-like growth factor-1，IGF-1）主要是由肝脏产生的促有丝分裂多肽，分子质量为 7.6kDa, 作为细胞增殖的强力分裂素，通过特异性结合细胞表面受体发挥作用[18]。循环中的 IGF-1 与结合蛋白（IGFBP）结合，IGFBP 通过调控 IGF-1 和 IGF-1 受体的相互作用，调节 IGF-1 的生理功能。血液中大部分 IGF-1 与大分子量的 IGFBP3 结合[19]，很少量的 IGF-1 与其他形式的 IGFBP 结合进入循环，不到 5% 的 IGF-1 处于非结合态或游离态[20]。1984 年 Baxter 等[9] 首次发现母乳中含有胰岛素样生长因子（IGF-1 和 IGF-2）和 4 种 IGF 结合蛋白（IGFBP）。

#### 16.1.1.3 瘦素

瘦素（leptin）是新发现的肥胖基因产物，由 ob 基因产生，分子质量为 16kDa，含有 167 个氨基酸。最初人们认为只有成熟的脂肪细胞才能产生瘦素，后来有研究发现瘦素 mRNA 也存在于母乳[21]、胎盘和胎儿体内[22]，而且脐带血中瘦素水平与胎儿体重、体质指数和脂肪量有关[23]，这些结果提示了瘦素作为生长发育候选因子的重要性。研究表明，乳汁来源的瘦素具有生物活性[10]，通过电量、大小、免疫识别和 SDS-PAGE 迁移度鉴定为完整的人类瘦素[24]。Smith-Kirwin 等[25] 观察到瘦素基因在哺乳妇女乳腺组织中的表达，并且瘦素由乳腺上皮细胞产生。采用 RT-PCR 技术对动物瘦素 mRNA 水平进行定量研究结果显示，乳腺瘦素基因表达发生在孕期和哺乳期；免疫组织化学检测瘦素蛋白的细胞定位结果显示，瘦素蛋白的表达取决于怀孕或哺乳的阶段，即可在怀孕早期的乳腺脂肪细胞中检测到瘦素蛋白，分娩时主要存在于乳腺上皮细胞中，而哺乳期则下行至乳腺肌上皮细胞[26]。

#### 16.1.1.4 表皮生长因子

表皮生长因子（epidermal growth factor，EGF）是由 53 个氨基酸组成的酸性多肽，分子质量为 6201kDa，含有三个二硫键形成的内环结构，组成生物活性所必需的受体结合区域。EGF 可抵抗胰蛋白酶，广泛存在于体液和多种腺体中，乳汁中的含量特异性增高，但在血清中的浓度则较低。EGF 和结合肝素的表皮生长因子（HB-EGF）是 EGF 相关的多肽家族成员，人母乳中都能检测到这些成分，但是 EGF 的浓度比 HB-EGF 高 2 ～ 3 倍[12]，这些生长因子的生物学作用可通过与 EGF 受体的相互作用被介导。

此外，母乳中还含有甲状腺激素，$T_3$ 是主要的存在形式，也含有微量 $T_4$，母乳中的 $T_3$ 可能由 $T_4$ 在乳腺中脱碘产生。

### 16.1.2 雌激素

母乳中存在的雌激素主要包括雌二醇（estradiol，E2）、雌三醇（estriol，E3）和雌酮（estrone，E1）3 种，有游离型和结合型两种形式，结合型一般无生理活性，游离型占比较少，而且只有与相应的受体结合才能发挥生理功能。雌二醇（E2）有无生物活性形式的 17$\alpha$-E2 和有生物活性形式的 17$\beta$-E2。母乳中雌酮（E1）游离态仅占总量的 4.35%，葡糖醛酸结合物（E1G）为其主要的代谢产物，占总量的 33% ～ 55%，其余以硫酸酯的形式存在；母乳内雌二醇（E2）游离态占总量约 20%，以葡糖酸苷酯和硫酸酯形式存在的各占 40%；母乳内雌三醇（E3）游离态仅占总量约 3.1%，以葡糖酸苷酯和硫酸酯形式存在的分别为 50% 和 47%。总之，在母乳和血浆中结合态雌激素占总量 90% 以上，人初乳中非结合态雌激素仅占总量约 4.8%[27]。

### 16.1.3 其他激素

母乳中还含有其他种类的激素，如糖皮质激素的主要形式是可的松（cortisol），还有皮质醇（cortisone）。母乳中还有一些活性肽类激素，如促红细胞生成素、多种生长因子、胃肠道调节多肽等；Vass 等 [28] 的研究结果显示，母乳中还存在促卵泡激素、促黄体激素和促甲状腺激素。

## 16.2 功能

母乳是婴儿出生后早期最佳的营养来源，含有婴儿生长发育所需要的营养成分和生物活性成分，其中不同种类的激素，例如生长激素 [29] 和饱腹感因子 [30] 以及雌激素 [1,6] 等，尽管母乳中含量极少，然而它们对喂养儿的生理和代谢介导的能量摄入 [31]、细胞生长 [32] 和体格生长发育以及功能建立与完善等发挥重要作用，是母婴之间激素信号的唯一来源。下面重点介绍母乳中生长发育相关激素和雌激素等的功能作用。

### 16.2.1 生长发育相关激素

母乳中存在的调节代谢功能和生长的激素对喂养儿是特别重要的，这些激素可能通过复杂的机制控制下丘脑弓状核从而调节脂肪组织、胃肠道和大脑的相互作用，调节食物摄入量和能量平衡，因此与婴儿体内物质代谢和取得正常生长发育速度密切相关，包括参与物质代谢（如脂肪酸氧化和糖代谢等），促进肠道黏膜的生长和胃肠道功能的成熟与完善，这些将对婴儿生长发育结局产生一系列影响，甚至还可能影响到儿童期和成人期的能量代谢程序[33]以及对慢性病的易感性[34,35]。这也可以给出母乳喂养与改善婴幼儿生长发育以及预防成年期肥胖之间关联的原因。

### 16.2.1.1 胰岛素样生长因子-1

IGF-1因其结构与胰岛素类似而得名，IGF-1是生长激素发挥生理作用过程中所必需的一种活性蛋白多肽，是婴儿生长发育的最重要生长因子之一[36]。IGF-1作为乳汁中的多肽生长因子，主要具有两个生理作用：一是公认的对新生儿生长发育的作用，特别是新生儿胃肠道的生长发育；另一个是可能对血管生成过程的影响。母乳中IGF-1可以直接促进新生儿小肠的生长，包括影响绒毛的高度和小肠的长度、增加肠道各种消化酶的活性，或间接促进新生儿胃肠道分泌IGF-1。新生儿的胃肠道胃酸浓度相对较低且蛋白水解消化功能较弱，可以保证乳汁来源IGF-1的完整，以整个大分子形式被婴儿肠道吸收。直接灌流山羊乳腺的试验结果表明，乳腺上皮细胞分泌IGF，而IGF-1和较低浓度的IGF-2也可刺激乳汁分泌和乳腺的血流，说明IGF可能在建立和维持母亲的乳腺系统并支持新生儿的胃肠道发育过程中，同时发挥重要作用[37]。

### 16.2.1.2 瘦素和脂联素

瘦素和脂联素是由脂肪细胞产生的因子，瘦素通过对食物摄取产生的强大抑制作用，调节能量平衡，增加胰岛素的敏感性；而脂联素是决定儿童胰岛素敏感性和高密度脂蛋白水平的重要因素，因此与胰岛素抵抗、肥胖和代谢综合征的发生密切相关。

（1）瘦素　瘦素作为循环中的饱腹感因子，调节脂肪组织的比例、食物摄入量和体重[38]，还可以调节能量消耗并可作为胰岛素的调节激素，说明瘦素参与了母乳喂养儿的食欲和能量平衡的调节[39]。

（2）脂联素　与生长激素释放肽一样，脂联素是一种具有激素功能的肽，可刺激饥饿并作用于下丘脑。脂联素的亲和配基可以特异性结合骨骼肌或肝细胞膜上的G蛋白偶联受体、1型或2型脂联素受体，调节脂肪酸氧化和糖代谢[40]，从而作为一种胰岛素超敏化激素增强胰岛素促进肝糖原的合成和抑制糖异生作用，对机体的脂质代谢和血糖稳态的调控发挥重要作用。

婴儿期的脂联素保留水平可能决定了以后的体重发展，但是需要进一步研究弄清楚母乳-循环-子代超重（肥胖）的关系，以及婴儿血清脂联素水平的决定因素。考虑到脂联素在炎性反应、胰岛素敏感性和脂肪代谢等方面的重要性，研究母乳脂联素对婴儿发育的影响以及作用机制具有重要意义，脂联素被认为有希望成为影响婴儿生长发育的候选激素。

#### 16.2.1.3 表皮生长因子

表皮生长因子（EGF）是最早发现的一种多功能生长因子，对多种组织细胞具有强烈的促分裂作用，在调节细胞生长、增殖和分化中发挥重要作用。EGF 的主要功能表现在促进新生儿（特别是早产儿）肠道成熟，同时对新生儿的肠道具有营养作用。

#### 16.2.1.4 其他激素类成分

脑肠肽又称为胃饥饿素（ghrelin），是促生长激素分泌素受体的内源性配体，通过与促生长激素分泌素受体结合，促进生长激素分泌、增加食欲、减少脂肪利用、调节能量代谢等。关于抵抗素与肥胖抑制素的关系，抵抗素是脂肪细胞分泌的一种细胞因子，可能参与调控婴儿的食欲和代谢过程；肥胖抑制素与胃饥饿素来源于同一前体基因，与瘦素、胃饥饿素共同参与食欲调节。母乳中还含有一定量的甲状腺激素（$T_3$），目前认为母乳中的甲状腺激素对早产儿的脑发育、生后早期生长发育能力及免疫系统等都有一定的影响。

一项儿童的队列研究结果显示，母乳中含有的脂肪因子和代谢激素，包括脂联素，瘦素和胰岛素等可能在母乳喂养降低婴幼儿发生哮喘风险中发挥一定保护作用[41]。Sadr 等[42]研究观察到，孕中和孕后期妇女的 BMI 与母乳瘦素（$P<0.001$）和胰岛素（$P=0.03$）呈正相关，与母乳脂联素（$P=0.02$）呈负相关。然而，BMI 与第 3 个月的母乳胰岛素相关性强于第 1 个月，而与脂联素的关联则弱于第 1 个月。妊娠瘦体重与母乳瘦素呈正相关，产后体重减轻与母乳瘦素呈负相关（均 $P<0.001$），而与 BMI 无关，提示孕妇的孕前、孕期和之后的体重状况与母乳成分的个体差异有关。

### 16.2.2 雌激素

母乳中存在雌激素和孕酮及其在生物合成过程中的前体或中间体，这些微量成分对母乳喂养后代的发育具有重要意义，包括在调节能量和物质代谢平衡、生长发育、性特征发育等方面发挥重要调节作用。

乳汁中含有的雌酮对于婴幼儿生长发育的促进作用已相当明确。动物实验结果显示，雌酮是牛乳中一种具有强力生长诱导作用的激素，主要以脂肪酸酯形式存在；它在牛乳天然浓度下对实验动物即表现出明显的生长促进作用。牛乳中存在的这些成分发挥的生长诱导作用可产生能耗降低效应 ( 代谢效率提高 )。雌酮是脂肪组织合成过程中的一种“静止”信号，小鼠服用后导致体脂减少，减少蛋白质消耗，因此可逆转游离雌酮产生的效应。

### 16.2.3 糖皮质激素

已知糖皮质激素主要影响碳水化合物代谢，一定程度上也影响蛋白质和脂肪代谢，而且在调节人体脂肪分布中发挥重要作用[43]。母乳中糖皮质激素水平反映了母体血液和唾液中的循环丰度[44-47]，但是如何从循环转运到母乳的机制尚不完全清楚[48]。在生命的第一年，母乳喂养儿的唾液皮质醇水平比婴儿配方食品喂养的婴儿高40%[49]。与母乳中其他生物活性成分不同，糖皮质激素具有多种功能，因此将可能对后代的表型产生显著影响。皮质醇和可的松是肾上腺产生的主要糖皮质激素，反映了乳母的生理和心理压力[50]；皮质醇在糖异生、脂肪和能量代谢中发挥关键作用。有些证据表明，母乳中的糖皮质激素可能影响儿童的心理成熟程度[51]。母乳中较高的糖皮质激素水平与婴儿的恐惧气质增加有关，这样的影响在女孩中更为明显[52]。

### 16.2.4 甲状腺激素

母乳中甲状腺激素属于下丘脑 - 垂体 - 甲状腺轴（hypothalamin-pituitary-thyroid axis）的重要组成部分，是胎儿大脑发育和出生后正常认知或神经系统发育所必需。目前认为母乳中的甲状腺激素对早产儿的脑发育、生后早期的生存能力及免疫系统等都有一定的影响。母乳喂养可能弥补低甲状腺素血症患儿的甲状腺激素的暂时不足。

## 16.3 含量

### 16.3.1 生长发育相关激素

由于母乳中生长发育相关激素的含量较低，而且含量的个体差异也较大，同时对检测仪器和分离手段要求相对较高，因此开展的相关研究较少。母乳中与生长发育相关激素的含量见表16-2。

#### 16.3.1.1 脂联素

乳汁中脂联素的浓度显著低于母体血清浓度，健康人体血浆中脂联素浓度为3～30mg/L，而母乳脂联素水平中值为10.9μg/L[53]，脱脂母乳脂联素的浓度为4.2～87.9μg/L[11]。

**表 16-2　母乳中与生长发育相关激素的含量**

| 第一作者及发表年份 | 人群和取样地点 | 样本量 | 取样时间 | 分析指标 | 分析结果 /（μg/L） | 分析方法 | 备注 |
| --- | --- | --- | --- | --- | --- | --- | --- |
| Weyermann 等，2007 | 产后 6 周乳母及其婴儿，德国乌尔姆大学妇产科医院 | 674 | 6 周 | 母乳脂联素水平 | 10.9（中位数） | ELISA | |
| Martin 等，2006 | 辛辛那提儿童研究母乳库志愿者，家中取样 | 199 | 各时段混合乳样 | 脱脂母乳脂联素 | 17.7（4.2 ～ 87.9）<br>[ 中位数（$P_{25}$ ～ $P_{75}$）] | RIA | 脱脂母乳 |
| Ilcol 等，2006 | 土耳其产后 30d 内追踪研究和产后 0 ～ 180d 不同时间点横断面调查 | 22/37,27,<br>16,37,43 | 追踪 / 横断面<br>5 个时间点 | 母乳中瘦素水平 | 含量对数，初乳 0.16 ～ 7.0μg/L，成熟乳 0.11 ～ 4.97μg/L | RIA | |
| Goelz 等，2009 | 早产儿和足月儿的母亲，未说明取样地点 | 51 | 5 ～ 46d | 母乳 IGF-1 | 2.16（中位数） | RIA | |
| Weyermann，2007 | 产后 6 周妇女及其婴儿，德国乌尔姆大学妇产科医院 | 674 | 6 周 | 母乳瘦素水平 | 174.5ng/L（中位数） | ELISA | |
| Xiao 等，2002 | 早产儿和足月儿母亲，医院取样 | 57 | 7d | 母乳中的 EGF | (28.2±10.3)nmol/L(早产母乳)<br>(17.3±9.6)nmol/L(足月母乳) | RIA | |

注：引自荫士安[8]，人乳成分（第二版），2021：434。

#### 16.3.1.2 胰岛素样生长因子 -1

文献报道的母乳 IGF-1 含量为 2.16μg/L[54]。Buyukkayhan 等 [55] 发现母乳喂养新生儿血清 IGF-1 浓度高于婴儿配方乳粉喂养的婴儿，表明母乳中含有可被婴儿吸收的活性 IGF-1。

#### 16.3.1.3 瘦素

Houseknecht 等 [21] 报道母乳中瘦素水平与母体循环中瘦素水平有关，还与皮质醇和甲状腺素浓度密切相关 [56]；但是母乳瘦素浓度显著低于母体循环中瘦素水平。血清瘦素平均浓度为 7.35μg/L，而母乳瘦素浓度均值为 174.5ng/L。两种机制可以解释母乳瘦素的来源，即乳腺瘦素的分泌和瘦素的血液 - 乳汁转运过程。母乳中瘦素浓度主要用放射免疫法测定，全乳中瘦素比脱脂乳中的瘦素浓度高 2 ～ 66 倍，主要与乳脂肪球膜蛋白有关。不同的分析方法得到的结果可能不同，一般来说脱脂乳很稳定，适合进行瘦素检测分析。

#### 16.3.1.4 表皮生长因子

EGF 水平与哺乳阶段有关，初乳中 EGF 浓度最高，成熟乳中逐渐降低，母乳中的 EGF 平均浓度约为 5.0 ～ 6.7nmol/L[57]。

### 16.3.2 雌激素

成熟乳与初乳中有雌激素活性的成分主要是 17$\beta$-E2、E1 和 E3 三种，三者活性比为 100∶10∶3。雌二醇是卵泡正常分泌的激素，为代谢的起始物，雌三醇是雌二醇和雌酮的代谢产物。孕酮作为一种孕激素，又称为黄体酮或黄体激素，母乳中孕酮含量范围为 10 ～ 40ng/mL[58]。1979 年，Wolford 等 [59] 采用放射免疫法测定了 4 例乳母的乳汁中雌激素，初乳中雌激素浓度 E1 为 4 ～ 5ng/mL，17$\beta$-E2 为 0.54 ～ 5ng/mL，E3 为 4 ～ 5ng/mL，总量是牛初乳含量的 4 ～ 5 倍。2016 年，曹宇彤等 [60] 的分析结果显示，初乳中雌激素含量很高，雌酮平均浓度为 3.78ng/mL，雌二醇平均浓度最高为 7.4ng/mL，雌三醇平均浓度达到 4.05ng/mL。三种雌激素浓度均随泌乳期的延长而降低。除 17$\beta$-E2 外，E1 及其硫酸酯、17$\alpha$-E2 均不是由乳腺直接分泌，可认为是各种乳激素、血液、体液与乳腺上皮细胞分泌物之间平衡的结果。文献报告的母乳中雌激素含量汇总于表 16-3。Sapbamrer 等 [61] 的泰国 50 例乳母研究结果显示，血清和母乳中雌激素和总脂质水平之间存在相同变化模式。虽然血清雌激素与血清总脂质呈正相关（相关系数 0.403 ～ 0.661），然而母乳中雌性激素和总脂质间无相关；同期母乳中雌激素平均水平比母体血清中雌激素水平高 8 ～ 13.5 倍。

**表 16-3　母乳中雌激素含量**　　单位：ng/mL

| 作者 | 哺乳阶段 | 雌酮（E1） | 雌二醇（E2） | 雌三醇（E3） |
| --- | --- | --- | --- | --- |
| 曹宇彤等[60] | 初乳 | 3.78（$n$=10） | 7.40（$n$=10） | 4.05（$n$=10） |
| | 过渡乳 | 0.63（$n$=13） | 3.28（$n$=13） | 0.31（$n$=13） |
| | 成熟乳 | 0.47（$n$=21） | 1.44（$n$=21） | 0.20（$n$=21） |
| 曹劲松等[62] | 初乳（24h） | 0.093±0.019 | 0.039±0.014 | 0.031±0.006 |
| | 初乳（24h） | 2.046±0.859① | 0.159±0.055① | 1.195±0.423① |
| | 初乳（3～5d） | 2.5～4.5② | 0.01～0.05② | 0.27～0.70② |
| 姚晓芬等[6] | 初乳③ | >3.68 | 0.013～0.045④ | 0.27～0.71 |
| | 成熟乳③ | —⑤ | 7.9～18.5②④ | —⑤ |

①为结合型。

②总含量。

③汇总三篇文献数据[6]。

④为 17$\beta$-E2。

⑤代表无数据。

## 16.3.3　其他激素

### 16.3.3.1　糖皮质激素

Pundir 等[63]分析了参加芬兰队列研究的 656 例乳母的乳汁样本（婴儿年龄 11.29 周 ±2.6 周），母乳中糖皮质激素的主要形式可的松（cortisol）含量（ng/mL，平均值 ±SD）为 9.55±3.44，所有样品中均含有皮质醇（cortisone），含量为 7.39±5.97；而 Toorop 等[64]在荷兰获得的结果显示，母乳中糖皮质激素含量存在明显的昼夜节律性变化（表 16-4）。

**表 16-4　不同时间采集的母乳中糖皮质激素含量①**

| 采样时间 | 乳样数 | 皮质醇 /（nmol/L） | 可的松 /（nmol/L） |
| --- | --- | --- | --- |
| 02:00～06:00 | 39 | 4.5（1.9～10.0） | 19.6（11.4～30.0） |
| 6:00～10:00 | 83 | 9.6（4.9～15.2） | 32.5（22.6～38.9） |
| 10:00～14:00 | 80 | 4.0（2.4～5.8） | 22.0（16.5～27.1） |
| 14:00～18:00 | 72 | 2.1（1.4～3.3） | 15.9（10.8～20.4） |
| 18:00～22:00 | 68 | 1.1（0.7～1.8） | 9.3（5.8～11.9） |
| 22:00～02:00 | 53 | 1.0（0.5～1.9） | 7.0（4.6～14.8） |

①含量以中位数（$P_{25}$～$P_{75}$）表示。

注：引自 Toorop 等[64]，2020。

最近，Vass 等[28]比较了早产儿（$n$=27）和足月儿（$n$=30）的母乳垂体糖蛋白激素的含量，两组之间没有显著差异 [ 中位数（$P_{25}$ ～ $P_{75}$）/（mIU/L）]，其中促卵泡激素为 180（75 ～ 315）与 178（136 ～ 241），促黄体激素为 40（18 ～ 103）与 50（31 ～ 60），促甲状腺激素为 60（38 ～ 93）与 50（36 ～ 64）。

#### 16.3.3.2 甲状腺激素

张佩斌和陈荣华[65]采用放射免疫分析法测定了 6 周内母乳中甲状腺激素（$T_3$ 和 $T_4$）含量的变化，初乳和成熟乳 $T_3$ 含量分别为 0.50 ～ 0.61μg/L 和 0.49 ～ 0.62μg/L；$T_4$ 含量分别为 2.35 ～ 3.85μg/L 和 2.80 ～ 3.85μg/L。

## 16.4 影响因素

迄今有关影响母乳中激素种类和水平的研究相当有限。虽然多数研究认为，母乳中的激素水平与婴儿出生后早期生长发育甚至远期健康状况密切相关，但是相关激素之间错综复杂的交互影响或作用关系以及整个机体的动态平衡调节，使得对单一激素的研究结果还很难给予恰当解释，而且对母乳中激素水平与早期生长发育及远期健康效应的相关研究还需要考虑到个体遗传与环境的综合作用。因此后续需要开展更多研究以阐明母乳中这些微量成分对婴儿期、儿童和成年期代谢性疾病发生、发展的影响。

### 16.4.1 生长发育相关激素

与商品化生产的婴儿配方食品（乳粉）不同，母乳成分是处在动态变化中。不同的乳母在一次喂哺过程中其乳汁成分会有所不同，并且其成分可能会根据喂养儿需要发生适应性变化，以满足婴儿成长发育的需求[66]。母乳是多种营养素的主要载体，并且还包括非营养性生物活性因子，例如激素等。母乳中的生长发育相关激素的种类较多，每种激素本身的含量变异范围就很大，而且受母体的体质状况、分娩与生产结局、哺乳期等多种复杂因素的影响。

#### 16.4.1.1 脂联素

影响母乳脂联素水平的因素包括哺乳时长、激素水平、分娩和生产结局及母亲体质状况。哺乳时长与乳汁中脂联素浓度成反比关系，随哺乳延长乳汁中脂联素浓度下降，初乳中脂联素浓度高于成熟乳；追踪研究发现，哺乳 12 个月时母乳脂联素浓度显著低于 3 个月和 6 个月的浓度[67]。有研究发现母乳脂联素浓度与母体的肥胖（孕后 BMI）呈正相关[11]。这可能与脂联素、催乳素和肥胖之间的关联有关。

母乳脂联素受催乳素的反向调节，而催乳素的分泌则受肥胖的抑制，因此母乳脂联素水平与母体脂肪组织（肥胖）呈正相关。Meta 分析确证了先兆子痫妇女乳汁中含有更高浓度的脂联素[68]。校正产后到乳汁收集间隔时间等混杂因素后，初产、较长的妊娠期和非预定剖宫产等分娩变量与初乳较高的脂联素水平相关。早产儿母乳的脂联素水平低于足月新生儿[69]。

### 16.4.1.2 胰岛素样生长因子 -1

随哺乳时期的延长，母乳中 IGF 和 IGF 结合蛋白的浓度有所变化。初乳中 IGF-1 的浓度最高（显著高于成熟乳），与乳腺细胞最高增殖期和婴儿肠道发育不成熟是一致的。Milsom 等[34]测定了产后 4d ～ 9 个月足月产母乳的 IGF 和 IGFBP 水平，结果表明 IGFBP-3 产后 4 ～ 6d 最高，10 ～ 12d 开始明显下降；而 IGF-1、IGF-2、IGFBP-1、IGFBP-2 在产后 2 周内的变化很小。约到第 1 ～ 3 个月间所有的 IGF 成分逐渐下降，出生后第 9 个月达到稳定水平。母乳 IGF-1 的浓度还受分娩结局的影响，早产妇女乳汁 IGF-1 的浓度显著高于足月产妇女[70]。Elmlinger 等[71]报道早产儿母亲乳汁中 IGF-1、IGFBP-3 和 IGFBP-2 均高于足月儿母乳。临床试验观察到，口服 IGF-1 对早产儿有治疗作用，可使其肠道功能得以修复。母乳喂养的早产婴儿比人工喂养儿常表现出更好的生命结局，部分原因可能是胰岛素样生长因子和其结合蛋白的作用。母乳 IGF-1 的水平还受某些激素的影响，研究表明人类生长激素刺激乳汁分泌干预后，可使乳汁 IGF-1 水平显著增加[72]。母乳中的 IGF-1 浓度的升高还与妊娠糖尿病（GDM）和分娩巨大儿有关[73]。

### 16.4.1.3 瘦素

母乳中瘦素水平受哺乳阶段的影响，初乳中瘦素浓度显著高于过渡乳[74]，如土耳其 22 例乳母的追踪调查结果［(平均值 ±SE）/(ng/mL)］显示，产后 1 ～ 3d 初乳（3.35±0.25）、4 ～ 14d 过渡乳（2.65±0.21）和早期成熟乳（1.63±0.18）中瘦素含量呈现显著降低趋势[56]；也与分娩结局有关，有研究结果显示早产儿的母乳中瘦素水平低于足月儿的母乳[75]。Dundar 等[76]观察到小于胎龄儿和大于胎龄儿母乳中不同的瘦素水平与其胎龄相符。与正常体重的母亲相比，超重和肥胖母亲的乳汁中瘦素浓度显著升高。乳房组织的瘦素产物可能根据婴儿的需要和身体状况受机体的生理性调节。研究发现母乳瘦素浓度与母体 BMI 呈正相关，母乳喂养婴儿血清瘦素浓度也与母亲 BMI 呈正相关[77]，目前尚存在的问题是母乳来源的瘦素是否提供了母体成分和新生儿生长发育之间关联的纽带，是否由较为肥胖母亲的母乳喂养的婴儿接受到的母乳瘦素量也较多，从而影响了其喂养儿的生长发育状况。

Vass 等[78]观察到与未经过巴氏灭菌的样本相比，早产儿母亲乳汁中瘦素水平约是捐赠母乳的三倍；并且无论乳汁来源，巴氏灭菌过程显著降低了瘦素和胰岛素水平；在早产儿的母亲中，肥胖与乳汁中的瘦素和胰岛素含量显著升高相关；用巴氏杀菌的捐赠母乳喂哺婴儿瘦素摄入量显著降低，同时皮质醇摄入量增加了。

#### 16.4.1.4 表皮生长因子

母乳 EGF 水平与哺乳时段、出生结局和分娩结局等有关。Oslislo 等[79]的研究发现早产适龄儿母乳的 EGF 浓度显著高于早产小于胎龄儿，说明母乳对未发育成熟的早产婴儿生长发育的促进机制可能受宫内生长发育迟缓因素干扰。还有研究表明极早产母乳第一个月的 EGF 浓度显著高于早产和足月的母乳[80]，分娩早产儿的母乳高浓度 EGF 可能是一种代表母乳加速未成熟婴儿生长发育的补偿机制。

### 16.4.2 雌激素

在芬兰迈向健康发展（steps to the healthy development，STEPS）队列（群组）研究中，测定了 501 例母乳样品中瘦素、脂联素、胰岛素样生长因子和环甘氨酸脯氨酸（cyclic glycine-proline）的含量，结果显示孕前 BMI、妊娠因素（妊娠体重增加，GDM，多胎，分娩方式和婴儿胎龄）和出生时婴儿特征（性别和出生体重）与生后三个月收集的母乳生物活性成分（如激素）浓度之间的相关性[3]。在 Vass 等[78]关于储存巴氏杀菌（HoP）对激素水平影响的研究中，尽管母乳中有些激素成分受巴氏杀菌的影响，但是孕激素和睾丸激素的含量则不受来源和巴氏灭菌的影响。

### 16.4.3 其他激素

#### 16.4.3.1 糖皮质激素

乳母 BMI（孕期）与母乳中可的松含量有关，孕期正常体重乳母的乳汁中可的松含量（9.82ng/mL）显著高于孕期超重（8.93ng/mL）和低体重（9.33ng/mL）的乳母（$P$=0.01）。受教育程度在改变母乳中糖皮质激素的组成方面也发挥重要作用。与血浆不同，可的松是母乳样品中的主要激素，因为可的松在母体血浆中分泌量不大。

#### 16.4.3.2 甲状腺激素

成熟乳中含有大量脂质将会干扰 $T_3$ 和 $T_4$ 的测定。母乳中甲状腺激素含量相对稳定，在初乳、过渡乳和成熟乳中无显著差异，与乳母血清相比，母乳中含有一定量 $T_3$ 和 $T_4$。采用竞争性蛋白结合法测定母乳中甲状腺激素，由于没有特异性抗体，因而交叉反应不能控制，会使测定结果偏离。

（柳桢，杨振宇，荫士安）

## 参考文献

[1] Mazzocchi A, Gianni M L, Morniroli D, et al. Hormones in breast milk and effect on infants'growth: a systematic review. Nutrients, 2019, 11(8) :1845.

[2] Gila-Diaz A, Arribas S M, Algara A, et al. A review of bioactive factors in human breastmilk: a focus on prematurity. Nutrients, 2019, 11(6) :1307.

[3] Galante L, Lagstrom H, Vickers M H, et al. Sexually dimorphic associations between maternal factors and human milk hormonal concentrations. Nutrients, 2020, 12(1) :152.

[4] 柳桢，荫士安，杨晓光，等 . 生长发育相关的人乳激素研究进展 . 卫生研究 , 2014, 43(2):332-337.

[5] 胡晓燕，衣明纪 . 人乳中部分激素的生理功能研究进展 . 中国儿童保健杂志 , 2010, 18(9):666-668.

[6] 姚晓芬 , 朱婧 , 杨月欣 . 食品及母乳中雌性激素含量分析 . 卫生研究 , 2011, 40(6): 799-801.

[7] Savino F, Liguori S A, Fissore M F, et al. Breast milk hormones and their protective effect on obesity. Int J Pediatr Endocrinol, 2009, 2009:327505.

[8] 荫士安 . 人乳成分——存在形式、含量、功能、检测方法 . 2 版 . 北京 : 化学工业出版社 , 2022.

[9] Baxter R C, Zaltsman Z, Turtle J R. Immunoreactive somatomedin-C/insulin-like growth factor Ⅰ and its binding protein in human milk. J Clin Endocrinol Metab, 1984, 58(6): 955-959.

[10] Lyle R E, Kincaid S C, Bryant J C, et al. Human milk contains detectable levels of immunoreactive leptin. Adv Exp Med Biol, 2001, 501:87-92.

[11] Martin L J, Woo J G, Geraghty S R, et al. Adiponectin is present in human milk and is associated with maternal factors. Am J Clin Nutr, 2006, 83(5): 1106-1111.

[12] Dvorak B. Milk epidermal growth factor and gut protection. J Pediatr, 2010, 156(2 Suppl): S31-S35.

[13] Aydin S, Ozkan Y, Kumru S. Ghrelin is present in human colostrum, transitional and mature milk. Peptides, 2006, 27(4): 878-882.

[14] Ilcol Y O, Hizli Z B, Eroz E. Resistin is present in human breast milk and it correlates with maternal hormonal status and serum level of C-reactive protein. Clin Chem Lab Med, 2008, 46(1): 118-124.

[15] Aydin S, Ozkan Y, Erman F, et al. Presence of obestatin in breast milk: relationship among obestatin, ghrelin, and leptin in lactating women. Nutrition, 2008, 24(7-8): 689-693.

[16] Butte N F, Comuzzie A G, Cai G, et al. Genetic and environmental factors influencing fasting serum adiponectin in Hispanic children. J Clin Endocrinol Metab, 2005, 90(7): 4170-4176.

[17] Weyermann M, Beermann C, Brenner H, et al. Adiponectin and leptin in maternal serum, cord blood, and breast milk. Clin Chem, 2006, 52(11): 2095-2102.

[18] Suikkari A M. Insulin-like growth factor (IGF- Ⅰ ) and its low molecular weight binding protein in human milk. Eur J Obstet Gynecol Reprod Biol, 1989, 30(1): 19-25.

[19] Baxter R C, Martin J L, Beniac V A. High molecular weight insulin-like growth factor binding protein complex. Purification and properties of the acid-labile subunit from human serum. J Biol Chem, 1989, 264(20): 11843-11848.

[20] Juul A, Holm K, Kastrup K W, et al. Free insulin-like growth factor Ⅰ serum levels in 1430 healthy children and adults, and its diagnostic value in patients suspected of growth hormone deficiency. J Clin Endocrinol Metab, 1997, 82(8): 2497-2502.

[21] Houseknecht K L, McGuire M K, Portocarrero C P, et al. Leptin is present in human milk and is related to maternal plasma leptin concentration and adiposity. Biochem Biophys Res Commun, 1997, 240(3): 742-747.

[22] Shekhawat P S, Garland J S, Shivpuri C, et al. Neonatal cord blood leptin: its relationship to birth weight, body mass index, maternal diabetes, and steroids. Pediatr Res, 1998, 43(3): 338-343.

[23] Sagawa N, Yura S, Itoh H, et al. Possible role of placental leptin in pregnancy: a review. Endocrine, 2002, 19(1): 65-71.
[24] Casabiell X, Pineiro V, Tome M A, et al. Presence of leptin in colostrum and/or breast milk from lactating mothers: a potential role in the regulation of neonatal food intake. J Clin Endocrinol Metab, 1997, 82(12): 4270-4273.
[25] Smith-Kirwin S M, O'Connor D M, De Johnston J, et al. Leptin expression in human mammary epithelial cells and breast milk. J Clin Endocrinol Metab, 1998, 83(5): 1810-1813.
[26] Bonnet M, Gourdou I, Leroux C, et al. Leptin expression in the ovine mammary gland: putative sequential involvement of adipose, epithelial, and myoepithelial cells during pregnancy and lactation. J Anim Sci, 2002, 80(3): 723-728.
[27] Sahlberg B L, Axelson M. Identification and quantitation of free and conjugated steroids in milk from lactating women. J Steroid Biochem, 1986, 25(3): 379-391.
[28] Vass R A, Roghair R D, Bell E F, et al. Pituitary glycoprotein hormones in human milk before and after pasteurization or refrigeration. Nutrients, 2020, 12(3):687.
[29] Blum J W, Baumrucker C R. Insulin-like growth factors (IGFs), IGF binding proteins, and other endocrine factors in milk: role in the newborn. Adv Exp Med Biol, 2008, 606:397-422.
[30] Catli G, Olgac Dundar N, Dundar B N. Adipokines in breast milk: an update. J Clin Res Pediatr Endocrinol, 2014, 6(4): 192-201.
[31] Klok M D, Jakobsdottir S, Drent M L. The role of leptin and ghrelin in the regulation of food intake and body weight in humans: a review. Obes Rev, 2007, 8(1): 21-34.
[32] Murray P G, Clayton P E. Endocrine control of growth. Am J Med Genet C Semin Med Genet, 2013, 163C(2): 76-85.
[33] Schwartz M W, Woods S C, Porte D Jr, et al. Central nervous system control of food intake. Nature, 2000, 404(6778): 661-671.
[34] Milsom S R, Blum W F, Gunn A J. Temporal changes in insulin-like growth factors Ⅰ and Ⅱ and in insulin-like growth factor binding proteins 1, 2, and 3 in human milk. Horm Res, 2008, 69(5): 307-311.
[35] Doneray H, Orbak Z, Yildiz L. The relationship between breast milk leptin and neonatal weight gain. Acta Paediatr, 2009, 98(4): 643-647.
[36] Fields D A, Demerath E W. Relationship of insulin, glucose, leptin, IL-6 and TNF-α in human breast milk with infant growth and body composition. Pediatric Obes, 2012, 7:304-312.
[37] Prosser C G. Insulin-like growth factors in milk and mammary gland. J Mammary Gland Biol Neoplasia, 1996, 1(3): 297-306.
[38] de Graaf C, Blom W A, Smeets P A, et al. Biomarkers of satiation and satiety. Am J Clin Nutr, 2004, 79(6): 946-961.
[39] Ahima R S, Antwi D A. Brain regulation of appetite and satiety. Endocrinol Metab Clin North Am, 2008, 37(4): 811-823.
[40] Savino F, Petrucci E, Nanni G. Adiponectin: an intriguing hormone for paediatricians. Acta Paediatr, 2008, 97(6): 701-705.
[41] Chan D, Becker A B, Moraes T J, et al. Sex-specific association of human milk hormones and asthma in the CHILD cohort. Pediatr Allergy Immunol, 2020, 31(5):570-573.
[42] Sadr D G, Whitaker K M, Haapala J L, et al. Relationship of maternal weight status before, during, and after pregnancy with breast milk hormone concentrations. Obesity (Silver Spring), 2019, 27(4): 621-628.

[43] Bose M, Olivan B, Laferrere B. Stress and obesity: the role of the hypothalamic-pituitary-adrenal axis in metabolic disease. Curr Opin Endocrinol Diabetes Obes, 2009, 16(5): 340-346.
[44] Khani S, Tayek J A. Cortisol increases gluconeogenesis in humans: its role in the metabolic syndrome. Clin Sci (Lond), 2001, 101(6): 739-747.
[45] Peckett A J, Wright D C, Riddell M C. The effects of glucocorticoids on adipose tissue lipid metabolism. Metabolism, 2011, 60(11): 1500-1510.
[46] Bernt K M, Walker W A. Human milk as a carrier of biochemical messages. Acta Paediatr Suppl, 1999, 88(430): 27-41.
[47] Macfarlane D P, Forbes S, Walker B R. Glucocorticoids and fatty acid metabolism in humans: fuelling fat redistribution in the metabolic syndrome. J Endocrinol, 2008, 197(2): 189-204.
[48] van der Voorn B, de Waard M, van Goudoever J B, et al. Breast-milk cortisol and cortisone concentrations follow the diurnal rhythm of maternal hypothalamus-pituitary-adrenal axis activity. J Nutr, 2016, 146(11): 2174-2179.
[49] Cao Y, Rao S D, Phillips T M, et al. Are breast-fed infants more resilient? Feeding method and cortisol in infants. J Pediatr, 2009, 154(3): 452-454.
[50] Sapolsky R M, Romero L M, Munck A U. How do glucocorticoids influence stress responses? Integrating permissive, suppressive, stimulatory, and preparative actions. Endocr Rev, 2000, 21(1): 55-89.
[51] Hinde K, Skibiel A L, Foster A B, et al. Cortisol in mother's milk across lactation reflects maternal life history and predicts infant temperament. Behav Ecol, 2015, 26(1): 269-281.
[52] Grey K R, Davis E P, Sandman C A, et al. Human milk cortisol is associated with infant temperament. Psychoneuroendocrinology, 2013, 38(7): 1178-1185.
[53] Weyermann M, Brenner H, Rothenbacher D. Adipokines in human milk and risk of overweight in early childhood: a prospective cohort study. Epidemiology, 2007, 18(6): 722-729.
[54] Goelz R, Hihn E, Hamprecht K, et al. Effects of different CMV-heat-inactivation-methods on growth factors in human breast milk. Pediatr Res, 2009, 65(4): 458-461.
[55] Buyukkayhan D, Tanzer F, Erselcan T, et al. Umbilical serum insulin-like growth factor 1 (IGF-1) in newborns: effects of gestational age, postnatal age, and nutrition. Int J Vitam Nutr Res, 2003, 73(5): 343-346.
[56] Ilcol Y O, Hizli Z B, Ozkan T. Leptin concentration in breast milk and its relationship to duration of lactation and hormonal status. Int Breastfeed J, 2006, 1:21.
[57] Xiao X, Xiong A, Chen X, et al. Epidermal growth factor concentrations in human milk, cow's milk and cow's milk-based infant formulas. Chin Med J (Engl), 2002, 115(3): 451-454.
[58] Choi M H, Kim K R, Hong J K, et al. Determination of non-steroidal estrogens in breast milk, plasma, urine and hair by gas chromatography/mass spectrometry. Rapid Commun Mass Spectrom, 2002, 16(24): 2221-2228.
[59] Wolford S T, Argoudelis C J. Measurement of estrogens in cow's milk, human milk, and dairy products. J Dairy Sci, 1979, 62(9): 1458-1463.
[60] 曹宇彤，任皓威，刘宁．超高效液相色谱 - 串联质谱分析人乳中的 3 种雌激素．中国乳品工业，2016, 44(9): 52-55.
[61] Sapbamrer R, Prapamontol T, Hock B. Assessment of estrogenic activity and total lipids in maternal biological samples (serum and breast milk). Ecotoxicol Environ Saf, 2010, 73(4): 679-684.
[62] 曹劲松，李意．初乳、常乳及其制品中的雌性激素．中国乳品工业，2005, 33(9): 4-8.
[63] Pundir S, Makela J, Nuora A, et al. Maternal influences on the glucocorticoid concentrations of human milk: the STEPS study. Clin Nutr, 2019, 38(4): 1913-1920.

[64] Toorop A A, van der Voorn B, Hollanders J J, et al. Diurnal rhythmicity in breast-milk glucocorticoids, and infant behavior and sleep at age 3 months. Endocrine, 2020. 68(3):660-668.
[65] 张佩斌，陈荣华 . 母乳中甲状腺激素含量测定及其意义的初步探讨 . 中华儿童保健杂志 , 1993, 1(2): 88-91.
[66] Ballard O, Morrow A L. Human milk composition: nutrients and bioactive factors. Pediatr Clin North Am, 2013, 60(1):49-74.
[67] Bronsky J, Mitrova K, Karpisek M, et al. Adiponectin, AFABP, and leptin in human breast milk during 12 months of lactation. J Pediatr Gastroenterol Nutr, 2011, 52(4): 474-477.
[68] Liu Y, Zhu L, Pan Y, et al. Adiponectin levels in circulation and breast milk and mRNA expression in adipose tissue of preeclampsia women. Hypertens Pregnancy, 2012, 31(1): 40-49.
[69] Savino F, Liguori S A, Lupica M M. Adipokines in breast milk and preterm infants. Early Hum Dev, 2010, 86 (Suppl 1):S77-S80.
[70] Ozgurtas T, Aydin I, Turan O, et al. Vascular endothelial growth factor, basic fibroblast growth factor, insulin-like growth factor- Ⅰ and platelet-derived growth factor levels in human milk of mothers with term and preterm neonates. Cytokine, 2010, 50(2): 192-194.
[71] Elmlinger M W, Hochhaus F, Loui A, et al. Insulin-like growth factors and binding proteins in early milk from mothers of preterm and term infants. Horm Res, 2007, 68(3): 124-131.
[72] Breier B H, Milsom S R, Blum W F, et al. Insulin-like growth factors and their binding proteins in plasma and milk after growth hormone-stimulated galactopoiesis in normally lactating women. Acta Endocrinol (Copenh), 1993, 129(5): 427-435.
[73] Mohsen A H, Sallam S, Ramzy M M, et al. Investigating the relationship between insulin-like growth factor-1 (IGF-1) in diabetic mother's breast milk and the blood serum of their babies. Electron Physician, 2016, 8(6): 2546-2550.
[74] Bielicki J, Huch R, von Mandach U. Time-course of leptin levels in term and preterm human milk. Eur J Endocrinol, 2004, 151(2): 271-276.
[75] Resto M, O'Connor D, Leef K, et al. Leptin levels in preterm human breast milk and infant formula. Pediatrics, 2001, 108(1): E15.
[76] Dundar N O, Anal O, Dundar B, et al. Longitudinal investigation of the relationship between breast milk leptin levels and growth in breast-fed infants. J Pediatr Endocrinol Metab, 2005, 18(2): 181-187.
[77] Schuster S, Hechler C, Gebauer C, et al. Leptin in maternal serum and breast milk: association with infants' body weight gain in a longitudinal study over 6 months of lactation. Pediatr Res, 2011, 70(6): 633-637.
[78] Vass R A, Bell E F, Colaizy T T, et al. Hormone levels in preterm and donor human milk before and after Holder pasteurization. Pediatr Res, 2020. 88(4):612-617.
[79] Oslislo A, Czuba Z, Slawska H, et al. Decreased human milk concentration of epidermal growth factor after preterm delivery of intrauterine growth-restricted newborns. J Pediatr Gastroenterol Nutr, 2007, 44(4): 464-467.
[80] Dvorak B, Fituch C C, Williams C S, et al. Increased epidermal growth factor levels in human milk of mothers with extremely premature infants. Pediatr Res, 2003, 54(1): 15-19.

# 母乳成分特征

Composition Characteristics of Human Milk

# 第 17 章

# 细胞成分

母乳富含上皮细胞和免疫活性细胞，这些成分可为喂养儿提供主动和被动免疫，促进婴儿免疫能力发育和增加对感染性疾病的抵抗力，而且也有可能保护乳母的乳腺防止感染[1,2]；母乳中的这些成分对喂养儿不仅具有短期影响（如生长发育），而且还具有长期健康益处，包括支持神经系统发育和认知功能，防止青春期和成年期的超重和肥胖、高血压、2 型糖尿病和特应性疾病等[3]。

## 17.1 种类及影响因素

最新研究结果显示，母乳比以前想象的更不均一（异质性），含有干细胞（stem cells）[4,5]，母乳也是喂养儿的共生菌和有益菌——益生菌（commensal and beneficial bacteria）的持续来源，益生菌主要是乳酸菌（lactic acid bacteria）和双歧杆菌（bifidobacteria）。

母乳是由多个相组成的一种复杂的流体，通过离心可分成水相和由母乳细胞组成的沉淀物。母乳细胞的异质混合物包括白细胞、上皮细胞、干细胞和细菌等。由于白细胞的保护特性和浸润婴儿组织的能力，因此也是母乳中细胞成分中研究最早和最广泛的类型。母乳中存在多种细胞成分，可分成具有免疫活性的细胞和非免疫细胞及干 / 祖人乳细胞。人母乳中存在的细胞成分如图 17-1 所示。

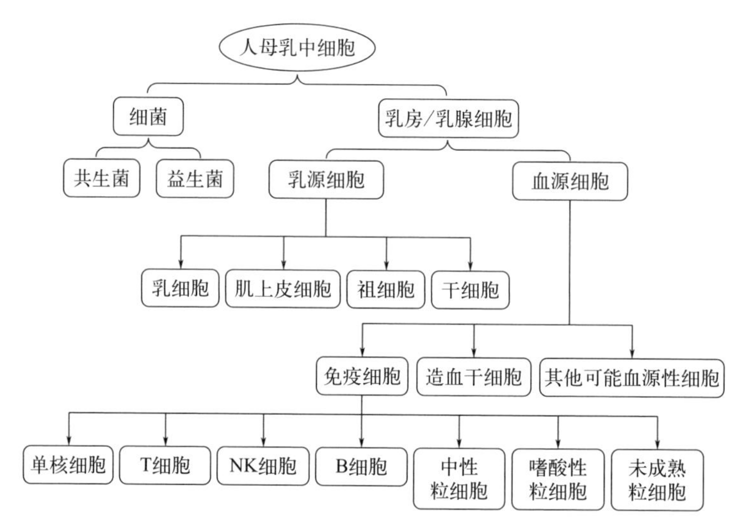


**图 17-1** 人母乳中存在的细胞成分

### 17.1.1 丰富的微生物菌群

传统观点认为，“母乳是清洁无菌的”，然而越来越多的研究结果显示，母乳中存在非常丰富的微生物菌群，通过母乳喂养过程能源源不断地向婴儿肠道提供共生菌[6-9]、互利和 / 或潜在的益生菌（乳酸杆菌、双歧杆菌）[10-12]，目前有结论性证据支持母乳中存在的细菌不是过去所说的样本采集和 / 或处理期间发生的污染[8,13,14]。

### 17.1.2 乳房 / 乳腺细胞

母乳中还含有很多乳房 / 乳腺细胞，这些细胞包括来源于乳房的乳源细胞和来源于母体血液的血源细胞。

（1）乳房来源的细胞　包括泌乳细胞、肌上皮细胞、祖细胞和干细胞等，母乳中大量的非免疫细胞为上皮来源的细胞（如成熟的乳腺细胞和肌上皮细胞）。

（2）血液来源的细胞　来自母体血液的细胞，包括具有免疫活性的免疫细胞（单核细胞、T 细胞、NK 细胞和 B 细胞、中性粒细胞、嗜酸性粒细胞和未成熟粒细胞等）、造血干细胞以及其他可能的血源性细胞等。

### 17.1.3　影响因素

每个乳母或同一乳母一天不同时间分泌的乳汁中成分，尤其是细胞成分及数量不完全相同，取决于婴儿的成熟程度（早产 / 低出生体重与足月）、哺乳阶段、乳房的丰满度、婴儿喂养、母亲和婴儿的健康状况以及可能与乳母膳食和环境有关的许多其他因素等，而且还可能与遗传因素有关 [15]。还有研究证明，乳脂肪含量与乳汁中的细胞数量密切相关，而且随乳房成熟度发生变化。

## 17.2　免疫细胞及影响因素

在 20 世纪 60 年代末，已有研究报道初乳富含白细胞，也被认为是最丰富的乳汁细胞。然而由于当时使用的视觉识别方法，可能导致误识别和高估计了母乳中白细胞数量。随着流式细胞仪这种新方法的出现，可以很好鉴别和定量母乳中存在的所有细胞，研究数据显示健康母亲的成熟乳细胞中白细胞数量仅占很少部分（<2%）[16]，而且是富含多种具有免疫活性的细胞。

### 17.2.1　哺乳阶段的变化

乳汁中白细胞成分的变化主要与泌乳阶段有关。Trend 等 [17] 使用流式细胞仪对健康乳母乳汁中白细胞亚群进行了鉴别和定量，发现初乳中含有约 146000 个细胞 /mL，而且其数量到过渡乳（产后 8 ～ 12d）和成熟乳（产后 26 ～ 30d）分别降低到 27500 个细胞 /mL 和 23650 个细胞 /mL。他们还证明母乳中含有多种多样和复杂的白细胞亚群。在所鉴别的细胞中，存在的主要白细胞是髓前体细胞（9% ～ 20%）、中性粒细胞（12% ～ 27%）、未成熟粒细胞（8% ～ 17%）和非细胞毒性 T 细胞（6% ～ 7%）。随哺乳期的进展，伴随 $CD45^+$ 白细胞浓度、嗜酸性粒细胞、髓前体细胞和 B 细胞前体和 $CD16^-$ 单核细胞数量的降低 [18]。与初乳相比，成熟乳中嗜中性粒细胞和未成熟粒细胞的相对丰度显著增加。

### 17.2.2 乳母感染对乳汁细胞成分的影响

Hassiotou 等 [16] 证实，乳母被感染时乳汁中白细胞数明显升高；Riskin 等 [19] 也曾报告当母乳喂养婴儿发生感染时，其母亲的乳汁中白细胞数量明显升高，提示在患儿和其母亲间存在明显相互作用。母乳中白细胞对感染的这种动态反应提示这是一个严格的调控过程，旨在给喂养婴儿提供额外的免疫支持 [16,19]。然而，尚需要进一步研究以阐明这些反应的免疫学机制及其临床意义。除了乳母的血源性白细胞，初步的研究结果提示初乳中还存在造血干细胞 / 祖细胞，而且是来源于母体血液 [20]。它们的特性、作用以及由母体血液转运到乳汁的机制需要进一步研究。

## 17.3 非免疫细胞和干 / 祖人乳细胞及影响因素

母乳中含有异质性细胞群，包括白细胞（乳汁分泌细胞）、肌上皮细胞（来自乳腺导管和腺泡）、乳细胞以及祖细胞和干细胞等 [21,22]。选择的几例健康乳母的乳汁中分离出的体细胞汇总于表 17-1[2]。迄今我们对母乳中存在的非免疫细胞的特性和作用所知甚少。20 世纪 50 年代的研究观察到初乳含有上皮细胞 [23]。在过去的十年里，已知母乳中还含有干细胞和祖细胞。

**表** 17-1　新鲜母乳中体细胞（健康乳母和婴儿）

| 体细胞 | 标志物 | 占总细胞群百分数 /% | |
|---|---|---|---|
| | | 初乳（产后 1d） | 泌乳高峰（产后当月） |
| 白细胞 | CD45 | 13 ～ 20 | 1 ～ 2 |
| 肌上皮细胞 | CK5, CK14, CK18, CK19, CD49f, SMA | 50 ～ 90 | 60 ～ 98 |
| 乳细胞 | CK18, EPCAM | — | — |
| 乳汁干细胞（hBSCs） | CD44，ITGB1/CD29，ATXN1/SCA1 | 10 ～ 15 | — |
| 间充质干细胞（MSCs） | CD90, CD105, CD73, VIM | — | — |

注：1. 引自 Witkowska-Zimny 和 Kaminska-El-Hassan[2], 2017。
2. “—”，没有数据。

### 17.3.1 腔细胞和肌上皮细胞

在健康条件下，腔细胞和肌上皮细胞及其前体代表了母乳中几乎 98% 的非免疫细胞类型。它们表达了几种膜抗原：CK5、CK14 和 CK18，这些也是乳腺上皮细胞分化的标志物。腔细胞表达上皮细胞黏附分子（EPCAM），而肌上皮细胞则表达平滑肌肌动蛋白（SMA）和细胞角蛋白 14（CK14）。肌上皮细胞围绕腺泡构建平滑肌纤维，它们的收缩使乳汁从腺泡排出进入乳导管。乳细胞排列在人乳腺的腺泡中，负责乳汁的合成和分泌进入腺泡腔。这些腺泡细胞表达细胞角蛋白 18（CK18）

以及合成像 α- 乳清蛋白和 β- 酪蛋白的乳蛋白[24]。腔细胞和肌上皮细胞类型的乳腺前体表达 α6 整合素（CD49f）和细胞角蛋白 5（CK5）。许多研究证明，从新鲜母乳中分离出的上皮细胞是黏附细胞，它们形成各种形态的群落，还可以通过多种体外培养传代来维持[4,25]。

### 17.3.2 干细胞 / 祖细胞

也有人报道母乳来源的细胞亚群中存在巢蛋白[21]，一种神经外胚层标记物。然而，母乳的异质性群体中巢蛋白阳性细胞频率较低[26]。Cregan 等[21]证明，母乳含具有干细胞 / 祖细胞特性的细胞。Patki 等[4]发现，母乳来源的干细胞有分化成神经细胞谱系（neural cell lineages）、脂肪细胞、软骨细胞和骨细胞的能力，并且证明它们与胚胎干细胞和间充质干细胞相似。来自母乳的细胞群体外暴露于神经元培养基中，可分化为三种神经系：①表达 β- 微管蛋白作为神经元标记物的神经元；②表达 O4 标记物的少突胶质细胞；③表达 GFAP 标记物的星形胶质细胞[25]。乳腺和神经系统两者均具有相同的胚胎起源，因此母乳细胞可能是神经细胞谱系分化的良好来源。很可能这些细胞参与了肠神经系统的发育（神经系统的主要部分之一），组成网状的神经元系统，控制胃肠道系统的功能。非母乳喂养的早产儿，由于缺少母乳来源的干细胞 / 祖细胞，发生像婴儿腹泻和坏死性小肠结肠炎等疾病的风险显著升高。

### 17.3.3 间充质干细胞 / 多能干细胞

少数研究结果显示，母乳含有间充质干细胞（MSC）。在 Patki 等[4]和 Kaingade 等[27]的研究中，从母乳中分离出表达典型 MSC 标志物（像 CD90、CD105 和 CD73）的细胞，然而根据 Kakulas 等[28]的研究，目前还没有可信服证据支持母乳中存在 MSC。2012 年 Hassiotou 等[22]首次提出母乳中存在多能干细胞——人母乳干细胞（human breast milk stem cell，hBSC），证明 hBSC 有产生自我更新干细胞的能力，而且所有三个胚层（外胚层、中胚层和内胚层）具有多向分化潜能。已有人证明，在体外 hBSC 可以分化成脂肪细胞、软骨细胞、成骨细胞、神经细胞、肝细胞样的细胞和胰岛 β 细胞，也有能力分化成乳细胞和肌上皮细胞[4]。人乳腺干细胞可以在混悬培养基中以乳球形式富集，但是关于这些细胞的行为 / 表现所知甚少。hBSC 很可能不仅负责支持乳房发育成熟为可分泌乳汁器官所必需的乳房重塑，还负责婴儿组织的增殖、发育或表观遗传的调节。基于小鼠模型的研究提供了母乳干细胞迁移和整合到新生子鼠器官的证据，在体内这些细胞可存活并能穿过喂哺小鼠幼崽的胃肠道黏膜进入血液，并进一步进入不同的器官，在那里它们整合和分化成功能细胞[28]。上述细胞在母乳中至少有部分来源于乳腺上皮细胞。很可能 hBSC

来源于母体血液，类似于母乳中也存在 $CD34^+$ 造血干细胞一样[17]。

### 17.3.4 影响因素

母乳含有从早期胚胎样干细胞到完全分化的乳腺上皮细胞。关于母乳中细胞起源、特性以及影响因素方面了解甚少，而且母乳中非免疫细胞和干 / 祖人乳细胞的成分也是不断变化的，不同类型细胞的比例受许多因素影响，如胎儿成熟程度、哺乳阶段、母婴健康状况和婴儿喂养状况等。

## 17.4 益生菌

母乳并不是一种无菌液体。据估计通过纯母乳喂养，婴儿每天摄入约 800mL 母乳的同时，摄入 $10^7 \sim 10^8$ 个细菌细胞[29]。早期宿主——微生物相互作用评估的结果显示，母乳中存在的细菌在婴儿肠道早期定植的种类和数量将会影响儿童疾病的预防以及成年期营养相关慢性病的易感性。

### 17.4.1 母乳中最常见的细菌

母乳中发现的最常见细菌包括葡萄球菌（*Staphylococcus*）、不动杆菌（*Acinetobacter*）、链球菌（*Streptococcus*）、假单胞菌（*Pseudomonas*）、乳球菌（*Lactococcus*）、肠球菌（*Enterococcus*）和乳杆菌（*Lactobacillus*）等属[7]。其中有些细菌，如葡萄球菌、棒状杆菌（*Corynebacterium*）或丙酸杆菌（*Propionibacterium*），可以从皮肤表面分离出来，并且常常存在于母乳中。它们可防止像金黄色葡萄球菌（*S. aureus*）这些更严重病原体在宿主体内的定植[30]；而其他细菌，包括加氏乳杆菌（*L. gasseri*）、唾液乳杆菌（*L. salivarius*）、鼠李糖乳杆菌（*L. rhamnosus*）、植物乳杆菌（*L. plantarum*）和发酵乳杆菌（*L. fermentum*），已被欧洲食品安全局（EFSA）认为是益生菌属，即也被认为是母乳中存在的“友好细菌”（the friendly bacteria in human milk）。使用高通量测序技术对母乳中的细菌群落进行深入分析的结果显示，母乳细菌的多样化要比以前依赖于较窄范围（定量 PCR）或精确（PCR-DGGE）方法不依赖培养研究报告的要高得多。

### 17.4.2 母乳中存在的益生菌

基于可选择的相关研究，已证明从健康乳母的乳汁中可分离出双歧杆菌和乳酸杆菌。

（1）双歧杆菌　包括双歧杆菌属（*Bifidobacterium*），长双歧杆菌（*B. longum*）、短双歧杆菌（*B. breve*）、乳酸双歧杆菌（*B. lactis*）、青春双歧杆菌（*B. adolescentis*）[9,13,31]。

（2）乳酸杆菌　包括乳酸杆菌属（*Lactobacillus*），唾液乳杆菌 CECT5713（*L. salivarius*）、加氏乳杆菌 CECT5714（*L. gasseri*）、植物乳杆菌（*L. plantarum*）、发酵乳杆菌 CECT5716（*L. fermentum*）、鼠李糖乳杆菌（*L.Rhamnosus*）、罗伊氏乳杆菌（*L. reuteri*）、嗜酸乳杆菌（*L. acidophilus*）[31-37]。

母乳中存在细菌种类和数量的差异可归因于遗传、文化、环境或所研究群体的膳食差异以及哺乳期间母乳微生物组学的变化[29,38]。也有研究结果显示，母乳具有相似的微生物特征，而且与妊娠的年龄或分娩方式无关[39]。母乳中的益生菌及其功能作用、影响因素等是一个非常新的活跃研究领域。

## 17.5　母乳细胞成分的作用

母乳，尤其是初乳，含有大量的细胞或细胞成分，常常有人将这种液体描述为“白色的血液”，特别适合喂哺婴儿，每天婴儿可经母乳喂养摄入约 $10^8$ 个乳细胞，母乳喂养婴儿的粪便中可检测到来自母乳的细胞，表明它们在整个婴儿肠道中仍然能保持其功能或活性，母乳中存在母源的淋巴样细胞可能对生长发育的新生儿免疫系统产生有益影响。

### 17.5.1　白细胞

母乳中存在的细胞大多数是巨噬细胞，还含有来源于母体循环的 B 淋巴细胞、T 淋巴细胞和多形核细胞[40]。已证明母乳中这种类型的细胞均有已被激活的表型，T 淋巴细胞表达的 CD45R0 是与携带记忆反应的细胞亚群有关的抗原[41]。已知进入正常组织的细胞运输过程需要趋化因子或趋化性细胞因子的参与[42,43]。这些分子与内皮表面结合，使经过它们的细胞被活化，表达黏附分子，与局部内皮结合，并迁移到组织或分泌的液体中。母乳中含有高浓度的趋化因子（包括 IL-8，RANTES 和 MIP 家族），这些细胞是专门从母亲循环中被捕获到母乳中的[44]。

正常母乳中趋化因子浓度和类型与炎症中观察到的趋化因子浓度和类型不同，表明这个捕获过程可能是泌乳的乳腺组织具有的独特功能。因此母乳中的细胞类型谱具有其特征性，而且与循环或炎性浸润不同的地方就在于存在大量单核细胞和淋巴细胞，所有这些细胞都具有免疫能力[41]。人体器官培养系统表明，存在母乳的情况下，母乳细胞能够穿过肠道上皮[45]。穿透肠道上皮的过程可能与正常细胞从淋巴到血液或血液到组织的运输过程不同；乳细胞上的趋化因子和黏附分子的上调将允许细胞通过新生儿肠上皮细胞结合和迁移，使细胞可能相对容易地通过肠道中的基底上皮细胞，因为许多细胞迁移是肠道细胞运输的正常部分[46]。这些重要证据提示，母乳喂养中伴随母体来源的细胞源源不断进入婴儿的淋巴组织。尽管母乳中存在的许多种类细胞的功能和重要性尚待确定，但是母乳中存在的多能干细胞表明，母乳可以作为自体干细胞治疗的干细胞替代来源[4]。

## 17.5.2 干细胞

具有多向分化潜能 hBSC 的发现，提出了许多有关婴儿体内这些细胞的命运及其在再生医学中的应用前景。母乳来源的干细胞具有可以分化为神经细胞谱系的能力，并且它们与胚胎干细胞和间充质干细胞的相似性，使其可能成为神经性疾病细胞治疗的良好候选者，而且没有任何伦理方面的顾虑。hBSC 可用于母乳供体或具有匹配免疫原性特征的个体进行自体细胞治疗。全面了解母乳干细胞，还有助于增进对哺乳期乳房生物学以及泌乳困难病因的了解。

## 17.5.3 miRNA

人乳中富含小的非编码 RNA（miRNA），到目前为止在该领域已鉴定出超过 386 个不同类型 miRNA[47]。与成熟乳相比，初乳中 miRNA 水平及其在母乳中的表达量较低。细胞 miRNA 发挥的功能仍知之甚少，但证据支持以下观点：miRNA 参与了 T 细胞和 B 细胞发育的调节、炎性介质释放、嗜中性粒细胞和单核细胞的增殖以及树突状细胞和巨噬细胞的功能发挥等[48]，而且这些 miRNA 在细胞与细胞之间的交流中发挥至关重要作用，除了它们在调节免疫系统中的作用，miRNA 可能还参与了干细胞的功能调控及归宿。

## 17.5.4 益生菌

母乳中存在的益生菌有助于婴儿建立自己的胃肠道微生态环境。母乳中的这些益生菌可以调节喂养儿的免疫功能，增加其抵抗肠道致病菌的防御功能。目前正在进行临床研究评估某些母乳菌株作为潜在益生菌来源的耐受性和有效性[49]。Soto 等[31]的研究结果证实，乳酸杆菌和双歧杆菌是在怀孕或哺乳期间未接受抗生素妇女的乳汁微生物群中的常见菌群，并且这种细菌菌群的存在可能是健康未经抗生素改变的母乳微生物组学标志。也有些作者提出应该将母乳视为益生菌甚至共生食品（symbiotic food）[50]。例如，Jimenez 等[51]提出母乳可作为哺乳期感染性乳腺炎治疗的抗生素有效替代疗法。母乳微生物菌群影响婴儿口腔和肠道的菌群组成，也影响婴儿皮肤表面的微生物。因此上述情况下使用母乳可能是简单、便宜、安全和无创的治疗方法。

### 17.5.5 传染性颗粒的致病性

尽管母乳中的单核细胞提供保护作用，但是它们也存在将传染性颗粒从母亲转移到婴儿的可能性。RNA 逆转录病毒（包括 HIV，HTLV-1 和 HTLV-2）可通过这一途径感染婴儿。已经识别的母乳中其他病毒包括巨细胞病毒和人疱疹病毒也可能传染给婴儿。病毒可能游离存在于母乳中，但是细胞内也可以发现。母乳细胞有可能充当特洛伊木马，将病毒物质带入新生儿肠道和淋巴组织。然而，由于母乳还含有许多可能抑制病毒感染的成分，如乳铁蛋白、抗体（特别是 IgA）和表皮生长因子等可阻止 / 防止病毒的母婴垂直传播[52]。

（董彩霞，荫士安）

## 参考文献


[1] Victora C G, Bahl R, Barros A J, et al. Breastfeeding in the 21st century: epidemiology, mechanisms, and lifelong effect. Lancet, 2016, 387(10017): 475-490.

[2] Witkowska-Zimny M, Kaminska-El-Hassan E. Cells of human breast milk. Cell Mol Biol Lett, 2017, 22:11.

[3] Kramer M S. “Breast is best” : the evidence. Early Hum Dev, 2010, 86(11): 729-732.

[4] Patki S, Kadam S, Chandra V, et al. Human breast milk is a rich source of multipotent mesenchymal stem cells. Hum Cell, 2010, 23(2):35-40.

[5] French R, Tornillo G. Heterogeneity of mammary stem cells. Adv Exp Med Biol, 2019, 1169:119-140.

[6] Fernandez L, Langa S, Martin V, et al. The human milk microbiota: origin and potential roles in health and disease. Pharmacol Res, 2013, 69(1): 1-10.

[7] Martín R, Langa S, Reviriego C, et al. Human milk is a source of lactic acid bacteria for the infant gut. J Pediatr, 2003, 143(6): 754-758.

[8] Collado M C, Delgado S, Maldonado A, et al. Assessment of the bacterial diversity of breast milk of healthy women by quantitative real-time PCR. Lett Appl Microbiol, 2009, 48(5): 523-528.

[9] Perez P F, Doré J, Leclerc M, et al. Bacterial imprinting of the neonatal immune system: lessons from maternal cells? Pediatrics, 2007, 119(3): e724-732.

[10] Martin R, Delgado S, Maldonado A, et al. Isolation of lactobacilli from sow milk and evaluation of their probiotic potential. J Dairy Res, 2009, 76(4): 418-425.

[11] Gueimonde M, Laitinen K, Salminen S, et al. Breast milk: a source of bifidobacteria for infant gut development and maturation? Neonatology, 2007, 92(1): 64-66.

[12] Solís G, de los Reyes-Gavilan C G, Fernández N, et al. Establishment and development of lactic acid bacteria and bifidobacteria microbiota in breast-milk and the infant gut. Anaerobe, 2010, 16(3): 307-310.

[13] Martin R, Jimenez E, Heilig H, et al. Isolation of bifidobacteria from breast milk and assessment of the bifidobacterial population by PCR-denaturing gradient gel electrophoresis and quantitative real-time PCR. Appl Environ Microbiol, 2009, 75(4): 965-969.

[14] Hunt K M, Foster J A, Forney L J, et al. Characterization of the diversity and temporal stability of bacterial communities in human milk. PLoS One, 2011, 6(6): e21313.

[15] Hinde K, German J B. Food in an evolutionary context: insights from mother’s milk. J Sci Food Agric, 2012, 92(11): 2219-2223.

[16] Hassiotou F, Hepworth A R, Metzger P, et al. Maternal and infant infections stimulate a rapid leukocyte response in breastmilk. Clin Transl Immunology, 2013, 2(4): e3.

[17] Trend S, de Jong E, Lloyd M L, et al. Leukocyte populations in human preterm and term breast milk identified by multicolour flow cytometry. PloS One, 2015, 10(8):e0135580.

[18] Valverde-Villegas J M, Durand M, Bedin A S, et al. Large stem/progenitor-like cell subsets can also be identified in the CD45(−) and CD45(+/High)populations in early human milk. J Hum Lact, 2020,36(2):303-309.

[19] Riskin A, Almog M, Peri R, et al. Changes in immunomodulatory constituents of human milk in response to active infection in the nursing infant. Pediatric research, 2012, 71(2): 220-225.

[20] Indumathi S, Dhanasekaran M, Rajkumar J S, et al. Exploring the stem cell and non-stem cell constituents of human breast milk. Cytotechnology, 2013, 65(3): 385-393.

[21] Cregan M D, Fan Y, Appelbee A, et al. Identification of nestin-positive putative mammary stem cells in human breastmilk. Cell and tissue research, 2007, 329(1): 129-136.

[22] Hassiotou F, Beltran A, Chetwynd E, et al. Breastmilk is a novel source of stem cells with multilineage differention potiential stem cells. Stem cells (Dayton, Ohio), 2012, 30(10): 2164-2174.

[23] Papanicolaou G N, Bader G M, Holmquist DG, et al. Cytotic evaluation of breast secretions. Ann NY Acad Sci, 1956, 63:409-421.

[24] Twigger A J, Hepworth A R, Lai C T, et al. Gene expression in breastmilk cells is associated with maternal and infant characteristics. Sci Rep, 2015, 5:12933.

[25] Hosseini S M, Talaei-Khozani T, Sani M, et al. Differentiation of human breast-milk stem cells to neural stem cells and neurons. Neurol Res Int, 2014,2014:807896.

[26] Fan Y, Seng Chong Y, Choolani M A, et al. Unravelling the mystery of stem/progenitor cells in human breast milk. PloS one, 2010, 5(12): e14421.

[27] Kaingade P M, Somasundaram I, Nikam A B, et al. Assessment of growth factors secreted by human breastmilk mesenchymal stem cells. Breastfeed Med, 2016, 11(1):26-31.

[28] Kakulas F, Geddes D, Hartmann P E. Breastmilk is unlikely to be a source of mesenchymal stem cells. Breastfeed Med, 2016, 11(3):150-151.

[29] Boix-Amorós A, Collado M C, Mira A. Relationship between milk microbiota, bacterial load, macronutrients, and human cells during lactation. Front Microbiol, 2016, 7:492.

[30] Iwase T, Uehara Y, Shinji H, et al. *Staphylococcus epidermidis* Esp inhibits *Staphylococcus aureus* biofilm formation and nasal colonization. Nature, 2010, 465(7296): 346-349.

[31] Soto A, Martin V, Jimenez E, et al. Lactobacilli and bifidobacteria in human breast milk: influence of antibiotherapy and other host and clinical factors. J Pediatr Gastroenterol Nutr, 2014, 59(1): 78-88.

[32] Langa S, Maldonado-Barragan A, Delgado S, et al. Characterization of *Lactobacillus salivarius* CECT 5713, a strain isolated from human milk: from genotype to phenotype. Appl Microbiol Biotechnol, 2012, 94(5): 1279-1287.

[33] Martin R, Jimenez E, Olivares M, et al. Lactobacillus salivarius CECT 5713, a potential probiotic strain isolated from infant feces and breast milk of a mother-child pair. Int J Food Microbiol, 2006, 112(1): 35-43.

[34] Olivares M, Diaz-Ropero M P, Martín R, et al. Antimicrobial potential of four *Lactobacillus strains* isolated from breast milk. J Appl Microbiol, 2006, 101(1):72-79.

[35] Martína R, Langaa S, Reviriego C, et al. The commensal microflora of human milk: new perspectives for food bacteriotherapy and probiotics. Trends in Food Science & Technology, 2004, 15(3): 121-127.

[36] Martin R, Olivares M, Marin M L, et al. Probiotic potential of 3 *Lactobacilli strains* isolated from breast

milk. J Hum Lact, 2005, 21(1): 8-17; quiz 18-21, 41.

[37] Heikkilä M, Saris P E J. Inhibition of *Staphylococcus aureus* by the commensal bacteria of human milk. J Appl Microbiol, 2003, 95(3):471-478.

[38] Cabrera-Rubio R, Collado M C, Laitinen K, et al. The human milk microbiome changes over lactation and is shaped by maternal weight and mode of delivery. Am J Clin Nutr, 2012, 96(3): 544-551.

[39] Urbaniak C, Angelini M, Gloor G B, et al. Human milk microbiota profiles in relation to birthing method, gestation and infant gender. Microbiome, 2016, 4:1.

[40] Jain N, Mathur N B, Sharma V K, et al. Cellular composition including lymphocyte subsets in preterm and full term human colostrum and milk. Acta Paediatr Scand, 1991, 80(4): 395-399.

[41] Ogra S S, Weintraub D, Ogra P L. Immunologic aspects of human colostrum and milk. Ⅲ. Fate and absorption of cellular and soluble components in the gastrointestinal tract of the newborn. J Immunol, 1977, 119(1): 245-248.

[42] Miller M D, Krangel M S. Biology and biochemistry of the chemokines: a family of chemotactic and inflammatory cytokines. Crit Rev Immunol, 1992, 12(1-2): 17-46.

[43] Rot A. Endothelial cell binding of NAP-1/IL-8: role in neutrophil emigration. Immunol Today, 1992, 13(8): 291-294.

[44] Michie C A, Rot A, Fisher C. Do chemokines cause mastitis? Ped Res, 1996, 39:12A.

[45] Michie C A, Havey D. Maternal milk lymphocytes engraft the fetal gut. Ped Res, 1995, 37:129A.

[46] Michie C A. The long term effects of breastfeeding: a role for the cells in breast milk? J Trop Pediatr, 1998, 44(1): 2-3.

[47] Landgraf P, Rusu M, Sheridan R, et al. A mammalian microRNA expression atlas based on small RNA library sequencing. Cell, 2007, 129(7): 1401-1414.

[48] Alsaweed M, Hartmann P E, Geddes D T, et al. MicroRNAs in breastmilk and the lactating breast: potential immunoprotectors and developmental regulators for the infant and the mother. International journal of environmental research and public health, 2015, 12(11): 13981-14020.

[49] Romani Vestman N, Chen T, Lif Holgerson P, et al. Oral microbiota shift after 12-week supplementation with *Lactobacillus reuteri* DSM 17938 and PTA 5289; a randomized control trial. PLoS One, 2015, 10(5): e0125812.

[50] McGuire M K, McGuire M A. Human milk: mother nature's prototypical probiotic food? Adv Nutr, 2015, 6(1): 112-123.

[51] Jimenez E, Fernandez L, Maldonado A, et al. Oral administration of *Lactobacillus strains* isolated from breast milk as an alternative for the treatment of infectious mastitis during lactation. Appl Environ Microbiol, 2008, 74(15): 4650-4655.

[52] Hassiotou F, Geddes D T. Programming of appetite control during breastfeeding as a preventative strategy against the obesity epidemic. J Hum Lact, 2014, 30(2): 136-142.

# 母乳成分特征

Composition Characteristics of Human Milk

# 第 18 章

# 母乳中的抗菌和杀菌成分

人们很早就认识到母乳和母乳喂养对婴儿的存活、生长发育是非常重要的；母乳喂养的婴儿发生感染性疾病（如急性中耳炎、腹泻及呼吸系统感染等）和非特异性胃肠炎、特应性皮炎以及哮喘的发生率显著低于婴儿配方食品喂养的婴儿[1-3]。越来越多的证据支持，母乳这种有益作用归因于天然存在的一系列有抗菌活力和杀菌能力的保护因子[4]（表 18-1），包括具有生物活性的蛋白类（如免疫球蛋白、乳铁蛋白、骨桥蛋白）、多种抗体、抗菌肽（如细菌素、乳黏附素）、激素与类激素成分、酶类（如溶菌酶、乳过氧化物酶）与补体成分、细胞（多种白细胞）与细胞因子、糖蛋白和母乳低聚糖类等[5,6]，母乳中存在的这些成分具有广谱抗菌 / 杀菌作用，在预防新生儿和婴儿感染、启动免疫功能和调节免疫以及肠道微生态环境建立中发挥重要作用[4]，对母乳喂养儿发挥多重的保护作用。

**表 18-1 母乳中的抗菌成分**

| 分类 | 成分 | 功能 |
| --- | --- | --- |
| 蛋白质 | 酪蛋白 | 酪蛋白本身就具有抗菌活性，对革兰氏阳性和阴性细菌有明显抑菌作用 |
| | 乳铁蛋白 | 乳铁蛋白本身及其体内降解产物具有广谱抗菌和调节免疫系统功能的作用 |
| | 过氧化物酶 | 可抑制革兰氏阳性和阴性菌的生长及保护乳腺的功用 |
| | 溶菌酶 | 具有抗菌、抗病毒和消炎作用，与抗生素复合应用能增强抗生素疗效，加强抗感染作用 |
| | 免疫球蛋白 | 母乳中一种天然抗菌成分，分布在母乳喂养儿的黏膜表面，抑制细菌的生长繁殖 |
| 抗菌肽 | 防御素 | 广谱抗菌，抑菌谱包括革兰氏阳性及阴性细菌、分枝杆菌、真菌、包膜病毒 |
| | 人组织蛋白酶抑制素 LL-37 | 广谱抑菌，包括对大肠杆菌、单增李斯特菌、金黄色葡萄球菌以及万古霉素耐受性的肠球菌 |
| | 抗菌肽 f184-211 | β- 酪蛋白水解后生成的多肽，具有广泛抗菌谱 |
| | β-casein 197 | β- 酪蛋白的内源性抗菌肽，对大肠杆菌、金黄色葡萄球菌和小肠结肠炎耶尔森菌具有抗菌活性 |
| | 乳铁蛋白降解产物 | 衍生自乳铁蛋白 *N*- 末端的一种多肽，具有抗革兰氏阳性和阴性致病菌的活性 |
| 细胞成分 | 免疫活性细胞 | 对母乳喂养儿免疫系统启动与成熟和抵抗致病菌引起的感染等发挥重要作用 |
| 其他 | 补体成分 | 与母乳中存在的营养成分、杀菌细胞等协同作用，参与免疫调节、抵抗致病性微生物的生长与定植，发挥抗菌、抑菌、杀菌作用 |

# 18.1 蛋白质

过去由于受检测仪器与方法学制约，人们更多关注的是母乳中总蛋白质含量，随着母乳成分分析技术和方法学的进步以及组学研究的深入，已发现母乳中存在很多低分子量、低丰度的蛋白质，如免疫球蛋白（尤其是分泌型免疫球蛋白 A，sIgA）、乳铁蛋白、骨桥蛋白、乳过氧化物酶、溶菌酶以及很多细胞因子等具有抗菌作用，保护母乳喂养儿抵御呼吸道和肠道感染性疾病[4,7]。

## 18.1.1 酪蛋白

酪蛋白是成熟乳中丰度最高的蛋白质，详情见本书第 4 章蛋白质组分。

## 18.1.2 乳铁蛋白

乳铁蛋白（lactoferrin，LF）不仅参与铁转运，还具有广谱抗菌、抗氧化、抗癌、调节免疫系统等功能。可参见本书第 13 章中国母乳乳铁蛋白。

### 18.1.3 乳过氧化物酶

乳过氧化物酶（lactoperoxidase，LP）是存在于乳汁中的一种血红素蛋白，在哺乳动物的乳腺、唾液腺、泪腺及其分泌物中均可检出，其中初乳中含量尤为丰富。乳过氧化物酶与过氧化氢以及硫氰酸根（$SCN^-$）形成的“乳过氧化物酶体系（LPS）”具有抑菌活性。例如，新鲜母乳在没有冷藏条件下，可抑制革兰氏阳性菌和阴性菌的生长，具有“冷杀菌”的作用 [8]。乳中的 LPS 不仅具有抗菌作用，还可预防过氧化氢等过氧化物的积累，避免过氧化物引起的细胞损伤，具有保护乳腺的功用 [9,10]。不同来源乳中的 LP 的活性不同，豚鼠的 LP 活性最高，达到 22U/mL；人乳中 LP 活性（0.67 ～ 0.97U/mL）显著低于牛乳（2.3U/mL），据估计 LP 酶活力达到 0.02U/mL 以上才可能发挥抑菌活性 [8]。

### 18.1.4 溶菌酶

母乳中除上述乳铁蛋白和乳过氧化物酶外，乳清中还含有其他具有抗菌活力的蛋白质，其中溶菌酶是早期研究比较多的一种。溶菌酶具有抗菌、抗病毒和消炎作用，与抗生素复合应用能增强抗生素疗效，加强抗感染作用 [9]。它还是人体内的非特异性免疫因子，可提高机体的免疫力，与其他阳离子抗菌肽类天然防御因子有很好的协同作用 [11]。

### 18.1.5 免疫球蛋白

母乳中存在的免疫球蛋白（immunoglobulin，Ig）作为重要的乳源性免疫因子，也是一种天然抗菌物质。乳中的免疫球蛋白主要包括 IgA（以分泌型 Ig A 为主）、IgM 和 IgG。分泌型 IgA 可以分布在母乳喂养儿的黏膜（如消化道、呼吸道和泌尿道）表面，能通过其表面的抗原识别区域与细菌或病毒表面的抗原决定簇相结合并发生凝集，从而抑制细菌的生长繁殖，达到抑菌效果，增强婴儿抵御病原菌感染的能力，降低发生胃肠道（如腹泻）、呼吸道（如肺炎）、泌尿道感染的风险。

## 18.2 抗菌肽

母乳中除了具有前面所述的抗菌作用蛋白外，还含有丰富的、具有抗菌作用的多肽类成分（抗菌肽，antibacterial peptides）。这些肽类可由乳腺细胞直接表达并分泌或由母乳中蛋白质（如 β- 酪蛋白、乳铁蛋白）在婴儿肠道经酶解释放，这些多肽类成分在母体预防乳腺炎以及新生儿抵抗感染（包括细菌、病毒、真菌和寄生虫）中发挥重要作用。早期人们认为这些肽类物质在天然免疫中的唯一作用是杀死入侵的微生物，然而最新证据显示，母乳中这些肽类成分在喂养儿机体免疫反应中发挥多样复杂的生物学功能 [4,12]。

## 18.2.1 已识别的母乳中抗菌肽

目前在人母乳中已发现两种类型抗菌肽：防御素 (defensins) 和组织蛋白酶抑制素 (cathelicidins)[13]。随着研究的不断深入，具有抗菌作用的多肽类成分将会不断被识别，可以预期将会有越来越多的宿主抗菌肽的功能被揭示。目前在母乳中研究比较清楚的抗菌肽及其生物学功能如下。

### 18.2.1.1 防御素

已知母乳中具有抗菌功能的防御素包括：① β- 防御素 1（hBD1），母乳含量 0 ～ 23mg/L；② β- 防御素 2（hBD2），母乳含量 8.5 ～ 56mg/L；③ α- 防御素 5（hBD5），母乳含量 0 ～ 11.8mg/L；④ α- 防御素 6（hBD6）[14-18]。

### 18.2.1.2 人组织蛋白酶抑制素（LL−37）

人组织蛋白酶抑制素（LL-37）是母乳中天然存在的抗菌肽，母乳中含量为 0 ～ 160.6mg/L，被认为在保护宿主防御微生物入侵中发挥重要作用，具有抗菌和抗肿瘤功能 [13,19-22]。

### 18.2.1.3 人嗜中性粒细胞衍生的 α 肽

人嗜中性粒细胞衍生的 α 肽 [human neutrophil-derived-α-peptide（hNP1-3）] 具有抗菌功能 [14,23]，母乳中的含量为 5 ～ 43.5mg/L。

### 18.2.1.4 其他来源

β- 酪蛋白水解后生成的抗菌肽 f184-211，具有广泛抗菌谱 [24]；同样来自 β- 酪蛋白的内源性抗菌肽（β-casein 197）对大肠杆菌、金黄色葡萄球菌和小肠结肠炎耶尔森菌具有抗菌活性 [25]。乳铁蛋白消化后产生的降解产物，即衍生自乳铁蛋白 *N*- 末端的一种多肽，具有抗革兰氏阳性和阴性致病菌的活性 [26]。

## 18.2.2 防御素

防御素是一类乳中天然存在含有 29 ～ 45 个氨基酸的多肽，具有广谱的抗菌活力，其抑菌谱包括革兰氏阳性及阴性细菌、分枝杆菌、真菌以及包膜病毒[27]。

### 18.2.2.1　抗菌机制

防御素类多肽的抑菌、杀菌机制目前尚不十分清楚，比较受认可的假说是，防御素通过破坏细菌细胞膜或易位到细菌内部影响其作用靶点；细菌细胞表面的一些分子可以作为抗菌肽结合的靶点，诱导直接抑菌、杀菌作用[28]。也有的学者认为这些抗菌肽的电荷特性以及其两性特性（同时具有亲水和疏水基团），使得其能通过与细胞膜上脂质双分子层直接相互作用而导致细菌细胞膜通透性增加，最终破坏膜结构杀死细菌[29]。

关于 hBD1 的作用机制研究相对较多，包括：①影响细菌的黏膜定植以及直接发挥杀死潜在致病菌或抑菌作用；② hBD1 能够通过对新生儿免疫系统的调节实现间接杀菌；③母乳中的 hBD1 可以诱导树突状细胞及免疫 T 细胞至黏膜表面，促进新生儿呼吸道及消化道中的适应性免疫反应[16]；④ hBD1 可与母乳中存在的其他抗菌蛋白或抗菌成分协同发挥作用。

### 18.2.2.2　含量

母乳防御素是富含精氨酸的多肽，约含有 35 个氨基酸，其中包括 6 个半胱氨酸残基的特定空间模式，形成二硫键阵列（1-5、2-4、3-6）。母乳中已鉴定出的防御素类抗菌肽包括不同结构特征的两类肽类成分：α- 防御肽和 β- 防御肽，前者主要在小肠中的吞噬细胞和潘纳斯细胞（Paneth cells）中发现，后者主要在表皮细胞及组织中表达[4]。母乳及乳腺中存在大量（mg/L 水平）防御素类多肽成分[4,14]。在哺乳期，hBD1 的合成及分泌显著增加，这可能与母乳喂养对婴儿的保护作用有关，hBD1 在不同个体来源的母乳样品中的浓度范围为 0 ～ 23mg/L[16,30]。

例如，Wang 等[31]研究了我国汉族人母乳中防御素的种类和含量，共检测了 100 份初乳和 82 份成熟乳样本中 hBD1 和 hBD2 的含量。初乳中 hBD1 和 hBD2 的含量分别为 1.04 ～ 12.81mg/L 和 0.31 ～ 19.12μg/L，成熟乳中分别为 1.03 ～ 31.76μg/L 和 52.65 ～ 182.29ng/L，未检出 α- 防御素。Trend 等[32]收集早产儿母亲第 7 天和第 21 天的母乳，检测 LF、LL-37、hBD1、hBD2 与 α- 防御素 5(hBD5) 的浓度。在第 7 天和第 21 天，hBD1 含量中位数分别为 94μg/L 和 39μg/L，hBD2 为 10μg/L 和 3.4μg/L，hBD5 为 135ng/L 和 110ng/L。

上述结果表明，母乳中防御素的种类主要是 hBD，其中 hBD1 含量高于 hBD2，并且初乳中防御素含量高于成熟乳，因此初乳在抵抗细菌和真菌的感染中发挥重要作用，其中抗菌肽可能通过直接抑菌、杀菌和天然免疫调节预防和控制细菌感染。

### 18.2.2.3　不同亚型防御素的作用

hBD1 和 hBD2 是母乳中防御素的主要存在形式，其他形式还有 hNP1-3、

hBD5 和 hBD6，都具有不同程度的抗菌或抑菌作用。

① hBD1　hBD1 的含量范围为 0 ～ 23mg/L。体外试验研究显示，hBD1 对革兰氏阴性菌具有潜在杀菌作用。母乳中的 hBD1 能够以多种方式预防喂养儿消化道及呼吸道的感染。除了对新生儿的益处，hBD1 对母体也有显著的保护作用，能够降低乳母患乳腺感染的风险 [4]。

② hBD2　最早 hBD2 是以信使 RNA 的形式在乳腺组织中被检出，母乳中 hBD2 肽浓度范围 8.5 ～ 56mg/L[14,15,33]。hBD2 对革兰氏阴性细菌以及念珠菌具有抑菌活力，当机体发生感染及炎症时，其表达量明显增加 [15]。

③ hNP1-3　hNP1-3 是一类 α- 防御素，在母乳中浓度范围为 5 ～ 43.5mg/L，对大肠杆菌和粪链球菌以及白色念珠菌具有高效抑菌活力 [23,34]。

④ hBD5 和 hBD6　hBD5 和 hBD6 也属于 α- 防御素类，母乳中浓度范围为 0 ～ 11.8mg/L[14]。hBD5 对革兰氏阳性及阴性菌都表现出广泛抑菌活力 [18]。尽管母乳中 hBD5 和 hBD6 的浓度明显低于 hNP1-3 和 hBD2，但是其在预防新生儿肠道感染中发挥关键作用。hBD5 和 hBD6 量的不足会增加喂养儿发生坏死性肠炎的风险。

#### 18.2.2.4　作用剂量

Starner 等 [35] 报道 hBD1 对大肠杆菌的最低有效浓度为 2.9mg/L；使大肠杆菌、铜绿假单胞菌和白色念珠菌的菌落形成单位数减少 90%，需要 hBD2 的浓度分别为 10mg/L、10mg/L 和 25mg/L；使金黄色葡萄球菌菌落形成单位小于 $10^2$cfu/mL，需要 hBD2 的浓度为 100mg/L。Singh 等 [36] 的研究结果显示，hBD1 使铜绿假单胞菌菌落形成单位数减少 50% 的浓度为 1mg/L。而 hBD2 不仅对革兰氏阴性菌和真菌具有潜在的杀菌作用，高浓度时对革兰氏阳性菌也有抑菌作用。hNP1-3 对大肠杆菌和粪链球菌（$LD_{50}$=2.2g/L），以及白色念珠菌（$LD_{50} \geqslant$ 10g/L）具有高效抑菌活力 [23,34]。

### 18.2.3　组织蛋白酶抑制素

在几乎所有种类脊椎动物体内均发现含有组织蛋白酶抑制素，在动物先天免疫系统中发挥重要作用。组织蛋白酶抑制素是由人体（或其他哺乳动物）上皮细胞所产生的一种多功能阳离子抗菌肽，其 *N*- 端区域包括约 100 个氨基酸残基，即 cathelin 域；*C*- 端为抗菌域，由蛋白酶解后释放。迄今人乳中发现的组织蛋白酶抑制素类的防御肽主要是 LL-37，是由不具活性的 hCAP18 蛋白的 *C*- 端经水解产生 [37]，因其含有 37 个氨基酸残基和 *N*- 端前 2 个氨基酸残基为亮氨酸而得名。经水解加工后的 *N*- 端 cathelin 蛋白具有抗菌活力和蛋白酶抑制活力 [38]，而 *C*- 端结构域是组织蛋白酶抑制素的主要功能结构域，其长度在不同的组织蛋白酶抑制素成员中差异很大 (12 ～ 80 个氨基酸 )。

#### 18.2.3.1 作用机制

组织蛋白酶抑制素通过其特殊的杀菌机理，具有广谱抗菌活性[39]，保护皮肤及其他器官组织免受致病菌的侵害，而且不易产生耐药性。已知组织蛋白酶抑制素不仅对普通革兰氏阳性菌、革兰氏阴性菌、真菌以及病毒具有非常强的抗菌特性，而且对许多临床分离耐药菌株同样具有作用。Dommett 等[40]的研究表明，组织蛋白酶抑制素的 *C*- 端结构域的长度及序列与其抗菌特性有关，该区域的高度变异性是其产生杀菌特性多样化的必要条件。

目前 LL-37 抗菌作用机制认为主要是 LL-37 阳离子基团以静电作用和细菌上的阴离子磷脂团相互作用，其疏水端随即插入细胞膜形成的孔洞，破坏了细菌细胞膜完整性，导致细胞膜渗透性改变和细菌死亡，对革兰氏阳性菌、阴性菌和真菌产生广谱抗菌活性。Murakami 等[19]研究结果显示，LL-37 在母乳介质中对细菌具有直接杀菌活力，对 LL-37 活性的进一步研究结果显示，其抑菌活力与母乳介质中的其他抗菌成分（如乳铁蛋白，溶菌酶及免疫球蛋白 IgA 等）存在协同增效作用[41,42]。

#### 18.2.3.2 抑菌 / 杀菌范围

组织蛋白酶抑制素具有广谱抗菌活性。体外试验结果表明，LL-37（正常母乳中浓度范围）具有广谱抑菌活力，包括对大肠杆菌、单增李斯特菌、金黄色葡萄球菌以及万古霉素耐受性的肠球菌（vancomycin resistant *enterococcus*，VRE）均显示有显著抑菌效果。Murakami 等[19]研究结果显示，LL-37 在母乳介质中对细菌具有直接的杀菌活力；LL-37 的抑菌活力与母乳介质中的其他抗菌成分（如乳铁蛋白、溶菌酶及免疫球蛋白 IgA 等）存在协同增效作用[41,42]。

#### 18.2.3.3 母乳中含量

LL-37 存在于中性粒细胞的特异性颗粒中，由口腔、呼吸道、泌尿道和胃肠道等多种组织上皮细胞分泌；通过检测 mRNA 的表达，母乳中亦存在 LL-37[43]。母乳中存在丰富的 LL-37，浓度可达 32μmol/L[19]，但是分泌的乳汁中检不出其前体成分 CAP18 蛋白和 *N*- 端 cathelin。

#### 18.2.3.4 作用剂量

Dorschner 等[44]研究结果提示，抗菌肽 LL-37 对大肠杆菌、铜绿假单胞菌、肠球菌以及金黄色葡萄球菌的 MIC 为 12.5 ～ 31.0mg/L；Overhage 等[45]的试验结果显示，LL-37 可以防止大肠杆菌生物膜的形成，破坏已形成的生物膜；史鹏伟等[46]报道的 LL-37 对鲍曼不动杆菌的 MIC 为 64mg/L，当抗菌肽 LL-37 浓度达到 2.5μg/L 即可破坏鲍曼不动杆菌生物膜的结构。Bowdish 等[47]发现 LL-37 的抗菌活性与 NaCl 浓度有关，在低浓度（≤ 20mmol/L）NaCl 中，LL-37 的 MIC 在 1 ～ 30mg/L，而高浓度下其抑菌活性则显著降低或丧失。这可能与高渗微环境下改变了LL-37的构象，在某种程度上阻止了微生物内容物的外渗有关。

## 18.3 杀菌细胞

对于母乳喂养的婴儿，每天经乳汁摄入约 $10^8$ 个乳细胞，含有丰富的具有免疫活性的免疫细胞，包括单核细胞、T细胞、NK细胞和B细胞、中性粒细胞、嗜酸性粒细胞和未成熟粒细胞等，同时还存在母源的淋巴样细胞，初乳中尤为丰富，可以将这些细胞统称为杀菌细胞（bactericidal cells）。这些细胞有相当部分在婴儿的肠道中仍保持其生物学功能或活性，对母乳喂养儿免疫系统启动与成熟和抵抗致病菌引起的感染等发挥重要作用。

## 18.4 其他成分

母乳中存在补体成分（如C3和C4）、细胞因子（如趋化因子）和唾液酸等成分，与母乳中存在的营养成分、杀菌细胞以及前面提到的多种抗菌成分等联合或协同作用，参与机体免疫调节、抵抗致病性微生物的生长与定植，发挥抗菌、抑菌、杀菌作用。

近年来，母乳中具有抗菌、抑菌和杀菌的功效成分研究日益引起人们广泛关注，已成为母乳成分研究的重点与热点。已有越来越多的证据提示，过去认为主要发挥营养功能的重要成分（如乳蛋白为喂养儿提供优质蛋白，满足生长发育需要），对喂养儿还具有非常广泛的生理功能，其中抗菌、抑菌和杀菌活力是乳蛋白及其水解产物众多生理活性中的一种，而且多种乳蛋白及其水解的肽类成分具有广谱抗菌活力，因此尚需要深入研究母乳中这些具有抗菌活性成分的代谢组学，包括含量与变化范围、母乳低聚糖与这些抗菌成分的相互关系、个体差异、影响因素以及对母乳喂养儿的近期健康状况影响和远期健康效应。

（董彩霞，荫士安）

### 参考文献

[1] Haversen L, Kondori N, Baltzer L, et al. Structure-microbicidal activity relationship of synthetic fragments derived from the antibacterial alpha-helix of human lactoferrin. Antimicrob Agents Chemother, 2010, 54(1): 418-425.

[2] Chonmaitree T, Trujillo R, Jennings K, et al. Acute otitis media and other complications of viral respiratory infection. Pediatrics, 2016, 137(4) :e20153555.

[3] Victora C G, Rollins N C, Murch S, et al. Breastfeeding in the 21st century—Authors' reply. Lancet, 2016,

387(10033): 2089-2090.
[4] López-Expósito I, Recío I. Protective effect of milk peptides: antibacterial and antitumor properties. Adv Exp Med Biol, 2008, 606:271-293.
[5] Farnaud S, Evans R W. Lactoferrin—a multifunctional protein with antimicrobial properties. Mol Immunol, 2003, 40(7): 395-405.
[6] Orsi N. The antimicrobial activity of lactoferrin: current status and perspectives. Biometals, 2004, 17(3): 189-196.
[7] Darewicz M, Dziuba B, Minkiewicz P, et al. The preventive potential of milk and colostrum proteins and protein fragments. Food Reviews International, 2011, 27(4): 357-388.
[8] Kussendrager K D, van Hooijdonk A C. Lactoperoxidase: physico-chemical properties, occurrence, mechanism of action and applications. Br J Nutr, 2000, 84 (Suppl 1):S19-S25.
[9] Artym J, Zimecki M. Milk-derived proteins and peptides in clinical trials. Postepy Hig Med Dosw (Online), 2013, 67:800-816.
[10] 卢蓉蓉，许时婴，王璋，等 . 乳过氧化物酶的分离纯化和酶学性质研究 . 食品科学 , 2006, 27(2): 100-104.
[11] Tomita H, Sato S, Matsuda R, et al. Serum lysozyme levels and clinical features of sarcoidosis. Lung, 1999, 177(3): 161-167.
[12] Noursadeghi M, Bickerstaff M C, Herbert J, et al. Production of granulocyte colony-stimulating factor in the nonspecific acute phase response enhances host resistance to bacterial infection. J Immunol, 2002, 169(2): 913-919.
[13] Yoshio H, Lagercrantz H, Gudmundsson G H, et al. First line of defense in early human life. Semin Perinatol, 2004, 28(4): 304-311.
[14] Armogida S A, Yannaras N M, Melton A L, et al. Identification and quantification of innate immune system mediators in human breast milk. Allergy Asthma Proc, 2004, 25(5): 297-304.
[15] Lehrer R I, Ganz T. Defensins of vertebrate animals. Curr Opin Immunol, 2002, 14(1): 96-102.
[16] Jia H P, Starner T, Ackermann M, et al. Abundant human beta-defensin-1 expression in milk and mammary gland epithelium. J Pediatr, 2001, 138(1): 109-112.
[17] Yang D, Chertov O, Bykovskaia S N, et al. Beta-defensins: linking innate and adaptive immunity through dendritic and T cell CCR6. Science, 1999, 286(5439): 525-528.
[18] Porter E M, van Dam E, Valore E V, et al. Broad-spectrum antimicrobial activity of human intestinal defensin 5. Infect Immun, 1997, 65(6): 2396-2401.
[19] Murakami M, Dorschner R A, Stern L J, et al. Expression and secretion of cathelicidin antimicrobial peptides in murine mammary glands and human milk. Pediatr Res, 2005, 57(1): 10-15.
[20] Okumura K, Itoh A, Isogai E, et al. C-terminal domain of human CAP18 antimicrobial peptide induces apoptosis in oral squamous cell carcinoma SAS-H1 cells. Cancer Lett, 2004, 212(2): 185-194.
[21] Bals R, Weiner D J, Moscioni A D, et al. Augmentation of innate host defense by expression of a cathelicidin antimicrobial peptide. Infect Immun, 1999, 67(11): 6084-6089.
[22] Zanetti M. Cathelicidins, multifunctional peptides of the innate immunity. J Leukoc Biol, 2004, 75(1): 39-48.
[23] Ganz T, Weiss J. Antimicrobial peptides of phagocytes and epithelia. Semin Hematol, 1997, 34(4): 343-354.
[24] Nagatomo T, Ohga S, Takada H, et al. Microarray analysis of human milk cells: persistent high expression of osteopontin during the lactation period. Clin Exp Immunol, 2004, 138(1): 47-53.
[25] Bruun S, Jacobsen L N, Ze X, et al. Osteopontin levels in human milk vary across countries and within lactation period: data from a multicenter study. J Pediatr Gastroenterol Nutr, 2018, 67(2): 250-256.
[26] Newburg D S, Walker W A. Protection of the neonate by the innate immune system of developing gut and

of human milk. Pediatr Res, 2007, 61(1): 2-8.
[27] Lehrer R I, Lichtenstein A K, Ganz T. Defensins: antimicrobial and cytotoxic peptides of mammalian cells. Annu Rev Immunol, 1993, 11:105-128.
[28] Wilmes M, Sahl H G. Defensin-based anti-infective strategies. Int J Med Microbiol, 2014, 304(1): 93-99.
[29] Chen H, Xu Z, Peng L, et al. Recent advances in the research and development of human defensins. Peptides, 2006, 27(4): 931-940.
[30] Tunzi C R, Harper P A, Bar-Oz B, et al. Beta-defensin expression in human mammary gland epithelia. Pediatr Res, 2000, 48(1): 30-35.
[31] Wang X F, Cao R M, Li J, et al. Identification of sociodemographic and clinical factors associated with the levels of human beta-defensin-1 and human beta-defensin-2 in the human milk of Han Chinese. Br J Nutr, 2014, 111(5): 867-874.
[32] Trend S, Strunk T, Hibbert J, et al. Antimicrobial protein and peptide concentrations and activity in human breast milk consumed by preterm infants at risk of late-onset neonatal sepsis. PLoS One, 2015, 10(2): e0117038.
[33] Bals R, Wang X, Wu Z, et al. Human beta-defensin 2 is a salt-sensitive peptide antibiotic expressed in human lung. J Clin Invest, 1998, 102(5): 874-880.
[34] Harder J, Bartels J, Christophers E, et al. A peptide antibiotic from human skin. Nature, 1997, 387(6636): 861.
[35] Starner T D, Agerberth B, Gudmundsson G H, et al. Expression and activity of beta-defensins and LL-37 in the developing human lung. J Immunol, 2005, 174(3): 1608-1615.
[36] Singh P K, Jia H P, Wiles K, et al. Production of beta-defensins by human airway epithelia. Proc Natl Acad Sci U S A, 1998, 95(25): 14961-14966.
[37] Gudmundsson G H, Agerberth B, Odeberg J, et al. The human gene FALL39 and processing of the cathelin precursor to the antibacterial peptide LL-37 in granulocytes. European journal of biochemistry, 1996, 238(2): 325-332.
[38] Zaiou M, Nizet V, Gallo R L. Antimicrobial and protease inhibitory functions of the human cathelicidin (hCAP18/LL-37) prosequence. J Invest Dermatol, 2003, 120(5): 810-816.
[39] Cowland J B, Johnsen A H, Borregaard N. hCAP-18, a cathelin/pro-bactenecin-like protein of human neutrophil specific granules. FEBS Lett, 1995, 368(1): 173-176.
[40] Dommett R, Zilbauer M, George J T, et al. Innate immune defence in the human gastrointestinal tract. Mol Immunol, 2005, 42(8): 903-912.
[41] Newburg D S. Innate immunity and human milk. J Nutr, 2005, 135(5): 1308-1312.
[42] Isaacs C E. Human milk inactivates pathogens individually, additively, and synergistically. J Nutr, 2005, 135(5): 1286-1288.
[43] Chromek M, Slamova Z, Bergman P, et al. The antimicrobial peptide cathelicidin protects the urinary tract against invasive bacterial infection. Nat Med, 2006, 12(6): 636-641.
[44] Dorschner R A, Pestonjamasp V K, Tamakuwala S, et al. Cutaneous injury induces the release of cathelicidin anti-microbial peptides active against group A streptococcus. J Invest Dermatol, 2001, 117(1): 91-97.
[45] Overhage J, Campisano A, Bains M, et al. Human host defense peptide LL-37 prevents bacterial biofilm formation. Infect Immun, 2008, 76(9): 4176-4182.
[46] 史鹏伟，高艳彬，卢志阳，等 . 抗菌肽 LL-37 对鲍蔓不动杆菌生物膜的抑制作用 . 南方医科大学学报 , 2014, 34(3): 426-429.
[47] Bowdish D M, Davidson D J, Lau Y E, et al. Impact of LL-37 on anti-infective immunity. J Leukoc Biol, 2005, 77(4): 451-459.

# 第 19 章

# 母乳中微生物

现在已有越来越多的研究观察到，婴儿能接受到母乳，不管是全母乳还是混合喂养，母乳对于婴儿肠道菌群的组成与定植以及肠道免疫功能的启动与成熟都是非常重要的；而且母乳喂养与婴儿粪便中高丰度的双歧杆菌种（包括 *B. breve* 和 *B. bifidum*）显著相关；停止（或过早停止）母乳喂养，将会导致以厚壁菌门为标志的婴儿肠道微生态的快速成熟[1]。母乳和母乳喂养是与婴儿肠道菌群早期形成关联最密切的因素。本章重点介绍母乳中存在的细菌种类、影响因素以及对婴儿的影响等。

随着细菌培养技术和新一代 DNA 测序技术的应用，确认了母乳中存在丰富的微生物，母乳中微生物在新生儿肠道免疫系统启动、婴儿肠道免疫功能发育以及程序化进程中发挥重要作用[2-4]，也与乳腺炎发生风险和乳腺炎治疗效果密切相关[5,6]，母乳中微生物还与乳母的健康状况和喂养儿以后（成年期）发生营养相关慢性病的风险有关[7-9]，因此母乳中微生物对母婴健康状况的影响已成为近年来备受关注的热点。

## 19.1 母乳中存在的细菌种类

传统观点（包括医学教科书）认为，母乳是清洁无菌的，这也使母乳中细菌成分以及在婴儿肠道成熟与免疫功能建立方面的重要作用长期被忽视。然而近 20 年的研究结果表明，通过母乳喂养过程母乳持续不断地为婴儿肠道提供共生菌、互生菌和 / 或益生菌 [10-17]。这些发现也让母乳微生物组学的研究成为近年来关注和研究的热门领域。

### 19.1.1 母乳中存在细菌的发现过程

在 2003 年，Martin 等 [10] 在健康母亲的乳汁中通过灭菌采样方法，首次发现了母乳中存在乳酸菌（非外源性污染），确认了母乳中存在非致病菌。此后，母乳中已发现了超过 200 多种不同的微生物（属于 50 种不同菌属）[18]，个体间的差异相当大 [17,19,20]，而且还受分析检测技术的影响。

已有多篇发表的论文梳理了母乳中存在的细菌及其种类。如 Fitzstevens 等 [21] 系统综述了 1964 ～ 2015 年 6 月发表的用非培养方法检测母乳微生物的文献，其中 11 个研究在母乳样本中鉴定出链球菌，10 个研究中报道了葡萄球菌；而 6 个研究中证实这两种是母乳中占主导的菌属；12 项研究中有 8 项是常用的 rRNA PCR 方法检测，其中 7 项研究鉴定出了链球菌和葡萄球菌的存在。

Biagi 等 [22] 检测了母乳、婴儿口腔和肠道的菌群组成，发现三者在菌群组成上有一定的连贯性和一致性，部分菌是共享的。这也佐证了有关婴儿口腔是一个中转站，从母乳接收到细菌并传递到婴儿肠道的观点。

### 19.1.2 细菌数量和种类

母乳是母乳喂养婴儿肠道细菌的主要来源。按照婴儿每天摄入约 800mL 母乳计算，母乳喂养儿摄入约 10 万～ 1000 万的细菌。这也能解释为何母乳喂养婴儿的肠道菌群与其母亲母乳中发现的菌群组成密切相关 [7]。目前母乳已被认为是母乳喂养婴儿共生菌和益生菌的来源，包括葡萄球菌、链球菌、棒状杆菌、乳酸菌和双歧杆菌等 [23]。多项基于培养基或不基于培养基的研究发现，母乳含葡萄球菌、链球菌、乳酸菌和双歧杆菌，它们可定植于婴儿肠道。

自 Fitzstevens 等 [21] 的系统文献综述后，Sakwinska 与 Bosco[24] 也总结分析了检测母乳微生物组成的后续报道，观察传统依靠培养手段的研究和近期分子手段检测细菌 DNA 的研究，得出相似结论，即母乳中存在的微生物群主要是由共生的葡萄球菌（如表皮葡萄球菌和链球菌）组成。

Togo 等[25]用人工与计算机结合的半自动方法梳理了母乳微生物群文献，包括38个国家/地区的242篇文章，涉及一万多名母亲的一万五千多份乳房与母乳微生物采样样本。共发现820个微生物物种，主要是变形菌门和厚壁菌门。检测出的微生物按出现频次降序排列为：金黄色葡萄球菌、表皮葡萄球菌、无乳链球菌、痤疮棒状杆菌、粪肠球菌、短双歧杆菌、大肠杆菌、溶血性链球菌、格氏乳杆菌、肠道沙门氏菌。

## 19.1.3 文献系统综述

Latuga 等[26]汇总的用培养基和生物学方法发现的母乳中常见细菌见表19-1。Fernandez 等[7]梳理了文献中报道采用传统细菌分离或DNA检测手段的研究，总结的母乳中存在的细菌种类汇总于表19-2。基于不同国家/地区调查和报告的母乳中存在的细菌种类总结于表19-3。

**表** 19-1 母乳中存在的常见细菌分类

| 门 | 属 |
|---|---|
| 厚壁菌门 | 葡萄球菌属、链球菌属、韦荣球菌属、孪生球菌属、肠球菌属、梭菌属、双歧杆菌属、乳酸杆菌属 |
| 放线菌 | 痤疮丙酸杆菌属、放线菌属、棒状杆菌属 |
| 变形菌门 | 假单胞菌属、鞘氨醇单胞菌属、沙雷氏菌属、埃希氏菌属、肠杆菌属、雷尔氏菌属、慢生根瘤菌属 |
| 拟杆菌门 | 普雷沃菌属 |

注：改编自 Latuga 等[26]，2014。

**表** 19-2 母乳中存在的细菌种类

| 方法 | 主要的菌种 | 文献 |
|---|---|---|
| 细菌分离 | 嗜酸乳杆菌、发酵乳杆菌、表皮葡萄球菌、轻型链球菌、唾液链球菌 | Gavin 和 Ostovar[27], 1977 |
| | 植物乳杆菌、表皮葡萄球菌、链球菌属 | West 等[28], 1979 |
| | 粪肠球菌、发酵乳杆菌、格氏乳杆菌 | Martin 等[10], 2003 |
| | 粪肠球菌、卷曲乳杆菌、鼠李糖乳杆菌、乳酸杆菌、肠膜明串珠菌、胶红酵母菌、金黄色葡萄球菌、头葡萄球菌、表皮葡萄球菌、人葡萄球菌、轻型链球菌、口腔链球菌、副血链球菌 | Heikkila 和 Saris[11], 2003<br>Beasley 和 Saris[12], 2004 |
| | 唾液乳杆菌 | Martin 等[16], 2006 |
| | 棒状杆菌属、肠球菌属、乳酸杆菌属、消化链球菌属、葡萄球菌属、链球菌属 | Langa 等[29], 2012 |

续表

| 方法 | 主要的菌种 | 文献 |
| --- | --- | --- |
| 细菌分离 | 罗伊氏乳杆菌 | Sinkiewicz 和 Ljunggren[30], 2008 |
| | 表皮葡萄球菌 | Jiménez 等 [13,14], 2008 |
| | 青春双歧杆菌、双歧杆菌、短双歧杆菌 | Martin 等 [17], 2009 |
| | 短双歧杆菌、长双歧杆菌、嗜根考克氏菌、干酪乳杆菌、发酵乳杆菌、格氏乳杆菌、胃泌乳杆菌、植物乳杆菌、罗伊氏乳杆菌、唾液乳杆菌、阴道乳杆菌、戊糖片球菌、胶红酵母、表皮葡萄球菌、人葡萄球菌、乳酸链球菌、轻型链球菌、副血链球菌、唾液链球菌 | Martin 等 [31], 2011<br>Martin 等 [32], 2012 |
| | 坚韧肠球菌、粪肠球菌、屎肠球菌、海氏肠球菌、蒙氏肠球菌、动物乳杆菌、短乳杆菌、发酵乳杆菌、格氏乳杆菌、瑞士乳杆菌、口乳杆菌、植物乳杆菌、戊糖片球菌、南极链球菌、解没食子酸链球菌、前庭链球菌 | Albesharat 等 [33], 2011 |
| | 长双歧杆菌 | Makino 等 [34], 2011 |
| DNA 检测 | 粪肠球菌、屎肠球菌、发酵乳杆菌、格氏乳杆菌、鼠李糖乳杆菌、乳酸乳球菌、嗜柠檬酸明串珠菌、谲诈明串珠菌、痤疮丙酸杆菌、表皮葡萄球菌、人葡萄球菌、轻型链球菌、副血链球菌、唾液链球菌、食窦魏斯氏菌、融合魏斯氏菌 | Martin 等 [19,35], 2007 |
| | 长双歧杆菌、梭菌属、乳酸杆菌属、葡萄球菌属、链球菌属、青春双歧杆菌、动物双歧杆菌、双歧杆菌、短双歧杆菌、*B. catenolatum* | Gueimonde 等 [36], 2007 |
| | 双歧杆菌属、梭菌属、肠球菌属、乳酸杆菌属、葡萄球菌属、链球菌属 | Collado 等 [20], 2009 |
| | 青春双歧杆菌、双歧杆菌、短双歧杆菌、长双歧杆菌 | Martin 等 [17], 2009 |
| | 慢生根瘤菌科、棒状杆菌属、丙酸杆菌属、假单胞菌属、罗氏菌属、沙雷氏菌、鞘氨醇单胞菌、葡萄球菌属、链球菌属 | Hunt 等 [18], 2011 |

注：改编自 Fernandez 等 [7]，2013。

**表 19-3　不同国家报告的母乳中存在的细菌种类**

| 检测方法 | 样本数 | 地点 | 细菌种类 | 文献来源 |
| --- | --- | --- | --- | --- |
| 16S rRNA | 20 | 西班牙 | 乳酸杆菌属、双歧杆菌属、葡萄球菌属、链球菌属、肠球菌属 | Solis 等 [37], 2010 |
| qPCR | 18 | 芬兰 | 初乳：魏斯氏菌属、明串珠菌属、葡萄球菌属、链球菌属、乳酸乳球菌<br>成熟乳：韦荣氏球菌属、纤毛菌、普雷沃菌属 | Cabrera-Rubio 等 [38], 2012 |
| qPCR | 32 | 西班牙 | 乳酸杆菌属、双歧杆菌属、葡萄球菌属、链球菌属、肠球菌属 | Khodayar-Pardo 等 [39], 2014 |
| qRTi-PCR | 9 | 希腊 | 乳酸菌和双歧杆菌 | Atsaros 等 [40], 2015 |

续表

| 检测方法 | 样本数 | 地点 | 细菌种类 | 文献来源 |
|---|---|---|---|---|
| 16S rRNA | 20 | 美国 | 厚壁菌门（包括乳杆菌和链球菌）、变形菌门（包括绿脓杆菌和鲍曼不动杆菌）、拟杆菌门、放线菌门（包括双歧杆菌） | Hoashi 等 [41], 2016 |
| 16S rRNA, qPCR | 10 | 西班牙 | 链球菌属、葡萄球菌属、肠杆菌科、假单胞菌科、明串珠菌科、莫拉氏菌科、乳杆菌科、草酸杆菌科、黄杆菌科、韦荣球菌科、丛毛单胞菌科、奈瑟氏菌科、气单胞菌科、丙酸杆菌科 | Cabrera-Rubio 等 [42], 2016 |
| qRT-PCR、DD-PCR | 25 | 中国 | 双歧杆菌、乳酸杆菌 | Qian 等 [43], 2016 |
| 16S rRNA | 36 | 意大利 | 放线菌科、微球菌科、双歧杆菌、普雷沃氏菌、类芽孢杆菌科、葡萄球菌科、孪生菌目、链球菌科、毛螺菌科、韦荣球菌科、巴斯德菌科 | Biagi 等 [22], 2017 |
| 16S rRNA | 16 | 意大利 | 罗斯氏菌属、肠球菌属、链球菌、鲍曼不动杆菌、葡萄球菌、沉积物杆状菌属 | Biagi 等 [44], 2018 |
| 16S rRNA | >50 | 美国 | 葡萄球菌属、链球菌属、阴沟肠杆菌 / 克雷伯氏菌、盐单胞菌属、罗斯氏菌属、孪生球菌属 | Ramani 等 [45], 2018 |
| 16S rRNA | 393 | 加拿大 | 丛毛单胞菌科、肠杆菌科、莫拉氏菌科、奈瑟氏菌科、类诺卡氏菌科、草酸杆菌科、假单胞菌、根瘤菌科、红螺菌、葡萄球菌科、链球菌科、韦荣球菌科 | Moossavi 等 [46], 2019 |
| 16S rRNA | 554 | 南非 | 拟杆菌属、葡萄球菌、罗斯氏菌属、棒杆菌属、韦荣球菌、孪生球菌属、鲍曼不动杆菌属、四链球菌、肠杆菌科 | Ojo-Okunola 等 [47], 2019 |
| DNA 提取，qPCR, 16S rRNA | 94 | 巴西 | 90% 以上的样本中均存在：葡萄球菌属、链球菌属、棒状菌属、罗斯氏菌属、韦荣球菌属、红色杆菌、假单胞菌属、盐单胞菌属、特布尔西菌属、*Chelonobacter*、不动杆菌、放线菌属、乳酸杆菌；在 78% 的样本中存在：双歧杆菌属 | Padilha 等 [48], 2019 |
| DNA 提取，16S rRNA qPCR | 28 | 美国、菲律宾 | 按相对丰度从高到低排序：厚壁菌门、变形菌门、放线菌门、拟杆菌门 | Muletz-Wolz 等 [49], 2019 |
| 细菌分离培养，MALDI-TOF-MS 鉴定菌种 | 5 | 泰国 | 只关注了乳酸杆菌：戊糖乳杆菌、植物乳杆菌 | Jamyuang 等 [50], 2019 |

## 19.2 影响母乳中细菌菌群组成的因素

根据 Latuga 等[26] 和 Moossavi 等[51] 的总结，影响母乳细菌菌群结构的因素主要有以下几方面：首先是母亲自身的因素，包括母亲是否有肥胖症、是否有特异性反应（如过敏）、膳食、免疫状态等；其次是产后的因素，包括分娩方式 、孕龄、母亲抗生素类药物使用情况、哺乳期等。

### 19.2.1 分娩方式

Moossavi 等[51] 研究发现，剖宫产母亲与阴道分娩母亲的乳汁中菌群组成不同，提示可能并不是手术本身，而是心理压力或激素信号的存在决定了菌群向母乳的传递过程。Cabrera-Rubio 等[38] 认为母乳中的细菌并非污染物，其组成受到多个因素的影响；随后 Cabrera-Rubio 等[42] 再次报道了阴道分娩和剖宫产母亲的乳汁中的菌群组成。

### 19.2.2 喂养方式和不同泌乳期

Moossavi 等[51] 报道，母乳中的菌群组成和多样性与喂养方式有关，即母乳喂养与人工喂养对喂养儿肠道菌群的影响不同；将母乳泵出再喂养方式与多个母乳菌群指标相关，包括潜在致病菌的增加和双歧杆菌的缺失等。不同泌乳期的乳汁中菌群也有差异，例如在 18 位芬兰乳母中，Cabrera-Rubio 等[38] 研究了母乳菌群组成以及可能影响菌群的因素，结果显示初乳和成熟乳中的菌群组成不一样，成熟乳中主要存在的细菌为母乳喂养儿口腔中常见的细菌。

### 19.2.3 母乳低聚糖含量

Aakko 等[52] 在芬兰采集了 11 位母亲的乳样分析母乳中 HMO 和菌群组成，首次报道了母乳中 HMO（人乳低聚糖）组成影响乳汁中菌群，尤其是双歧杆菌；母乳中 HMO 总量与双歧杆菌属和短双歧杆菌呈正相关；岩藻糖基的人乳寡糖与双歧杆菌属和嗜黏蛋白 - 艾克曼菌呈正相关，而唾液酸基的人乳寡糖与短双歧杆菌显著相关；同时具有岩藻糖基和唾液酸基的人乳寡糖与金黄色葡萄球菌呈正相关，而不带岩藻糖基或唾液酸基的人乳寡糖与长双歧杆菌显著相关；观察到乳糖 -*N*- 四糖（LNT）与长双歧杆菌，乳糖 -*N*- 岩藻糖基五糖Ⅲ（LNFP Ⅲ）与短双歧杆菌，岩藻糖基 - 双唾液酸基 - 乳糖 -*N*- 六糖（FDSLNH）与金黄色葡萄球菌，乳糖 -*N*- 岩藻糖基五糖Ⅰ（LNFP Ⅰ）与嗜黏蛋白 - 艾克曼菌，乳糖 - 唾液酸基四糖 c（LST c）与短双歧杆菌等呈极强的相关性。

### 19.2.4 乳母肥胖

肥胖母亲的乳汁中菌群多样性低于正常体重的母亲，而且菌群组成也不同。Qian 等 [43] 报道母亲孕前 BMI 与母乳中双歧杆菌的丰度有关，孕前 BMI 越高，其乳汁中双歧杆菌的丰度越低。Moossavi 等 [51] 的研究结果显示，母乳中菌群组成和多样性与乳母 BMI 相关。

### 19.2.5 生活环境

母乳菌群组成可能与乳母的生活地域位置（环境中微生物）也有一定关系 [53]。例如表 19-3 中不同国家报告的母乳中存在的细菌种类明显不同，而且有些菌群还存在较大差异，这些差异可能与乳母（甚至孕期）暴露当地环境中微生物的种类有关。

### 19.2.6 其他影响因素

母乳中菌群丰度和组成还受其他多种因素的影响，而且还存在上述多种因素的联合影响。例如，在 Moossavi 等 [46] 的 393 对母亲和婴儿的研究中，观察到产后 3 ～ 4 个月的母乳中细菌主要由变形菌门和厚壁菌门组成，且二者呈负相关；母乳菌群组成和多样性与母亲 BMI、胎次和分娩方式以及喂养方式和母乳中其他成分等密切相关，而且还可能与婴儿的性别有关。Gomez-Gallego 等 [54] 在欧洲、非洲和亚洲收集了 78 位健康母亲产后一个月乳汁，检测了其多胺组成与菌群，发现多胺中的腐胺含量与变形菌含量呈正相关，尤其是脆假单胞菌。

## 19.3 母乳中微生物对婴儿及乳母的影响

母乳中存在的细菌可能在启动和编程新生儿的免疫系统中发挥关键作用 [1]。母乳中微生物的种类与含量可能直接影响婴儿短期和长期的健康状况 [7]。母乳中的微生物可以被认为是婴儿肠道的一种外来接种物，母乳喂养可调节婴儿的肠道菌群，提高婴儿的免疫能力，降低患腹泻和呼吸道感染性疾病的风险。母乳中存在丰富多样的低聚糖，可促进婴儿肠道内益生菌（如乳酸杆菌、双歧杆菌）的定植与生长，抑制致病菌的定植与生长。

### 19.3.1 抑菌作用

从母乳中分离出的部分菌株具有明显抑菌效果。从母乳中分离的乳酸杆菌具有较宽的抑菌谱；母乳中某些菌株能产生抑菌物质，如约有 30% 的母乳中含有能产生乳酸链球菌肽的乳酸乳球菌，而从母乳中分离出的一株粪肠球菌 C901 被证明能产生肠道菌素 C[55]。

## 19.3.2 益生作用

母乳来源的细菌可调节未成熟新生儿肠道细菌的定植和发育[20,56]。迄今，已证明母乳来源具有益生作用的细菌有唾液乳酸杆菌 CECT5713、格氏乳酸杆菌 CECT5714 和发酵乳酸杆菌 CECT5716[10,15]。这些菌株的益生特征表现除了食用安全，还具有如下作用：肠道定植和产生抑菌物质（抑制致病菌的定植和生长）、免疫调节、抗炎、改善肠道微生态、减轻肠道炎症反应、增强流感疫苗效果、降低婴儿胃肠道和上呼吸道感染的发病率等[15,16,57]。

## 19.3.3 抗感染作用

已证明母乳喂养可显著降低婴儿感染性疾病的发生率和严重程度[58]。母乳喂养可使婴儿暴露于母乳中存在的多样化细菌，这可能是导致母乳喂养和婴儿配方乳粉喂养婴儿粪便微生物差异的重要原因之一。为了实现新生儿黏膜组织的稳态，肠道耐受性的发育需要摄取乳汁来源的抗原和细菌菌群固有的成分。新生儿建立耐受性方面的缺陷与黏膜疾病和慢性炎症的发生发展有关。临床试验结果证明，当不能母乳喂养时，补充益生菌的婴儿配方食品可降低儿童感染性疾病发生率[59]。

## 19.3.4 母乳喂养对哺乳妇女健康状况的影响

母乳喂养不仅为婴儿提供最佳的营养，而且对哺乳期妇女也有多种益处。母乳喂养至少 6 个月的妇女，与母乳喂养婴儿不到 6 个月的比较，可显著降低以后发生肥胖、糖尿病或乳腺癌的风险[8,9]，推测母乳中微生物在哺乳期妇女的乳腺健康中发挥重要作用。

### 19.3.4.1 治疗乳腺炎

以往关于母乳中微生物的研究更多关注潜在致病菌及其对母婴的致病作用，主要为与临床乳腺炎相关的研究。乳腺炎是产妇哺乳期常见病，一般认为金黄色葡萄球菌是引起急性乳腺炎的主要病原体[60,61]。在哺乳期，高达 30% 的妇女患急性、亚急性或复发性乳腺炎，被认为是导致母乳喂养过早停止的主要原因之一。

多项研究结果表明，来自母乳中的微生物大多数有抑制金黄色葡萄球菌的能力，因此口服给予益生菌可能是治疗乳腺炎的一种有效的抗生素替代疗法[5,6]。

Jiménez 等[5]和 Arroyo 等[6]的研究结果显示，给哺乳期妇女口服唾液乳酸杆菌 CECT5713、格氏乳酸杆菌 CECT5714 和发酵乳酸杆菌 CECT5716 能治疗乳腺炎，且乳腺炎复发率也远低于用抗生素治疗组。该结果证明用唾液乳酸杆菌和发酵乳酸杆菌可治疗乳腺炎和缩短病程，促进母乳喂养。

### 19.3.4.2 降低发生营养相关慢性病风险

流行病学调查结果提示，分娩后不用母乳喂哺婴儿或过早停止母乳喂养与其绝经前乳腺癌、卵巢癌、代谢综合征的发生风险增加有关[8]。肥胖或超重妇女的乳汁宏基因组学和微生物组学也不同于健康体重的对照组[62]。然而，至今有关母乳喂养和持续时间以及母乳中微生物菌群多样性对乳母健康状况长期影响的研究甚少。

（王雯丹，李依彤，董彩霞，荫士安）

## 参考文献

[1] Stewart C J, Ajami N J, O'Brien J L, et al. Temporal development of the gut microbiome in early childhood from the TEDDY study. Nature, 2018, 562(7728): 583-588.

[2] 荫士安 . 母乳中微生物及在婴儿免疫系统启动与发育中的作用 . 中国妇幼健康研究 , 2017, 28(6): 619-624.

[3] 荫士安 . 母乳与新生儿早期免疫的启动与建立 . 中华新生儿科杂志 , 2017, 32(5): 321-324.

[4] Donnet-Hughes A, Perez P F, Dore J, et al. Potential role of the intestinal microbiota of the mother in neonatal immune education. Proc Nutr Soc, 2010, 69(3): 407-415.

[5] Jiménez E, Fernández L, Maldonado A, et al. Oral administration of *Lactobacillus* strains isolated from breast milk as an alternative for the treatment of infectious mastitis during lactation. Appl Environ Microbiol, 2008, 74(15): 4650-4655.

[6] Arroyo R, Martin V, Maldonado A, et al. Treatment of infectious mastitis during lactation: antibiotics versus oral administration of *Lactobacilli* isolated from breast milk. Clin Infect Dis, 2010, 50(12): 1551-1558.

[7] Fernandez L, Langa S, Martin V, et al. The human milk microbiota: origin and potential roles in health and disease. Pharmacol Res, 2013, 69(1): 1-10.

[8] Stuebe A. The risks of not breastfeeding for mothers and infants. Rev Obstet Gynecol, 2009, 2(4): 222-231.

[9] Owen C G, Martin R M, Whincup P H, et al. Does breastfeeding influence risk of type 2 diabetes in later life? A quantitative analysis of published evidence. Am J Clin Nutr, 2006, 84(5): 1043-1054.

[10] Martin R, Langa S, Reviriego C, et al. Human milk is a source of lactic acid bacteria for the infant gut. J Pediatr, 2003, 143(6): 754-758.

[11] Heikkila M P, Saris P E. Inhibition of *Staphylococcus aureus* by the commensal bacteria of human milk. J Appl Microbiol, 2003, 95(3): 471-478.

[12] Beasley S S, Saris P E. Nisin-producing *Lactococcus lactis* strains isolated from human milk. Appl Environ Microbiol, 2004, 70(8): 5051-5053.

[13] Jiménez E, Delgado S, Fernandez L, et al. Assessment of the bacterial diversity of human colostrum and screening of staphylococcal and enterococcal populations for potential virulence factors. Res Microbiol, 2008, 159(9-10): 595-601.

[14] Jiménez E, Delgado S, Maldonado A, et al. Staphylococcus epidermidis: a differential trait of the fecal microbiota of breast-fed infants. BMC Microbiol, 2008, 8:143.

[15] Martin R, Olivares M, Marin M L, et al. Probiotic potential of 3 *Lactobacilli* strains isolated from breast milk. J Hum Lact, 2005, 21(1): 8-17; quiz 18-21, 41.

[16] Martin R, Jimenez E, Olivares M, et al. Lactobacillus salivarius CECT 5713, a potential probiotic strain isolated from infant feces and breast milk of a mother-child pair. Int J Food Microbiol, 2006, 112(1): 35-43.

[17] Martin R, Jimenez E, Heilig H, et al. Isolation of bifidobacteria from breast milk and assessment of the bifidobacterial population by PCR-denaturing gradient gel electrophoresis and quantitative real-time PCR. Appl Environ Microbiol, 2009, 75(4): 965-969.

[18] Hunt K M, Foster J A, Forney L J, et al. Characterization of the diversity and temporal stability of bacterial communities in human milk. PLoS One, 2011, 6(6): e21313.

[19] Martin R, Heilig G H, Zoetendal E G, et al. Diversity of the *Lactobacillus* group in breast milk and vagina of healthy women and potential role in the colonization of the infant gut. J Appl Microbiol, 2007, 103(6): 2638-2644.

[20] Collado M C, Delgado S, Maldonado A, et al. Assessment of the bacterial diversity of breast milk of healthy women by quantitative real-time PCR. Lett Appl Microbiol, 2009, 48(5): 523-528.

[21] Fitzstevens J L, Smith K C, Hagadorn J I, et al. Systematic review of the human milk microbiota. Nutr Clin Pract, 2017, 32(3): 354-364.

[22] Biagi E, Quercia S, Aceti A, et al. The bacterial ecosystem of mother's milk and infant's mouth and gut. Front Microbiol, 2017, 8:1214.

[23] Bergmann H, Rodriguez J M, Salminen S, et al. Probiotics in human milk and probiotic supplementation in infant nutrition: a workshop report. Br J Nutr, 2014, 112(7): 1119-1128.

[24] Sakwinska O, Bosco N. Host microbe interactions in the lactating mammary gland. Front Microbiol, 2019, 10:1863.

[25] Togo A, Dufour J C, Lagier J C, et al. Repertoire of human breast and milk microbiota: a systematic review. Future Microbiol, 2019, 14:623-641.

[26] Latuga M S, Stuebe A, Seed P C. A review of the source and function of microbiota in breast milk. Semin Reprod Med, 2014, 32(1): 68-73.

[27] Gavin A, Ostovar K. Microbiological characterization of human milk (1). J Food Prot, 1977, 40(9): 614-616.

[28] West P A, Hewitt J H, Murphy O M. Influence of methods of collection and storage on the bacteriology of human milk. J Appl Bacteriol, 1979, 46(2): 269-277.

[29] Langa S, Maldonado-Barragan A, Delgado S, et al. Characterization of *Lactobacillus salivarius* CECT 5713, a strain isolated from human milk: from genotype to phenotype. Appl Microbiol Biotechnol, 2012, 94(5): 1279-1287.

[30] Sinkiewicz G, Ljunggren L. Occurrence of *Lactobacillus reuteri* in human breast milk. Microbial Ecology in Health and Disease, 2008, 20(3): 122-126.

[31] Martin V, Manes-Lazaro R, Rodriguez J M, et al. *Streptococcus lactarius* sp. nov., isolated from breast milk of healthy women. Int J Syst Evol Microbiol, 2011, 61(Pt 5): 1048-1052.

[32] Martin V, Maldonado-Barragan A, Moles L, et al. Sharing of bacterial strains between breast milk and infant feces. J Hum Lact, 2012, 28(1): 36-44.

[33] Albesharat R, Ehrmann M A, Korakli M, et al. Phenotypic and genotypic analyses of lactic acid bacteria in local fermented food, breast milk and faeces of mothers and their babies. Syst Appl Microbiol, 2011, 34(2): 148-155.

[34] Makino H, Kushiro A, Ishikawa E, et al. Transmission of intestinal *Bifidobacterium longum* subsp. *longum*

strains from mother to infant, determined by multilocus sequencing typing and amplified fragment length polymorphism. Appl Environ Microbiol, 2011, 77(19): 6788-6793.
[35] Martin R, Heilig H G, Zoetendal E G, et al. Cultivation-independent assessment of the bacterial diversity of breast milk among healthy women. Res Microbiol, 2007, 158(1): 31-37.
[36] Gueimonde M, Laitinen K, Salminen S, et al. Breast milk: a source of bifidobacteria for infant gut development and maturation? Neonatology, 2007, 92(1): 64-66.
[37] Solis G, de Los Reyes-Gavilan C G, Fernandez N, et al. Establishment and development of lactic acid bacteria and bifidobacteria microbiota in breast-milk and the infant gut. Anaerobe, 2010, 16(3): 307-310.
[38] Cabrera-Rubio R, Collado M C, Laitinen K, et al. The human milk microbiome changes over lactation and is shaped by maternal weight and mode of delivery. Am J Clin Nutr, 2012, 96(3): 544-551.
[39] Khodayar-Pardo P, Mira-Pascual L, Collado M C, et al. Impact of lactation stage, gestational age and mode of delivery on breast milk microbiota. J Perinatol, 2014, 34(8): 599-605.
[40] Atsaros L, Genaris N, Tsakali E, et al. Determination of the probiotic bacterial diversity of breast milk of healthy women by quantitative real-time PCR. In: International Conference ‘Science in Technology’ SCinTE 2015. 2015.
[41] Hoashi M, Meche L, Mahal L K, et al. Human milk bacterial and glycosylation patterns differ by delivery mode. Reprod Sci, 2016, 23(7): 902-907.
[42] Cabrera-Rubio R, Mira-Pascual L, Mira A, et al. Impact of mode of delivery on the milk microbiota composition of healthy women. J Dev Orig Health Dis, 2016, 7(1): 54-60.
[43] Qian L, Song H, Cai W. Determination of *Bifidobacterium* and *Lactobacillus* in breast milk of healthy women by digital PCR. Benef Microbes, 2016, 7(4): 559-569.
[44] Biagi E, Aceti A, Quercia S, et al. Microbial community dynamics in mother’s milk and infant’s mouth and gut in moderately preterm infants. Front Microbiol, 2018, 9:2512.
[45] Ramani S, Stewart C J, Laucirica D R, et al. Human milk oligosaccharides, milk microbiome and infant gut microbiome modulate neonatal rotavirus infection. Nat Commun, 2018, 9(1): 5010.
[46] Moossavi S, Sepehri S, Robertson B, et al. Composition and variation of the human milk microbiota are influenced by maternal and early-life factors. Cell Host Microbe, 2019, 25(2): 324-335.
[47] Ojo-Okunola A, Claassen-Weitz S, Mwaikono K S, et al. Influence of socio-economic and psychosocial profiles on the human breast milk bacteriome of South African women. Nutrients, 2019, 11(6):1390.
[48] Padilha M, Danneskiold-Samsoe N B, Brejnrod A, et al. The human milk microbiota is modulated by maternal diet. Microorganisms, 2019, 7(11):502.
[49] Muletz-Wolz C R, Kurata N P, Himschoot E A, et al. Diversity and temporal dynamics of primate milk microbiomes. Am J Primatol, 2019, 81(10-11): e22994.
[50] Jamyuang C, Phoonlapdacha P, Chongviriyaphan N, et al. Characterization and probiotic properties of *Lactobacilli* from human breast milk. 3 Biotech, 2019, 9(11): 398.
[51] Moossavi S, Azad M B. Origins of human milk microbiota: new evidence and arising questions. Gut Microbes, 2020, 12(1): e1667722.
[52] Aakko J, Kumar H, Rautava S, et al. Human milk oligosaccharide categories define the microbiota composition in human colostrum. Benef Microbes, 2017, 8(4): 563-567.
[53] Weizman Z. Comment on‘determination of *Bifidobacterium* and *Lactobacillus* in breast milk of healthy women by digital PCR’. Benef Microbes, 2016, 7(5): 621.
[54] Gomez-Gallego C, Kumar H, Garcia-Mantrana I, et al. Breast milk polyamines and microbiota interactions:

impact of mode of delivery and geographical location. Ann Nutr Metab, 2017, 70(3): 184-190.

[55] Maldonado-Barragan A, Caballero-Guerrero B, Jimenez E, et al. Enterocin C, a class Ⅱb bacteriocin produced by *E. faecalis* C901, a strain isolated from human colostrum. Int J Food Microbiol, 2009, 133(1-2): 105-112.

[56] Schanche M, Avershina E, Dotterud C, et al. High-resolution analyses of overlap in the microbiota between mothers and their children. Curr Microbiol, 2015, 71(2): 283-290.

[57] Lara-Villoslada F, Olivares M, Sierra S, et al. Beneficial effects of probiotic bacteria isolated from breast milk. Br J Nutr, 2007, 98 (Suppl 1):S96-S100.

[58] Olivares M, Díaz-Ropero M P, Martin R, et al. Antimicrobial potential of four *Lactobacillus* strains isolated from breast milk. J Appl Microbiol, 2006, 101:72-79.

[59] Maldonado J, Canabate F, Sempere L, et al. Human milk probiotic *Lactobacillus fermentum* CECT5716 reduces the incidence of gastrointestinal and upper respiratory tract infections in infants. J Pediatr Gastroenterol Nutr, 2012, 54(1): 55-61.

[60] Barbosa-Cesnik C, Schwartz K, Foxman B. Lactation mastitis. JAMA, 2003, 289(13): 1609-1612.

[61] Delgado S, Arroyo R, Jimenez E, et al. Staphylococcus epidermidis strains isolated from breast milk of women suffering infectious mastitis: potential virulence traits and resistance to antibiotics. BMC Microbiol, 2009, 9:82.

[62] Collado M C, Laitinen K, Salminen S, et al. Maternal weight and excessive weight gain during pregnancy modify the immunomodulatory potential of breast milk. Pediatr Res, 2012, 72(1): 77-85.

# 第 20 章

# 母乳挥发性组分

母乳是婴儿最理想的天然食品，不仅含有婴儿生长、维持健康所需要的蛋白质、脂肪、碳水化合物、矿物质、维生素等营养素，同时还含有抵抗疾病的抗体、抗菌因子等，世界卫生组织建议在婴儿前 6 个月进行纯母乳喂养来满足婴儿生长发育的各种营养需要[1]。新生儿天生就有甜味和咸味的偏好，经常拒绝酸味、苦味和新食物[2]，而母乳是婴儿早期感官体验的重要媒介，它并不是一种味道不变的食物，就像其它动物的奶一样，母乳的味道也会通过乳母摄入的化合物来调味[3]。母乳中的挥发性组分是构成母乳香气特征的物质基础，对其香气构成起着决定性影响。

## 20.1 定义和种类

挥发性成分是指存在于固体或液体中的一类具有芳香气并易挥发的成分，其化学组分比较复杂，主要包括挥发油类物质、其他分子量较小和易挥发化合物。挥发油类物质是随水蒸气蒸出而与水不相溶的挥发性油状成分的总称，其按化学结构可以分为萜类化合物、脂肪族化合物及芳香族化合物等，并具有以下理化性质：①具有浓烈气味，常温下易挥发；②某些挥发性化合物在低温下可析出固体；③易溶于有机溶剂，难溶于水；④纯品有一定的物理常数，例如相对密度、沸点、旋光度、折射率；⑤与空气、光线经常接触会氧化变质，导致相对密度增加、颜色变深、失去原有香气、不能随水蒸气蒸馏以及形成树脂样。

Shimoda 等[3] 通过气相色谱法和气相色谱 - 质谱法对母乳中的挥发性组分进行了鉴定，发现了 8 种酯类（含 2 种内酯）、13 种酮类、6 种脂肪酸、24 种脂肪酸醛、9 种醇类、18 种碳氢化合物和 6 种其他化合物。

## 20.2 国内外母乳中挥发性组分研究概况

母乳作为一种自然演化的产物，其成分复杂、构成物质种类繁多，包括支持婴儿物质代谢的营养物质和帮助婴儿功能发育的生物活性物质等。近年来，人们对母乳化学成分的研究不断深入，但对其挥发性成分研究甚少。

### 20.2.1 母乳与婴幼儿配方乳粉的比较

He 等[4] 采用顶空固相微萃取 - 气相色谱 - 质谱联用技术测定不同品牌、阶段和原产国婴幼儿配方乳粉中的挥发性化合物，并与母乳中的挥发性成分进行了分析比较。结果表明母乳中的挥发性化合物与婴幼儿配方乳粉中的挥发性化合物存在显著差异，婴幼儿配方乳粉中最丰富的挥发性物质是醛，而母乳中主要是酸、醛、碳氢化合物和酮。

### 20.2.2 人乳与牛乳的比较

Shimoda 等[3] 研究了人乳中的挥发性风味化合物，并与采集的市售牛乳样品进行了比较。以乙醚为溶剂，在减压下同时蒸馏萃取（SDE）分离牛乳中的挥发物，采用气相色谱法和气相色谱 - 质谱法对气味浓缩物进行了分析，发现人乳样品中挥发性浓缩物的组成与牛乳样品有很大的差异。在人乳中，挥发性醛类化合物是导致母乳香气的最重要成分，挥发性脂肪酸则是导致母乳香气的第二重要成分。

### 20.2.3 中国母乳研究

He 等[5]采用气相色谱 - 质谱（gas chromatography-mass spectrometry，GC-MS）联用结合正交偏最小二乘回归分析（OPLS-DA）方法，对不同泌乳阶段（初乳、过渡乳和成熟乳）中国母乳中的挥发性物质进行分析。发现母乳中含有五大类共 24 种挥发性化合物，其中酯类化合物最多，共有 14 种。同时还发现挥发性物质中，癸酸、癸酸甲酯、十二酸甲酯、壬醛、辛酸和辛酸甲酯等六种化合物的气味活性值（OAV）≥ 1，对母乳的整体香气贡献较大，是不同泌乳期母乳中重要的风味化合物。

### 20.2.4 挥发性组分差别

Hausner 等[6]发现同一地区不同母乳样本中挥发性组分存在显著差异，且个体受试者的母乳样本间也存在差异。这表明母乳喂养的婴儿会接触到多种挥发性物质，不同母乳喂养的婴儿接触到的味道可能存在很大差异。母乳和婴幼儿配方乳粉的挥发性成分差异明显，主要还是婴幼儿配方乳粉中含有更多与热处理相关的挥发物，如蛋氨酸、糠醛和硫化物。相比之下，母亲体内的萜烯种类更多，这可能来源于母亲的饮食。

### 20.2.5 研究母乳中挥发性组分的目的和意义

人们普遍认为，母乳中挥发性气味化合物主要为二次氧化产物和萜烯类[6]，挥发性成分（特别是有气味的挥发物）反映了母乳的气味和香气。母乳的气味来自不同物质（如脂肪酸、萜类物质、饱和与不饱与醛类及酮类等）产生的不同气味所形成的微妙平衡[7]。母乳中的挥发性气味化合物对其香气构成起着决定性影响，其不仅能诱导新生儿[8,9]的主动搜索、咀嚼和吮吸等行为，而且也能对婴儿产生镇静作用，促进协调行为，最终引导婴儿成功地摄入母乳[10]。母乳比婴幼儿配方乳粉提供了更复杂的味道体验[6]，母乳喂养和婴幼儿配方乳粉喂养的婴儿在某种程度上接触到的是不同的气味挥发物。从婴幼儿复杂风味体验层面，气味受乳母饮食影响的母乳比婴幼儿配方乳粉更具优势。从长远来看，母乳挥发性组分产生气味还会影响断奶婴儿对食物的偏好和选择[11]。因此对母乳中挥发性组分的研究有助于将母乳气味研究应用于婴幼儿配方乳粉，使婴幼儿配方乳粉更接近母乳的效果，为婴幼儿配方乳粉的品质提升提供科学依据。

# 20.3 母乳挥发性组分研究方法

## 20.3.1 挥发性组分提取、分离技术

对于母乳中挥发性成分的提取分离技术，主要有同时蒸馏萃取（SDE）、顶空固相微萃取（HS-SPME）、吹扫捕集（P&T）和溶剂辅助蒸发（SAFE）等方法。

### 20.3.1.1 同时蒸馏萃取法

SDE 可以定义为一种组合萃取方法。由 Nickerson 和 Likens 于 1966 年首次引入，在科学界取得了巨大成功，特别是在风味和香味分析领域。其工作原理是将样品分散于大量水中，在常压下加热沸腾，样品和萃取溶剂的蒸气在密闭的装置中充分混合进行萃取 [12]。SDE 法在提取挥发性成分方面效率很高，但在提取时需要处于一个密闭的空间，同时萃取温度相对较高，需要溶液一直保持沸腾的状态。艾对等 [13] 采用同时蒸馏萃取法提取羊奶粉中的挥发性成分，经气相色谱 - 质谱联用仪分析，共检出 22 种风味化合物。Shimoda 等 [3] 使用改进的 Likens-Nickerson 仪器，用二乙醚在减压下同步蒸馏 - 萃取 2h 从母乳中分离出了 84 种挥发性化合物。

### 20.3.1.2 顶空固相微萃取法

固相微萃取（solid phase microextraction，SPME) 是由加拿大 Waterloo 大学 Pawliszyn 及其合作者于 1990 年提出的 [14]。固相微萃取是在固相萃取（SPE）的基础上发展起来的新型萃取分离技术。该法集采样、萃取、富集、进样于一体，并且具有操作简便、快速、样品用量少、无需使用溶剂、选择性好等优点，目前已经广泛地应用于食品、药品、环境等领域的挥发性成分分析 [15]。SPME 取样方式有两种：浸入方式（DI）和顶空方式（HS）。浸入方式适用于气态样品和干净基质的液体样品，顶空方式主要用于从牛奶和乳制品中提取挥发性化合物。顶空取样的样品气体直接与萃取头接触，容易达到平衡，在食品风味分析中使用较多。与传统的取样方法相比，HS-SPME 由于顶空中的分析物质被浓缩富集在固相微萃取涂层上，故检出灵敏度能提高几倍到几十倍。

艾对等 [16] 采用 HS-SPME 方法对羊奶挥发性成分进行萃取，获得的最优条件为：12mL 奶样中，添加 0.3g/mL 的 NaCl，用 CAR/PDMS 萃取头在 70℃下萃取 90min，然后在 250℃下解吸 5min，可获得最大的出峰面积和出峰数，最大限度地提取出羊奶中挥发性成分。Le Roy 等 [17] 使用带有多个固体微萃取纤维和 Tenax（D-HS-MultiSPME/Tenax）的动态顶空装置，只需要一步提取就能从母乳中检测出 60 种化合物，包括许多醛（13 种）、羧酸（10 种）、萜（10 种）、酮（9 种）、醇（7 种）和酯（2 种）以及一些次要化合物，如呋喃、内酯、吡嗪和吡咯化合物。

#### 20.3.1.3 吹扫捕集法

吹扫捕集（purge and trap）法从理论上讲是一种动态顶空技术，其原理是使用流动气体将样品中的挥发性成分“吹扫”出来，再用一个捕集器将吹扫出来的挥发性成分吸附，随后经热解吸将样品送入气相色谱仪进行分析。吹扫捕集技术因其具有高灵敏度的优点常被用来研究牛奶和其他奶产品中的芳香化合物。Contarini 等[18]对牛奶挥发性成分提取的方法吹扫捕集法与固相微萃法进行了比较，证明了吹扫捕集技术对牛奶中挥发性成分提取的有效性。Blount 等[19]描述了收集、储存和分析母乳中挥发性化合物的最佳策略，并使用吹扫捕集法对母乳中 36 种挥发性化合物进行验证，以评估哺乳期妇女和哺乳期婴儿挥发性有机化合物（VOC）的暴露情况。

#### 20.3.1.4 溶剂辅助蒸发法

溶剂辅助蒸发（SAFE）法是一种适用于从复杂的基质中分离出挥发性化合物的方法。使用 SAFE 法对样品进行萃取时，样品中的热敏性挥发性成分损失较少，可以很好地保留被萃取物原有的风味。此法常用于蔬菜、肉制品、乳制品中分离挥发性成分。刘南南等[20]使用 SAFE 法在酸奶中鉴定出了 52 种挥发性化合物，主要挥发性成分是酸类（27.82%）、酮类（28.97%）、醛类（0.28%）、醇类（0.49%）、酯类（0.24%，内酯除外）、内酯类（0.42%）、烷烃类（8.93%）及其他类化合物（8.24%）。

### 20.3.2 气相色谱 - 质谱联用技术定性定量

气相色谱 - 质谱联用是气相色谱与质谱一体化装置[21]。气相色谱法是利用不同化合物在流动相和固定相中分配系数的差异，使不同化合物按时间先后从色谱柱中流出，从而达到分离分析的目的。定性是依据色谱峰的保留时间，定量则依据色谱峰高或峰面积。气相色谱法最大特点在于高效分离能力和高灵敏度，是分离混合物的有效手段。质谱法是依据带电粒子在磁场或电场中的运动规律，按其质荷比（质量和电荷的比 ) 实现分离分析，测定离子质量及其强度分布。质谱法的主要特点是能给出化合物的分子量、元素组成、经验式及分子结构信息，具有定性专属性强、灵敏度高、检测快速的优势。GC-MS 技术综合了气相色谱和质谱的优点，具有色谱的高分辨率以及质谱的高灵敏度、强鉴别能力[22]。GC-MS 可同时完成待测组分的分离、鉴定和定量，被广泛应用于复杂组分的分离与鉴定。GC-MS 是目前比较重要的分析设备，一般和顶空装置、SPME 和 SDE 等前处理装置联用，能够实现食品中挥发性物质的快速分离分析。

#### 20.3.2.1 定性分析

用 NIST4.1 库检索 GC-MS 结果，保留匹配度大于 70( 最大值为 100) 的物质。以

$C_5 \sim C_{10}$、$C_{10} \sim C_{25}$ 正构烷烃为混合标准，计算各化合物的保留指数（RI），利用 NIST4.1 库的匹配结果得到 RI 值，对化合物进行定性测定。保留指数的计算方法如下：

$$RI=100n+100\times\frac{t_r-t_n}{t_{n+1}-t_n}$$

式中，$n$ 和 $n+1$ 分别为在未知物流出前后正构烷烃的碳原子数；$t_{n+1}$ 和 $t_n$ 分别为相应正构烷烃的保留时间；$t_r$ 为未知物质的保留时间 ($t_n< t_r <t_{n+1}$)。

### 20.3.2.2 定量分析

GC-MS 联用技术定量分析的特点是先定性后定量。对于一个化合物，首先根据其保留时间和质谱图特征离子鉴定，确认它是目标化合物之后再进行定量，因而避免假阳性检出。其次，GC-MS 联用定量一般不用总离子流色谱图，而是用特征离子的离子流图。因为离子流图相对稳定而且不受干扰，定量结果更可靠。GC-MS 联用分析常用的定量方法有归一化法、外标法、内标法、同位素稀释法等。挥发性化合物的定量检测一般按各峰面积归一化法计算各组分相对峰面积百分比。定量分析常用公式见表 20-1。

**表 20-1 定量分析常用公式**

| 方法 | 公式 | 备注 |
|---|---|---|
| 归一化法 | $w_i=\frac{f_iA_i}{\sum f_iA_i}\times 100\%$ | $w_i$——组分 $i$ 含量；<br>$A_i$——组分 $i$ 的峰面积（或峰高）；<br>$f_i$——组分 $i$ 的质量校正因子 |
| 外标法 | $f_i=\frac{w_i}{A_i}$ | $w_i$——待测化合物标样含量；<br>$A_i$——待测化合物标样峰面积（或峰高） |
| 内标法 | $f_i=\frac{w_i}{w_s}\times\frac{A_s}{A_i}$ | $w_i$——待测化合物标样含量；<br>$A_i$——待测化合物标样峰面积（或峰高）；<br>$w_s$——内标化合物含量；<br>$A_s$——内标化合物峰面积 |
| 同位素稀释法 | $C=\frac{\text{RF（标准）}}{\text{RF（样品）}}\times\frac{S}{S_s}\times C_s$ | RF——校正因子，RF= 含量 / 面积（峰高）；<br>$C$——样品含量；<br>$C_s$——样品中同位素内标含量；<br>$S$——样品峰面积或峰高；<br>$S_s$——样品中同位素内标峰面积或峰高 |

# 20.4 母乳挥发性组分的具体研究

## 20.4.1 母乳中挥发性组分分析

### 20.4.1.1 烃类

烃类物质是只含有碳和氢两种元素的一大类碳氢化合物的总称，它主要包括烷烃、烯烃、炔烃、脂环烃和芳香烃（表 20-2）。在母乳挥发性成分中的烃类主要分为脂肪烃和芳香烃，烷烃和环烷烃是母乳中最丰富的化合物[7]，而芳香烃中萜烯和萜类则是母乳中的特征成分，在其他的液体乳以及婴儿配方乳中都未检测到挥发性萜烯和萜类化合物[4]。母乳中检测到的萜烯被认为与环境暴露有关，因为萜烯类化合物只在植物和微生物中合成，在人体内不能自行合成。因此，这些萜烯类化合物只能来自母亲的饮食或其他类型 / 途径的暴露[6]。

**表** 20-2　母乳中烃类挥发性化合物

| 文献来源 | He 等[4] | | Hausner 等[6] | Shimoda 等[3] |
|---|---|---|---|---|
| 提取方法 | HS-SPME 提取，GC-MS 分析 | | 吹扫普及法提取，GC-MS 分析 | 改进的 SDE 法提取，GC-MS 分析 |
| 母乳挥发性成分中烃的种类 | 正己烷<br>(*Z*)-1- 甲硫基 -1- 丙烯<br>3- 乙基 -2- 甲基戊烷<br>环庚三烯<br>$\alpha$- 蒎烯<br>2,2,3,5- 四甲基庚烷<br>5- 甲基癸烷<br>$\beta$- 蒎烯<br>3- 乙基环己烯<br>4- 甲基癸烷<br>*d*- 柠檬烯<br>3- 乙基 -2- 甲基 -1,3- 己二烯<br>(*Z*)-3- 乙基 -2- 甲基 -1，3- 己二烯<br>5,6- 二甲基癸烷<br>5- 乙基 -2,2,3- 三甲基庚烷<br>2,6- 二甲基壬烷<br>2- 甲基癸烷<br>3- 甲基 -5- 丙基壬烷<br>2,2,4,6,6- 五甲基庚烷 | 己二烯<br>萜品油烯<br>正十一烷<br>2,4,6- 三甲基癸烷<br>2- 甲基十一烷<br>正十二烷<br>2,6- 二甲基十一烷<br>4,8- 二甲基十一烷<br>4- 甲基十二烷<br>2,6,11- 三甲基十二烷<br>2,3,5,8- 四甲基癸烷<br>正十三烷<br>4- 乙基 -3- 壬烯 -5- 炔<br>2- 甲基辛二烯<br>正十四烷<br>正十六烷<br>正十七烷<br>2,6,10- 三甲基十六烷 | $\alpha$- 蒎烯<br>$\beta$- 蒎烯<br>柠檬烯<br>异丙基甲苯<br>月桂烯<br>$\gamma$- 松油烯<br>$\Delta^3$- 蒈烯<br>$\alpha$- 松油烯<br>(*E*) -$\beta$- 石竹烯 | 2- 辛烯<br>正癸烷<br>甲苯<br>乙苯<br>1,4- 二甲基苯<br>正十二烷<br>*d*- 柠檬烯<br>正丙基苯烯<br>间乙基甲苯<br>对乙基甲苯<br>邻乙基甲苯<br>1,2,4- 三甲基苯<br>正十三烷<br>1,2,3- 三甲基苯<br>正十四烷<br>正十五烷<br>正十六烷<br>石竹烯<br>正十七烷<br>正十八烷<br>正十九烷<br>正二十烷 |

### 20.4.1.2　酯类

酯类物质是醇与羧酸或无机含氧酸发生酯化反应生成的产物。广泛存在于我们日常生活当中，例如乙酸乙酯存在于酒、食醋和某些水果中；苯甲酸甲酯存在于丁香油中；水杨酸甲酯存在于冬青油中等。已经有研究表明，母乳中的感官活性挥发性脂肪酸及其酯类是导致母乳气味的主要因素（表 20-3）[3]。虽然母乳挥发性成分中酯类物质的比例也很低，但即使在很低的浓度下，酯类物质对食品风味也起着非常重要的作用，因为短链酯不仅在室温下有很强的挥发性，而且阈值也很低[4]。

**表 20-3　母乳中酯类挥发性化合物**

| 文献来源 | He 等 [4] | Shimoda 等 [3] | Andrea Buettner 等 [23] |
|---|---|---|---|
| 提取方法 | HS-SPME 提取，GC-MS 分析 | 改进的 SDE 法提取，GC-MS 分析 | PDMS Bar - 顶空采样 / 直接搅拌棒吸附提取，HRGC-O 分析 |
| 母乳挥发性成分中酯的种类 | 辛酸甲酯 | 乙酸乙酯 | $\gamma$- 壬内酯 |
| | (±)- 3- 羟基 -$\gamma$- 丁内酯 | 癸酸乙酯 | $\gamma$- 癸内酯 |
| | 癸酸甲酯 | 月桂酸甲酯 | $\delta$- 癸内酯 |
| | 癸酸乙酯 | 月桂酸乙酯 | |
| | 月桂酸甲酯 | 肉豆蔻酸甲酯 | |
| | 2- 庚酸己酯 | 棕榈酸甲酯 | |
| | 月桂酸乙酯 | | |
| | 癸酸正戊酯 | | |
| | 五甲基呋喃溴酸酯 | | |
| | 棕榈油酸甲酯 | | |
| | (7*E*,10*E*）-7,10- 十八烷酸甲酯 | | |
| | (10*E*）-10- 十八烯酸甲酯 | | |

## 20.4.1.3　醛类

羰基碳与氢和烃基相连的化合物称为醛（RCHO），在母乳挥发性成分中发现的醛类化合物会使母乳产生油性和醛性气味，因为醛类化合物在水相中的气味阈值极低（表 20-4）[3]。母乳中的脂质氧化过程中会产生醛类化合物，而挥发性成分中的醛类化合物通常来源于母乳中存在的脂肪酸的氧化，尤其是不饱和脂肪酸，它们更容易降解[24]。并且母乳挥发性组分中己醛的含量还可作为判断母乳氧化状态的可靠指标[25]。

**表 20-4　母乳中醛类挥发性化合物**

| 文献来源 | He 等 [4] | Shimoda 等 [3] | | Hausner 等 [6] |
|---|---|---|---|---|
| 提取方法 | HS-SPME 提取，GC-MS 分析 | 改进的 SDE 法提取，GC-MS 分析 | | 吹扫捕集法提取，GC-MS 分析 |
| 母乳挥发性成分中醛的种类 | 正戊醛 | 正戊烯醛 | (*E,Z*)- 2,6- 壬二烯醛 | 丁醛 |
| | 反 -2- 戊烯醛 | 正己醛 | 顺 -2- 癸醛 | 3- 甲基丁醛 |
| | 正己醛 | 反 -2- 戊烯醛 | (*E,Z*)- 2,4- 壬二烯醛 | 正戊醛 |
| | 2- 烯丙醛 | 正庚醛 | (*E,E*)- 2,4- 壬二烯醛 | 反 -2- 戊烯醛 |
| | 正庚醛 | 反 -2- 己烯醇 | 反 -2- 十一烯醛 | 正己醛 |
| | 反 -2- 己烯醇 | 反 -4- 庚烯醛 | 2,4- 癸二烯醛 | 反 -4- 己烯醛 |
| | 2- 己烯醛 | 正辛醛 | (*E,E*)- 2,4- 癸二烯醛 | 庚醛 |
| | 苯甲醛 | 顺 -4- 庚烯醛 | | (*E,E*)-2,4- 庚二烯醛 |
| | (*E,E*)-2,4- 庚二烯醛 | 反 -2- 庚烯醛 | | 正辛醛 |
| | 反 -2- 辛烯醛 | 正壬醛 | | 反 -2- 辛烯醛 |
| | 壬醛 | 顺 -2- 辛烯醛 | | 壬醛 |
| | 反 -2- 壬烯醛 | 反 -2- 辛烯醛 | | 反 -2- 壬烯醛 |
| | 癸醛 | (*E,Z*)-2,4- 庚二烯醛 | | 癸醛 |
| | (*E,E*)-2,4- 壬二烯醛 | (*E,E*)-2,4- 庚二烯醛 | | 反 -2- 癸烯醛 |
| | 反 -2- 癸烯醛 | 正癸醛 | | 十二醛 |
| | 反 -2,4- 癸二烯醛 | 反 -2- 壬烯醛 | | 苯甲醛 |
| | 2- 十一烯醛 | 顺 -2- 壬烯醛 | | 苯乙醛 |

### 20.4.1.4 酸类

有研究发现，母乳中挥发性组分中比例最高的化学类物质就是游离脂肪酸，它能够占到母乳总挥发性组分的84%，但其种类相对于其他化合物是比较少的（表20-5）[3]，这可能是由于母乳挥发性组分中酸类成分的挥发性比其他组分要小而导致的[7]。母乳挥发性组分中主要的酸类化合物是辛酸、癸酸和十二酸，这些化合物会在母乳中产生黄油、牛奶和稀奶油等气味，对母乳的整体香气具有很大贡献[3]。

**表 20-5 母乳中酸类挥发性化合物**

| 文献来源 | He 等[4] | | Shimoda 等[3] | Hausner 等[6] |
|---|---|---|---|---|
| 提取方法 | HS-SPME 提取，GC-MS 分析 | | 改进的 SDE 法提取，<br>GC-MS 分析 | 吹扫捕集法提取，<br>GC-MS 分析 |
| 母乳挥发性成分中酸的种类 | 乙酸<br>正己酸<br>辛酸<br>正壬酸<br>3-癸烯酸<br>9-癸烯酸<br>正癸酸<br>十一烷酸<br>月桂酸 | 肉豆蔻酸<br>棕榈油酸<br>棕榈酸<br>油酸 | 乙酸<br>丁酸<br>己酸<br>庚酸<br>辛酸<br>正壬酸<br>正癸酸<br>十一烷酸<br>月桂酸 | 乙酸<br>丁酸<br>正戊酸 |

### 20.4.1.5 醇类

醇，是脂肪烃、脂环烃或芳香烃侧链中的氢原子被羟基取代而成的化合物。母乳经过不同条件（高温、高压）的处理后，醇类化合物的含量保持不变，除了在HPP（超高压）600MPa下处理6min，母乳中的酒精含量比未处理组增加了30倍，这是因为绝大多数醇类化合物都来自脂质氧化，因此在此条件处理后它们的含量将与其他脂质衍生化合物（如醛）高水平一致（表20-6）[7]。人乳中酒精的总浓度大约是牛奶中的4倍，并且它们在母乳中具有相当高的气味阈值，因此它们对母乳气味影响不大[3]。

**表 20-6 母乳中醇类挥发性化合物**

| 文献来源 | He 等[4] | Shimoda 等[3] | Hausner 等[6] |
|---|---|---|---|
| 提取方法 | HS-SPME 提取，GC-MS 分析 | 改进的 SDE 法提取，<br>GC-MS 分析 | 吹扫捕集法提取，<br>GC-MS 分析 |
| 母乳挥发性成分中醇的种类 | DL-氨基丙醇<br>1-戊醇<br>糠醇<br>正己醇<br>2-乙基-4-甲基戊醇<br>1-辛烯-3-醇<br>反-2-庚烯-1-醇<br>4-乙基-1-辛炔-3-醇 | 2-丙醇<br>2-丁醇<br>正戊醇<br>反-2-戊烯醇<br>顺-2-戊烯醇<br>7-辛烯-4-醇<br>3-甲基己醇<br>2-乙基己醇 | 乙醇<br>1-丁醇<br>1-戊醇<br>1-戊烯-3-醇<br>1-己醇<br>2-乙基-1-己醇<br>1-庚醇<br>1-辛醇 |

续表

| 文献来源 | He 等[4] | Shimoda 等[3] | Hausner 等[6] |
|---|---|---|---|
| 母乳挥发性成分中醇的种类 | 2-乙基己醇<br>2-壬烯-1-醇<br>2-丁基-1-辛醇<br>3,5-辛二烯-2-醇<br>9-氧杂双环[6.1.0]壬烷-4-醇<br>2-苯基-2-丙醇<br>2,5-二甲基环己醇<br>苯氧乙醇 | 2-辛烯-1-醇<br>4,8-二甲基壬醇 | 1-辛烯-3-醇<br>1-十二烷醇 |

### 20.4.1.6 酮类

酮是天然存在于乳制品中的化合物，许多化学种类的酮被鉴定出来是不饱和游离脂肪酸中氢过氧化物的降解产物[26-28]。酮类化合物在母乳中的总浓度为 $22.1\times10^{-9}$，其中以3-辛酮、4-辛烯-3-酮等乙基酮为主，而母乳中的乙基酮被认为不太可能具有感官重要性（表20-7）。Contador 等[7]从母乳的挥发性成分中分离出了四种酮，其中2-壬酮和2-庚酮通常与花香和水果味存在联系[29]，并且其具有典型的气味和较低的感知阈值，对含有它们的产品的香气有显著贡献。

**表 20-7 母乳中酮类挥发性化合物**

| 文献来源 | He 等[4] | Shimoda 等[3] | | Hausner 等[6] |
|---|---|---|---|---|
| 提取方法 | HS-SPME 提取，GC-MS 分析 | 改进的 SDE 法提取，GC-MS 分析 | | 吹扫捕集法提取，GC-MS 分析 |
| 母乳挥发性成分中酮的种类 | 1-戊烯-3-酮<br>羟基丙酮<br>2-庚酮<br>二异丁基甲酮<br>1-辛烯-3-酮<br>2,3-辛二酮<br>3-辛酮<br>苯乙酮<br>3,5-辛二烯-2-酮<br>(3*E*,5*E*)-辛二烯-3,5-二烯-2-酮<br>双环[2.2.1]庚烷-2-酮 | 丙酮<br>2-丁酮<br>2,3-丁二酮<br>2-戊酮<br>2,3-戊二酮<br>2-庚酮<br>环戊酮<br>6-甲基-2-庚酮<br>3-辛酮<br>4-辛烯-3-酮<br>6-甲基-5-庚烯-2-酮<br>2-壬酮 | 3-辛烯-2-酮<br>薄荷酮<br>2-癸酮<br>3,5-辛二烯-2-酮<br>2-十一烷酮<br>2-十二烷酮<br>2-十三烷酮<br>2-十五烷酮<br>2-十七烷酮 | 2-丙酮<br>2-丁酮<br>2-戊酮<br>1-戊烯-3-酮<br>3-辛酮<br>1-辛烯-3-酮<br>3-辛烯-2-酮 |

### 20.4.1.7 其他

母乳挥发性组分中还包括胺、芳香族化合物、杂环化合物和其他没有检测出来的物质，它们可能来自母乳本身也可能来自外界环境污染（表20-8）。胺是指氨分子中的一个或多个氢原子被烃基取代后的产物，其广泛存在于生物界，具有极重要的生理活性或生物活性。芳香族化合物是一类具有芳环结构的化合物，它们的结构稳定且不易分解。母乳挥发性组分中芳香族化合物的含量较低[4]。杂环化合物是分子中含有杂环结构的有机化合物。构成环的原子除碳原子外，还至少含有一个氮、硫、氧、氮等杂原子。呋喃和吡喃是母乳挥发性成分中常见的杂环化合物。一般来说，这些化合物的形成与通过美拉德反应的活性碳水化合物降解有关。这种热降解产生的共轭化合物（还原素、呋喃衍生物、吡喃衍生物、环戊烯和其他化合物）是影响食物香气、味道和颜色的中间化合物或结果化合物。这些化合物在之前的研究中已经被鉴定出来[7]。

**表** 20-8　母乳中胺类、杂环类、芳香族类挥发性化合物

| 文献来源 | He 等[4] | | |
|---|---|---|---|
| 提取方法 | HS-SPME 提取，GC-MS 分析 | | |
| 母乳挥发性成分的种类 | 胺类 | 杂环化合物 | 芳香族化合物 |
| | *N*- 甲基 -2- 羟乙胺<br>1,3- 二甲基丁胺<br>4- 乙基苯甲酰胺 | 乙醇醛二聚体<br>甲氧基苯甲肟<br>2- 戊基呋喃<br>苯并噻唑<br>2-（苯甲基）咪唑啉 | 甲苯<br>间二甲苯<br>4- 异丙基甲苯<br>萘<br>1- 乙基 -2,4,5- 三甲基苯<br>5- 异丙基间二甲苯<br>1- 乙烯基 -1*H*- 茚<br>2,4- 二叔丁基苯酚<br>2,6- 二叔丁基 -4- 甲基苯酚 |

## 20.4.2　不同地区、不同阶段的差异

母乳是一种含有大量不同成分的混合液体，是婴儿生物学上最佳的食品[30]，而母乳中挥发性化合物是母乳完整性的一个重要指标，母乳中的挥发性化合物来源可能包括脂类氧化或酶降解产生的化合物（如脂肪酸、醛、酮、内酯）、氨基酸（如醛、杂环化合物）和碳水化合物（如吡喃酮、呋喃酮），以及来自血液的化合物和亲脂性环境污染物[31]。此外，一些有气味的化合物可能由乳腺或腺体合成和分泌[32]。事实上，母乳中存在的各种挥发性化合物在个体之间和个体内部都存在较大的定性和定量差异[21]。母乳的总体组成并不是一成不变的，在喂养过程中会发生变化，并受到各种其他因素的影响，包括乳母的生活环境、饮食习惯、生活习惯等，并且随着哺乳时间的不同（初乳、过渡乳和成熟乳）也会对母乳中的成分（包括挥发性成分）产生一定的影响[5]。

### 20.4.2.1　不同地区母乳挥发性组分的差异

母乳是一种成分十分复杂的液体，同时也是一个动态的系统，其中所含的成分

受多种内源性和外源性因素的影响[33]。母乳中所含的脂质、氨基酸、矿物质等均会随着乳母的饮食和所处的环境发生变化，其所含的挥发性物质在喂养过程中同样也会因为乳母的饮食和所处的环境而发生一定的变化。

Mennella等[34]进行了一系列研究确定了母亲的饮食会对母乳的气味特征和新生儿吮吸行为产生影响，他们发现乳母摄入乙醇、大蒜、胡萝卜和烟草后会改变母乳的挥发性风味成分。更多的研究也证实了这个观点，Scheffler等[35]发现，乳母食用3g生大蒜后2～3h检测到母乳中含有大蒜的气味。Kirsch等[36]研究乳母摄入主要成分为桉叶素的100mg非处方药大约2h后，母乳中出现了类似桉叶素的气味。但Sandgruber等[37]在对哺乳期乳母膳食补充鱼油的研究中发现，并没有气味转移到母乳中。上述研究说明不是所有的食物都会通过膳食而影响母乳中的挥发性成分，未来还需要进一步分析研究乳母膳食中风味成分的代谢转移。

He等[5]收集了来自中国武汉（内陆河流城市）、青岛（沿海城市）、呼和浩特（内陆草原地区）三个地区60位母亲的初乳和成熟乳共120份母乳样本，采用HS-SPME法提取，并通过GC-MS法鉴定发现不同地区母乳样品中所含的挥发性成分的种类和含量不尽相同。初乳中来自呼和浩特的母乳样本与其他地区的母乳样本相比，各类挥发性化合物含量都普遍偏高；成熟乳中来自武汉的母乳样本中酸类、胺类、杂环类化合物含量高于其他地区母乳样本；来自青岛的母乳样本中芳香族化合物高于其他地区母乳样本，并且未检测到胺类化合物；来自呼和浩特的母乳样本中醛类、烃类、酯类、醇类化合物高于其他地区母乳样本。Muelbert等[38]通过顶空固相微萃取气相色谱-质谱联用（SPME-GC-MS）对不同种族高加索/欧洲人、亚洲人（亚洲、东南亚和印度大陆）、岛民（南西太平洋）、毛利人（新西兰毛利人）和其他（未在上述类别中定义的种族）共170名母亲中的400份母乳样本的挥发性化合物进行分析，发现与来自岛民的母乳样本相比，来自欧洲人的母乳样本中邻-异丙基苯、辛酸和癸酸甲酯的相对浓度更高($P<0.01$)，而来自岛民的母乳样本中戊烷的相对浓度显著高于毛利人和亚洲人的母乳样本($P<0.01$)。这可能是由于乳母生活的环境和饮食习惯等因素共同作用所致。

#### 20.4.2.2 不同泌乳阶段母乳中的挥发性成分的差异

母乳在哺乳过程中，会根据婴儿生长的每个阶段发生变化，不断地调整来适应婴儿的生长发育要求，所以不同时期的母乳所含有的营养物质成分及比例是不同的，而其中所含的挥发性物质同样也会随着哺乳期的变化而产生一定的变化[39]。

He等[5]将中国湖南省13位母亲的初乳、过渡乳和成熟乳共39份母乳样品通过HS-SPME法提取，并通过GC-MS法共鉴定出五大类24种挥发性化合物，其中烃类5种、酸类4种、醛类2种、芳香族2种、酯类14种。通过实验结果发现在哺乳期的三个阶段中，醛类、烃类和芳香族化合物含量均较低，其在过渡期母乳中含量最低。与初乳中的挥发性化合物相比，过渡乳中的癸酸、辛酸甲酯、3,3-二甲基己烷、油酸甲酯、十六烷、(9*E*)-9- 十六烯酸、癸醛和庚烷这 8 种挥发性成分含量明显上升。成熟乳中的十二酸、月桂酸甲酯、癸酸甲酯、辛酸甲酯和油酸甲酯这 5 种挥发性成分含量也明显上升。与过渡乳中的挥发性化合物相比，成熟乳中的癸醛、3,3- 二甲基己烷、(9*E*)-9- 十六烯酸、1,3- 二叔丁基苯和辛酸甲酯这 5 种挥发性成分含量明显下降。在不同泌乳期母乳的风味成分也有所不同，癸酸是过渡乳中一种重要的风味成分（嗅觉阈值 OAV>1），而成熟乳中重要的风味成分是十二酸和癸酸（OAV>1）。

Muelbert 等 [38] 使用固相微萃取与气相色谱 - 质谱联用，分析了从不同种族的 170 名早产儿母亲收集的 400 份母乳样品中的挥发性化合物（挥发性化合物在早产儿母乳中的分布与妊娠时间无相关性）。在初乳阶段（从出生后第 3 ～ 5 天），辛酸甲酯 ($P<0.001$)、癸酸甲酯 ($P<0.001$) 和邻 - 异丙基等苯 ($P<0.01$) 的相对浓度显著增加。在过渡乳阶段（出生后第 10 天收集的样本），3- 甲基丁醛 ($P<0.01$)、十二酸甲酯 ($P<0.05$) 和 1- 庚烯 -3- 酮 ($P<0.05$) 浓度显著高于成熟乳（4 个月样本）。相比之下，成熟乳中丁酸甲酯 ($P<0.001$)、己酸甲酯 ($P<0.001$)、3- 甲基戊酸 ($P<0.01$)、己酸 ($P<0.001$)、己醛 ($P<0.01$) 和桉油醇 ($P<0.05$) 的相对浓度显著高于初乳和过渡乳样品。

### 20.4.2.3 母乳与婴幼儿配方乳粉挥发性组分的比较

母乳是婴儿生命最初阶段所需要营养的第一和唯一的食物来源，但一些母亲可能因为某些特殊原因而不能进行母乳喂养，这时婴幼儿配方乳粉就成为目前母乳的最佳替代品 [40]。国内婴幼儿乳粉的发展集中在营养细化组分的母乳化，如脂肪、蛋白质的含量和结构母乳化，除单个营养素含量母乳化外，营养素的结构和组成比例等也逐渐进行母乳化，参考 GB 10765—2021《食品安全国家标准　婴儿配方食品》，添加各种生物活性成分，使其含量更接近母乳，但母乳中的挥发性化合物的组成与婴幼儿配方乳粉仍有很大的不同 [41]。

He 等 [5] 采用 SPME-GC-MS 测定不同品牌、阶段和原产国婴幼儿配方乳粉中的挥发性化合物发现就化合物数量而言，母乳中挥发性化合物更加复杂，鉴定出了 122 个挥发性化合物，而婴幼儿配方乳粉则相对简单，鉴定出了 57 个挥发性化合物。这可能主要因为两方面的因素，一方面是母乳中的挥发物主要来自母亲饮食的代谢转移，随着社会经济水平的提高，母亲饮食的变化越来越大，导致母乳中挥发性化合物的增加。另一方面是婴幼儿配方乳粉现在主要采用干湿复合的加工工艺，减少了热处理对婴幼儿配方乳粉中的挥发性成分的影响。在相对含量方面，酸类化合物是母乳中最重要的成分，而醛类化合物在婴幼儿配方乳粉中含量最高。母乳和婴儿配方乳粉之间挥发性化合物的差异主要与配方乳粉的热处理以及母乳中萜烯的变化比婴幼儿配方乳粉更大有关。值得注意的是，在婴幼儿配方乳粉中没有检测到酯类物质。婴幼儿配方乳粉中最丰富的有益物质是醛类，而母乳中主要是酸类、醛类、碳氢化合物和酮类。

Hausner[6] 等采用吹扫捕集法结合 GC-MS 分析了母乳和不同品牌婴幼儿配方乳粉中挥发性化合物。母乳中鉴定出了 54 种挥发性化合物，包含了醛（17 种）、萜烯（15 种）、醇（10 种）、酮（7 种）以及 3 种脂肪酸和 2 种呋喃。11 种不同品牌的配方乳粉中共检测到 46 种挥发性化合物，包含了醛（17 种）、酮（8 种）、醇（8 种）、萜烯（5 种）、脂肪酸（2 种）、呋喃（2 种）以及 1 种萜类和 3 种硫化物。其中萜烯类只在母乳中被鉴定出来，并且在样品母乳中萜烯的含量也存在差异，而这些差异被认为与乳母的环境暴露有关，因为萜烯只能在植物和微生物中合成，人体内不能自行产生，所以这类化合物可能来自乳母的饮食或者其他类型的暴露。而一些脂质衍生的化合物只在婴幼儿配方乳粉中被鉴定出来，这类挥发性化合物是婴幼儿配方乳粉加工过程中发生一定程度的脂质氧化而产生的。此外，还发现一些与热处理相关的挥发性化合物，如硫化物、甲基磷酸（蛋氨酸的热降解物）和 2- 糠醛（单糖的热降解物）仅在婴幼儿配方乳粉中被鉴定出来。母乳和婴幼儿配方乳粉中挥发性成分种类和相对含量比较见表 20-9。

**表 20-9　母乳和婴幼儿配方乳粉中挥发性成分种类和相对含量比较**

| 挥发性成分 | 母乳[4] | | 母乳[3] | | 婴幼儿配方乳粉[4] | |
|---|---|---|---|---|---|---|
| | 种类 | 相对含量 /% | 种类 | 相对含量 /% | 种类 | 相对含量 /% |
| 醇类 | 16 | 3.56 | 9 | 1.07 | 13 | 9.29 |
| 胺类 | 3 | 0.15 | — | — | — | — |
| 烃类 | 36 | 10.51 | 18 | 2.83 | 12 | 2.66 |
| 酸类 | 13 | 60.36 | 6 | 83.85 | 1 | 0.50 |
| 酮类 | 11 | 1.77 | 13 | 1.32 | 4 | 1.95 |
| 醛类 | 17 | 17.27 | 24 | 9.68 | 24 | 80.94 |
| 芳香族 | 9 | 2.40 | — | — | 1 | 3.09 |
| 酯类 | 12 | 0.56 | 8 | 1.11 | — | — |
| 杂环类 | 5 | 3.42 | — | — | 2 | 1.57 |
| 杂项 | — | — | 6 | 0.14 | — | — |
| 总计 | 122 | 100 | 84 | 100 | 57 | 100 |

## 20.5　展望

母乳挥发性成分的研究目前还需进一步深入，包括对挥发性成分定性定量方法的研究、在乳母体内的产生途径、具体的功能特性、生物学意义以及各种体内外影响因素等。

### 20.5.1 提取测定方法学

关于母乳挥发性成分的提取方法很多，但目前采用不同方法提取到的挥发性成分是不同的，尚无技术能够将其全面且准确地检测出来，而且不同的研究使用不同的提取测定方法得到的结果也有较大的差异，从而导致对结果的解释也不同。

### 20.5.2 泌乳阶段的变化

目前母乳中挥发性成分研究大多数集中在与婴幼儿配方乳粉中挥发性成分的比较，对国内不同地区、国内外不同地区、不同泌乳阶段母乳中挥发性成分的具体研究和比较还有待深入探索。

### 20.5.3 乳母膳食的影响

乳母的膳食和外界环境都会对母乳中挥发性成分产生影响，且挥发性成分很大程度上决定着母乳的风味，而母乳的风味会很大程度上影响婴儿对新食品的接受程度，其中具体的影响关系还有待深入研究。

### 20.5.4 代表性母乳成分的研究

由于获取代表性母乳样本取样困难，需进一步提高母乳挥发性成分检测的灵敏度、准确度、检测限和降低取样量以减少损耗；同时还需要深入研究母乳挥发性成分的来源以及对喂养儿食物喜好 / 习惯养成的影响。

通过解决上述问题，将有助于我们更好地研究母乳中挥发性成分的组成、含量、比例和生理功能等。同时也有助于为婴幼儿配方乳粉品质提升提供更好的参考，使奶瓶喂养的婴幼儿体验更加丰富的风味，从而提高婴幼儿对新食物的接受度，更加健康地成长。

（李静，邓泽元）

**参考文献**

[1] Martin C R, Ling P-R, Blackburn G L. Review of infant feeding: key features of breast milk and infant formula. Nutrients, 2016, 8(5): 279.

[2] Birch L L. Acquisition of food preferences and eating patterns in children//Eating disorders and obesity: a comprehensive handbook. New York: Guilford Press, 2002: 75-79.

[3] Shimoda M, Yoshimura T, Ishikawa H, et al. Volatile compounds of human milk. J Fac Agric Kyushu Univ, 2000, 45(1): 199-206.

[4] He Y, Chen L, Zheng L, et al. A comparative study of volatile compounds in breast milk and infant formula

from different brands, countries of origin, and stages. European Food Research and Technology, 2022, 248(11): 2679-2694.
[5] He Y, Zhong J, Kang W, et al. Comparative analysis of the main volatile compounds of Chinese breast milk in different stages of lactation. Food science and Biotechnology, 2023, 32(7): 903-909.
[6] Hausner H, Philipsen M, Skov T H, et al. Characterization of the volatile composition and variations between infant formulas and mother's milk. Chemosensory Perception, 2009, 2(2): 79-93.
[7] Contador R, Delgado F J, García-Parra J, et al. Volatile profile of breast milk subjected to high-pressure processing or thermal treatment. Food Chemistry, 2015, 180:17-24.
[8] Marlier L, Schaal B. Human newborns prefer human milk: conspecific milk odor is attractive without postnatal exposure. Child development, 2005, 76(1): 155-168.
[9] Loos H M, Reger D, Schaal B. The odour of human milk: its chemical variability and detection by newborns. Physiology & behavior, 2019, 199:88-99.
[10] Klaey-Tassone M, Durand K, Damon F, et al. Human neonates prefer colostrum to mature milk: evidence for an olfactory bias toward the "initial milk"? American Journal of Human Biology, 2021, 33(5): e23521.
[11] 揭良，贾宏信，陈文亮，等．母乳和婴幼儿配方乳粉气味研究进展．乳业科学与技术，2022.1:61-66.
[12] Costa R, Dugo P, Nondello L. 4.03 - Sampling and sample preparation techniques for the determination of the volatile components of milk and dairy products. Comprehensive Sampling and Sample Preparation, 2012, 4:43-59.
[13] 艾对，张富新，于玲玲，等．同时蒸馏萃取法和固相微萃取法提取羊奶粉挥发性风味物质．食品工业科技，2015, 36(8): 49-52.
[14] Kataoka H, Lord H L, Pawliszyn J. Applications of solid-phase microextraction in food analysis. J Chromatogr A, 2000, 880(1-2): 35-62.
[15] 刘源，周光宏，徐幸莲．固相微萃取及其在食品分析中的应用．食品与发酵工业，2003, 29(7): 83-87.
[16] 艾对．羊奶中挥发性物质与膻味关系的研究 [D]. 西安：陕西师范大学，2015.
[17] Le Roy S, Fillonneau C, Schaal B, et al. Comparative investigation of conventional and innovative headspace extraction methods to explore the volatile content of human milk. Molecules, 2022, 27(16): 5299.
[18] Contarini G, Povolo M. Volatile fraction of milk: comparison between purge and trap and solid phase microextraction techniques. Journal of Agricultural and Food Chemistry, 2002, 50(25): 7350-7355.
[19] Blount B C, McElprang D O, Chambers D M, et al. Methodology for collecting, storing, and analyzing human milk for volatile organic compounds. Journal of Environmental Monitoring, 2010, 12(6): 1265-1273.
[20] 刘南南，郑福平，张玉玉，等．SAFE-GC-MS 分析酸牛奶挥发性成分．食品科学，2014, 35(22): 150-153.
[21] de Lacy Costello B, Amann A, Al-Kateb H, et al. A review of the volatiles from the healthy human body. Journal of breath research, 2014, 8(1): 014001.
[22] 陈晓水，侯宏卫，边照阳，等．气相色谱 - 串联质谱 (GC-MS/MS) 的应用研究进展．质谱学报，2013, 34(5): 308-320.
[23] Buettner A. A selective and sensitive approach to characterize odour—active and volatile constituents in small - scale human milk samples. Flavour and Fragrance Journal, 2007, 22(6): 465-473.
[24] Vazquez-Landaverde P A, Torres J A, Qian M C. Effect of high-pressure-moderate-temperature processing on the volatile profile of milk. Journal of Agricultural and Food chemistry, 2006, 54(24): 9184-9192.
[25] Elisia I, Kitts D D. Quantification of hexanal as an index of lipid oxidation in human milk and association with antioxidant components. J Clin Biochem Nutr, 2011,49(3):147-152.
[26] Hawke J. Section D. Dairy chemistry. The formation and metabolism of methyl ketones and related

compounds. Journal of Dairy Research, 1966, 33(2): 225-243.
[27] Dartey C K, Kinsella J E. Rate of formation of methyl ketones during blue cheese ripening. Journal of Agricultural and Food Chemistry, 1971, 19(4): 771-774.
[28] Forss D A. Mechanisms of formation of aroma compounds in milk and milk products. Journal of Dairy Research, 1979, 46(4): 691-706.
[29] Curioni P, Bosset J. Key odorants in various cheese types as determined by gas chromatography-olfactometry. International Dairy Journal, 2002, 12(12): 959-984.
[30] 刘喜红 . 母乳喂养的研究进展 . 中国当代儿科杂志 , 2016, 18(10): 921-925.
[31] Shibamoto T, Mihara S, Nishimura O, et al. Flavor volatiles formed by heated milk// Charalambous G. The analysis and control of less desirable flavors in foods and beverages. New York: Academic press, 1980: 241-265.
[32] Schaal B, Doucet S, Soussignan R, et al. The human breast as a scent organ: exocrine structures, secretions, volatile components, and possible functions in breastfeeding interactions. In: Chemical Signals in Vertebrates 11: Springer; 2008:325-335.
[33] Miller E M, Aiello M O, Fujita M, et al. Field and laboratory methods in human milk research. American Journal of Human Biology, 2013, 25(1): 1-11.
[34] Mennella J A, Beauchamp G K. The effects of repeated exposure to garlic-flavored milk on the nursling's behavior. Pediatric Research, 1993, 34(6): 805-808.
[35] Scheffler L, Sauermann Y, Zeh G, et al. Detection of volatile metabolites of garlic in human breast milk. Metabolites, 2016, 6(2): 18.
[36] Kirsch F, Horst K, Röhrig W, et al. Tracing metabolite profiles in human milk: studies on the odorant 1, 8-cineole transferred into breast milk after oral intake. Metabolomics, 2013, 9(2): 483-496.
[37] Sandgruber S, Much D, Amann-Gassner U, et al. Sensory and molecular characterisation of human milk odour profiles after maternal fish oil supplementation during pregnancy and breastfeeding. Food chemistry, 2011, 128(2): 485-494.
[38] Muelbert M, Galante L, Alexander T, et al. Odor-active volatile compounds in preterm breastmilk. Pediatric research, 2022, 91(6): 1493-1504.
[39] Spitzer J, Buettner A. Characterization of aroma changes in human milk during storage at −19 ℃ . Food chemistry, 2010, 120(1): 240-246.
[40] Lönnerdal B. Infant formula and infant nutrition: bioactive proteins of human milk and implications for composition of infant formulas. Am J Clin Nutr, 2014, 99(3): S712-S717.
[41] 揭良 , 苏米亚 , 贾宏信 , 等 . 婴幼儿配方乳粉脂质母乳化研究进展 . 乳业科学与技术 , 2020, 43(3): 45-49.

# 母乳成分特征

Composition Characteristics of Human Milk

# 第 21 章

# 母乳中反式脂肪酸

近 40 年来，我国居民的膳食结构“西方化”趋势明显，含反式脂肪酸（trans fatty acids, TFA）的食物如蛋糕、饼干、薯条和爆米花加工食品等，也不乏在孕妇和乳母的膳食中出现，将会使胎儿（可通过胎盘）和婴儿（经母乳）暴露于 TFA[1,2]，因此膳食反式脂肪酸（TFA）对健康影响越来越受到关注。流行病学调查结果显示，同样食量情况下，膳食中 TFA 含量越高，诱发血栓形成、动脉粥样硬化、冠心病和脑功能衰退等风险越高[3,4]。生命早期营养状况在一定程度上决定了后期的健康，生命早期的不合理膳食将会增加后期患慢性非感染性疾病的风险[5,6]。

母乳是婴儿的理想食品。然而随着人们生活方式改变，膳食结构发生了巨大改变，洋快餐过度加工食品成为一些年轻人的主要食物，其中存在的 TFA 是否会通过母乳进入婴儿体内，对母婴健康产生近期和远期影响已经引起越来越多的关注。

## 21.1 母乳反式脂肪酸定义、分类及来源

### 21.1.1 母乳反式脂肪酸定义

TFA 是一类分子中含一个或多个反式构型双键的非共轭不饱和脂肪酸。与顺式脂肪酸的区别在于碳碳双键的空间结构，即 TFA 的碳双键上 2 个碳原子所结合的氢原子分别位于双键两侧，空间构象呈线形，包括单不饱和和多不饱和 TFA；天然脂肪酸中的双键多为顺式，氢原子位于碳链双键的同侧[7]。人们日常膳食中 TFA 主要来源于工业中植物油的氢化过程，少数来自反刍动物肠道微生物的生物氢化过程。

### 21.1.2 母乳反式脂肪酸分类

根据碳原子数目可将 TFA 分为十六碳、十八碳和二十碳等；也可根据双键数目分为反式单烯酸和反式双烯酸等。根据反式双键的位置异构可进一步区分，如十八碳单烯酸可细分为 8*t*-9*t*-、11*t*-、12*t*-C18:1 等。

### 21.1.3 母乳反式脂肪酸来源

在自然界中，很多不饱和脂肪酸受到外界条件的影响，会转化成反式构象，形成反式脂肪酸。根据来源可将 TFA 分为天然反式脂肪酸（ruminant trans fatty acids，rTFA）和工业反式脂肪酸（industrial trans fatty acid，iTFA）；少数 TFA 来自反刍动物肠道微生物的生物氢化作用，现实生活中大多数 TFA 是经油脂的精炼与加工产生的。

#### 21.1.3.1 天然型TFA

该种类型来自反刍动物（如牛、羊等）的脂肪组织及其乳脂。反刍动物 rTFA 是由反刍动物（如牛、羊、骆驼等）瘤胃中酸弧菌属菌群与饲料中存在的多不饱和脂肪酸（主要是亚油酸和 *α*- 亚麻酸）发生酶促生物氢化反应产生的，使这些肉类制品和乳制品中含有 TFA，一般含量非常少，其含量的多少因季节、动物品种等会有较大差异。

#### 21.1.3.2 氢化加工的植物油脂产生的工业TFA

生物氢化作用将不饱和脂肪酸转化为饱和度较高的终产物，在该种反应过程中，会产生大量 TFA。工业加氢使植物油饱和度增加，具有很好的可塑性和口感，能延长产品保质期，这使得 iTFA 在加工食品中比较常见。工业化生产的食

品中主要 TFA 是反油酸（elaidic acid，C18:1n9*t*）和反亚麻酸（linolelaidic acid，C18:2*n*9*c* *n*11*t*）[8,9]。

### 21.1.3.3　油脂精炼的脱臭工艺

在油脂精炼过程中，也会产生 TFA。油脂精炼，主要是清除植物油中存在的色素、异味、磷脂等杂质，脱臭的阶段会产生 TFA。在天然的植物油中，其基本只含有顺式不饱和脂肪酸，TFA 的含量非常低。脱臭过程可使其中的不饱和脂肪酸发生异构化，从而增加 TFA 的含量。

### 21.1.3.4　不当的膳食或烹调方法

TFA 存在于植物性奶油、奶茶、方便面、马铃薯片、冰激凌、沙拉酱、饼干、薯条、爆米花及其他氢化油加工食品。加工过程中很多食品会产生较多的TFA，例如油饼、炸鸡、人造奶油、冰激凌等食品，其 TFA 的含量均较高；油煎炸食品过程会使加工后产品中的 TFA 含量显著增加。

## 21.2　反式脂肪酸的危害

目前通常认为人体内不能合成 TFA，因此母乳中发现的 TFA 的唯一来源是母亲经膳食摄入[10]。如果孕妇或乳母摄入过量的 TFA，其会经过胎盘或母乳的途径，将反式脂肪酸传递给胎儿和婴幼儿，影响胎儿和婴幼儿的中枢神经系统发育。有研究结果观察到，通过日常膳食摄取过量的 TFA，将会影响胎儿发育[11]，增加发生先兆子痫和流产风险[12,13]，影响孕妇和乳母的血脂成分及母乳的乳脂组分[14,15]，包括降低母乳必需脂肪酸（LA 和 ALA）的含量以及早产儿乳母的初乳和成熟乳中总必需脂肪酸、*n*-6 系列多不饱和脂肪酸含量[16-18]，影响母乳喂养儿的神经系统发育[19]。上述结果提示，TFA 可通过胎盘和母乳影响胎儿和婴幼儿的健康，对儿童的危害较大[20-22]。因此，很多国家为了保障人们的健康，通过立法规定严格限制 TFA 在食品中的应用。

### 21.2.1　对母乳必需脂肪酸（EFA）的影响

EFA，特别是亚油酸（LA，C18:2*n*-6）和 *α*- 亚麻酸（ALA，C18:3*n*-3），是体内合成长链多不饱和脂肪酸（LC-PUFA）的前体。其中二十二碳六烯酸（DHA，C22:6*n*-3）和花生四烯酸（ARA，C20:4*n*-6）两种 LC-PUFA 对婴儿的大脑、视觉和认知发育有重要影响[21,23]。摄取 TFA 含量高的膳食可影响孕产妇体脂成分和母乳脂质组分，进一步通过胎盘影响胎儿或经母乳影响婴幼儿健康。

### 21.2.1.1 动物实验

动物模型实验结果提示，TFA 可能会损伤哺乳期母鼠乳腺的脂肪合成功能，使脂肪生成酶的活性下降，乳腺脂肪生成率下降 [24,25]，乳腺中脂蛋白脂酶活性增加，乳腺脂肪含量增加，但 EFA 含量下降。即使提供充足的 EFA，摄入大量 TFA 仍会影响大鼠母乳中 EFA 的浓度 [26]；母乳中 TFA 含量与摄入量直接相关，用 TFA 同分异构体喂饲的大鼠，母乳中 LA 浓度升高，给予高浓度 TFA 组乳中 ALA 含量比例（*n*-6/*n*-3）降低，顺式 PUFA 比值升高。

### 21.2.1.2 人群调查

流行病学调查结果显示，TFA 可降低母乳中 LA、ALA 的含量 [17]，早产儿母亲初乳和成熟乳中总 EFA、*n*-6 系列 PUFA 的含量，其中 C18:1*t* 和 C18:2*t* TFA 还会降低母乳中 ARA 和 DHA 含量 [22]。TFA 升高可降低母乳中 *n*-3 和 *n*-6 系列 EFA 含量，而且 ARA 和 DHA 浓度与其前体脂肪酸无关联，无法通过增加母亲膳食 LA 和 ALA 的摄入量，达到增加母乳中 *n*-6 和 *n*-3 系列 $C_{20}$ ～ $C_{22}$ 多不饱和脂肪酸含量的目的 [17]，体内较高的 TFA 会干扰或抑制亚油酸和 $\alpha$- 亚麻酸的去饱和（体内由必需脂肪酸通过碳链延长和脱饱和作用合成长链多不饱和脂肪酸的过程）[23]，将会降低内源性合成的 ARA 和 DHA 的量。

## 21.2.2 影响宫内生长发育

### 21.2.2.1 影响胎儿生长

研究显示，婴儿出生身长、头围与脐血、脐动脉壁或脐静脉壁磷脂中 C18:1*t* 含量呈负相关，出生体重与孕早期母体血磷脂中 C18:1*t* 含量呈负相关 [27]。当孕早期母体 *n*-3 系列脂肪酸中某些脂肪酸和 C20:3 *n*-6（ARA 的前体）含量偏低，而其他的 *n*-6 系列脂肪酸和主要膳食 TFA（9*t*-C18:1）高含量时，会引起出生体重下降、分娩小于胎龄儿的风险增加，说明孕早期有害的母体脂肪酸谱会影响胎儿生长 [11]。但在孕中期，母亲摄入过多的 TFA，特别是 C16:1*t* 和 C18:2*tc*，则会导致胎儿生长过快 [28]。

### 21.2.2.2 流产

动物实验表明，氧化物酶体增殖物激活受体 -γ（PPAR-γ），受体 -γ 在胎盘功能中起重要作用，但 TFA 可抑制 PPAR-γ 基因 mRNA 的表达而影响胎盘功能 [29]。人群回顾性研究观察到 [13]，TFA 占总能量的百分比与流产曲线呈独立正相关，其平方值每增加 1 个单位，流产的风险增加 1.106 倍，因此认为 TFA 可能是流产的可逆性危险因素。TFA 还会增加先兆子痫风险，特别是双不饱和 TFA[12]；9*c*,12*t*-C18:2 *n*-6 含量高的孕妇，发生先兆子痫风险是含量低的 3 倍；9*t*,12*c*-C18:2 *n*-6 含量高的孕妇，发生先兆子痫的风险是含量低的 3.32 倍，单不饱和 TFA 与发生先兆子痫的风险程度虽然相关性较低，但是也呈正相关关系。

### 21.2.3 影响婴儿生长发育

发生轻度神经功能紊乱的婴儿脐静脉壁磷脂中 C18:2*t* 含量高于正常组，脐静脉总 TFA 和十八碳 TFA 含量均与神经最优得分呈显著负相关，母乳中 TFA 含量高而 DHA 含量低的婴儿 18 月龄时神经发育较差 [19]。动物实验结果显示，大鼠早期（宫内期）暴露于富含 TFA 的氢化植物油，幼鼠肝脂肪蓄积量升高，成年后肝体指数（肝重 / 体重）和空腹血糖浓度升高 [30]；子代幼鼠下丘脑炎症，饱食感应功能受损，导致有害的代谢损害（如肥胖），子代成年后下丘脑摄食机制受到影响 [31]；值得注意的是：即使去除病因（子代不再摄入 TFA），其产生的有害效应仍将持续 [32]。幼鼠的高胰岛素血症和血脂异常可能是由于 TFA 上调脂肪组织中抵抗素的 mRNA 水平，下调 PPAR-γ 浓度，从而降低了脂肪组织对胰岛素的敏感性 [29]，使血清甘油三酯和胆固醇含量增加，白色脂肪组织中纤溶酶原激活物抑制剂 -1（PAI-1）和肿瘤坏死因子 -α（TNF-α）的基因表达增强，体脂含量增加，同时血中瘦素和脂联素含量下降，脂联素基因表达减弱 [33]，脂联素受体 -1（Adipo R1）蛋白的表达下降，使腹膜后白色脂肪组织中肿瘤坏死因子受体相关因子 -6（TRAF-6）蛋白的表达增强 [34]。

上述动物实验结果值得关注和深入研究，因为涉及伦理问题，难以在婴幼儿中开展相关研究。李刚等 [35] 使用小鼠孕期暴露量低剂量 TFA 组（占供能比 4%）和高剂量 TFA( 占供能比 8%) 的模型试验结果显示，从生命早期到成年仔鼠摄入高剂量 TFA 通过诱导脂质过氧化，引起氧化应激（肝组织中超氧化物歧化酶和过氧化氢酶的活性），影响肝组织结构，导致肝损伤，提示 TFA 可通过胎盘屏障和通过乳汁影响子代健康 [36]。

### 21.2.4 其他危害

美国的研究发现，如果女性每天摄入食物总能量的 2% 来自于 TFA，那么这些人因排卵减少而导致不孕的概率将比一般人高 70% 以上，可能是 TFA 引起胰岛素水平不正常而导致不孕 [37]。Anderson 等 [38] 的调查结果显示，母亲 TFA 摄入量≥ 4.5g/d，其体脂含量≥ 30% 的风险是 TFA 摄入量 <4.5g/d 者的 5.81 倍，其婴儿体脂含量≥ 24% 的风险则是后者的 2.31 倍。研究表明，母亲营养中 TFA 可能与产后初期母亲和婴儿的体成分有关：母亲孕期摄入含 TFA 较多的炸鱼排，儿童发生哮喘的风险增加 [39]。

## 21.3 母乳中反式脂肪酸含量

### 21.3.1 中国关于母乳中反式脂肪酸含量的研究

迄今，我国关于母乳中 TFA 含量的文献报道甚少。Li 等[40] 曾于 2009 年测定了 5 个地区共 97 例（广州、上海、南昌各 25 人，哈尔滨和呼和浩特各 11 人）母乳中 TFA 和其他脂肪酸的含量，所有的母乳样品中都含有少量反式单不饱和脂肪酸（monounsaturated fatty acid，MUFA），含量范围 0.15% ～ 1.32%；南部（广州）和中部（南昌）地区母乳中反式 -C18:1 异构体占反式 MUFA 总量的 96% 以上，北部城市（哈尔滨和呼和浩特）略低些（85% ～ 96%）；总 TFA 含量和反式 -C18:1 异构体分布均存在显著的区域差异，北方城市呼和浩特和哈尔滨母乳的总反式比明显低于其他城市，如图 21-1 所示。

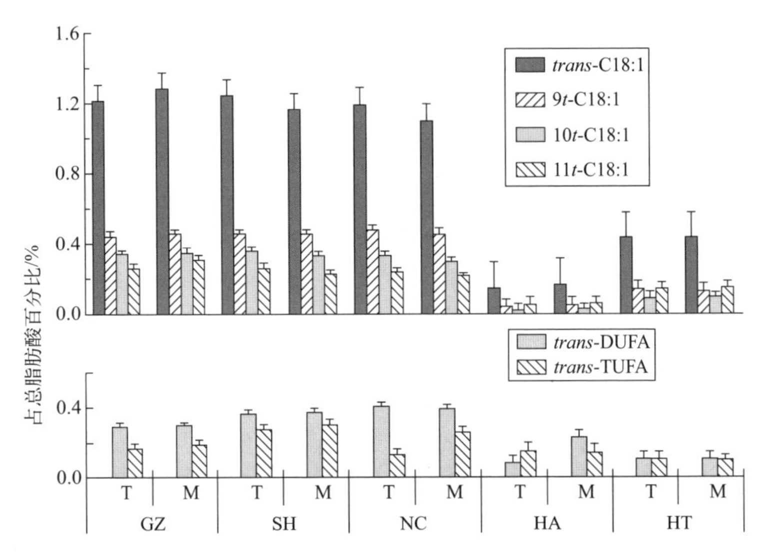


**图** 21-1 中国 5 城市过渡乳（T）和成熟母乳（M）中反式 -C18:1 和选择的反式 -C18:1 异构体总含量（占总脂肪酸百分比）[40]

GZ—广州；SH—上海；NC—南昌；HA—哈尔滨；HT—呼和浩特

图的下部分显示来自相同母乳样品中含有双不饱和脂肪酸（DUFA）和三不饱和脂肪酸（TUFA）的单反式脂肪酸（TUFA）的总含量

南方和中部地区母乳中 TFA 含量高于北方；但是 TFA 膳食摄入的来源不是十分明确。调查的受试乳母中有 8 位广州乳母和另外其他地方 4 位乳母（3 位南昌和 1 位上海）的乳汁中 TFA 含量较高（2.06% ～ 3.96%），其中广州乳母的膳食调查结果显示其曾食用饼干，随后对饼干样品的分析结果显示 TFA 占总脂肪酸的比例高达 20.1%，提示该产品是 TFA 的可能来源。

同时，在上述母乳样品中还检测到含有一个反式双键的双不饱和脂肪酸（DUFA，主要是 9*c*,12*t*- 和 9*t*,12*c*-C18:2）和三不饱和脂肪酸（TUFA，主要是 9*t*,12*c*,15*c*-、9*c*,12*c*,15*t*- 和 9*c*,12*t*,15*c*-C18:3）。北方两个城市母乳中这些异构体的含量低于南部和中部城市的母乳样本。双不饱和异构体和三不饱和异构体的分布也同样存在差异，例如，南部和中部地区，DUFA 主要来自亚油酸，而两个北部城市的 DUFA 和 TUFA 的分布大致相似。

## 21.3.2 国外反式脂肪酸相关研究

根据最近 Aumeistere 等[41] 汇总的几个国家已发表的数据（表 21-2），欧美国家母乳中 TFA 含量均较高，其中以美国母乳中的总 TFA 含量（占总脂肪酸）最高（7.00%±2.30%，范围 2.5% ～ 13.8%），其中 $\Delta^9$-12*t* 是最丰富的异构体[42]，与这些国家居民长期消费较多的工业化加工食品（如焙烤食品和面包）、零食、快餐食品和甜点（人造奶油和起酥油）等有关。与表 21-1 中几个欧美国家的母乳相比，Li 等[40]（2009 年）报告的我国五城市母乳中 TFA 的含量处于相对较低水平。

**表** 21-1　来自不同国家的母乳中反式脂肪酸水平①（占总脂肪酸百分比）　　单位：%

| 反式脂肪酸 | 拉脱维亚（*n*=70） | 荷兰（*n*=186） | 德国（*n*=40） | 希腊（*n*=127） | 美国（*n*=81） |
|---|---|---|---|---|---|
| 反油酸（elaidic acid） | 0.50±0.40 | 0.61±0.27 | 0.34±0.14 | 0.57±0.38 | 0.65±0.25 |
| 反异油酸（vaccenic acid） | 1.70±0.50 | 0.48±0.21 | 0.68±0.24 | 无数据 | 0.04±0.01 |
| 反亚麻酸（linolelaidic acid） | 0.10±0.10 | 无数据 | 0.12±0.08 | 0.11±0.17 | 0.91±0.28 |
| 瘤胃酸（rumenic acid） | 0.10±0.10 | 0.25±0.07 | 0.40±0.09 | 无数据 | 0.43±0.10 |
| 总 TFA（T-TFA）② | 2.30±0.60 | 3.26±1.06 | 3.81±0.97 | 0.68±0.44 | 7.00±2.30 |

①结果以平均值 ± 标准差表示，总反式脂肪酸中没有包括瘤胃酸，表中并没有报告所有单个反式脂肪酸，因此，实际的总反式脂肪酸水平可能高于表中报告的单个反式脂肪酸的总和。

② T-TFA，总反式脂肪酸（total trans fatty acids）。

注：引自 Aumeistere 等[41]，Nutrients，2021。

da Costa 等[43] 分析了巴西 54 例初乳（产后 3d）和成熟乳（产后第 3 个月）中 TFA 的含量，初乳和成熟乳中总的 C18:1 TFA 含量（平均值 ± 标准差，以占总脂肪酸百分比计）分别为 1.9%±0.14% 和 1.5%±0.2%；初乳中 *n*-3 PUFA 的总含量与 C18:1 TFA 的总含量呈负相关；初乳和成熟乳中，反异油酸（11*t*-C18:1）是最丰富的 C18:1 反式异构体，其次是反油酸（9*t*-C18:1），而瘤胃酸（9*c*,11*t*-C18:2 CLA）是主要的 C18:2 反式异构体。

# 21.4 展望

由于人体内无法合成脂肪酸的反式同分异构体，故母乳中的 TFA 应来自乳母的膳食[44]，而且母乳中的 TFA 含量及构成存在较大差异。因此，尚需要全面研究了解母乳中 TFA 的各种同分异构体及其含量，分析影响因素（如生活方式和膳食模式等），将有助于为乳母提供良好生活方式和合理膳食结构建议，降低 TFA 可能对母婴健康产生的不良影响。

已知长期摄取过多的 TFA 对孕妇（胎儿）和乳母（乳汁及母乳喂养儿）以及其他人群健康存在不良影响，还需要深入研究 TFA 对胎儿生长、婴幼儿生长发育以及成年时期营养相关慢性病发生轨迹的影响。在制定孕期和哺乳期妇女以及婴幼儿膳食指南中，建议应有如何减少和避免摄取 TFA 内容。

尽管基于现有的数据，我国母乳中 TFA 的含量低于欧美国家的母乳，然而随着年轻一代西式膳食变迁趋势明显，年轻一代群体 TFA 含量高的加工食品消费量增加明显，应注重开展营养科普知识的普及和进行相关的宣传教育，提高人们对 TFA 危害性的认识，降低人群摄入量。

虽然已有多种方法用于检测 TFA，然而由于母乳中 TFA 的组成复杂、含量低、本底干扰大，标准品种类有限，而且关于母乳样品 TFA 微量高通量方法学方面的研究较少。因此，需要进一步完善母乳 TFA 分析的方法学，包括母乳样本的采集方法、储存样本的材料和温度（冻融）以及前处理方法等。

（董彩霞，杨振宇，荫士安）

## 参考文献

[1] Carlson S E, Clandinin M T, Cook H W, et al. trans Fatty acids: infant and fetal development. Am J Clin Nutr, 1997, 66(3): S715-S736.

[2] Chen Z Y, Pelletier G, Hollywood R, et al. Trans fatty acid isomers in Canadian human milk. Lipids, 1995, 30(1): 15-21.

[3] Hadj Ahmed S, Kharroubi W, Kaoubaa N, et al. Correlation of trans fatty acids with the severity of coronary artery disease lesions. Lipids Health Dis, 2018, 17(1): 52.

[4] Zhang T, Liu P, Sun Y, et al. The impairment of trans fatty acids on learning, memory and brain amino acid neurotransmitters in mice. J Nutr Sci Vitaminol (Tokyo), 2018, 64(1): 63-67.

[5] 齐可民 . 生命早期营养状况对生命后期健康的影响 . 实用儿科临床杂志 , 2008, 23(23): 1867-1869.

[6] 李艳茹 , 吴亚 , 冯月梅 , 等 . 反式脂肪酸与慢性非传染性疾病关系研究进展 . 中华疾病控制杂志 , 2020, 24(11): 1332-1337.

[7] Department of Health and Human Services, Food and Drug Administration. Food Labeling: Trans Fatty Acids in Nutrition Labeling, Nutrient Content Claims, and Health Claims. In Edited by Register F, 2003:41434-41506.

[8] Mosley E E, Shafii Dagger B, Moate P J, et al. *cis*-9, *trans*-11 Conjugated linoleic acid is synthesized directly from vaccenic acid in lactating dairy cattle. J Nutr, 2006, 136(3): 570-575.

[9] Craig-Schmidt M C. World-wide consumption of trans fatty acids. Atheroscler Suppl, 2006, 7(2): 1-4.

[10] Mojska H, Socha P, Socha J, et al. Trans fatty acids in human milk in Poland and their association with breastfeeding mothers'diets. Acta Paediatr, 2003, 92(12): 1381-1387.

[11] van Eijsden M, Hornstra G, van der Wal M F, et al. Maternal *n*-3, *n*-6, and trans fatty acid profile early in pregnancy and term birth weight: a prospective cohort study. Am J Clin Nutr, 2008, 87(4): 887-895.

[12] Mahomed K, Williams M A, King IB, et al. Erythrocyte omega-3, omega-6 and trans fatty acids in relation to risk of preeclampsia among women delivering at Harare Maternity Hospital, Zimbabwe. Physiol Res, 2007, 56(1): 37-50.

[13] Morrison J A, Glueck C J, Wang P. Dietary trans fatty acid intake is associated with increased fetal loss. Fertil Steril, 2008, 90(2): 385-390.

[14] Shahin A M, McGuire M K, Anderson N, et al. Effects of margarine and butter consumption on distribution of *trans*-18:1 fatty acid isomers and conjugated linoleic acid in major serum lipid classes in lactating women. Lipids, 2006, 41(2): 141-147.

[15] Anderson N K, Beerman K A, McGuire M A, et al. Dietary fat type influences total milk fat content in lean women. J Nutr, 2005, 135(3): 416-421.

[16] Innis S M, King D J. *trans* Fatty acids in human milk are inversely associated with concentrations of essential all-*cis* *n*-6 and *n*-3 fatty acids and determine *trans*, but not *n*-6 and *n*-3, fatty acids in plasma lipids of breast-fed infants. Am J Clin Nutr, 1999, 70(3): 383-390.

[17] Ratnayake W M, Chen Z Y. *Trans*, *n*-3, and *n*-6 fatty acids in Canadian human milk. Lipids, 1996, 31 (Suppl):S279-S282.

[18] Tinoco S M, Sichieri R, Setta C L, et al. *Trans* fatty acids from milk of Brazilian mothers of premature infants. J Paediatr Child Health, 2008, 44(1-2): 50-56.

[19] Bouwstra H, Dijck-Brouwer J, Decsi T, et al. Neurologic condition of healthy term infants at 18 months: positive association with venous umbilical DHA status and negative association with umbilical *trans*-fatty acids. Pediatr Res, 2006, 60(3): 334-339.

[20] Elias S L, Innis S M. Infant plasma *trans*, *n*-6, and *n*-3 fatty acids and conjugated linoleic acids are related to maternal plasma fatty acids, length of gestation, and birth weight and length. Am J Clin Nutr, 2001, 73(4): 807-814.

[21] Tinoco S M, Sichieri R, Moura A S, et al. The importance of essential fatty acids and the effect of *trans* fatty acids in human milk on fetal and neonatal development. Cad Saude Publica, 2007, 23(3): 525-534.

[22] Szabo E, Boehm G, Beermann C, et al. *trans* Octadecenoic acid and *trans* octadecadienoic acid are inversely related to long-chain polyunsaturates in human milk: results of a large birth cohort study. Am J Clin Nutr, 2007, 85(5): 1320-1326.

[23] Mennitti L V, Oliveira J L, Morais C A, et al. Type of fatty acids in maternal diets during pregnancy and/or lactation and metabolic consequences of the offspring. J Nutr Biochem, 2015, 26(2): 99-111.

[24] Assumpcao R P, dos Santos F D, de Mattos Machado Andrade P, et al. Effect of variation of trans-fatty acid in lactating rats'diet on lipoprotein lipase activity in mammary gland, liver, and adipose tissue. Nutrition, 2004, 20(9): 806-811.

[25] Assumpcao R P, Santos F D, Setta C L, et al. Trans fatty acids in maternal diet may impair lipid biosynthesis in mammary gland of lactating rats. Ann Nutr Metab, 2002, 46(5): 169-175.

[26] Larque E, Zamora S, Gil A. Dietary *trans* fatty acids affect the essential fatty-acid concentration of rat milk. J Nutr, 2000, 130(4): 847-851.

[27] Hornstra G, van Eijsden M, Dirix C, et al. *Trans* fatty acids and birth outcome: some first results of the MEFAB and ABCD cohorts. Atheroscler Suppl, 2006, 7(2): 21-23.

[28] Cohen J F, Rifas-Shiman S L, Rimm E B, et al. Maternal *trans* fatty acid intake and fetal growth. Am J Clin Nutr, 2011, 94(5): 1241-1247.

[29] Saravanan N, Haseeb A, Ehtesham N Z, et al. Differential effects of dietary saturated and *trans*-fatty acids

on expression of genes associated with insulin sensitivity in rat adipose tissue. Eur J Endocrinol, 2005, 153(1): 159-165.

[30] Lessa N M, Nakajima V M, Matta S L, et al. Deposition of trans fatty acid from industrial sources and its effect on different growth phases in rats. Ann Nutr Metab, 2010, 57(1): 23-34.

[31] Albuquerque K T, Sardinha F L, Telles M M, et al. Intake of *trans* fatty acid-rich hydrogenated fat during pregnancy and lactation inhibits the hypophagic effect of central insulin in the adult offspring. Nutrition, 2006, 22(7-8): 820-829.

[32] Pimentel G D, Lira F S, Rosa J C, et al. Intake of *trans* fatty acids during gestation and lactation leads to hypothalamic inflammation via TLR4/NFκBp65 signaling in adult offspring. J Nutr Biochem, 2012, 23(3): 265-271.

[33] Pisani L P, Oyama L M, Bueno A A, et al. Hydrogenated fat intake during pregnancy and lactation modifies serum lipid profile and adipokine mRNA in 21-day-old rats. Nutrition, 2008, 24(3): 255-261.

[34] de Oliveira J L, Oyama L M, Hachul A C, et al. Hydrogenated fat intake during pregnancy and lactation caused increase in TRAF-6 and reduced AdipoR1 in white adipose tissue, but not in muscle of 21 days old offspring rats. Lipids Health Dis, 2011, 10:22.

[35] 李刚 , 张莹 , 娄峰阁 , 等 . 生命早期至成年摄入反式脂肪酸对仔鼠肝组织的影响 . 毒理学杂志 , 2019, 33(5): 384-390.

[36] 窦东方 , 齐磊 , 陈哲 , 等 . 母鼠摄入反式脂肪酸对子代体内反式脂肪酸含量的影响 . 华南预防医学 , 2018, 44(6): 589-591.

[37] 赵国志 , 刘喜亮 , 刘智锋 . 反式脂肪酸危害与控制 . 粮食与油脂 , 2007, 1:7-13.

[38] Anderson A K, McDougald D M, Steiner-Asiedu M. Dietary *trans* fatty acid intake and maternal and infant adiposity. Eur J Clin Nutr, 2010, 64(11): 1308-1315.

[39] Salam M T, Li Y F, Langholz B, et al. Maternal fish consumption during pregnancy and risk of early childhood asthma. J Asthma, 2005, 42(6): 513-518.

[40] Li J, Fan Y, Zhang Z, et al. Evaluating the *trans* fatty acid, CLA, PUFA and erucic acid diversity in human milk from five regions in China. Lipids, 2009, 44(3): 257-271.

[41] Aumeistere L, Belusko A, Ciprovica I, et al. *Trans* fatty acids in human milk in Latvia: association with dietary habits during the lactation period. Nutrients, 2021, 13(9):2967.

[42] Mosley EE, Wright AL, McGuire MK, et al. *Trans* fatty acids in milk produced by women in the United States. Am J Clin Nutr, 2005, 82(6): 1292-1297.

[43] de Souza Santos da Costa R, da Silva Santos F, de Barros Mucci D, et al. *Trans* fatty acids in colostrum, mature milk and diet of lactating adolescents. Lipids, 2016, 51(12): 1363-1373.

[44] Mojska H. Influence of *trans* fatty acids on infant and fetus development. Acta Microbiol Pol, 2003, 52 (Suppl):67-74.

# 第22章

# 母乳样品的采集和贮存

已有相当多的国家或地区报道了不同种族/民族的母乳成分，包括横断面和纵向追踪研究，本书前面多个章节母乳成分分析中均涉及代表性母乳样本的现场收集和处理。然而由于每个研究中使用的母乳样品的采集、贮存和测试方法的差别很大，使不同研究的结果之间常常难以进行相互比较[1-3]。

因为母乳中含有的大多数成分本身的变异性就很大，包括不同个体间的差异，母乳的营养状态对乳汁成分的影响，相同个体的不同哺乳时期的成分变化也非常显著，同一次哺乳的不同阶段的乳汁成分含量差异也很大，再加上样品采集、贮存方式以及冻融循环次数等，都会不同程度地影响最后分析结果。所以在设计母乳成分研究方案时，必须要考虑这些变异的来源以及如何控制的方法。本章将介绍获得代表性母乳样品的方法，贮存期间导致乳成分变化的来源和乳样贮存的建议。

# 22.1 获得代表性母乳样品的方法

人类乳汁分泌和射乳的机制提示乳汁的成分随乳母营养状况以及膳食脂肪含量的变化而不同，由于存在餐后血浆营养素浓度的昼夜变化，如乳汁中葡萄糖、氨基酸和激素等的浓度均反映了乳母血浆水平；如果一侧乳房患了乳腺炎，两个乳房间的乳成分也有差异；随哺乳期的延长，乳汁的成分及含量也会有显著差异。为了说明哺乳期间营养素的动态变化，图 22-1 中以维生素 $B_2$、尼克酸、锌和铁的含量为例说明产后不同月份这些营养素含量的变化趋势。有些营养素随哺乳月份呈现显著下降趋势，如锌和维生素 $B_2$ 的含量，而铁和尼克酸含量降低得就相对较缓慢。

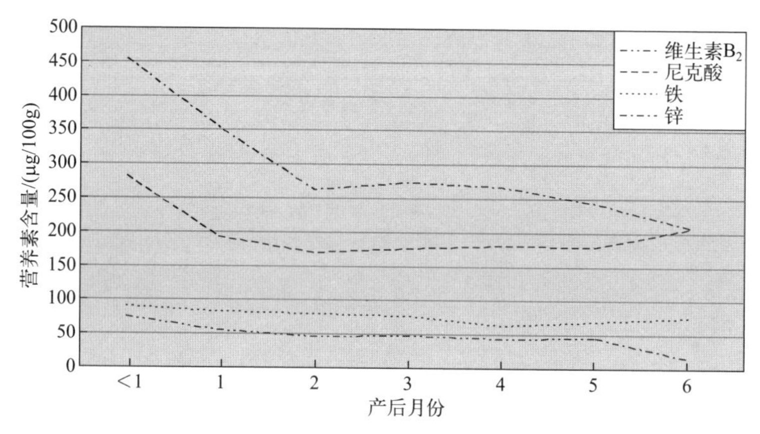


**图** 22-1　产后不同月份的乳汁中营养素含量的变化[4]

引自殷泰安等（1989）

## 22.1.1 获得代表性母乳样品时需要考虑的问题

由于母乳成分的个体间和群体间的差异较大，同时受母体膳食状态（脂肪尤为突出）、昼夜节律、两个乳房的差异（如存在乳腺炎更为明显）以及哺乳的持续时间等的影响；乳母的乳腺炎也很常见，也会影响乳汁成分。因此在设计获得代表性母乳样品时，必须要全面考虑这些影响因素，加以适当控制。

### 22.1.1.1 母乳成分的个体和群体间的差异

母乳是复杂的和变异相当大的液体，分泌乳汁中所含有的成分受乳母和婴儿之间相互作用的动态影响，乳汁中各种成分的含量还受乳母生理状态以及年龄的影响，在个体间、不同哺乳时期（初乳、过渡乳、成熟乳）、同一次哺乳的前中后段乳汁中的成分变异也很大；而且所有这些均受乳母营养状况的显著影响，这样的变异持续整个哺乳期。

分娩后最初几天的初乳，分泌量少，低脂肪、高蛋白含量并含有多种特异性免疫因子[5]；随后的过渡乳，特征是泌乳量和脂肪含量逐渐增加[6]；到成熟乳时，泌乳量继续增加[5]。还有些未知因素可能导致母乳成分的变异。在Mock等[7]完成的一项精心设计的研究中，发现生物素个体间变异就很大，还存在显著的昼夜和纵向变异。该研究结果阐明开始母乳成分研究时，在获得任何可靠的人口数据之前必须要充分了解母乳成分变异的来源。必须开展昼间和纵向的研究揭示这种变化。如果不可能进行一个完整的纵向调查，应该考虑收集出生后一个特定时间点母乳样品的效果，在后续的任何研究中都应明确指出样品的采集时间。

乳母本身的泌乳量和乳汁成分的变异就很大，即使是在一次哺乳期间的前中后段有些成分的差异非常大。例如，与后段乳汁相比，前段乳汁稀薄且脂肪含量低，而后段乳汁中的脂肪含量则高于前段乳汁[8,9]。乳汁的合成速度及其成分含量既与总乳汁分泌量有关也与两次哺乳的间隔时间有关[10]。低体脂的乳母其乳汁中脂肪含量也较低[11]。

某些母乳成分有明显的昼夜节律变化，特别是脂肪含量。Kent等[8]关于澳大利亚乳母乳汁脂肪含量的研究发现，白天和傍晚母乳脂肪含量最高，而夜里和早上脂肪浓度最低；而Garza和Butte[12]观察到美国乳母的乳汁总能量早上最低。相反，Prentice等[10]则发现非洲农村乳母的乳汁中脂肪含量上午高于下午。

#### 22.1.1.2 排除乳腺炎的方法

抽样方案的选择取决于被测物质以及获得乳样人群的特征。因为乳腺炎患病率较高并对许多乳成分的含量有显著影响，在采取乳样时，应排除患乳腺炎的乳母。可接受的排除乳腺炎方法介绍如下：建议应常规测定所有乳样中的钠含量。大多数医院的实验室都很容易进行这种简单的测量。它有助于排除偶发性或慢性乳腺炎。如果不能测定钠含量，可以测量电导率来代替。例如，正常母乳的电导率在2.5～3.5ms/cm，相对应的离子强度为24～32mmol/L[13]。产后7d，任何母乳样品的钠浓度超过20mmol/L或电导率超过6ms/cm以上，就应考虑存在乳腺炎的可能[14]。

### 22.1.2 母乳样品的采集方法

目前有关母乳成分研究的乳样采集方法，有任意时间点的乳样、规定时间点的一次乳房的全部乳样或部分乳样、24h泌乳量等。规范母乳样品的采集方法，有助于将不同地区、不同国家的母乳成分研究结果进行相互比较。

#### 22.1.2.1 任意时间点少量母乳样品的采集

当仅需要采集少量任意时间点的母乳样品时，建议采取中段乳样（mid-feeding

sampling），即采集开始下奶后 3 ～ 5min 的乳汁，获得一个合理性的代表样本，该采样方法适用于获得大样本的人群数据（如对乳母群体的乳汁脂肪含量和营养不良人群的研究）[11]，最常用的采集方法是人工辅助采取，如手挤或使用人工吸奶器。这里需要说明，需要考虑采取少量乳样后突然中断泌乳将会使许多乳母感到不舒服。因此，可以分别采取前、中、后段的少量乳样，然后分别测定相关成分。在可能的情况下，推荐的理想方法是用清洁器皿采集一次泌乳的全部乳样，混匀留取分析的样品后，剩余的乳样可再用勺喂给婴儿。如果采集任何时间点的随意乳样，特别是在刚刚喂哺婴儿后采集的乳样，其总脂肪含量会受到显著影响，不能用于估计婴儿的脂肪摄入量。

#### 22.1.2.2　规定时间点乳样的采集

如进行代表性母乳成分研究，考虑到经费、人力、物力和时间等限制因素，通常采集规定时间点的母乳样品，如早晨起床后 9 ～ 11 点之间，一侧在喂哺婴儿的同时，用电动吸奶泵同时采集另一侧乳房的乳汁至完全排空为止[15]，该方法已被公认为可接受的母乳成分研究乳样采集方法。记录哺乳持续时间，称量记录采集的乳样重量。如果一次采集的乳样不够分析，可待乳母休息半小时后再次采取同侧乳房的乳样，并与前次采集的样品混匀。对于这样乳样的采集，推荐采用统一的电动吸奶泵，无创伤、无不适感，容易被乳母接受，且方法简单、容易操作。不建议采用人工吸奶器和手挤的方法，该法虽然简单费用低，但是采集到的乳样少，方法难以统一，而且操作不当容易伤到乳房。

#### 22.1.2.3　24h 乳样的采集

关于母乳采集方法，目前公认的“金标准”方法是采集过去 24h 内乳母分泌的所有乳汁，是估计每天有多少营养成分从母亲经乳汁输送给婴儿的最有效方法，将这期间内数次采集的样品充分混合均质化后再取样进行分析，以过去 24h 的泌乳量和乳汁中某种成分含量表示。该方法可以较准确地估计乳母 24h 泌乳量或婴儿摄乳量，通过测定相关成分的含量，即可以估计婴儿摄入量和大多数微量营养素适宜摄入量。然而，在规定的 24h 内从相同个体多个场合多次采集乳汁，其可行性和依从性均较差，从医学伦理上考虑纯母乳喂养优先满足婴儿需要出发也难以被认可，而且这个方法的费用较高，也可能会干扰婴儿的喂哺和影响乳母的休息，限制了样本量。

关于采集乳样时使用的器械，由于初乳的泌乳量少，样品的采集较为困难，使用手挤法可以采集少量样品（通常几毫升）。对于过渡乳和成熟乳的采集，使用电动吸奶泵从一侧乳房可以采取到几十毫升到高达 200mL 不等，即一侧乳房喂哺婴儿同时，用一个很好的电动吸奶泵采集另一侧乳房的乳汁，这样可得到很满意的下奶效果，可采集到相对较多的乳样。用这样方法采集到的乳样，充分混匀取样分装后，剩余的乳样最好再重新喂给婴儿；已有许多研究使用电动吸奶泵获得较大量的母乳样品用于脂类分析。

## 22.2 贮存期间母乳成分变化的来源

现场采集母乳样品后，通常很难在很短时间内完成设计测定的所有指标，这就需要在现场将充分混匀后的乳样分成最小包装，迅速低温冷冻贮藏以减少细菌生长和乳成分破坏[16]。贮存的条件依据所测定的指标，应选择可保持所测定成分稳定的最佳贮存方法。最好的方法是采用液氮速冻后，再放置于 -80℃长期保存，如果条件不允许也可以直接放入 -80℃保存。然而，必须要考虑分析前的解冻和加温过程可能会改变母乳的完整性以及可能对分析结果产生的影响[17]。

### 22.2.1 乳汁结构

乳汁是一种非常复杂的液体，由几个“区室”或“相”组成，包括细胞成分和悬浮于液体流动相中的乳脂肪球。离心（离心力 <1000*g*）15 ～ 30min，可使新鲜乳样的这几相分开，乳脂肪球浮在表面，细胞组分形成疏松颗粒，这两部分都可以用盐水冲洗、分离后用于后续分析。

新鲜的脂肪球的膜外涂层可防止聚集成块，离心前乳样中添加 5% 蔗糖可促进脂肪球的分离和分层。高速离心（> 10000*g*），超过 20min，可以产生使乳脂肪球膜破裂的剪切力。经过这样处理后，呈饼状固体的乳脂肪球很容易从顶部移除。然而，乳脂肪球膜被破坏，并在细胞沉淀中可发现。乳脂肪球然后可以上浮到顶层。为了核心甘油三酯与膜周围的分离，将 10mL 乳样的脂肪球放在冰冷的去离子水中搅拌 5min，然后转移到超速离心管中。低温离心（78000*g*）75min 可使这个膜沉淀。在乳液表面形成一种饼状固体，可以取出用于分析。

乳样本身的水相部分并不是一种纯溶液，而是由酪蛋白、钙、磷酸盐与结构中含有多种少量其他成分被称作“胶束”的一起聚集形成的悬浮液。酪蛋白胶束半径为 300 ～ 500Å（$1Å=10^{-10}m$），含有 94% 的蛋白质（主要是酪蛋白）和 6% 的胶态磷酸钙。这种不透明的颗粒方便于将大量的钙和磷酸盐从母体转移到婴儿，离心（50000*g*）2h 可以将其与其他的乳成分分离。通过 pH4.0 或更低 pH 条件温育或用凝乳酶处理，均可使酪蛋白沉淀。凝乳酶可以切断某一特征类型的酪蛋白，即 κ-酪蛋白，该种酪蛋白表面可使胶束结构保持稳定。当高速离心脱脂乳样时，在含有多种膜结构和某些脂类的酪蛋白胶束固体颗粒表面形成一个蓬松球团。如果该乳样在去除脂类之前冷冻过，冷冻过程可使含有的这种乳脂肪球膜与脂肪球分离。

### 22.2.2 检测方式

已有研究介绍现场采用红外母乳成分快速分析仪，通过 2 ～ 3mL 新鲜母乳样品测定宏量营养成分含量，几分钟内可获得蛋白质、脂肪、乳糖、总固形物和能量结果[18-21]，可完全避免贮存冷冻过程对样品测定结果的影响。然而，方法学比较结果提示，与实验室方法或经典方法相比，乳糖、总固形物和能量值的结果是可比的，两个方法的误差在可接受范围内（<10%）；但是蛋白质和脂肪含量两个方法相比，虽然相关性很好，但是两个方法的误差值均大于 10%。如 Casadio 等[18]的研究证明，与实验室常规方法获得的脂肪和蛋白质结果相比，母乳成分快速分析仪的结果分别高出 12.5% 和 16.7%，造成这种差异的原因还未得到很好的解释。在使用母乳成分快速分析仪测定解冻的乳样时，测定前要进行充分均质化处理才能获得较理想的结果。

## 22.2.3 冷冻和解冻过程

奶样的冷冻解冻（effects of freezing and thawing）过程可能以多种方式影响乳汁的结构，其中最重要的是使细胞被破坏和乳脂肪球膜破裂，以至于离心分离样品时，即使在低转速都可使该液体发生自然聚集沉淀。冷冻使乳脂肪球膜的内表面暴露出来，正常情况下该膜是隔离像钙离子和其他乳成分的结合位点，结果可导致水相成分重新分布[22]。冷冻可导致对核心乳脂肪具有亲和力的水相成分可能也重新分布，已经证明母乳脂蛋白脂肪酶对冷冻尤其敏感[23]。冷冻和解冻过程对存在于水相中的大多数营养素似乎影响不大，特别是如果在冷冻前移除脂质部分效果更好。但是，贮存的乳样要避免反复的冷冻和解冻。

有人提出，对于母乳样品的贮存，为了保持其本身特性不发生变化或丢失，−80℃冷冻保存为“金标准”。然而，这样的保存条件，如果长期保存大量的样品，费用相当昂贵，而且在大多数现场条件下，难以有这样的条件，因此有诸多研究比较了不同冷冻温度条件下，长期贮存对乳样中各种成分的影响。

需要特别强调的是，对于长期冷冻保存的乳样，解冻后需要用均质仪充分均质化，如果均质化不完全（如采用振荡混匀、超声混匀等）可导致测定结果出现重大偏移。

### 22.2.3.1 冷藏和冷冻保存对乳样中宏量营养素含量的影响

已有诸多研究比较了不同贮存条件对母乳中宏量营养素含量的影响[20,24-28]。Lev 等[20]比较了早产儿乳母的乳汁冻存于 −80℃条件下 8 ～ 83d（平均 43.8d）对脂肪、碳水化合物和能量的影响。与新鲜乳样相比，冷冻保存乳样的能量和碳水化合物含量均显著降低 [ 脂肪 (3.72±1.17)g/100mL 和 (3.36±1.19)g/100mL ；能量 (64.93±12.97)kcal/100mL 和 (56.63±16.82)kcal/100mL]，并且碳水化合物含量的降低与冻存时间显著相关，而冻存对蛋白质含量没有显著影响 [(1.14±0.36)g/100mL 和 (l.15±0.37)g/100mL]。Garza 等[12]研究了长期 −20℃冻存对乳样中宏量营养素和能量的影响，冻存 180d 导致脂肪、乳糖和能量分别降低 2.8%、1.7% 和 2.2%。

Chang 等[27]发现 −20℃冻存 2d 的母乳样品，脂肪含量降低 0.27 ～ 0.30g/100mL（$P$=0.02），最高达 9%；Abranches 等[26]也观察到冷冻乳汁样品的脂肪含量显著降低；同样温度贮存条件下，Garcia-Lara 等[28]观察到冷冻保存 90d 的乳样脂肪和总能量均显著降低，而总氮和乳糖含量则变化较小；Vazquez-Roman 等[29]观察到冷冻（−20℃）导致脂肪含量显著降低，基线母乳和 3 个月后乳样的脂肪含量分别为 31.9g/L 和 28.6g/L，提示冷冻过程并不能破坏脂肪酶，但是破坏了乳脂肪球。丢失的脂肪可能与吸附到容器壁、部分脂肪被分解或脂质过氧化有关。长期冷冻保存的乳样，因为冷冻打破乳脂肪球与水相部分的乳悬液，使脂质部分吸附到容器壁上的问题不可避免，取样测定前用均质化仪充分均质可降低这种损失[28]。

### 22.2.3.2 冷藏和冷冻保存对乳样中生物活性因子的影响

母乳是含有复杂免疫活性化合物的混合物，具有提供特异和非特异性防御细菌和病毒等致病性微生物感染的功能。为新生儿提供被动免疫的免疫球蛋白，如 IgA 和 sIgA；具有免疫调节潜能的生物活性物质、多种生长因子和促炎性细胞因子，如 IL-6、IL-8 和肿瘤坏死因子、免疫调节促炎性细胞因子 IL-10，以及参与新生儿免疫发育的上皮细胞生长因子（EGF）和转化生长因子（TGF）β1、β2。生物活性化合物还包括 IL-1、IL-3、IL-4、IL-5、IL-12、IFN-γ 和 TNF 受体Ⅰ。Ramirez-Santana 等[30]研究了冷藏（4℃）和冷冻（−20℃和 −80℃）贮存人初乳对生物活性因子稳定性的影响，包括 IgA、上皮细胞生长因子和转化生长因子（TGF-β1 和 TGF-β2）、促炎性细胞因子（IL-6、IL-8、IL-10）、肿瘤坏死因子 -α 和 IFN-RⅠ。结果显示初乳贮存 4℃持续到 48h 或 −20℃和 −80℃存放至少到 6 个月，初乳的免疫活性没有明显降低。但是将初乳贮存在 −80℃达 12 个月，可导致 IgA、IL-8 和 TGF-β1 含量降低，如贮存在 −20℃和 −80℃的初乳 IgA 分别比最初值降低了 41% 和 36%。Miller 和 McConnell[31]研究了室温保存对滤纸采集人乳免疫球蛋白稳定性的影响，观察到室温存放尽管免疫球蛋白水平降低很小但差异显著，每天降低约 1μg/mL($P$=0.005)。Rollo 等[32]研究了贮存乳样乳铁蛋白的稳定性，冷藏保存乳样 5d，乳铁蛋白含量稳定；−18 ～ −20℃冷冻保存 3 个月的乳样，乳铁蛋白含量降低 37%，到 6 个月时下降到 46%。

### 22.2.3.3 冷藏和冷冻保存对乳样抗氧化能力的影响

长期冷冻保存新鲜的母乳样品对母乳抗氧化能力和氧化状态的影响一直是人们关心的问题。Bertino 等[33]研究了长时间冷藏保存对母乳总抗氧化能力的影响，比较了冷藏 24h、48h、72h 和 96h 对分娩早产儿的母乳样品总抗氧化能力的影响，结果证明至少冷藏保存 96h 对乳样的总抗氧化能力没有影响。Sari 等[34]比较了新鲜乳样与冷冻保存样品的总抗氧化能力，与用新鲜乳样测定的结果相比，−80℃贮存两个月的过渡乳和成熟乳的抗氧化能力显著降低（$P$<0.001 和 $P$=0.028），而初乳的

抗氧化能力没有变化，结果提示 -80℃冷冻贮存乳样 2 个月对测定抗氧化能力不是最佳条件。而 Akdag 等[35]使用分娩早产儿的母乳获得与此相反的结果，与新鲜初乳相比，-80℃冷冻贮存 3 个月乳样的总抗氧化能力和总氧化状态没有显著变化。使用冻干母乳样品的研究结果提示，在 4℃或 40℃保存 3 个月，在这两个保存温度条件下维生素 C 和总维生素 C 的含量显著降低，而只有 40℃保存可导致总抗氧化能力降低[36]。

#### 22.2.3.4 贮存对乳样杀菌活性的影响

乳汁中含有多种细菌，贮存过程对其影响很大程度还是未知的。现场采集到的新鲜母乳样品需要迅速降温避光冷藏，以降低细菌生长和乳成分被细菌破坏[16]，因为室温条件下，乳汁中的细菌将会消耗糖和加速繁殖，导致人为增加了“蛋白质”含量而降低了糖含量。

母乳本身具有杀菌活性（bactericidal activity），可保护新生儿防御感染。体外试验证明，所有新鲜母乳样品具有抗大肠埃希氏菌（*Escherichia coli*）和绿脓杆菌（*Pseudomonas aeruginosa*）的活性[37]，冷藏（4 ～ 6℃）48h 母乳的抗菌活性仍稳定，但是超过 72h 则显著降低；-20℃保存母乳 3 个月仍可维持其最初杀菌活性的 2/3，但是冷冻母乳样品的母乳脂肪球膜吸附悬浮细菌的能力逐渐消失[38]。因此对于贮存超过 48h 或长期保存的乳样，需要低温冷冻保存[39,40]。Takci 等[37]研究了 -20℃和 -80℃冷冻保存对母乳杀菌活性的影响，-20℃保存 1 个月对母乳的杀菌活性没有显著改变，贮存到 3 个月时母乳抗大肠埃希氏菌的杀菌活性显著降低（$P<0.017$），而 -80℃则无明显变化，因此长期保持母乳的杀菌活性，最好贮存在 -80℃。

#### 22.2.3.5 提取方法的影响

在乳腺中，乳汁 $CO_2$ 浓度与血浆中 5% 的 $CO_2$ 浓度相当。当用电动吸奶泵吸取乳汁样品时，就导致在乳汁和血浆的 $CO_2$ 浓度发生变化的条件下，真空吸取乳汁。当乳样含有相当高的碳酸氢盐浓度时将会产生严重影响，因为pH 值会相当高，约为 7.3±0.07，二氧化碳分压低于 20mmHg（2.5%，1mmHg=133.322Pa）。当乳样与 5% 的 $CO_2$ 平衡时，平均 pH 值为 7.18±0.06，pH 值显著降低 ($P<001$)。pH 值的这种变化对改变乳汁中存在的许多离子种类的平衡有潜在影响。如果所研究成分对 pH 值的微小变化有潜在敏感性，这种乳样应贮存于用 5%$CO_2$ 平衡的环境中。而牛奶受这种影响很小，因为牛奶的碳酸氢盐浓度较低，而且 pH 值接近 6.0。

## 22.3 乳样贮存的建议

采集到的母乳样品，大多数情况下都不能立即进行测试分析，通常需要分装到容器中进行冷藏或冷冻保存。长时间的冷冻或数天的冷藏过程均会不同程度导致乳汁结构发生改变，因此在分析测试前的样品前处理过程也会影响最终的测试结果。

## 22.3.1 贮存容器的选择

选择的贮存母乳样品的容器既不能吸附所研究的乳成分，也不能从容器材料本身溶出额外的成分，特别是可能影响待测物的成分。关于不同贮存容器对母乳中营养成分、生物活性因子、抗氧化能力和杀菌活性的影响所知甚少。已有的研究结果显示，由于白细胞、脂溶性营养成分等容易附着于玻璃瓶壁上，更适合于用塑料瓶保存新鲜母乳；然而母乳中的维生素又容易黏附于塑料容器的壁上[41-44]。还要考虑贮存容器的耐低温程度，有些是不能耐受低温贮存。

## 22.3.2 保存温度的选择

应基于母乳中待测项目保存温度的相关文献或经验，确定样品的冷藏、冷冻温度。Chang 等[27]研究了不同容器贮存母乳样品对宏量营养成分的影响，−20℃冷冻保存 2d，所研究的不同容器保存的乳样中总能量虽然不变，但是脂肪含量均显著降低（降低 8.2% ～ 9.4%），而蛋白质和碳水化合物浓度均有所升高，提示塑料容器和玻璃容器对母乳中所检测营养成分的保存效果相似。已有研究结果提示，用聚乙烯袋贮存母乳，由于脂肪会吸附到袋的内表面可导致脂肪含量降低[45]。母乳中一些脂溶性营养素也存在吸附到玻璃和聚丙烯容器表面的类似倾向[41]。Takci 等[46]研究了无菌耐热玻璃奶瓶（sterile Pyrex bottle）和聚乙烯袋（polyethylene bags）短期冷藏保存母乳样品对杀菌活性的影响，4℃冷藏保存 24h 和 48h，聚乙烯袋中母乳杀菌活性（抗大肠埃希菌 ATCC25922）显著低于无菌耐热玻璃奶瓶中的母乳（$P<0.05$）。因此根据研究需要测定的指标，选择合适的容器保存母乳样品显得尤为重要。

## 22.3.3 其他贮存注意事项

对于那些含量极低的微量元素、维生素和其他物质，应选用经酸处理过的玻璃器皿和无色素添加的塑料容器用于收集、贮存和分析样品[14]。现场最好将采集的母乳样品分装成最小包装，减少分析过程中母乳样品的反复冻融过程；需要注意低温冷冻存储的容器中母乳样品不要装得太满，以防冻裂。

## 22.3.4 乳样的处理

母乳样品的采集、分装、贮存或分析，均应选择在干净的条件下进行。在现场条件下，应尽快将采集到的乳样放入4℃冰箱、冰壶中或冰浴避光保存，以减少细菌生长，然后再分成最小包装冷冻保存于−80℃冰箱中直到分析；在有条件的地方，可以将分装的样品用液氮快速冷冻后，再转移到−80℃冰箱长期保存；现场没有−80℃冰箱条件时，也可以暂时存放于−20～−30℃冰箱。如果蛋白酶抑制剂和/或叠氮化钠不干扰预期的成分分析，也可以添加这些试剂。据报告，在4℃冰箱存放，大多数乳成分可稳定数天，但是必须要事先确定哪些乳成分是稳定的，冷冻过的乳样可能不适合测定细胞成分。如果乳样在这样条件下长期存放，分离的脂类可能难以重新再均匀分布。如果需要长期贮存乳样，应分成便于后续分析的最小包装，贮存于−70～−80℃。如果没有−70～−80℃冰箱，冷冻于−20℃没有自动除霜功能的冰柜中也可以保存数月，因为自动除霜冰柜的温度循环会引起样品冰结构的变化，这可能使许多乳成分受到破坏。

## 22.3.5 总结

对于人乳样品的采集和贮存，至今还没有可以适用于所有乳成分的通用方法。本章中概括了乳成分变异的可能缘由和乳样贮存期间成分变化的缘由等。然而，重要的是要评估所要研究的任何乳成分在一次哺乳的前中后期、两个乳房间、昼夜以及纵向的变化，然后制定可以采集到代表性样品的采样方案。同样，必须通过比较新鲜样品与不同温度冷冻保存样品中所研究成分的浓度变化，验证贮存方法的可靠性。在采集母乳样品过程中，也要考虑乳母焦虑或其他情绪波动对乳汁分泌量的影响，喂哺婴儿的同时用电动吸奶泵采集对侧乳房的乳汁，可降低这种影响。在一般情况下，为排除乳腺炎，最好分析每个乳样的钠浓度。同时一定要充分了解自己的研究以及获得数据的局限性。

（董彩霞，荫士安）

### 参考文献

[1] 王文广，殷泰安，李丽祥，等. 北京市城乡乳母的营养状况、乳成分、乳量及婴儿生长发育关系的研究Ⅰ. 乳母营养状况、乳量及乳中营养素含量的调查. 营养学报, 1987, 9(4):338-341.

[2] Bauer J, Gerss J. Longitudinal analysis of macronutrients and minerals in human milk produced by mothers of preterm infants. Clin Nutr, 2011, 30(2): 215-220.

[3] Nommsen L A, Lovelady C A, Heinig M J, et al. Determinants of energy, protein, lipid, and lactose concentrations in human milk during the first 12 mo of lactation: the DARLING Study. Am J Clin Nutr, 1991, 53(2): 457-465.

[4] 殷泰安，刘冬生，李丽祥，等. 北京市城乡乳母的营养状况、乳成分、乳量及婴儿生长发育关系的研究Ⅴ. 母乳中维生素及无机元素的含量. 营养学报, 1989, 11(3):233-239.

[5] Ogra P L, Rassin D K, Garofalo R P. Human milk. Philadelphia PA: Elsevier Saunders, 2006.

[6] Martin M, Sela D A. Infant gut microbiota: developmental influences and health outcomes. New York:

Springer, 2012.
[7] Mock D M, Mock N I, Dankle J A. Secretory patterns of biotin in human milk. J Nutr, 1992, 122(3): 546-552.
[8] Kent J C, Mitoulas L R, Cregan M D, et al. Volume and frequency of breastfeedings and fat content of breast milk throughout the day. Pediatrics, 2006, 117(3): e387-395.
[9] Daly S E, Owens R A, Hartmann P E. The short-term synthesis and infant-regulated removal of milk in lactating women. Exp Physiol, 1993, 78(2): 209-220.
[10] Prentice A, Prentice A M, Whitehead R G. Breast-milk fat concentrations of rural African women. 1. Short-term variations within individuals. Br J Nutr, 1981, 45(3): 483-494.
[11] Allen J C, Keller R P, Archer P, et al. Studies in human lactation: milk composition and daily secretion rates of macronutrients in the first year of lactation. Am J Clin Nutr, 1991, 54(1): 69-80.
[12] Garza C, Butte N F. Energy concentration of human milk estimated from 24-h pools and various abbreviated sampling schemes. J Pediatr Gastroenterol Nutr, 1986, 5(6): 943-948.
[13] Allen J C, Neville M C. Ionized calcium in human milk determined with a calcium-selective electrode. Clin Chem, 1983, 29(5): 858-861.
[14] Neville M C, Allen J C, Archer P C, et al. Studies in human lactation: milk volume and nutrient composition during weaning and lactogenesis. Am J Clin Nutr, 1991, 54(1): 81-92.
[15] Geraghty S R, Davidson B S, Warner B B, et al. The development of a research human milk bank. J Hum Lact, 2005, 21(1): 59-66.
[16] Neville M. The structure of milk: implications for sampling and storage. C. Sampling and storage of human milk. San Diego: Academic Press, 1995.
[17] Handa D, Ahrabi A F, Codipilly C N, et al. Do thawing and warming affect the integrity of human milk? J Perinatol, 2014, 34(11): 863-866.
[18] Casadio Y S, Williams T M, Lai C T, et al. Evaluation of a mid-infrared analyzer for the determination of the macronutrient composition of human milk. J Hum Lact, 2010, 26(4): 376-383.
[19] Smilowitz J T, Gho D S, Mirmiran M, et al. Rapid measurement of human milk macronutrients in the neonatal intensive care unit: accuracy and precision of fourier transform mid-infrared spectroscopy. J Hum Lact, 2014, 30(2): 180-189.
[20] Lev H M, Ovental A, Mandel D, et al. Major losses of fat, carbohydrates and energy content of preterm human milk frozen at −80℃ . J Perinatol, 2014, 34(5): 396-398.
[21] Fusch G, Rochow N, Choi A, et al. Rapid measurement of macronutrients in breast milk: How reliable are infrared milk analyzers? Clin Nutr, 2015,34(3):465-476.
[22] Neville M C, Keller R P, Casey C, et al. Calcium partitioning in human and bovine milk. J Dairy Sci, 1994, 77(7): 1964-1975.
[23] Neville M C, Waxman L J, Jensen D, et al. Lipoprotein lipase in human milk: compartmentalization and effect of fasting, insulin, and glucose. J Lipid Res, 1991, 32(2): 251-257.
[24] Vieira A A, Soares F V, Pimenta H P, et al. Analysis of the influence of pasteurization, freezing/thawing, and offer processes on human milk's macronutrient concentrations. Early Hum Dev, 2011, 87(8): 577-580.
[25] Garcia-Lara N R, Vieco D E, De la Cruz-Bertolo J, et al. Effect of Holder pasteurization and frozen storage on macronutrients and energy content of breast milk. J Pediatr Gastroenterol Nutr, 2013, 57(3): 377-382.
[26] Abranches A D, Soares F V, Junior S C, et al. Freezing and thawing effects on fat, protein, and lactose levels of human natural milk administered by gavage and continuous infusion. J Pediatr (Rio J), 2014,90(4):384-388.
[27] Chang Y C, Chen C H, Lin M C. The macronutrients in human milk change after storage in various

containers. Pediatr Neonatol, 2012, 53(3): 205-209.

[28] Garcia-Lara N R, Escuder-Vieco D, Garcia-Algar O, et al. Effect of freezing time on macronutrients and energy content of breastmilk. Breastfeed Med, 2012, 7(4):295-301.

[29] Vazquez-Roman S, Alonso-Diaz C, Garcia-Lara N R, et al. Effect of freezing on the "creamatocrit" measurement of the lipid content of human donor milk. An Pediatr (Barc), 2014, 81(3): 185-188.

[30] Ramirez-Santana C, Perez-Cano F J, Audi C, et al. Effects of cooling and freezing storage on the stability of bioactive factors in human colostrum. J Dairy Sci, 2012, 95(5): 2319-2325.

[31] Miller E M, McConnell D S. The stability of immunoglobulin a in human milk and saliva stored on filter paper at ambient temperature. Am J Hum Biol, 2011, 23(6): 823-825.

[32] Rollo D E, Radmacher P G, Turcu R M, et al. Stability of lactoferrin in stored human milk. J Perinatol, 2014, 34(4): 284-286.

[33] Bertino E, Giribaldi M, Baro C, et al. Effect of prolonged refrigeration on the lipid profile, lipase activity, and oxidative status of human milk. J Pediatr Gastroenterol Nutr, 2013, 56(4): 390-396.

[34] Sari F N, Akdag A, Dizdar E A, et al. Antioxidant capacity of fresh and stored breast milk: is −80℃ optimal temperature for freeze storage? J Matern Fetal Neonatal Med, 2012, 25(6): 777-782.

[35] Akdag A, Nur Sari F, Dizdar E A, et al. Storage at −80℃ preserves the antioxidant capacity of preterm human milk. J Clin Lab Anal, 2014,28(5):415-418.

[36] Lozano B, Castellote A I, Montes R, et al. Vitamins, fatty acids, and antioxidant capacity stability during storage of freeze-dried human milk. Int J Food Sci Nutr, 2014,65(6): 703-707.

[37] Takci S, Gulmez D, Yigit S, et al. Effects of freezing on the bactericidal activity of human milk. J Pediatr Gastroenterol Nutr, 2012, 55(2): 146-149.

[38] Ogundele M O. Effects of storage on the physicochemical and antibacterial properties of human milk. Br J Biomed Sci, 2002, 59(4): 205-211.

[39] Martinez-Costa C, Silvestre M D, Lopez M C, et al. Effects of refrigeration on the bactericidal activity of human milk: a preliminary study. J Pediatr Gastroenterol Nutr, 2007, 45(2): 275-277.

[40] Silvestre D, Lopez M C, March L, et al. Bactericidal activity of human milk: stability during storage. Br J Biomed Sci, 2006, 63(2): 59-62.

[41] Eglash A, Simon L. Academy of Breastfeeding Medicine,. ABM clinical protocol #8: human milk storage information for home use for full-term infants, Revised 2017. Breastfeed Med, 2017,12(7):390-395.

[42] Gillis J, Jones G, Pencharz P. Delivery of vitamins A, D, and E in total parenteral nutrition solutions. JPEN J Parenter Enteral Nutr, 1983, 7(1): 11-14.

[43] Garza C, Johnson C A, Harrist R, et al. Effects of methods of collection and storage on nutrients in human milk. Early Hum Dev, 1982, 6(3): 295-303.

[44] Paxson C L, Jr, Cress C C. Survival of human milk leukocytes. J Pediatr, 1979, 94(1): 61-64.

[45] Arnold L D. Storage containers for human milk: an issue revisited. J Hum Lact, 1995, 11(4): 325-328.

[46] Takci S, Gulmez D, Yigit S, et al. Container type and bactericidal activity of human milk during refrigerated storage. J Hum Lact, 2013, 29(3): 406-411.

# 第23章

# 母乳中环境污染物

婴儿期和生命的早期阶段是儿童一生的成长、成熟和整体健康的基础，充分了解出生后最初数月的最佳生存环境和膳食至关重要。由于环境污染物（environmental pollutants）的存在非常普遍，环境中的污染物可通过母乳传递给下一代，即母乳可以提供乳母和母乳喂养婴儿暴露环境中化学污染物的信息[1]，因此环境污染物对母乳喂养儿营养与健康状况的近期和远期影响已成为研究和人们关注的热点。母乳中某些持久性有机污染物的水平与母亲的特征（年龄和体质指数）之间存在相关性，而吸烟还与某些有毒元素的较高浓度有关[2]。

随着城市化和工业化进程加速以及生产规模不断扩大、生活垃圾和工业废弃物焚烧过程中释放的二噁英类污染物以及 POP、农药、重金属、霉菌毒素等环境污染问题越来越严重，必将影响母乳成分，增加母乳中的蓄积，母乳中常见环境污染物总结于表 23-1。近年开展的母乳中环境污染物成分的长期监测结果可判定婴儿暴露程度。如果母亲暴露于有害的环境污染物（如通过食物、饮水、空气、土壤等），接触或服用某些药物（如抗生素），吸烟与被动吸烟，母乳也就成为一些污染物从母体到婴儿的转移介质，影响婴儿的生长发育和健康状况，对新生儿的影响尤为突出[3]，例如即使母乳中存在低水平 POP 就可能与甲状腺素含量的降低有关[4]。因此需要特别关注母乳中的环境污染物，评估健康风险[5]，降低新生儿和婴儿摄入量。

由于哺乳是一个动态的过程，机体可对多种环境挑战或应激作出反应，包括地理位置、生活方式、持久性污染物和孕产妇因素（种族、膳食、压力、过敏和肥胖）以及婴儿的状况等，这些因素可能以不同的方式影响母乳成分，因此母乳成分的研究中应将乳母 - 母乳 - 喂养儿作为整体进行考虑[6,7]。

**表 23-1 母乳中常见的主要环境污染物**

| 污染物 | 种类 | 来源 | 危害 | 特点 |
|---|---|---|---|---|
| 持久性有机污染物 | 有机氯化合物、二噁英和多氯联苯、溴化阻燃剂、高氯酸盐、全氟烷基化合物和人工合成香料等 | 空气、水、生物体等受污染，包括农药、工业化学品生产中使用的化合物、城市垃圾或废弃物不完全燃烧与热解产生的副产品等 | 增加出生低体重婴儿风险；损害婴儿神经系统和免疫系统；内分泌干扰作用，危害生殖；肝脏毒性、致癌性；与 $T_4$ 竞争甲状腺转运蛋白，与 $T_3$ 竞争结合甲状腺激素受体，影响碘吸收利用 | 半挥发性，可长距离迁移；半衰期长难以降解；高脂溶性，通过食物链浓缩、富集和放大；毒性强 |
| 重金属 | 铅、镉、无机汞和有机汞、其他元素（如砷、铝等） | 环境污染的空气、饮水和食品，乳母吸烟或被动吸烟 | 致癌物，婴儿低体重、行为发育异常，血液学毒性——贫血，神经毒性，肾脏毒性 | 环境中长期蓄积 |
| 霉菌毒素类 | 黄曲霉毒素 | 黄曲霉毒素 $B_1$ 污染的食物，如奶类及制品，肉类、玉米油、干果和坚果等 | 具有急慢性毒性，引起肝损害、肝硬化、诱发肿瘤，生长发育迟缓 | 体内长期蓄积效应 |
| | 赭曲霉毒素 A | 赭曲霉毒素 A 污染的食品，如谷类、动物饲料和动物性食品(如猪肾、肝脏)等 | 引起肾小管和门静脉周围肝细胞坏死，抑制免疫，可能致癌 | 体内长期蓄积效应 |
| 其他污染物 | 药物残留 | 乳母服用的药物或某些食品（如乳类制品）中残留的抗生素等 | 乳汁中残留的痕量抗生素类（如青霉素、链霉素）可引起婴儿过敏反应和导致耐药菌株的产生；镇静药物引发婴儿皮疹和嗜睡等 | 很低的残留剂量 |
| | 尼古丁 | 乳母吸烟或被动吸烟 | 降低泌乳量和喂哺婴儿体重 | 乳汁尼古丁浓度是乳母血浆浓度的 1.5 ～ 3 倍 |
| | 酒精 | 乳母饮酒 | 影响乳汁味道和泌乳量、婴儿睡眠 | 酒精吸收迅速 |
| | 咖啡因 | 乳母饮用咖啡 | 有待确定 | 3 月龄内婴儿不能代谢咖啡因 |

## 23.1 持久性有机污染物

POP包括持久性有机氯化合物污染物、溴系阻燃剂、全氟烷基化合物、高氯酸盐和人工合成香料等，也是我国面临的严重环境污染问题之一[8]。这类环境污染物具有半挥发性，可长距离迁移；半衰期长，难以降解；高脂溶性，通过食物链被浓缩、富集和放大；毒性强的特点，对人类健康和环境生态系统具有较大的潜在威胁。由于母乳样品易采集且无创伤的优点，已经被国际组织作为进行POP环境污染状况监测的最佳基质。

POP的主要来源包括农业曾广泛使用的多种杀虫剂；工业化学品生产中使用的多氯联苯（PCB）和六氯苯（hexachlorobezene，HCB）；工业生产过程中的副产品，如城市垃圾或废弃物不完全燃烧与热解过程产生的二噁英和呋喃等；某些海洋食品也可能是人类POP暴露的来源[9]，这些有机污染物通过污染的空气、饮水和食物进入人体内，并随乳汁分泌进入喂养儿体内。

### 23.1.1 持久性有机氯化合物污染物

在乳母的日常生活中，直接或间接地会接触到环境中许多有机氯污染物，这些成分作为雌激素的内分泌干扰物对乳腺的泌乳能力造成损害[10]。持久性有机氯化合物污染物（organochlorine compound pollutants，OCP）是最典型的POP，如二噁英类和典型的有机氯农药等。斯德哥尔摩公约列出的优先控制的12种POP全部为有机氯化合物。

#### 23.1.1.1 有机氯农药

持久性有机氯农药造成的环境污染是当前我国面临的严重环境污染问题之一。它不仅严重危害人体健康，还可能对经济发展、国家安全产生严重的负面影响。持久性有机氯农药污染物主要品种有DDT（滴滴涕）及其同系物、HCH（六六六）、环戊二烯类及其有关化合物、毒杀芬及相关化合物等。由于其化学性质稳定、难于降解，对环境造成严重污染，并持续相当长时间。由于母体内的OCP可通过乳汁传递给下一代，许多国家开展了母乳中OCP的长期监测，评估这些污染物对母婴可能存在的潜在健康风险。整体趋势是发展中国家的母乳中OCP污染水平高于发达国家，说明在一些发展中国家还没有彻底禁用OCP或限制OCP的使用（表23-2）。

**表 23-2　不同国家和地区的母乳中有机氯农药污染水平　单位：ng/g（脂肪）**

| 采样地点 | 采样年份 | 样本量 | 滴滴涕 | 六六六 | 六氯苯 |
| --- | --- | --- | --- | --- | --- |
| 德国 | 2006 | 523 | 81① | 12⑦ | 23 |
| 俄罗斯布里亚特 | 2004 | 17 | 600① | 810⑧ | 100 |
| 印度尼西亚 | 2001～2003 | 105 | 1032.5① | 15.5⑧ | 2 |
| 丹麦 | 1997～2001 | 43 | 145.3② | 19.7⑨ | 12.3 |
| 中国 | 2007 | 24 份混样 | 584.3② | 231.8⑨ | 33.1 |
| 韩国首尔 | 2007～2008 | 29 | 320.9③ | 79.9⑦ | 17.7 |
| 日本仙台 | 2007～2008 | 20 | 260③ | 190⑦ | 18 |
| 澳大利亚 | 2002～2003 | 17 份混样 | 320.9③ | 79.9⑧ | 17.7 |
| 挪威 | 2002～2006 | 377 | 53④ | 5.4⑦ | 11 |
| 伊朗 | 2006 | 57 | 2554⑤ | 3780⑧ | 930 |
| 美国马萨诸塞 | 2004 | 38 | 64.5⑤ | 18.9⑧ | 2.3 |
| 突尼斯 | 2002～2003 | 87 | 3863⑥ | 67⑩ | 260 |

① *p,p'*- 滴滴伊、*p,p'*- 滴滴滴、*p,p'*- 滴滴涕合计。
② *p,p'*- 滴滴伊、*p,p'*- 滴滴滴、*p,p'*- 滴滴涕、*o,p'*- 滴滴伊、*o,p'*- 滴滴涕、*o,p'*- 滴滴滴合计。
③ *p,p'*- 滴滴伊、*p,p'*- 滴滴滴、*p,p'*- 滴滴涕、*o,p'*- 滴滴涕合计。
④ *p,p'*- 滴滴伊。
⑤ *p,p'*- 滴滴伊、*p,p'*- 滴滴滴、*p,p'*- 滴滴涕、*o,p'*- 滴滴伊合计。
⑥ *p,p'*- 滴滴伊、*p,p'*- 滴滴滴、*p,p'*- 滴滴涕、*o,p'*- 滴滴伊、*o,p'*- 滴滴涕合计。
⑦ β- 六六六。
⑧ α- 六六六、β- 六六六、γ- 六六六合计。
⑨ β- 六六六、γ- 六六六合计。
⑩ α- 六六六、β- 六六六、γ- 六六六、δ- 六六六合计。
注：改编自周萍萍等[8]，中华预防医学杂志，2010，44：654-658。

根据 2007 年我国总膳食研究 12 个省调查点结果[11]，母乳中主要的持久性 OCP 是 DDT、HCH 和 HCB，三种农药在母乳中的污染水平 [μg/kg（脂肪）] 分别为 584.3±362.3、231.8±123.4 和 33.1±11.1。与以往的监测数据相比，1983 年开始停用以来 DDT 已得到有效控制，但是监测到福建省有新的 DDT 污染；母乳中 DDT 污染水平南北方有差异，南方高于北方；母乳中的 DDT 污染水平与动物性食品摄入量呈 Pearson 相关（皮尔逊相关）。母乳中 HCH 的含量总体上呈下降趋势。许多地区，特别是膳食中的 HCH 污染已消除；动物性食品特别是水产品是人体暴露 HCH 的主要来源；我国母乳中 HCH 污染水平，城市高于农村。HCB 是人造的副产物，无论是母乳还是膳食监测的结果都表明 HCB 污染持续存在。在世界范围内，我国母乳中 DDT、HCH 和 HCB 的污染程度处于中等水平。0～6 月龄婴儿暴露于 DDT、HCH、七氯、艾氏剂 / 狄氏剂、异狄氏剂、林丹和灭蚁灵估计的平均每日摄入量均低于暂定每日耐受量（provisional tolerable daily intake，PTDI），但个别省 0～6 月龄婴儿 DDT 和 HCH 估计的每日摄入量接近甚至超过了相应的 PTDI。母乳中持久性有机氯农药的浓度与动物性食品的摄入量呈正相关，尤其是水产品[12]。上述研究进一步支持 DDT、HCH 和 HCB 是我国母乳中的主要持久性 OCP。因此，长期监测我国母乳中持久性 OCP 的工作非常必要。

#### 23.1.1.2 二噁英和多氯联苯

PCDD/Fs 系指多氯二苯并对二噁英（polychlorinated dibenzo-*p*-dioxins，PCDD）和多氯二苯并呋喃（polychlorinated dibenzofurans，PCDF）；多氯联苯（polychlorinated diphenyls，PCB）是由 209 种不同化合物组成，环境中具有持久性，在整个食物链中具有生物累积性和生物放大作用。PCDD/Fs 的污染主要来源于化工冶金工业、垃圾焚烧、造纸和杀虫剂的生产等。大气环境中 PCDD/Fs 的污染 90% 来源于城市和工业垃圾焚烧；而 PCB 的污染来源于广泛应用的绝缘材料、喷漆、无碳打印纸以及农药等生产过程。环境中 PCDD/Fs 和 PCB 可通过皮肤接触、空气吸入、日常膳食暴露进入生物体内，经过代谢转化可使母乳受到污染。许多研究结果提示，二噁英具有致癌性、生物毒性、免疫毒性和内分泌干扰作用等多种慢性毒性。越南的一项调查结果显示，产前暴露二噁英与男孩脐带血睾丸激素水平的降低有关[13]。

不同国家或地区母乳中 PCDD/Fs、PCB 和二噁英类化合物总量污染水平见表 23-3。工业化国家的母乳中 PCB 污染程度远高于非工业化国家。废旧电器材料拆解基地的母乳中 PCB 总 TEQ 值 [59pg/g（脂肪）] 显著高于对照区 [6pg/g（脂肪）] 和发达国家的水平，导致婴儿每日通过母乳摄入非常多的 PCB[14]。母乳中多氯代二苯并对二噁英与多氯代二苯并呋喃（PCDD/Fs）的含量与乳母年龄、居住当地时间、鱼及鱼制品消费量相关，而与新生儿出生体重和身长、乳母肉类食品、鸡蛋、奶类制品等的消费量无关[15]。近 10 年来，发达国家通过执行更严格的垃圾焚烧 PCDD/Fs 和 PCB 排放限量，在降低母乳中 PCDD/Fs 和 PCB 含量方面已经取得显著效果[16,17]。

### 23.1.2 溴系阻燃剂

溴系阻燃剂（brominated flame retardants，BFR）是全球产量最大、阻燃效率最高的有机阻燃剂之一，包括多溴联苯醚（polybrominated diphenyl ethers，PBDE）、六溴环十二烷（hexabromocyclododecane，HBCD）、四溴双酚 A（tetrabromobisphenol A，TBBPA）等，其中 PBDE 和 TBBPA 占溴系阻燃剂总量的 50%。目前已知 PBDE 对人体的毒理学效应包括：通过和 $T_4$ 竞争甲状腺素转运蛋白、与 $T_3$ 竞争结合甲状腺素激素受体干扰甲状腺的正常生理功能，影响大脑发育，尤其可能影响婴儿的智力发育；同时 PBDE 还会影响生殖发育，低剂量时具有雌激素的活性，而高剂量时具有抗雌激素的效应[29]。

与母乳中持久性有机氯农药的含量逐渐降低不同，溴系阻燃剂的含量呈递增趋势，而且也是母乳中经常能够检测到的有机卤化物[8]，城市或发达地区的母乳中溴系阻燃剂含量通常高于农村或不发达地区[30]，尽管我国母乳中的含量与大多数发达

**表 23-3** 不同国家或地区母乳中 PCDD/Fs、PCB 和二噁英类化合物总量污染水平

| 作者 | 采样地点 | | 样本量 | 采样时间 | PCDD/Fs | *dl*-PCB/[pg（WHO-TEQ）/g（脂肪）] | DXN⑤ |
|---|---|---|---|---|---|---|---|
| Li 等[18] | 中国 | 12 个省 | 24（1237） | 2007② | 3.1(1.4 ～ 5.8) | 1.5(0.6 ～ 2.9) | 4.5(2.1 ～ 8.6) |
| 张磊等[19] | | 北京 | 11（110） | 2007① | 3.7(2.3 ～ 4.6) | 4.1(1.6 ～ 9.8) | 7.8(4.3 ～ 13.5) |
| | | | | 2007② | 3.1(1.8 ～ 4.3) | 3.1(1.4 ～ 6.1) | 6.3(3.6 ～ 9.1) |
| Shen 等[20] | | 浙江城区 | 74 | 2007② | 3.90±2.60 | 2.66±1.43 | 6.6 |
| | | 浙江农村 | | 2007② | 2.27±1.55 | 1.83±0.93 | 4.1 |
| 邓波等[15] | | 深圳 | 60 | 2007② | 4.6(2.0 ～ 13.1) | 4.0(0.2 ～ 15.9) | 8.6(2.4 ～ 29.0) |
| 金一和等[21] | | 大连 | 47 | 2003①③ | 14.7④(ND ～ 148.5) | 0④(ND ～ 17.0) | 15.8④(ND ～ 158.8) |
| | | 沈阳 | 32 | 2003①③ | 7.2④(ND ～ 48.7) | 0④(ND ～ 11.3) | 7.2④(ND ～ 48.7) |
| Wong 等[22] | | 香港 | 137 | 2013①③ | 7.48 | 3.79 | 11.27 |
| Hedley 等[23] | | | 13（316） | 2002 ～ 2003① | 8.5(5.8 ～ 10.1) | 4.7(3.5 ～ 6.6) | 12.9(9.0 ～ 15.0) |
| Fang 等[24] | 瑞典 | | 30 混样 | 2003 | 7.3①/6.1② | 8.1①/5.0② | 15.0①/11.0② |
| | | | | 2007-01 | 4.2①/3.6② | 5.2①/3.6② | 9.4①7.2② |
| | | | | 2007-02 | 5.6①/4.7② | 7.6①/5.2② | 13.0①/9.9② |
| | | | | 2011-01 | 3.7①/3.1② | 3.8①/2.4② | 7.5①/5.5② |
| | | | | 2011-02 | 3.3①/2.7② | 3.3①/1.9② | 6.6①/4.6② |
| Mannetje 等[25] | 新西兰 | | 39 | 2007 ～ 2010② | 3.54 | 1.29 | 4.83 |
| Schuhmacher 等[26] | 西班牙 | | — | 2013②③ | 1.1 ～ 12.3 | 0.7 ～ 5.3 | — |
| Schuhmacher 等[27] | 西班牙 | | — | 2009②③ | 2.8 ～ 11.2 | 2.8 ～ 17.6 | — |
| Rivezzi 等[28] | 意大利 | | 94 | 2007 ～ 2008① | 8.6±2.7(3.8 ～ 19.0) | 8.0±3.7(2.5 ～ 24.0) | — |

①按照 WHO 1998 年规定的 TEF（毒性当量因子）计算。

②按照 WHO 2005 年规定的 TEF 计算。

③论文发表日期。

④中位数。

⑤二噁英类污染物总毒性当量。

注：结果系以平均值（范围）或 ±SD 表示。在样本量列，括弧前数值为括弧中采集样本量制备的混合样本数量。“—”表示未报告或未检测。

国家相比，还处于相对较低水平，但是大部分地区的母乳中均可检出PBDE，而且通常高于一些不发达的地区[30]；母乳中可检出多种PBDE同类物。在我国的大多数母乳样品中，均可检出α-HBCD，含量高于TBBPA，范围在325～2776pg/g（脂肪）[31]，各地的含量差异不大，均低于3000pg/g(脂肪)，未检出β-HBCD。

母乳中PBDE的污染水平与鱼贝类食品、奶类和肉类制品以及产后脂肪消费量有关[32-35]，乳母受教育程度和家庭月工资收入与母乳中PBDE浓度呈正相关[36]；而TBBPA和HBCD主要与肉类及其制品受到这些化合物的污染有关[37]。

## 23.1.3 高氯酸盐

高氯酸根是一种低分子量、高度可溶性阴离子。它天然存在于环境中，主要在钾盐矿床附近和干旱地区。通常自然界天然形成的高氯酸盐（perchlorate）的量很低。

### 23.1.3.1 来源

目前造成污染的高氯酸盐主要来自工业生产等人为使用环节。例如，航天飞船、卫星发射的火箭和导弹发射所用的燃料中含有有毒的高氯酸盐，这种物质能污染环境，并可能对人和生物造成危害。最早在美国的牛乳和人乳中已经发现较高浓度的高氯酸盐，这是航天燃料污染环境的有力证据。自从20世纪40～50年代高氯酸盐在美国大规模生产使用，高氯酸盐对环境的污染问题就已存在，过去由于检测环境介质中高氯酸盐方法的灵敏度较低，不能有效地评价环境中存在的微量高氯酸盐，导致其污染问题也没有引起人们的关注，其实高氯酸盐对水源和食物的污染尤为常见。

### 23.1.3.2 危害

高氯酸盐分子与碘分子有非常相似的形状，故可能在甲状腺和母乳中与碘竞争机体吸收部位，抑制碘的摄取，因此高氯酸盐对人体健康的影响主要表现在抑制甲状腺摄取碘，影响机体对碘的吸收利用，加剧碘缺乏，结果可损害婴儿的甲状腺功能和神经系统发育，对大脑发育产生不可逆的损害[8]。在我国的母乳中可以检出高氯酸盐。

### 23.1.3.3 含量

同位素稀释离子色谱串联质谱（ID-IC-MS/MS）方法可用于母乳中高氯酸盐的检测，检出限（LOD）为0.27μg/kg[38]。利用该方法测定439份母乳样品，其中大多数母乳样品中均可检出高氯酸盐，平均值为（7.62±32.7）μg/kg。液相色谱串联质谱（liquid chromatography tandem mass spectrometry，LC-MS/MS)方法可用于检测母乳中高氯酸盐[39]，检出限和定量限分别为0.06～0.3μg/L和0.2～1μg/L，回收率为81%～117%。离子色谱-质谱联用方法，获得母乳高氯酸盐的含量（μg/L,$n$ = 147）范围、平均值±SD和中位数分别为0.5～39.5、5.8±6.2和4.0[40]。Kirk等[41]分析了 36 份人母乳样品的高氯酸盐含量并与牛乳的含量进行了比较，人母乳中的含量显著高于牛乳（10.5μg/L 与 2.0μg/L），人母乳含量的最大值可高达 92μg/L。

### 23.1.4 其他持久性有机污染物

母乳中其他持久性有机污染物（the other persistent organic pollutants）还有全氟烷基化合物（perfluorocarbonated compounds，PFC），主要是全氟辛烷磺酸（perfluorooctanesulfonic acid，PFOS）和全氟辛烷酸（perfluorooctanoic acid，PFOA）[42]，这两种 PFC 化合物已经被列入 POP 公约禁止使用，在经济发达或工业化的国家或地区，母乳中的含量较高[43,44]。合成香料也是环境中的 POP。我国舟山母乳中 PFOS 和 PFOA 污染水平分别为 0.045 ～ 0.360μg/L 和 0.047 ～ 0.210μg/L[8,45]。2007 年取自我国 12 个省 1237 个母乳样品制备的 24 个混样测定结果显示，PFOS 和 PFOA 的中位数、几何均数分别为 49ng/L、46ng/L（6 ～ 137ng/L）和 34.5ng/L、46ng/L（14.15 ～ 814ng/L）[42]。乳母经膳食摄入这些污染物是乳汁中的重要来源（>90%）[46]。

来自中药与个人护理产品的合成香料是新型环境污染物，主要有二甲苯麝香和麝香酮，目前仍在使用，我国是人工合成麝香的生产和销售大国。现在对这些污染物的毒性尚不清楚，而且我国对这些污染物的状况及其危害研究得也不多。

## 23.2 重金属污染物

与大多数发展中国家相似，我国在经济持续高速发展进程中，工业化和城市现代化加速带来了一系列环境污染问题，其中重金属污染是一个尤为突出问题，母乳中铅、汞、镉等有害元素是现代社会工业化环境污染的产物，而母乳也就成为这些重金属元素从母体迁移到婴儿体内的介质[47,48]，这些重金属污染物除了影响新生儿和婴幼儿的生长发育与认知功能以及母乳中微量营养素的吸收利用，快速生长发育的婴儿长期暴露于这些重金属还可能导致神经系统、内分泌系统、造血系统等组织器官发生不可逆性损伤。科学研究证明，即使是暴露于极微量的重金属也将会对婴儿产生有害影响，包括血液学毒性、神经毒性和肾脏毒性等[49,50]，现已知乳母的膳食习惯影响其乳汁中重金属水平[51]。因此定期监测母乳中重金属的浓度及动态变化趋势是非常重要的，也被公认为是最合适的生物标志物。

### 23.2.1 铅

目前研究和关注最多的母乳中重金属污染物是铅（lead），因为随着工业化发展，工业用铅非常广泛，由此导致的环境污染问题也日趋严重，含铅的废弃物、空气、饮水甚至污染的食物以及彩色印刷的书报等导致人体铅暴露量明显增加，而母乳成为铅从母体迁移到婴儿体内的介质。

### 23.2.1.1 铅对母乳喂养儿的危害

由于婴儿的胃肠道位置较高，最易受到铅伤害，同时因为体内代谢和肾脏排出毒物的能力较差，血脑屏障还没有发育完善，所以生命早期直接暴露铅将会严重影响新生儿、婴幼儿的神经系统和造血系统的发育以及学龄期儿童认知行为发育[52]，对学龄前期儿童的早期神经行为发育产生不良影响[53]；铅可经过胎盘和乳汁分别转移到胎儿和婴儿，因此可能对胎儿和新生儿造成潜在伤害[54]。已知铅对人体的危害包括血液学毒性、神经毒性和肾脏毒性等。

### 23.2.1.2 我国母乳铅污染状况

国内不同地区母乳中铅以及与母血中铅关系的研究总结于表23-4，乳汁中铅水平与乳母的铅暴露状况有关。在全乳铅含量几何均数为0.006μmol/L的样品中，乳汁不同组分中铅的分布分别为乳清63%、乳脂28%和酪蛋白9%，乳清铅含量与乳母血铅呈正相关（$r$=0.49，$P$=0.02）[55]。随哺乳期的延长，乳铅含量逐渐降低，如有报道从初乳的9.94μg/L（0.048μmol/L）降低到成熟乳的2.34μg/L（0.011μmol/L）[56]。2007年深圳市60例初顺产妇产后3周至2个月乳铅含量为2.13μg/L[57]；孙忠清等[58]报告的42例黑龙江乳母的乳铅含量范围为2.5～5.3μg/kg。在2009～2010年南京进行的横断面调查，170例乳母的乳铅含量为40.6μg/L，母乳铅含量比WHO推荐可接受铅水平（5μg/L）要高很多[59]，而且有贫血史乳母的乳铅含量显著高于没有贫血史的乳母（41.1μg/L和37.9μg/L，$P$=0.05）[60]。乳铅含量与孕期食用鸡蛋量（$P$=0.029）、海鱼食用量（$P$=0.005）和孕期身高（$P$=0.016）有关，乳铅含量与乳母的膳食习惯、吸烟和环境污染等因素密切相关[61,62]；生活在冶炼厂周边乳母的乳铅水平显著高于相比较的对照组（0.055μmol/L和0.009μmol/L）[63]。

**表23-4 我国不同地区母乳和乳母全血铅污染水平** 单位：μmol/L

| 作者 | 采样地点 | 样本量 | 采样时间 | 乳铅 | 血铅 | 乳样 |
|---|---|---|---|---|---|---|
| 苗红等[64] | 上海市 | 93 | 2010 | 0.007(0.001～0.110) | 0.161±0.046 | 产后3d内 |
| 闫琦等[65] | 北京海淀 | 60 | 2008 | 0.497±0.025 | 0.024±0.002 | 产后42d |
| 姚辉等[66] | 南京市 | 133 | 2005 | 0.242±0.098 | 0.236±0.096 | 产后7d内 |
| 张丹等[67] | 厦门市 | 200 | 2008 | 0.040① | 0.201① | 产后3～5d |
| 陈桂霞等[68] | 厦门市 | 105 | 2002 | 0.17±0.08 | 0.54±0.15 | 0～11个月 |
| 焦亚平等[69] | 广州市 | 500 | 2008～2009 | 0.022±0.042 | 0.106±0.062 | 产后7d内 |
| 张丽范等[70] | 广东江门 | 147 | 2005 | 0.119±0.055 | 0.119±0.127 | 产后90d |
| 刘汝河等[71] | 广东湛江 | 56 | 2003 | 0.83±0.59 | 0.73±0.39 | 产后3d内 |

①中位数。

注：血铅和乳铅含量以平均值±SD表示，括号中为范围。

### 23.2.1.3 母乳中铅污染水平

国外报道的母乳铅含量结果如下，Orun等[72]土耳其安卡拉的研究结果显示，母乳铅中位数为20.59μg/L，曾患过贫血的乳母产后2个月乳铅水平显著高于没有贫血史的乳母（21.1μg/L和17.9μg/L，*P*=0.005）。Al-Saleh等[73]报告的沙特阿拉伯的母乳铅含量为31.67μg/L；伊朗德黑兰的43例产后2个月乳母的乳铅含量为23.66μg/L±22.43μg/L[74]；斯洛伐克158例健康乳母产后4d的乳铅含量为4.7μg/kg[75]；180例希腊乳母产后第3天初乳铅平均含量为0.48μg/L±0.60μg/L，第14天的乳铅平均含量为0.15μg/L±0.25μg/L[51]；来自维也纳的138份母乳铅含量为1.63μg/L±1.66μg/L[49]；西班牙马德里100例乳母产后第3周的乳铅含量几何均数为15.56μg/L[61]；Gurbay等[76]报告的土耳其安卡拉乳母的乳铅水平为391.4μg/L±269.0μg/L；Ettinger等[77]报告的墨西哥城250例乳母产后1个月的乳铅平均含量为1.5μg/L±1.2μg/L（范围0.3～8.0μg/L）。巴西南部地区母乳和乳母血铅含量调查结果显示，92个乳样（产后15～210d）中铅中位数为3.0μg/L（0.014μmol/L），范围为1.0～8.0μg/L（0.005～0.039μmol/L）；相应的血铅中位数为27μg/L（0.130μmol/L），范围10～55μg/L（0.048～0.265μmol/L）[78]。巴西的调查结果显示，80例乳母的初乳中平均铅含量为6.88μg/L，中位数为4.65μg/L（0.12～41.5μg/L）[79]；来自伊朗哈马丹地区100例母乳的铅含量中位数为41.9μg/L[80]。

### 23.2.1.4 影响因素

乳清中铅含量与乳母的血铅含量呈正相关（*r*=0.49，*P*=0.02）[55]，但是乳铅水平不受乳母营养状态和膳食摄入量的影响。来自印度工业区和非工业区各25例乳母的研究结果显示，非工业区的乳样中铅含量（5～25μg/L）显著低于来自工业区的乳样（15～44.5μg/L）[81]。Marques等[63]在巴西的调查结果显示，生活在锡矿石冶炼厂附近乳母的乳铅水平为11.3μg/L（范围0.96～29.4μg/L），显著高于相对照的农村乳母（1.9μg/L，范围0.96～20.0μg/L）；而来自安第斯铅污染地区乳母的乳铅水平为3.73μg/L±7.3μg/L，范围0.049～28.04μg/L[82]。乳铅浓度受乳母吸烟和/或被动吸烟的影响，乳母吸烟和被动吸烟可升高乳铅浓度[75,83,84]；通常城市乳母的乳铅含量高于农村的乳母[51]，这可能与城市乳母较多地暴露机动车尾气污染有关[61]。Chien等[56]比较了乳母服用了传统中草药对产后1～60d乳铅含量的影响，72例初乳样品中铅含量几何均数为7.68μg/L±8.24μg/L（0.037μmol/L±0.040μmol/L），而服用了传统中草药乳母的乳铅含量为8.59μg/L±10.95μg/L (0.041μmol/L±0.053μmol/L)，显著高于没有服用传统中草药的对照组[6.84μg/L±2.68μg/L (0.033μmol/L±0.013μmol/L)]。

## 23.2.2 镉

镉（cadmium）是一种能在环境和人体中长期蓄积的有毒有害重金属元素，国际癌症研究署将镉归类为第一类人类致癌物，联合国环境计划署也把镉列为重点研究的环境污染物。乳母接触镉除了职业性接触镉污染的环境外，日常生活中镉的污染来源于加工食品、水、吸烟和 / 或被动吸烟或污染的尘土等。对于不吸烟者和未有职业性接触者，摄取镉污染的食品是暴露的主要来源。

#### 23.2.2.1　镉对母乳喂养儿的危害

镉在人体内的半衰期长达 15 ～ 30 年，主要蓄积在肾脏，镉中毒损害肾脏、骨骼和消化系统。已经证明镉可以经乳汁排出，对于母乳喂养的婴儿，乳汁中的镉也就成了婴儿镉摄入的主要来源 [85]，母亲暴露镉可增加早产风险，可导致低出生体重 [39]。产后 2 个月母乳中镉水平与新生儿出生时的头围和体重的 $Z$ 评分呈负相关（$r=-0.257$，$P=0.041$ 和 $r=-0.251$，$P=0.026$）[72]；经母乳摄入过多镉组（母乳镉含量 0.57μg/L±0.18μg/L）婴儿的体重显著低于正常对照组（母乳镉含量 0.22μg/L±0.07μg/L），6 月龄婴儿的身长与母乳中镉含量呈显著的负相关（$P<0.05$）[86]。Liu 等 [60] 在我国南京的调查结果提示，170 例产后 2 个月的乳母乳汁镉水平与头围 $Z$ 评分呈显著负相关（$r=0.241$，$P=0.042$）。

#### 23.2.2.2　我国母乳镉污染状况

2007 年深圳市 60 例初顺产妇产后 3 周至 2 个月乳汁中镉含量均小于 0.005μg/L[57]。在 2009 ～ 2010 年南京进行的横断面调查中，170 例乳母的乳汁镉含量为 0.67μg/L；有 31.8% 的母乳镉含量 >1μg/L，主动和被动吸烟乳母的乳汁镉含量中位数显著高于不吸烟的乳母 [60]。孙忠清等 [58] 报告的 42 例黑龙江乳母的乳镉含量范围 0.02 ～ 0.23μg/kg。2008 年厦门市和保定市各 200 例乳母的乳汁镉含量分别为 0.43μg/L 和 0.26μg/L，Logistic 回归分析结果显示乳汁中镉含量与食用海鱼有关（$P=0.001$），母乳镉含量还与乳母的膳食习惯、吸烟和环境污染等因素密切相关 [61,62]。

#### 23.2.2.3　国外母乳中镉污染水平

在日本，Honda 等 [87] 对 68 例产后 5 ～ 8d 乳母的乳镉含量分析结果显示，几何均数为 0.28μg/L±1.82μg/L，而且与乳母的尿镉排出量呈显著正相关（$r=0.451$，$P<0.001$）。Al-Saleh 等 [73] 报告的沙特阿拉伯乳母的乳镉含量为 1.73μg/L。斯洛伐克 158 例健康乳母产后 4d 的乳镉含量为 0.43μg/kg[75]。180 例希腊乳母产后第 3 天初乳镉平均含量为 0.19μg/L±0.15μg/L，第 14 天的乳镉平均含量为 0.14μg/L±0.12μg/L[51]。Garcia-Esquinas 等 [61] 报告的西班牙马德里 100 例乳母产后第三周的乳镉含量几何均数为 1.31μg/L。Gurbay 等 [76] 报告的土耳其安卡拉调查的乳母的乳镉平均含量为 4.62μg/L，而 Orun 等 [72] 报告的乳镉含量为 0.67μg/L。巴西西南部地区 80 例乳母初乳平均镉含量为 2.3μg/L，范围为 0.02 ～ 28.1μg/L[88]；Vahidinia 等 [80] 报告伊朗哈马丹地区 100 例母乳镉含量均低于 <1μg/L。

#### 23.2.2.4 影响因素

吸烟是乳汁中镉暴露的重要来源[61,83]，妊娠期间主动和被动吸烟的乳母乳镉含量中位数显著高于不吸烟者（0.89μg/L 与 0.00μg/L，$P<0.023$）[72]。Radisch 等[89]评价了 15 例不吸烟与 56 例吸烟乳母的血镉和乳镉含量，非吸烟乳母的血和乳镉含量中位数（0.54μg/L 和 0.07μg/L）显著低于每天吸烟超过 20 支的乳母（1.54μg/L 和 0.16μg/L），乳镉含量相当于血水平的 1/10；妊娠期间主动吸烟和被动吸烟的乳镉含量中位数显著高于妊娠期间没有吸烟的乳母（0.89μg/L 和 0.00μg/L，$P$=0.023）；没有服用铁和维生素补充剂的乳母乳镉水平显著高于服用补充剂的乳母（0.78μg/L 和 0.00μg/L，$P$=0.005）[60,72]。

### 23.2.3 汞

因汞对土壤、水、大气的污染日益严重，环境汞污染对快速发育期婴幼儿的影响已经成为世界性的公共卫生问题。母乳是婴儿的理想食物，然而在受到汞污染的地区婴儿暴露汞的风险也增加[90]；或如果乳母经历牙齿修复，使用了传统含有汞合金的填充材料，其乳汁中汞平均浓度为没有填充汞合金牙齿乳母的三倍[91]。

#### 23.2.3.1 汞对母乳喂养儿的危害

汞及其化合物属于剧毒物质，主要蓄积在肝、肾、脑等器官，导致脑和神经系统损伤。汞的毒性在于可直接影响生长发育期间儿童的神经系统发育。通过母乳排出的汞有少量以甲基汞的形式存在，这种形式的汞脂溶性极强，绝大部分可在胃肠道被吸收，而且容易通过大脑屏障，对婴儿大脑有神经毒性[92]；无机汞在婴儿胃肠道的吸收率仅有约 7%，而且很少能通过大脑屏障[61,92]，主要蓄积在肾脏，可造成肾损伤。据 WHO 报告估计，每千名儿童中约有 1.5 ～ 17 名儿童的认知功能障碍与食用含汞的鱼有关[93]。

#### 23.2.3.2 我国母乳汞污染状况

张丹等[62]分析了厦门和保定各 200 例产后 3 ～ 5d 的母乳，汞含量分别为 2.18μg/L 和 1.92μg/L，Logistic 回归分析结果显示乳汁汞含量与食用海鱼及蟹类有关（$P$=0.028 和 0.047）；另一项厦门调查包括 338 例乳母的结果显示，乳汞含量几何平均值为 0.61μg/L[94]。

#### 23.2.3.3 国外母乳中汞污染水平

根据生活在印度尼西亚、坦桑尼亚和津巴布韦金矿区域人群的调查，当地生活居民长期暴露较高剂量的无机汞，46 例有汞暴露经历的乳母乳汁汞含量中位数为 1.87mg/L（9.025μmol/L），有的甚至高达 149mg/L（0.719mmol/L）[95]。Al-Saleh 等[73]报告的沙特阿拉伯母乳汞含量为 3.10μg/L。斯洛伐克 158 例健康乳母产后 4d 的乳汞含量为 0.94μg/kg[75]。来自维也纳的 138 份母乳汞含量为 1.59μg/L±1.21μg/L[49]。西班牙马德里 100 例乳母产后第三周的乳汞含量几何均数为 0.53μg/L[61]；伊朗哈马丹地区 100 例母乳的分析结果显示，汞含量中位数为 2.8μg/L[80]。

Gaxiola-Robles 等[96]评价了 108 例墨西哥西北部乳母的乳汞含量，生后 7～10d 的乳汁总汞含量与妊娠次数有关，第一次妊娠的乳汁中总汞含量低于三次或三次以上（1.23μg/L 和 2.96μg/L，$P$=0.07）。da Costa 等[97]研究了母乳中总汞浓度与乳母牙齿修复银汞合金表面积的关系，巴西的 23 份母乳样品（生后 7～30d）中总汞平均含量为 0.027μmol/kg(0～0.111μmol/kg)，母乳汞含量和乳母牙齿修复银汞合金表面积的 Pearson 相关系数非常显著（$r$=0.609，$P$=0.006），提示含有金属汞的牙齿修复填充材料可能是人体无机汞污染的主要来源[97,98]。

#### 23.2.3.4 影响因素

母乳中汞主要来源是乳母日常膳食，最大的贡献是海产品（如鱼类食品）[98-100]，Gaxiola-Robles 等[96]研究证明经常吃鱼的乳母乳汁中总汞含量显著高于不吃鱼的乳母（2.48μg/L 和 0.90μg/L，$P$=0.02）；吸烟和 / 或被动吸烟也会增加汞摄入量，其他的来源包括奶制品、传统草药或偏方等。2008 年厦门市和保定市各 200 份母乳测定结果显示，乳汁中汞含量与乳母的膳食习惯、吸烟或被动吸烟以及环境污染等因素密切相关[61,62,96]。

在过去的数十年，汞污染已成为全球关注的重要环境问题，促使各国或地区政府重视环境综合治理，根据 Sharma 等[101]全球和区域人血和母乳中总汞含量的时间趋势及其与健康影响的分析，从 1966～2015 年全血、脐带血和母乳中的总汞含量已显著下降。

### 23.2.4 其他重金属

已有许多关于母乳中其他重金属含量的研究，如砷、锰、铝、镍、钡等[80,102-104]。张丹等[62]报告的厦门和保定地区产后 3～5d 的乳母乳汁中锰含量中位数分别为 23.8μg/L 和 27.9μg/L，Logistic 回归分析结果显示乳汁中锰含量与家庭附近有污染工厂、妊娠期间使用口红和豆类食品消费量有关（$P$=0.027，$P$=0.050，$P$=0.035）。2007 年深圳市 60 例初顺产妇产后 3 周至 2 个月乳汁中砷含量小于 0.005μg/L[57]。已有病例报道，在地方性砷中毒流行地区，经由母亲胎盘与乳汁途径引起婴儿出现严重砷中毒，出生后 3～4 个月时，婴儿皮肤出现明显突出的小白色亮点[105]。Leostsinidis 等[51]测定了 180 例希腊乳母产后第 3 天初乳锰平均含量为 4.79μg/L±

3.23μg/L，第 14 天乳锰平均含量为 3.13μg/L±2.00μg/L。Gurbay 等[76]报告的土耳其安卡拉调查的乳母乳汁中砷水平为 <7.6μg/L（低于检测限量），镍含量为 43.9μg/L±33.8μg/L。孙忠清等[58]报告的 42 例黑龙江乳母的乳汁中铝、砷、镍、锰含量范围分别为 63.2 ～ 436.3μg/kg、0.92 ～ 2.72μg/kg、0.77 ～ 209.26μg/kg 和 3.00 ～ 16.12μg/kg。

与我国食品中污染物限量标准相比，除有暴露史外，大多数调查的城市母乳中重金属含量的结果，评价的重金属水平整体上仍处于可接受的范围。大多数报道的母乳中重金属的含量低于 WHO 确定的婴儿每周可耐受摄入量，理论上可以排除母乳喂养婴儿过量暴露环境重金属的风险。但是来自严重污染地区（如金属冶炼厂、金矿）的母乳中某些重金属（如铅、镉、汞等）超过了可耐受的摄入量，而且这种暴露以及危害可能从胚胎期就已经开始，因此需要监测和评价这些暴露对婴儿及其后期生长发育和认知能力的长期持续影响。同时更应该关注我国日益严重的工业污染、污水处理以及生态环境受到破坏等问题，这些都可能使乳母暴露污染物的风险增加，将会对乳母和子代产生长期危害。

## 23.3 霉菌毒素污染物

霉菌毒素（mycotoxins）通常是某些霉菌产生的次生剧毒性低分子量代谢产物[106,107]，主要是指霉菌在其所污染的食品中产生的有毒代谢产物，它们可以通过食品进入人体内，引起人的急性、亚急性或慢性毒性，损害肝脏、肾脏、神经组织、造血组织及皮肤组织等，还可以经过乳汁进入新生儿和婴儿体内[108]。目前已知约有 150 多种化合物，而其中最具代表性的霉菌毒素是具有致癌性的黄曲霉毒素。其他的霉菌毒素还有具有肾脏毒性的赭曲霉毒素 A 等。在母乳中已检出了这两类霉菌毒素。尽管食物中霉菌毒素的含量很低，如果持续摄入即使是微量的霉菌毒素也可导致体内蓄积，而且不同霉菌毒素间有协同作用，其危害往往比单一毒素的毒性强很多倍，因此即使是含量较低水平的霉菌毒素，并不意性味着对人体就没有危害。

### 23.3.1 黄曲霉毒素

黄曲霉毒素是某些真菌产生的有毒代谢产物。已知天然产生的四种黄曲霉毒素是黄曲霉毒素 $B_1$、黄曲霉毒素 $B_2$、黄曲霉毒素 $G_1$ 和黄曲霉毒素 $G_2$，其中黄曲霉毒素 $B_1$ 的毒性最大。由于食品和饲料（谷物、坚果等）中经常可检出黄曲霉毒素污染物（黄曲霉毒素 $B_1$ 和黄曲霉毒素 $B_2$），因此当动物（如奶牛）摄入黄曲霉毒素 $B_1$ 和黄曲霉毒素 $B_2$，约 1.5%（1% ～ 3%）在肝脏被羟化，经乳汁以黄曲霉毒

$M_1$ 和黄曲霉毒素 $M_2$ 形式排出，尽管其毒性低于其母体化合物，但是有重要的公共卫生意义，因为婴幼儿的膳食构成中牛奶及其制品的摄入比例较大，据此推理母乳中可能存在黄曲霉毒素（黄曲霉毒素 $M_1$ 和黄曲霉毒素 $M_2$）。

哺乳期母亲摄入被霉菌毒素（黄曲霉毒素 $B_1$）污染的食物时，母乳可能含有黄曲霉毒素 $M_1$，而这个成分及其羟基化代谢物被认为是强致癌物，因此也是食品安全和公共卫生领域中关注的一个重要问题[109]。

#### 23.3.1.1 毒性

已有报道乳母摄入被黄曲霉毒素 $B_1$ 污染的食物（如谷类制品、奶及奶制品、豆类食品、肉类制品、鱼、玉米油、棉籽油、干果和坚果）后，12 ～ 24h 即可在乳汁中检测出黄曲霉毒素 $M_1$。当暴露停止 72h 后，乳汁中黄曲霉毒素 $M_1$ 降低到检测限以下[110]。黄曲霉毒素是毒性很强的物质，可引起动物和人体的急性和慢性毒性，包括引起急性肝脏损害、肝硬化，诱发肿瘤和致畸作用；在某些地区出生前后长期暴露黄曲霉毒素可能是导致儿童生长发育延迟的重要原因之一[111]。

#### 23.3.1.2 含量

母乳中黄曲霉毒素的含量呈现明显的区域差异，气候湿热地区的污染比较重，而温和地区则污染较轻，不同研究报道的母乳中黄曲霉毒素含量及范围见表 23-5。Omar[112] 测定的 80 例约旦乳母的乳汁黄曲霉毒素 $M_1$，平均浓度高于欧盟和美国设定的最大可接受限值 25ng/kg，另一项研究估计的新生儿经母乳每天暴露黄曲霉毒素 $M_1$ 的量为 52.7ng[113]。其他的研究观察到母乳中黄曲霉毒素 $M_1$ 与乳母的牛奶摄入量呈显著正相关（$P<0.001$），黄曲霉毒素 $M_1$ 与儿童生长迟缓有关（$P<0.015$）[114]。多数研究结果表明，非洲地区和亚洲（如阿联酋）母乳中黄曲霉毒 $M_1$ 的污染较为严重；相比较的欧洲、澳大利亚等地区的黄曲霉毒素污染情况则比较轻。根据我国 2011 年 15 个省母乳中真菌毒素污染状况的调查结果，母乳中黄曲酶毒素 $M_1$ 呈现明显的地域差异，部分省份的母乳样品中仍可检出黄曲霉毒素 $B_1$ 和黄曲酶毒素 $M_1$，还需要关注这样的污染程度对喂养儿健康状况的影响[115]。

#### 23.3.1.3 影响因素

母乳中黄曲霉毒素的含量反映了乳母膳食的污染程度，即食品中黄曲霉毒素污染重的地区，母乳中黄曲霉毒素 $M_1$ 的污染也较重。乳母的膳食可能是影响母乳中黄曲霉毒素 $M_1$ 的重要因素，其他的影响因素还有乳母膳食习惯、社会经济状况、人口学资料以及哺乳习惯等[116]。埃及的研究结果提示，没工作或肥胖、玉米油消费量高、家庭儿童数和哺乳早期阶段（< 1 个月）都影响母乳中黄曲霉毒素 $M_1$ 的水平[117]。

**表 23-5 母乳中黄曲霉毒素含量及其范围**

| 作者，时间 | 地点 | 例数 | 检出率 /% | 存在形式 | 含量 /(ng/L) |
|---|---|---|---|---|---|
| Coulter 等[118]，1984 | 苏丹 | 99 | 13.1 | $M_1$ | 19.0④ |
| | | | 11.1 | $M_2$ | 12.2④ |
| Saad 等[119]，1995 | 阿联酋 | 445 | 99.5 | $M_1$ | 2 ～ 3000 |
| el-Nezami 等[120]，1995 | 澳大利亚 | 73 | 15.1 | $M_1$ | 71②(28 ～ 1031) |
| | 泰国 | 11 | 45.4 | $M_1$ | 664②(39 ～ 1736) |
| Lamplugh 等[121]，1988 | 戛纳阿克拉 | 264 | 22.3 | $M_1$ | 20 ～ 1816 |
| | | | 7.8 | $M_2$ | 16 ～ 2075 |
| Polychronaki 等[117]，2006 | 埃及 | 388 | 36 | $M_1$ | 13.5② |
| Galvano 等[122]，2008 | 意大利 | 82 | 4.9 | $M_1$ | 55.4④(<7 ～ 140) |
| Keskin 等[123]，2009 | 土耳其 | 61 | 13.1 | $M_1$ | 5.68±0.62③(5.10 ～ 6.90) |
| Gurbay 等[124]，2010 | 土耳其 | 75 | —① | $M_1$ | 60.9 ～ 300.0 |
| | | | —① | $B_1$ | 94.5 ～ 4123.8 |
| Mahdavi 等[114]，2010 | 伊朗 | 91 | 22 | $M_1$ | 6.69±0.94③ |
| El-Tras 等[113]，2011 | 埃及 | 125 | — | $M_1$ | 74.41±7.07③(<50 ～ 100) |
| Elzupir 等[125]，2012 | 苏丹 | 94 | 54.3 | $M_1$ | 401±525③ |
| Adejumo 等[126]，2013 | 尼日利亚 | 50 | 82 | $M_1$ | 3.49 ～ 35.0 |

①未报告检出率。

②中位数。

③平均值 ±SD。

④平均值。

## 23.3.2 赭曲霉毒素 A

赭曲霉毒素是继黄曲霉毒素后又一个引起广泛关注的霉菌毒素。它是由曲霉属的 7 种曲霉菌和青霉属的 6 种青霉菌产生的一组重要的、污染食品的真菌毒素，赭曲霉毒素 A 是毒性最大、分布最广、产毒量最高、对农产品的污染最重、与人类健康的关系最为密切的霉菌毒素。该毒素主要污染粮谷类农产品如燕麦、大麦、小麦、玉米、动物饲料和动物性食品（如猪肾脏、肝脏）等。

### 23.3.2.1 毒性

赭曲霉毒素 A 是一种具有急性肾脏毒性和致癌特性的真菌毒素[127]，是常见的食品污染物，可能增加新生儿对某些疾病的易感性。该毒素已被国际癌症研究机构归类为可能的人类致癌物（2B 组）[128]。给予实验动物致死剂量后，观察到的主要病理变化是肾小管和门静脉周围肝细胞坏死。赭曲霉毒素 A 具有免疫抑制作用，而且可能还有致癌作用。赭曲霉毒素 A 是脂溶性的，蓄积在组织中，不容易排出体外。由于婴儿较高的代谢率、较低体重、低排毒能力以及某些组织和/或器官的发育不全，被认为更易受到霉菌毒素的影响[129]。

#### 23.3.2.2 含量

多种食品中可检出这种毒素，包括谷物、葡萄干、咖啡、可可、葡萄酒、啤酒、水果和坚果等；该种毒素可由母体经乳汁排出[130]，已经在人的血液和乳汁中检测出赭曲霉毒素A，而且两者含量相似（35μg/kg）[131]。来自不同地区的各种研究表明，母乳中含有赭曲霉毒素A的浓度不同。Munoz等[132]测定的90份德国乳母的乳汁中赭曲霉毒素A，29%的样品中含量超过了3ng/kg的可耐受每天摄入量（tolerable daily intake，TDI）。Kamali等[133]在伊朗东南部研究中，从2016年4月至2017年1月收集了84份人类母乳样品，100%乳样中检出了赭曲霉毒素A，其中有14份乳样含有高浓度赭曲霉毒素A（超过3ng/mL的定量限）。

#### 23.3.2.3 影响因素

乳汁中赭曲霉毒素A浓度与乳母的膳食习惯有关[122]，与母乳的年龄呈负相关[133]；乳汁中的赭曲霉毒素A与乳母的猪肉、甜饮料、软饮料和种子油消费量呈显著正相关，早餐谷类食品、加工的肉类制品和奶酪也是赭曲霉毒素A的重要来源，乳母的血清含量也与血清/乳汁的赭曲霉毒素A比值呈正相关[134]。为了保护婴幼儿的健康，需要定期监测母乳中赭曲霉毒素A的污染水平。

### 23.3.3 其他霉菌毒素

除了上述常见的黄曲霉毒素$M_1$（$AFM_1$）和赭曲霉毒素A（OTA），还有报道母乳中还可检出玉米赤霉烯酮（zearalenone，ZEN）和脱氧雪腐镰孢霉烯醇（deoxynivalenol，DON）[108,135]。ZEN和DON均是有毒的真菌次生代谢产物，主要存在于受污染的食物中，与严重的健康问题有关。Memiş和Yalçın[108]测定的母乳中ZEN含量超过300ng/L的占59.7%，而DON含量超过10000ng/L的占37.7%。Dinleyici等[135]报告产后90d的所有母乳样品中均可检测出ZEN，中位数为173.8ng/L（范围35.7～682ng/L），DON的中位数为3924ng/L（范围400～14997ng/L）。母乳中这些霉菌毒素的含量与孕期和哺乳期的饮食习惯有关，更多是来自被这些霉菌毒素污染的谷物食品[136]。

## 23.4 其他环境污染物

除了前面提到的母乳中存在的持久性有机污染物、重金属污染物、霉菌毒素污染物之外，乳母个人的生活习惯（如吸烟或被动吸烟、饮酒和饮用咖啡等）、用药、不良膳食习惯等也会影响到其所分泌乳汁中有害成分的含量。例如，母亲吸烟和饮酒行为，除了影响乳汁分泌量和乳汁成分，还可能对婴儿健康状况产生长期不良影响；用于乳母的许多治疗用药可以被转运进入乳汁，有个别的药物可能对婴儿存在潜在的或不可预期的风险。

## 23.4.1 尼古丁、酒精和咖啡因

乳母的吸烟和饮酒等行为，除了影响到乳汁分泌量和乳汁成分外，还可能对婴儿的健康状况产生潜在的长期不良影响。

### 23.4.1.1 吸烟

吸烟与母乳中某些有毒元素的较高浓度有关[2]。哺乳期妇女吸烟（smoking cigarette）和/或被动吸烟可降低其泌乳量、缩短母乳喂养持续时间和减轻喂哺婴儿的体重，吸烟与母乳脂肪和能量呈显著的负相关（$P = 0.026$ 和 $P = 0.007$）[137,138]。烟草中有数百种化合物，尼古丁及其代谢产物常被用作为烟草暴露的标识物。母乳中尼古丁浓度（2.0 ～ 62.0μg/L）与乳母血清浓度（1.0 ～ 28.0μg/L）呈正相关（$r$=0.70），母乳中的浓度是相同乳母血浆中浓度的 1.5 ～ 3 倍，尼古丁乳汁/血清浓度比值为 2.92±1.09；母乳中可替宁浓度也与乳母的可替宁血清浓度呈正相关（$r$=0.89），但是可替宁母乳的浓度（12 ～ 222μg/L）低于相同乳母的血清浓度（16 ～ 330μg/L），可替宁乳汁/血清浓度比值为 0.78±0.19；血浆和乳汁中的半衰期相似（60 ～ 90min）[139,140]。

母体血液中的尼古丁到达母乳中的速度很快，而且与乳母吸烟量或吸入尼古丁的量有关，即吸烟愈多，母乳中所含尼古丁和可替宁的浓度愈高，母乳中含有较高的尼古丁可使母乳喂养儿发生呕吐、腹泻、心率加快、烦躁不安等，而且吸烟还可降低母亲乳汁分泌量。

### 23.4.1.2 饮酒

乳母饮酒（alcohol drinking）时分泌乳汁中的酒精浓度与母体血液中酒精浓度非常相似，对哺乳的影响既存在直接的影响也存在间接的作用。哺乳期间饮酒可直接抑制射乳反射，导致乳汁产量暂时性降低，也可能损害婴儿的免疫功能[141]；乳母饮酒还可导致母乳喂养儿感知到酒精（alcohol）的味道和摄入酒精[142]。已证明，即使是乳母短期摄入酒精也会影响到乳汁的味道、婴儿的喂养和睡眠行为；而且当酒精摄入量超过 1g/kg（体重）时，可显著降低射乳反射[143]。乳母短期饮酒可显著且均匀地增加其乳汁气味的感知度，饮酒后 30min ～ 1h 这种气味的强度增加达到峰值，随后开始降低，而且这种气味的改变与乳汁中乙醇浓度的变化相平行[144]。

哺乳期间饮酒导致母乳中残留的酒精也会阻碍喂养儿的生长发育，酒精会直接影响婴儿的饮食和睡眠方式（睡眠障碍）[141]，甚至抑制乳汁分泌导致母乳量下降[145]。鉴于妇女哺乳期间饮酒，酒精会通过乳汁进入新生儿和婴儿体内，对新生儿和婴儿产生不良影响，在哺乳期间最好不要饮酒。如果哺乳期间乳母喝了含有酒精的饮料（如啤酒或一杯葡萄酒），至少需要等 2 ～ 3h 后再哺乳；如果喝的酒较多，则需要等更长的时间才能哺乳，甚至可长达 24h。

### 23.4.1.3 咖啡因

咖啡因（caffeine）是一种中枢神经兴奋剂，哺乳期间饮用咖啡的乳母，在其分泌的乳汁和喂哺的婴儿血清中可检测出咖啡因，而且 3 个月内婴儿还不能代谢咖啡因，以原型经尿排出[146]；这种方式暴露咖啡因对婴儿的心脏和睡眠时间没有显著影响[147]。根据已发表的研究，哺乳期妇女长期饮适量咖啡对新生儿没有明显的不良影响，而且咖啡因不会改变母乳成分[148]，也不影响 3 个月内婴儿的睡眠状况[147]。

## 23.4.2 药物

用于乳母的许多治疗用药物可以被转运进入乳汁，但是母乳喂养婴儿通过乳汁所接受到的剂量通常很低，通常对婴儿的健康状况没有明显影响。但是也有个别的药物哺乳期间应禁用，因为对婴儿的健康和 / 或生长发育可能存在潜在的或不可预期的风险。

### 23.4.2.1 哺乳期妇女用药问题

由于哺乳期妇女常易患多种不适或疾病，需要服用处方药物进行治疗[149]，此时即使是服用一种安全有保证的药物，乳母也常常忧虑是否应继续母乳喂养婴儿而不服用药物还是进行药物治疗而停止母乳喂养。

已知哺乳期妇女服用的药物可进入乳汁，且随个别药物分子的理化性质各不相同，乳母血浆中的药物浓度是影响有多少药物转移到乳汁的重要决定因素。扩散程度取决于浓度梯度，较高的乳母血浆 / 血清含量就会产生较高的乳汁含量。母乳略呈酸性（pH 值平均值 7.1，相比血浆平均 pH 为 7.4），故药物的酸 / 碱特性也是很重要的影响因素[150]。大多数用于乳母的处方药可能对泌乳量或婴儿健康 / 生长发育没有明显影响[151]，一方面可以确保母乳喂养的婴儿不受乳母用药造成的不良影响，另一方面可以对妇女哺乳期间存在的不适或健康问题进行有效的药物治疗。

因此我们不仅仅需要了解乳母服用的药物通过乳汁转移到婴儿的量，更重要的是药物对婴儿和乳母可能存在的潜在毒副作用[152]。尽管有些药物的毒副作用很低，可能蓄积的药物量相对较低，但由于婴儿肝脏解毒能力、肾脏发育 / 排泄功能尚不完善以及药物在婴儿体内较长的半衰期，故可能会产生毒副作用[153]。因此需在医生的指导下，以个体为基础，评价母乳喂养期间乳母药物使用的风险与益处。

#### 23.4.2.2 乳母用药对喂养婴儿的危害

乳汁中残留的痕量抗生素（如青霉素、链霉素）可引起婴儿过敏反应和导致耐药菌株的产生；镇静药物（如安定、苯妥英钠等）可引发婴儿皮疹和嗜睡、虚脱、全身瘀斑等；乳母服用大剂量阿司匹林和口服抗凝药时可能损害母乳喂养婴儿的凝血机制，发生出血倾向；乳母服用抗甲状腺药物（如甲巯咪唑类），乳汁中浓度可为血中浓度的 3 倍以上，最高可达 12 倍之多，会导致婴儿发生甲状腺肿和甲状腺功能减退，严重影响幼儿的甲状腺正常发育。

#### 23.4.2.3 精神类药物

乳母服用抗焦虑药、抗抑郁药和抗精神病药（psychotropic drugs）对哺乳婴儿的影响尚不十分清楚。乳母服用的这些药物出现在乳汁中的浓度较低，乳汁与血浆比值为 0.5 ～ 1.0[151]。因为这些化合物及其代谢产物的半衰期较长，在母乳喂养的婴儿血浆和组织中（如脑）可能检测出来这些化合物。这一点对几个月的婴儿是特别重要的，因为他们的肝肾功能尚未发育成熟。哺乳期间，如果需要服用其中任何一种药物，应该告知乳母通过乳汁婴儿会暴露该种药物。因为这些药物影响正处在发育中的中枢神经系统神经递质的功能，目前还不可能预测对神经系统发育的长期影响。

#### 23.4.2.4 催乳药或凉茶

产后乳汁分泌量不足是影响母乳喂养和持续时间的重要因素。常常医生给予处方药或其他催乳药（galactagogue medicine）或传统民间凉茶（herbal tea）处理这个问题。常用的催乳药有甲氧氯普胺、多潘立酮、氯丙嗪、舒必利、催产素、促甲状腺激素释放激素、安宫黄体酮等；草药和其他天然物质的催乳成分包括葫芦巴、山羊豆、水飞蓟素、紫花苜蓿、山羊豆菊、啤酒酵母等[154,155]，有些小规模试验结果显示可改善泌乳量，但是试验设计存在诸多局限性[155]。

有很多产后妇女使用草药类产品试图增加泌乳量，民间传闻有多种草药和药物具有提高泌乳量的作用，但是仍缺乏充足科学证据。关于使用草药和药物催乳可能存在的不良反应、药效动力学特征和药代动力学影响的证据仍缺少，缺乏临床证据来证明其有效性和安全性，需要进一步设计良好的临床试验证实催乳药或凉茶的科学性、有效性和安全性[156]。

因此，需要研究乳母服用药物经乳汁排出的量、药物动力学以及可能对婴儿的短期和长期的不良影响。这首先是因为母乳是纯母乳喂养婴儿的独一无二的食物，婴儿完全依赖于母乳的营养；母乳中存在的药物或化学品，如果浓度达到一定程度，或如果婴儿相当敏感，就可能存在潜在不良影响，首当其冲的是婴儿脆弱的中枢神经系统。其次，研究乳母服用药物经乳汁的排出是为了获得足够的科学证据，以使乳母能安全和有效地使用药物，因为大多数乳母可能会在产后的第一周服用一种或多种药物[157]。

### 23.4.3　硝酸盐、亚硝酸盐和亚硝胺

硝酸盐（nitrates）是母乳中天然存在的成分之一，浓度范围 1 ～ 5mg/L，分娩后 1 ～ 3d、3 ～ 7d 和 >7d 的乳汁中硝酸盐浓度（mg/L）分别为 1.9±0.3、5.2±1.0 和 3.1±0.2；相应时间点的亚硝酸盐含量（mg/L）分别为 0.8±0.2、0.01±0.01 和 0.01±0.01[158]。根据 59 名潜在暴露工业污染源排放的氮化合物与 34 名相比较的对照组乳母的乳汁样品分析，硝酸盐和亚硝酸盐（nitrites）的几何均数分别为 2.83mg/L 和 0.46mg/L 与 2.76mg/L 和 0.32mg/L[159]，母乳中亚硝酸盐的含量通常很低，仅在含有细菌的母乳样品中亚硝酸盐高达 1.2mg/kg。仲胺与亚硝酸盐反应可形成亚硝胺（nitrosamines）。由于亚硝胺类是致癌物质，母乳中也检测出了亚硝胺，通常母乳中这些化合物的含量很低，检测也相当困难，需要提高相应检测方法的灵敏度。如果以 0.4μg/L 为检测限，绝大多数样品中均检测不出亚硝胺。

综上所述，母乳中存在许多种化学污染物。应该建立或完善灵敏的检测方法，监测和评价婴儿通过母乳暴露这些污染物的量以及变化趋势，并有针对性地控制和降低现代社会工业化环境污染的产物，降低婴儿暴露水平以保护婴儿健康成长。同时应该让乳母知晓哺乳期间禁酒、禁烟，远离吸烟环境（被动吸烟）。

尽管有诸多现场调查和研究结果提示，母乳中可能存在多种环境污染物，尤其是生活在严重污染地区（如废弃电器拆解）或金属冶炼厂附近的人群，母乳可能存在受到潜在污染的风险。然而，与婴儿配方食品（乳粉）喂养相比，母乳喂养婴儿的喂养方式仍可能对儿童的身体发育与身心健康产生积极的影响，尤其母乳喂养对儿童心理和认知能力发育的好处是其他任何喂养方式都不能替代的。因此，我们需要高度关注和定期监测母乳中残留化学污染物的水平对婴儿生长发育的长期影响，建立或完善灵敏的检测方法，监测和评价婴儿通过母乳暴露这些污染物的程度以及变化趋势，控制和降低环境污染的产物和婴儿暴露水平。LaKind 等[160]分析了婴儿膳食暴露环境化学物质以及对健康状况的影响，基于现有科学文献并没有确凿证据支持得出一致性结论，因此还需要设计严谨的研究评价婴儿暴露于母乳和婴儿配方乳粉中的环境化学物质，以及婴儿期膳食暴露于环境化学物质（如通过母乳或婴儿配方食品）可能对其健康状况产生的不良影响[161]；同时实施日常的监测和健康教育也是非常必要的[162]。

（荫士安）

## 参考文献

[1] LaKind J S, Brent R L, Dourson M L, et al. Human milk biomonitoring data: interpretation and risk assessment issues. J Toxicol Environ Health A, 2005, 68(20): 1713-1769.

[2] Rovira J, Martinez M A, Mari M, et al. Mixture of environmental pollutants in breast milk from a Spanish cohort of nursing mothers. Environ Int, 2022, 166:107375.

[3] van den Berg M, Kypke K, Kotz A, et al. WHO/UNEP global surveys of PCDDs, PCDFs, PCBs and DDTs in human milk and benefit-risk evaluation of breastfeeding. Arch Toxicol, 2017, 91(1): 83-96.

[4] Li Z M, Albrecht M, Fromme H, et al. Persistent organic pollutants in human breast milk and associations with maternal thyroid hormone homeostasis. Environ Sci Technol, 2020, 54(2): 1111-1119.

[5] Berlin C M Jr, Kacew S, Lawrence R, et al. Criteria for chemical selection for programs on human milk surveillance and research for environmental chemicals. J Toxicol Environ Health A, 2002, 65(22): 1839-1851.

[6] Gridneva Z, George A D, Suwaydi M A, et al. Environmental determinants of human milk composition in relation to health outcomes. Acta Paediatr, 2022, 111(6): 1121-1126.

[7] Verduci E, Gianni M L, Vizzari G, et al. The triad mother-breast milk-infant as predictor of future health: a narrative review. Nutrients, 2021, 13(2) :486.

[8] 周萍萍，赵云峰，吴永宁，等．母乳中持久性有机污染物监测研究进展．中华预防医学杂志, 2010, 44(7):654-658.

[9] Mamontova E A, Tarasova E N, Mamontov A A. PCBs and OCPs in human milk in Eastern Siberia, Russia: levels, temporal trends and infant exposure assessment. Chemosphere, 2017, 178:239-248.

[10] Qi S Y, Xu X L, Ma W Z, et al. Effects of organochlorine pesticide residues in maternal body on infants. Front Endocrinol (Lausanne), 2022, 13:890307.

[11] Zhou P, Wu Y, Yin S, et al. National survey of the levels of persistent organochlorine pesticides in the breast milk of mothers in China. Environ Pollut, 2011, 159(2): 524-531.

[12] Sudaryanto A, Kunisue T, Kajiwara N, et al. Specific accumulation of organochlorines in human breast milk from Indonesia: levels, distribution, accumulation kinetics and infant health risk. Environ Pollut, 2006, 139(1): 107-117.

[13] Boda H, Nghi T N, Nishijo M, et al. Prenatal dioxin exposure estimated from dioxins in breast milk and sex hormone levels in umbilical cord blood in Vietnamese newborn infants. Sci Total Environ, 2018, 615:1312-1318.

[14] 徐承敏，俞苏霞，蒋世熙，等．某固废拆解基地母乳中多氯联苯含量及其婴儿的暴露风险．卫生研究, 2006, 35(5):604-607.

[15] 邓波，张建清，张立实，等．深圳市 60 份母乳中二噁英负荷水平与影响因素．中华预防医学杂志, 2010, 44(3):224-229.

[16] Rawn D F K, Sadler A R, Casey V A, et al. Dioxins/furans and PCBs in Canadian human milk: 2008—2011. Sci Total Environ, 2017, 595:269-278.

[17] Avila B S, Ramirez C, Tellez-Avila E. Human biomonitoring of polychlorinated biphenyls (PCBs) in the breast milk of Colombian mothers. Bull Environ Contam Toxicol, 2022, 109(3): 526-533.

[18] Li J, Zhang L, Wu Y, et al. A national survey of polychlorinated dioxins, furans (PCDD/Fs) and dioxin-like polychlorinated biphenyls (*dl*-PCBs) in human milk in China. Chemosphere, 2009, 75(9): 1236-1242.

[19] 张磊，刘印平，李敬光，等．2007 年北京市居民母乳中二噁英类化合物负荷水平调查．中华预防医学杂志，2013，47（6）：534-537.

[20] Shen H, Ding G, Wu Y, et al. Polychlorinated dibenzo-*p*-dioxins/furans (PCDD/Fs), polychlorinated biphenyls (PCBs), and polybrominated diphenyl ethers (PBDEs) in breast milk from Zhejiang, China. Environ Int, 2012, 42:84-90.

[21] 金一和，陈慧池，唐慧君，等．大连和沈阳市区 79 例母乳中二噁英污染水平调查．中华预防医学杂志, 2003, 37(6):439-441.

[22] Wong T W, Wong A H, Nelson E A, et al. Levels of PCDDs, PCDFs, and dioxin-like PCBs in human milk among Hong Kong mothers. Sci Total Environ, 2013, 463-464:1230-1238.

[23] Hedley A J, Wong T W, Hui L L, et al. Breast milk dioxins in Hong Kong and Pearl River Delta. Environ Health Perspect, 2006, 114(2): 202-208.

[24] Fang J, Nyberg E, Bignert A, et al. Temporal trends of polychlorinated dibenzo-*p*-dioxins and dibenzofurans and dioxin-like polychlorinated biphenyls in mothers'milk from Sweden, 1972-2011. Environ Int, 2013, 60:224-231.

[25] Mannetje A, Coakley J, Bridgen P, et al. Current concentrations, temporal trends and determinants of persistent organic pollutants in breast milk of New Zealand women. Sci Total Environ, 2013, 458-460:399-407.

[26] Schuhmacher M, Kiviranta H, Ruokojarvi P, et al. Levels of PCDD/Fs, PCBs and PBDEs in breast milk of women living in the vicinity of a hazardous waste incinerator: assessment of the temporal trend. Chemosphere, 2013, 93(8): 1533-1540.

[27] Schuhmacher M, Kiviranta H, Ruokojarvi P, et al. Concentrations of PCDD/Fs, PCBs and PBDEs in breast milk of women from Catalonia, Spain: a follow-up study. Environ Int, 2009, 35(3): 607-613.

[28] Rivezzi G, Piscitelli P, Scortichini G, et al. A general model of dioxin contamination in breast milk: results from a study on 94 women from the Caserta and Naples areas in Italy. Int J Environ Res Public Health, 2013, 10(11): 5953-5970.

[29] Meerts I A, Letcher R J, Hoving S, et al. *In vitro* estrogenicity of polybrominated diphenyl ethers, hydroxylated PDBEs, and polybrominated bisphenol A compounds. Environ Health Perspect, 2001, 109(4): 399-407.

[30] Zhang L, Li J, Zhao Y, et al. A national survey of polybrominated diphenyl ethers (PBDEs) and indicator polychlorinated biphenyls (PCBs) in Chinese mothers'milk. Chemosphere, 2011, 84(5): 625-633.

[31] 李敬光，赵云峰，吴永宁 . 我国持久性有机污染物人体负荷研究进展 . 环境化学 , 2011, 30(1):5-19.

[32] Dunn R L, Huwe J K, Carey G B. Biomonitoring polybrominated diphenyl ethers in human milk as a function of environment, dietary intake, and demographics in New Hampshire. Chemosphere, 2010, 80(10): 1175-1182.

[33] Li J, Yu H, Zhao Y, et al. Levels of polybrominated diphenyl ethers (PBDEs) in breast milk from Beijing, China. Chemosphere, 2008, 73(2): 182-186.

[34] Wu N, Herrmann T, Paepke O, et al. Human exposure to PBDEs: associations of PBDE body burdens with food consumption and house dust concentrations. Environ Sci Technol, 2007, 41(5): 1584-1589.

[35] Ohta S, Ishizuka D, Nishimura H, et al. Comparison of polybrominated diphenyl ethers in fish, vegetables, and meats and levels in human milk of nursing women in Japan. Chemosphere, 2002, 46(5): 689-696.

[36] Cui C, Tian Y, Zhang L, et al. Polybrominated diphenyl ethers exposure in breast milk in Shanghai, China: levels, influencing factors and potential health risk for infants. Sci Total Environ, 2012, 433:331-335.

[37] Shi Z X, Wu Y N, Li J G, et al. Dietary exposure assessment of Chinese adults and nursing infants to tetrabromobisphenol-A and hexabromocyclododecanes: occurrence measurements in foods and human milk. Environ Sci Technol, 2009, 43(12): 4314-4319.

[38] Wang Z, Sparling M, Wang K C, et al. Perchlorate in human milk samples from the maternal-infant research on environmental chemicals study (MIREC). Food Addit Contam Part A Chem Anal Control Expo Risk Assess, 2019, 36(12): 1837-1846.

[39] Song S, Ruan J, Bai X, et al. One-step sample processing method for the determination of perchlorate in human urine, whole blood and breast milk using liquid chromatography tandem mass spectrometry.

Ecotoxicol Environ Saf, 2019, 174:175-180.
[40] Kirk A B, Dyke J V, Martin C F, et al. Temporal patterns in perchlorate, thiocyanate, and iodide excretion in human milk. Environ Health Perspect, 2007, 115(2): 182-186.
[41] Kirk A B, Martinelango P K, Tian K, et al. Perchlorate and iodide in dairy and breast milk. Environ Sci Technol, 2005, 39(7): 2011-2017.
[42] Liu J, Li J, Zhao Y, et al. The occurrence of perfluorinated alkyl compounds in human milk from different regions of China. Environ Int, 2010, 36(5): 433-438.
[43] Tao L, Ma J, Kunisue T, et al. Perfluorinated compounds in human breast milk from several Asian countries, and in infant formula and dairy milk from the United States. Environ Sci Technol, 2008, 42(22): 8597-8602.
[44] Tao L, Kannan K, Wong C M, et al. Perfluorinated compounds in human milk from Massachusetts, U S A. Environ Sci Technol, 2008, 42(8): 3096-3101.
[45] So M K, Yamashita N, Taniyasu S, et al. Health risks in infants associated with exposure to perfluorinated compounds in human breast milk from Zhoushan, China. Environ Sci Technol, 2006, 40(9): 2924-2929.
[46] Fromme H, Tittlemier S A, Volkel W, et al. Perfluorinated compounds—exposure assessment for the general population in Western countries. Int J Hyg Environ Health, 2009, 212(3): 239-270.
[47] Sharma R, Pervez S. Toxic metals status in human blood and breast milk samples in an integrated steel plant environment in Central India. Environ Geochem Health, 2005, 27(1): 39-45.
[48] Wappelhorst O, Kuhn I, Heidenreich H, et al. Transfer of selected elements from food into human milk. Nutrition, 2002, 18(4): 316-322.
[49] Gundacker C, Pietschnig B, Wittmann K J, et al. Lead and mercury in breast milk. Pediatrics, 2002, 110(5): 873-878.
[50] Goudarzi M A, Parsaei P, Nayebpour F, et al. Determination of mercury, cadmium and lead in human milk in Iran. Toxicol Ind Health, 2013, 29(9): 820-823.
[51] Leotsinidis M, Alexopoulos A, Kostopoulou-Farri E. Toxic and essential trace elements in human milk from Greek lactating women: association with dietary habits and other factors. Chemosphere, 2005, 61(2): 238-247.
[52] Lidsky T I, Schneider J S. Lead neurotoxicity in children: basic mechanisms and clinical correlates. Brain, 2003, 126(Pt 1): 5-19.
[53] 姚辉，孙慧谨，白夷，等 . 初乳铅与儿童体格和智力发育的关系 . 中国优生与遗传杂志 , 2012, 20(2):131-133.
[54] Li P J, Sheng Y Z, Wang Q Y, et al. Transfer of lead via placenta and breast milk in human. Biomed Environ Sci, 2000, 13(2): 85-89.
[55] Anastacio Ada S, da Silveira C L, Miekeley N, et al. Distribution of lead in human milk fractions: relationship with essential minerals and maternal blood lead. Biol Trace Elem Res, 2004, 102(1-3): 27-37.
[56] Chien L C, Yeh C Y, Lee H C, et al. Effect of the mother's consumption of traditional Chinese herbs on estimated infant daily intake of lead from breast milk. Sci Total Environ, 2006, 354(2-3): 120-126.
[57] 邓波，张慧敏，颜春荣，等 . 深圳市母乳中矿物质含量及重金属负荷水平研究 . 卫生研究 , 2009, 38(3):293-295.
[58] 孙忠清，岳兵，杨振宇，等 . 微波消解 - 电感耦合等离子体质谱法测定人乳中 24 种矿物质含量 . 卫生研究 , 2013, 42(3):504-509.
[59] World Health Organization. Minor and trace elements in human milk.Geneva: 1989.

[60] Liu K S, Hao J H, Xu Y Q, et al. Breast milk lead and cadmium levels in suburban areas of Nanjing, China. Chin Med Sci J, 2013, 28(1): 7-15.
[61] Garcia-Esquinas E, Perez-Gomez B, Fernandez M A, et al. Mercury, lead and cadmium in human milk in relation to diet, lifestyle habits and sociodemographic variables in Madrid (Spain). Chemosphere, 2011, 85(2): 268-276.
[62] 张丹，吴美琴，颜崇淮，等. 母乳中重金属等微量元素状况分析. 中国妇幼保健, 2011, 26(17):2652-2655.
[63] Marques R C, Moreira Mde F, Bernardi J V, et al. Breast milk lead concentrations of mothers living near tin smelters. Bull Environ Contam Toxicol, 2013, 91(5): 549-554.
[64] 苗红，程薇薇. 92 例母乳中铅含量调查分析. 西部医学, 2012, 24(9):1689-1693.
[65] 闫琦，任捷，闫时. 产妇血、乳汁和尿中铅、镉含量水平 60 例分析. 中国儿童保健杂志, 2009, 17(4):451-453.
[66] 姚辉，李悦，石川，等. 南京市 170 例母乳铅与母血、脐血铅含量的相关性分析. 中国优生与遗传杂志, 2012, 20(6):60-61.
[67] 张丹，陈桂霞，徐健，等. 母乳中微量元素间及母血中微量元素的相关性研究. 中国儿童保健杂志, 2010, 18(3):199-201.
[68] 陈桂霞，曾国章，李健. 婴儿血铅与母亲血铅和乳铅等因素的相关性研究. 中华预防医学杂志, 2006, 40(3):189-191.
[69] 焦亚平，符白玲，温秀兰，等. 广州地区 500 例母乳铅与母血、脐血铅含量的相关性分析. 中国妇幼保健, 2011, 26(6)：820-821.
[70] 张丽范，郭小方，方文，等. 广东江门地区 3 月龄婴儿血铅与乳母血铅及乳铅等因素的相关性研究. 微量元素与健康研究, 2008, 25(6)：16-19.
[71] 刘汝河，黄宇戈，肖红，等. 母血、脐血、母乳铅、钙水平配对分析. 中国儿童保健杂志, 2004, 12(3):201-203.
[72] Orun E, Yalcin S S, Aykut O, et al. Breast milk lead and cadmium levels from suburban areas of Ankara. Sci Total Environ, 2011, 409(13): 2467-2472.
[73] Al-Saleh I, Shinwari N, Mashhour A. Heavy metal concentrations in the breast milk of Saudi women. Biol Trace Elem Res, 2003, 96(1-3): 21-37.
[74] Soleimani S, Shahverdy M R, Mazhari N, et al. Lead concentration in breast milk of lactating women who were living in Tehran, Iran. Acta Med Iran, 2014, 52(1): 56-59.
[75] Ursinyova M, Masanova V. Cadmium, lead and mercury in human milk from Slovakia. Food Addit Contam, 2005, 22(6): 579-589.
[76] Gurbay A, Charehsaz M, Eken A, et al. Toxic metals in breast milk samples from Ankara, Turkey: assessment of lead, cadmium, nickel, and arsenic levels. Biol Trace Elem Res, 2012, 149(1): 117-122.
[77] Ettinger A S, Tellez-Rojo M M, Amarasiriwardena C, et al. Effect of breast milk lead on infant blood lead levels at 1 month of age. Environ Health Perspect, 2004, 112(14): 1381-1385.
[78] Koyashiki G A, Paoliello M M, Matsuo T, et al. Lead levels in milk and blood from donors to the Breast Milk Bank in Southern Brazil. Environ Res, 2010, 110(3): 265-271.
[79] Goncalves R M, Goncalves J R, Fornes N S. Relationship between lead levels in colostrum, dietary intake, and socioeconomic characteristics of puerperal women in Goiania, Brazil. Rev Panam Salud Publica, 2011, 29(4): 227-233.
[80] Vahidinia A, Samiee F, Faradmal J, et al. Mercury, lead, cadmium, and barium levels in human breast milk and factors affecting their concentrations in Hamadan, Iran. Biol Trace Elem Res, 2019, 187(1): 32-40.

[81] Isaac C P, Sivakumar A, Kumar C R. Lead levels in breast milk, blood plasma and intelligence quotient: a health hazard for women and infants. Bull Environ Contam Toxicol, 2012, 88(2): 145-149.

[82] Counter S A, Buchanan L H, Ortega F, et al. Lead levels in the breast milk of nursing andean mothers living in a lead-contaminated environment. J Toxicol Environ Health A, 2014, 77(17): 993-1003.

[83] Kwapulinski J, Wiechula D, Fischer A. The influence of smoking and passive smoking to occurrence of metals in breast milk. Przegl Lek, 2004, 61(10): 1113-1115.

[84] Mandour R A, Ghanem A A, El-Azab S M. Correlation between lead levels in drinking water and mothers' breast milk: Dakahlia, Egypt. Environ Geochem Health, 2013, 35(2): 251-256.

[85] Koizumi N, Murata K, Hayashi C, et al. High cadmium accumulation among humans and primates: comparison across various mammalian species—a study from Japan. Biol Trace Elem Res, 2008, 121(3): 205-214.

[86] 顾金龙，赵永成，田丽丽，等 . 母乳镉水平对纯母乳喂养婴儿身高和体重的影响 . 中国工业医学杂志 , 2008, 21(3):157-159.

[87] Honda R, Tawara K, Nishijo M, et al. Cadmium exposure and trace elements in human breast milk. Toxicology, 2003, 186(3): 255-259.

[88] Goncalves R M, Goncalves J R, Fornes N S. Cadmium in human milk: concentration and relation with the lifestyle of women in the puerperium period. Rev Bras Ginecol Obstet, 2010, 32(7): 340-345.

[89] Radisch B, Luck W, Nau H. Cadmium concentrations in milk and blood of smoking mothers. Toxicol Lett, 1987, 36(2): 147-152.

[90] Dorea J G. Mercury and lead during breast-feeding. Br J Nutr, 2004, 92(1): 21-40.

[91] Mohammadi S, Shafiee M, Faraji S N, et al. Contamination of breast milk with lead, mercury, arsenic, and cadmium in Iran: a systematic review and meta-analysis. Biometals, 2022, 35(4): 711-728.

[92] Wolff M S. Occupationally derived chemicals in breast milk. Am J Ind Med, 1983, 4(1-2): 259-281.

[93] World Health Organization. International Programme on Chemical Safety: Mercury. 2017.

[94] 陈桂霞，苏妙玲，王宏，等 . 母乳喂养状况及其与婴儿铅汞暴露的关系 . 中国儿童保健杂志 , 2010, 18(6):515-518.

[95] Bose-O'Reilly S, Lettmeier B, Roider G, et al. Mercury in breast milk—a health hazard for infants in gold mining areas? Int J Hyg Environ Health, 2008, 211(5-6): 615-623.

[96] Gaxiola-Robles R, Zenteno-Savin T, Labrada-Martagon V, et al. Mercury concentration in breast milk of women from northwest Mexico; possible association with diet, tobacco and other maternal factors. Nutr Hosp, 2013, 28(3): 934-942.

[97] da Costa S L, Malm O, Dorea J G. Breast-milk mercury concentrations and amalgam surface in mothers from Brasilia, Brazil. Biol Trace Elem Res, 2005, 106(2): 145-151.

[98] Vieira S M, de Almeida R, Holanda I B, et al. Total and methyl-mercury in hair and milk of mothers living in the city of Porto Velho and in villages along the Rio Madeira, Amazon, Brazil. Int J Hyg Environ Health, 2013, 216(6): 682-689.

[99] Behrooz R D, Esmaili-Sari A, Peer F E, et al. Mercury concentration in the breast milk of Iranian women. Biol Trace Elem Res, 2012, 147(1-3): 36-43.

[100] Cunha L R, Costa T H, Caldas E D. Mercury concentration in breast milk and infant exposure assessment during the first 90 days of lactation in a midwestern region of Brazil. Biol Trace Elem Res, 2013, 151(1): 30-37.

[101] Sharma B M, Sanka O, Kalina J, et al. An overview of worldwide and regional time trends in total mercury levels in human blood and breast milk from 1966 to 2015 and their associations with health

effects. Environ Int, 2019, 125(300-319.

[102] Rebelo F M, Caldas E D. Arsenic, lead, mercury and cadmium: toxicity, levels in breast milk and the risks for breastfed infants. Environ Res, 2016, 151: 671-688.

[103] Bansa D K, Awua A K, Boatin R, et al. Cross-sectional assessment of infants'exposure to toxic metals through breast milk in a prospective cohort study of mining communities in Ghana. BMC Public Health, 2017, 17(1): 505.

[104] Bassil M, Daou F, Hassan H, et al. Lead, cadmium and arsenic in human milk and their socio-demographic and lifestyle determinants in Lebanon. Chemosphere, 2018, 191:911-921.

[105] 王东胜，王晓飞，李正国 . 通过胎盘与母乳引起砷中毒病例报告 . 中国地方病学杂志 , 1995, 14(1):56.

[106] Alshannaq A, Yu J H. Occurrence, toxicity, and analysis of major mycotoxins in food. Int J Environ Res Public Health, 2017, 14(6) :632.

[107] Kumar D, Barad S, Sionov E, et al. Does the host contribute to modulation of mycotoxin production by fruit pathogens? Toxins (Basel), 2017, 9(9) :280.

[108] Memiş E Y, Yalçın S S. Human milk mycotoxin contamination: smoking exposure and breastfeeding problems. J Matern Fetal Neonatal Med, 2019,34(1): 31-40.

[109] Islam F, Das Trisha A, Hafsa J M, et al. Occurrence of aflatoxin $M_1$ in human breast milk in Bangladesh. Mycotoxin Res, 2021, 37(3): 241-248.

[110] Creppy E E. Update of survey, regulation and toxic effects of mycotoxins in Europe. Toxicol Lett, 2002, 127(1-3): 19-28.

[111] Polychronaki N, West R M, Turner P C, et al. A longitudinal assessment of aflatoxin $M_1$ excretion in breast milk of selected Egyptian mothers. Food Chem Toxicol, 2007, 45(7): 1210-1215.

[112] Omar S S. Incidence of aflatoxin $M_1$ in human and animal milk in Jordan. J Toxicol Environ Health A, 2012, 75(22-23): 1404-1409.

[113] El-Tras W F, El-Kady N N, Tayel A A. Infants exposure to aflatoxin $M_1$ as a novel foodborne zoonosis. Food Chem Toxicol, 2011, 49(11): 2816-2819.

[114] Mahdavi R, Nikniaz L, Arefhosseini S R, et al. Determination of aflatoxin $M_1$ in breast milk samples in Tabriz-Iran. Matern Child Health J, 2010, 14(1): 141-145.

[115] 邱楠楠，邓春丽，周爽，等 . 2011 年中国 15 个省母乳中真菌毒素的污染状况 . 卫生研究 , 2018, 47(1): 65-72.

[116] 高秀芬，荫士安，计融 . 部分国家母乳中黄曲霉毒素 $M_1$ 的污染状况 . 中国食品卫生杂志 , 2010, 22(1):87-91.

[117] Polychronaki N, Turner P C, Mykkanen H, et al. Determinants of aflatoxin $M_1$ in breast milk in a selected group of Egyptian mothers. Food Addit Contam, 2006, 23(7): 700-708.

[118] Coulter J B, Lamplugh S M, Suliman G I, et al. Aflatoxins in human breast milk. Ann Trop Paediatr, 1984, 4(2): 61-66.

[119] Saad A M, Abdelgadir A M, Moss M O. Exposure of infants to aflatoxin $M_1$ from mothers' breast milk in Abu Dhabi, UAE. Food Addit Contam, 1995, 12(2): 255-261.

[120] el-Nezami H S, Nicoletti G, Neal G E, et al. Aflatoxin $M_1$ in human breast milk samples from Victoria, Australia and Thailand. Food Chem Toxicol, 1995, 33(3): 173-179.

[121] Lamplugh S M, Hendrickse R G, Apeagyei F, et al. Aflatoxins in breast milk, neonatal cord blood, and serum of pregnant women. Br Med J (Clin Res Ed), 1988, 296(6627): 968.

[122] Galvano F, Pietri A, Bertuzzi T, et al. Maternal dietary habits and mycotoxin occurrence in human mature milk. Mol Nutr Food Res, 2008, 52(4): 496-501.

[123] Keskin Y, Baskaya R, Karsli S, et al. Detection of aflatoxin $M_1$ in human breast milk and raw cow's milk in Istanbul, Turkey. J Food Prot, 2009, 72(4): 885-889.

[124] Gurbay A, Sabuncuoglu S A, Girgin G, et al. Exposure of newborns to aflatoxin $M_1$ and $B_1$ from mothers' breast milk in Ankara, Turkey. Food Chem Toxicol, 2010, 48(1): 314-319.

[125] Elzupir A O, Abas A R, Fadul M H, et al. Aflatoxin $M_1$ in breast milk of nursing Sudanese mothers. Mycotoxin Res, 2012, 28(2): 131-134.

[126] Adejumo O, Atanda O, Raiola A, et al. Correlation between aflatoxin $M_1$ content of breast milk, dietary exposure to aflatoxin $B_1$ and socioeconomic status of lactating mothers in Ogun State, Nigeria. Food Chem Toxicol, 2013, 56:171-177.

[127] Mitchell N J, Chen C, Palumbo J D, et al. A risk assessment of dietary ochratoxin a in the United States. Food Chem Toxicol, 2017, 100:265-273.

[128] Pfohl-Leszkowicz A, Manderville R A. Ochratoxin A: an overview on toxicity and carcinogenicity in animals and humans. Mol Nutr Food Res, 2007, 51(1): 61-99.

[129] Dehghan P, Pakshir K, Rafiei H, et al. Prevalence of ochratoxin a in human milk in the Khorrambid town, fars province, South of Iran. Jundishapur J Microbiol, 2014, 7(7): e11220.

[130] Dostal A, Jakusova L, Cajdova J, et al. Results of the first studies of occurence of ochratoxin A in human milk in Slovakia. Bratisl Lek Listy, 2008, 109(6): 276-278.

[131] Breitholtz-Emanuelsson A, Olsen M, Oskarsson A, et al. Ochratoxin A in cow's milk and in human milk with corresponding human blood samples. J AOAC Int, 1993, 76(4): 842-846.

[132] Munoz K, Wollin K M, Kalhoff H, et al. Occurrence of the mycotoxin ochratoxin a in breast milk samples from Germany. Gesundheitswesen, 2013, 75(4): 194-197.

[133] Kamali A, Mehni S, Kamali M, et al. Detection of ochratoxin A in human breast milk in Jiroft city, south of Iran. Curr Med Mycol, 2017, 3(3): 1-4.

[134] Biasucci G, Calabrese G, Di Giuseppe R, et al. The presence of ochratoxin A in cord serum and in human milk and its correspondence with maternal dietary habits. Eur J Nutr, 2011, 50(3): 211-218.

[135] Dinleyici M, Aydemir O, Yildirim G K, et al. Human mature milk zearalenone and deoxynivalenol levels in Turkey. Neuro Endocrinol Lett, 2018, 39(4): 325-330.

[136] Mousavi Khaneghah A, Fakhri Y, Raeisi S, et al. Prevalence and concentration of ochratoxin A, zearalenone, deoxynivalenol and total aflatoxin in cereal-based products: a systematic review and meta-analysis. Food Chem Toxicol, 2018, 118:830-848.

[137] Burianova I, Bronsky J, Pavlikova M, et al. Maternal body mass index, parity and smoking are associated with human milk macronutrient content after preterm delivery. Early Hum Dev, 2019, 137:104832.

[138] Napierala M, Mazela J, Merritt T A, et al. Tobacco smoking and breastfeeding: Effect on the lactation process, breast milk composition and infant development. A critical review. Environ Res, 2016, 151:321-338.

[139] Schulte-Hobein B, Schwartz-Bickenbach D, Abt S, et al. Cigarette smoke exposure and development of infants throughout the first year of life: influence of passive smoking and nursing on cotinine levels in breast milk and infant's urine. Acta Paediatr, 1992, 81(6-7): 550-557.

[140] Luck W, Nau H. Nicotine and cotinine concentrations in serum and milk of nursing smokers. Br J Clin Pharmacol, 1984, 18(1): 9-15.

[141] Brown R A, Dakkak H, Seabrook J A. Is Breast Best? Examining the effects of alcohol and cannabis use

during lactation. J Neonatal Perinatal Med, 2018, 11(4): 345-356.
[142] Mennella J A. Infants' suckling responses to the flavor of alcohol in mothers'milk. Alcohol Clin Exp Res, 1997, 21(4): 581-585.
[143] Cobo E. Effect of different doses of ethanol on the milk-ejecting reflex in lactating women. Am J Obstet Gynecol, 1973, 115(6): 817-821.
[144] Mennella J A, Beauchamp G K. The transfer of alcohol to human milk. Effects on flavor and the infant's behavior. N Engl J Med, 1991, 325(14): 981-985.
[145] Little R E, Northstone K, Golding J, et al. Alcohol, breastfeeding, and development at 18 months. Pediatrics, 2002, 109(5): E72.
[146] Aldridge A, Aranda J V, Neims A H. Caffeine metabolism in the newborn. Clin Pharmacol Ther, 1979, 25(4): 447-453.
[147] Santos I S, Matijasevich A, Domingues M R. Maternal caffeine consumption and infant nighttime waking: prospective cohort study. Pediatrics, 2012, 129(5): 860-868.
[148] Nehlig A, Debry G. Consequences on the newborn of chronic maternal consumption of coffee during gestation and lactation: a review. J Am Coll Nutr, 1994, 13(1): 6-21.
[149] Asselin B L, Lawrence R A. Maternal disease as a consideration in lactation management. Clin Perinatol, 1987, 14(1): 71-87.
[150] Berlin C M, Briggs G G. Drugs and chemicals in human milk. Semin Fetal Neonatal Med, 2005, 10(2): 149-159.
[151] American Academy of Pediatrics Committee on Drugs. Transfer of drugs and other chemicals into human milk. Pediatrics, 2001, 108(3):776-789.
[152] Schaefer C, Peters P, Miller P K. Drugs during pregnancy and lactation. 2nd Ed. London: Elsevier, 2007.
[153] Bertino E, Varalda A, Di Nicola P, et al. Drugs and breastfeeding: instructions for use. J Matern Fetal Neonatal Med, 2012, 25 (Suppl 4):S78-S80.
[154] Zuppa A A, Sindico P, Orchi C, et al. Safety and efficacy of galactogogues: substances that induce, maintain and increase breast milk production. J Pharm Pharm Sci, 2010, 13(2): 162-174.
[155] Forinash A B, Yancey A M, Barnes K N, et al. The use of galactogogues in the breastfeeding mother. Ann Pharmacother, 2012, 46(10): 1392-1404.
[156] Mortel M, Mehta S D. Systematic review of the efficacy of herbal galactogogues. J Hum Lact, 2013, 29(2): 154-162.
[157] Matheson I, Kristensen K, Lunde P K. Drug utilization in breast-feeding women. A survey in Oslo. Eur J Clin Pharmacol, 1990, 38(5): 453-459.
[158] Hord N G, Ghannam J S, Garg H K, et al. Nitrate and nitrite content of human, formula, bovine, and soy milks: implications for dietary nitrite and nitrate recommendations. Breastfeed Med, 2011, 6(6): 393-399.
[159] Paszkowski T, Sikorski R, Kozak A, et al. Contamination of human milk with nitrates and nitrites. Pol Tyg Lek, 1989, 44(46-48): 961-963.
[160] LaKind J S, Lehmann G M, Davis M H, et al. Infant dietary exposures to environmental chemicals and infant/child health: a critical assessment of the literature. Environ Health Perspect, 2018, 126(9): 96002.
[161] Lehmann G M, LaKind J S, Davis M H, et al. Environmental chemicals in breast milk and formula: exposure and risk assessment implications. Environ Health Perspect, 2018, 126(9): 96001.
[162] Hassan H F, Elaridi J, Kharma J A, et al. Persistent organic pollutants in human milk: exposure levels and determinants among lactating mothers in Lebanon. J Food Prot, 2022, 85(3): 384-389.

# 母乳成分特征

Composition Characteristics of Human Milk

# 附录

**附表1　母乳成分及分析方法**

| 营养成分 | 存在形式 | 常用分析方法 |
| --- | --- | --- |
| 蛋白质 | 总蛋白质（粗蛋白） | 凯氏定氮法 |
| | 游离和水解氨基酸 | 氨基酸分析仪 |
| | α- 乳清蛋白，乳铁蛋白，β-、$\alpha_{s1}$-、$\alpha_{s2}$-、κ- 酪蛋白，β- 酪蛋白衍生物，溶菌酶，人血清白蛋白，骨桥蛋白，免疫球蛋白（sIgA、IgA、IgG、IgM），催乳素，牛磺酸等 | LC-MS/MS、UPLC-MS/MS、FT-ICP-MS、HPLC/FT-ICP-MS |
| | 补体成分 | 免疫电泳、ELISA 等 |
| 脂类 | 总脂肪 | 常规分析方法 |
| | 饱和、不饱和脂肪酸 | GC |
| | 二元脂肪酸 | GC、GC-MS、HPLC |
| | 磷脂 | HPLC/ELSD、薄层色谱 |
| | 神经节苷脂 | LC-MS/MS |
| | 胆固醇 | GC、FTIR、光谱法 |
| 糖类 | 总碳水化合物 | HPLC、HPAEC-MS、GC |
| | 乳糖 | MIRIS 母乳成分分析仪、HPLC、薄层色谱 |
| | 单糖 | LC-MS/MS、GC-MS |
| | 低聚半乳糖①、低聚果糖、其他微量低聚糖类 | 离子色谱法、HPLC、HPAEC-RED、GC |
| | 乳糖、葡萄糖、半乳糖、游离和结合形式唾液酸 | HPLC 或离子色谱法 |
| 核苷和核苷酸 | 核苷和核苷酸、潜在可利用核苷 | 纸色谱、薄层色谱、HPLC、毛细管电泳、ICP-MS、IP-RPC |
| 脂溶性维生素 | 维生素 A 和类胡萝卜素、维生素 D、维生素 E、维生素 K | HPLC、HPLC-MS/MS、LC-MS/MS、LC-APCI-MS、HPLC-FLD |
| 水溶性维生素 | 维生素 $B_1$、维生素 $B_2$、烟酸、泛酸、维生素 $B_6$（吡哆醇、吡哆胺、吡哆醛）、胆碱、左旋肉碱 | 微生物法、化学法、化学发光、放免法、HPLC、UPLC-MS/MS、LC-MS/MS |
| 矿物质 | 常量元素与微量元素 | 原子吸收、ICP-MS |
| 细胞成分 | 趋化因子、CSF、TNF、TGF、IFN、IL、miRNA 等 | 商品试剂盒、ELISA、RIA |
| 激素和类激素 | 生长发育相关激素（脂联素、IGF-1、瘦素和表皮生长因子）、雌激素、甲状腺素 | UPLC-MS/MS、GC-MS/MS、LC-MS/MS |
| 微生物 | 共生菌、互利 / 或潜在益生菌等 | 传统培养基培养方法、PCR-DGGE/TGGE、qRT-PCR |

①母乳低聚糖包括：3- 岩藻基乳糖（3FL）、乳糖 -*N*- 四糖（LNT）、乳糖 -*N*- 新四糖（LNnT）、乳酰 -*N*- 岩藻五糖Ⅰ(LNFP Ⅰ)、乳酰 -*N*- 岩藻五糖Ⅲ(LNFP Ⅲ)、乳糖 -*N*- 二岩藻基 - 六糖Ⅰ(LNDFHP Ⅰ)、2′- 岩藻糖基乳糖（2′-FL）、乳糖二岩藻四糖（LDFT）、乳糖 -*N*- 二岩藻基 - 六糖Ⅱ（LNDFH Ⅱ）等。

**附表 2　哺乳期母乳蛋白质浓度和功能**

| 种类 | | 总量 | 初乳 | 过渡乳 | 成熟乳 | 功能 |
|---|---|---|---|---|---|---|
| 总蛋白 /（mg/100mL） | | 203 ～ 1752 | 360 ～ 1690 | 203 ～ 1752 | 362 ～ 1632 | |
| 总酪蛋白 /（mg/100mL） | | 19 ～ 591 | 42 ～ 507 | 87 ～ 591 | 19 ～ 743 | |
| 清蛋白 / 酪蛋白比值 | | | 90：10 | 72：28 | 60：40 | |
| 乳清蛋白 | α- 乳清蛋白 /（mg/100mL） | 275 ～ 372 | 300 ～ 560 | 420 | 275 ～ 372 | 乳糖合成 |
| | 乳铁蛋白 /（mg/100mL） | 97 ～ 291 | 291 | 180 | 97 | 抗菌、肠道发育 |
| | 骨桥蛋白 /（mg/100mL） | 6 ～ 149 | 149 | NA | 6 ～ 22 | 细胞黏附 |
| | sIgA/（mg/100mL） | 22 ～ 545 | 545 | 150 | 22 ～ 130 | 适应性免疫 |
| | IgG/（mg/100mL） | 2 ～ 7 | NA | 5 | 2 ～ 7 | 适应性免疫 |
| | sIgM/（mg/100mL） | 1 ～ 3 | NA | 12 | 1 ～ 3 | 适应性免疫 |
| | 溶菌酶 /（mg/100mL） | 3 ～ 110 | 32 | 30 | 3 ～ 110 | 抗菌 |
| | α1- 抗胰蛋白酶 /（mg/100mL） | 2 ～ 5 | NA | NA | 2 ～ 5 | 蛋白酶抑制剂 |
| | 血清白蛋白 /（mg/100mL） | 35 ～ 69 | 35 | 62 | 37 ～ 69 | 转运 |
| | 乳过氧化物酶 /（μg/100mL） | 70 | NA | NA | 70 | 抗菌 |
| | 结合咕啉 /（μg/100mL） | 70 ～ 700 | NA | NA | 70 ～ 700 | 维生素 $B_{12}$ 转运 |
| | 补体 C3/（mg/100mL） | 11 ～ 12 | NA | NA | 12 | 先天免疫 |
| | 补体 C4/（mg/100mL） | 5 | NA | NA | 5 | 先天免疫 |
| | 补体因子 B/（mg/100mL） | 2 | NA | NA | NA | 先天免疫 |
| 酪蛋白 | β- 酪蛋白 /（mg/100mL） | 4 ～ 442 | 4 ～ 364 | | 6 ～ 414 | 钙转运 |
| | $\alpha_{S1}$- 酪蛋白 /（mg/100mL） | 4 ～ 168 | 12 ～ 58 | | 9 ～ 110 | 钙转运 |
| | κ- 酪蛋白 /（mg/100mL） | 10 ～ 172 | 25 ～ 150 | | 10 ～ 172 | 钙转运 |

续表

| 种类 | | 总量 | 初乳 | 过渡乳 | 成熟乳 | 功能 |
|---|---|---|---|---|---|---|
| MFGM 蛋白 | 黏蛋白 /（mg/100mL） | 13 ～ 294 | NA | 13 ～ 250 | 35 ～ 294 | 生长促进因子 |
| | 乳黏附素 /（mg/100mL） | 3 ～ 33 | NA | 4 ～ 33 | 3 ～ 13 | 细胞黏附 |
| | 嗜乳脂蛋白亚族 1/（μg/100mL） | 500 ～ 10000 | NA | 800 ～ 8200 | 500 ～ 10000 | 调节免疫反应 |
| | 胆盐激活脂肪酶 /（μg/100mL） | 10 ～ 20 | NA | NA | NA | 脂质消化 |
| 酶类 | 总蛋白酶 ( 以酪氨酸计 )/［μmol/（L • min）］ | 0.76 ～ 1.38 | 1.38 | NA | 0.76 | |
| | 凝血酶 /（ng/100mL） | 7100 | NA | NA | 7100 | 凝固 |
| | 纤溶酶 /（ng/100mL） | 14600 | NA | NA | 14600 | 蛋白水解 |
| | 弹性蛋白酶 /（ng/100mL） | 200 | NA | NA | 200 | 蛋白水解 |
| 激素类多肽 | 总内源肽 /（mg/100mL） | 1 ～ 2 | NA | NA | NA | |
| | 生长素释放肽 /（ng/100mL） | 7 ～ 16 | 6 ～ 9 | 7 ～ 10 | 13 ～ 16 | 食欲刺激因子 |
| | 瘦素 /（ng/100mL） | 16 ～ 194 | 16 ～ 700 | 20 ～ 84 | 165 ～ 194 | 能量调节因子 |
| | 表皮生长因子 /（ng/100mL） | 4 ～ 5 | NA | NA | 4 ～ 5 | 刺激镁重吸收 |
| | 胰岛素样生长因子 -1/（μg/100mL） | 6 ～ 12 | NA | NA | 6 ～ 12 | 调节胰岛素和促进生长 |
| | 脂联素 /（ng/100mL） | 420 ～ 8790 | NA | 661 ～ 2156 | 420 ～ 8790 | 葡萄糖和脂肪调节因子 |
| | 甲状旁腺素 /（pmol/L） | 1029 ～ 5480 | 1029 | 5840 | NA | 表皮发育 |

注：改编自 Zhu 和 Dinggess，Nutrients, 2019, 11：1834。

**附表 3　成熟母乳中脂肪酸的含量及组成**

| 成分 | 占脂类百分比 /% | 备注 |
|---|---|---|
| 甘油酯 | 3.0 ～ 4.5g/dL | |
| 甘油三酯 | 98.7 | 乳脂肪球内部的主要成分 |
| 甘油二酯 | 0.01 | |
| 单甘酯 | 0 | |
| 游离脂肪酸 | 0.08 | |
| 胆固醇 | 10 ～ 15mg/dL | MFGM 的主要成分 |
| 磷脂类 | 15 ～ 25mg/dL | |
| 鞘磷脂 | 37 | |
| 卵磷脂 | 28 | |
| 磷脂酰丝氨酸 | 9 | |
| 磷脂酰肌醇 | 6 | |
| 磷脂酰乙醇胺 | 19 | |

**附表 4　我国不同地区不同哺乳期母乳中链脂肪酸含量**

| 地域 | 泌乳期 | 占总脂肪酸百分数（平均值 ±SD）/% | | | | |
|---|---|---|---|---|---|---|
| | | C6:0 | C8:0 | C10:0 | C11:0 | C12:0 |
| 呼和浩特 | C | — | 0.07±0.05 | 1.20±0.15 | — | 4.33±2.08 |
| | T | — | 0.11±0.04 | 1.25±0.27 | — | 4.38±2.13 |
| | M | — | 0.10±0.05 | 1.51±0.60 | — | 4.19±2.32 |
| 洛阳 | C | 0.02±0.01 | 0.14±0.10 | 0.89±0.32 | 0.03±0.01 | 4.09±2.50 |
| | T | 0.06±0.02 | 0.40±0.12 | 1.95±0.73 | 0.03±0.01 | 6.61±2.02 |
| | M | 0.10±0.14 | 0.47±0.17 | 1.80±0.59 | 0.03±0.02 | 5.82±1.80 |
| 杭州 | C | — | — | 0.45±0.17 | — | 2.44±0.22 |
| | T | — | — | 0.94±0.27 | — | 4.42±0.59 |
| | M | — | — | 0.85±0.02 | — | 3.75±0.32 |
| 北京 | C | — | — | 0.30±0.27 | — | 1.88±0.58 |
| | T | — | — | 0.46±0.16 | — | 2.90±0.13 |
| | M | — | — | 0.52±0.05 | — | 2.97±0.98 |
| 兰州 | C | — | — | 0.55±0.37 | — | 3.06±0.90 |
| | T | — | — | 1.27±0.41 | — | 5.21±0.12 |
| | M | — | — | 0.96±0.08 | — | 4.24±0.70 |
| 无锡 | C | 0.03±0.02 | 0.55±0.01 | 0.56±0.35 | 0.12±0.12 | 2.84±1.40 |
| | T | 0.04±0.01 | 0.57±0.04 | 1.57±0.64 | 0.14±0.10 | 6.26±2.61 |
| | M | 0.03±0.01 | 1.52±0.03 | 1.56±0.66 | 0.11±0.07 | 6.54±2.52 |

续表

| 地域 | 泌乳期 | 占总脂肪酸百分数（平均值 ±SD）/% | | | | |
|---|---|---|---|---|---|---|
| | | C6:0 | C8:0 | C10:0 | C11:0 | C12:0 |
| 北京 | C | 0.262±0.14 | 0.550±0.35 | 0.838±0.6 | — | 2.966±1.68 |
| | M | 0.173±0.07 | 0.279±0.14 | 1.458±0.29 | — | 4.857±1.51 |
| 无锡 | C | 0.04±0.02 | 0.15±0.11 | 0.60±0.33 | 0.13±0.10 | 3.01±1.44 |
| | T | 0.04±0.02 | 0.19±0.05 | 1.47±0.29 | 0.13±0.05 | 6.09±1.11 |
| | M | 0.06±0.00 | 0.20±0.05 | 1.35±0.50 | 0.14±0.06 | 5.49±1.32 |
| 北方农村 | M | 0.07±0.02 | 0.21±0.07 | 1.39±0.46 | — | 4.71±1.06 |
| 无锡 | M | 0.05±0.01 | 0.16±0.03 | 1.20±0.07 | 未检出 | 5.59±0.05 |
| 台湾 | 0～7d | — | 0.08±0.02 | 0.63±0.18 | — | 3.45±0.72 |
| | 22～45d | — | 0.12±0.05 | 1.08±0.19 | — | 3.27±0.68 |
| | 46～65d | — | 0.12±0.05 | 1.02±0.17 | — | 3.71±0.70 |
| | 66～297d | — | 0.13±0.04 | 1.00±0.18 | — | 4.03±0.91 |
| 涞水 | 4～17d | 0.03±0.02 | 0.12±0.07 | 0.84±0.56 | — | 3.55±1.95 |
| | 21～55d | 0.06±0.02 | 0.19±0.07 | 1.19±0.59 | — | 3.27±1.63 |
| | 62～119d | 0.08±0.03 | 0.20±0.08 | 1.29±0.49 | — | 4.44±1.79 |
| | 121～159d | 0.09±0.03 | 0.17±0.07 | 1.11±0.52 | — | 3.64±1.89 |

注："—"为未检测，含量（质量分数）<0.01% 总脂肪酸为未检出；C，初乳（colostrum），T，过渡乳（transitional），M，成熟乳（mature）。

**附表 5　我国不同地区母乳中脂肪酸的含量（占总脂肪酸百分数）**　　单位：%

| 脂肪酸 | 上海城区 | 上海郊区 | 舟山 1 | 上海 | 舟山 2 | 江苏句容 | 山东日照 | 河北徐水 | 内蒙古 | 江苏 | 广西 |
|---|---|---|---|---|---|---|---|---|---|---|---|
| C8:0 | — | — | — | 0.187 | — | 0.15 | 0.06 | 0.19 | ND | 0.004 | 0.001 |
| C10:0 | — | — | — | 1.384 | — | 1.53 | 1.01 | 1.93 | 0.573 | 0.424 | 0.221 |
| C12:0 | — | — | — | 5.365 | — | 5.3 | 5.62 | 7.14 | 5.082 | 3.604 | 2.752 |
| C14:0 | — | — | — | 4.563 | — | 3.54 | 4.60 | 4.48 | 5.279 | 3.982 | 3.431 |
| C16:0 | — | — | — | 17.62 | — | 19.62 | 20.61 | 20.95 | 18.517 | 19.933 | 22.451 |
| C18:0 | — | — | — | 4.105 | — | 5.16 | 5.25 | 4.95 | 5.917 | 5.919 | 6.218 |
| C20:0 | — | — | — | 0.241 | — | 0.14 | 0.17 | 0.14 | 0.623 | 0.487 | 0.390 |
| C14:1 | — | — | — | 0.14 | — | 0.05 | 0.04 | 0.06 | 0.064 | 0.035 | 0.062 |
| C16:1 | — | — | — | 2.037 | — | 2.00 | 1.67 | 2.04 | 1.812 | 1.566 | 2.566 |
| C18:1(*n*-9) | — | — | — | 34.35 | — | 34.07 | 29.31 | 26.32 | 27.741 | 29.743 | 34.532 |
| C18:2(*n*-6) | 27.3 | 20.18 | 19.75 | 26.21 | 20.0 | 16.34 | 20.80 | 20.82 | 19.810 | 23.00 | 16.822 |

续表

| 脂肪酸 | 上海城区 | 上海郊区 | 舟山 1 | 上海 | 舟山 2 | 江苏句容 | 山东日照 | 河北徐水 | 内蒙古 | 江苏 | 广西 |
|---|---|---|---|---|---|---|---|---|---|---|---|
| C18:3(*n*-6) | 2.55 | 2.6 | 2.49 | — | 2.5 | 0.12 | 0.07 | 0.14 | 0.118 | 0.147 | 0.099 |
| C20:2(*n*-6) | — | — | — | — | — | 0.54 | 0.64 | 0.57 | 0.424 | 0.433 | 0.448 |
| C20:3(*n*-6) | — | — | — | — | — | 0.39 | 0.46 | 0.54 | 0.508 | 0.540 | 0.395 |
| C20:4(*n*-6) | 0.6 | 0.61 | 0.57 | 0.71 | 0.56 | 0.72 | 0.63 | 0.63 | 0.722 | 0.509 | 0.570 |
| C18:3(*n*-3) | — | — | — | 2.70 | — | 1.48 | 1.12 | 0.90 | 4.663 | 2.264 | 1.144 |
| C22:6(*n*-3) | 0.42 | 0.42 | 0.68 | 0.41 | 0.67 | 0.41 | 0.47 | 0.24 | 0.299 | 0.394 | 0.261 |

注：“— “，表示没有报告数据。

## 附表 6　人乳和牛乳中磷脂种类与相对含量

| 磷脂种类 | 人乳① | | 牛乳② | |
|---|---|---|---|---|
| | 种类 | 相对含量 /% | 种类 | 相对含量 /% |
| 磷脂酰胆碱 (PC) | 19 | 38.12 | 22 | 7.98 |
| 磷脂酰乙醇胺 (PE) | 25 | 26.97 | 17 | 56.60 |
| 磷脂酰丝氨酸 (PS) | 4 | 4.43 | 10 | 1.70 |
| 磷脂酰肌醇 (PI) | 5 | 0.94 | 7 | 1.33 |
| 鞘磷脂 (SM) | 9 | 29.54 | 12 | 32.39 |
| 总计 | 62 | 100.00 | 68 | 100.0 |

①改编自何扬波，2016。
②引自曹雪等 , 2019。

## 附表 7　母乳中乳糖测定方法及含量

单位：g/L

| 作者 | 测定方法 | 初乳 | 过渡乳 | 成熟乳 |
|---|---|---|---|---|
| Lauber, Mitoulas, Nommsen | 化学法 | — | — | 70.68±4.47 |
| Lonnerdal 等，张兰成等 | 自动分析仪 | 68.42±2.66 | 71.30±2.39 | 76.60±3.73 |
| Maas 等 | 酶法 | — | 55.42±6.33 | 59.11±4.56 |
| Gopal 等 | HPLC 法 | 55 | — | 68 |
| Thurl 等 | 比色法 | — | 56.90 | — |
| 范丽等 | 酶法和 HPLC 法 | — | 66.47±3.91 | — |
| 侯艳梅 | 乳成分分析仪 | — | 52.95±3.28 | — |
| 蔡明明 | 离子色谱法 | — | — | 66.1（54.0 ～ 73.7） |

注：“—”，表示没有数据。

**附表 8　报道的母乳中 HMO 含量范围**　　单位：g/L

| 人乳寡糖 | 含量 | 人乳寡糖 | 含量 |
|---|---|---|---|
| 2′-FL | 0.011 ～ 3.99 | LDFT | 0.037 ～ 0.74 |
| 3-FL | 0.05 ～ 1.94 | MFLNH Ⅰ | 0.11 |
| LNnT | 0.058 ～ 1.01 | FLNH | 0.01 ～ 0.10 |
| LNT | 0.27 ～ 2.92 | DFLNH | 0 ～ 0.39 |
| 3-SL | 0.041 ～ 0.71 | DSLNH | 0.05 ～ 0.23 |
| 6-SL | 0.028 ～ 0.96 | LNnO | 0.009 ～ 0.34 |
| DFL | 0.11 ～ 0.42 | A-tetra | 0.12 ～ 0.56 |
| LNFP Ⅰ | 0.027 ～ 2.84 | LNnDFH | 0.01 ～ 0.12 |
| LNFP Ⅱ | 0 ～ 1.81 | LNnFP-V | 0.049μg/g |
| LNFP Ⅲ | 0.02 ～ 0.44 | F-LNH Ⅰ | 0.2 |
| LNFP Ⅳ | 0.01 ～ 0.02 | F-LNH Ⅱ | 0.27 |
| LNFP Ⅴ | 0 ～ 0.20 | DF-LNH Ⅰ | 0.31 |
| LNFP Ⅵ | 0.01 | DF-LNH Ⅱ | 2.31 |
| LNDFH Ⅰ | 0.034 ～ 2.10 | DF-LNnH | 0.54 |
| LNDFH Ⅱ | 0.008 ～ 0.36 | TF-LNH | 2.84 |
| LNH | 0.04 ～ 0.16 | F-LSTa | 0.02 |
| LNnH | 0 ～ 0.18 | F-LSTb | 0.08 |
| LSTa | 0 ～ 1.37 | FS-LNH | 0.12 |
| LSTb | 0.03 ～ 0.98 | FS-LNnH Ⅰ | 0.29 |
| LSTc | 0.008 ～ 1.18 | FDS-LNH Ⅱ | 0.12 |
| DSLNT | 0.035 ～ 4.44 | | |

**附表 9　母乳中必需矿物质含量及主要功能或功能形式**

| 名称 | 单位 | 主要功能或功能形式 | 报告含量范围[①] |
|---|---|---|---|
| 钠 | mg/kg | 参与调节细胞膜通透性、维持正常渗透压和酸碱平衡 | 78.9 ～ 126.8 |
| 钾 | mg/kg | 参与调节细胞膜通透性、维持正常渗透压和酸碱平衡 | 416.6 ～ 513.8 |
| 镁 | mg/kg | 构成骨骼和牙齿成分、多种酶激活剂 | 24.5 ～ 29.7 |
| 钙 | mg/kg | 构成骨骼和牙齿成分、维持神经和肌肉的兴奋性 | 214.3 ～ 286.5 |
| 磷 | mg/kg | 与钙构成骨骼和牙齿成分 | 119.7 ～ 173.7 |
| 铁 | μg/kg | 构成血红蛋白、肌红蛋白和细胞色素组成成分 | 227.6 ～ 506.2 |
| 锌 | μg/kg | 参与多种激素、维生素、蛋白和酶的组成 | 1199 ～ 2906 |
| 碘 | μg/kg | 合成甲状腺素的必需成分 | 83.1 ～ 358.0[②] |
| 铜 | μg/kg | 参与铜蓝蛋白组成、正常造血功能和维持中枢神经系统完整性 | 207.1 ～ 444.5 |
| 硒 | μg/kg | GSH-Px 必需组成部分，调节甲状腺素水平 | 9.14 ～ 14.40 |
| 钴 | μg/kg | 维生素 $B_{12}$ 的重要组成部分 | 0.14 ～ 0.42 |

①结果系以 $P_{25}$ ～ $P_{75}$ 表示。

②数据引自杜聪等，2018。

**附表** 10　母乳中有害金属元素危害性及含量范围

| 名称 | 单位 | 危害性 | 报告含量范围 |
|---|---|---|---|
| 铅 | μg/L | 血液毒性、神经毒性、肾脏毒性，影响婴幼儿认知发育 | 工业区 15 ～ 44.5<br>非工业区 5 ～ 25<br>4.4 ～ 91.1① |
| 镉 | μg/L | 损害肾脏、骨骼和消化系统 | <0.005 ～ 28.1<br>0.08 ～ 0.19① |
| 汞 | mg/L | 为剧毒物质，主要损害脑、神经系统 | 0 ～ 149(环境暴露) |
| 铝 | μg/kg | 扰乱中枢神经系统，引起消化系统功能紊乱 | 108.2 ～ 222.0① |
| 砷 | μg/kg | 低浓度发生溶血现象，高浓度引起骨骼、组织器官病变 | 1.09 ～ 1.75① |
| 锰 | μg/L | 过量暴露可引起神经系统症状，影响记忆力，胃肠道功能紊乱 | 4.81 ～ 11.57① |

①结果系以 $P_{25}$ ～ $P_{75}$ 表示。

**附表** 11　母乳中脂溶性维生素存在形式和含量范围

| 名称 | 单位 | 主要存在形式 | 报告含量范围① |
|---|---|---|---|
| 维生素 A | μmol/L | 主要是视黄醇棕榈酸酯和视黄醇硬脂酸酯；少量视黄酸、视黄醛及酯类 | 0.18 ～ 4.26，初乳 > 成熟乳；其中视黄醇酯比例约 60% |
| 类胡萝卜素 | μmol/L | β- 胡萝卜素（β-C）、叶黄素（Lut）、α- 胡萝卜素（α-C）、玉米黄质（Zea）、番茄红素、隐黄素等 | β-C 0.02 ～ 0.22，α-C 0.004 ～ 0.05，Lut+Zea 0.02 ～ 0.15，番茄红素 0.02 ～ 0.05 |
| 维生素 D | μmol/L | 维生素 $D_3$、维生素 $D_2$ 及其羟基化衍生物 | 维生素 $D_3$ 和 $D_2$ 0.06 ～ 1.47；羟基化衍生物 0.13 ～ 0.32 |
| 维生素 E | mg/L | α- 生育酚，少量 β- 生育酚、γ- 生育酚和 δ- 生育酚 | α- 生育酚 0.66 ～ 22，β- 生育酚 0.19 ～ 1.29，γ- 生育酚 0.11 ～ 1.39，δ- 生育酚 0 ～ 0.56 |
| 维生素 K | μg/L | 主要是维生素 $K_1$（叶绿醌），其次维生素 $K_2$ | 0.5 ～ 15.7 |

①结果系汇总不同检测方法和不同人群的测定结果，显示较大方法学和人群间的差异。

**附表** 12　母乳中水溶性维生素存在形式和含量范围

| 名称 | 单位 | 主要存在形式 | 报告含量范围① |
|---|---|---|---|
| 维生素 $B_1$ | mg/L | 维生素 $B_1$ 盐酸盐、游离维生素 $B_1$、硫胺三磷酸 | 范围 0.002 ～ 47.4，三者比例 60%/30%/ 少量 |
| 维生素 $B_2$ | mg/L | FAD、游离维生素 $B_2$、其他黄素衍生物 | 范围 0 ～ 845，三者比例 60%/30%/ 少量 |
| 叶酸 | mg/L | *N*5- 甲基四氢叶酸 | 0.001 ～ 56 |
| 维生素 $B_6$ | mg/L | 吡哆醇、吡哆醛、吡多胺及其磷酸盐 | 0.006 ～ 0.692，其中吡哆醇约占 75% |
| 烟酸 | mg/L | NAN、NADP | 0.002 ～ 16.8 |
| 维生素 $B_{12}$ | μg/L | 甲基钴胺素、5′- 脱氧腺苷钴胺素 | 0.02 ～ 2.63 |

续表

| 名称 | 单位 | 主要存在形式 | 报告含量范围① |
| --- | --- | --- | --- |
| 生物素 | μg/L | 生物素及代谢产物、双降生物素和生物素亚砜 | 0.02～12.0 |
| 胆碱 | mmol/L | 游离胆碱、磷酸胆碱、甘油磷酸胆碱等 | 1011～1529 |
| 肉碱 | μmol/L | 游离肉碱、脂酰肉碱 | 17～148，两者比例为 80%/20% |
| 维生素 C | mg/L | 抗坏血酸、脱氢抗坏血酸 | 0.11～95 |

①结果系汇总不同检测方法和不同人群的测定结果，显示较大方法学和人群间的差异。

**附表 13　不同哺乳阶段母乳中细胞因子含量**

| 细胞因子种类 | 初乳 | | 过渡乳 | | 成熟乳 | | 文献时间③ |
| --- | --- | --- | --- | --- | --- | --- | --- |
| | 含量 | 时间 /d | 含量 | 时间 /d | 含量 | 时间 /d | |
| IL-1α/(ng/L) | 38.4±7.4① | 3 | 21.7±12.5① | 10 | | | 2002 |
| Il-1β/(ng/L) | 5.0～266.0② | <48h | — | | 5.0 | 30 | 2005 |
| | 17±4① | 2～6 | 23±10① | 8～14 | 10±2① | 22～28 | 1999 |
| sIL-2R/(U/mL) | 50.0～256.0② | <48h | — | | 50.0～50.0② | 30 | 2005 |
| IL-6/(ng/L) | 978.8±86.8① | 1～10 | 162.9±29.7① | 10～30 | 86.9±2.5① | 30～180 | 2001 |
| | 31.8～528.0① | 1～10 | — | | 5.0～9.0② | 30 | 2005 |
| | 51±17① | 2～6 | 75±31① | 8～14 | 13±4① | 22～28 | 1999 |
| | — | | 12.1±25.3① | 14 | 3.4±7.4① | 120 | 2002～2005 |
| IL-8/(ng/L) | 585.7±30.7① | 1～10 | 308.1±35.5① | 10～30 | 200.3±25.0① | 30～180 | 2001 |
| | 1079～14300② | <48h | — | | 65～236② | 30 | 2005 |
| | — | | 111.5±190.8 | 14 | 74.2±112.9 | 120 | 2002～2005 |
| IL-10/(ng/L) | 44.0±5.3① | 1～10 | 28.6±1.8① | 10～30 | 35.8±3.0① | 30～180 | 2001 |
| sTNF-R1/(μg/L) | 17.7±1.6① | 1～10 | 8.1±0.8① | 10～30 | 9.5±1.3① | 30～180 | 2001 |
| TNF-α/(ng/L) | 402.8±29.6① | 1～10 | 135.5±8.3① | 10～30 | 178.3±14.4① | 30～180 | 2001 |
| | 14.0～253.0② | <48h | — | | 4.0～13.3② | 30 | 2005 |
| | 151±65① | 2～6 | 47±16① | 8～14 | 42±18① | 22～28 | 1999 |
| | — | | 4.3±3.1① | 14 | 2.9±2.5① | 120 | 2002～2005 |
| TGF-β1/(ng/L) | 67～186② | 开始哺乳 | — | | 17～114② | 90 | |
| | 391±54① | 2～6 | 297±18① | 8～14 | 272±20① | 22～28 | 1999 |
| TGF-β2/(ng/L) | 1376～5394② | 开始哺乳 | — | | 592～2697② | 90 | 1999 |
| | 3048±339① | 2～6 | 3141±444① | 8～14 | 1902±238① | 22～28 | 1999 |
| VEGF/(μg/L) | 616～893② | 3 | 352～508② | 7 | 250～358② | 28 | 2010 |
| | 778～944②④ | 3 | 501～748②④ | 7 | 346～518②④ | 28 | 2010 |
| PDGF/(ng/L) | 5.37～37.4② | 3 | 0.0～38.4② | 7 | 0.0～34.2② | 28 | 2010 |
| | 0.0～34.9②④ | 3 | 0.0～0.2②④ | 7 | 0.0～20.7②④ | 28 | 2010 |

①平均值 ± 标准差。

②为最低～最高的范围值。

③文献发表时间。

④早产儿。

注：—，未检测。

**附表 14　母乳中抗菌肽的种类与含量**

| 种类 | | 含量 /（g/L） | 作用 |
|---|---|---|---|
| 防御素 | β- 防御素 1（hBD1） | 0 ～ 23 | 对革兰氏阴性菌具有潜在杀菌作用 |
| | β- 防御素 2（hBD2） | 8.5 ～ 56 | 对革兰氏阴性菌及念珠菌具有抑菌活力 |
| | α- 防御素（hNP1-3） | 5 ～ 43.5 | 对大肠杆菌和粪链球菌及白色念珠菌具有高效抑菌活力 |
| | α- 防御素 5/6（hBD5/6） | 0 ～ 11.8 | hBD-5 对革兰氏阳性及阴性菌具有广泛抑菌活力 |
| 组织蛋白酶抑制素 | cathelicidins LL-37 | 0 ～ 160.6 | 具有抗菌和抗肿瘤功能 |
| 嗜中性粒细胞衍生的 α 肽 | hNP1-3① | 5 ～ 43.5 | 具有抗菌功能 |
| β- 酪蛋白水解产物 | 抗菌肽（f184-211） | —② | 具有广泛抗菌谱 |
| | β- 酪蛋白 197 | —② | 对大肠杆菌、金黄色葡萄球菌和小肠结肠炎耶尔森菌具有抗菌活性 |
| 乳铁蛋白水解产物 | *N*- 末端多肽 | —② | 抗革兰氏阳性和阴性致病菌的活性 |

① hNP1-3, 人嗜中性粒细胞衍生的 α 肽（human neutrophil-derived-α-peptide）。

② “—”，无数据。

**附表 15　母乳中存在的生长发育相关激素**

| 激素 | 发现时间 | 受体 | 肠中受体检测 | 母乳中发现时间 | 母乳含量检测方法 |
|---|---|---|---|---|---|
| 瘦素 | 1994 | Ob 受体 | 人体 | 1997 | RIA、ELISA |
| 脂联素 | 1995 | Adipo-$R_1$<br>Adipo-$R_2$ | 人体 | 2006 | RIA、ELISA |
| 生长素释放肽 | 1999 | 生长激素促分泌素受体 -1a | 人体 | 2006 | RIA |
| IGF-1 | 1950 | IR IGF-IR IGF-HR<br>胰岛素受体相关的受体 IR-IGF-IR | 人体 | 1984 | RIA |
| 抵抗素 | 2001 | 未知 | 未知 | 2008 | ELISA |
| 肥胖抑制素 | 2005 | GPR39 | 小鼠 | 2008 | RIA |

**附表 16　母乳中与生长发育相关激素的含量**

| 激素 | 人群和取样地点 | 样本量 | 取样时间 | 含量 /（μg/L） |
|---|---|---|---|---|
| 脂联素 | 产后 6 周乳母及婴儿，德国乌尔姆大学妇产科医院 | 674 | 6 周 | 10.9（中位数） |

续表

| 激素 | 人群和取样地点 | 样本量 | 取样时间 | 含量 /（μg/L） |
|---|---|---|---|---|
| 脱脂母乳脂联素 | 辛辛那提儿童研究人乳库志愿者，家中取样 | 199 | 各时段混合乳样 | 17.7（4.2 ～ 87.9）[中位数（$P_{25}$ ～ $P_{75}$）] |
| 瘦素 | 土耳其产后 30 天内追踪和产后 0 ～ 180 天不同时间点横断面调查 | 22 | 追踪 / 横断面 | 初乳 0.16 ～ 7.0，成熟乳 0.11 ～ 4.97 |
| 瘦素 | 产后 6 周妇女及其婴儿，德国乌尔姆大学妇产科医院 | 674 | 6 周 | 174.5（中位数） |
| IGF-1 | 早产儿和足月儿的母亲，未说明取样地点 | 51 | 5 ～ 46d | 2.16（中位数） |
| EGF | 早产儿和足月儿母亲，医院取样 | 57 | 7d | 早产儿：（28.2±10.3）nmol/L<br>足月儿：（17.3±9.6）nmol/L |

**附表 17　母乳中游离雌激素含量**　　单位：ng/mL

| 作者 | 哺乳阶段 | 雌酮（E1） | 雌二醇（E2） | 雌三醇（E3） |
|---|---|---|---|---|
| 曹宇彤等 | 初乳 | 3.78($n$=10) | 7.40($n$=10) | 4.05($n$=10) |
| | 过渡乳 | 0.63($n$=13) | 3.28($n$=13) | 0.31($n$=13) |
| | 成熟乳 | 0.47($n$=21) | 1.44($n$=21) | 0.20($n$=21) |
| 曹劲松等 | 初乳（24h） | 0.093±0.019 | 0.039±0.014 | 0.031±0.006 |
| | 初乳（24h） | 2.046±0.859① | 0.159±0.055① | 1.195±0.423① |
| | 初乳（3 ～ 5d） | 2.5 ～ 4.5② | 0.01 ～ 0.05② | 0.27 ～ 0.70② |
| 姚晓芬等 | 初乳③ | >3.68 | 0.013 ～ 0.045④ | 0.27 ～ 0.71 |
| | 成熟乳③ | —⑤ | 7.9 ～ 18.5②④ | —⑤ |

①为结合型。
②总含量。
③汇总三项研究的数据。
④为 17$\beta$-E2。
⑤无数据。

**附表 18　母乳的物理参数**

| 指标 | 单位 | 内容 | 说明 |
|---|---|---|---|
| 气味 | — | 初乳腥味重，成熟乳有特殊香味 | 受乳母膳食影响，需要测定气味的样品，保存过程中要密闭、避光，避免受外环境气味影响 |
| 味道 | — | 初乳咸味和腥味较成熟乳重，成熟乳苦味和酸味增加 | 受乳母膳食影响，酒精、大蒜素、茴香、芹菜、苦菜、甜菜等多种气味物质可以进入乳汁 |

续表

| 指标 | 单位 | 内容 | 说明 |
| --- | --- | --- | --- |
| 颜色、稠度、口感 | — | 初乳呈橙黄色、黏稠状；成熟乳呈白色或乳白色，前乳稀薄，后乳浓郁 | 过去民间常称初乳为“血乳”，初乳含有更丰富的蛋白质、铁、维生素、抗体等 |
| 渗透压 | mOsm/kg | 260 ～ 300 | 由于溶质通过肾脏排泄，渗透压高增加喂养儿肾脏排泄负荷；许多因素影响母乳渗透压 |
| 电导率 | S/cm | $410\times10^{-5}$ | 钠、钾和氯离子浓度对母乳电导率贡献最大；测定母乳电导率可排除乳腺炎 |
| 冰点 | ℃ | −0.582（山羊奶） | 无母乳数据报告 |
|  |  | −0.552（牛奶） | 无母乳数据报告 |
| 沸点 | ℃ | 100.17（牛奶） | 无母乳数据报告 |
| 密度 | g/mL | 1.031 | 测量的乳样温度不是20℃时，需要校正 |
| 表面张力 | $dyn/cm^2$ | 52（山羊奶） | 无母乳数据报告 |
|  |  | 52.8（牛奶） | 无母乳数据报告 |
| pH | — | 7.2 | 体外测量母乳pH时，由于$CO_2$释放到空气中，测定结果高于乳腺内母乳pH值 |

注：$1dyn/cm^2=0.1Pa$。